新形态教材

生物技术与生物工程系列

生物化学

（第3版）

主　编　董晓燕

副主编　贾长虹　李　春

编　者（按姓名拼音排序）

常丽新（华北理工大学生命科学学院）

财音青格乐（天津大学化工学院）

丁存宝（华北理工大学生命科学学院）

董晓燕（天津大学化工学院）

黄　鹤（天津大学化工学院）

贾长虹（华北理工大学生命科学学院）

李炳志（天津大学化工学院）

李　春（清华大学化学工程系生物化工研究所 / 北京理工大学化学与化工学院）

乔建军（天津大学化工学院）

王炳武（北京化工大学生命科学与技术学院）

余林玲（天津大学化工学院）

张根林（石河子大学化学化工学院）

张　麟（天津大学化工学院）

高等教育出版社·北京

内容提要

本书是在普通高等教育"十一五"国家级规划教材《生物化学》和首批高等学校生物技术与生物工程系列 iCoures 教材《生物化学》(第2版)的基础上修订的。第3版主要以高等院校工科类相关专业的学生为对象,重点介绍生物分子的结构、性质及其研究方法,并在论述生物分子体内代谢的基础上,进一步强调与之相关的工程应用领域的基本知识和原理。本书采用"纸质教材 + 数字课程"的新形态教材形式。纸质教材共 13 章,第一章到第七章主要介绍生物分子的结构、性质等静态生物化学知识;第八章到第十二章则是以物质反应与代谢为主的动态生物化学内容;第十三章综述了结构和功能、代谢与生命现象之间关系的功能生物化学知识。为了突出工科适用的特点,本书在第一章和第八章中适当加入有关生命本质特征的内容,同时介绍细胞的基本结构和功能与生物化学的关联;添加细胞分裂过程的内容,以加深读者对 DNA 复制意义的理解;在介绍生物质代谢之前,增加有关高等生物消化和吸收的知识,有助于学生对物质消化吸收的总体认识。

本书在各章首给出了知识导图;在正文相关位置引入"拾零";配套的数字课程中有丰富的学习资源,包括"科技视野""知识拓展""科学史话"和"学习与探究"为标签的网络数字资源;在章末的"网上更多资源"中,新增"自测题"和"生化实战"等模块。此外,对教学课件及课外阅读材料等也进行了补充和更新。

本书适用于高等院校工科类相关专业的本科和研究生教学使用,也可供其他专业的教师、研究生和科技工作者自学参考。

图书在版编目(CIP)数据

生物化学 / 董晓燕主编 . --3 版 . -- 北京:高等教育出版社,2021.3(2022.5重印)
ISBN 978-7-04-054999-7

Ⅰ. ①生… Ⅱ. ①董… Ⅲ. ①生物化学—高等学校—教材 Ⅳ. ① Q5

中国版本图书馆 CIP 数据核字(2020)第 163856 号

Shengwuhuaxue

| 项目策划 | 吴雪梅 王 莉 单冉东 | | |
| 策划编辑 | 单冉东 | 责任编辑 赵君怡 | 封面设计 张志奇 | 责任印制 赵 振 |

出版发行	高等教育出版社	网 址	http://www.hep.edu.cn
社 址	北京市西城区德外大街4号		http://www.hep.com.cn
邮政编码	100120	网上订购	http://www.hepmall.com.cn
印 刷	天津鑫丰华印务有限公司		http://www.hepmall.com
开 本	889mm×1194mm 1/16		http://www.hepmall.cn
印 张	27.25	版 次	2010 年 2 月第 1 版
字 数	800 千字		2021 年 3 月第 3 版
购书热线	010-58581118	印 次	2022 年 5 月第 2 次印刷
咨询电话	400-810-0598	定 价	59.00元

数字课程（基础版）

生物化学

（第3版）

主　编　乔建军
副主编　贾长虹

生物化学（第3版）

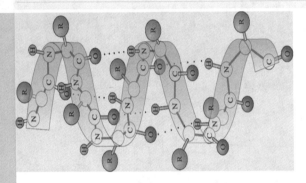

　　生物化学（第3版）数字课程与纸质教材一体化设计，紧密配合。数字课程涵盖科技视野、知识拓展、科学史话、学习与探究、本章小结、教学课件、自测题、教学参考及生化实战等模块，充分运用多种形式的媒体资源，丰富了知识呈现形式。在提升课程教学效果的同时，为学生学习提供思维与探索的空间。

| 用户名： | 密码： | 验证码： | 5360 | 忘记密码？ | 登录 | 注册 |

http://abook.hep.com.cn/54999

扫描二维码，下载Abook应用

数字课程编写人员名单

主　编　乔建军

副 主 编　贾长虹

编写人员（按姓氏拼音排序）

常丽新（华北理工大学生命科学学院）

财音青格乐（天津大学化工学院）

丁存宝（华北理工大学生命科学学院）

董晓燕（天津大学化工学院）

黄　鹤（天津大学化工学院）

贾长虹（华北理工大学生命科学学院）

李炳志（天津大学化工学院）

李　春（清华大学化学工程系生物化工研究所/北京理工大学化
　　　　学与化工学院）

乔建军（天津大学化工学院）

唐红梅（华北理工大学生命科学学院）

王炳武（北京化工大学生命科学与技术学院）

于　洋（北京理工大学化学与化工学院）

余林玲（天津大学化工学院）

张根林（石河子大学化学化工学院）

张　麟（天津大学化工学院）

出版说明

2020 年，首届全国教材工作会议的召开和全国教材建设奖的设立，标志着我国进入了全面加强教材统筹管理，大力提升教材建设科学化水平的新时期，将各学科教材建设带入了"十四五"时期的新起点。

2013 年起，教育部高等学校生物技术、生物工程类专业教学指导委员会与高等教育出版社在"本科教学工程"的背景下，共同组织实施了"高等学校生物技术与生物工程专业精品资源共享课及系列教材"建设项目。2015 年以来陆续出版了适应生物技术与生物工程专业教育教学、反映教改成果和学科发展的理论课及实验课教材，合计 20 种，得到全国综合、理工、师范、农林和医药类高校的广泛使用及好评。

为实现生物技术与生物工程专业系列教材的持续建设与完善提高，积极促进新时期一流教材、一流课程、一流专业建设，2019 年，教育部高等学校生物技术、生物工程类专业教学指导委员会与高等教育出版社在武汉共同举办了"生物技术与生物工程专业课程及新形态教材建设研讨会"，决定在"十四五"时期开展本系列教材新一轮的编写与出版工作。会议深入研讨了教材建设的新形势和学科教学的新需求，提出新时期本系列教材的编写指导思想：

1. 充分认识高校教材建设在落实立德树人根本任务、培养面向未来的高素质创新人才中的基础性地位，认真落实《普通高等学校教材管理办法》的有关要求，以更强的责任心与使命感投入教材编写与出版工作。

2. 针对生物产业发展和专业人才培养需求，编写内容注重介绍基本原理、关键技术及其应用实践，强调工程化应用的系统知识和技能，注意引入相关的新理论、新技术、新工艺和新产品，体现培养学生综合能力的导向，促进创新意识与创新能力的形成。

3. 采用"纸质教材＋数字课程"的新形态教材出版形式，纸质教材内容精炼、主线突出，多种媒体形式的数字课程资源与纸质内容一体化设计、紧密结合，起到促进理解、拓展延伸、巩固深化等作用，形成立体化、网络化的课程综合知识体系。

4. 适应信息技术深度融入教育教学趋势下"教"与"学"方式的变化，强化前沿进展、应用案例、深入学习、习题自测等课程资源的建设与应用，引导学生自主学习与主动探索，支持翻转课堂、混合式教学等的开展，助力具有高阶性、创新性和挑战度的课程教学，有效支持一流课程建设。

感谢教育部高等学校生物技术、生物工程类专业教学指导委员会各位委员，本系列教材的各位编者及所在高校多年以来对教材建设的有力支持和倾力投入，使得本系列教材得以持续锤炼和不断完善。新一版生物技术与生物工程专业系列教材将在"十四五"期间陆续出版，诚挚希望全国广大高校师生继续关心本系列教材，提出更多宝贵意见与改进建议，以期共同为深化课程教学改革、提高课程教学质量、培养一流人才作出积极贡献。

高等教育出版社

2021 年 1 月

出版说明（2015 年）

前　言

生物化学作为主干和选修课程，已成为工科院校与生物相关专业课程体系中不可或缺的课程。据不完全统计，截至 2019 年，全国已有近 900 多所高校设立了生物技术、生物工程和生物制药等相关专业点。为了适用工科类相关专业对生物化学知识的学习和掌握，2010 年出版了适用于工科院校的《生物化学》教材。因其内容简洁，框架清晰，可读性强，得到了相关院校和科技界的广泛关注和肯定，因此获得教育部 2011 年"普通高等教育精品教材"，并被列为 2014 年"首批高等学校生物技术与生物工程专业系列 iCoures 教材"，于 2015 年出版了《生物化学》（第 2 版）。

随着生物工程与技术的迅猛发展，迫切需要更新和修订教材，因此本次又对《生物化学》（第 2 版）进行了修订。本书在上版基本章节框架的基础上，进行了章节内容的重编和删减。特别对第六章和第七章的内容进行了重修，并对配套的数字课程资源进行了重点修订，加入了较多新内容和模块。

主要修订体现以下几方面：

1. 部分章节进行了内容删减和更新

第六章在原有框架基础上，进行了大量删减及图表更新，并对数字课程资源进行了更新和补充；在第七章中添加了脂质的分类图，按照分类修改了原有的标题序列，并删减了一些文字和图表，使内容条理更加清晰，层次更加分明；对第五章"核酸化学"和第十一章"核酸代谢"的部分内容进行了调整优化，如：将核酸酶部分调整到了核酸代谢；小 RNA 等内容调整到了核酸化学，并适当精简。

2. 在数字课程资源中，引入新模块

正文中除保留"科技视野""知识拓展"和"科学史话"外，将原有的"难点解析"更新为"学习与探究"，力求进行学习方法的指导和难点问题的解析。章末的"网上更多资源"栏目中，新增"自测题"和"生化实战"两个模块。"自测题"可以及时检测学习效果；"生化实战"是与该章节相关的科研内容。

3. 增添了生物工程与技术最新研究热点和进展

在第一章的"生物化学研究意义和生物化学的发展"等处，加入了一些最新进展内容，有利于学生了解学科前沿知识，提高学习兴趣；还将教育部"双一流"课程建设理念和高等教育出版社将数字资源与教材建设深度融合的精神展现出来；对第十三章第五节"合成生物学"的内容进行了较多的更新，并在数字课程资源里加入了作者的研究新成果。

全书文字部分包括十三章的内容，各章的作者如下：第一章（贾长虹、董晓燕）；第二章（常丽新）；第三章（李春、张根林、张麟）；第四章（张根林、李春）；第五章（王炳武）；第六章和第七章（由董晓燕和乔建军指导，余林玲修订）；第八章（贾长虹）；第九章（财音青格乐）；第十章（乔建军）；第十一章（丁存宝）；第十二章（张麟）；第十三章（黄鹤、李炳志）。

数字课程资源部分各章的作者如下：第一章（贾长虹、唐红梅）；第二章（常丽新、唐红梅）；第三章（于洋、李春）；第四章（张根林）；第五章（丁存宝）；第六章和第七章（余林玲）；第八章（丁存宝）；第九章（财音青格乐）；第十章（乔建军）；第十一章（丁存宝）；第十二章（张麟）；第十三章（黄鹤、李炳志）。另外，新增的"生化实战"的作者，标注在每个标题中。全书的统编工作由董晓燕、贾长虹负责完成。

在第 3 版即将出版之际，首先感谢广大读者给予本书的肯定；感谢天津大学及化工学院的支持；特别本次修订是在"新冠肺炎"流行的特殊时期进行的，非常感谢各位作者的积极参与和合作；感谢第六章原作者王德培和第七章原作者刘常金的配合。另外，在本书的整个修订过程中，得到了高等教育出版社单冉东和赵君怡编辑的大力支持和全力协作，在此深表感谢；最后感谢全体编著人员的家属对作者们工作的支持。

董晓燕

2020 年 3 月于天津大学北洋园

目　录

第一章

绪　论

- **生物化学的概述**
  生物化学的定义；生物化学的研究内容；生物化学的研究意义；生物化学的发展；如何学好生物化学

- **生物化学与生物体**
  生物体的物质组成；生物体的基本结构及功能；细胞分裂

打开本书，你一定最想知道这本书讲什么（What）？为什么要学（Why）？怎样学更有效率（How）？

生命丰富多彩，奥妙无穷。人类因为具有生命，充满了对生命本质探索的渴望、对健康体魄的追求、对丰富物质资源和舒适生活环境的憧憬，以及对充实精神生活的向往。这些知识都与生物化学密切相关。

学习指南

1. 重点：生物化学的概念、主要研究内容、研究方法；本书内容基本框架的建立；树立学好本门课程的信心；建立生物化学与生物体之间的联系。

2. 难点：形成对生物化学研究内容和本书讲授内容的整体联系。

▶▶ **知识导图**

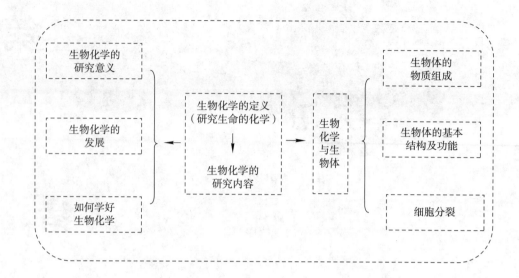

第一节 生物化学的概述

人类是地球上最高等的生物。我们每天从环境中摄取各种营养物质，这些物质在体内发生着复杂的变化，最终以代谢废物的形式排出体外。那么人为什么需要这些物质？它们包括哪些种类？在生物体内发生着怎样的变化？这就是生物化学的研究范畴。

一、生物化学的定义

生物化学（biochemistry）就是生命的化学。它是以生物体为研究对象，利用物理学、化学或生物学的原理和方法，了解生物体的物质组成、结构，以及物质和能量在体内的化学变化过程；同时研究这些化学变化与生物的生理机能和外界环境的关系，从分子水平探讨和揭示生命的奥秘。

🌐 学习与探究 1－1
组块记忆法

二、生物化学的研究内容

生物化学传承着生物学最基本的结构与功能相互适应的观点，主要从三个方面讲述生命现象的化学本质和变化规律。

① 静态生物化学 研究内容包括：生物体是由哪些物质组成的？它们的结构和性质如何？这是本书第二章（糖化学）、第三章（蛋白质化学）、第四章（酶化学）、第五章（核酸化学）、第六章（维生素和激素化学）和第七章（脂质和生物膜）中要讲述的内容。

② 动态生物化学 研究内容包括：生物体的组成物质在体内发生怎样的变化？其过程如何？该过程中能量又发生怎样的转变？这是本书第八章（代谢总论）、第九章（糖代谢）、第十章（脂质代谢）、第十一章（核酸代谢）、第十二章（蛋白质代谢）中要讲述的内容。

③ 功能生物化学 研究生物体组成物质的结构与功能之间的关系，研究代谢和生物功能与复杂的生命现象（如生长、生殖、遗传和运动等）之间的关系。这是贯穿本书的各个章节以及第十三章

（代谢调节综述）中要讲述的内容。

三、生物化学的研究意义

明确了生物化学的研究内容，接下来要解释为什么与生物相关的各类专业都要学习生物化学。

1. 生物化学是生命科学的基础

生物学的研究从器官水平、组织水平、细胞水平直到分子水平，向微观方向不断发展。当研究进入到分子和原子领域后，需要依托先进的生物化学（以及相关学科知识）的理论和技术，实现对生命现象中最前沿问题的探讨。

例如，蛋白质是构成生物体的重要大分子，在对蛋白质深入分析研究的过程中，利用生物化学方法和一些其他手段，首先将蛋白质提取、分离和纯化，再利用核磁共振（nuclear magnetic resonance，NMR）、荧光光谱（fluorescence spectroscopy，FS）、圆二色性（circular dichroism，CD）等方法分析蛋白质分子结构，从而进一步研究其功能。这样，就可以对各种生命现象，包括生长发育和繁殖、遗传和变异、生理和病理、生命起源和生物进化等进行深入探讨。

2. 生物化学是解决众多生存问题的关键

众所周知，人类社会的发展在带给人们丰富物质和精神享受的同时，也带来了危机。人口恶性膨胀、疾病危害、粮食不足、资源和能源短缺、环境污染等已经成为制约人类生存与发展的一系列重大问题，而生物化学研究及发展为解决这些问题提供了关键的技术和方法。

（1）为疑难疾病的诊治服务

2000 年 6 月 26 日科学家们成功地绘制出人体全部基因组顺序的工作草图，并于 2003 年 4 月 14 日完成全部基因组测序，发现人体全部基因由 31 亿个碱基对拼合而成。该计划完成以后，将为人类了解自身，研究生命本质，为诊断和治疗遗传疾病打下坚实的基础。例如，当疾病发生时，可以首先了解哪个基因出了问题，然后对其进行基因治疗。基因疗法对大多数疾病都有潜在的治疗能力，或能影响其疗效。

2007 年诺贝尔生理学或医学奖授予美国科学家 M. R. Capecchi、O. Smithies，英国科学家 M. J. Evans，因为他们在"涉及胚胎干细胞和哺乳动物 DNA 重组方面有一系列突破性发现"，并由此提出了一种称为"基因打靶"的强有力技术。利用该项技术，科学家们可以搜索某一基因（如致病基因），并准确地对它们进行各种操作（如使致病基因失活），从而起到研究基因功能、治疗疾病等作用。

2012 诺贝尔生理学或医学奖授予 John B. Gurdon 与山中伸弥，以奖励他们发现成熟分化细胞可转化为多能干细胞。他们开创性的发现彻底颠覆了我们关于细胞生长分化的传统观念。

2015 年诺贝尔生理学或医学奖授予我国首位自然科学研究者屠呦呦、爱尔兰科学家 W. C. Campbell 和日本科学家大村智。屠呦呦进行青蒿素有关的研究，并将其用于治疗疟疾，挽救了全球数百万人的生命。

2019 年诺贝尔生理学或医学奖授予美国科学家 W. G. Kaelin Jr、G. L. Semenza 以及英国科学家 P. J. Ratcliffe，他们在"细胞如何感知和适应氧气供应"领域的研究做出了重要贡献。氧气供应是生命活动中最重要的适应性机制之一，该过程影响着细胞代谢等重要生理功能，对其作用机制的深入了解必然为对抗癌症等重大疾病奠定基础。

（2）为解决粮食不足、资源危机服务

截至 2016 年，世界人口已经达到 72 亿，专家预测，到 2025 年全球人口将会接近 80 亿，到 2050 年可能会达到 90 亿（新增人口主要集中在发展中国家），这样粮食消耗必然激增。增加粮食产量，不可能寄希望于耕地面积的无限扩大。利用基本的生物化学原理，选育高产高效的作物，是实现这一目标的有效措施，将能缓解人口增长与粮食匮乏的矛盾。例如，利用目前广泛研究和应用的转基因技

科技视野 1-1
基因打靶技术的原理和应用

科技视野 1-2
多能干细胞应用的最新成果

科学史话 1-1
屠呦呦与青蒿素

科技视野 1-3
细胞感知氧气与重大疾病

科学史话 1-2
袁隆平及杂交水稻

术，全球大规模商业化种植大豆、玉米、棉花、油菜等。由于各国对转基因技术的谨慎态度，作为最主要粮食作物的水稻，其转基因品种和种植面积仍然很少。研究表明，如果转基因水稻得以大面积推广，预计我国水稻产量将会增长超过 10%，农药使用量、农民劳动强度会显著减少。但是，目前对转基因食品的安全性还存在一些争议。

煤炭和石油等化石燃料属于不可再生资源，在世界范围内已告严重短缺。生物乙醇作为生物新能源的一种重要形式，受到了许多国家的高度重视。2004 年 4 月，加拿大著名的 Logen 生物技术公司利用一些微生物，以稻草和木屑等纤维类物质为原料制备乙醇，成为工业生物技术的一个新里程碑。据估计，生物乙醇可以减少约 80% 的温室气体排放量。来自美国能源部的一份研究报告中预计，到 2020 年全球生物乙醇的使用量有望超过 95 亿加仑（1 加仑 = 3.785 升）。2014 年，全球最大的生物乙醇燃料转化加工基地在哈尔滨市呼兰区正式奠基开工。

3. 生物化学是培养科研工作能力的平台

生物化学中大量的基础知识使该门学科显得内容繁杂，枯燥乏味，但如果能够深入挖掘知识的内在联系、开阔思路、寻找生物化学知识与现实生活的关系，不仅会使知识变得容易掌握，还会使该门课程成为能力培养的平台。

（1）培养记忆能力

学习生物化学知识，必须牢记许多概念才能领会和贯通其他相关的内容。如在学习蛋白质化学时，必须将有关氨基酸的知识牢固记忆，才能有利于进一步了解蛋白质的性质、提取和分离的方法，进而为掌握蛋白质代谢等内容奠定坚实的基础。

对于大量枯燥的有关氨基酸知识，初学者会感到困难。这里推荐尝试"奇幻联想法"进行记忆。

（2）培养思维能力

思维是思索与判断的过程，主要包括分析、综合、比较、抽象、概括和具体化等。

例如，通过对葡萄糖有氧分解知识的学习，可很好地锻炼分析和综合能力。先明确整体的代谢反应过程，即 $C_6H_{12}O_6 + 6O_2 + 6H_2O \longrightarrow 6CO_2 + 12H_2O$，认识该反应式与体外燃烧葡萄糖基本一致，但中间过程复杂得多；然后针对上式提出问题：各种反应物分别发生哪些化学变化？反应场所在哪里？各种生成物通过哪些步骤、在哪里形成？接下来理解和学习葡萄糖有氧分解相关的四个基本过程：①糖酵解，②丙酮酸脱羧，③三羧酸循环，④电子传递；最后回到总反应式，总结开始提出的几个问题。

（3）培养创新能力

创新能力是人们革旧布新、创造新事物、形成新理论的能力。糖酵解途径的阐明，可以成为培养创新能力的恰当素材。1896 年 H. Buchner 和 E. Buchner 制备酵母无细胞提取物，试图用于治疗疾病。为保证该提取物无毒无害，他们用蔗糖代替酚进行防腐，得到了惊人的结果：酵母汁迅速将蔗糖发酵产生了乙醇，这一发现证实了"发酵作用可以在活细胞外进行"，推翻了 1860 年 L. Pasteur 断言的"发酵作用绝对离不开活细胞"的观点。该实例告诉我们，要敢于创新，敢于向权威观点挑战，才会有新的突破，进而推动科学的发展。

四、生物化学的发展

自 1833 年，A. Payen 首次发现淀粉酶后，生物化学才为人所知。但此前大量与生命科学有关的研究和成果为生物化学的理论奠定了坚实基础。

1. 生物化学发展历史进程中的一些重要事件

1783 年，A. Lavoisier 和 P. S. Laplace 发表了关于"动物热"理论，通过定量燃烧和呼吸实验，彻底推翻了"燃烧说"，为生命过程中氧化理论奠定了基础。

1828 年，F. Wöhler 以无机化合物氰化铵合成了有机化合物尿素。

1833 年，A. Payen 从麦芽的水抽提物中用乙醇沉淀得到第一个酶——淀粉酶。

1869 年，F. Miescher 发现了遗传物质核酸（见第五章"核酸化学"第一节）。

1896 年，Buchner 兄弟发现了无细胞体系中的发酵作用（见第九章"糖代谢"第二节）。

1926 年，O. H. Warburg 发现了呼吸作用的关键酶——细胞色素氧化酶。

1929 年，G. Embden、O. Meyerhof 和 J. Parnas 解释了糖酵解的作用机制（见第九章"糖代谢"第二节）。

1937 年，H. A. Krebs 解释了三羧酸循环的过程（见第九章"糖代谢"第二节）。

1953 年，J. D. Watson 和 F. Crick 提出了 DNA 的双螺旋结构模型（见第五章"核酸化学"第二节）。

1961 年，F. Jacob 和 J. L. Monod 提出了基因调控的操纵子学说（见第十一章"核酸代谢"第四节）。

1970 年，H. Smith 发现了限制性内切核酸酶（见第十一章"核酸代谢"第一节）。

1973 年，S. Cohen 和 P. Boyer 建立了重组 DNA 技术。

1985 年，Kary Mullis 建立聚合酶链反应（PCR）技术。

1996 年，I. Wilmut 完成了首例克隆动物——绵羊"多莉"。

2000 年，完成人类基因组工作框架图（见第五章"核酸化学"第五节）。

2001 年，人类在干细胞研究方面取得了重大突破。

2005 年，人类 X 染色体基因测序完成；发现微小 RNA 对基因表达的调节作用（见第十一章"核酸代谢"第三节）。

2007 年，出现第二代测序技术，主要平台为 ABI 公司自主研发的 SOLiD 测序仪（ABI SOLiD sequencer）。

2010 年，文特尔研究所将合成的一个人造基因组插入细菌，替代细菌原来的基因组，该基因组使细菌表达了一套新的蛋白质。

2012 年，开发了 ZFN，TALEN，CRISPR/Cas9 等介导的基因组定点编辑技术（见第十一章"核酸代谢"第三节）。

2018 年，诺贝尔生理学或医学奖得主的研究成果——通过全新的免疫治疗方法，使治愈癌症成为现实。

> 🔍 科学史话 1-3
> 重组 DNA 技术的发明和应用

> 🖥 科技视野 1-4
> 2018 年诺贝尔奖与治愈癌症

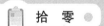 **拾 零**

人工遗传物质

众所周知，生物体遗传信息的载体是 DNA 和 RNA，但是这个理论在 2012 年被英国学者 Philipp Holliger 的研究团队打破。他们人工合成了六种自然界不存在的核苷酸类似物 HNA、CeNA、LNA、ANA、FANA 和 TNA（简称 XNA）。此外还设计了以 DNA 模板合成 XNA、将 XNA 转录成 DNA 的多聚酶。并利用 DNA 进行了遗传信息传递实验：首先将一个 DNA 链上的遗传信息传递到 XNA 上，再传回另一个 DNA 链，结果遗传信息传递的准确度高达 95% 以上。由于人造的 XNA 在分子结构与 DNA 和 RNA 并不完全相同，这说明 DNA 和 RNA 不一定是携带遗传信息的唯一载体。将来可利用这种技术把 XNA 转入活的细菌基因组内，从而生产新的氨基酸和蛋白质，甚至用这些 XNA 进行人工编制遗传信息并创造一种新生命。这项技术被认为给予生命一张更大的遗传"字母表"，所以被《科学》杂志评为 2014 年十大突破之一。

2. 生物化学研究方法的改进

生物化学研究方法的改进，极大地促进了生物化学的发展。

① 离心技术 从 1879 年瑞典的 G. Laval 发明的第一台从牛奶中分离奶油的离心机，到

T. Svedberg 于 1924 年制造完成的能产生 5 000 g 离心力的离心机，再到目前可以产生几十万以上倍于重力的超速离心机，实现了 DNA、RNA、蛋白质等生物大分子以及细胞器、病毒等的分离和纯化，以及样品纯度检测、沉降系数和相对分子质量测定，等等。

② 电泳技术　1948 年 A. W. K. Tiselius 等首次将纸电泳技术用于分离氨基酸和多肽。1970 年以后，各种分析和制备型电泳快速发展，特别是 1990 年以后毛细管电泳和电色谱技术获得了空前发展，成为高速分析和微量分离制备生物分子的重要工具。

③ 层析技术　1903 年俄国科学家 M. Tswett 首先使用层析法分离植物色素，目前已出现吸附层析、分配层析、离子交换层析、凝胶过滤层析、亲和层析等多种形式。并且将层析与计算机、光谱仪器等结合使用，使得层析技术成为纯化和鉴定的重要手段。

此外荧光分析法、圆二色性、核磁共振、同位素示踪法和电子显微镜的应用，使生物质的分离、纯化和鉴定向微量、快速、精确、简便和自动化方向发展。

3. 物理学家、化学家以及遗传学家等的加入

随着科学的发展，各学科之间经历从合到分，再到相互渗透的过程。面对复杂系统的许多难解之谜，科学界试图从多个角度考虑问题，寻求新的概念、新的观点和新的思路。许多其他领域的科学家在生物化学的沃土上获得了丰硕成果，继而为生物化学发展提供研究问题的切入点。

① 英国物理学家 J. C. Kendrew 和 M. F. Perutz 利用 X 射线衍射技术，测定了鲸肌红蛋白和马血红蛋白的空间精细结构，两人一起获得了 1962 年诺贝尔化学奖。

② 美国遗传学家 B. McClintock 从事玉蜀黍（玉米）遗传研究 40 多年，发现了可移动的遗传成分，获得了 1983 年诺贝尔生理学或医学奖。

③ 1953 年美籍德裔生物学家 F. A. Lipmann 分离出辅酶 A；1937 年英籍德裔生物化学家 H. A. Krebs 发现了三羧酸循环，两人共同获得 1992 年诺贝尔生理学或医学奖。

④ 证明 DNA 是细胞基本遗传物质的有三位学者：加拿大细菌学家 O. T. Avery，美国生物学家 C. M. Macleod 和 M. McCarty，他们于 1944 年提出 DNA 是遗传物质。

⑤ 2002 年诺贝尔化学奖获得者 J. B. Fenn（美国）、K. Tanaka（日本）、K. Wüthrich（瑞士）发明了对生物大分子进行确认和结构分析的质谱分析法。

⑥ 2004 年诺贝尔化学奖获得者以色列科学家 A. Ciechanover、A. Hershko 和美国科学家 I. Rose 发现了泛素调节的蛋白质降解。

⑦ 2008 年，美国生物学家 Martin Chalfie、日本有机化学家兼海洋生物学家下村修和美籍华人钱永健以绿色荧光蛋白的研究获得了诺贝尔化学奖。

📋 **拾 零**

绿色荧光蛋白的特点和应用

1962 年，下村修等人在维多利亚多管发光水母中发现了绿色荧光蛋白（green fluorescent protein，简称 GFP）。该蛋白质在蓝色波长范围的光线激发下，会发出绿色荧光。发光过程中需要冷光蛋白质水母素的帮助，且这个冷光蛋白质与钙离子（Ca^{2+}）可产生交互作用。野生型的绿色荧光蛋白的发射波长峰点在 509 nm，绿光的范围下是较弱的位置，395 nm 和 475 nm 分别是最大和次大的激发波长。

绿色荧光蛋白被发现后，即被广泛应用。绿色荧光蛋白的基因常被用作报告基因，经修饰作为生物探针。该基因还可以克隆到脊椎动物（例如兔子）上进行表达，用以证明某种假设的实验方法。

科技视野 1–5

2012 年诺贝尔化学奖解读

⑧ 2012 年，美国科学家 Robert J. Lefkowitz 和 Brian K. Kobilka 因 "G 蛋白偶联受体研究" 获得了诺贝尔化学奖。

⑨ 2014 年，诺贝尔化学奖授予美国科学家 Eric Betzig、William E. Moerner 和德国科学家 Stefan

W. Hell，以表彰他们为发展超分辨率荧光显微镜所做的贡献。

⑩ 2018 年，诺贝尔化学奖揭晓，表彰了三位科学家在酶的定向演化方面取得的成果，他们将这些成果应用于多肽和抗体的噬菌体展示技术。

4. 我国科学家在生物化学方面的研究成果

① 1965 年 9 月 16 日，由留美的王得宝、钮经义和留英的王应睐、曹天钦等人共同协作，用化学方法成功合成了具有生物学活性的蛋白质——结晶牛胰岛素。这在当时国际上尚属首创，因此震动了国际科技界。

② 1981 年，我国学者又采用有机合成和酶促合成相结合的方法，完成了酵母丙氨酸转运核糖核酸的人工全合成。

③ 1984 年，我国青年学者旭日干与日本学者合作培育出世界上第一胎"试管山羊"，后来该山羊被成功培育。

④ 1988 年，由北京大学、清华大学和中国科学院等联合组建的生物膜与膜生物工程国家重点实验室，在生物膜结构、功能以及应用方面取得了重大成果，"口服脂质体胰岛素"即为该实验室研制的治疗糖尿病的新型产品。

⑤ 1998 年，中国科学院上海生化所运用基因重组方法表达了人胰岛素。

⑥ 2002 年，我国科学家完成了世界上第一张籼稻基因组精细图。

⑦ 2005 年，饶子和院士研究小组在世界上率先解析了线粒体膜蛋白复合物 II 的精细结构，该成果发表在《细胞》杂志上。

⑧ 2013 年，中国科学院上海药物所成功解析艾滋病病毒受体 CCR5 的高分辨率三维结构。

⑨ 2014 年，施一公院士研究组揭示出了 Apaf-1 凋亡体（apoptosome）激活 caspase-9 的分子机制。2015 年，施一公院士研究组又捕获到真核细胞剪接体复合物的高分辨率空间三维结构，并阐述了其对前体信使 RNA 执行剪接的作用机制。

⑩ 2018 年，中国科学院研究团队继原核细菌"人造生命"之后，首次人工创建单条染色体的真核细胞——酵母菌株 SY14。

⑪ 2019 年，张学敏院士团队成功发现环鸟腺苷酸合成酶（cGAS）抵抗病毒感染的重要调控机制。

此外，我国在酶的作用机制、血红蛋白变异等方面都具有众多的高水平研究成果。但总体上看，差距还很大，队伍还很小。特别是近年来，世界各国在生物大分子物质的结构功能、分子遗传学、遗传控制等方面的研究突飞猛进，相比之下，更加大了我国与其他国家的差距，应该引起广大学者的重视。

5. 生物化学的研究展望

纵观生物化学近 200 年的历史，科学家们取得了大量的研究成果。有人对诺贝尔奖进行分析发现，除了大量的生理学或医学奖与生物化学有关外，1901 年到 2004 年的诺贝尔化学奖也有 67.9% 的人次与生物化学密切相关。

在看到生物化学辉煌成果的同时，也应该看到与生物化学相关领域还存在着一些未解之谜，例如，地球上原始生命如何起源？外天体上究竟有无生命？遗传物质怎样进化？一个受精卵中的遗传物质怎样控制形成新个体？此外，怎样深入了解与生命活动和重要疾病有关的基因？如何进行疾病的预防，例如，有关癌症、艾滋病等问题。还有，如何在完成人类基因组序列的基础上，进行后续的研究与开发，例如，研究功能基因组与生物芯片，从而开展与重大疾病、重要生理功能相关的基因、蛋白质、重要病原生物等功能基因组的研究与开发。

五、如何学好生物化学

1. 强化情感因素，投入学习过程

脑科学研究表明，大脑的情感中心，紧密地与长期记忆存储系统相连，如果我们能够带着感情投

科技视野 1-6
2018 年诺贝尔化学奖与酶定向演化

科学史话 1-4
施一公及其研究组主要研究成果

科学史话 1-5
邹承鲁的主要研究成果

科技视野 1-7
我国学者近年来的成果

入到学习之中，那么课本就会变成我们喜爱的故事或科普图书。

首先，通过一些典型人物、事例激发学习动机，提高学习兴趣，诱导探究心理。孔子说："知之者不如好之者，好之者不如乐之者。"例如，通过对核酸发现史的介绍，即从 1869 年瑞士青年外科医生从绷带脓血细胞中分离出"核素"，到 20 年后 R. Altmann 将其改名为核酸，再到 20 世纪 20 年代将核酸分为 DNA 和 RNA，以及 1953 年 J. D. Watson 和 F. Crick 的 DNA 双螺旋模型的揭示，如果能够带着强烈的好奇心去领会那些枯燥的知识，就会使思维活跃，直至对这些问题产生自己的想法。

其次，避免产生畏难情绪。即使是较难理解的内容，争取先以简单的形式总结出整体框架，再逐渐加大难度。如在学习蛋白质合成过程时，可以先简单地总结出，该过程是以 mRNA 为模板，每 3 个碱基决定 1 个氨基酸，形成具有一定氨基酸顺序的多肽链，继而形成特定结构的蛋白质；然后全面准确地学习有关知识：mRNA 与密码子、tRNA、核糖体等；接下来，在上述大知识框架的基础上，详细理解多肽链合成过程的起始、延伸、终止及释放几个阶段；最后列表总结各个阶段所需的条件及特点。这样先易→再难→后易，从简入手，步步深入，会使难点分散，记忆清晰。

2. 把握知识联系，形成知识网络

生物化学是一门具有严密逻辑性和系统性的学科，各章节相互联系，前后呼应。所以，首先按照各部分知识之间内在的规律理清脉络。利用各章和部分小节之前的知识导图，建立知识框架，把握宏观知识结构，然后对各个知识点，由浅入深，层层递进。运用这种方法，小到每一节、每一个问题，大到整本书的内容，实现了从"树干 – 树枝 – 树叶"的逻辑结构。例如，蛋白质化学一章，在把握基本概念的基础上，从组成 – 结构 – 性质 – 分离入手，把零散的内容串起来构成一个有机整体。本书的写作方式也是以突出每章的各部分以及各章之间的相互联系来体现的。

另外，注意横向比较一些知识，联系和区别近似或易混淆的问题，阐明相同点，突出不同点，使有关内容简明化、集中化。例如，在核酸化学一章，对于 DNA 和 RNA 的结构和特点，可以通过横向比较碱基、五碳糖和磷酸，以及它们的分布和功能等进行学习。再如，对于静态化学的几章，可以从比较糖类、脂质、核酸和蛋白质的元素组成、定义、结构、功能和性质入手，将众多零散知识系统化，使它们变得简单和容易记忆。

3. 注意发展动向，密切联系实际

新事物的诞生，给人欢欣和喜悦，给人鼓舞和力量，也给人带来新的思索和解决问题的途径。生命科学是 21 世纪的带头学科，而生物化学作为生命科学最基础和核心的内容，有着日新月异的发展。密切注视生物化学发展新动向，有利于开阔思路，深入理解问题。

关注与生物化学有关的基础研究成果。例如，目前在功能基因组学、干细胞、转基因技术、生物芯片、合成生物学和生物信息学等方面的新成果。

关注生物化学的发展给其他学科带来的影响。例如，生物化学的新成果广泛应用于生理学、遗传学等各个领域，推动着其他各学科的前进。

关注生物化学的发展与生物技术产业的关系。生物化学的发展使生物技术产业进入了一个重要的时期。生物技术广泛应用于农业、医药、食品、化工、环保、能源、海洋开发等领域，产生了巨大的经济效益，显示了不可阻挡的发展态势。

4. 善于提问和设想，培养创新能力

许多生物化学知识的学习，可以按照如下思路进行：

提出问题 → 得到知识 → 提出新问题 → 培养创新意识

↑　　　　　 ↑　　　　　 ↑

寻找答案　 应用知识　 解决新问题

如学习核酸化学时，可以首先提出问题：生物界的多样性主要由蛋白质体现，蛋白质的结构又由哪类物质决定？为什么出现"龙生龙，凤生凤"？为什么出现"一母生九子，连母十个样"？带着问题去探究蛋白质与核酸的关系，分析蛋白质和核酸的组成、结构和性质等知识，在此基础上提出新问题，如这些基本知识在基因工程中如何得到应用。

通过不断提出问题和设想，不但继承了前人总结的宝贵经验和理论，还可以利用人们好奇的天性，并在解决问题过程中掌握新知识，培养创新意识。

5. 线上线下结合，打造高效成果

2019 年 4 月教育部提出实施一流本科课程"双万计划"，其中国家级一流课程一万门，包括 3 000 门左右线上"金课"（国家精品在线开放课程），7 000 门左右线上线下混合式"金课"和线下"金课"。并明确国家级一流课程的申报条件，即突出学生为中心，注重能力培养，有效提升课程的高阶性、创新性、挑战度。在此精神指导下，教育部、高等教育出版社和各高校等相关机构努力提供了各种形式的平台，包括教学网站、电脑和手机软件，纸质教材（强化了数字资源）和数字课程，为教学提供了丰富的资源，也为教学改革和实践提供了有利条件，我们要充分利用这些优势，争取打造高效的学习成果。

> 📙 **学习与探究 1-4**
> 新形势下的教学理念和常用教学方法简介

第二节 生物化学与生物体

生物化学是研究生物体的生物分子及其化学反应的学科。然而，自然界的生物五彩缤纷，已知的有 200 多万种。从热带雨林到林海雪原，从马里亚纳海沟到珠穆朗玛山巅，生物无处不在。那么，从哪里作为切入点研究这些纷繁复杂、种类众多的生物呢？如果能从中总结一些共性的东西，将起到化繁为简，深入浅出的效果。

我们可以通过两种方法完成上述任务。其一是归纳法，考虑为什么从微小的细菌到万物之灵的人都属于生物？其二是对比法，即考虑生物与非生物有什么区别？这样，可以得到以下答案：生物体的物质组成具有同一性、生物体的基本结构具有有序性、生物体具有最基本的特征即新陈代谢；除此之外，生物体还具有运动、生长发育和繁殖、遗传变异以及适应环境等特征。

> 🎯 **知识拓展 1-3**
> 体细胞内正在发生的事

本节将从生物体的物质组成、生物细胞的结构、代谢之间的联系出发，简述生物体与生物化学研究内容的相互关联。

一、生物体的物质组成

生物体需要各种物质，特别是水、无机盐、糖类、脂质、蛋白质、核酸及维生素等来维持最基本的生命活动。所以，生物化学的研究首先从生物体的物质组成入手。

上述这些物质，可以分为无机分子和有机分子两大类。从元素组成来看，这些物质包含着普遍存在于无机界的 C、H、O、N、P、S、Ca 等元素，它们均非生命特有的元素，说明了无机界与生物界的同一性。

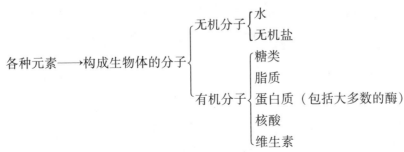

各种元素 ⟶ 构成生物体的分子 ⎧ 无机分子 ⎨ 水 / 无机盐 ⎩ 有机分子 ⎨ 糖类 / 脂质 / 蛋白质（包括大多数的酶）/ 核酸 / 维生素

◎ 知识拓展 1-4
生物体内元素的组成和功能

1. 生物体的元素组成及其作用

组成生物体的常见元素有30种左右，它们的原子序数相对较低。其中C、H、O、N四种元素在大多数生物体中占总质量的96%以上，它们是组成生物分子和参与生命活动的重要成分。如C是各种成链或成环生物分子的基本骨架，H和O构成水，N是蛋白质和核酸以及植物叶绿素的成分。其他元素含量虽少，也起到非常重要的作用，如K、Na和Cl是维持体液平衡的物质。生物体内还存在一些微量元素，比如Mn、B、Zn、Cu、Mo等，它们可以作为酶系统的特异活性中心，如Zn、Cu；可以作为激素或维生素的成分，如甲状腺激素中的I和维生素B_{12}中的Co。

2. 构成生物体的分子

构成生物体各种元素的原子通过化学键（主要是非共价键和共价键）形成不同的生物分子。不同的生物所含分子的种类不同，简单的生物如类病毒，是当今知道的只含一种核酸（DNA或RNA）的生物。而对于占生物界大多数的细胞生物来说，虽然每一种生物所含分子的类型不同，但基本包括有机分子和无机分子两大类。这些分子在不同的细胞中含量相差很大，但一般情况下，占细胞鲜重的比例如图1-1所示。

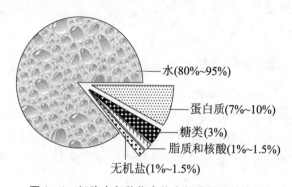

水(80%~95%)

蛋白质(7%~10%)

糖类(3%)

脂质和核酸(1%~1.5%)

无机盐(1%~1.5%)

图1-1 细胞中各种化合物占细胞鲜重的比例

（1）水和无机盐

水主要以自由水和结合水两种形式存在。占绝大部分的自由水可以进出组织细胞，如人体血浆中的水。结合水与蛋白质、多糖、脂质等紧密结合，活动性显著降低，如人体骨骼肌细胞中与蛋白质结合在一起的水。

水的作用与其特性密切相关。水的极性较强，比热容大，蒸发热高，且pH是7。由此产生的重要生理作用表现在：①水可以作为生物体内良好的溶剂；②水是生物体内各种物质的运输者；③水参与生物体内各种物质的代谢反应；④水对体温的调节和维持起着很大作用。

无机盐（inorganic salt）在生物体内主要以离子态存在。例如，Na^+、K^+、Ca^{2+}、Mg^{2+}、Cl^-、HPO_4^{2-}、HCO_3^-。无机盐在生物体内含量虽少，却起到很重要的作用：①无机盐可以作为细胞内某些复杂化合物的重要组成部分；②无机盐对于维持生物体的生命活动具有重要作用；③无机盐在生物体内起电化学作用，参与渗透压调节、胶体稳定和电荷中和等。

（2）有机分子

有机分子（organic molecule）是生物体内普遍存在的物质，蛋白质、核酸、脂质和糖类是生物化学研究的重点。每一类又包括多种类型。例如，蛋白质在生物界多达10^{10}~10^{12}种，仅大肠杆菌就有3 000种之多。

那么，在学习过程中能否抓住这些有机分子的一些共同规律，以便对它们形成整体印象呢？我们从以下几点总结它们在结构组成上遵循的基本原则。

① 小分子单体聚合成大分子多聚体 小分子**单体**（monomer）通过聚合反应消耗能量形成大分子**多聚体**（polymer）。反之，生物大分子也可以通过水解等反应，形成小分子单体。这样由有限种类

的单体可以聚合成几乎无限种类的多聚体。在生物系统中，缩合反应并非水解等反应的简单逆转，该过程需要能量，两种反应由不同酶催化（图1-2）。

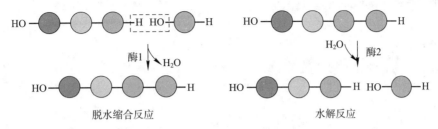

脱水缩合反应　　　　　　　　水解反应

图1-2　脱水缩合反应与水解反应

生物体的蛋白质以20种氨基酸为主要单体组成；所有生物的DNA和RNA以4种脱氧核苷酸和四种核苷酸为主要单体组成；同样，不同的单糖分子可以通过不同形式形成多种多糖。反之，蛋白质、DNA、RNA以及多糖也可以通过水解和磷酸解等方式形成单体。

脂质的构成形式与上述三种物质有较大区别，它们不是由众多单体聚合而成，而大多是以脂肪酸与醇作用生成酯及其衍生物。有关蛋白质、DNA和RNA、多糖以及脂质如何形成，它们有哪些特点，在生命活动中会发生怎样的变化，对这些问题的解释正是本书的主要内容。

② 生物体内存在异构体　**异构体**（isomer）是同分异构体的简称，指具有相同分子式而原子排列不同的化合物。有机物中的同分异构体分为**构造异构体**（structural isomerism）和**立体异构体**（stereo isomerism）两大类。构造异构体具有相同分子式，而分子中原子或基团连接顺序不同；立体异构体是分子中原子或基团连接顺序相同，但它们在空间的相对位置不同。

生物体内存在着大量各种类型的异构体，它们在赋予生物分子丰富结构的同时，也形成了多种生物学功能。

③ 碳原子参与形成大量有机分子的基本骨架　碳原子有4个外层电子，能够形成4个共价键。碳原子可与碳原子相连（如葡萄糖），也可以与其他原子相连（如氨基酸），从而形成生物分子的基本骨架；这些骨架长短不一（如不同长短的肽链），可以有分支（如支链淀粉），可以成环（如核糖和脱氧核糖）。上述特点决定着生物体内有机化合物的基本性质。一方面，这种结构十分稳定；另一方面，它们又能被酶断裂。

④ 功能团赋予生物分子多种反应活性　与碳骨架相连的，含有O、H、P、S的原子团称为**功能团**（function group），常见的有：羟基、羰基、羧基、氨基、巯基和磷酸基团等。碳氢化合物本身无极性，因此与其他化合物的反应能力较弱。但是，这些功能团几乎全是极性基团，它们可以增加生物分子的亲水性，从而增强生物体内的有机分子与其他分子的反应能力。

掌握了上述主要原则，就可以按照比较一致的思路，去研究生物界多种多样的大分子。比如蛋白质，其单体主要是20种氨基酸，多数属于L-型。由不同数目、种类和顺序的氨基酸形成了肽链，继而形成不同的空间结构，这就可以形成多种多样的蛋白质，而氨基酸R基上的基团影响了蛋白质的性质，也影响着蛋白质的生物学功能。

二、生物体的基本结构及功能

组成生物体的各种化学成分不是随机地堆砌在一起，而是构成严整有序的结构。这种结构，不仅包括在占生物界绝大多数的细胞生物中，也包括在病毒等少数种类的非细胞生物中。

对于细胞生物，其有序的结构层次主要描述为：元素-小分子-大分子-多分子-亚细胞水平（细胞器等）-细胞-组织-器官-系统-生物体。

以植物细胞为例展示细胞的结构层次，明确各部分的主要组成成分（表1-1）。

◎ 知识拓展1-5

常见异构体

300 多年前，英国物理学家 R. Hooke 和荷兰人 A. Leeuwenhoek 分别用自制的显微镜发现了软木细胞和细菌等，使人们对生物体的研究进入到了细胞这一微观领域。19 世纪中叶，经过许多科学家的不断完善，建立了**细胞学说**（cell theory）。这一学说将地球上绝大多数生物统一于细胞这一共同结构。

对于地球上的众多生物，从二界系统到六界系统，虽然有多种分类方法，但从直观的角度可将它们进行这样简单的划分：

生物 { 非细胞生物（病毒等）；细胞生物 { 原核生物（细菌等）；真核生物 { 单细胞生物（原生动物、酵母菌等）；多细胞生物（多数动物、植物、许多真菌等）

表 1－1 植物细胞的结构层次

元素	小分子	大分子	亚细胞水平*	细胞水平
C、	水（以⑧表示，下同）			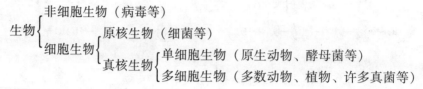
	无机盐⑨			
H、	葡萄糖	纤维素①		
	半乳糖等	果胶②	细胞核（④⑤⑥）	
O、	多种单糖	寡糖③	细胞质（⑧⑨）	
	氨基酸	蛋白质④	细胞质膜（③④⑦）	
N、	脱氧核糖核苷酸	DNA⑤		
	核糖核苷酸	RNA⑥	细胞壁（①②）	
P、S、Ca 等	甘油、脂肪酸、磷酸等	磷脂⑦	以及各种细胞器	

表中的圆圈序号代表它前面相应的大分子或小分子。*括号内表示这部分结构中主要含有物质的序号。

多细胞生物是众多细胞的集合体，占据了地球上的绝大多数。但它们不是单个细胞的简单相加，而是由不同的细胞分化成形态、结构和功能不同的细胞群，即组织；再由组织形成不同的器官；继而由器官形成不同的系统，最后由不同的系统形成复杂的生物体。但执行特定功能的单位仍然是细胞，这些细胞分工精细又密切合作，成为生物体新陈代谢、生长、发育繁殖以及遗传、变异的基础。

细胞种类繁多，形状多样，大小不一，但大多数细胞有着相似的结构。下面介绍高等动物和高等植物细胞的一般结构（图 1－3）。

1. 细胞质膜和细胞壁

细胞质膜（plasma membrane）是细胞表面的膜，厚度通常为 7～8 nm，是生物膜的重要组成部分。细胞质膜作为细胞与外界的界限膜（植物外面还有细胞壁），除了具有保护作用外，还具有最重要的特性——**半透性（或选择透过性）**（semi-permeability）。这一特性与生物进行正常新陈代谢密切相关。细胞质膜以糖类、蛋白质和脂质为基本组成成分，有关这些物质的组成、结构和功能将分别在第二章（糖化学）、第三章（蛋白质化学）和第七章（脂质和生物膜）加以阐述；而对于以细胞质膜为主的生物膜特性将在第七章进行说明。

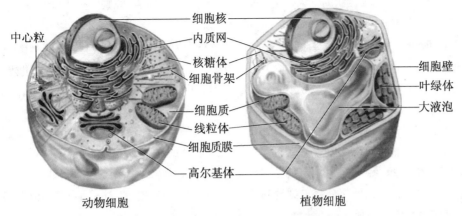

图 1-3 高等动物和高等植物细胞结构模式图

细胞壁（cell wall）是植物细胞质膜之外的无生命结构，厚度在 0.1 μm 至几 μm 之间，比细胞质膜厚得多。细胞壁具有支持和保护作用，其组成成分是细胞分泌的产物，主要包括纤维素（属于糖类中的同聚多糖）、半纤维素和果胶（属于糖类中的杂多糖），这些物质的特点将在第二章（糖化学）中具体阐述。

2. 细胞核

细胞核（nucleus）存在于绝大多数真核细胞中（哺乳动物的红细胞等除外），直径大多为 5 μm 左右，多数单核，包括核膜、核质、染色质和核仁等部分。

核膜（nuclear membrane）包在细胞核的外面，双层，厚度为 7~8 nm。核膜上有小孔，称为**核孔**（nuclear pore），是细胞核与细胞质交流的通道。核膜在细胞生活的特定时期可以溶解，如有丝分裂和减数分裂过程中，染色体复制完成后即消失，为实现染色体上 DNA 的平均分配提供条件。

染色质（chromatin）是细胞核内容易被一些染料（如苏木精）染色的物质。它们在细胞分裂间期呈细丝状，在分裂期螺旋化程度加大，称为**染色体**（chromosome）。

真核细胞染色质的主要成分是 DNA 和蛋白质，其中蛋白质包括**组蛋白**（histone）（一类碱性蛋白质）和**非组蛋白**（nonhistone）（主要为酸性蛋白），也含有少量 RNA。染色质的基本组成单位是**核小体**（nucleosome）。其核心部分由 4 对组蛋白组成，外面缠绕着 DNA。核心部分之间由连接 DNA（linker DNA）连接，连接 DNA 上也有组蛋白。每个核小体中大约包括 200 个碱基对。染色质中的非组蛋白主要作为酶参与 DNA 复制和转录等过程，在第十一章（核酸代谢）中将具体讲解这些知识。核小体与 DNA、染色质、染色体的关系如图 1-4 所示。

◉ 知识拓展 1-6
染色体组成

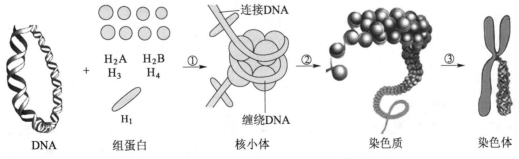

DNA　　　组蛋白　　　核小体　　　染色质　　　染色体

图 1-4 核小体与 DNA、染色质、染色体的关系

①DNA 缠绕在 4 对组蛋白外面形成核小体的核心部分，核心部分之间通过连接 DNA 相连，上有 H₁ 组蛋白；
②以核小体为基本单位形成染色质；③染色质螺旋化成为染色体

DNA 上存在着控制生物性状的绝大部分基因，而 RNA 在基因表达过程中起重要的辅助作用。有关 DNA、RNA 的结构特点将在第五章核酸化学部分具体讲解。

核仁（nucleolus）是细胞核中的颗粒状结构，主要由 DNA、蛋白质和 RNA 组成。核仁中的 DNA 是核内染色体的特定部分，其上存在转录成 rRNA 的基因。核仁是核糖体的亚单位合成的场所。

核液（nuclear sap）又称为**核基质**（nuclear matrix），内含由蛋白质形成的纤维网状结构，其中充满液体。

由此可见，细胞核是遗传物质贮存和复制的场所。真核生物的遗传物质主要是 DNA，其上的基因是控制生物性状的基本单位。RNA 在基因行使功能时起辅助作用。

3. 细胞质和细胞器

细胞质膜以内，核膜以外部分属于**细胞质**（cytoplasm）。由**细胞器**（organelle）和**胞质溶胶**（cytosol，又称细胞质基质）组成。

高等植物和高等动物细胞内含有多种细胞器，使细胞内形成许多微小分区，生化反应以它们作为场所或介质进行的。本部分将各种细胞器进行归类，主要原则是它们与生物体的物质组成、结构、功能以及生命现象的关系。从而明确它们与生物化学的联系。

① 内膜结构系统细胞器 这类细胞器能够增加细胞内的面积，使细胞成为一个完整整体。它们是由一些细胞器组成的广泛膜结构，向外与细胞质膜相接，向内与细胞核的外膜相连，主要包括**内质网**（endoplasmic reticulum）、**高尔基体**（dictyosome）、**溶酶体**（lysosome）和**液泡**（vacuole）。这些结构密切联系，且处于动态变化之中。

此外，**过氧化物酶体**（peroxisome）和**乙醛酸循环体**（glyoxysome）均属于**微体**（microbody）。

② 与基因表达相关的细胞器 基因是 DNA 分子的片段，主要位于染色体上。一个基因包括编码一条多肽链或功能 RNA 所必需的全部核苷酸序列。遗传信息从 DNA 到蛋白质传递的过程叫**基因表达**（gene expression），参与基因表达的细胞器中很重要的一种是核糖体。

核糖体（ribosome）是一种核糖核蛋白颗粒，是合成蛋白质的场所。DNA 转录形成的 mRNA，与核糖体结合后，按照 mRNA 上的核苷酸序列合成多肽链，这些内容将在第十一章（核酸代谢）、第十二章（蛋白质代谢）中详细讲解。

一部分核糖体附着在内质网上，主要合成向细胞外输出的蛋白质（分泌蛋白），例如哺乳动物的消化酶；而另外一部分核糖体游离在胞质溶胶中，主要合成留存在细胞质中的蛋白质，如各种膜结构蛋白以及酶等。

核糖体主要由核糖体 RNA（rRNA）和核糖体蛋白质组成，形成大小两个亚基。原核生物和真核生物核糖体的组成不同。

③ 与能量转换相关的细胞器 物质代谢中伴随着能量的变化，这是本书动态生物化学部分主要讲述的内容，那么，与能量转换有关的细胞器主要有哪些呢？

叶绿体（chloroplast）可以将无机物合成为有机物，而**线粒体**（mitochondrion）是将有机物分解为无机物的主要场所。

线粒体的内、外膜之间是**膜间腔**（intermembrane space），宽 6 ~ 8 nm，含有多种酶和辅因子，也是细胞呼吸发生的重要部位。

叶绿体和线粒体内的膜面积均比较大，这有利于生物化学反应的顺利进行。但这两种结构中，使膜面积增大的原因不同。线粒体由于内膜向内折叠形成嵴，大大增加了内膜面积，内膜和嵴上有细胞呼吸所需要的酶和电子传递载体。线粒体的基粒存在于内膜和嵴上，其实质是 ATP 合酶复合体，是氧化磷酸化形成 ATP 的地方。线粒体基质中含有多种与物质降解有关的酶，包括参与三羧酸循环、脂肪酸氧化、氨基酸分解的酶。此外还含有 DNA、tRNA、rRNA 以及与线粒体基因表达有关的酶。

叶绿体内的膜面积增大，是由于叶绿体腔中存在着由基粒类囊体重叠在一起形成的**基粒**（grana），

知识拓展 1-7

内膜系统细胞器的形态和功能

知识拓展 1-8

原核生物和真核生物核糖体的组成

知识拓展 1-9

线粒体和叶绿体

基粒之间通过**基质类囊体**（stroma thylakoid）相连。在类囊体膜上存在着与光合作用有关的色素和与光合磷酸化相关的电子传递系统。叶绿体是进行光合作用的场所。

线粒体和叶绿体均为半自主性细胞器。它们有自己的一套遗传系统，能够以自己的DNA为依据编码部分蛋白质，线粒体蛋白质约有10%是由本身的DNA编码合成的。

④ 其他细胞器　在细胞质中存在着三维的网络结构系统，主要由纤维状蛋白质组成，称为**细胞骨架**（cytoskeleton）。细胞骨架为一些细胞器提供了依附场所，也将胞质溶胶划分为不同的反应体系，避免了反应之间的相互干扰。构成细胞骨架的蛋白质纤维主要有三种，即**微管**（microtubule）、**微丝**（microfilament）、**中间纤维**（intermediate filament）。每一种由不同的蛋白质亚基组成。细胞骨架分布在细胞内的相应位置，对于维持细胞的形态结构、参与细胞运动、物质和能量的转变以及细胞分裂等都起到重要的作用。

中心体（centrosome）存在于高等动物和非种子植物中，是一类由微管构成的细胞器。一个中心体通常包括两个互相垂直的**中心粒**（centriole），每个中心粒由9组三连体微管组成。在细胞有丝分裂过程中，从中心体伸出微管形成纺锤体，参与染色体的平均分配。

4. 细胞的整体性

细胞各部分不是独立存在的，而是相互协调、相互依存。就是说，不论从结构上还是功能上讲，细胞都是一个有机的整体。

从结构上看，细胞的膜结构使各部分沟通起来，形成相互联系的整体。内质网膜向外联系细胞质膜，向内联系核膜，还可以与高尔基体相通或通过小泡相连，而溶酶体、微体等也可以看成是由高尔基体断裂产生。

从功能上看，细胞的各部分也表现出密切配合、协调统一。现以人胰蛋白酶原的形成为例，说明细胞在功能上的整体性（图1-5）。

细胞质膜控制物质出入细胞。人体从外界摄取的蛋白质，经消化成为小分子的氨基酸，被吸收进入内环境（如血浆），继而经过循环系统运输，到达全身各处（如胰腺细胞），再通过胰腺细胞质膜进入细胞内部。

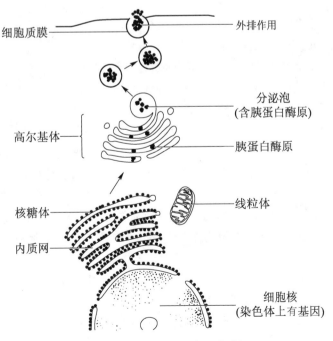

细胞质膜

外排作用

分泌泡
（含胰蛋白酶原）

高尔基体

胰蛋白酶原

核糖体

线粒体

内质网

细胞核
（染色体上有基因）

图1-5　胰蛋白酶原的形成过程

知识拓展1-10

细胞内分泌蛋白的合成

细胞核内的染色体上有决定胰蛋白酶原形成的基因，转录形成 mRNA。mRNA 通过核孔进入细胞质，与内质网上的核糖体结合起来。

mRNA 上的核苷酸排列顺序决定了氨基酸的排列顺序。胞质溶胶中的 tRNA 携带氨基酸，经过一系列生物化学反应，合成特定结构的蛋白质——胰蛋白酶原，这一过程为蛋白质的翻译。胰蛋白酶原进入内质网腔中，内质网中彼此相通的囊腔和细管形成了一个隔离于胞质溶胶的管道系统，此系统将对胰蛋白酶原进行加工并起到运输作用。

内质网膜围裹这些蛋白质类物质，并断开形成小泡，移向高尔基体，在其内进一步加工后排放到胞质溶胶中，高尔基体是细胞分泌物的最后加工和包装场所。

从高尔基体脱离的分泌泡，移向细胞质膜，通过外排作用排出，进入内环境，运输到相应的细胞发挥作用。在整个过程中，均需线粒体提供能量。

三、细胞分裂

生长现象是生物体的基本特征之一，而**细胞分裂**（cell division）是生物体生长、发育和繁殖的基础。在细胞分裂过程中，包含着许多生物化学反应。下面总结概括有关细胞分裂的知识，以明确它们与生物化学的联系。

细胞分裂有无丝分裂、有丝分裂和减数分裂等方式。其中无丝分裂是一种简单的分裂方式；有丝分裂是体细胞的分裂方式，形成的子细胞染色体和 DNA 数与母细胞相同；减数分裂是有性生殖细胞形成的方式，有性生殖细胞只含有体细胞一半的染色体数和 DNA 数。

不同物种所含染色体组数不同，但多数为二倍体，如人的每个染色体组中含有 23 条染色体，体细胞中含有 46 条染色体。

有性生殖（sexual reproduction）是生物界最高等的生殖方式。**配子生殖**（gametogony）是有性生殖中最主要的方式，生殖细胞分别称为雌、雄配子。而**卵式生殖**（oogamy）又是配子生殖中最主要的方式，生殖细胞分别为**精子**（sperm）和**卵细胞**（egg cell）。下面以人为例，表示细胞分裂与生物生活史的关系（图 1-6）。

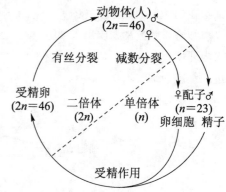

图 1-6 细胞分裂与生物生活史的关系
（n 代表染色体数）

人的生命起点是受精卵，含有 23 对 46 条染色体。受精卵经过有丝分裂，数目增多，其主要变化为：染色体复制后，平均分到两个子细胞中，每个子细胞具有与亲代数目、形态完全一样的染色体，也就具有了与亲代完全一样的遗传信息。

进行有丝分裂的细胞，从上一次分裂结束到下一次分裂结束称为一个**细胞周期**（cell cycle）。典型的细胞周期分为间期和分裂期；分裂期又被人为地分为前、中、后、末几个时期。染色体在细胞周期中的具体变化：间期染色体复制，使 1 条染色体上包含 2 条染色单体，由 2 个 DNA 分子组成，仍然连在 1 个着丝点上，所以称为 1 条染色体。可见，染色体复制后，染色体数不变，DNA 数加倍。后期，1 条染色体的着丝点一分为二，2 条染色单体成为 2 条染色体，每条染色体包含 1 个 DNA 分子，这时染色体数在细胞中暂时加倍。末期，分开的 2 条染色体分到 2 个细胞中，最后形成的子细胞中染色体数与母细胞完全一致。

受精卵在细胞分裂的基础上，分化成为形态、结构、功能不同的细胞群，即组织，再由组织组成器官，由器官组成系统，由系统组成新个体。

当新个体成熟后，雌、雄个体分别通过减数分裂产生卵细胞和精子。

图 1-7 和图 1-8 分别显示精子和卵细胞的形成过程。

🌀 知识拓展 1-11

有丝分裂的过程

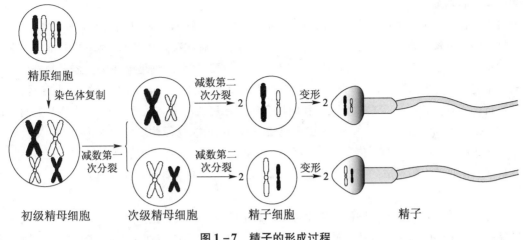

图 1-7　精子的形成过程

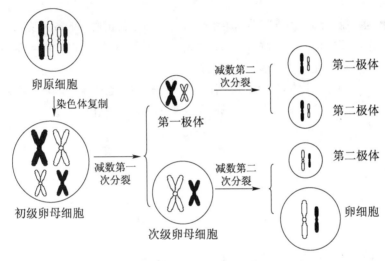

图 1-8　卵细胞的形成过程

减数分裂时，原始生殖细胞（精原细胞或卵原细胞）首先经过染色体复制，形成初级生殖细胞（初级精母细胞或初级卵母细胞），染色体和 DNA 的变化与体细胞有丝分裂相同，即经过复制，染色体数不变，DNA 数加倍。

初级生殖细胞经过两次连续核分裂（减数第一次分裂和减数第二次分裂），形成 4 个子细胞（4个精子细胞或 1 个卵细胞和 3 个极体），每个子细胞中染色体数目和 DNA 数目比原始生殖细胞减少了一半。

在减数第一次分裂前期，同源染色体两两配对，即**联会**（synapsis）。此时每 1 条染色体上包含 2条姐妹染色单体，含有 2 个 DNA 分子，联会的同源染色体上包含 4 条染色单体，称为**四分体**（tetrad）。四分体的非姐妹染色单体间可以形成交叉并有可能交换对应片段，导致遗传物质重新组合。在减数第一次分裂的后期，同源染色体移向两极，形成非同源染色体的自由组合，继而在末期分配到两个次级生殖细胞（次级精母细胞或次级卵母细胞和第一极体）。次级生殖细胞中的染色体数和 DNA数均比初级生殖细胞减少了一半。

减数第二次分裂，与普通有丝分裂相似，但染色体不再复制，细胞中也不具有同源染色体。经过后期染色单体的分开和末期染色体分到两个子细胞中，最终形成的生殖细胞（精子或卵细胞和第二极体）染色体数与次级生殖细胞相同，而 DNA 数比次级生殖细胞减少了一半。

经过减数分裂，染色体复制一次，细胞连续分裂两次，最终形成的生殖细胞染色体数和 DNA 数

🎯 知识拓展 1-12

减数分裂过程

比原始生殖细胞均减少了一半。

经过受精作用，精子和卵细胞结合在一起，使染色体数和 DNA 数均加倍，与原来的体细胞一致。

可见，经过有丝分裂、减数分裂和受精作用，维持了前后代染色体数和 DNA 数的恒定。在第十一章"核酸代谢"的第二节，将讲到 DNA 的生物合成，我们就会深刻理解在染色体复制过程中，如何形成两条完全一样的 DNA 分子。在第十一章"核酸代谢"的第三节、第十二章"蛋白质代谢"的第四节，将讲到有关 RNA、蛋白质合成，我们将会明确在后代的个体发育过程中，DNA 上的遗传信息又是如何传递给 mRNA，再进一步表达成一定结构的蛋白质，从而体现生物性状的。

综上所述，在各种生物的进化和繁衍过程中，生物化学反应无时不在，无处不在。在自然界，生物为数众多，而真核细胞构成的真核生物是主要类群，所以本书主要以真核细胞为例讲述生物化学与生物体的关系。

首先各种基本元素形成了细胞的多种化合物，其中糖类、脂质、蛋白质和核酸以及维生素在生命活动过程中起着重要的作用。这些物质的组成、结构、性质和功能将在本书的前半部分（静态生物化学）中讲述。

以这些化合物为基础，形成了细胞的基本结构，产生了与其相适应的各种功能。这些功能的基础是新陈代谢，它包括物质的合成与分解、能量的贮存和释放。这些内容将在本书的后半部分（动态生物化学）中讲述。

在静态生物化学和动态生物化学中，体现着生物体结构和功能的统一以及生物体的调节机能，这些内容属于功能生物化学，将在本书的最后一章和穿插在相关章节进行讲述。

？ 思考与讨论

1. 通过本章的学习，建立本书所讲内容的基本框架，并谈一谈你对学好生物化学有哪些想法。

2. 通过本章的学习，说明生物化学与生物体之间的密切关系。

3. 根据你所学的生物化学知识，谈谈你对转基因食品争议的看法。

4. 以淀粉、蛋白质和核酸为例，说明这些物质在结构形成的过程中有哪些规律。

5. 为什么说细胞具有整体性？以一种物质为切入点（例如水），根据它在细胞内发生的主要变化，将细胞的多种结构和功能联系起来。

6. 查阅最近较为重要的新闻，看看哪些与生物化学相关，并分析为什么相关。

7. 查阅与生物化学相关的科学史话，选出三个小故事，思考你可以从中得到哪些启示？

网上更多资源……

◆ 本章小结　　◆ 教学课件　　◆ 自测题　　◆ 教学参考

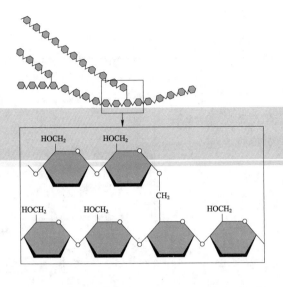

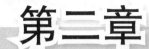

第二章

糖 化 学

糖类是自然界数量最多、分布最广的重要有机物，是生物体内重要的能源物质和结构物质，具有细胞间通信、相互识别、信号传递等作用。糖的种类繁多，结构各异。那么糖类化合物如何分类？结构和性质又怎样？有哪些生物功能呢？这是本章要学习的内容。

学习指南

1. 重点：糖的概念、分类与功能；单糖的结构与物理化学性质；自然界存在的重要寡糖与多糖的结构及性质。

2. 难点：单糖的结构与物理化学性质。

- **概述**
  定义与组成；分类；功能

- **单糖**
  单糖的结构、构型与构象；单糖的重要物理化学性质；重要的单糖衍生物

- **寡糖**
  定义；功能；结构与性质；自然界存在的重要寡糖

- **多糖**
  淀粉与糖原；纤维素与半纤维素；壳多糖与脱乙酰壳多糖；黏多糖（糖胺聚糖）；肽聚糖；糖缀合物

- **糖的分离与分析**
  寡糖的分离与分析；多糖的分离与分析

▶▶ 知识导图

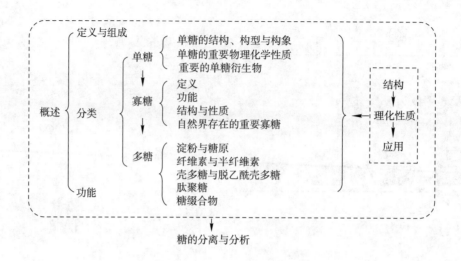

第一节 概述

糖类是自然界中含量最丰富的一类有机物质，广泛分布于动、植物和微生物体内。研究糖类化合物的组成、结构、性质等，对于学习糖化学、寻找新的抗菌物质、探索植物纤维原料和淀粉资源、研究病原体的化学组成以及开拓糖蛋白、糖脂类化合物等一系列生物化学新领域的研究具有重大意义。

一、定义与组成

🍄 科技视野 2-1
糖类研究的进展

在 19 世纪，生物化学家测定了许多有机化合物的分子式，发现当时所有已知的糖类均由碳、氢、氧三种元素组成，而且分子式可用通式 $C_n(H_2O)_m$ 表示。因此，糖被认为是碳的水合物，称为**碳水化合物**（carbohydrate）。但是后来发现许多糖类并不符合上述分子式。如鼠李糖（$C_6H_{12}O_5$）、脱氧核糖（$C_5H_{10}O_4$）等。有些符合上述通式的也不属于糖类，如甲醛（CH_2O）、乙酸（$C_2H_4O_2$）、乳酸（$C_3H_6O_3$）等，其结构和性质也与碳水化合物相差甚远。所以严格地讲，把糖称为碳水化合物是不正确的。但因历史沿用已久，故至今仍在使用。

从分子结构特点看，**糖类**是多羟基醛或多羟基酮及其缩聚物和某些衍生物的统称。

糖类在自然界存在广泛。作为生物的重要组成成分，是生物体赖以生存的基本物质。糖类是绿色植物光合作用的主要产物，在植物中含量可达干重的 80%，植物种子中的淀粉，根、茎、叶中的纤维素，甘蔗和甜菜根部的蔗糖，水果中的葡萄糖和果糖，动物的肝和肌肉中的糖原，血液中的血糖，软骨和结缔组织中的黏多糖等都属于糖类。

二、分类

根据糖的结构，可将糖类分为以下几类：

1. 单糖

单糖是简单的多羟基醛或多羟基酮，而且不能再被水解。

单糖可分为醛糖或酮糖。根据碳链上碳原子的数目不同又可分为丙糖、丁糖、戊糖及己糖等，最简单的单糖是**甘油醛**（glyceraldehyde）和**二羟丙酮**（dihydroxyacetone）。

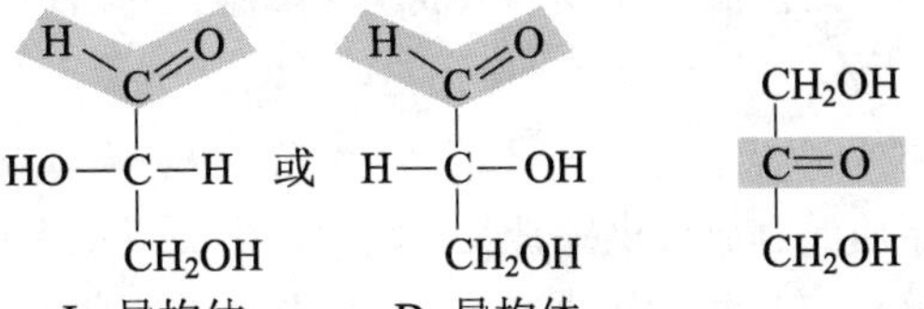

L-异构体　　D-异构体
甘油醛　　　　　二羟丙酮

自然界中存在的重要单糖如表2-1所示。

表2-1　自然界存在的重要单糖

单糖种类	存在形式及特性
D-甘油醛和二羟丙酮	最简单的单糖，其磷酸酯是糖代谢的重要中间产物
核糖	所有活细胞的普遍成分，以糖苷形式存在于核酸中，是核糖核酸的组分
阿拉伯糖	在高等植物体内一般以结合状态存在，形成半纤维素、树胶及阿拉伯树胶等
木糖	在植物中分布很广，以结合状态的木聚糖存在于半纤维素中。木材中木聚糖达30%以上
葡萄糖	生物界分布最广泛、最丰富的单糖，多以D-型存在，是糖代谢的中心物质。常游离存在于蜂蜜及甜水果中，又可作为结构单元参与构成多糖
果糖	存在于植物的蜜腺、水果及蜂蜜中，是最甜的单糖。游离的果糖为β-吡喃果糖，结合状态为β-呋喃果糖
半乳糖	仅以结合状态存在。乳糖、蜜二糖、棉籽糖、琼脂、树胶和半纤维素等都含有半乳糖
山梨糖	酮糖，存在于细菌发酵过的山梨汁中。是合成维生素C的重要中间产物，又称清凉茶糖

科学史话2-1
葡萄糖的由来

2. 寡糖

寡糖又称低聚糖，一般由两个或两个以上（通常指2~10个）单糖分子脱水缩合而成，水解后可生成单糖。其中最简单、最普遍存在的是双糖，如蔗糖、麦芽糖和乳糖等。

3. 多糖

多糖由许多个单糖分子脱水缩合而成，可成直链或者有分支的长链，是一种分子结构复杂且单体分子数目庞大的糖类物质，有时称为**聚糖**（glycan）。常见的多糖如淀粉、糖原、纤维素、壳多糖、半纤维素、糖胺聚糖等。

4. 结合糖

又称复合糖，或**糖缀合物**（glycoconjugate），是指糖与蛋白质、多肽、脂质、核酸等生物分子以及其他小分子通过共价键相互连接而形成的化合物，常见的如糖脂、糖蛋白（蛋白聚糖）等。

知识拓展2-1
糖缀合物

5. 糖的衍生物

指糖分子中的原子或原子团被其他原子或原子团取代所形成的化合物，常见的如糖醇、糖酸、氨基糖、糖苷等。

三、功能

1. 糖的生物功能

（1）提供能量

植物的淀粉和动物的糖原都是能量的储存形式。每克葡萄糖氧化约产热16 kJ，人体摄入的寡糖和多糖在体内被消化成葡萄糖或其他单糖参与机体代谢。葡萄糖是维持大脑正常功能的必需物质,当血糖浓度下降时,脑组织可因缺乏能源而受损,造成功能障碍,并出现头晕、心悸、出冷汗甚至昏迷等症状。

(2) 作为物质代谢的碳骨架

糖可为蛋白质、核酸、脂质的合成提供碳骨架,因此在生命活动中也扮演着关键角色。例如,重要的遗传物质脱氧核糖核酸(DNA)是由含有 2 - 脱氧核糖的 4 种脱氧核苷酸构成的聚合物。

(3) 构成细胞和组织的骨架

细胞中都含有 2% ~ 10% 的糖类,主要以糖脂、糖蛋白和蛋白聚糖的形式存在,分布在细胞壁、细胞质膜、细胞器膜、细胞质以及细胞间质中。纤维素、半纤维素、果胶是植物细胞壁的主要成分,肽聚糖是细菌细胞壁的主要成分,壳多糖是昆虫和节肢动物外壳的主要成分。

(4) 细胞间识别和生物分子间的识别

细胞质膜表面糖蛋白的寡糖链参与细胞间的识别。一些细胞的细胞质膜表面含有糖分子或寡糖链,构成细胞的"天线",参与细胞通信。存在于红细胞表面的 ABO 血型决定簇含有岩藻糖。

2. 糖类在工业生产中的应用

糖类在工业生产中扮演着重要的角色,为改善人们生活水平,创造经济效益做出了巨大贡献。

① 食品工业 应用大量不同纯度的淀粉制造烘烤食品及食品加工中的胶浆,利用单糖及寡糖作为甜味剂,生产啤酒等各种酒类,这些均与糖类密切相关。

② 造纸、纺织、化工等工业 这些工业在很大程度上依靠纤维素。麻、麦秆、稻草、甘蔗渣等都是纤维素的丰富来源。全世界用于纺织、造纸的纤维素,每年达 800 万吨。此外,用分离纯化的纤维素做原料,可以制造人造丝、赛璐玢,以及硝酸酯、醋酸酯等酯类衍生物和甲基纤维素、乙基纤维素、羧甲基纤维素等醚类衍生物,用于制造塑料、炸药等方面。

③ 制药工业 主要应用于生产抗生素、静脉注射液及维生素 C 等方面。

 拾 零

能源甘蔗与燃料乙醇

所谓能源甘蔗,就是产量高、可发酵、糖含量高的甘蔗。能源甘蔗的生产量一般比糖料甘蔗高一倍左右,且成分单一,多为易转化为乙醇的碳氢化合物,所以乙醇产率很高。因此,发展能源甘蔗产业,生产燃料乙醇来替代石油是最经济有效的措施。

20 世纪 70 年代中期,最大的甘蔗生产国巴西因石油短缺,开始把目光投向该国丰富的甘蔗资源,投入近 40 亿美元实施了"生物能源计划",育成了一批既可制糖又能酿造动力乙醇的糖能兼用品种,建立糖酒联产机制,开发甘蔗汁直接生产乙醇工艺。目前该国有三分之二的甘蔗用来生产乙醇,并用于燃烧纯乙醇的车辆,摆脱了石油长期受制于人的局面,被誉为"绿色能源之国"。80 年代以来,美国和印度也相继制定了"UPR 甘蔗生物计划"和"印美甘蔗协调研究计划(IACRP)",开展以高生物量为目标的能源甘蔗新品种选育。

第二节 单糖

糖类是多官能团化合物,它既具有单官能团的性质,又具有不同官能团之间相互影响的表现,且分子中含有手性碳原子,使之具有旋光性和旋光异构体。单糖的结构在糖类化合物中最为简单,研究其结构及与功能的关系可为其他糖类化合物的研究提供重要依据。

一、单糖的结构、构型与构象

1. 葡萄糖的链式结构

1880 年以前，人们已经测出葡萄糖的化学式是 $C_6H_{12}O_6$，并通过葡萄糖可以发生银镜反应和费林反应推测葡萄糖中存在醛基。1890—1894 年间，借助一系列有机化学鉴定实验的结果，被誉为"糖化学之父"的 H. E. Fischer 推断出葡萄糖、果糖等一系列单糖的化学结构。

实验证明，葡萄糖的分子式为 $C_6H_{12}O_6$，为 2,3,4,5,6 - 五羟基己醛。果糖为 1,3,4,5,6 - 五羟基己酮。

葡萄糖　　　　果糖

Fischer 在总结当时所有已知单糖的空间结构时采用了荷兰化学家 J. H. van't Hoff 于 1875 年提出的"不对称碳原子"观点，以及碳的正四面体构型假说，最终确定了葡萄糖等单糖的链式结构，并认为葡萄糖空间构型中有 4 个不对称碳原子，为此，应该有 16 种立体异构体。

2. 单糖的空间构型与旋光性

Fischer 等人的研究表明，只确定单糖的化学式是不够的，还必须确定它们的空间构型。

（1）手性化合物

构型（configuration）是指一个有机分子中各个原子特有的固定的空间排列。构型的改变往往使分子的光学活性发生变化。

糖类等有机化合物都含有碳原子，碳原子的最外层有 4 个电子，以单键成键时，可以形成 4 个共价单键，共价键指向四面体的顶点，当碳原子连接的 4 个基团各不相同时，它们有两种空间连接方式（图 2 - 1），这两种方式如同左右手，互为"镜像"，是不能完全叠合在一起的。因此，该碳原子被称为**不对称碳原子**（asymmetric carbon atom），即与 4 个不同的原子或原子基团共价连接而失去对称性的四面体碳，

图 2 - 1　与碳原子相连接的 4 个基团的空间连接方式

也称手性碳原子、不对称中心或手性中心，常用 C^* 表示。含有不对称性（或手性）碳原子的化合物称为手性化合物。构成手性关系的分子之间，互称"对映异构体"。许多有机化合物分子都有"对映异构体"，即具有"手性"。

除二羟丙酮外，所有单糖分子中都含有一个或多个不对称（或手性）碳原子。

（2）旋光性

当平面偏振光通过手性化合物溶液后，偏振面的方向就被旋转了一个角度。这种性能称为**旋光性**（optical activity）。手性化合物都具有旋光性。除二羟丙酮外，所有的糖都有旋光性。

这种偏振光的平面旋转可左可右，以顺时针方向旋转的对映体，称为右旋分子，用"＋"或

知识拓展 2-2
有机化合物分子的手性与旋光性

"d"表示；以逆时针方向旋转的对映体，称为左旋分子，用"–"或"l"表示。

旋光性物质的旋光度和旋光方向可用旋光仪进行测定。测得的旋光度和旋光方向不仅与物质的结构有关，而且也受待测样品溶液的浓度以及盛放样品溶液的旋光管的长度等条件影响。通常规定旋光管的长度为 1 dm，待测物质溶液的浓度为 1 g/mL，在此条件下测得的旋光度叫作该物质的比旋光度，用 [α] 表示。比旋光度是物质特有的物理常数，也是鉴定糖类化合物的重要指标。

（3）单糖的空间构型

通过测定大量单糖，证明它们均具有同样的链式结构。除二羟丙酮外，所有单糖分子都含有一个或多个不对称（或手性）碳原子，因此都有旋光异构体。如己醛糖分子中有 4 个手性碳原子，所以有 $2^4 = 16$ 个旋光异构体，葡萄糖是其中的一种；己酮糖分子中有 3 个手性碳原子，所以有 $2^3 = 8$ 个旋光异构体，果糖是其中的一种。

糖类的构型习惯用 D/L 进行标记。糖分子中有多个手性碳原子时，其中离 C═O 最远的碳原子，即编号最大的手性碳原子，为决定构型的碳原子。

早期 D/L 的构型是人为规定的，以甘油醛作为标准，和手性碳原子相连的—OH 在右边的为 D 构型，在左边的为 L 构型。D、L 只表示构型，d 或（+）、l 或（–）表示旋光方向，两者之间没有必然的联系。

含多个手性碳原子的化合物，在众多旋光异构体中，仅仅有一个手性碳的构型不同，其余构型完全相同的异构体，称为**差向异构体**。

科学史话 2-2
糖结构研究的开拓人

为了更系统地表征单糖的空间构型，Fischer 于 1891 年提出 **Fischer 投影式**（Fischer projection）。该投影式为平面结构，所有键呈竖直或横向排列，碳原子编号从靠近羰基的一端开始，横线代表键在纸面上，竖线代表键伸进纸面。而透视式用楔形线表示指向纸平面前面的键，虚线表示指向纸平面后面的键。以甘油醛为例，其透视式和投影式的比较如图 2-2 所示。

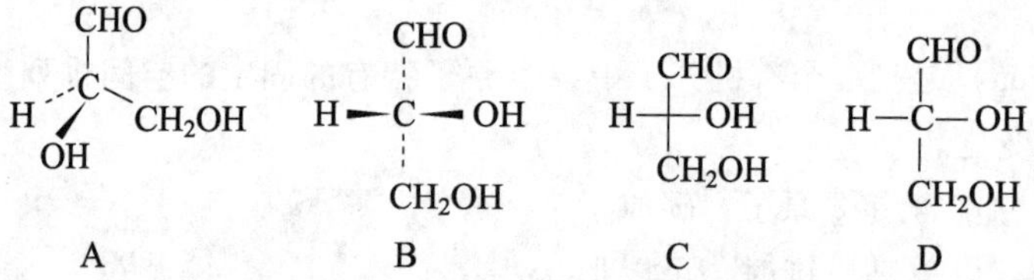

图 2-2 甘油醛的透视式（A、B）及投影式（C、D）的表示方法

书写 Fischer 投影式时，可以将所有碳原子省略；也可将手性碳上的氢省去；或将氢、羟基及碳氢键都省去，用△代表醛基，用○代表羟甲基。Fischer 投影式体现化合物的立体化学性质，可以有效区分差向异构体。D-（+）葡萄糖的各种 Fischer 投影式表示方法如下。

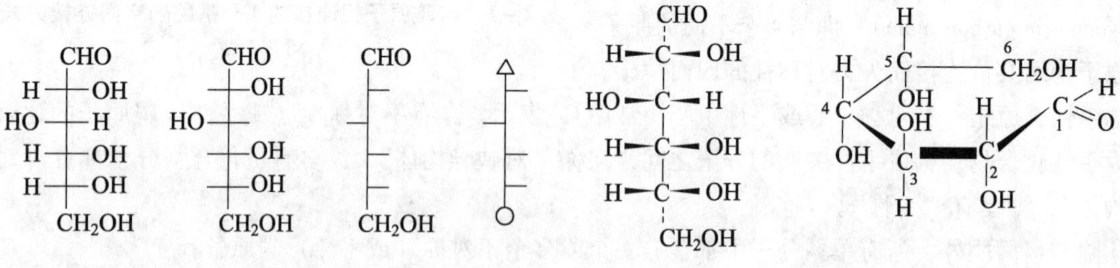

常见单糖包括醛糖、酮糖的结构式（Fischer 投影式）如图 2-3、图 2-4 所示。

3. 单糖的环状结构与构象

（1）单糖环状结构的发现

尽管人们已由单糖的一些性质推断出其具有链式结构，但仍有一些性质无法用该结构解释，如：

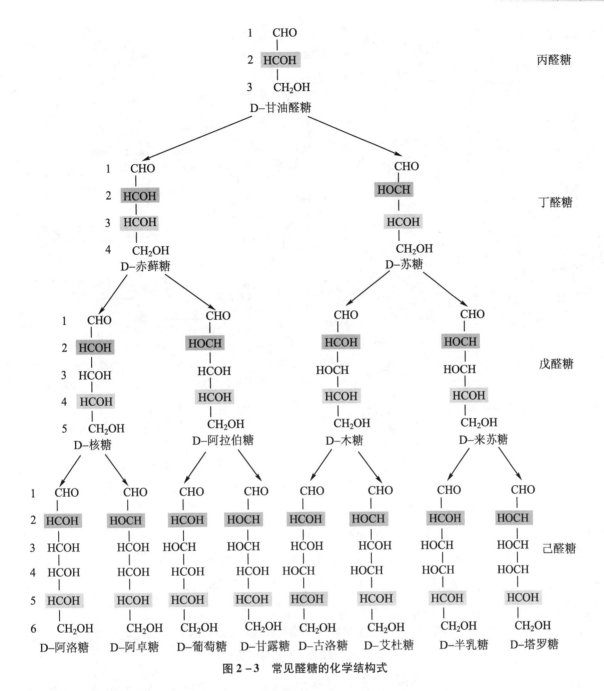

图 2-3 常见醛糖的化学结构式

单糖不与品红醛试剂（Schiff 试剂）反应，只能与一分子醇生成缩醛等。此外早在 1846 年就有科学家观察到葡萄糖的**变旋现象**（mutarotation），D-葡萄糖能以两种结晶存在，一种是从乙醇溶液中析出的结晶，熔点为 146 ℃，比旋光度为 +112°，另一种是从吡啶中析出的结晶，熔点为 150 ℃，比旋光度为 +18.7°，将其中任何一种结晶溶于水后，其比旋光度都会逐渐变成 +52.7°，并保持恒定。这种现象无法用链式结构解释。这使得科学家继续探索单糖有可能具有的结构式。

B. Tollens 在 1883 年曾提出过单糖的 1,4-氧环式和 1,6-氧环式结构，认为单糖的醛基与它本身 4-位或 6-位上的羟基形成了半缩醛而失去活性。Fischer 在 1893 年提出了糖苷的缩醛环状结构式，认为单糖的醛基先与甲醇生成半缩醛再与糖的羟基形成环状缩醛，但他对单糖是否存在 Tollens 所说的环状结构表示怀疑。1903 年，英国化学家 E. F. Armstrong 首次将 Fischer 发现的糖苷环状结构与变旋现象联系起来，他认为正是 D-葡萄糖的醛基与它本身的一个羟基形成了环状的半缩醛，才使 C1 变成了"不对称碳原子"，从而产生出 D-葡萄糖的两种环状异构体，即 α-D-葡萄糖和 β-D-葡

🔍 **科学史话 2-3**

单糖环状结构发现史

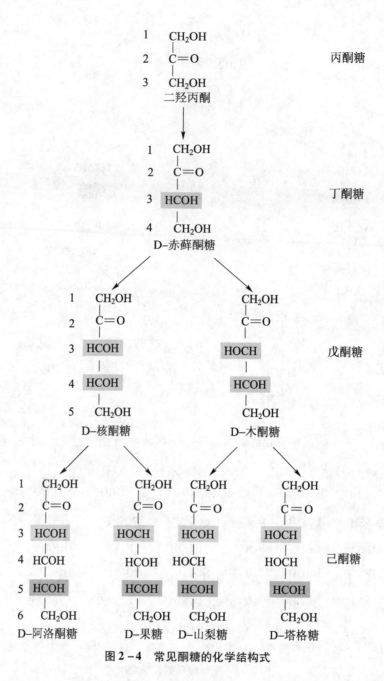

图 2-4 常见酮糖的化学结构式

萄糖，它们可以分别与甲醇生成甲基 α-D-葡糖苷和甲基 β-D-葡糖苷。Armstrong 提出的单糖氧环式（环状半缩醛结构）成功地解释了成苷反应、变旋现象等问题。

在 20 世纪 20—30 年代，W. N. Haworth 等科学家测定了许多单糖的环状结构，发现己醛糖的环状结构是以 1,5-氧环式（六元环）为主。例如 D-（+）-葡萄糖主要是 C5 上的羟基与醛基作用，生成六元环的半缩醛（称氧环式）。

氧环式比开链式多一个手性碳原子，该手性碳原子的出现是因为糖分子中的醛基与羟基作用形成半缩醛时，由于 C＝O 为平面结构，羟基可从平面的两边进攻 C＝O，所以得到两种异构体，即 α－构型和 β－构型。两种构型可通过开链式相互转化而达到平衡。两种环状结构的葡萄糖是一对非对映异构体，它们的区别仅在于 C1 的构型不同。C1 上新形成的羟基（也称半缩醛羟基）与决定单糖构型的羟基处于同侧的，称为 α－型；反之称为 β－型。这种结构也称为端基异构体或**异头物**（anomer）。

由此可见，α－构型或 β－构型葡萄糖溶于水后，可通过开链式相互转变，最后 α－构型、β－构型和开链式三种形式达到动态平衡，此时的混合物比旋光度为 +52.7°，如图 2－5 所示。平衡时混合物中开链式含量极低，因此不能与饱和 $NaHSO_3$ 发生加成反应；同时葡萄糖主要以环状半缩醛形式存在，所以只能与一分子甲醇反应生成缩醛。其他单糖，如核糖、脱氧核糖、果糖、甘露糖和半乳糖等也都是以环状结构存在，因此也具有变旋现象。

📙 学习与探究 2－1
葡萄糖的变旋现象

（2）单糖环状结构的表示方法

采用 Fischer 投影式表征糖的半缩醛氧环式结构（见图 2－5），虽然能表示各个不对称碳原子的位置和构型差异，但不能准确反映出糖分子的立体构型即各个基团的相对空间位置，如糖环上的 C1、C2、C4 等原子上羟基的相互关系，C1 和 C5 原子的邻近关系等。因此，英国化学家 W. N. Haworth 提出了另外一种环状结构的书写方法，即 **Haworth 投影式**（Haworth projection）。该方法也是迄今为止表示单糖、双糖或多糖所含单糖环形结构的最常用方法。

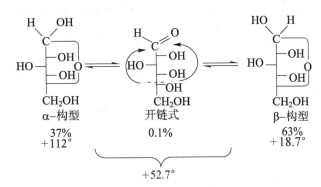

图 2－5　葡萄糖的 α－构型、β－构型和开链式三种形式的平衡

下面以葡萄糖为例说明 Haworth 投影式的表示方法（图 2－6）。

① 投影式中标注出氧原子，碳原子一般省略，以折点表示。碳原子上的氢原子可以写出，也可以省略。环中的粗线代表向上/前伸出纸面。

② Fischer 投影式中向右的羟基在 Haworth 投影式中处于平面之下，向左的羟基则位于平面之上。葡萄糖开链结构中 C5 的羟基与 C1 的醛基形成 C1－5 型氧桥，此时为了让两个基团接近，C4 与 C5 间的单键旋转 109°28′，使得 D－葡萄糖末端羟甲基位于平面上。

③ 在葡萄糖的 Haworth 投影式中，以 C5 上羟甲基和半缩醛羟基在含氧环上的排布来决定 D、L 和 α、β－构型。当氧环上的碳原子按照顺时针排列，羟甲基位于平面上方的为 D－型，反之为 L－型。根据半缩醛羟基与 C5 上羟甲基的相对位置确定 α、β－构型，如果半缩醛羟基与羟甲基在环的异侧为 α－构型；反之，半缩醛羟基与羟甲基在环的同侧为 β－构型。

单糖成环后主要以五元、六元环形式存在。六元环糖与杂环化合物中的吡喃相当，称为吡喃糖。五元环糖与杂环化合物中的呋喃相当，称为呋喃糖。

📙 学习与探究 2－2
单糖的环状结构

葡萄糖在形成环状结构时，可由 C5 上的羟基与醛基形成吡喃式环，也可由 C4 上的羟基与醛基形成呋喃式环。

果糖在形成环状结构时，可由 C5 上的羟基与羰基形成呋喃式环，也可由 C6 上的羟基与羰基形

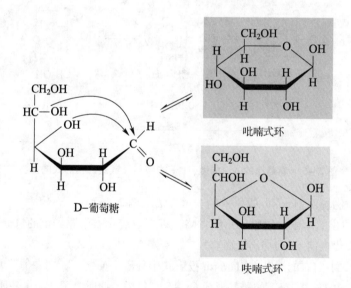

图 2-6 葡萄糖半缩醛氧环式结构的 Haworth 投影式与 Fischer 投影式的比较

成吡喃式环。两种氧环式都有 α - 构型和 β - 构型两种构型（图 2-7）。

其他常见单糖的 Haworth 投影式如图 2-8 所示。

（3）单糖的构象

构象（conformation）指在有机化合物分子中，一切原子沿着共价键转动而形成的不同空间结构。一种构象改变为另一种构象时，不要求共价键的断裂和重新形成。构象改变不会改变分子的光学活性。开链形式的单糖分子由于 C—C 单键的自由旋转可产生各种构象，但成环以后由于单键的旋转受到一定限制，使得构象数量大大减少。

利用 X 射线等分析技术对单糖及其衍生物的构象进行研究。结果发现，以五元环形式存在的单糖，如核糖、果糖等，分子中成环碳原子和氧原子基本处于一个平面内。而以六元环形式存在的单糖，如葡萄糖、半乳糖和阿拉伯糖等，分子中成环的碳原子和氧原子不在同一平面内，C—C 键都保

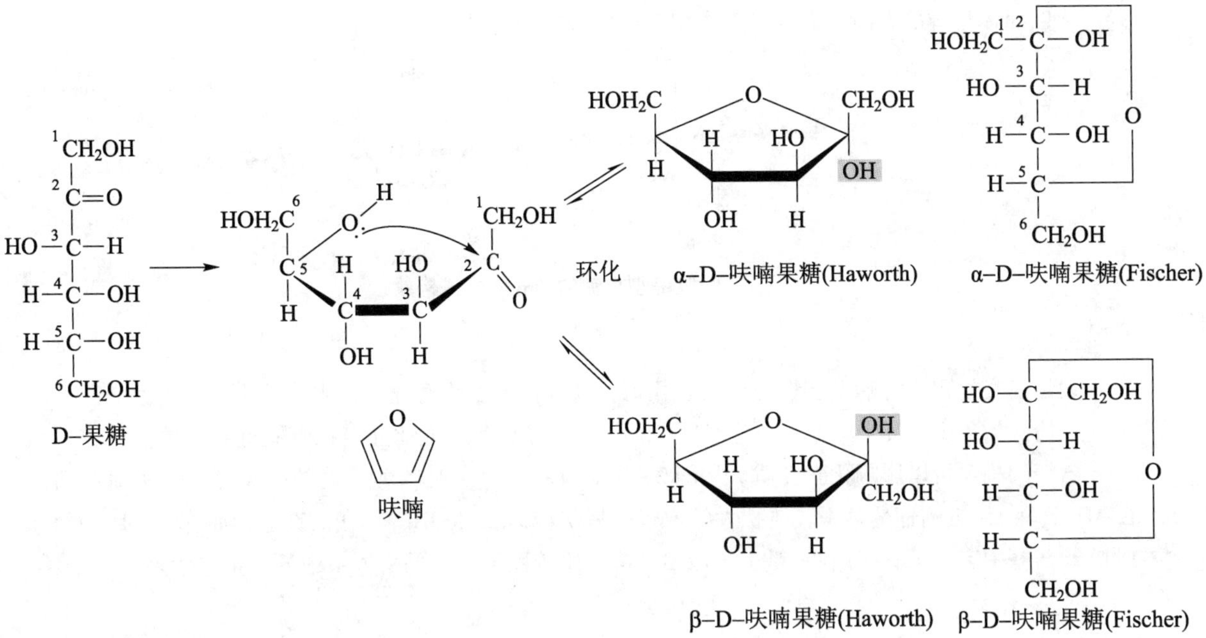

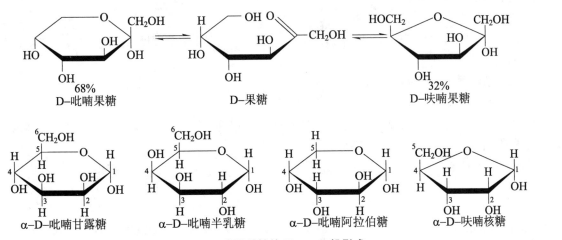

图 2-7　果糖半缩醛氧环式结构的 Haworth 投影式与 Fischer 投影式的比较

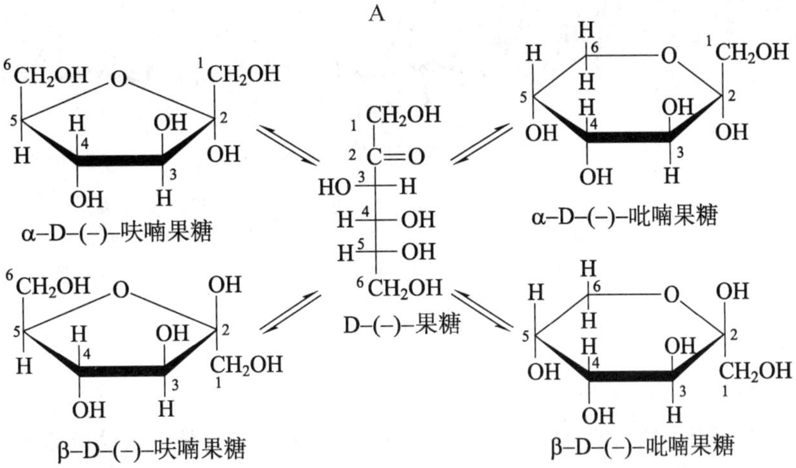

A. 呋喃式环的形成；B. 果糖吡喃式环与呋喃式环的比较

图 2-8　常见单糖的 Haworth 投影式

持正常四面体价键的方向，折叠成椅式和船式两种构象。

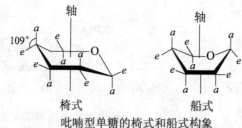

椅式　　　　　　船式

吡喃型单糖的椅式和船式构象

a=直立键; *e*=平伏键

大量研究发现，吡喃型己糖与环己烷相似，椅式构象占绝对优势，水溶液中两种构象之间可以互变。在椅式构象中，环上碳原子所连较大基团连接在平伏键 *e* 上比连接在直立键 *a* 上更稳定。

己糖的构象可以影响化学性质。从图 2−9 中 D−(+)−吡喃葡萄糖的构象可以清楚地看到，在 β−D−(+)−吡喃葡萄糖中，体积大的取代基—OH 和—CH₂OH，都在 *e* 键上；而在 α−D−(+)−吡喃葡萄糖中有一个—OH 在 *a* 键上。故 β−构型比较稳定，在平衡体系中的含量也较多。

α−构型(37%)　　　　　　　　　　β−构型(63%)

图 2−9　两种葡萄糖椅式构象比较

二、单糖的重要物理化学性质

1. 物理性质

（1）旋光性

除二羟丙酮外，所有的糖都有旋光性。旋光性是鉴定糖的重要指标。

（2）甜度

各种糖的甜度不同，常以蔗糖的甜度为标准进行比较。若蔗糖的甜度计为 100，则各种糖的相对甜度约为：90% 果糖糖浆为 160～173；42% 果糖糖浆为 100；葡萄糖为 64；蜂蜜为 97；麦芽糖为 46；蔗糖蜜为 74；乳糖为 30 等。

（3）溶解度

单糖分子中有多个羟基，增加了它的水溶性，尤其在热水中溶解度极大，但不溶于乙醚、丙酮等有机溶剂。

2. 化学性质

（1）氧化反应

① 与土伦试剂[①]、费林试剂[②]等发生的碱性氧化反应　醛糖与酮糖都能被土伦试剂或费林试剂等弱氧化剂氧化。

前者产生银镜。

---

① 土伦试剂是由硝酸银碱溶液与氨水制得的银氨配合物的溶液，无色。它与醛共热时一价银离子被还原成金属银析出，附着在容器壁上形成银镜。
② 费林试剂是德国化学家 H. Fehling 在 1849 年发明的，由氢氧化钠溶液、硫酸铜溶液和酒石酸钾钠配制而成。该试剂与可溶性的还原糖共热，生成砖红色的氧化亚铜沉淀。

$$\begin{array}{c} CHO \\ | \\ (CHOH)_4 \\ | \\ CH_2OH \end{array} + 2Ag(NH_3)_2OH \xrightarrow{\text{水浴}} \begin{array}{c} COOH \\ | \\ (CHOH)_4 \\ | \\ CH_2OH \end{array} + 2Ag\downarrow + 4NH_3 + H_2O$$

后者生成砖红色的氧化亚铜沉淀。

$$CuSO_4 + 2NaOH \longrightarrow Cu(OH)_2 + Na_2SO_4$$

$$Cu(OH)_2 + \begin{array}{c} COOK \\ | \\ CHOH \\ | \\ CHOH \\ | \\ COONa \end{array} \longrightarrow \begin{array}{c} COOK \\ | \\ CHO \\ | \\ CHO \\ | \\ COONa \end{array} \!\!\!\!> Cu + 2H_2O$$

$$\begin{array}{c} CHO \\ | \\ (CHOH)_4 \\ | \\ CH_2OH \end{array} + 6 \begin{array}{c} COOK \\ | \\ CHO \\ | \\ CHO \\ | \\ COONa \end{array}\!\!\!\!> Cu + 6H_2O \longrightarrow \begin{array}{c} COOH \\ | \\ (CHOH)_4 \\ | \\ CH_2OH \end{array} + 6 \begin{array}{c} COOK \\ | \\ CHOH \\ | \\ CHOH \\ | \\ COONa \end{array} + 3Cu_2O\downarrow$$

反应中，糖分子的醛基被氧化为羧基，果糖等酮糖在稀碱溶液中可发生酮式 – 烯醇式互变，酮基不断变成醛基，故酮糖也能被这两种试剂氧化。

② 与溴水、硝酸等发生的酸性氧化反应　溴水能氧化醛糖，但不能氧化酮糖，因为在酸性条件下，不会引起糖分子的异构化作用。可用此反应来区别醛糖和酮糖。稀硝酸的氧化作用比溴水强，能使醛糖氧化成糖二酸（图 2 – 10）。

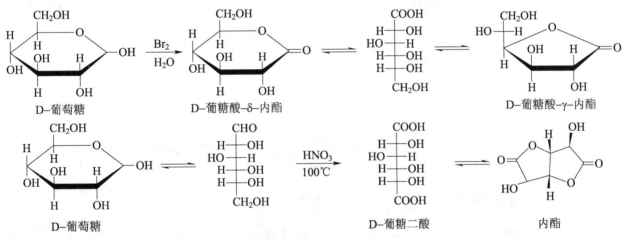

图 2 – 10　单糖与溴水、硝酸发生的氧化反应

（2）还原反应

葡萄糖等单糖分子中醛基的羰基能发生加成反应，使葡萄糖被还原成多元醇。D – 葡萄糖可被还原成山梨醇；D – 甘露糖可被还原成甘露醇；D – 果糖可被还原成甘露醇和山梨醇的混合物。

$$\begin{array}{c} CH_2OH \\ | \\ HC\!=\!O \\ | \\ HOCH \\ | \\ HCOH \\ | \\ HCOH \\ | \\ CH_2OH \end{array} \xrightarrow[\substack{\text{电压}5\sim6\,V \\ \text{电流}1.0\sim1.2\,A/dm^2}]{\text{电解}} \begin{array}{c} CH_2OH \\ | \\ HCOH \\ | \\ HOCH \\ | \\ HCOH \\ | \\ HCOH \\ | \\ CH_2OH \end{array} + \begin{array}{c} CH_2OH \\ | \\ HOCH \\ | \\ HOCH \\ | \\ HCOH \\ | \\ HCOH \\ | \\ CH_2OH \end{array}$$

D – 果糖　　　　　山梨醇　　　甘露醇

另外，酮糖上的游离羰基也可以被还原，生成两种同分异构的糖醇。如 L - 山梨糖被还原成 D - 葡糖醇和 L - 艾杜糖醇。

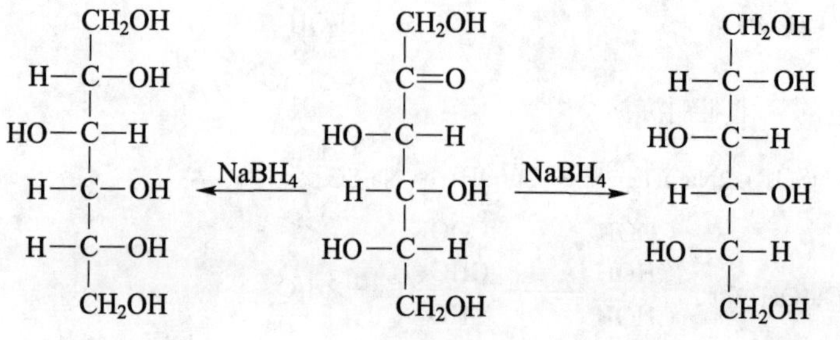

山梨醇(D-葡糖醇)　　　　　L-山梨糖　　　　　L-艾杜糖醇

（3）酯化反应

单糖为多元醇，所有的羟基（包括异头碳羟基）都可与酸作用生成酯。生物学上较重要的酯是磷酸酯，它们代表了糖的代谢活性形式，是糖代谢的中间产物，如 6 - 磷酸葡糖。

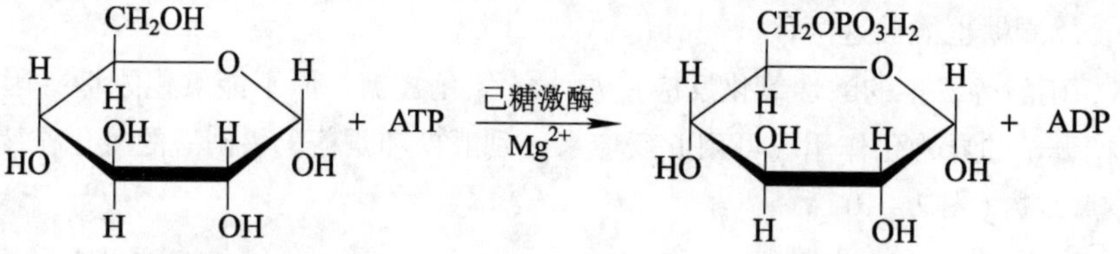

葡萄糖　　　　　　　　　　　6-磷酸葡糖

（4）成脎反应

单糖与苯肼反应生成**糖脎**（osazone）。

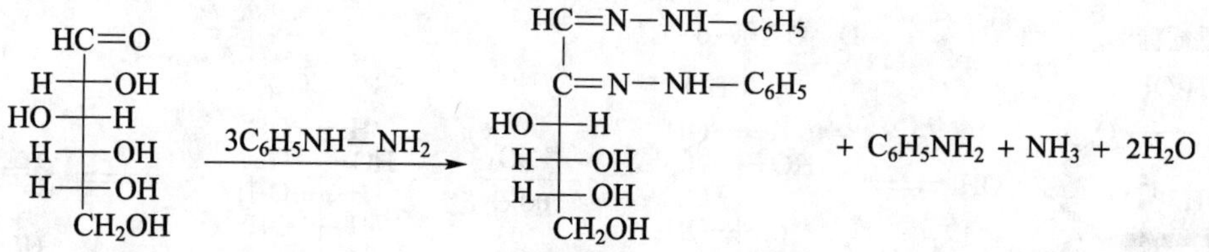

D-(+)-葡萄糖　　　　　　　　　D-葡糖脎

生成糖脎的反应发生在 C1 和 C2 上，不涉及其他碳原子。所以，如果仅在 C1、C2 上构型不同的异构体，必然生成同一种糖脎。例如，D - 葡萄糖、D - 甘露糖、D - 果糖的 C3、C4、C5 的构型都相同，因此它们生成同一种糖脎。

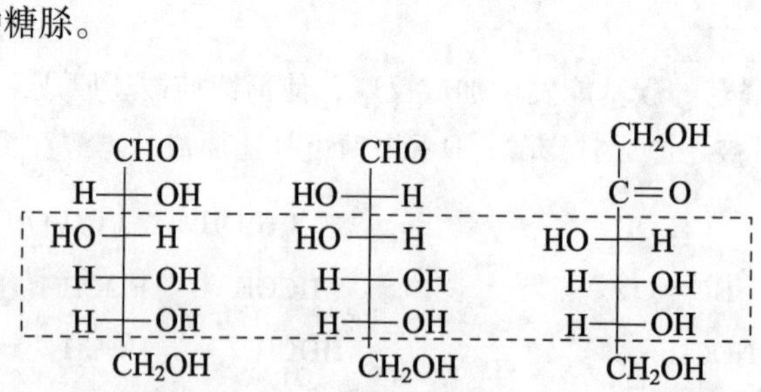

D-(+)-葡萄糖　　　D-(+)-甘露糖　　　D-(−)-果糖

糖脎为黄色结晶，不溶于水，不同的糖脎晶型不同，生成糖脎的反应速度也不同。因此，可根据糖脎的晶型和生成速度来鉴别糖。

（5）成苷反应（生成配糖物）

糖分子中的半缩醛羟基与其他含羟基的化合物（如醇、酚）、含氮杂环化合物（如嘌呤、嘧啶）等作用，脱水缩合形成缩醛的反应称为成苷反应，其产物为糖苷（glycoside），简称"苷"，全名为"某糖某苷"。如 D－葡萄糖与甲醇形成的缩醛称为 D－葡糖甲苷或 D－甲基葡糖苷。糖苷分子中提供半缩醛羟基的糖称为糖基，与之缩合的另一部分（糖或其他分子）称为配基，缩合形成的缩醛键或缩酮键称为**糖苷键**（glycosidic bond），常见有 O－糖苷键和 N－糖苷键。

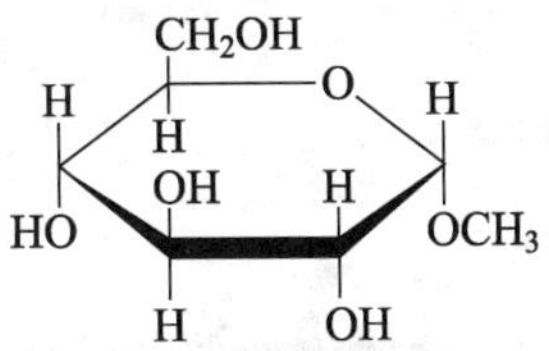

α–D–甲基葡糖苷 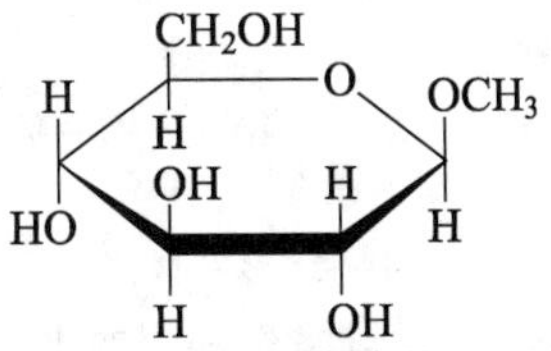　　　β–D–甲基葡糖苷

糖苷在自然界中分布极广，与人类的生命活动密切相关。糖苷键比一般的醚键易形成，也易水解；糖苷没有变旋现象。糖的半缩醛结构在碱性溶液中能开环成为含自由醛基或酮基的开链式结构，但糖苷在碱性溶液中不能开环，故糖苷不发生还原糖的反应。

（6）单糖的脱水

戊糖与强酸共热脱水形成**糠醛**（furfural）。己糖与强酸共热脱水形成 5－羟甲基糠醛（图 2－11）。

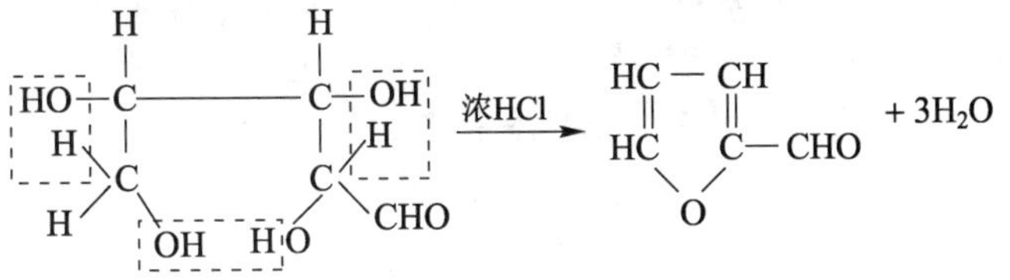

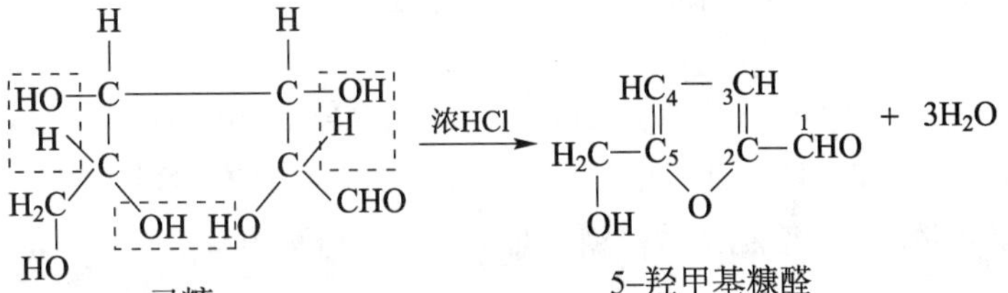

图 2－11　单糖的脱水反应

5－羟甲基糠醛进一步分解成乙酰丙酸、甲酸、一氧化碳和二氧化碳，产物中还有少量未分解的羟甲基糠醛。乙酰丙酸是合成塑料、药物、染料和溶剂等的重要原料。

科技视野 2－2

生物质转化制糠醛及其应用

三、重要的单糖衍生物

1. 糖醇

糖的羰基被还原（加氢）后生成相应的糖醇，如葡萄糖加氢生成山梨醇。糖醇溶于水及乙醇，较稳定，有甜味，不能还原费林试剂。常见的糖醇有甘露醇和山梨醇。它们分布于各种植物组织中，山梨醇无毒，有轻微的甜味和吸湿性，常用于化妆品和药物中。

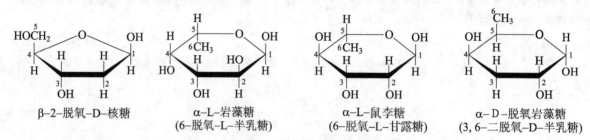

山梨醇　　甘露醇　　木糖醇　　甘油　　肌醇　　核糖醇

常见的糖醇化合物结构式

2. 脱氧糖

糖的羟基被还原（脱氧）生成脱氧糖。除脱氧核糖外还有两种脱氧糖：L－鼠李糖和6－脱氧－L－半乳糖（岩藻糖）。L－鼠李糖在植物和细菌中分布广泛，是很多多糖和糖苷的组成成分，L－岩藻糖较大量的存在于海藻中，是藻类糖蛋白的组成成分。

β-2-脱氧-D-核糖　　α-L-岩藻糖（6-脱氧-L-半乳糖）　　α-L-鼠李糖（6-脱氧-L-甘露糖）　　α-D-脱氧岩藻糖（3,6-二脱氧-D-半乳糖）

常见的脱氧糖结构式

3. 糖醛酸

糖的醛基被氧化成羧基时生成糖酸；糖的末端羟甲基被氧化成羧基时生成糖醛酸。重要的糖醛酸有D－葡萄糖醛酸、半乳糖醛酸等。葡萄糖醛酸是肝内的一种解毒剂，半乳糖醛酸存在于果胶中。

4. 氨基糖

单糖的羟基（一般在C2上）可以被氨基取代，形成氨基糖或称糖胺。自然界中存在的氨基糖都是氨基己糖。D－葡糖胺是壳多糖（几丁质）的主要成分，壳多糖是组成甲壳类动物的结构多糖。D－半乳糖胺是软骨类动物的主要多糖成分。糖胺是碱性糖。糖胺的氨基上的氢原子被乙酰基取代时，生成乙酰氨基糖。

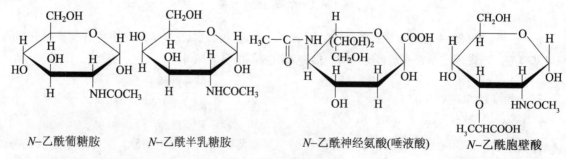

N-乙酰葡糖胺　　N-乙酰半乳糖胺　　N-乙酰神经氨酸(唾液酸)　　N-乙酰胞壁酸

常见的氨基糖结构式

5. 糖苷

自然界中游离的单糖较少，大多以糖苷形式存在。糖的半缩醛羟基与含羟基的化合物脱水缩合形成的缩醛（或缩酮）化合物称为**糖苷**（glycoside）（也称糖甙）。主要存在于植物的种子、叶等部位。

它们大多极毒，但微量糖苷可作药物。重要的糖苷如能引起溶血的皂角苷，有强心剂作用的毛地黄苷，有抗菌作用的黄芩苷等。

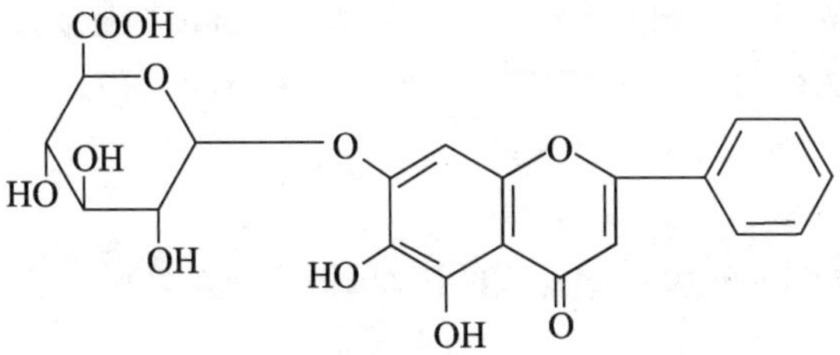

黄芩苷结构式

6. 糖酯

单糖的羟基与酸作用生成酯。糖的磷酸酯是糖在代谢中的活化形式。糖的硫酸酯存在于糖胺聚糖中。

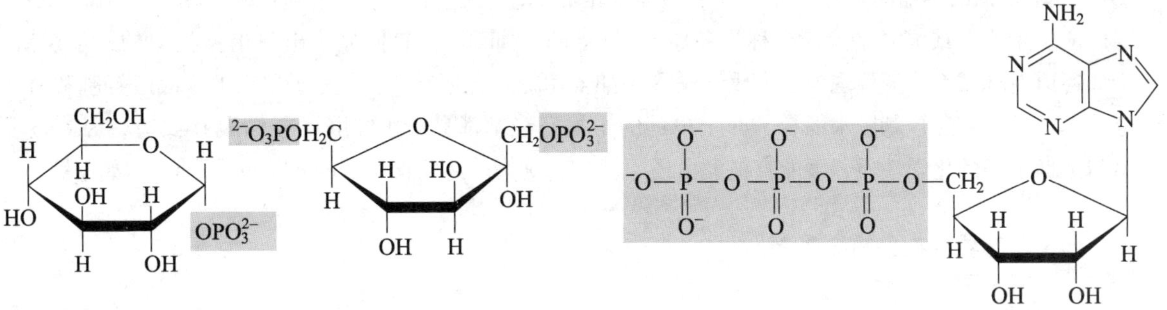

α-D-葡糖-1-磷酸　　α-D-果糖-1,6-二磷酸　　腺苷三磷酸

常见糖的磷酸酯结构式

第三节　寡糖

一、定义

寡糖（oligosaccharide）又称低聚糖，一般指由两个或两个以上（通常指 2～10 个）单糖以糖苷键相连的聚糖。最简单的寡糖是双糖，如乳糖、蔗糖、麦芽糖等，在自然界中分布最为普遍。寡糖与稀酸共热可水解成单糖。寡糖常与蛋白质或脂质共价结合，以糖蛋白或糖脂的形式存在。

二、功能

1. 寡糖是生物体内重要的信息物质

寡糖可以通过糖缀合物的形式发挥其生物信息分子的功能。例如，红细胞表面的糖蛋白决定了人的血型，这些糖缀合物中，寡糖在非还原端的种类和结构不同，决定了不同的血型。此外很多寡糖上的信息能直接触发细胞的生理功能，如激活植物的自我防卫系统、诱导根瘤菌的固氮作用等。

2. 寡糖具有营养保健功能

有些寡糖能有效地促进肠道内双歧杆菌的生长繁殖，从而提高人体免疫力，降低肠道内的 pH，抑制肠道有害菌生长等。有些寡糖还具有预防蛀牙、降低血脂及促进矿物质吸收等重要功能。

3. 寡糖具有很强的抗病毒、抗炎症活性

在很大程度上，寡糖的抗肿瘤作用和抗感染能力是通过提高机体免疫力来实现的，寡糖本身无细胞毒性，这使它作为药物时，潜在的毒副作用大大降低。近年来有诸多关于寡糖有效抑制 HIV 病毒

知识拓展 2-3
神奇的寡糖

科技视野 2-4
天然寡糖的研究进展

科技视野 2-5
寡糖的生物功能研究进展

的报道。

近些年来对寡糖的生物活性研究非常多，表现在免疫调节功能、抗肿瘤、抗病毒、抗氧化、抗凝血、抗血栓、降血糖、降血脂等多种作用。寡糖作为一类新的生理活性物质，在营养与保健、疾病诊断与防治等方面的应用有着极大潜力。

三、结构与性质

醛糖 C1 上的半缩醛羟基（酮糖则在 C2 上）和其他单糖的羟基经脱水，通过缩醛形式结合成寡糖。寡糖的结构多种多样。

寡糖的性质与组成寡糖的单糖、糖苷键连接类型有密切关系，其中异头碳构型影响寡糖的分子形状，直接关系到寡糖能否被酶准确识别。

以双糖为例，单糖分子中的半缩醛羟基和另一个单糖分子的羟基脱水缩合的方式可能有两种：① 一分子单糖的半缩醛羟基和另一分子的醇羟基脱水缩合，后者仍然保留它的半缩醛（酮）羟基，因此能发生醛（或酮）的反应，称为**还原糖**（reducing sugar）。它们显示出与单糖类似的化学性质，诸如还原费林试剂、变旋现象、形成糖脎等（如麦芽糖、乳糖）。② 一分子单糖的半缩醛羟基和另一分子单糖的半缩醛羟基脱水缩合，两个单糖的半缩醛羟基都参与了缩醛（或缩酮）反应，因此显示出与单糖不同的化学性质，不能直接发生还原反应，称为**非还原糖**（non-reducing sugar），如蔗糖。

四、自然界存在的重要寡糖

1. 双糖

自然界中，仅有三种**双糖**（disaccharide）（蔗糖、乳糖和麦芽糖）以游离状态存在，它们均易水解为单糖，其他则多以结合状态存在，例如**纤维二糖**（cellobiose）。双糖的具体种类、结构及性质如表 2 – 2 所示。

蔗糖（sucrose）是植物光合作用的重要产物，也是植物体内储藏、积累和运输糖的主要形式。蔗糖极易被酸、蔗糖酶等水解，水解后产生等量的 D – 葡萄糖和 D – 果糖，该混合物称为转化糖。蜜蜂体内含有蔗糖酶，因此蜂蜜中含有大量转化糖。

淀粉和糖原在淀粉酶的作用下水解可产生**麦芽糖**（maltose）。支链淀粉水解产物中除麦芽糖外还含有少量的异麦芽糖，它是 2 分子 D – 吡喃葡萄糖通过 α – (1→6) 糖苷键形成的糖苷。

表 2 – 2　常见的双糖

双糖种类	结构式及命名	来源及性质
麦芽糖	 α – D – 吡喃葡糖基 – （1→4）– α – D – 吡喃葡萄糖	大量存在于发芽的谷物，特别是麦芽中。白色晶体，易溶于水，有甜味。在水溶液中有变旋现象。比旋光度为 +136°，有还原性，且能成糖脎
乳糖	 β – D – 吡喃半乳糖基 – （1→4）– α – D – 吡喃葡萄糖	存在于哺乳动物的乳汁中（牛奶中含量为 4% ~ 6%），高等植物的花粉管及微生物中也含有少量乳糖。白色结晶不易溶于水，味微甜（甜度只有16），比旋度为 +55.3°，有还原性，且能成糖脎

续表

双糖种类	结构式及命名	来源及性质
蔗糖	α-D-吡喃葡糖基-（1→2）-β-D-呋喃果糖	甜菜、甘蔗和水果中含量较多。日常食用的糖主要是蔗糖，很甜，白色结晶，易溶于水，比旋光度+66.5°，难溶于乙醇。没有还原性，无变旋现象，不能成糖脲
纤维二糖	β-1,4-糖苷键 β-D-吡喃葡糖基-（1→4）-β-D-吡喃葡萄糖	纤维素的基本构成单位。可由纤维素水解得到。属于还原糖，化学性质与麦芽糖相似，唯一区别是糖苷键的构型不同
海藻糖	α-D-吡喃葡糖基-（1→1）-α-D-吡喃葡萄糖	广泛存在于微生物体内。属于非还原性糖，性质非常稳定，对多种生物活性物质具有保护作用

乳糖（lactose）的水解需要乳糖酶，婴儿一般都可消化乳糖，成人则不然。某些成人缺乏乳糖酶，食用乳糖后会在小肠积累，产生渗透作用，使体液外流，引起恶心、腹痛、腹泻等症状。这是一种常染色体隐性遗传疾病，从青春期开始表现，其发病率与地域有关。

1832年 H. A. Wiggers 从黑麦的麦角菌中首次提取出**海藻糖**（trehalose）。研究发现，在高温、高寒、高渗透压及干燥失水等恶劣环境条件下，海藻糖可以在细胞表面形成独特的保护膜，有效保护蛋白质分子不变性失活，从而维持生物体的正常生命活动和生物学特征。许多物种对外界恶劣环境表现出非凡的抗逆性，这与它们体内存在大量海藻糖直接相关。自然界中的糖类，如蔗糖、葡萄糖等，均不具备这一功能，因此，使得海藻糖除了可以作为蛋白质药物、酶、疫苗和其他生物制品的优良活性保护剂以外，还可以作为保持细胞活性、保湿类化妆品的重要成分。

2. 三糖

棉籽糖是自然界中广泛存在的**三糖**（trisaccharide），主要存在于棉籽、甜菜、大豆及桉树的干性分泌物（甘露蜜）中。它是 α-D-吡喃半乳糖基-（1→6）-α-D-吡喃葡糖基-（1→2）-β-D-呋喃果糖苷。棉籽糖不能还原费林试剂。在蔗糖酶的作用下可以水解成果糖和蜜二糖；在 α-半乳糖苷酶的作用下可以水解成半乳糖和蔗糖。

其他常见的三糖还有龙胆三糖（gentianose）、松三糖（melezitose）等。

3. 其他低聚糖

常见的低聚糖还有低聚果糖（fructo-oligosaccharide，FOS，果寡糖）、α-寡聚葡萄糖（α-异麦芽寡糖，isomalto-oligosaccharide，α-IMO，GOS）、低聚半乳糖（galacto-oligosaccharide，GAS，半乳寡糖）、甘露低聚糖（manno-oligosaccharide，MOS，甘露寡糖）、低聚木糖（XOS，木寡糖）等。

第四节　多糖

多糖是由很多个单糖分子通过糖苷键连接而成的高聚物。植物、动物及微生物体内都含有多糖。

从多糖的形状上看，可分为直链多糖和支链多糖两种，多糖链中由于糖苷键的类型不同可形成不同的空间结构。如直链多糖的 α(1→4) - 葡聚糖和 β(1→3) - 葡聚糖具有空心螺旋构象，而 β(1→4) - 葡聚糖和 α(1→3) - 葡聚糖具有锯齿形带状构象。根据多糖的组分不同，可分为同多糖和杂多糖，由一种单糖构成的多糖叫**同多糖**（homopolysaccharide），如淀粉、糖原、纤维素、壳多糖等；由两种以上单糖构成的多糖叫**杂多糖**（heteropolysaccharide），如半纤维素、果胶、糖胺聚糖、肽聚糖等。

科技视野 2 –6
多糖的结构研究

知识拓展 2 –4
植物多糖构效关系

一、淀粉与糖原

1. 淀粉

淀粉（starch）是植物的主要能量储备物质，是人体所需糖类化合物的主要来源。植物的种子、果实、根、茎、叶中都含有淀粉，玉米、马铃薯、小麦和水稻等农作物的淀粉含量超过 75%。

淀粉可被酸或淀粉酶水解，先生成糊精等低聚糖，继而再水解成麦芽糖或异麦芽糖，最后生成 D - (+) - 葡萄糖。

$$(C_6H_{10}O_5)_n \xrightarrow[H^+]{H_2O} (C_6H_{10}O_5)_m \xrightarrow[H^+]{H_2O} C_{12}H_{22}O_{11} \xrightarrow[H^+]{H_2O} C_6H_{12}O_6$$
$$(n>m, \text{一般} m=16)$$

淀粉在细胞中以淀粉粒形式存在，淀粉粒由直链淀粉和支链淀粉组成。

直链淀粉（amylose）属于直链多糖（amylose polysaccharide），是由几十至几百个 α - D - 葡萄糖以 α (1→4) 糖苷键相连形成的链状高聚物；其基本的二糖单位是麦芽糖，如图 2 - 12 所示。相对分子质量为 $1 \times 10^4 \sim 2 \times 10^6$。

直链淀粉的糖链盘旋成一个螺旋，每盘旋一周约有 6 个葡萄糖单位，盘旋的长链还可以弯折形成一个表面上不规则的形状，如图 2 - 12A 所示；如果多条直链淀粉之间通过分子间作用力或氢键结合在一起，则形成结构更复杂的复合型直链淀粉。直链淀粉螺旋结构上的中间空穴可以络合碘分子形成蓝色络合物，如图 2 - 12B 所示。直链淀粉不溶于冷水，微溶于热水，与碘作用呈蓝色。

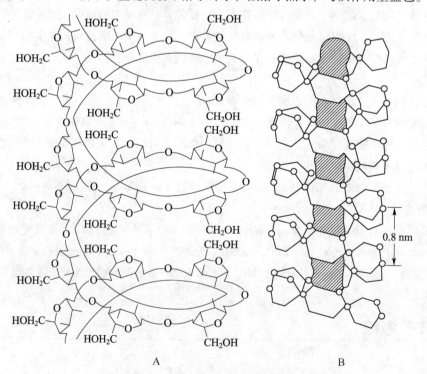

图 2 - 12　直链淀粉的螺旋形结构（A）和直链淀粉与碘生成络合物（B）

支链淀粉（amylopectin）属于支链多糖。支链多糖可以看成是由许多直链多糖相互连接成的分支状多糖。支链淀粉分子相对较大，一般由几千个葡萄糖残基组成。

支链淀粉在结构上除了由葡萄糖分子以 α–（1→4）糖苷键连接成主链外，还有以 α–（1→6）糖苷键相连而形成的支链（图 2–13），约 20 个葡萄糖单位就有一个分支。可见，在分支点上，葡萄糖基的 1，4，6 三个羟基都参与了糖苷键的形成。

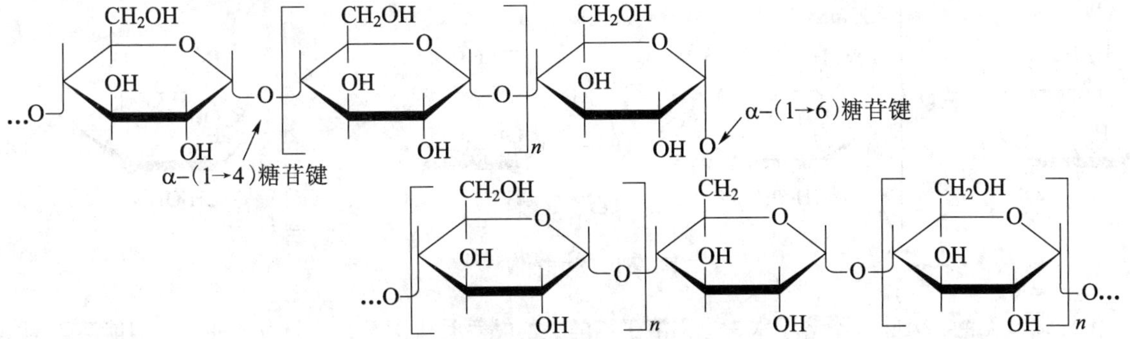

图 2–13 支链淀粉的结构

支链淀粉不溶于冷水也不溶于热水，但在热水中膨胀成糊状。与碘作用呈紫色或紫红色。

淀粉是食品、医药、化工、纺织工业的重要原料。在淀粉分子上引入新的官能团或改变淀粉分子大小和淀粉颗粒性质，可以得到变性淀粉。变性淀粉有着更为广阔的应用领域，例如淀粉与丙烯腈的接枝共聚物，分子内含有酰胺基和羟基，具有极强的吸水能力和可降解性，在农业、医药、日常生活中有广泛的应用。

科技视野 2–7
淀粉改性的研究

2. 糖原

糖原（glycogen）是由葡萄糖聚合成的支链多糖，是动物和细菌细胞内糖的重要贮存形式。

动物摄入的多余糖类大部分转变成甘油三酯贮存在脂肪组织中，只有小部分以糖原形式贮存。糖原在动物组织内分布很广，以肝和骨骼肌中储量最丰富，其作用与植物中的淀粉一样，故有"动物淀粉"之称。糖原很容易降解为葡萄糖，为机体各项生理活动提供能量。当机体需要葡萄糖时，糖原迅速被动用以供急需。肌糖原主要供肌肉收缩时的能量需要；肝糖原则是血糖的重要来源，在体内酶促作用下，通过合成和分解来维持血糖的正常水平。细菌中的糖原则用于供能和供碳。

糖原在干燥状态下为白色无定形粉末，无臭，有甜味，较易溶于热水而形成胶体溶液。与碘作用呈棕红色。可被稀酸或淀粉酶水解，生成麦芽糖和葡萄糖。

糖原结构与支链淀粉相似，主要是 α–D–葡萄糖，通过 α（1→4）糖苷键连接成主链，支链通过 α（1→6）糖苷键连接。与支链淀粉的主要区别在于，糖原的分支更多，8～12 个葡萄糖单位就有一个分支（支链淀粉一般是每隔约 20 个葡萄糖单位才有一个分支），每个分支的平均长度相当于 12～18 个葡萄糖分子。

淀粉和糖原都是同多糖，均由葡萄糖一种单位组成，属于葡聚糖。葡聚糖是自然界重要的同多糖。

二、纤维素与半纤维素

1. 纤维素

纤维素（cellulose）的分子式为 $(C_6H_{10}O_5)_n$，是由 D–葡萄糖以 β–（1→4）糖苷键连接而成的直链同多糖。纤维素是植物细胞壁的主要成分，也是世界上储量最丰富的天然有机物，占植物界碳量的 50% 以上。棉花的纤维素含量接近 100%，为天然的最纯纤维素。一般木材中，纤维素占 40%～

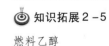
知识拓展 2–5
燃料乙醇

50%，还有10%~30%的半纤维素和20%~30%的木质素。

植物中的纤维素由7 000~10 000个葡萄糖分子组成，相对分子质量为50 000~2 500 000。纤维素的糖链呈束状平行排列，相互作用形成纤维素束，这是由于相邻纤维素分子中的羟基互相作用形成氢键而使糖链紧密地结合在一起，形成"带状"双折叠螺旋结构；若干纤维素束相互绞在一起形成绳索状结构，这种结构按一定规律排列起来就形成肉眼可见的植物纤维纹理。

纤维素的分子结构

科技视野 2–8

纤维素及纳米晶体纤维素的研究

纤维素无色、无味，不溶于水，也不溶于乙醇、乙醚等有机溶剂，不具有还原性。但能溶于铜氨溶液（Schwitzer试剂）、铜乙二胺溶液等。

与淀粉相比较，纤维素难于水解，在酸性条件下水解可得纤维四糖、三糖、二糖等，最后水解产物为D–(+)–葡萄糖。人和许多其他高等动物体内缺乏纤维素酶，因此不能消化纤维素。而食草动物的消化道中生存着一些微生物，它们产生的纤维素酶能将纤维素水解为葡萄糖，因此能以纤维素为食。

纤维素及其衍生物有许多重要的用途。纤维素作为细胞壁的支撑和保护物质，可使细胞有足够的韧性和刚性；在生物化学和生物工程研究中是很有价值的载体材料。纤维素中的羟基可进行醚化和酯化反应，生成纤维素醚和纤维素酯，如甲基纤维素、乙基纤维素、羟甲基纤维素、硝酸纤维素、醋酸纤维素等，在纺织、涂料、造纸、胶片、复合材料（如玻璃纤维、碳纤维、钢纤维、聚丙烯纤维）等方面有重要的应用。

2. 半纤维素

半纤维素（hemi-cellulose）指植物细胞壁中除纤维素以外的全部多糖化合物（少量的果胶质和淀粉除外），它们以间质凝胶的形式存在。

知识拓展 2–6

半纤维素作为造纸助剂

半纤维素主要分布在植物细胞的次生壁中，但是不同的植物，半纤维素的分布差异很大。半纤维素中的木聚糖在木质组织中约占50%，它结合在纤维素微纤维的表面，相互连接，这些纤维构成了坚硬的细胞间网络。

半纤维素是杂多糖，包括五碳糖和六碳糖，如木糖、阿拉伯糖、甘露糖、葡萄糖、半乳糖、4–O–甲基葡糖醛酸（4–O–methyl-glucuronic acid）、半乳糖醛酸（galacturonic acid）、葡糖醛酸（glucuronic acid）、鼠李糖（rhamnose）和岩藻糖（fucose）。

分支度是用来表示半纤维素结构中支链多少的指标。分支度的大小对半纤维素的溶解性有很大影响。同类聚糖中分支度大的半纤维素溶解度大。

科学史话 2–4

生物制浆

半纤维素在酸性条件下可以降解，与纤维素酸水解一致。但半纤维素的水解反应比纤维素复杂。半纤维素在碱性条件下也可以降解，碱性降解包括碱性水解与剥皮反应。例如在50 g/L NaOH溶液中，170 ℃时，半纤维素的糖苷键可水解断裂，即碱性水解。在较温和的碱性条件下，半纤维素发生剥皮反应，即从聚糖的还原末端开始，逐个糖基进行。但是由于半纤维素是杂多糖，所以还原性末端糖基不同，而且还有支链，故其剥皮反应更复杂。

半纤维素在自然界中含量很大，但除了作为纸浆中的成分被应用于造纸外，其他方面的应用很少。

植物体内的杂多糖，除了半纤维素以外，主要还有琼脂（agar）、果胶（pectin）、树胶（gum）

等。果胶主要由 α-1,4-半乳糖醛酸形成主链，有时也插入 α-1,2-L-鼠李糖残基。侧链带有中性糖，包括 D-半乳糖、L-阿拉伯糖、D-山梨糖、L-鼠李糖等。果胶的相对分子质量为 $3 \times 10^4 \sim 3 \times 10^5$。

三、壳多糖与脱乙酰壳多糖

壳多糖（chitin）（也称几丁质、甲壳素）是含乙酰氨基的同多糖，是 N-乙酰-β-D-葡糖胺通过 β(1→4) 糖苷键连接形成的直链多糖。

壳多糖不溶于水、稀酸、稀碱、乙醇或其他有机溶剂，在酸性条件下加热易发生降解。壳多糖脱去分子中的乙酰基转变为**脱乙酰壳多糖**（chitosan，又称壳聚糖），即氨基多糖，其溶解性较大，也称为可溶性壳多糖。壳多糖和壳聚糖的结构与纤维素相似。

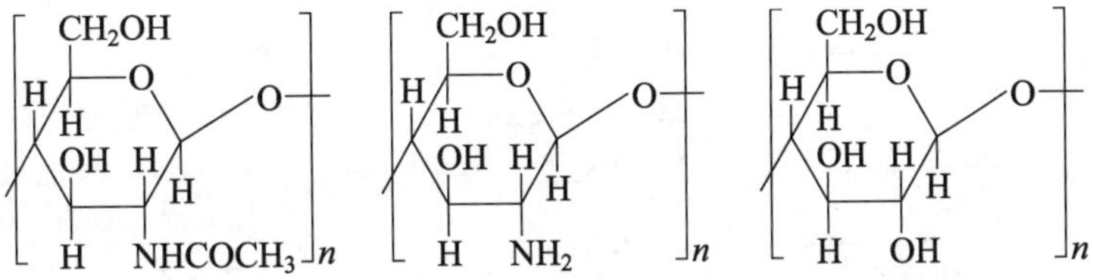

壳多糖　　　　壳聚糖　　　　纤维素

壳多糖在节肢动物的外壳中含量非常高，是虾、蟹、昆虫等外壳的重要成分；在自然界中每年由生物体合成的壳多糖有数十亿吨之多，远远超过其他的氨基多糖，是十分丰富的自然资源。

壳聚糖在 6 位上的氧化和 2 位氨基上的磺酸化产物与高效凝血剂肝素在结构上很相似，为寻求制得廉价的抗凝血剂提供了有效的途径。

壳聚糖通过分子中的氨基和羟基与一些重金属离子形成稳定的化合物，用于吸附分离相应的金属离子，如 Hg^{2+}、Cu^{2+}、Au^{2+}、Ag^+ 等。壳多糖和壳聚糖通过络合及离子交换作用，可对蛋白质、氨基酸、核酸、酚类、卤素以及某些染料等进行吸附，极具应用潜力。目前壳多糖和壳聚糖已经在医药、化工、环境、纺织、食品等领域显示出良好的应用前景。

四、黏多糖（糖胺聚糖）

黏多糖（mucopolysaccharide）是由糖醛酸和乙酰氨基己糖组成的杂多糖，有时含硫酸，也称为糖胺聚糖。

黏多糖是构成结缔组织的主要成分，广泛存在于哺乳动物的各种细胞内。重要的黏多糖有肝素（heparin）、硫酸皮肤素（dermatan sulfate, DS）、硫酸乙酰肝素（heparan sulfate, HS）、硫酸角质素（keratan sulfate, KS）、硫酸软骨素（chondroitin sulfate, CS）和透明质酸（hyaluronic acid）等。

大量研究表明，动物黏多糖具有多种药理活性，包括抗凝血、降血脂、抗病毒、抗肿瘤等作用。

五、肽聚糖

肽聚糖（peptidoglycan）是细菌细胞壁的主要成分，由 N-乙酰葡糖胺（N-acetylglucosamine）和 N-乙酰胞壁酸（N-acetylmuramic acid）通过 β-1,4-糖苷键连接成多糖主链，并与短肽聚合，形成多层网状结构，属于高分子杂多糖。N-乙酰葡糖胺和 N-乙酰胞壁酸组成二糖单位，然后与一个四肽相连，构成了肽聚糖的基本结构单位，称为胞壁肽（如图 2-14A）。肽聚糖可以看成由胞壁肽重复排列构成（如图 2-14B）。肽链的长短因细菌的种类不同而不同。溶菌酶和抗生素能抑制肽聚糖的生物合成。在革兰氏阳性菌细胞壁中，肽聚糖含量占干重的 50% ~80%，而革兰氏阴性菌仅占 1% ~10%。

科技视野 2-9

壳聚糖及其衍生物的应用

科技视野 2-10

磁性壳聚糖的研究

知识拓展 2-7

生命要素壳聚糖

科技视野 2-11

黏多糖贮积症

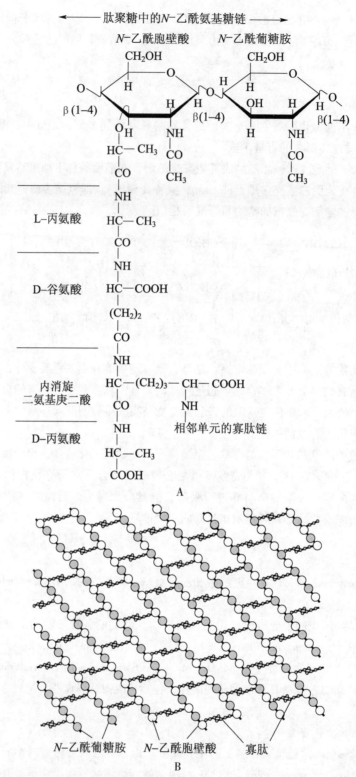

图 2-14 大肠杆菌胞壁肽的结构单元（A）和肽聚糖的组成（B）

六、糖缀合物

糖缀合物（glycoconjugate）是指糖与非糖物质（主要是蛋白质和脂质）以共价键连接而成的复合物，包括糖脂、脂多糖、糖蛋白和蛋白聚糖。

1. 糖脂

糖脂（glycolipid）是糖的半缩醛羟基与脂质通过糖苷键连接而成的复合物。广泛存在于生物体中，自然界存在的糖脂中的糖类主要有葡萄糖、半乳糖；脂肪酸多为不饱和脂肪酸。糖脂按照组成不同分为甘油糖脂、鞘糖脂和类固醇衍生糖脂。常见的甘油糖脂有单半乳糖基二酰基甘油和二半乳糖基二酰基甘油。鞘糖脂分子母体结构是神经酰胺。糖脂是细胞膜的主要成分，在细胞黏附、生长、分化、信号转导等过程中发挥着重要作用。

2. 脂多糖

脂多糖（lipopolysaccharide）是革兰氏阴性细菌细胞壁的组成成分，是由脂质和多糖构成的复合物。脂多糖由寡糖链、核心多糖和脂质组成，寡糖链的组分随菌株的不同而不同，而不同的菌中心多糖链都相同或相似，脂质与中心多糖相连接。脂多糖是细菌的内毒素和重要的群特异性抗原。

3. 糖蛋白

糖蛋白（glycoprotein）是短链寡糖与蛋白质通过共价键连接而成的复合物。构成糖蛋白的单糖通常有11种，即 β-D-葡萄糖、α-D-甘露糖、α-D-半乳糖、α-D-木糖、α-D-阿拉伯糖、α-L-岩藻糖、葡糖醛酸、艾杜糖醛酸、N-乙酰葡糖胺、N-乙酰半乳糖胺、N-乙酰神经氨酸（NeuNAC，唾液酸）。

糖蛋白广泛存在于动植物体内，如金属转运蛋白（运铁蛋白）、血浆铜蓝蛋白、凝血因子、补体系统、一些激素如促卵泡素（follicle-stimulating hormone，FSH）、核糖核酸酶（RNase）、膜结合蛋白（如动物细胞膜的 $Na^+-K^+-ATPase$）、主要组织相容性抗原（major histocompatibility antigen）均属于典型的糖蛋白。

寡糖与蛋白质的结合方式有以下几种（图2-15）。

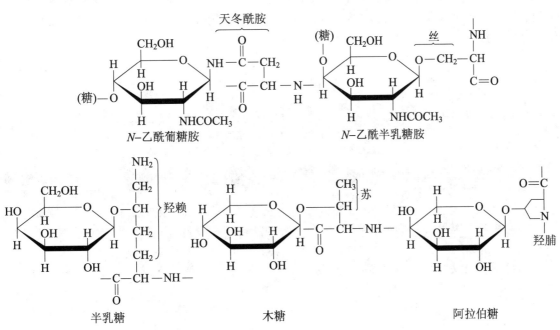

图2-15 寡糖与蛋白质的结合方式

① N-糖苷键型 糖基上的半缩醛羟基与肽链上的天冬酰胺的酰胺基、N端的 α-氨基、赖氨酸的 ε-氨基或精氨酸的 ω-氨基相连。

② O-糖苷键型 糖基上的半缩醛羟基与肽链上的丝氨酸、苏氨酸和羟赖氨酸、羟脯氨酸的羟基相连。

③ S - 糖苷键型　糖基上的半缩醛羟基与半胱氨酸的巯基相连。

④ 酯糖苷键型　糖基上的半缩醛羟基与肽链上的天冬氨酸、谷氨酸的羧基相连。

4. 蛋白聚糖

蛋白聚糖（proteoglycan）也称蛋白多糖，是由糖胺聚糖通过共价键与蛋白质连接而成的复合物。蛋白聚糖的含糖量比糖蛋白高。存在于动物的结缔组织中，构成细胞间的基质，由结缔组织特化细胞或纤维细胞和软骨细胞产生。其主要功能是作为结缔组织的纤维成分（胶原蛋白和弹性蛋白）埋置或被覆的基质，也可当作垫组织使关节滑润。

第五节　糖的分离与分析

寡糖和多糖的分离纯化是糖类研究中的难点之一。糖链中单糖种类、连接位置、糖苷键构型和糖环类型的可能排列组合是一个天文数字；各种异构体的理化性质相似，分离难度较大；糖分子结构上也缺乏生色团和荧光团，难于进行直接且高灵敏度的检测。近年来，随着现代分离纯化技术、分析技术的不断发展，诞生了很多分离纯化糖类的新方法，极大地促进了糖化学的研究。

一、寡糖的分离与分析

由于组成寡糖的单糖分子类型、连接方式和分支形式不同，使得寡糖，尤其是糖缀合物中的寡糖链，种类繁多，结构复杂，功能各异，在细胞识别、信号转导和受体调节现象中扮演着重要的角色，因此开展寡糖链的快速高效分离及结构分析是非常重要的。

寡糖的主要分离手段有高效液相层析、毛细管电泳、质谱、核磁共振、荧光标记、糖电泳等，这些新技术的应用使得寡糖的分离和结构鉴定更为快速、简便和准确，并能更好地揭示极微量寡糖的结构与功能的关系。

知识拓展 2 - 8
糖的分离与分析

拾 零

糖 芯 片

生物芯片现已成为快速、高效、高通量取得相关信息的重要手段。随着糖生物学及糖组学研究的进展，一种全新的生物芯片——糖芯片正逐渐发展起来，并开始成为有关糖生物学及糖组学研究的新手段。

糖芯片是将多个不同结构的人工合成糖或天然糖分子通过共价或非共价作用固定于经化学修饰的玻璃片、聚苯乙烯片和硝酸纤维素膜等基质上，进而对糖蛋白等待测样品或糖分子探针本身进行测试、分析的手段。在芯片上与糖探针存在特异作用的样品分子会被吸附，其他无特异作用的分子则被洗掉，因此通过荧光染色等检测方法可以简单、快速地筛选出存在特异作用的分子。糖芯片检测样品用量少、高通量，数千份不同组分的样品可以在很小的芯片上平行完成，因而可大大提高糖化学研究的效率。

目前糖芯片的发展主要受两方面的制约：首先是目标糖化合物的合成，这直接影响着芯片检测的特异性；其次是糖化合物高效固定于基质并保持其生物学活性，这对检测效率起至关重要的作用。然而，由于糖分子复杂的结构和特性，很难找到一种简单有效和通用的策略同时满足上述两个方面来构建糖芯片。

知识拓展 2 - 9
寡糖的色谱分离

迄今为止，已经建立的寡糖结构分析方法有化学方法，如甲基化分析、Smith 降解、过碘酸氧化、乙酰解等；物理方法，如核磁共振波谱（^{1}H, ^{13}C - NMR）、快原子轰击质谱（fast-atom-bombardment mass spectrometry, FAB - MS）；生物学方法，主要是酶解法分析。随着现代分析技术的不断发展，糖缀合物中寡糖链的结构分析已不再令人生畏。

二、多糖的分离与分析

多糖根据来源不同可分为动物多糖、植物多糖和真菌多糖。尽管多糖的种类繁多，但其提取分离方法基本相同。

动物中所含多糖大多是酸性多糖，主要存在于动物的结缔组织中，常与蛋白质牢固地结合在一起。

植物多糖可存在于植物的根、茎、叶、花、果实及种子中。大部分植物多糖不溶于冷水，在热水中呈黏液状，遇乙醇能沉淀。目前，多糖常用的提取方法有水提法、中性盐法、酸碱提法、生物酶法、超声波法、微波法和超临界流体法。对于脂质含量高的原料在提取多糖之前，需要先进行脱脂处理，经提取获得的粗多糖还需要进行除蛋白、色素和杂质等。

将混合多糖纯化为单一多糖的方法主要有：① 沉淀法，包括分步沉淀法、盐析法、金属络合物法和季铵盐沉淀法；② 凝胶柱层析法；③ 纤维素阴离子交换剂柱层析法。

此外还有超过滤法、制备性区域电泳、活性炭柱层析、膜分离法等方法。

对多糖化学结构的分析包括：各组分的理化性质如溶解度、比旋光度和黏度的测定，多糖的相对分子质量范围，多糖的单糖组分，单糖的连接点类型，单糖和糖苷键的构型重复单位等。

目前大多采用化学方法与物理方法相结合来测定多糖结构。化学方法测定多糖结构是目前最常用的方法，其中经典而有效的是甲基化分析、高碘酸氧化和 Smith 降解、部分酸水解以及乙酰解和甲醇解等。物理方法有红外光谱法（确定吡喃糖的苷键构型及常规官能团）；质谱、气质联用、核磁共振等。用于多糖立体结构分析的方法主要是物理方法，诸如 X 射线衍射、核磁共振等。

此外在研究多糖的构效关系时，常需要对多糖进行分子修饰，如硫酸化、脱硫酸化、化学降解、酶降解、乙酰化、烷基化等，这有助于深入探讨其构效关系。

◎ 知识拓展 2－10

活性多糖提取工艺及结构解析

❓ 思考与讨论

1. 如何定义糖类化合物？糖类化合物是如何分类的，有何生物学功能？
2. 单糖、寡糖和多糖的结构有何特点？
3. 常见的二糖中，蔗糖无还原性，而麦芽糖和乳糖有还原性，为什么会有这样的差别？
4. 根据单糖的结构说明其物理化学性质。
5. 比较淀粉、糖原、纤维素在结构上的异同。
6. 通过查阅资料，了解寡糖的研究现状与应用进展。
7. 通过查阅资料，了解壳聚糖在工业上的应用情况。

网上更多资源……

◆ 本章小结　　◆ 教学课件　　◆ 自测题　　◆ 教学参考　　◆ 生化实战

第三章

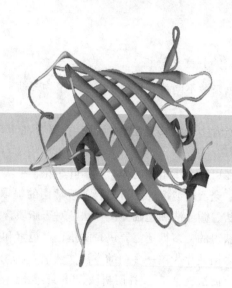

蛋白质化学

　　自然界同种生物的不同个体，性状表现千差万别，即使是同一性状也会出现多样化的表观类型，所以我们在同一棵树上也不可能找到完全相同的两片树叶。这些现象的根源是蛋白质的千差万别。

　　那么，蛋白质具有怎样的结构，才能构建出生物体的多种性状？蛋白质结构的改变会导致功能如何变化？它们的性质可否被我们利用？这些问题将在本章的阐述中得到答案。

学习指南
　　1. 重点：蛋白质的分子组成、结构层次、理化特点、分离和分析方法原理。
　　2. 难点：对蛋白质结构形成的整体认识，蛋白质结构与功能的关系；建立利用蛋白质各种性质进行蛋白质分离纯化的技术体系。

▶▶ **知识导图**

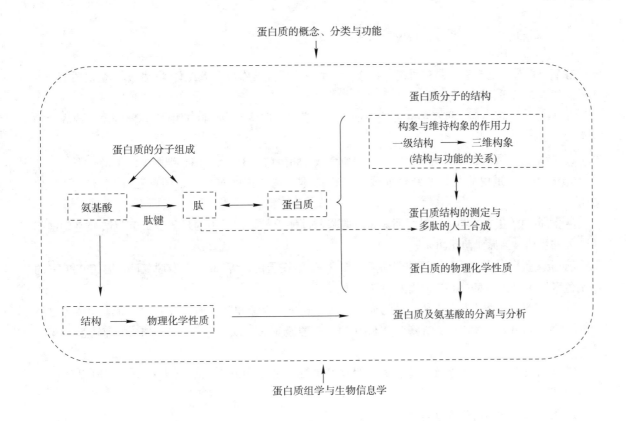

第一节　蛋白质的概念、分类与功能

一、蛋白质的概念

　　蛋白质（protein）存在于所有的生物细胞中，是生物体内种类繁多、数量最大、功能最复杂的一类生物大分子。19世纪中叶，荷兰化学家 G. Mulder 从动植物体中提取出一种共有的物质，并认为这种物质在有机界中是最重要的，根据瑞典化学家 J. Berzelius 的建议，将这种物质命名为"protein"，源自希腊文 proteios，是"最原始的""第一重要的"意思，中文名称为蛋白质。

　　蛋白质是由许多**氨基酸**（amino acid）通过**肽键**（peptide bond）相连形成的高分子含氮化合物。蛋白质是构成生物体最基本的结构物质和功能物质，在生物体中占有特殊的地位，它参与了几乎所有的生命活动过程，没有蛋白质就没有生命活动。它是构成细胞内原生质的重要成分之一，而原生质是生命现象的物质基础。

◉ 知识拓展 3-1
蛋白质的研究简史

　　二、蛋白质的分类

　　蛋白质分子结构复杂，种类极其繁多，据估计在 $10^{10} \sim 10^{12}$ 数量级。分类方法也有多种，常根据蛋白质的组成成分、溶解性能、分子形状及生物学功能分类。

1. 根据蛋白质分子的组成成分分类

可分为单纯蛋白质（或简单蛋白质）和缀合蛋白质（或结合蛋白质）两类。

（1）单纯蛋白质

仅由氨基酸组成，不含有其他化学成分蛋白质。

（2）缀合蛋白质

除氨基酸外，还含有非蛋白质组分，这些非蛋白质成分被称为辅基或配体。根据非蛋白质部分的不同，缀合蛋白质又可分为：

① 糖蛋白　蛋白质与糖类结合而成，如 γ - 球蛋白、卵清蛋白、唾液中的黏蛋白和细胞膜的糖蛋白等。

② 脂蛋白　蛋白质与脂质结合而成，如血清 α - 脂蛋白、β - 脂蛋白和细胞膜的脂蛋白等。

③ 核蛋白　蛋白质与核酸结合而成，如核糖体、脱氧核糖核蛋白、烟草花叶病毒和 HIV 病毒等。

④ 磷蛋白　蛋白质与磷酸结合而成，磷酸基通过酯键与蛋白质中的丝氨酸或苏氨酸残基侧链相连，如酪蛋白、糖原磷酸化酶 a 等。

⑤ 金属蛋白　蛋白质与金属结合而成，如含 Fe 的铁蛋白、含 Zn 的乙醇脱氢酶、含 Cu 和 Fe 的细胞色素氧化酶、含 Mo 和 Fe 的固氮酶等。

⑥ 黄素蛋白　蛋白质与黄素结合而成，辅基为 FMN（黄素单核苷酸）或 FAD（黄素腺嘌呤二核苷酸），如含 FMN 的 NADH 脱氢酶，含 FAD 的琥珀酸脱氢酶，以及含 FAD 和 FMN 的亚硫酸盐还原酶等。

⑦ 血红素蛋白　辅基为血红素，是卟啉类化合物，卟啉中心含 Fe，如血红蛋白、细胞色素 c、过氧化氢酶等。

2. 根据蛋白质的溶解度分类

（1）清蛋白

又称白蛋白。溶于水及稀盐、稀酸或稀碱溶液，为饱和硫酸铵所沉淀，如血清清蛋白、乳清蛋白等。

（2）球蛋白

微溶于水而溶于稀盐溶液，被半饱和硫酸铵所沉淀，如血清球蛋白、肌球蛋白、植物种子球蛋白等。

（3）谷蛋白

不溶于水、醇及中性盐溶液，但易溶于稀酸或稀碱，如米谷蛋白、麦谷蛋白等。

（4）谷醇溶蛋白

不溶于水及无水乙醇，但溶于 70% ~80% 的乙醇中，主要存在于植物种子中，如玉米醇溶蛋白、麦醇溶蛋白等。

（5）组蛋白

溶于水及稀酸溶液，被稀氨水所沉淀，分子内含组氨酸、赖氨酸较多，呈碱性，如小牛胸腺组蛋白等。

（6）鱼精蛋白

溶于水及稀酸，不溶于氨水，分子中含有相当多的精氨酸、赖氨酸、组氨酸等碱性氨基酸，呈碱性，如鲑精蛋白等。

（7）硬蛋白

不溶于水、盐、稀酸或稀碱溶液，这类蛋白质是动物体内作为结缔及保护功能的蛋白质，存在于各种软骨、腱、毛、发、丝等结构中，如角蛋白、胶原蛋白、弹性蛋白、网硬蛋白等。

◎ 知识拓展 3 -2

胶原蛋白

3. 根据蛋白质的分子形状分类

可分为球状蛋白质和纤维状蛋白质两类。

（1）球状蛋白质

球状蛋白质的分子对称性好，形状接近球形或椭球形，溶解性较好，能结晶，生物体内的蛋白质大多数属于这一类。这些蛋白质大都具有活性，如酶、转运蛋白、血红蛋白、蛋白质类激素、免疫球蛋白等。

（2）纤维状蛋白质

纤维状蛋白质分子对称性差，形状类似纤维状或细棒状，其分子长轴的长度比短轴大 10 倍以上，多数是结构蛋白。纤维状蛋白质按溶解性可分为可溶性纤维状蛋白质与不溶性纤维状蛋白质，前者如血液中的纤维蛋白原、肌肉中的肌球蛋白等；后者如胶原蛋白、弹性蛋白、角蛋白、丝心蛋白等结构蛋白。

4. 根据蛋白质的生物学功能分类

（1）活性蛋白质

活性蛋白质是生物体在生命活动中能够体现生物活性的蛋白质及其前体，又可分为：酶蛋白、保护蛋白、运输蛋白、受体蛋白、调节蛋白、防御蛋白、贮存蛋白、毒蛋白等。

（2）非活性蛋白质

非活性蛋白质是在生物体内主要起保护或支持作用的蛋白质，如胶原蛋白、弹性蛋白、角蛋白、丝心蛋白等。

5. 根据蛋白质的特定结构域或氨基酸模体特性分类

蛋白质的特定**结构域**（domain）或**氨基酸模体**（motif）常与某种生物学功能相联系，根据结构与功能的关系，将具有相同或类似结构域或模体的蛋白质（同源蛋白质）归为一大类、一类或一组，分别称为超家族（super family）、家族（family）或亚家族（subfamily）；分类范围越小，则蛋白质或多肽同源性越高，即相似的结构成分就越多，功能也越接近。例如，螺旋 - 环 - 螺旋超家族（helix-loop-helix superfamily）、锌指结构蛋白、PDZ 结构域蛋白、POU 结构域蛋白等，都是根据结构域或氨基酸模体特性分类的。这种分类既包含了蛋白质结构特征，又提示了其功能特性。

三、蛋白质的功能

蛋白质是实现生物学功能的执行者。自然界的生物多种多样，因而蛋白质的种类和功能也十分繁多。概括起来，蛋白质主要有以下功能。

1. 生物催化功能

蛋白质一个最重要的生物学功能是作为生物体新陈代谢的催化剂——酶。酶是蛋白质中种类和含量最多的一类，绝大多数的酶都是蛋白质。生物体内的各种化学反应几乎都是在相应的酶参与下进行的，没有酶各种化学反应就无法正常进行。酶是一类具有很强专一性的生物催化剂，其催化效率远大于合成的催化剂，它能使化学反应速率加快 100 多万倍。例如，生物体内淀粉酶催化淀粉的水解，蛋白酶催化蛋白质的水解，脲酶催化尿素分解为二氧化碳和氨等。有关酶学的知识请参见第四章酶化学部分。

2. 结构功能

蛋白质的另一个主要生物学功能是作为有机体的结构成分，为细胞和组织提供强度和保护。结构蛋白的单体一般聚合成长的纤维或纤维状排列的保护层。这类蛋白质多数是不溶性纤维状蛋白，如构成动物毛发、角、蹄、甲的 α - 角蛋白，存在于骨、腱、韧带、皮中的胶原蛋白。在高等动物中，胶原蛋白参与结缔组织和骨骼的组成，构成了身体的支架，是主要的细胞外结构蛋白。肌动蛋白、微管蛋白等蛋白质在细胞内动态组装，构成了细胞骨架系统，是细胞运动、胞内物质运输的结构基础。

3. 转运功能

某些蛋白质能转运特定的物质。脊椎动物红细胞中的血红蛋白和无脊椎动物体内的血蓝蛋白在呼吸过程中起着运输氧气的作用；血液中的载脂蛋白可运输脂肪；运铁蛋白可转运铁；一些脂溶性激素的运输也需要蛋白质，如部分甲状腺素需要以甲状腺素结合球蛋白的形式在血液中运输；生物氧化过程中某些色素蛋白，如细胞色素 c 等起传递电子的作用；膜转运蛋白能通过细胞膜转运代谢物和养分，如葡萄糖转运蛋白等。

4. 运动功能

某些蛋白质赋予细胞收缩或运动的能力。肌肉中的肌球蛋白和肌动蛋白是肌肉收缩系统的必要成分，它们构象的改变引起肌肉的收缩，带动机体运动。细菌中的鞭毛蛋白有类似的作用，它的收缩引起鞭毛的摆动，从而使细菌在水中游动。

5. 营养和贮存功能

有些蛋白质具有贮藏氨基酸的功能，作为生物体的养料和胚胎或幼儿生长发育的原料。此类蛋白质包括蛋类中的卵清蛋白（ovalbumin）、奶类中的酪蛋白（casein）和小麦种子中的麦醇溶蛋白等。另外，肝中的铁蛋白可将血液中多余的铁储存起来，供缺铁时使用。

6. 调控功能

许多蛋白质能调节或控制细胞的生长、分化和遗传信息的表达，这些蛋白质称为调节蛋白。生物体内某些激素和许多其他调节因子都是蛋白质。如胰腺的胰岛细胞分泌的胰岛素参与动物体内糖代谢的调节，它能降低血液中葡萄糖的浓度，而一旦胰岛素分泌不足将导致糖尿病。DNA 在储存时是缠绕在蛋白质（组蛋白）上的。有些蛋白质，如阻遏蛋白，与特定基因的表达有关。β-半乳糖苷酶基因的表达受到一种阻遏蛋白的抑制，当需要合成 β-半乳糖苷酶时经过去阻遏作用才能表达（详见第十一章第四节）。

7. 保护和防御功能

高等动物的免疫反应是机体的一种保护和防御机能，它主要是通过**抗体**（antibody）来实现的。抗体在外来的蛋白质或其他高分子化合物即所谓**抗原**（antigen）的影响下由淋巴细胞产生，并能与相应的抗原结合而排除外来物质对有机体的干扰，起到保护机体的作用。凝血与纤溶系统的蛋白因子、干扰素等，也担负着防御和保护功能。某些生物能合成有毒的蛋白质，用以攻击或自卫，如某些植物在被昆虫咬过以后会产生一种毒蛋白。

8. 接收和传递信息功能

生物体内的信息接收和传递过程也离不开蛋白质。例如，视觉信息的传递要有视紫红质参与，视杆细胞中的视紫红质，只需 1 个光子即可被激发，产生视觉。感受味道需要口腔中的味觉蛋白。激素的受体都是蛋白质，当一种水溶性激素到达靶细胞时，往往和靶细胞表面的受体蛋白结合，由于这种受体蛋白是跨膜蛋白，它能够接受细胞外激素的信息，并通过自身构象的变化将这种信息传达到细胞内，引起细胞内一系列变化。很多细胞膜上的受体蛋白属于 G 蛋白偶联受体蛋白，是一类七次跨膜蛋白。这类蛋白质是真核生物特有的，是很多药物的作用靶点。

除此之外，某些蛋白质还具有其他功能，昆虫翅的铰合部存在一种具有特殊弹性的蛋白质，称节肢弹性蛋白。某些海洋生物如贝类分泌一类胶质蛋白，能将贝壳牢固地粘在岩石或其他硬物质表面上。另外，蛋白质在细胞膜的通透性，以及高等动物的记忆、识别机构等方面都起到重要作用。

第二节　蛋白质的分子组成

生物细胞内最丰富的有机分子是蛋白质，占细胞干重的 50% 或更多。元素分析的结果表明，蛋白质主要含有碳、氢、氧、氮四种元素，还含有少量的硫，有些蛋白质还含有微量的磷和一些金属元素，主要包括铁、铜、锌、锰、钴、钼，个别蛋白质还含有碘。各主要元素在蛋白质中的组成百分比约为：碳 50% ~55%、氢 6% ~8%、氧 20% ~23%、氮 15% ~17%、硫 0% ~4%。

氮元素是蛋白质区别于糖和脂肪的特征性元素，平均含量为 16%，即 100 g 蛋白质中含有 16 g 氮。这是凯氏（Kjedahl）定氮法测定蛋白质含量的计算基础，只要测定生物样品中的氮含量，就可按下式计算出蛋白质的大约含量：

🔍 科学史话 3 - 1
凯氏定氮法与"三聚氰胺事件"

$$每克样品中蛋白质含量 = 每克样品含氮的质量（g）\times 6.25$$

式中，6.25 是 16% 的倒数，每测定 1 g 氮相当于 6.25 g 的蛋白质。6.25 被称为**蛋白质系数或蛋白质因数**（protein factor）。

一、组成蛋白质分子的基本单位——氨基酸

蛋白质可以受酸、碱或蛋白酶的作用而水解，直到最后成为氨基酸的混合物。酸或碱能够将蛋白质完全水解，酶水解一般是部分水解。

① 酸水解 酸水解通常使用 6 mol/L HCl 或 4 mol/L H_2SO_4 回流煮沸 20 h 左右。该种水解方式的优点是：不容易引起水解产物的消旋化，无消旋现象。水解过程比较彻底，且产物单一，终产物为 L - 氨基酸。其缺点是：色氨酸完全被沸酸所破坏，并产生腐黑质，水解液呈黑色；含有羟基的氨基酸如丝氨酸或苏氨酸有一小部分被分解；天冬酰胺和谷氨酰胺侧链的酰胺基被水解成了羧基。

② 碱水解 碱水解一般用 5 mol/L NaOH 煮沸 10 ~20 h。该种水解方式的优点是：色氨酸不被破坏，水解过程比较彻底，且水解液清亮。其缺点是：水解过程中许多氨基酸都受到不同程度的破坏，部分的水解产物发生消旋化，其产物是 D - 型和 L - 型氨基酸的混合物，称消旋物。此外，碱水解引起精氨酸脱氨生成鸟氨酸和尿素。

③ 蛋白酶水解 目前用于蛋白质肽链断裂的蛋白水解酶（proteolytic enzyme）或称蛋白酶（proteinase）已有十多种，常用的有胰蛋白酶（trypsin）、胰凝乳蛋白酶（chymotrypsin）、胃蛋白酶（pepsin）等。通常在温度为 37 ~40 ℃，pH 5 ~8 的条件下进行水解。该种水解方式的优点是：氨基酸不被破坏，不发生消旋现象。其缺点是：水解不完全，中间产物多，主要用于部分水解，水解的产物为较小的肽段。此外，水解过程需要较长的时间。

🐦 科技视野 3 - 3
科学家发现制造氨基酸的"宇宙工厂"

氨基酸（amino acid）是组成蛋白质的基本结构单位。从蛋白质水解产物中分离出来常见的 20 种氨基酸除脯氨酸（它实际是一个亚氨基酸）外，其余 19 种氨基酸在结构上的共同特点是与羧基相邻的 α - 碳原子上都有一个氨基，也可以看成是羧酸分子中 α - 碳原子上的一个氢原子被氨基取代而生成的化合物，即氨基与羧基皆连接在 α - 碳原子上，因而称为 α - 氨基酸。连接在 α - 碳上的还有一个氢原子和一个可变的侧链（称 R 基），各种氨基酸的区别在于 R 基团的不同。它们的结构可用下面的通式表示。

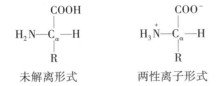

未解离形式 　　　　　　　两性离子形式

从结构上看，除 R 基为氢原子（即甘氨酸）外，所有的 α - 氨基酸分子中的 α - 碳原子上都连接 4 个互不相同的基团或原子（即—R，—NH_2，—COOH，—H），故均为**不对称碳原子**（asymmetric carbon atom）或称**手性中心**（chiral center），具有旋光性，能使偏振光平面向左或向右旋转，左旋通常用（-）表示，右旋通常用（+）表示。α - 碳原子上 4 个不同的取代基有两种不同的排布形式，结果形成互为镜像的结构，因而除甘氨酸外每种氨基酸都有 D - 和 L - 型两种异构体，这是与甘油醛

相比较而确定的。书写时将羧基写在 α - 碳原子的上端，则氨基在左边的为 L - 型，氨基在右边的为
D - 型。

$$
\begin{array}{cccc}
\text{COOH} & \text{CHO} & \text{CHO} & \text{COOH} \\
\text{H}_2\text{N}-\text{C}-\text{H} & \text{HO}-\text{C}-\text{H} & \text{H}-\text{C}-\text{OH} & \text{H}-\text{C}-\text{NH}_2 \\
\text{R} & \text{CH}_2\text{OH} & \text{CH}_2\text{OH} & \text{R} \\
\text{L - 氨基酸} & \text{L - 甘油醛} & \text{D - 甘油醛} & \text{D - 氨基酸}
\end{array}
$$

除了甘氨酸外，从蛋白质水解得到的 α - 氨基酸都属于 L - 型，所以习惯上书写氨基酸时，都不标明构型和旋光方向。各种 L - 型的氨基酸有的为左旋，有的为右旋。虽然蛋白质中没有 D - 型氨基酸，但在生物界有 D - 型氨基酸存在，如某些细菌产生的抗生素以及个别植物的生物碱中就含有 D - 型氨基酸。

1. 氨基酸的分类

◎ 知识拓展 3 - 3
第 21 种和 22 种氨基酸

从各种生物体中发现的氨基酸已有 180 多种，但是参与蛋白质组成的常见氨基酸只有 20 种，称为蛋白质氨基酸（表 3 - 1）。氨基酸的系统命名方法与羟基酸一样，但人们常用它们的习惯名称（俗名），每种氨基酸都有三字母和单字母缩写符号。

表 3 - 1　组成蛋白质的 20 种常见氨基酸的名称和符号

中文名称（化学名称）	中文缩写	英文名称	三字母符号	单字母符号
丙氨酸（α - 氨基丙酸）	丙	alanine	Ala	A
精氨酸（α - 氨基 - δ - 胍基戊酸）	精	arginine	Arg	R
天冬酰胺	天酰	asparagine	Asn	N
天冬氨酸（α - 氨基丁二酸）	天	aspartic acid	Asp	D
半胱氨酸（α - 氨基 - β - 巯基丙酸）	半胱	cysteine	Cys	C
谷氨酰胺	谷酰	glutamine	Gln	Q
谷氨酸（α - 氨基戊二酸）	谷	glutamic acid	Glu	E
甘氨酸（氨基乙酸）	甘	glycine	Gly	G
组氨酸（α - 氨基 - β - 咪唑基丙酸）	组	histidine	His	H
异亮氨酸（α - 氨基 - β - 甲基戊酸）	异亮	isoleucine	Ile	I
亮氨酸（α - 氨基 - γ - 甲基戊酸）	亮	leucine	Leu	L
赖氨酸（α, ε - 二氨基己酸）	赖	lysine	Lys	K
甲硫氨酸（α - 氨基 - γ - 甲硫基丁酸）	甲硫	methionine	Met	M
苯丙氨酸（α - 氨基 - β - 苯基丙酸）	苯丙	phenylalanine	Phe	F
脯氨酸（β - 吡咯烷基 - α - 羧酸）	脯	proline	Pro	P
丝氨酸（α - 氨基 - β - 羟基丙酸）	丝	serine	Ser	S
苏氨酸（α - 氨基 - β - 羟基丁酸）	苏	threonine	Thr	T
色氨酸（α - 氨基 - β - 吲哚基丙酸）	色	tryptophan	Trp	W
酪氨酸（α - 氨基 - β - 对羟苯基丙酸）	酪	tyrosine	Tyr	Y
缬氨酸（α - 氨基 - β - 甲基丁酸）	缬	valine	Val	V

氨基酸分类的方法有多种，目前常以氨基酸的侧链 R 基的结构和性质作为氨基酸分类的基础。

（1）按侧链 R 基的化学结构特点

用此种方法可将 20 种常见氨基酸分为脂肪族氨基酸、芳香族氨基酸和杂环族氨基酸 3 类。

① 脂肪族氨基酸共有 15 种：

a. 一氨基一羧基氨基酸有甘氨酸、丙氨酸、缬氨酸、亮氨酸、异亮氨酸。

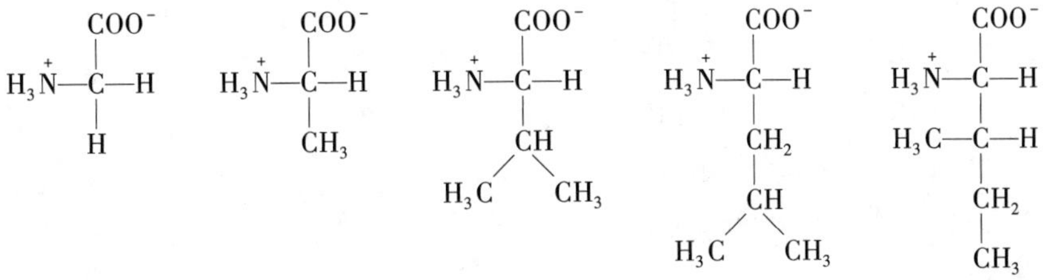

甘氨酸	丙氨酸	缬氨酸	亮氨酸	异亮氨酸
(Gly, G)	(Ala, A)	(Val, V)	(Leu, L)	(Ile, I)

b. 含羟基氨基酸有丝氨酸和苏氨酸。

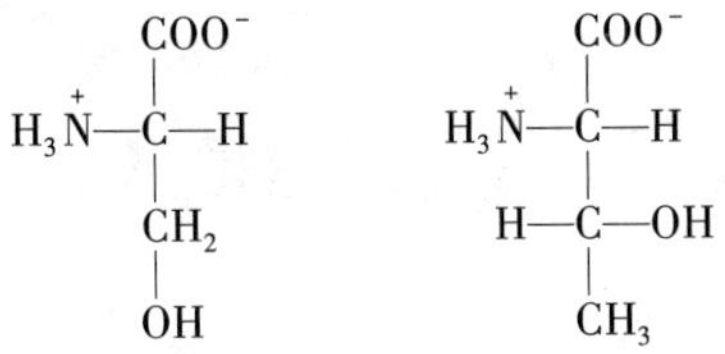

丝氨酸	苏氨酸
(Ser, S)	(Thr, T)

科技视野 3 – 4

丝氨酸缺乏有望"饿
死"癌细胞

c. 含硫氨基酸有半胱氨酸和甲硫氨酸（常称蛋氨酸）。

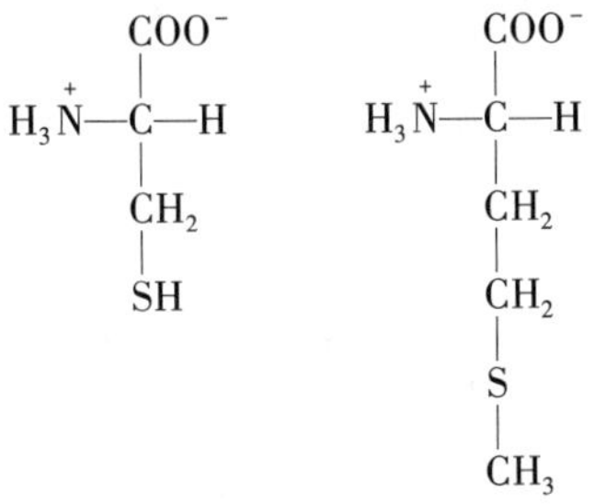

半胱氨酸	甲硫氨酸
(Cys, C)	(Met, M)

两个半胱氨酸可通过形成**二硫键**（disulfide bond）结合成一个胱氨酸，二硫键对维持蛋白质的高级结构有重要意义。在蛋白质中，两个半胱氨酸残基之间经常形成二硫键。甲硫氨酸的硫原子有时参与形成配位键。甲硫氨酸还可作为甲基供体，参与多种分子的甲基化反应。

d. 一氨基二羧基氨基酸有天冬氨酸和谷氨酸。

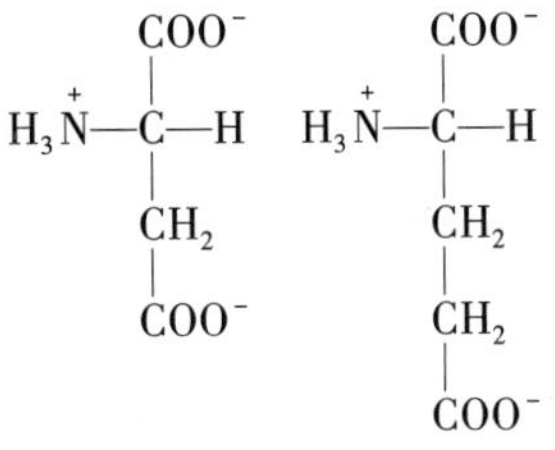

天冬氨酸	谷氨酸
(Asp, D)	(Glu, E)

e. 二氨基一羧基氨基酸有赖氨酸和精氨酸。

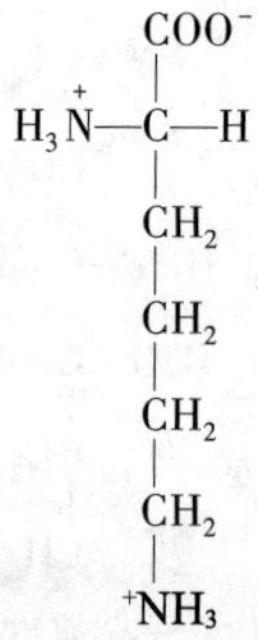

赖氨酸
(Lys, K)

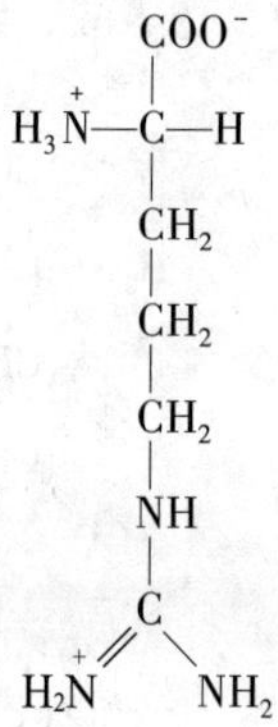

精氨酸
(Arg, R)

f. 含酰胺基氨基酸有天冬酰胺和谷氨酰胺。

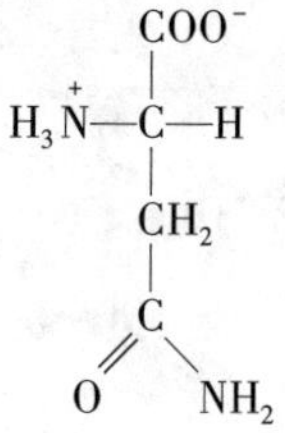

天冬酰胺
(Asn, N)

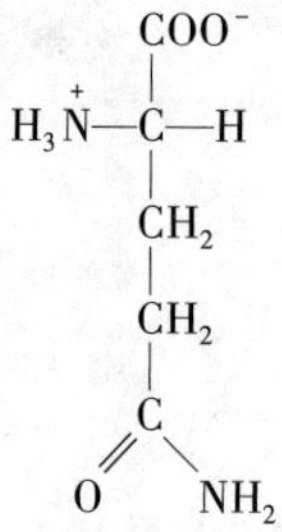

谷氨酰胺
(Gln, Q)

② 芳香族氨基酸共3种：苯丙氨酸、色氨酸、酪氨酸。

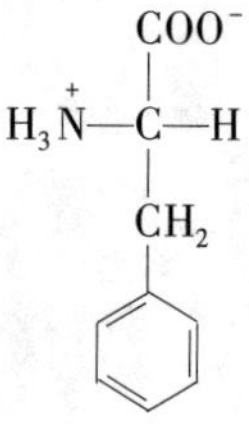

苯丙氨酸
(Phe, F)

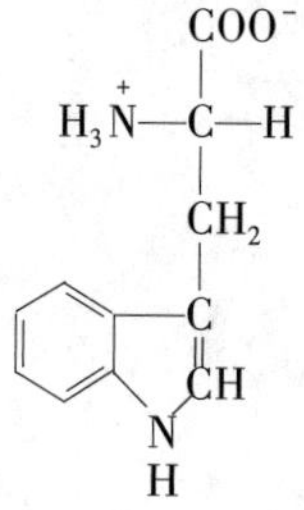

色氨酸
(Trp, W)

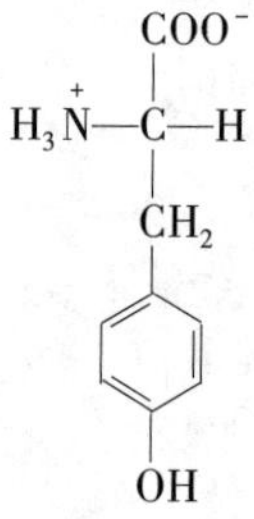

酪氨酸
(Tyr, Y)

③ 杂环族氨基酸共2种：组氨酸、脯氨酸。

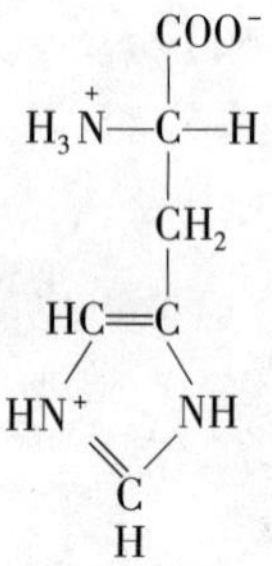

组氨酸
(His, H)

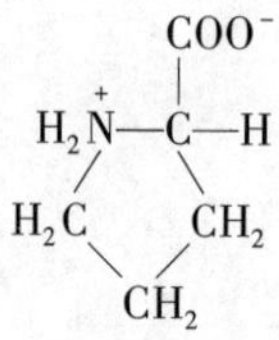

脯氨酸
(Pro, P)

（2）按侧链 R 基的极性

按侧链 R 基极性的不同，将常见氨基酸分为 4 类。

① 非极性 R 基氨基酸　有丙氨酸、缬氨酸、亮氨酸、异亮氨酸、甲硫氨酸、苯丙氨酸、色氨酸和脯氨酸 8 种。这类氨基酸的 R 基是非极性基团或称疏水性基团，在水中的溶解性比极性 R 基氨基酸小，其中丙氨酸 R 基的疏水性为最小。

② 极性但不带电荷的 R 基氨基酸　有甘氨酸、丝氨酸、苏氨酸、酪氨酸、半胱氨酸、天冬酰胺和谷氨酰胺 7 种。这类氨基酸的 R 基是不解离的极性基团或称亲水性基团，能与水形成氢键，其中半胱氨酸和酪氨酸的 R 基极性为最强。

③ 带负电荷的 R 基氨基酸　有天冬氨酸和谷氨酸。它们的侧链 R 基解离后分别有带负电荷的 β -、γ - 羧基，故称为酸性氨基酸。

④ 带正电荷的 R 基氨基酸　有赖氨酸、精氨酸和组氨酸 3 种。这类氨基酸在 pH = 7 时携带净正电荷，称为碱性氨基酸。除 α - 氨基外，赖氨酸还含有一个 ε - 氨基；精氨酸含有一个带正电荷的胍基；组氨酸含有一个弱碱性的咪唑基。

（3）按侧链 R 基的酸碱性

根据 R 基的酸碱性，将常见氨基酸分为 3 类。

① 酸性氨基酸　一氨基二羧基氨基酸，有天冬氨酸、谷氨酸。

② 碱性氨基酸　二氨基一羧基氨基酸，有赖氨酸、精氨酸；组氨酸。

③ 中性氨基酸　一氨基一羧基氨基酸，及除上述酸性和碱性氨基酸外，其余共 15 种氨基酸都属于中性氨基酸。

（4）按氨基酸是否能在人体内合成

按氨基酸是否能在人体内合成，将常见氨基酸分为 3 类。

① 必需氨基酸　指人体内不能合成的氨基酸，必须从食物中摄取，有 8 种：赖氨酸、色氨酸、甲硫氨酸、苯丙氨酸、缬氨酸、亮氨酸、异亮氨酸、苏氨酸。

② 半必需氨基酸　指人体内可以合成但合成量不能满足人体需要（如发生代谢障碍、婴幼儿生长时期）的氨基酸，有 2 种：组氨酸、精氨酸。

③ 非必需氨基酸　指人体内可以合成的氨基酸。包括除了上述必需和半必需氨基酸外，其余的 10 种氨基酸。

🔍 科学史话 3 - 2
关于氨基酸结构的游戏 PurposeGames

📋 **拾 零**

氨基酸与心脑血管病

在爱斯基摩人中，极少有人患心脑血管病，而且许多百岁的爱斯基摩老人的血液像年轻人一样，血脂不高、血压正常，这让科学家们感到十分不解。1975 年，世界卫生组织（WHO）在加拿大北部格陵兰岛上考察发现，爱斯基摩人的血液中含有大量的不饱和脂肪酸以及丰富的氨基酸成分，这些成分充当着血脂"杀手"，对血管的内壁脂肪进行着不断的"清洗"。

1998 年，诺贝尔生理学或医学奖得主 L. J. Ignarro 教授发现，一氧化氮可以保护心血管系统，人体内生成的一氧化氮小分子可以使血管软化、扩张、充盈，从而避免心血管疾病的发生。由于这些一氧化氮是由精氨酸转化而来，因此补充精氨酸有助于体内生成一氧化氮。此外，色氨酸、异亮氨酸等都能使血管保持弹性，大大减轻心脏、血管负担。这一发现引起了医学上的革命性突破。2003 年，美国得克萨斯州对 40 ~ 65 岁的 7 000 名公民进行了长达 6 年的跟踪调查，发现氨基酸日常摄入均衡的人群比摄入不均衡或不足的人群患冠心病的概率要低 71%。

2. 不常见的蛋白质氨基酸和非蛋白质氨基酸

在蛋白质的组成中，除上述20种常见的基本氨基酸外，某些蛋白质中还存在若干种不常见的氨基酸（图3-1），它们都是在蛋白质生物合成之后，由常见的氨基酸经专一酶催化的化学修饰（如羟化、羧化、甲基化等）转化而来，也叫稀有氨基酸或特殊氨基酸。如动物结缔组织的纤维状胶原蛋白中存在的4-羟脯氨酸和5-羟赖氨酸，肌球蛋白中的N-甲基赖氨酸，凝血酶原中发现的γ-羧基谷氨酸，以及在组蛋白等蛋白质中发现的N-甲基精氨酸和N-乙酰赖氨酸。这些氨基酸在生物体内都没有相应的遗传密码。

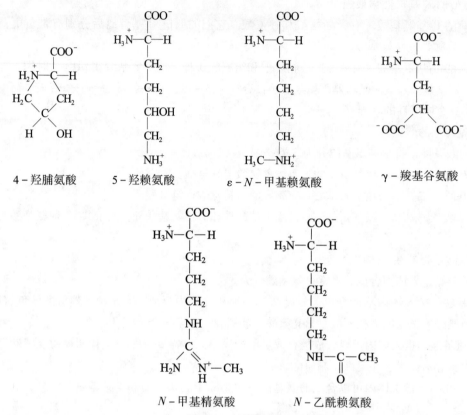

4-羟脯氨酸　　5-羟赖氨酸　　ε-N-甲基赖氨酸　　γ-羧基谷氨酸

N-甲基精氨酸　　　　N-乙酰赖氨酸

图 3-1　某些不常见的氨基酸

生物体内还有150多种不参与构成蛋白质的氨基酸，这些氨基酸被称为非蛋白质氨基酸（图3-2）。它们大多是基本氨基酸的衍生物，也有一些是D-氨基酸或β-、γ-、δ-氨基酸。这些氨基酸中有些是重要的代谢物前体或代谢中间物，如瓜氨酸和鸟氨酸存在于尿素循环中，肌氨酸是一碳单位代谢的中间物，β-丙氨酸作为遍多酸（泛酸，辅酶A前体）的一个组成成分，γ-氨基丁酸可以传递神经冲动。在细菌细胞壁的肽聚糖中含有D-谷氨酸和D-丙氨酸。

3. 氨基酸的一般理化性质

（1）一般物理性质

① 形状和味感　α-氨基酸都是白色晶体，每种氨基酸都有特殊的结晶形状，可以用来鉴别各种氨基酸。有的氨基酸无味、有的味甜、有的味苦，谷氨酸的单钠盐有鲜味，是味精的主要成分。

② 溶解性和熔点　除胱氨酸和酪氨酸外，氨基酸一般都能溶于水中，但各种氨基酸在水中的溶解度差别很大。除脯氨酸和羟脯氨酸能溶于乙醇或乙醚中以外，都不能溶解于有机溶剂，通常乙醇能把氨基酸从其溶液中沉淀析出。所有氨基酸易溶于稀酸或稀碱溶液中。氨基酸的熔点很高，一般在200 ℃以上，超过熔点以上氨基酸分解产生胺和二氧化碳。

③ 旋光性　除甘氨酸外，所有天然氨基酸含有一个手性α-碳原子，苏氨酸和异亮氨酸有两个

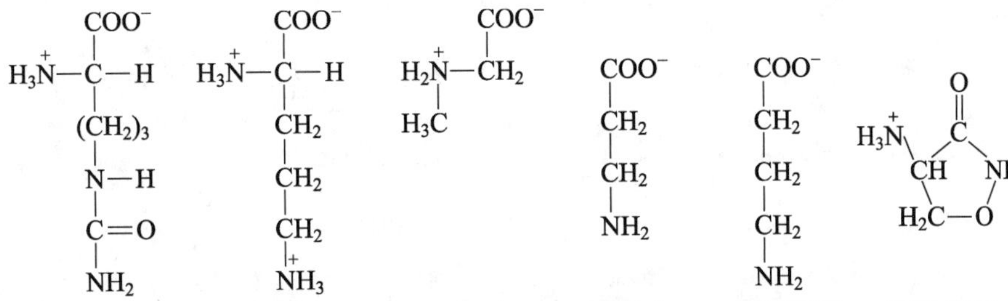

瓜氨酸　　　鸟氨酸　　　肌氨酸　　β-丙氨酸　　γ-氨基丁酸　　环丝氨酸

图 3－2　某些非蛋白质氨基酸

手性碳原子，因此都具有旋光性。且从蛋白质水解得到的氨基酸都是 L－型。

④ 光吸收性　在可见光区域，20 多种氨基酸都没有光吸收，但在红外区和远紫外区域（λ < 220 nm）均有光吸收。由于色氨酸、酪氨酸和苯丙氨酸分子中 R 基含有苯环共轭 π 键系统，故在近紫外区显示特征性的吸收谱带（图 3－3）。其中色氨酸吸收最强，吸收峰在 280 nm 处，在该波长下的摩尔吸收系数 $\varepsilon_{280} = 5.6 \times 10^3\ mol^{-1} \cdot L \cdot cm^{-1}$；酪氨酸的 λ_{max} 在 275 nm，$\varepsilon_{275} = 1.4 \times 10^3\ mol^{-1} \cdot L \cdot cm^{-1}$；苯丙氨酸吸收最弱，$\lambda_{max}$ 在 257 nm，$\varepsilon_{257} = 2.0 \times 10^2\ mol^{-1}L \cdot cm^{-1}$。紫外分光光度法测定蛋白质含量的基础在于蛋白质中含有这些氨基酸，因而在 280 nm 波长处也有最大光吸收。

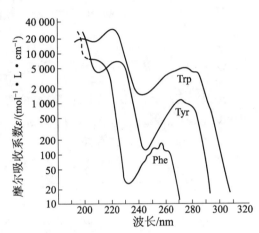

图 3－3　在 pH 6 条件下色氨酸、酪氨酸和苯丙氨酸的紫外吸收光谱

🔍 科学史话 3－4
绿色荧光蛋白

（2）酸碱性质

① 氨基酸的两性解离　氨基酸分子中既含有氨基又含有羧基，实验证明，氨基酸在晶体状态或在水溶液中主要是以**兼性离子**（zwitterion）的形式存在，即：

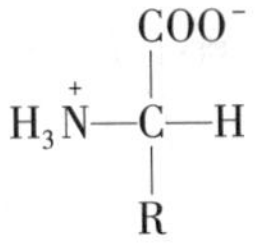

$$H_3\overset{+}{N} - \underset{R}{\overset{COO^-}{\underset{|}{\overset{|}{C}}}} - H$$

所谓兼性离子亦称**偶极离子**（dipolar ion），是指在同一氨基酸分子上带有能放出质子的 —NH_3^+ 正离子和能接受质子的 —COO^- 负离子，是两性离子。氨基酸具有两性解离的特点，因此是两性电解质。

按照 Brönsted-Lowry 的酸碱质子理论，氨基酸在水中的偶极离子既起酸的作用，提供质子：

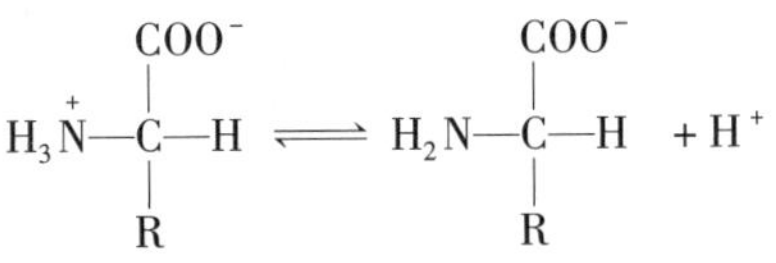

$$H_3\overset{+}{N} - \underset{R}{\overset{COO^-}{\underset{|}{\overset{|}{C}}}} - H \rightleftharpoons H_2N - \underset{R}{\overset{COO^-}{\underset{|}{\overset{|}{C}}}} - H + H^+$$

也起碱的作用，接受质子：

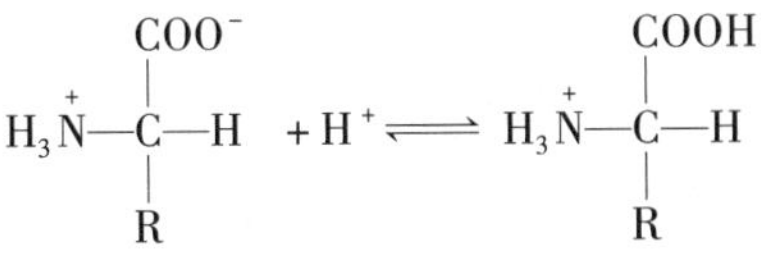

$$H_3\overset{+}{N} - \underset{R}{\overset{COO^-}{\underset{|}{\overset{|}{C}}}} - H + H^+ \rightleftharpoons H_3\overset{+}{N} - \underset{R}{\overset{COOH}{\underset{|}{\overset{|}{C}}}} - H$$

完全质子化的氨基酸可以看成是多元酸，侧链不能解离的中性氨基酸可看作是二元酸。以甘氨酸为例，它的分步解离如下：

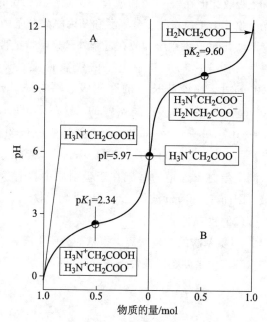

其中，K_1 和 K_2 分别代表第一步解离（α–碳原子上—COOH 的解离）和第二步解离（α–碳原子上—NH_3^+ 的解离）的（表观）解离常数。其数值为

$$K_1 = [A^0][H^+] / [A^+] \qquad (3-1)$$

$$K_2 = [A^-][H^+] / [A^0] \qquad (3-2)$$

通过测定滴定曲线可以求得氨基酸的解离常数。如将 1 mol 甘氨酸溶于水，溶液的 pH 约等于6.0，此时甘氨酸以兼性离子形式存在。如果用标准氢氧化钠溶液进行滴定，以加入的氢氧化钠的摩尔数对 pH 作图，则得到甘氨酸的滴定曲线如图 3–4 的 B 段，在 pH 9.60 处有一个拐点。从甘氨酸的解离公式（3–2）可知，当滴定至甘氨酸的兼性离子有一半变成阴离子，即 $[A^0] = [A^-]$ 时，则 $K_2 = [H^+]$，两边各取对数得 $pK_2 =$ pH，这就是曲线 B 段拐点处的 pH 9.60。如果用标准盐酸进行滴定，以加入的盐酸的摩尔数对 pH 作图，则得如图 3–4 A 段的拐点，为 pH 2.34，即 $pK_1 = 2.34$，此时有一半的兼性离子变成了阳离子。

通过氨基酸的滴定曲线，当已知 pK_1 和 pK_2 等数据时，可用下列 Henderson-Hasselbalch 公式求出在任一 pH 条件下一种氨基酸溶液中各种离子所占的比例。

图 3–4　甘氨酸的滴定曲线
方框中表示氨基酸在拐点 pH 时的解离状态

$$pH = pK + \lg \frac{[质子受体]}{[质子供体]}$$

含有一氨基一羧基和不解离 R 基的氨基酸都具有类似甘氨酸的滴定曲线，两个解离基团的 pK 值分得较开，A、B 两段滴定曲线不重叠，这类氨基酸的 pK_1 多在 2.0~2.7 范围内，而 pK_2 多在 9.0~10.0 范围内。20 种常见氨基酸在 25 ℃（半胱氨酸是30 ℃）下的解离常数和等电点见表 3–2。只有组氨酸咪唑基的 pK_R 为 6.0，比较接近生理 pH 范围，在此 pH 下有明显的缓冲容量，而其他氨基酸的 pK_R 都不在生理 pH 附近。

带有可解离 R 基的氨基酸，相当于三元酸，其滴定曲线较为复杂。图 3–5 是酸性氨基酸（谷氨酸）和碱性氨基酸（赖氨酸）的滴定曲线。当解离基团的 pK_R 比较接近时，两段曲线会发生重叠。

表 3 – 2　20 种常见氨基酸的解离常数和等电点

氨基酸名称	pK₁ (α – COOH)	pK₂ (α – NH₃⁺)	pKR (R 基)	pI
甘氨酸	2.34	9.60		5.97
丙氨酸	2.34	9.69		6.02
缬氨酸	2.32	9.62		5.97
亮氨酸	2.36	9.60		5.98
异亮氨酸	2.36	9.68		6.02
丝氨酸	2.21	9.15		5.68
苏氨酸	2.63	10.43		6.53
天冬氨酸	2.09	9.82	3.86（β – COOH）	2.97
天冬酰胺	2.02	8.80		5.41
谷氨酸	2.19	9.67	4.25（γ – COOH）	3.22
谷氨酰胺	2.17	9.13		5.65
精氨酸	2.17	9.04	12.48（胍基）	10.76
赖氨酸	2.18	8.95	10.53（ε – NH₃⁺）	9.74
组氨酸	1.82	9.17	6.00（咪唑基）	7.59
半胱氨酸	1.71	10.78	8.33（—SH）	5.02
甲硫氨酸	2.28	9.21		5.75
苯丙氨酸	1.83	9.13		5.48
酪氨酸	2.20	9.11	10.07（—OH）	5.66
色氨酸	2.38	9.39		5.89
脯氨酸	1.99	10.60		6.30

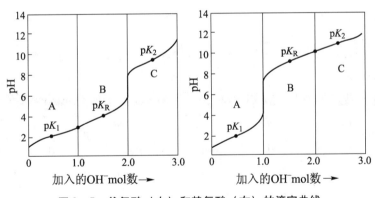

图 3 – 5　谷氨酸（左）和赖氨酸（右）的滴定曲线

　　② 氨基酸的等电点　从氨基酸的解离公式和滴定曲线可以看出，氨基酸的带电状况与溶液的 pH 有关，若将氨基酸的水溶液酸化，则两性离子与 H⁺ 结合而成阳离子；若加碱于氨基酸的水溶液中，则两性离子中氮原子上的一个 H⁺ 与 OH⁻ 结合成水，而两性离子变成阴离子。若将氨基酸水溶液的酸碱度加以适当调节，也可以使氨基酸处于正、负电荷数目恰好相等，即净电荷为零的兼性离子状态，此时溶液的 pH 称为该氨基酸的**等电点**（isoelectric point），以 pI 表示。

　　由于各种氨基酸分子所含基团不同，每一个氨基酸中氨基和羧基的解离程度各异，因此不同氨基酸的等电点亦不同（见表 3 – 2）。中性氨基酸的等电点一般在 5.0 ~ 6.5 之间，酸性氨基酸为 2.7 ~

3.2，碱性氨基酸为 9.5 ~ 10.7。

对于侧链 R 基不解离的中性氨基酸来说，它的解离情况是：

$$
\begin{array}{ccc}
\underset{\displaystyle\text{阳离子}(A^+)}{\underset{R}{\overset{COOH}{H_3\overset{+}{N}-C-H}}} & \underset{\displaystyle\text{兼性离子}(A^0)}{\underset{R}{\overset{COO^-}{H_3\overset{+}{N}-C-H}}} & \underset{\displaystyle\text{阴离子}(A^-)}{\underset{R}{\overset{COO^-}{H_2N-C-H}}}
\end{array}
$$

将 K_1 和 K_2 的等式（3-1）和（3-2）相乘得：

$$K_1 \cdot K_2 = [H^+]^2 \frac{[A^-]}{[A^+]} \tag{3-3}$$

由于等电点时 $[A^+] = [A^-]$，因此：

$$[H^+]^2 = K_1 \cdot K_2 \tag{3-4}$$

等式两边取负对数得：

$$-\lg[H^+]^2 = -\lg(K_1 \cdot K_2) \tag{3-5}$$

整理后得：

$$pH = \frac{1}{2}(pK_1 + pK_2) \tag{3-6}$$

$$pI = \frac{1}{2}(pK_1 + pK_2) \tag{3-7}$$

此时的 pH 即为氨基酸的等电点，所以氨基酸的等电点可以利用 pK 值计算得到，侧链 R 基不解离的中性氨基酸的等电点是它的 pK_1 和 pK_2 的算术平均值。

例如，已知甘氨酸的 $pK_1 = 2.34$，$pK_2 = 9.60$，则甘氨酸的等电点：

$$pI = \frac{1}{2}(2.34 + 9.60) = 5.97$$

而对于侧链 R 基含有可解离基团的酸性氨基酸和碱性氨基酸来说，由于这些氨基酸含有 3 个可解离基团，存在 3 步解离，具有 4 种不同的离子形式。在进行等电点计算时，先写出解离公式，找出兼性离子形式，等电点 pI 应为兼性离子两边的 pK 值的平均值。例如谷氨酸的解离情况是：

$$
\begin{array}{cccc}
\underset{(A^+)}{\overset{\displaystyle{COOH \atop H_3\overset{+}{N}-C-H \atop CH_2 \atop CH_2 \atop COOH}}{}} & \underset{(A^0)}{\overset{\displaystyle{COO^- \atop H_3\overset{+}{N}-C-H \atop CH_2 \atop CH_2 \atop COOH}}{}} & \underset{(A^-)}{\overset{\displaystyle{COO^- \atop H_3\overset{+}{N}-C-H \atop CH_2 \atop CH_2 \atop COO^-}}{}} & \underset{(A^{2-})}{\overset{\displaystyle{COO^- \atop H_2N-C-H \atop CH_2 \atop CH_2 \atop COO^-}}{}}
\end{array}
$$

$$\underset{2.19}{\overset{K_1}{\rightleftharpoons}} \quad \underset{4.25}{\overset{K_R}{\rightleftharpoons}} \quad \underset{9.67}{\overset{K_2}{\rightleftharpoons}}$$

在等电点时，谷氨酸主要以兼性离子（A^0）存在，$[A^+]$ 和 $[A^-]$ 都很小且相等，A^{2-} 的量可以忽略不计，已知谷氨酸的 $pK_1 = 2.19$，$pK_R = 4.25$，因此谷氨酸的等电点为：

$$pI = \frac{1}{2}(pK_1 + pK_R) = \frac{1}{2}(2.19 + 4.25) = 3.22$$

对于碱性氨基酸等电点的计算，也可以采用相同的方法，如赖氨酸的解离情况为：

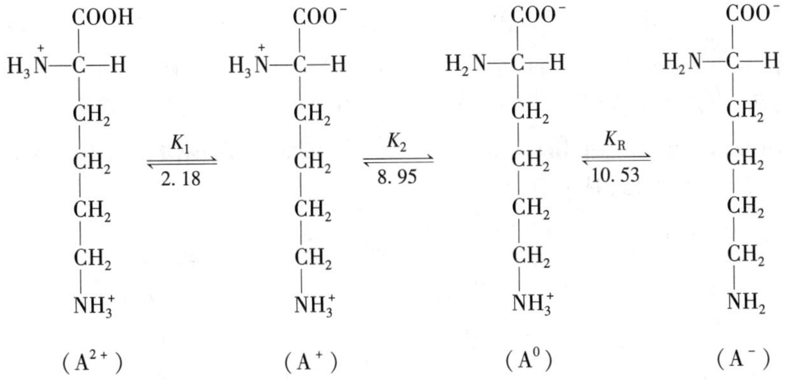

$$
\begin{array}{ccccc}
\begin{array}{c}COOH\\|\\H_3\overset{+}{N}-C-H\\|\\CH_2\\|\\CH_2\\|\\CH_2\\|\\CH_2\\|\\NH_3^+\end{array}
& \xrightleftharpoons[2.18]{K_1} &
\begin{array}{c}COO^-\\|\\H_3\overset{+}{N}-C-H\\|\\CH_2\\|\\CH_2\\|\\CH_2\\|\\CH_2\\|\\NH_3^+\end{array}
& \xrightleftharpoons[8.95]{K_2} &
\begin{array}{c}COO^-\\|\\H_2N-C-H\\|\\CH_2\\|\\CH_2\\|\\CH_2\\|\\CH_2\\|\\NH_3^+\end{array}
\end{array}
$$

$$
\xrightleftharpoons[10.53]{K_R}\quad
\begin{array}{c}COO^-\\|\\H_2N-C-H\\|\\CH_2\\|\\CH_2\\|\\CH_2\\|\\CH_2\\|\\NH_2\end{array}
$$

$$(A^{2+}) \qquad (A^+) \qquad (A^0) \qquad (A^-)$$

在等电点时，赖氨酸主要以兼性离子（A^0）存在，因此赖氨酸的等电点为：

$$pI = \frac{1}{2}\left(pK_2 + pK_R\right) = \frac{1}{2}\left(8.95 + 10.53\right) = 9.74$$

氨基酸的带电状况与溶液的 pH 有关，在等电点以上的任何 pH（即 pH > pI 时），氨基酸带净负电荷，在电场中向正极移动。在低于等电点的任一 pH（即 pH < pI 时），氨基酸带净正电荷，在电场中向负极移动。在等电点时（pH = pI），氨基酸主要以兼性离子存在，少数解离成阳离子和阴离子，但解离成阳离子和阴离子的数目和趋势相等，其净电荷为零，故在电场中不会向任何一极移动。这也正是电泳法分离或鉴定氨基酸的理论依据。

③ 氨基酸的甲醛滴定　氨基酸不能直接用酸、碱滴定来进行定量测定。其原因是氨基酸的酸、碱滴定终点时 pH 过高（12～13）或过低（1～2），超出酸碱滴定指示剂的显色范围。

若向氨基酸溶液中加入过量的甲醛，由于甲醛与氨基酸中的氨基（—NH₂）反应生成羟甲基化合物[—NHCH₂OH，—N（CH₂OH）₂]（图 3-6）而降低氨基的碱性，反应向右进行，相对促进了氨基酸—NH₃⁺的酸性解离，释放出 H⁺，使反应的终点 pH 从 12～13 下降至 9 附近，可以用酚酞作指示剂用标准 NaOH 溶液加以滴定。由滴定所消耗的碱量，可以计算出氨基也即氨基酸的含量，这就是氨基酸的**甲醛滴定法**（formal titration）。蛋白质合成时游离氨基减少，蛋白质水解时，放出游离氨基，故用此法测定游离氨基量，可大体判断蛋白质合成和水解的程度。

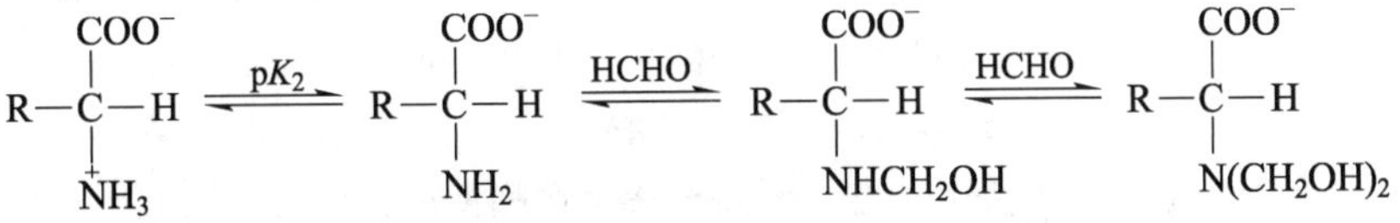

$$
\begin{array}{c}COO^-\\|\\R-C-H\\|\\\overset{+}{N}H_3\end{array}
\xrightleftharpoons{pK_2}
\begin{array}{c}COO^-\\|\\R-C-H\\|\\NH_2\end{array}
\xrightleftharpoons{HCHO}
\begin{array}{c}COO^-\\|\\R-C-H\\|\\NHCH_2OH\end{array}
\xrightleftharpoons{HCHO}
\begin{array}{c}COO^-\\|\\R-C-H\\|\\N(CH_2OH)_2\end{array}
$$

图 3-6　甲醛与氨基酸中的氨基反应生成羟甲基化合物

4. 氨基酸的化学反应

氨基酸的化学反应主要是指它的 α-氨基和 α-羧基以及侧链 R 基上的功能团所参与的反应。

（1）α-氨基参加的反应

① 与亚硝酸反应　在室温下含游离 α-氨基的氨基酸能与亚硝酸起反应，释放出氮气，氨基酸被氧化成羟基酸。除亚氨基酸（脯氨酸、羟脯氨酸）之外，α-氨基酸均有此反应。其反应式如下：

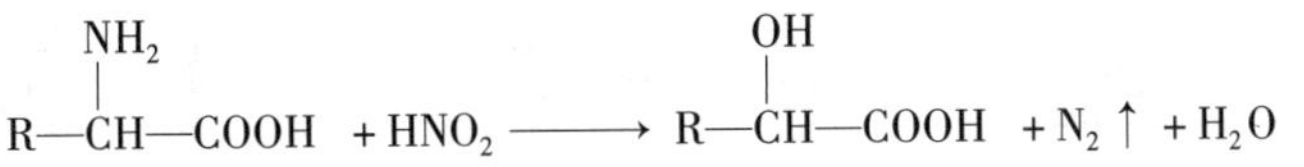

$$
\begin{array}{c}NH_2\\|\\R-CH-COOH\end{array} + HNO_2 \longrightarrow
\begin{array}{c}OH\\|\\R-CH-COOH\end{array} + N_2\uparrow + H_2O
$$

反应生成的氮气一半来自氨基酸，另一半来自 HNO₂。此反应是 van Slyke 氨基氮测定法的基础，在标准条件下测定生成的氮气体积，即可计算出氨基酸的量，是定量测定氨基酸的方法之一，还可用于蛋白质水解程度的测定。

此外，除 $\alpha - NH_2$ 外，赖氨酸的 $\varepsilon - NH_2$ 也能与亚硝酸反应，但速率较慢；精氨酸、组氨酸和色氨酸中的结合 N 皆不与亚硝酸作用，在蛋白质或多肽中 $\alpha - NH_2$ 由于参与肽键组成也不能进行上述反应。

② 酰基化反应　氨基酸的氨基可与酰化试剂，如酰氯或酸酐在碱性溶液中反应生成酰胺。该反应在多肽和蛋白质的人工合成中可用于保护氨基。常用的酰化试剂包括苄氧甲酰氯、对甲苯磺酰氯、叔丁氧甲酰氯、邻苯二甲酸酐、丹磺酰氯等。

氨基酸氨基的一个氢原子被酰基取代的反应通式为：

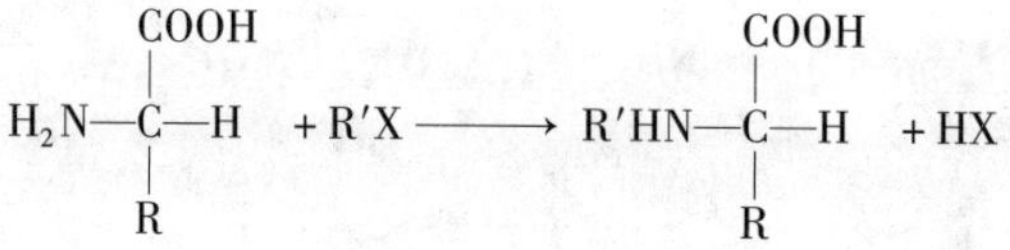

$$\underset{R}{H_2N-\overset{COOH}{\underset{|}{C}}-H} + R'X \longrightarrow \underset{R}{R'HN-\overset{COOH}{\underset{|}{C}}-H} + HX$$

式中，R′ 为酰基或羟基，X 为卤素（Cl 和 F）。

丹磺酰氯是 5 - 二甲氨基萘 - 1 - 磺酰氯（简写为 DNS - Cl）的简称，与氨基酸的 α - 氨基作用，生成 DNS - 氨基酸，该产物在酸性条件下（6 mol/L HCl）100 ℃ 也不被破坏，且有强荧光，激发波长在 360 nm 左右，比较灵敏，因此可用于多肽链和蛋白质 N 端氨基酸的测定和微量氨基酸的定量测定。

③ 烃基化反应　氨基酸氨基的一个氢原子可被烃基（包括环烃及其衍生物）取代，例如在弱碱性溶液中，氨基酸的 α - 氨基很容易与 **2，4 - 二硝基氟苯**（2，4-dinitrofluorobenzene 或 1-fluoro-2，4-dinitrobenzene，DNFB 或 FDNB）作用，生成稳定的黄色 2，4 - 二硝基苯基氨基酸（dinitrophenyl amino acid，简称为 DNP - 氨基酸）。反应过程如下：

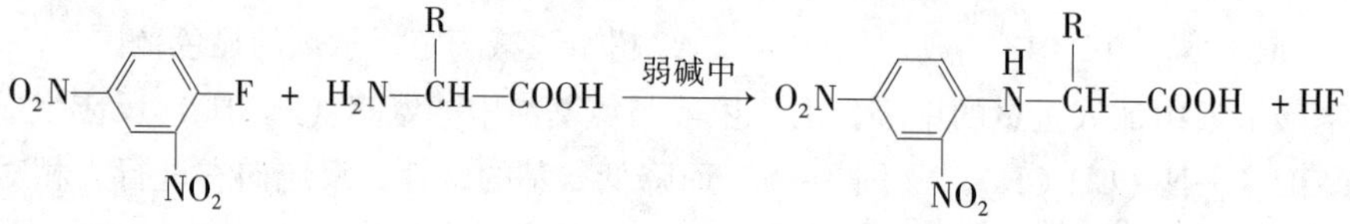

（DNFB）　　　　　　　　　　　　　　　　DNP - 氨基酸(黄色)

科学史话 3 - 5
弗雷德里克·桑格

该反应曾被英国的 Sanger 用来测定胰岛素的氨基酸顺序，DNFB 试剂又称为 Sanger 试剂，现在应用于多肽或蛋白质 N 端氨基酸的测定。

另一个重要的烃基化反应是在弱碱性条件下，氨基酸中的 α - 氨基可以与 **苯异硫氰酸酯**（phenyl-isothiocyanate，PITC）反应，产生相应的苯氨基硫甲酰氨基酸（phenylthiocarbamyl amino acid，简称为 PTC - 氨基酸），该化合物在硝基甲烷中与酸作用发生环化，生成苯乙内酰硫脲（phenylthiohydantoin，PTH）衍生物，后者在酸中极稳定。可用层析法对这些无色的衍生物进行分离鉴定。P. Edman 首先利用这个反应来鉴定多肽或蛋白质的 N 端氨基酸，故又称 Edman 反应，在多肽和蛋白质的氨基酸序列分析中占有重要地位（图 3 - 7）。

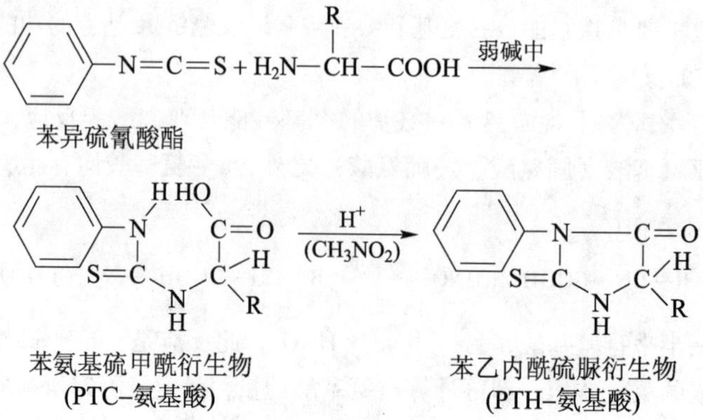

苯异硫氰酸酯

苯氨基硫甲酰衍生物
(PTC–氨基酸)

苯乙内酰硫脲衍生物
(PTH–氨基酸)

图 3 - 7　Edman 反应

④ 形成西佛碱反应 氨基酸的 α-氨基与醛类化合物反应，生成称为西佛碱（Schiff's base）的弱碱，赖氨酸的侧链氨基也能发生该反应。反应通式为：

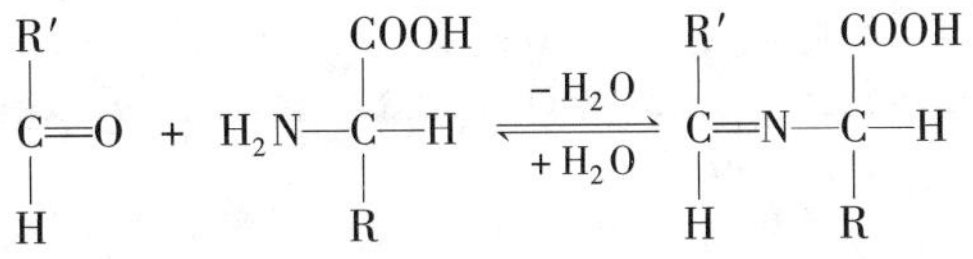

$$\underset{\text{醛}}{\overset{R'}{\underset{H}{C=O}}} + \underset{\text{氨基酸}}{\overset{COOH}{\underset{R}{H_2N-C-H}}} \underset{+H_2O}{\overset{-H_2O}{\rightleftharpoons}} \underset{\text{西佛碱}}{\overset{R'}{\underset{H}{C=N}}\overset{COOH}{\underset{R}{C-H}}}$$

西佛碱是以氨基酸作为底物的某些酶促反应（例如转氨基反应）的中间物。

⑤ 脱氨基和转氨基反应 氨基酸在氧化剂或酶（如氨基酸氧化酶）的催化作用下可脱去 α-氨基，转变成相应的 α-酮酸，是生物体内氨基酸分解代谢的重要方式之一。

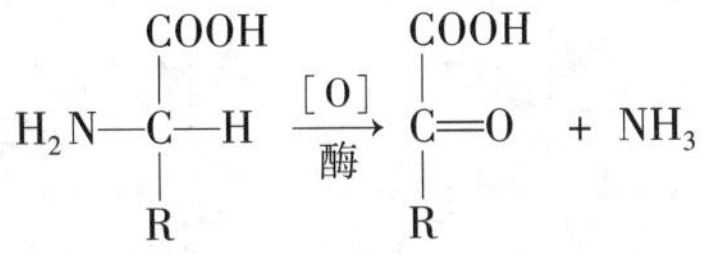

$$\underset{R}{\overset{COOH}{H_2N-C-H}} \overset{[O]}{\underset{\text{酶}}{\longrightarrow}} \underset{R}{\overset{COOH}{C=O}} + NH_3$$

氨基酸的氨基还可通过酶的作用将氨基转移给酮酸以形成新的氨基酸。

（2）α-羧基参加的反应

① 成盐和成酯反应 氨基酸与碱作用即生成盐，其中重金属盐不溶于水。例如氨基酸与氢氧化钠反应得到氨基酸的钠盐，味精就是谷氨酸的单钠盐。

氨基酸的羧基可与醇反应，生成相应的酯，例如在通入干燥氯化氢气体的条件下，氨基酸与无水乙醇作用就得到氨基酸乙酯的盐酸盐。

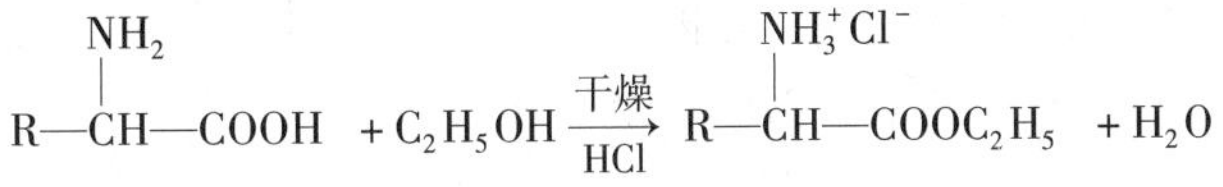

$$\underset{}{\overset{NH_2}{R-CH-COOH}} + C_2H_5OH \overset{\text{干燥}}{\underset{HCl}{\longrightarrow}} \overset{NH_3^+Cl^-}{R-CH-COOC_2H_5} + H_2O$$

当氨基酸的羧基变成甲酯、乙酯或钠盐后，羧基被保护使化学反应性能被掩蔽起来，而氨基被活化，其化学反应性能得到加强，容易与酰基或烃基发生反应。但当氨基酸与对硝基苯酚生成相应的对硝基苯酯后，可增加羧基活性，这类酯称为活化酯。

② 成酰氯反应 将氨基酸的氨基用适当的保护基（如苄氧甲酰基）保护以后，其羧基可与五氯化磷或二氯亚砜作用生成酰氯。

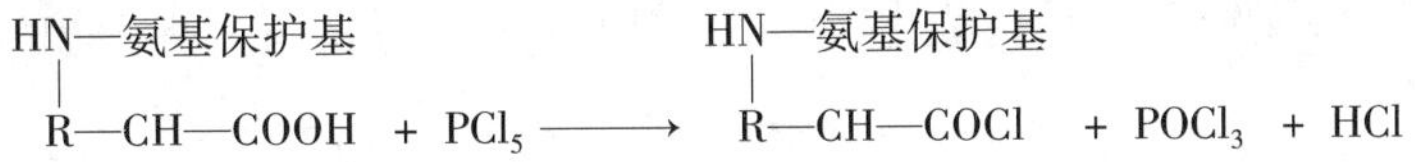

$$\overset{HN-\text{氨基保护基}}{R-CH-COOH} + PCl_5 \longrightarrow \overset{HN-\text{氨基保护基}}{R-CH-COCl} + POCl_3 + HCl$$

该反应使氨基酸的羧基活化，使之易与另一氨基酸的氨基结合，因此常用于多肽的人工合成。

③ 叠氮反应 氨基酸的氨基通过酰基化保护，羧基经酯化后生成相应的酯，然后与肼和亚硝酸反应即变成叠氮化合物，能使氨基酸的羧基活化，在肽的人工合成中也经常使用（图3-8）。

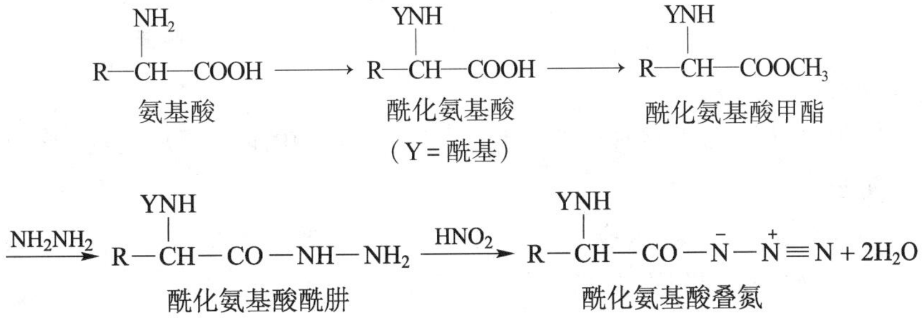

$$\underset{\text{氨基酸}}{\overset{NH_2}{R-CH-COOH}} \longrightarrow \underset{\substack{\text{酰化氨基酸}\\(Y=\text{酰基})}}{\overset{YNH}{R-CH-COOH}} \longrightarrow \underset{\text{酰化氨基酸甲酯}}{\overset{YNH}{R-CH-COOCH_3}}$$

$$\overset{NH_2NH_2}{\longrightarrow} \underset{\text{酰化氨基酸酰肼}}{\overset{YNH}{R-CH-CO-NH-NH_2}} \overset{HNO_2}{\longrightarrow} \underset{\text{酰化氨基酸叠氮}}{\overset{YNH}{R-CH-CO-\bar{N}-\overset{+}{N}\equiv N}} + 2H_2O$$

图3-8 叠氮反应过程

④ 脱羧反应 在氨基酸脱羧酶的催化下，生物体内的氨基酸可脱去羧基，放出二氧化碳并生成相应的一级胺。

$$R-\underset{\underset{\displaystyle NH_2}{|}}{CH}-COOH \xrightarrow{\text{脱羧酶}} R-CH_2-NH_2 + CO_2$$

一级胺

脱羧酶的专一性很强，例如大肠杆菌含有一种 L-谷氨酸脱羧酶，专一催化谷氨酸脱羧形成 γ-氨基丁酸，从放出的二氧化碳量可计算谷氨酸的含量。

（3）α-氨基和 α-羧基共同参加的反应

① 与茚三酮反应 在弱酸性溶液中 α-氨基酸与［水合］茚三酮（ninhydrin）共热，引起氨基酸氧化脱氨、脱羧反应，生成相应的醛、氨和二氧化碳，同时茚三酮被还原生成还原茚三酮，最后茚三酮与反应产物（氨和还原茚三酮）共同作用，生成蓝紫色物质（图 3-9）。

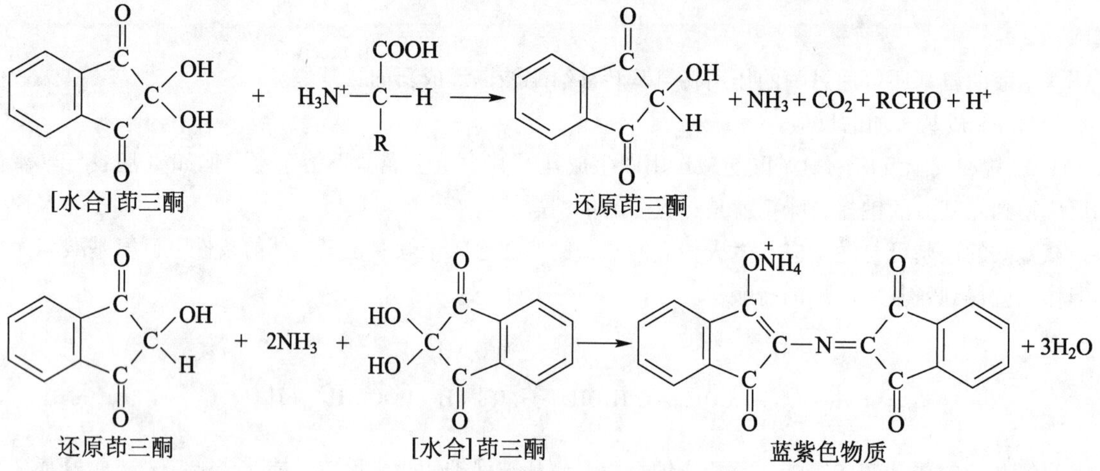

图 3-9 氨基酸与茚三酮的反应过程

对于脯氨酸或羟脯氨酸，与茚三酮反应并不释放 NH_3，也不生成上述蓝紫色物质，而是直接生成一种亮黄色化合物，最大吸收波长为 440 nm，所以可在此波长测定脯氨酸或羟脯氨酸的含量。

② 成肽反应 一个氨基酸的 α-羧基和另一个氨基酸的 α-氨基脱水缩合而成的化合物叫肽，形成的键叫肽键，又称为酰胺键，写作—CO—NH—。在蛋白质分子中，氨基酸借肽键连接起来，形成肽链。

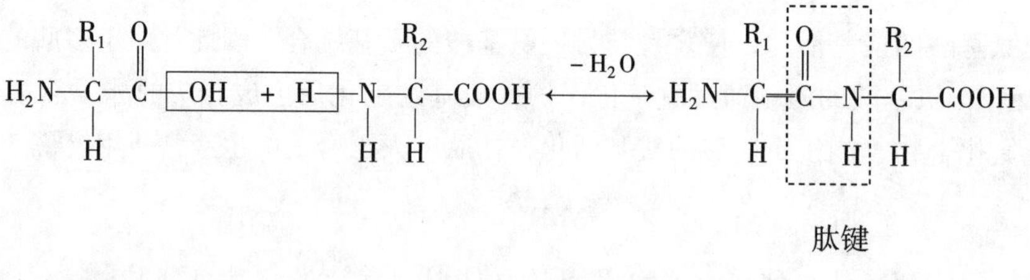

肽键

（4）侧链 R 基参加的反应

氨基酸侧链上的功能团可以与多种试剂发生化学反应，其中的许多反应是氨基酸定性定量分析和蛋白质化学修饰的基础。

① 半胱氨酸侧链上巯基参与的反应 与卤代烷（如碘乙酸、碘乙酰胺、甲基碘等）迅速反应，生成相应的稳定烷基衍生物，可用于巯基的保护，应用在肽合成工作中。

$$^-OOC-\underset{\underset{+}{NH_3}}{CH}CH_2-S^- + ICH_2COO^- \longrightarrow {}^-OOC-\underset{\underset{+}{NH_3}}{CH}CH_2-S-CH_2COO^- + I^-$$

半胱氨酸　　　　碘乙酸　　　　　　　　羧甲基半胱氨酸

巯基能与各种金属离子形成络合物，例如与对氯汞苯甲酸（p – chloromercuribenzoic acid）作用形成络合物，常用于蛋白质结晶学中制备重原子衍生物。对于活性部位涉及—SH 的酶，极微量的某些重金属离子，如 Ag^+、Hg^{2+}，就能与巯基反应，生成硫醇盐，导致含巯基的酶失活。

半胱氨酸的巯基能打开乙撑亚胺（亚乙基亚胺又称氮丙啶）的环，生成 S – 氨乙基半胱氨酸（AECys），可用于巯基的保护。反应生成的带正电荷（ε – NH_3^+）的侧链是胰蛋白酶水解肽链的位点，有助于对氨基酸序列进行测定。

知识拓展 3 – 4
半胱氨酸与蛋白质定点标记

$$HOOC-\underset{\underset{+}{NH_3}}{CH}-CH_2-SH + \underset{H_2C}{\overset{H_2C}{\diagup\!\!\diagdown}}NH + H^+ \longrightarrow HOOC-\underset{\underset{+}{NH_3}}{CH}-\overset{\beta}{CH_2}-\overset{\gamma}{S}-\overset{\delta}{CH_2}-\overset{\varepsilon}{CH_2}-\overset{+}{NH_3}$$

半胱氨酸　　　　乙撑亚胺　　　　　　　　S – 氨乙基半胱氨酸（AECys）

巯基很容易受空气或其他氧化剂氧化，一种是半胱氨酸氧化形成**二硫键**（disulfide bond），生成胱氨酸，—SH 与—S—S—自成一氧化还原体系，在机体氧化还原作用中起一定作用。

$$\underset{CH_2-SH}{\underset{|}{H_2N-\overset{COOH}{\overset{|}{C}}-H}} + \underset{HS-CH_2}{\underset{|}{H_2N-\overset{COOH}{\overset{|}{C}}-H}} \underset{还原}{\overset{氧化}{\rightleftharpoons}} \underset{CH_2-S-S-CH_2}{\underset{|}{H_2N-\overset{COOH}{\overset{|}{C}}-H \quad H_2N-\overset{COOH}{\overset{|}{C}}-H}}$$

半胱氨酸　　　　半胱氨酸　　　　　　　　　胱氨酸

另一种是在较强氧化剂如过甲酸的作用下，巯基和二硫键被氧化成磺酸基（—SO_3H）。

胱氨酸中的二硫键对于稳定蛋白质的构象起很大的作用，二硫键将不同的多肽链或一条多肽链的不同位点连接到一起。在研究蛋白质结构时，氧化剂过甲酸可以定量地拆开二硫键，生成相应的磺基丙氨酸。

$$\underset{CH_2-S-S-CH_2}{\underset{|}{H_2N-\overset{COOH}{\overset{|}{C}}-H \quad H_2N-\overset{COOH}{\overset{|}{C}}-H}} + 6HCOOOH \longrightarrow 2H_2N-\underset{CH_2-SO_3H}{\underset{|}{\overset{COOH}{\overset{|}{C}}-H}} + 6HCOOH$$

胱氨酸　　　　　　　过甲酸　　　　　磺基丙氨酸　　　　　甲酸

还原剂如巯基乙醇（mercaptoethanol）、巯基乙酸（mercaptoacetic acid）、二硫苏糖醇（dithiothreitol，DTT）等巯基化合物（R—SH）也能拆开二硫键，生成半胱氨酸及相应的二硫化物。

$$\underset{CH_2-S-S-CH_2}{\underset{|}{H_2N-\overset{COOH}{\overset{|}{C}}-H \quad H_2N-\overset{COOH}{\overset{|}{C}}-H}} + 2R-SH \longrightarrow 2H_2N-\underset{CH_2-SH}{\underset{|}{\overset{COOH}{\overset{|}{C}}-H}} + R-S-S-R$$

胱氨酸　　　　　巯基化合物　　　　　半胱氨酸　　　　二硫化物

半胱氨酸中的巯基很不稳定，极易氧化，因此利用还原剂拆开二硫键时，需要进一步用碘乙酰胺、碘乙酸和对氯汞苯甲酸等试剂与巯基作用，把它保护起来。

② 侧链 R 基参加的重要颜色反应

a. Millon 反应　利用 Millon 反应，可以检测 Tyr 或含 Tyr 的蛋白质，该反应利用 Millon 试剂（硝酸汞、亚硝酸汞、硝酸和亚硝酸的混合液），与 Tyr 反应，产生白色沉淀，加热后沉淀变成红色，称为米伦反应,是鉴定酚基的特性反应。

b. Folin－酚反应 Tyr 中的酚基能将 Folin－酚试剂中的磷钼酸及磷钨酸还原成蓝色化合物(钼蓝和钨蓝的混合物),利用该反应,可以检测 Tyr 或含 Tyr 的蛋白质。有关详细介绍,请参见本章第六节蛋白质及氨基酸的分离与分析部分。

c. 黄色反应 芳香族氨基酸,特别是 Tyr、Trp 或含 Tyr、Trp 的蛋白质在溶液中遇到硝酸后,先产生白色沉淀,加热则变黄,再加碱颜色加深为橙黄色。这是因为苯环被硝化,产生了硝基苯衍生物。皮肤、毛发、指甲遇浓硝酸都会变黄。

d. 坂口反应 Arg 的胍基能与次氯酸钠(或次溴酸钠)及 α－萘酚在氢氧化钠溶液中产生红色物质,可用来鉴定含有 Arg 的蛋白质,也可用来定量测定 Arg 的含量。

e. Pauly 反应 Tyr 的酚基可以与重氮化合物(例如对氨基苯磺酸的重氮盐)结合生成橘黄色的化合物,称为 Pauly 反应,可用于检测 Tyr 及含 Tyr 的蛋白质。另外,His 的侧链咪唑基也可以与重氮苯磺酸形成相似的化合物,呈棕红色。

f. 乙醛酸反应 凡含有吲哚基的化合物都有乙醛酸反应,由于 Trp 含有类似结构,因此 Trp 或含 Trp 的蛋白质都有此反应。在 Trp 或含 Trp 的蛋白质溶液中加入乙醛酸,并沿试管壁慢慢注入浓硫酸,在两液层之间就会出现紫色环。

◎ 知识拓展 3－5

氨基酸在农业工程中的应用

二、肽键与肽

肽是两个或两个以上氨基酸通过**肽键**(peptide bond)共价连接而成的聚合物,也常称为**肽链**(peptide chain)。蛋白质是由一条或多条肽链构成的大分子。

1. 肽键与肽的结构

肽键是由一个氨基酸的 α－羧基与另一氨基酸的 α－氨基脱水缩合形成的酰胺键。如丙氨酸的羧基与丝氨酸的氨基脱去一分子水而形成一个肽键。

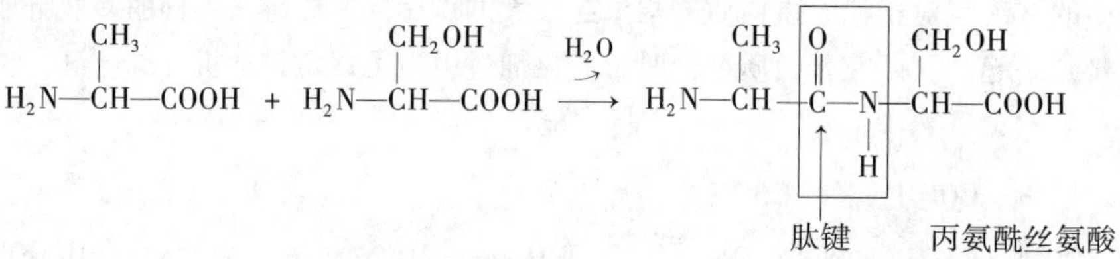

最简单的肽由两个氨基酸组成,称为**二肽**(dipeptide),其中包含一个肽键。含有 3 个、4 个氨基酸残基的肽分别称为三肽、四肽。肽链中的氨基酸由于参加肽键的形成已经不是原来完整的分子,因此称为**氨基酸残基**(amino acid residue)。通常把含几个至十几个氨基酸残基的肽链称为**寡肽**(oligopeptide),更长的肽链称为**多肽**(polypeptide)。多肽链的结构通式是:

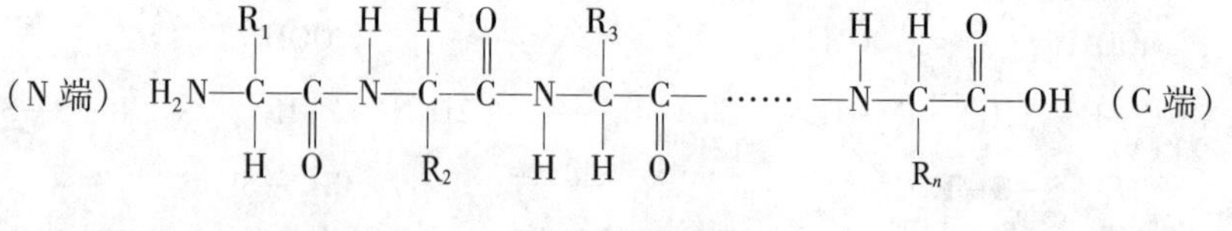

多肽有开链肽和环状肽。开链肽具有一个游离的氨基末端和一个游离的羧基末端,分别保留有游离的 α－氨基和 α－羧基,故又称为多肽链的 N 端(氨基端)和 C 端(羧基端)。因此多肽链有方向性,由 N 端指向 C 端,即 N 端为头,C 端为尾。但有时两个游离的末端基团连接成**环状肽**(cyclic peptide)。

肽的命名是根据其氨基酸残基来确定的。规定从肽链的氨基端开始,称为某氨基酰某氨基酰……某氨基酸,例如以下是一个由 5 个氨基酸组成的五肽:

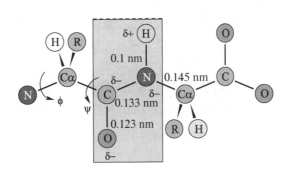

（图 top structure with amino acids Cys Gly Tyr Ala Val）

氨基末端（N 端）　　　　　　　　　　　　　　　　　　　　羧基末端（C 端）

肽键

OH

应该命名为半胱氨酰甘氨酰酪氨酰丙氨酰缬氨酸，简写为：Cys‐Gly‐Tyr‐Ala‐Val，半胱氨酸残基一侧为 N 端，缬氨酸残基一侧为 C 端。从上面五肽的化学结构可以看出，肽链的骨干是由—N—C_α—C—为基本结构单位重复排列而成的，称之为共价**主链**（main chain 或 backbone），其中 N 是酰胺氮，C_α 是氨基酸残基的 α 碳，C 是羧基碳。各种肽链的主链结构都是一样的，但侧链 R 基的序列即氨基酸序列不同。

肽键是一种酰胺键，肽链中的酰胺基（—CO—NH—）称为**肽基**（peptide group），或**肽单位**（peptide unit）。肽键的实际结构是一个共振杂化体（resonance hybrid）。X 射线衍射分析证实，肽键的键长为 0.133 nm，介于 C—N 单键（键长是 0.145 nm）和 C══N 双键（键长是0.125 nm）之间，故肽键 C—N 具有部分双键的性质，不能自由旋转。据估计 C—N 键具有约 40% 双键性质，而 C══O 双键具有 40% 单键性质。

由于肽键不能自由旋转，组成肽基的 4 个原子和与之相连的 2 个 α‐碳原子都处于一个平面内，此刚性结构的平面称为**肽平面**（peptide plane）或酰胺平面（图 3–10）。

肽平面内的两个 C_α 可以处于顺式构型或反式构型。由于顺式构型会使 C_α 上的 R 基相互靠近而产生空间位阻，反式构型比顺式构型稳定，因此肽链中的肽键都是反式构型（图 3–11）。一个特例是含有脯氨酸的肽键既可以是反式构型，也可以是顺式构型，这是因为四氢吡咯引起的空间位阻消去了反式构型的优势。

学习与探究 3‐1

肽平面

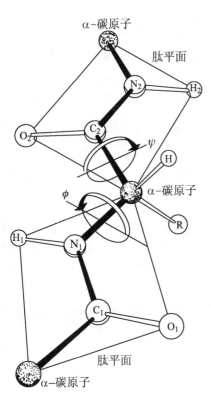

图 3–10　肽平面示意图

图 3–11　反式构型的肽键

2. 肽的理化性质

目前得到的许多短肽的晶体，均为离子晶格，熔点很高，在水溶液中以偶极离子存在。肽的酸碱性质主要来自游离末端 α-NH₂、游离末端 α-COOH 以及侧链 R 基上可解离的基团。与游离氨基酸相比，肽末端 α-COOH 的 pK 值增大，而末端 α-NH₃⁺ 的 pK 值减小，R 基的 pK 值变化不大。

小肽的很多性质与游离的氨基酸相似，例如滴定曲线就很像，但随着可解离基团的增加，滴定曲线变得越来越复杂，不能用单个侧链基团的解离来分析。

每一种肽也有其等电点，其中小肽的计算方法与氨基酸相同，但复杂的多肽只能使用等电聚焦等手段进行测定。

肽的游离 α-NH₂、α-COOH 以及侧链 R 基也可以发生与氨基酸中相应基团类似的化学反应，例如茚三酮反应、Sanger 反应、丹磺酰氯（DNS）反应和 Edman 反应等。但肽还可发生一些特殊的反应，即肽和蛋白质所特有反应，如双缩脲反应。含有两个或两个以上肽键的化合物在碱性溶液中能与 $CuSO_4$ 反应生成紫红色或蓝紫色的复合物，而氨基酸不发生此反应。

3. 天然存在的活性肽

生物体内含有许多游离的具有调节某些生理活动的寡肽或多肽，常称为**活性肽**（active peptide）。生物的生长发育、细胞分化、大脑活动、肿瘤病变、免疫防御、生殖控制、抗衰老、生物钟规律及分子进化等均涉及活性肽。

① 谷胱甘肽 谷胱甘肽有还原型和氧化型两种形式，**还原型谷胱甘肽**（reduced glutathion，GSH），即 γ-谷氨酰半胱氨酰甘氨酸，是存在于动植物细胞中的一种重要的三肽。因为它含有游离的—SH，所以常用 GSH 来表示。它的分子中有一特殊的 γ-肽键，是谷氨酸的 γ-羧基与半胱氨酸的 α-氨基缩合而成，这与蛋白质分子中的肽键不同。由于 GSH 中含有一个活泼的巯基，很容易氧化，两分子 GSH 脱氢以二硫键相连就成为**氧化型谷胱甘肽**（oxidated glutathion，GSSG）。它们的结构式如下：

还原型谷胱甘肽（GSH）   氧化型谷胱甘肽（GSSG）

谷胱甘肽广泛存在于生物细胞中，在红细胞中含量丰富，作为巯基缓冲剂存在，使血红蛋白和红细胞中其他蛋白质的半胱氨酸残基处于还原态。谷胱甘肽的巯基具有还原性，可作为体内重要的还原剂保护体内蛋白质或酶分子中巯基免被氧化，使蛋白质或酶处于活性状态。谷胱甘肽还是某些酶的辅酶，在体内氧化还原过程中起重要作用。

② 多肽类激素 很多肽有调节代谢的激素功能。例如催产素（oxytocin），它是一个九肽，具有使子宫和乳腺平滑肌收缩的功能，促进乳腺排乳和催产作用。牛催产素的结构为：

血管升压素（vasopressin）也是九肽，分子内也有环状结构，和催产素仅在第 3 和第 8 位两个氨基酸的差别。具有促进血管平滑肌收缩，升高血压并减少排尿的作用，又称为抗利尿激素。是脑下垂体后叶激素。牛的血管升压素的结构如下：

$$\text{Cys—Tyr—Phe—Gln—Asn—Cys—Pro—Arg—Gly—}\overset{\displaystyle O}{\overset{\|}{C}}\text{—NH}_2$$
$$\underset{\text{S}\qquad\qquad\qquad\quad\text{S}}{\rule{3.5cm}{0.4pt}}$$

③ 脑啡肽　脑啡肽（enkephalin）在中枢神经系统中形成，是体内自身产生的一类鸦片剂。它是一类比吗啡更有镇痛作用的五肽物质。1975 年底将其结构搞清，并从猪脑中分离出两种类型的脑啡肽：一种 C 端氨基酸残基为甲硫氨酸，称 Met – 脑啡肽，另一种 C 端氨基酸残基为亮氨酸，称 Leu – 脑啡肽。其结构如下：

甲硫氨酸型脑啡肽（Met – 脑啡肽）：H·Tyr·Gly·Gly·Phe·Met·OH

亮氨酸型脑啡肽（Leu – 脑啡肽）：H·Tyr·Gly·Gly·phe·Leu·OH

由于脑啡肽类物质是高等动物脑组织中形成的，通过对它们进行深入的研究，不仅有可能人工合成出一类既有镇痛作用而又不会像吗啡那样使患者上瘾的药物来，更重要的是可以在分子基础上阐明大脑的活动。

④ 多肽类抗生素　有些抗生素属于肽类或肽的衍生物，例如短杆菌肽 S、多黏菌素 E 和放线菌素 D 等。这些天然肽中含有几种 D – 氨基酸等非蛋白质氨基酸，可以使其免遭蛋白酶水解。

⑤ 肽类毒素　某些蕈（mushrooms）产生的剧毒毒素也是肽类化合物，例如 α – 鹅膏蕈碱（amanitin），它是从鹅膏蕈属的鬼笔鹅膏（*Amanita phalloides*）中分离出来的一个环状八肽，能与真核生物的 RNA 聚合酶（RNA polymerase）Ⅱ牢固结合而抑制酶的活性，从而使 RNA 的合成不能进行，但并不影响原核生物的 RNA 合成。

第三节　蛋白质分子的结构

蛋白质是通过肽链在空间的卷曲折叠形成具有特定的三维结构。蛋白质复杂的空间结构不是一蹴而就的，而是分阶段分层次形成的，已确定具有一级、二级、三级和四级四个主要结构层次，并且为了研究方便，在二、三级结构之间又划分了超二级结构和结构域。蛋白质分子只有维持其特定的三维空间结构，才能发挥其生物活性。因此，蛋白质的结构是其功能的基础，掌握蛋白质的结构信息，将有助于了解蛋白质结构与功能间的关系。

一、蛋白质的构象和维持构象的作用力

1. 构象与构型

生物体内蛋白质的多肽链并不是一条简单的线性伸展结构，而是以一定的方式折叠成特定的空间结构，并在此基础上产生了特有的功能，这些功能的形成与蛋白质的构象有关。

构象（conformation）是指分子中的取代基团当单键旋转时形成的不同立体结构。构象之间的互相转换取决于分子中取代基团的空间排列，这种转换并不涉及共价键的破坏，而是依靠非共价键的破坏与形成。对于蛋白质来说，由于多肽链主链中的肽键及 C_α – N 和 C_α – C 都是单键，它的构象在不破坏共价键的情况下是可以改变的，因此可能存在数目无法估计的构象，但在生理条件下，只有一小部分构象的蛋白质具有生物学意义，每种蛋白质呈现出称为天然构象的单一稳定状态。

与构象容易混淆的概念是**构型**（configuration），是指立体异构分子中被取代的原子或基团在空间

📖 学习与探究 3 –2

蛋白质的结构

的取向，是给定原子之间的几何关系，如几何异构体和光学异构体。构型的改变只能通过共价键的破坏和再形成而达到（如 L - 型丙氨酸转变为 D - 型丙氨酸）。

2. 维持蛋白质构象的作用力

蛋白质天然构象的稳定性主要靠一系列弱作用力共同维持，包括疏水作用、氢键、盐键、范德华力等，此外，共价二硫键在稳定某些蛋白质的构象方面，也起着重要作用（图 3 - 12）。

知识拓展 3 -6
Ramachandran 图

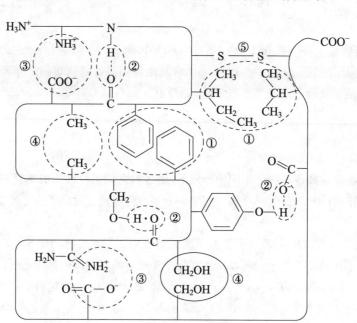

图 3 - 12 维持蛋白质构象的作用力
① 疏水作用；② 氢键；③ 盐键；④ 范德华力；⑤ 二硫键

① **疏水作用** 蛋白质分子含有许多非极性侧链和一些极性很小的基团，这些非极性基团避开水相互聚集在一起而形成的作用力称为**疏水作用**（hydrophobic interaction），也称**疏水键**（hydrophobic bond）。疏水作用的形成是由熵驱动的。蛋白质分子的非极性残基集中在分子内部，在降低分子表面残基数量的同时，也促进蛋白质分子与表面水分子膜形成氢键，伴有熵的增加。缬氨酸、亮氨酸、异亮氨酸、苯丙氨酸、色氨酸等氨基酸的侧链基团具有疏水性，在水溶液中它们会排开周围的溶剂聚集在一起，在空间关系上紧密接触而稳定存在，从而在分子内部形成疏水区。这种疏水相互作用在维持蛋白质的三级结构中起到重要作用。

疏水作用在生理温度范围内随着温度的升高而加强，但当温度超过 50 ~ 60 ℃后会减弱。非极性溶剂、去污剂能够破坏疏水作用，是蛋白质的变性剂。

② **氢键** 氢键（hydrogen bond）是由极性很强的 X—H 基上的氢原子与另一个电负性强的原子 Y（如 O、N、F 等）相互作用形成的一种吸引力。由于电负性原子 X 与 H 形成的基团具有很大的偶极矩，成键电子云分布偏向重原子核，氢原子核周围的电子分布少，正电荷的氢核在外侧裸露，当这一正电荷氢核遇到另一个电负性强的原子 Y 时，就产生静电吸引，即为氢键。氢键具有两个主要特征，一是方向性，相互吸引的方向沿氢受体 Y 的孤电子对轨道轴，X 与 Y 之间的角度接近180°；二是饱和性，即一般情况下 X—H 只能和一个 Y 结合。氢键可以在带电荷的分子间形成，也可以在不带电荷的两个分子间形成。在多肽链中羰基氧和酰胺氢之间形成氢键，还可以在侧链与侧链、侧链与介质水、主链肽基与侧链或主链肽基与水之间形成。氢键在蛋白质分子中数量庞大，是稳定蛋白质高级结构的主要作用力。

③ **盐键** 盐键（salt bridge）是带相反电荷的基团之间的静电引力，也称为**离子键**（ionic bond）。

蛋白质的多肽链由各种氨基酸组成，在生理 pH 条件下，某些氨基酸残基带正电荷，如赖氨酸和精氨酸，有些氨基酸残基带负电荷，如谷氨酸和天冬氨酸。游离的 N 端氨基酸残基的氨基和 C 端氨基酸残基的羧基也分别带正电荷和负电荷，这些带相反电荷的基团之间都可以形成盐键。这些带电基团多数情况下在蛋白质分子表面，与介质水发生电荷 – 偶极间相互作用，形成水化层，对蛋白质的构象起到稳定作用；少数情况下也会在分子内部形成盐键。

④ 范德华力 **范德华力**（van der Waals interaction）是一种非特异性引力，任何两个相距 0.3 ~ 0.4 nm 的原子之间都存在范德华力，范德华力比离子键弱。范德华力有吸引力和斥力两种，这里指吸引力。吸引力由相邻原子电子分布波动形成的偶极构成，而斥力由相互靠近的两个原子的电子轨道重叠所致。当两个非键合原子处于一定距离时，这种吸引力才能达到最大，此距离称为**接触距离**（contact distance），它等于两个原子的范德华半径之和。范德华力在蛋白质中数量也较大，具有加和性，也是形成和稳定蛋白质构象的作用力。

⑤ 二硫键 **二硫键**（disulfide bond）是很强的共价键，由多肽链内或链间两个半胱氨酸残基的巯基氧化形成。二硫键形成对蛋白质高级结构的形成和稳定有重要作用。实验证明，有些二硫键是蛋白质维持天然构象所必需的，而有的则不是必需的。

二、蛋白质的一级结构

蛋白质的一级结构（protein primary structure）就是蛋白质多肽链中氨基酸残基的排列顺序，又被称为**氨基酸序列**（amino acid sequence）。在有二硫键的蛋白质中，一级结构也包括二硫键和其配对方式（图 3 – 13）。一级结构是由基因上遗传密码的排列顺序所决定的，是蛋白质结构层次的基础，也是决定更高层次结构的主要因素。一级结构是由各种按遗传密码顺序翻译而成的氨基酸通过

🔍 科学史话 3 – 6
胰岛素的发现

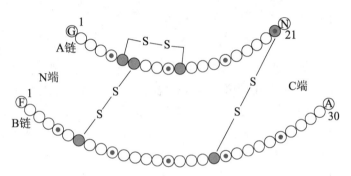

图 3 – 13 牛胰岛素一级结构简图

肽键连接起来成为多肽链的，故肽键是蛋白质结构的主键。迄今已有约 30 多万种蛋白质的一级结构被研究确定，如胰岛素、胰核糖核酸酶、胰蛋白酶等，其中最大的肽链是肌肉中的肌巨蛋白（又称肌联蛋白），相对分子质量约 $3\,000 \times 10^3$，相当于由 27 000 个氨基酸残基构成；而最小的活性肽链是甜味二肽，即天冬氨酰苯丙氨酸甲酯。

三、蛋白质的三维构象

1. 蛋白质分子的二级结构

蛋白质的二级结构（protein secondary structure）是指多肽链中主链原子的局部空间排布即构象，不涉及侧链部分的构象。二级结构中具有规则构象和不规则构象。规则构象的二级结构是一段连续肽单位中具有同一相对取向，可以用相同构象来表征，构成一种特征的多肽链线性组合，主要形式包括 α 螺旋、β 折叠和 β 转角。二级结构中的不规则构象主要是无规则卷曲。

（1）α 螺旋

α **螺旋**（α-helix）是首先被肯定的一种蛋白质空间结构基本组件，并被证实普遍存在于各种蛋白质中。1951 年，L. Pauling 和 R. B. Corey 在研究动物毛发 α – 角蛋白时，通过分析 X 射线衍射数据发现了该结构。其结构要点总结如下：

① 天然蛋白质以右手型螺旋为主 主链旋转的方向可以是右手螺旋，也可以是左手螺旋，在天

🔍 科学史话 3 – 7
α 螺旋结构的发现

然蛋白质中发现的 α 螺旋主要是右手型螺旋（图 3 - 14）。在此结构中，多个肽键平面通过 α - 碳原子（C_α）旋转，相互之间紧密盘曲成稳固的右手螺旋。

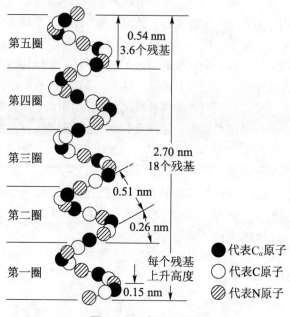

第五圈

0.54 nm
3.6个残基

第四圈

第三圈

2.70 nm
18个残基

0.51 nm

第二圈

0.26 nm

每个残基
上升高度

第一圈

0.15 nm

● 代表C_a原子
○ 代表C原子
◨ 代表N原子

图 3 - 14　右手 α 螺旋

② 氢键是稳定 α 螺旋的主要化学键　氨基酸残基侧链伸向外侧，同一肽链上的每个残基的酰胺氢原子和位于它后面的第 4 个残基上的羧基氧原子之间形成氢键，是稳定 α 螺旋的主要化学键（图 3 - 15）。这种氢键大致与螺旋轴平行。一条多肽链呈 α 螺旋构象的推动力就是所有肽键上的酰胺氢和羧基氧之间形成的链内氢键。在水环境中，这两个基团也能与水分子形成氢键，如果后者发生，多肽链呈现类似变性蛋白质那样的伸展构象。疏水环境对于氢键的形成没有影响。

③ 螺旋构象中每一圈包含的氨基酸残基数可以是整数或非整数，每个螺旋周期包含 3.6 个氨基酸残基，螺距为 0.54 nm，每个氨基酸沿螺旋轴的长度上升 0.15 nm，每轮螺旋的长度为 0.51 nm（图 3 - 14）。由于酰胺氢原子和位于它后面的第 4 个残基上的羧基氧原子之间形成氢键，O···N 间的距离大约为 0.29 nm。因此沿主链计数，一个氢键闭合的环包括 13 个原子，故 α 螺旋也称为 3.6_{13} 螺旋。

④ 肽链中氨基酸侧链 R 分布在螺旋外侧（图 3 - 15），其形状、大小及电荷影响 α 螺旋的形成。对已知蛋白质结构的大量统计分析表明，强烈倾向于形成 α 螺旋的氨基酸残基包括丙氨酸、谷氨酸、亮氨酸和甲硫氨酸，非常不利于形成 α 螺旋的残基有脯氨酸、甘氨酸、酪氨酸和丝氨酸。脯氨酸因其 α 碳原子位于五元环上，不易扭转，加之它是亚氨基酸，氮原子上已没有氢原子，无法充当氢键供体，致使 α 螺旋在此中断，产生"结节"；甘氨酸的 R 基为 H，空间占位很小，也会影响该处螺旋的稳定；较大的

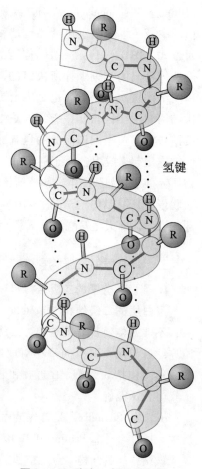

氢键

图 3 - 15　稳定 α 螺旋的氢键

如丝氨酸、酪氨酸等 R 基团集中的区域，也妨碍 α 螺旋形成；酸性或碱性氨基酸集中的区域，由于同电荷相斥，也不利于 α 螺旋形成。

（2）β 折叠

β 折叠（β-sheet）是天然蛋白质中另一种基本结构组件，又称 β 片层，是 L. Pauling 和 R. B. Corey 继发现 α 螺旋结构后在同年发现的另一种蛋白质二级结构。β 折叠结构是由两条肽链或一条肽链内的各肽段之间的 C＝O 与 N—H 形成氢键而构成的，它是一种肽链相当伸展的重复性结构，可分为平行式和反平行式两种类型（图 3 – 16）。可以把 β 折叠结构想象为由折叠的条状纸片侧向并排而成，每条纸片可看成是一条肽链，称为 β 折叠股或 β 股（β-strand）（图 3 – 16C）。平行 β 层中所有的 β 链具有同一走向，即从 N 端到 C 端（图 3 – 16A）；而反平行 β 层中相邻两条 β 链具有相反的走向，一条从 N 端到 C 端，另一条从 C 端到 N 端（图 3 – 16B）。

其结构要点如下：

① 肽主链处于最伸展的构象，主要作用力氢键多在股间而不是股内。

② α 碳原子位于折叠线上，由于其四面体性质，连续的酰胺平面排列成折叠形式。在折叠片上的侧链都垂直于折叠片的平面，并交替地从平面上下两侧伸出（图 3 – 16C）。

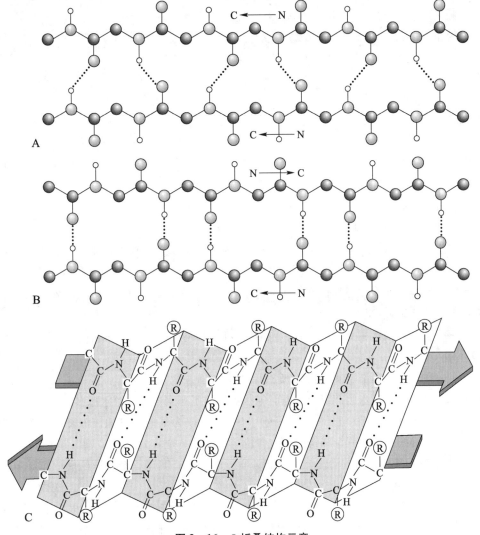

图 3 – 16　β 折叠结构示意

A. 平行 β 层；B. 反平行 β 层；C. 反平行 β 层的立体结构

③ 平行折叠片（图 3 - 16A）比反平行折叠片（图 3 - 16B）更规则，且一般是大结构，而反平行折叠片可以少到仅由两个 β 股组成。从能量角度考虑，反平行折叠片更加稳定。平行的 β 片层结构中，肽链内同侧的相邻两个残基的间距为 0.65 nm；反平行的 β 片层结构，则间距为 0.70 nm。

（3）β 转角

蛋白质分子中，肽链经常会出现 180° 的回折，在这种回折角处的构象就是 **β 转角**（β-turn），也被称为 **β 弯曲**（β-bend）、**β 回折**（β-reverse turn）和**发夹结构**（hairpin structure）等。β 转角也是多肽链中常见的二级结构，它可以连接蛋白质分子中的其他二级结构（α 螺旋和 β 折叠），使肽链走向改变，属于一种非重复多肽区，一般含有 2 ~ 16 个氨基酸残基，主要结构特点有：

① β 转角中，第一个氨基酸残基的—C ═ O 与第四个残基的 N—H 形成氢键。常见的 β 转角结构含有 4 个氨基酸残基（图 3 - 17），出现在 β 转角处的常见氨基酸残基有天冬氨酸、天冬酰胺、丝氨酸、苏氨酸和谷氨酰胺等极性残基和甘氨酸、脯氨酸。一般 β 转角多处在蛋白质分子的表面，它能够改变多肽链方向，因此广泛存在于球蛋白中。

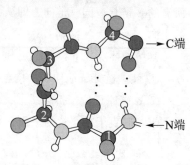

→C端
→N端

图 3 - 17 典型的 β 转角结构

② β 转角的特定构象在一定程度上取决于它的氨基酸组成。某些氨基酸如脯氨酸和甘氨酸经常存在其中，由于甘氨酸侧链只有一个 H，在 β 转角中能很好地调整其他残基的空间阻碍，因此是立体化学上最合适的氨基酸；而脯氨酸具有环状结构和固定的角，因此在一定程度上迫使 β 转角形成，促使多肽自身回折，且这些回折有助于反平行 β 折叠片的形成。

（4）无规则卷曲

无规则卷曲（random coil）又称为自由回转，指没有特定规律的松散肽链结构。与其他二级结构相比，无规则卷曲具有更大的任意性。但由于每一种蛋白质肽链中存在的这类结构的空间构象大致相同，所以它们不能说是完全任意的，酶的功能部位常常处于这种结构区域。肽的这种构象可能对蛋白质多变的立体结构与复杂功能具有贡献，已经鉴定到某些蛋白质中仅有这种结构，称为**固有的无结构蛋白质**（intrinsically unstructured protein）。

2. 蛋白质分子的三级结构

蛋白质**三级结构**（tertiary structure）是指上述蛋白质的 α 螺旋、β 折叠以及 β 转角等二级结构受侧链和各主链构象单元间的相互作用，从而进一步卷曲、折叠成具有一定规律性的三维空间结构。三级结构的形成使肽链中所有原子都达到空间上的重新排布，原来在一级结构顺序排列上相距很远的氨基酸残基可能在特定区域内彼此靠近。

蛋白质三级结构的稳定主要靠次级键，包括疏水作用、氢键、盐键、范德华力等，其中疏水作用是主要作用力。

对球状蛋白质来说，内部空间约有 75% 被原子所充满，常常形成疏水区和亲水区。亲水区多在蛋白质分子表面，由很多亲水侧链组成，因而球状蛋白质是亲水的。而疏水区多在分子内部，由疏水侧链集中构成，疏水区常形成一些"洞穴"或"口袋"，成为某些辅基的镶嵌部位，多数为活性部位。如丙糖磷酸异构酶亚基的三维结构中都包含位于外部的 8 个 α 螺旋和位于内部的 8 个平行 β 链，被称为 α/β 或称为 TIM 桶，酶的活性位点位于"桶"的中心，其中一个谷氨酸和一个组氨酸参与了催化反应进程（图 3 - 18）。

对于纤维状蛋白质而言，整条肽链几乎是由单一的二级结构构成（图 3 - 19），在一级结构中常出现相同或相似的重复肽段。它们多数起结构和支撑作用，水溶性较差，如丝蛋白、角蛋白和胶原蛋白等。

⊙ 知识拓展 3 - 7

蛋白质二级结构预测

⊙ 知识拓展 3 - 8

蛋白质三级结构的预测

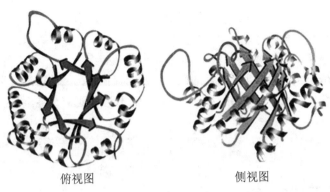

图 3 - 18 丙糖磷酸异构酶的三级结构

图 3 - 19 肌红蛋白的部分三级结构

在蛋白质二级结构与三级结构之间，还有一些过渡结构层次，主要是**超二级结构**（supersecondary structure）和**结构域**（domain）。

超二级结构的概念是由 S. T. Rao 和 M. G. Rossmann 于 1973 年提出的，指多肽链上若干相邻的构象单元彼此作用，进一步组合而成的结构组合体。超二级结构有 αα（螺旋 - 环 - 螺旋）、βαβ（折叠 - 螺旋 - 折叠）、ββ（发夹）、希腊钥匙等多种组合类型（图 3 - 20）。超二级结构的形成是由于在各个二级结构之间仍有一些未形成二级结构的小肽段，同时，已经形成二级结构的表面之间也有一些可以进一步相互作用的因素，这两种因素综合作用，形成了蛋白质的超二级结构。

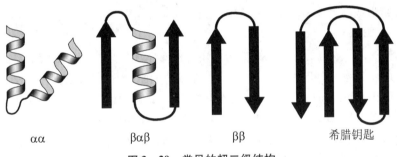

αα   βαβ   ββ   希腊钥匙

图 3 - 20 常见的超二级结构

结构域是在超二级结构的基础上进一步盘绕折叠，形成的一些相对独立的近似球状的结构，是球状蛋白质的折叠单元（图 3 - 21）。结构域是蛋白质三级结构的一部分，结构域之间以非共价键连接。结构域自身是紧密装配的，但 X 射线衍射实验发现结构域之间的链接是松散的，它们之间常常有一

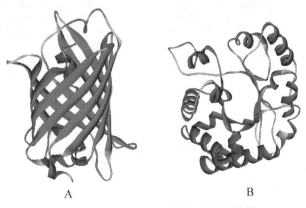

A   B

图 3 - 21 α 螺旋、β 折叠构成的结构域

A. 丙酮酸激酶的一个结构域；B. 免疫球蛋白的一个结构域

段长短不等的肽链相连，形成铰链区。不同蛋白质分子中结构域的数目不同，同一蛋白质分子中的几个结构域彼此相似或很不相同。常见结构域的氨基酸残基数在 100 ~ 400 个之间，最小的结构域只有 40 ~ 50 个氨基酸残基，大的结构域可超过 400 个氨基酸残基。

结构域在空间上具有临近相关性，即在一级结构上相互临近的氨基酸残基，在结构域的三维空间上也相互临近，在一级结构上相互远离的氨基酸残基，在结构域的空间结构上也相互远离，甚至分别属于不同的结构域。

结构域作为蛋白质结构中介于二级与三级结构之间的又一结构层次，在蛋白质中起着独立的结构单位、功能单位与折叠单位的作用，具有部分生物学功能。近年来的研究表明，在复杂的蛋白质中，结构域起着蛋白质结构与功能组件以及遗传单位的作用。

3. 蛋白质分子的四级结构

📖 学习与探究 3 –3
蛋白质结构的形成

蛋白质**四级结构**（quaternary structure）是指由两个或两个以上的具有完整三级结构的多肽链依靠次级键相连形成的特定空间结构。四级结构的球状蛋白质往往由几个被称为**亚基**（subunit）的单位组成，这些单位有时也称为**单体**（monomer）。亚基通常由一条多肽链组成，有时含两条以上的多肽链，单独存在时一般没有生物活性。仅由一个亚基组成的蛋白质，因无四级结构而被称为单体蛋白质，如核糖核酸酶；由两个或两个以上亚基组成的蛋白质统称为寡聚蛋白质，也叫多聚蛋白质或多亚基蛋白质。聚合体也可按其中所含单体的数量不同而分为二聚体、三聚体……**寡聚体**（oligomer）和**多聚体**（polymer）等。寡聚蛋白质可以由单一类型的亚基组成，称为同聚蛋白质，也可以由几种不同类型的亚基组成，称为杂聚蛋白质，如烟草斑纹病毒的衣壳蛋白是由 2 200 个相同的亚基即衣壳蛋白颗粒（衣壳粒）形成的多聚体（图 3 –22A）；正常人血红蛋白 A 是两个 α 亚基与两个 β 亚基形成的四聚体（图 3 –22B）。

🔍 科学史话 3 –8
蛋白质折叠游戏
Foldit

稳定四级结构的作用力与稳定三级结构的作用力没有本质区别。亚基的缔合作用有各种相互作用，包括疏水作用、氢键、盐键和范德华力等。亚基缔合的驱动力主要是疏水作用，因亚基间紧密接触的界面存在极性相互作用和疏水作用，相互作用的表面具有极性基团和疏水基团的互补排列；而亚基缔合的专一性则由相互作用的表面上的极性基团之间的氢键和离子键提供。

四级结构实际上是指亚基的立体排布、相互作用及接触部位的布局。亚基之间通常不含共价键，亚基间次级键的结合比二、三级结构疏松，因此在一定的条件下，四级结构的蛋白质可分离为其组成的亚基，而亚基本身构象仍可不变。

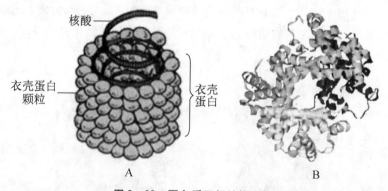

核酸

衣壳蛋白颗粒

衣壳蛋白

A

B

图 3 –22 蛋白质四级结构实例
A. 烟草斑纹病毒的衣壳蛋白；B. 血红蛋白 A

四、蛋白质结构与功能的关系

蛋白质的复杂结构组成使其具有多种多样的生物学功能，结构与功能的相互适应是生物学的一大基本观点，因此蛋白质的结构与功能存在密切的联系。蛋白质的一级结构对于蛋白质的高级结构和功能具有重要意义。蛋白质的一级结构决定其高级结构，是蛋白质发挥生物学功能的决定因素。高级构象是蛋白质具有其特有生物学功能的必备条件。但因为蛋白质结构和功能的复杂性，很难论述这种联系之间的规律，下面仅以几个典型的例子说明蛋白质的结构与功能之间的关系。

1. β-半乳糖苷酶的结构与功能

β-半乳糖苷酶是一种催化乳糖水解为单糖的水解酶蛋白，在细菌、真菌、动物和人体内均被发现。来源于细菌中的β-半乳糖苷酶为四聚体结构（图3-23A）。每个相同亚基由1 023个氨基酸残基构成，每个亚基又由5个不同的结构域组成（图3-23B）：第一个结构域由52～217个氨基酸残基构成；第二个由220～334个氨基酸残基构成；第三个由334～627个氨基酸残基构成；第四个由627～737个氨基酸残基构成；第五个由737～1 023个氨基酸残基组成，此结构域也称为ω肽。亚基N端是一个由50个氨基酸残基组成的伸展肽段，称为α肽。在第三个结构域中存在α/β或称为"TIM"桶的结构，酶的活性中心就存在于该结构的C端。因此，该酶蛋白具有4个活性中心，并且每两个中心分别有Na^+和Mg^{2+}构成金属蛋白。另外，在亚基与亚基界面间，还存在有两个亚基分别提供的4段α螺旋形成的螺旋捆，这也说明α螺旋不仅是蛋白质三级结构形成的基础，而且在蛋白质四级结构形成中也起作用。

◎ 知识拓展3-9

蛋白质数据库（protein data bank，PDB）

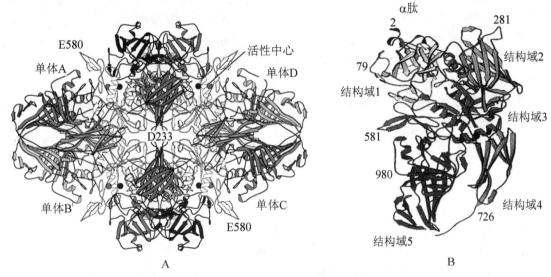

图3-23 β-半乳糖苷酶的立体结构

A. 四聚体结构；B. 亚基的结构域

β-半乳糖苷酶催化乳糖水解时，底物乳糖首先会进入处于第三个结构域中的活性中心，并与其上的第537位谷氨酸结合，形成中间复合物。底物的结合导致β-半乳糖苷酶的高级结构发生改变，尤其是使结构域5的位置向活性中心接近1 nm，有利于水解反应的进行。待反应完成产物释放后，酶的结构可恢复原状。β-半乳糖苷酶是人体中所必需的酶，缺乏这种蛋白质将会产生莫吉奥综合征（Morquio B syndrome）或溶酶体贮积症（galactosialidosis）。β-半乳糖苷酶被用于遗传学、分子生物学等生命科学各分支学科的研究中。

2. 血红蛋白的结构与功能

血红蛋白是高等动物体内负责运载氧的一种蛋白质。人体内的血红蛋白由4个亚基构成，分别为两个α亚基（141个残基）和两个β亚基（146个残基），在与人体环境相似的电解质溶液中，血红蛋白的4个亚基可以自动组装成$\alpha_2\beta_2$的形态（图3-24）。血红蛋白的每个亚基由一条肽链和一个血红素分子构成，肽链在生理条件下会盘绕折叠成球形，把血红素分子抱在里面，这条肽链盘绕成的球形结构又被称为珠蛋白。每个亚基的血红素结合1分子氧，血红蛋白四聚体可结合4分子氧。在血红蛋白结构中，4 个亚基占据相当于四面体的 4 个角，整个分子形成接近于 C_2 点群对称，即每 4 个亚基呈 2 - 重旋转轴环状对称。每条 α 链与每条 β 链接触，但两个 α 链或 β 链之间基本无相互作用，4 个氧的结合部位彼此也保持一定距离。

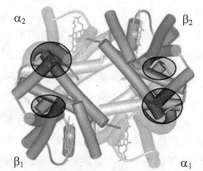

图 3 - 24 血红蛋白的四级结构
圆圈表示局部放大结构

血红蛋白是四聚体，它除了运输氧之外，还具有运输 H⁺ 和二氧化碳的功能。在脱氧血红蛋白中，4 个亚基通过盐桥相互连接。这是由于在 β 亚基之间存在一分子的 2，3 - 二磷酸甘油酸（DPG），DPG 分子中的两个磷酸基团和一个羧基与 β 亚基 1 位 Val 的 $\alpha - NH_3^+$、82 位 Lys 的 $\varepsilon - NH_3^+$ 和 143 位 His 的咪唑基相互吸引，形成 6 个盐键。同时每条 β 亚基中 C 端的 His 咪唑基和 94 位 Asp 的 $\beta - COO^-$ 也形成一个盐桥。

血红蛋白与氧结合的过程是一个非常神奇的过程，在该过程中，血红蛋白的四级结构将发生剧烈的变化。首先一个氧分子与血红蛋白 4 个亚基中的一个结合，氧的结合使得连接亚基的盐桥被断裂，DPG 被排出血红蛋白分子，亚基间的相对位置发生改变，珠蛋白结构发生变化，造成整个血红蛋白结构的变化。这种变化使得第二个氧分子比第一个氧分子更容易寻找血红蛋白的另一个亚基来结合，而它的结合会进一步促进第三个氧分子的结合，以此类推直到构成血红蛋白的 4 个亚基分别与 4 个氧分子结合。而在组织内释放氧的过程也是这样，一个氧分子的离去会刺激另一个的离去，直到完全释放所有的氧分子，这种有趣的现象称为**协同效应**（synergistic effect）。

血红蛋白与二氧化碳、一氧化碳、氰离子等的结合方式与氧完全一样，所不同的只是结合的牢固程度。一氧化碳、氰离子一旦和血红蛋白结合就很难离开，这就是煤气中毒和氰化物中毒的原理，遇到这种情况可以使用与这些物质结合能力更强的物质来解毒，比如一氧化碳中毒可以用静脉注射亚甲基蓝的方法来救治。

3. 血红蛋白分子病

分子病（molecular disease）是指由于基因突变导致蛋白质一级结构发生变异，使蛋白质的生物学功能减退或丧失，从而造成生物体生理功能变化而引起的疾病。血红蛋白基因的点突变导致异常血红蛋白的产生，镰状细胞贫血是最早被认识的分子病。

在镰状细胞贫血患者血液中，存在许多新月状或镰刀状的血红细胞（图 3 - 25），这种异形细胞比正常细胞脆弱，容易发生溶血，从而造成严重贫血，还会堵塞小血管而伤及多种器官。研究表明，发生这种现象的原因是患者血红蛋白（HbS）与正常人血红蛋白（HbA）β 亚基中有一个氨基酸残基不同，如下所示：

β 链 N 端氨基酸序列	1	2	3	4	5	6	7	8
HbS（患者）	Val	His	Leu	Thr	Pro	**Val**	Glu	Lys
HbA（正常人）	Val	His	Leu	Thr	Pro	Glu	Glu	Lys

可以看出，在血红蛋白分子 574 个氨基酸残基中，当 2 条 β 链中的两个谷氨酸残基被缬氨酸替换，即引起严重的病态。对血红蛋白高级结构的研究发现，由于 β 链上从 N 端开始的第 6 位氨基酸残基位于分子表面，当被突变为缬氨酸后，相当于在 HbA 分子表面插入了一个非极性侧链。在低氧或脱氧状态时，HbS 的溶解度剧烈下降，HbS 分子发生线性缔合形成长链，进而形成多股螺旋的微管纤维束，使蛋白质高级结构明显改变。

上述实例可以表明，蛋白质一级结构是高级结构的基础，一级结构的微小改变可能导致蛋白质的生物学功能降低或丧失，因此蛋白质的高级结构是其发挥生物功能的重要决定因素。然而，蛋白质的构象不是刚性的、静止的，而是柔性、动态的，蛋白质的功能总是与蛋白质和其他分子的相互作用相

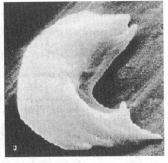

图 3 – 25　正常红细胞（左）与镰刀状红细胞（右）

联系，在相互作用中蛋白质构象可能发生微小的改变，有时会发生剧烈的变化，从而导致蛋白质功能的变化。

4. 蛋白质结构与功能的进化

生物形态与分子结构在进化过程中是向着多样化和专一化方向发展的。蛋白质的合成是受核酸控制的，但是随着生物环境的变化，DNA 也会发生偶然的突变，这将必然影响蛋白质的生物合成，引起蛋白质某些氨基酸的变化。氨基酸的改变可能导致蛋白质的生物学功能丧失或更加完善。如果突变的结果造成蛋白质维持功能的结构被破坏，则是致命的，可能使这种蛋白质和整个机体在地球上消失；反过来，如果突变使蛋白质的功能更加完善，使生物能够更加适应新环境，则说明产生了具备新功能的蛋白质。所以新蛋白质的产生多数是在原有蛋白质的基础上，通过基因突变引起蛋白质结构、功能改变，经过遗传、自然选择等方式进化而来的。

研究蛋白质结构与功能的关系，不仅有助于我们从分子水平上认识生命的起源以及生命现象的本质，而且对于疾病的诊断与治疗、新药的研究与开发等实践活动具有指导意义。特别是近年来，科学家正试图对细胞在某一生理时期全部的蛋白质进行分析、鉴定，并进行结构与功能关系的研究，这是继"人类基因组计划"后发展起来的一个新的研究领域——**蛋白质组学**（proteomics）。

第四节　蛋白质结构的测定与多肽的人工合成

蛋白质的一级结构决定了它的空间结构，从而决定了蛋白质的生物学功能。可见，分析以氨基酸序列为基础的蛋白质一级结构，对于推测多肽链如何折叠形成高度专一的三维结构、阐明蛋白质的生物学活性，以及了解蛋白质结构与功能之间关系是非常重要的。此外，了解蛋白质的氨基酸序列还能明确其进化史，帮助推测各种生物之间的亲缘关系。同时，明确了蛋白质分子的结构，也可为人工合成多肽或蛋白质奠定基础。

一、一级结构的研究方法

蛋白质分子一级结构的测定，概括起来包含如下内容：确定蛋白质分子中多肽链的数目，拆分蛋白质分子中的多肽链，断裂多肽链内的二硫键，测定每条多肽链的氨基酸组成，测定末端氨基酸，多肽链的分离、降解，肽段的分离、顺序分析以及二硫键（—S—S—）的定位等。

1. 确定蛋白质分子中多肽链的数目

根据蛋白质末端残基分析确定，如果所测多肽链混合物中具有相同的 N 端和 C 端，则可能是单体蛋白质或同多聚蛋白质，再根据蛋白质摩尔数与末端残基摩尔数的关系判断是单体蛋白质还是同多聚蛋白质。如果所测多肽链混合物含有不同的 N 端或不同的 C 端，则是杂多聚蛋白质。

2. 拆分蛋白质分子中的多肽链

对于非共价缔合的多聚蛋白质，可用变性剂尿素、盐酸胍或高浓度盐处理，使多肽亚基解离。如果是杂多聚蛋白质，还需要将多肽链分离纯化。

3. 断裂多肽链中的二硫键

如果多肽链间是通过二硫键交联的，则需要切割二硫键，使多肽链分开。常采用的方法有：过甲酸氧化法、巯基乙醇还原法和 Cleland 试剂还原法等。

① 过甲酸氧化法　该法是用氧化剂过酸断裂二硫键。反应一般在 0 ℃下进行 2 h 左右，就能够使二硫键转变成磺酸基，这样被氧化的半胱氨酸称为磺基丙氨酸。但如果蛋白质分子中同时存在其他半胱氨酸，那么也会被氧化成磺基丙氨酸。由于甲硫氨酸和色氨酸在酸性条件下也可被氧化，从而增加分析的复杂性。

② 巯基乙醇还原法　该法是利用还原剂巯基乙醇断裂蛋白质的二硫键。当高浓度的巯基乙醇在 pH 8.0 条件下室温保温几小时后，可以使二硫键定量还原。与此同时，反应系统中还需要有 8 mol/L 脲或 6 mol/L 盐酸胍使蛋白质变性，使多肽链松散成为无规则的构象，此时还原剂就可作用于二硫键。由于此反应是可逆的，因此要使反应完全，巯基乙醇的浓度必须在 0.1~0.5 mol/L。

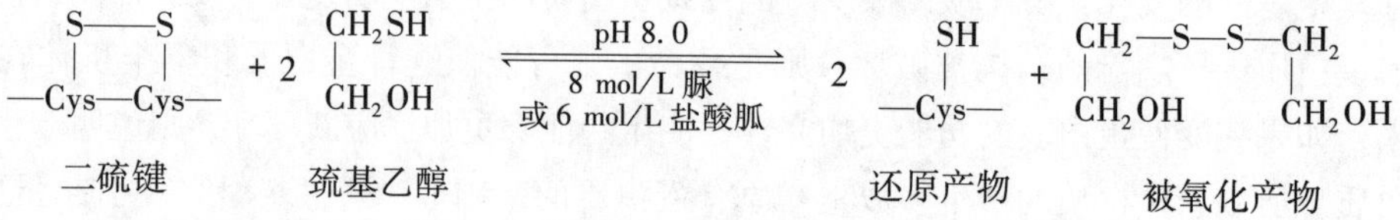

$$\underset{\text{二硫键}}{\overset{S—S}{\underset{\text{—Cys—Cys—}}{|\ \ \ |}}} + 2\ \underset{\text{巯基乙醇}}{\overset{CH_2SH}{\underset{CH_2OH}{|}}} \xrightleftharpoons[\substack{8\ mol/L\ 脲\\ 或\ 6\ mol/L\ 盐酸胍}]{pH\ 8.0} 2\ \underset{\text{还原产物}}{\overset{SH}{\underset{—Cys—}{|}}} + \underset{\text{被氧化产物}}{\overset{CH_2—S—S—CH_2}{\underset{CH_2OH\ \ \ \ \ \ \ \ CH_2OH}{|\ \ \ \ \ \ \ \ \ \ \ \ \ |}}}$$

③ Cleland 试剂还原法　Cleland 试剂是指二硫赤藓糖醇（dithioerythriotol）及其异构体二硫苏糖醇（dithiothreitol），它们具有较强的还原能力，只需 0.01 mol/L 的浓度就能使蛋白质的二硫键还原，反应基本与巯基乙醇相似（图 3-26），但常用在许多球蛋白反应中，可以不用变性剂。

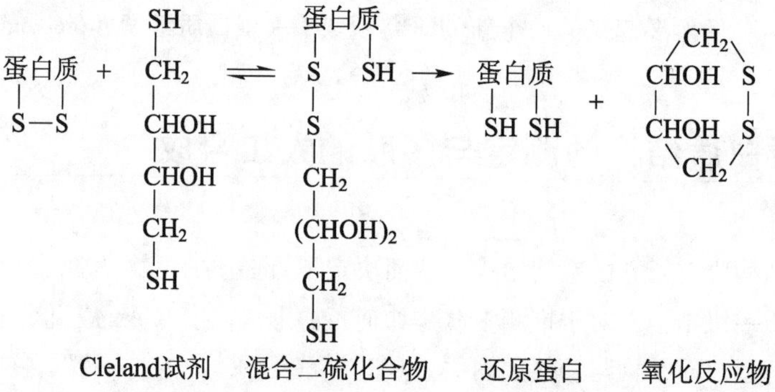

图 3-26　Cleland 试剂还原法的反应

还原蛋白一般不稳定，SH 基极易氧化重新生成二硫键，因此还需稳定 SH 基。烷基化试剂可使 SH 基转变为稳定的硫醚衍生物，也有氨乙基化等方法。

蛋白质分子的几条肽链拆开后，可通过凝胶过滤、离子交换、电泳等方法将其分离。

4. 测定每条多肽链的氨基酸组成

在进行氨基酸序列测定之前，通常先需确定蛋白质所含氨基酸的种类，并明确每种氨基酸有多少，据此可初步了解蛋白质的氨基酸构成情况。目前较为成功的是将蛋白质经 6 mol/L HCl 在 110 ℃下水解 24 h 后，用氨基酸自动分析仪进行测定。

5. 鉴定多肽链的 N 端和 C 端氨基酸

测定肽链末端氨基酸的目的是为氨基酸序列分析提供 N 端和 C 端。

（1）N 端测定方法

常见的 N 端测定方法有：2,4 - 二硝基氟苯法、氰酸盐法和丹磺酰氯法等。

① 2,4 - 二硝基氟苯法　此法是 1945 年 F. Sanger 提出的，主要是将反应产物 2,4 - 二硝基苯氨基酸用有机溶剂抽提后，通过层析位置可鉴定它是何种氨基酸。Sanger 用此方法测定了胰岛素两条肽链的 N 端分别为甘氨酸及苯丙氨酸。具体反应见图 3 - 27。

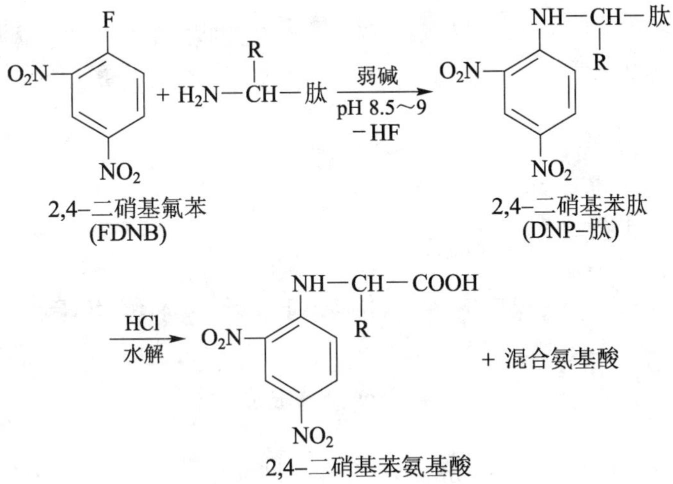

🎯 知识拓展 3 - 10
蛋白质 N 端测序新技术

图 3 - 27　2,4 - 二硝基氟苯法的反应

② 氰酸盐法　氰酸盐法是利用多肽或蛋白质与苯异硫氰酸酯（PITC）的反应产物——苯乙内酰硫脲氨基酸（PTH - 氨基酸）不带电荷的性质，采用离子交换层析法将它与游离氨基酸分开，分离所得的苯乙内酰硫脲再被盐酸水解，重新生成游离的氨基酸，鉴别此氨基酸即可了解 N 端氨基酸的种类，其反应过程见氨基酸的烃基化反应。

③ 丹磺酰氯法　该法是 1956 年 G. Hartley 等发明的一种测定 N 端氨基酸的方法。丹磺酰氯与多肽或蛋白质游离氨基末端作用，生成丹磺酰氨基酸（图 3 - 28）。由于形成的丹磺酰氨基酸稳定性较高，可用纸电泳或薄层层析鉴定。

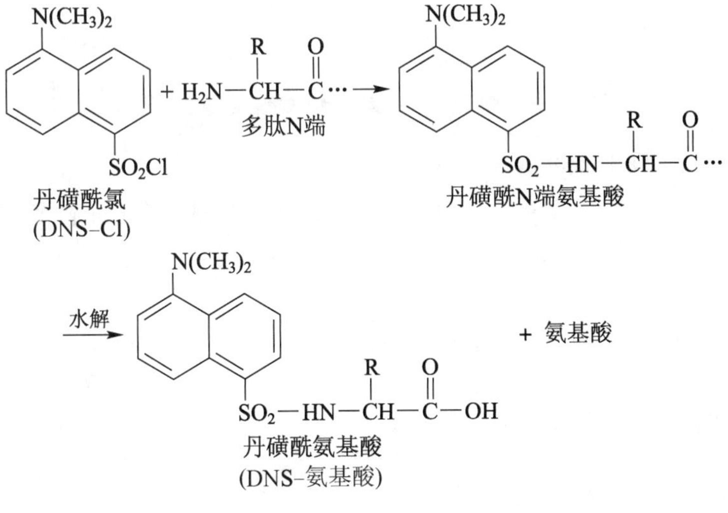

图 3 - 28　丹磺酰氯法的反应

④ 氨肽酶法　氨肽酶（amino peptidase）是一种肽链外切酶（又称外肽酶），它能从多肽链的 N 端逐个向里水解氨基酸。根据不同的反应时间测出所释放出的氨基酸种类和数量，按反应时间和氨基

酸残基释放量作动力学曲线，就可以知道蛋白质的 N 端残基顺序。但由于酶的特异性和对各种氨基酸水解速率不同，常常较难判断氨基酸残基的顺序，在实际应用中容易导致错误结论。最常用的氨肽酶是亮氨酸氨肽酶，它水解 N 端为 Leu 的肽链时速率最大。

（2）C 端测定方法

C 端测定的方法有肼解法和羧肽酶水解法。

① 肼解法　**肼解法**（hydrazinolysis）是测定 C 端最常用的方法。将多肽溶于无水肼中，100 ℃ 下进行反应，结果羧基末端氨基酸以游离氨基酸释放，而其余肽链部分与肼生成氨基酸酰肼（图 3 - 29）。这样，羧基末端氨基酸可以采用抽提或离子交换层析的方法被分离出来，从而进行分析。

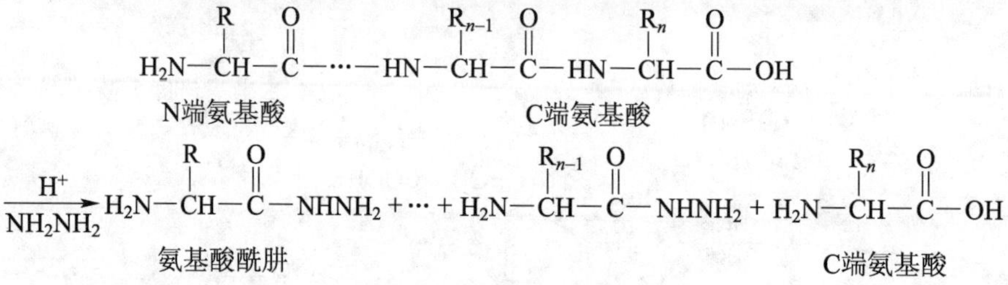

知识拓展 3 - 11
蛋白质质谱与序列测定

图 3 - 29　肼解反应

② 羧肽酶水解法　该法是利用**羧肽酶**（carboxypeptidase）可以专一性地水解羧基末端氨基酸而进行的（图 3 - 30）。根据酶解的专一性不同，可区分为羧肽酶 A 和 B。羧肽酶 A 水解断裂 C 端氨基酸不是精氨酸和赖氨酸的肽，而羧肽酶 B 则仅水解断裂 C 端为精氨酸或赖氨酸的氨基酸。应用羧肽酶测定末端时，需要先进行酶的动力学实验，以便选择合适的酶浓度及反应时间，使释放出的氨基酸主要是 C 端氨基酸。

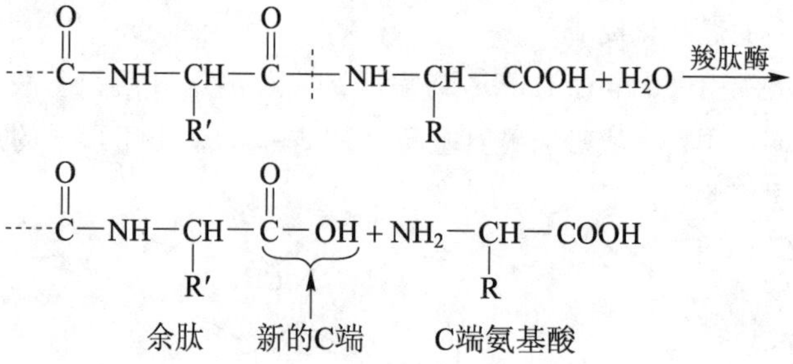

图 3 - 30　羧肽酶水解过程

6. 肽链的部分水解和肽段的分离

多肽链的氨基酸组成往往比较复杂，因此直接分析是很困难的，多采用将多肽链进一步降解成为更小的片段，然后再行分析。肽键的部分裂解是一级结构研究工作中的重要问题，目前主要有化学法和酶解法两类。

① 化学法　有溴化氰法、部分酸水解法、羟胺法和 N - 溴代琥珀酰亚胺法等。其中溴化氰法具有专一性强、产率高、作用条件温和等优点，是最理想的化学方法，能选择性断裂甲硫氨酸所在的肽键；部分酸水解法特异性不强，对大片段的蛋白质和肽均不合适；羟胺法能专一性地裂解 Asn-Gly 的肽键，但在酸性条件下也裂解 Asn-Leu 肽键；而 N - 溴代琥珀酰亚胺法主要裂解 Trp 处的肽键，但由于它也能断裂 Tyr-His 肽键，因此应用不广。

② 酶解法　此法有较强专一性，水解产率也较高，所以可以选择不同专一性的酶对肽链进行裂解。常用的酶有胰蛋白酶、胰凝乳蛋白酶、胃蛋白酶和嗜热菌蛋白酶等，它们的专一性见表 3 - 3。

表 3 - 3　蛋白水解酶的专一性

酶	来源	主要作用点	其他作用点
胰蛋白酶	胰	Arg, Lys（C）	
胰凝乳蛋白酶	胰	Tyr, Phe, Trp（C）	Leu, Met, His, Asn, Gln（C）
弹性蛋白酶	胰	Leu, Ile, Ala（C）	
胃蛋白酶	胃黏膜	Tyr, Phe, Trp, Met, Leu（C）	Ala, Glu, Asp（C）
木瓜蛋白酶	木瓜植物	Arg, Lys, Gly（C）	
嗜热菌蛋白酶	芽孢杆菌	Leu, Ile, Phe（N）	Val, Tyr（N）
枯草杆菌蛋白酶	枯草杆菌	芳香族及脂肪族残基	

经上述处理后得到的肽段，主要通过凝胶过滤法分离。由于大分子肽溶解度小，往往采用甲酸、醋酸、丙酸等有机溶剂使之溶解。但单用凝胶过滤法分离肽，一般纯度不高，常需辅以离子交换层析法，大片段肽可用离子交换葡聚糖作分离介质，小肽则多用 Dowex - 50 等树脂。

7. 肽段氨基酸顺序的测定

肽的氨基酸顺序分析也有化学法和酶解法两种。

① 化学法　主要是**Edman 降解法**（Edman degradation）。此法是 P. Edman 于 1950 年首先提出来的，最初用于 N 端分析，即苯异硫氰酸酯（PITC）法。Edman 降解试剂（PITC）与多肽链的游离末端氨基作用，降解反应分偶联、环化断裂和转化三个步骤（图 3 - 31）。

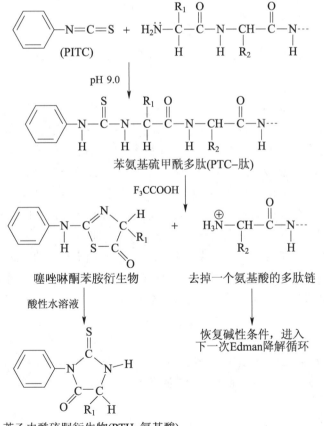

图 3 - 31　Edman 降解反应过程

经过降解，肽键断裂形成噻唑啉酮苯胺衍生物和一个失去末端氨基酸的肽链。此肽不被破坏，因而又可出现一个新的 N 端。重复以上的步骤，继续与 PITC 试剂作用，继续分析。噻唑啉酮苯胺衍生物很容易被有机溶剂抽提出来进行鉴定。根据 Edman 降解原理，逐步发展了液相氨基酸自动分析装置、固相氨基酸顺序仪等自动化氨基酸分析系统。

② 酶解法　主要是肽谱重叠法，是在化学法所得结果的前提下进行的氨基酸序列分析。如有一个肽段，通过氨基酸组成分析已知其为十肽，假如先以胰凝乳蛋白酶水解，则得到一套寡肽，再以胰蛋白酶水解此十肽，得到另一套寡肽。分析结果如下：

胰凝乳蛋白酶水解　　　Ala·Phe　　Gly·Lys·Asn·Tyr　　Arg·Trp　　His·Val

胰蛋白酶水解　　　Ala·Phe·Gly·Lys　　Asn·Tyr·Arg　　Trp·His·Val

将此两套寡肽分析比较，因为十肽的 N 端及 C 端首先被确认为 Ala 及 Val，因此第一段寡肽必然是 Ala·Phe。如此类推如表 3 - 4。

表 3 - 4　酶法氨基酸序列测定分析

寡肽号	氨基酸组成部分顺序
A - 1	Ala·Phe
B - 1	Ala·Phe·Gly·Lys
A - 2	Gly·Lys·Asn·Tyr
B - 2	Asn·Tyr·Arg
A - 3	Arg·Trp
B - 3	Trp·His·Val
A - 4	His·Val
十肽顺序	Ala·Phe·Gly·Lys·Asn·Tyr·Arg·Trp·His·Val

8. 二硫键位置的确定

蛋白质中的二硫键一般采用胃蛋白酶水解法确定。选用胃蛋白酶是由于胃蛋白酶的专一性比较低，切点多，可以使生成的肽段比较小，有利于分离鉴定；且胃蛋白酶作用的最适 pH 在 2.0，有利于防止二硫键发生交换反应。酶解的混合肽段可通过对角线电泳技术进行分离，分离后的肽斑利用茚三酮显色确定，并对相应的肽段进行氨基酸顺序分析，与多肽链的氨基酸顺序比较，即可确定出二硫键在肽链中的位置。

对角线电泳（diagonal electrophoresis）技术，是将水解后的肽混合物进行第一向电泳，将肽段按其大小及电荷的不同分离开来，然后暴露在过甲酸蒸气中，将—S—S—氧化断裂，并进一步氧化成磺酸基，水平方向剪下分离的各条带肽段的一部分，左旋 90°固定在新的电泳支持物上，再进行第二向电泳，大多数肽段的迁移率未变，将位于双向电泳的对角线上，而含有半胱氨磺酸的成对肽段比原来含二硫键的肽段小而负电荷增加，所以它们均偏离了上下电泳的对角线，它们的位置可以用茚三酮显色确定（图 3 - 32）。

蛋白质一级结构的测定不断有新方法和新思路出现，如 X 射线衍射法测定一级结构；分离相应蛋白质的 mRNA，由 mRNA 的一级结构得出蛋白质的一级结构等。这些大胆的设想必将有助于蛋白质一级结构的测定，使人们可以利用更多的方法去探索生命的奥秘。

二、蛋白质构象的研究方法

1. X 射线衍射法

X 射线衍射技术是研究蛋白质立体结构的最有效技术，可以测定蛋白质的二级结构、三级结构和

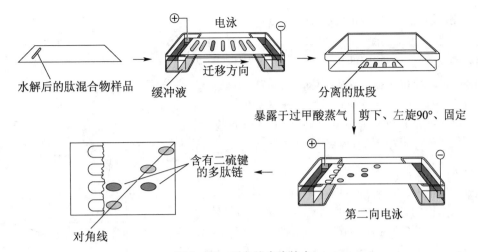

图 3 - 32　对角线电泳技术

四级结构，能够给出蛋白质的构象框架。其基本过程如下：

① 蛋白质的提纯　主要通过生物化学的方法获得，现多用基因克隆表达后纯化的方法。

学习与探究 3 - 4
X 射线晶体学的蛋白质结晶

② 蛋白质结晶和晶体生长　蛋白质晶体 X 射线衍射技术的前提是得到所需测定样品的蛋白质单晶，较为成熟的方法是**悬滴法**（hanging-drop）。当蛋白质分子慢慢地从过饱和溶液中沉淀析出时，即可形成晶体。由于蛋白质构象固有的复杂性，蛋白质小分子晶体的生长受多种因素的影响。其中包括的生化条件主要有：pH、离子强度、沉淀剂和添加剂浓度等；物理条件主要有温度、振动、试剂的纯度等。

③ 衍射数据收集　衍射数据的好坏直接涉及结构的精度与晶体的状态、X 射线源的强度、收集数据的仪器和方法。数据的收集包括晶体的收集、X 射线源的选择和数据收集仪器的选择三大环节。蛋白质晶体暴露在空气中会解体，因此在晶体收集时要将蛋白质晶体密封于毛细管中，现在多用低温冷冻晶体的方法来收集；X 射线源有阳极靶式、同步加速器辐射和自由电子激光三种，选择的原则是 X 射线源的辐射流密度要尽量大，射线的发散度尽量小，从而使单位面积的光强尽可能大。

科学史话 3 - 10
机遇与第一个膜蛋白晶体

④ 衍射数据的分析和改进　主要包括位相的确定，电子密度图的诠释等。

⑤ 获得结构模型　根据电子密度图分析，获得蛋白质结构模型，通过限制性最小二乘法进行修正。

2. 光谱学方法

从紫外区到红外区，整个光谱已被应用于蛋白质的研究中。拉曼光谱、荧光光谱、圆二色性等技术已成为蛋白质结构研究不可缺少的方法。

① 红外光谱　通过测定蛋白质在 2.5 ~ 25 μm 红外光区范围内的光吸收度，就可以进行定性和定量分析。由于蛋白质不同二级结构中酰胺键之间的氢键具有不同特征的红外光谱，红外光谱在蛋白质研究中主要用于二级结构的测定。

② 荧光光谱　荧光是物质在吸收了较短波长光能后，由于电子被激发跃迁至较高单线态能级后返回到基态时所发射的较长波长的特征光谱。蛋白质中的酪氨酸、苯丙氨酸和色氨酸都是荧光生色团，因此可根据蛋白质的荧光光谱推测蛋白质中酪氨酸、苯丙氨酸和色氨酸所处的环境。一般情况下，若蛋白质在松弛状态时，色氨酸从疏水区进入亲水区，荧光光谱就会发生红移，所以根据红移的程度就可以推断蛋白质的变性程度。

荧光猝灭剂可以使蛋白质分子表面荧光生色团的荧光猝灭，但不能使蛋白质结构深处荧光猝灭，因此利用荧光猝灭剂可以了解荧光生色团的环境，也可以反映蛋白质分子的紧密程度。相反，利用某些外源荧光分子也可以加强蛋白质分子表面荧光强度，且其增加的强度与相应区域的疏水性强度成比例，因此利用此法也可以检测蛋白质疏水区的分布。

③ **圆二色性** 圆二色性（circular dichroism，CD）是指由于包含生色团的分子具有不对称性，引起左右两种圆偏振光具有不同的光吸收。这种当直线偏振光透过旋光性物质时产生偏转，在 CD 谱图中出现峰或谷的现象也称**科顿效应**（Cotton effect）。如果一个光学活性的分子具有正科顿效应，那么它的镜像分子将有一个与之精确同形的负科顿效应。

科学史话 3–11

蛋白质结构分析方法与诺贝尔奖

蛋白质的二级结构都是螺旋状链式结构，它们都是不对称分子。由于不同分子在不同波长处具有不同的圆二色性，而且特定的分子组成和结构有特定的谱图，根据谱图的形状也可以反推分子的结构。因此，圆二色性可用于生物分子种类及结构的探测。圆二色性与蛋白质二级结构的类型有关，α 螺旋构象的 CD 谱在 194 nm 附近出现正科顿效应，在 208 nm、222 nm 处出现负科顿效应（图 3–33）。β 折叠结构在 190 nm 处也有正科顿效应，在 215 nm 附近有一负峰，出现负科顿效应。无规则卷曲构象的 CD 谱在 198 nm 附近有个负峰，在 218 nm 附近有一个小而宽的正峰。对于一个未知结构的蛋白质分子，通过实验得到其 CD

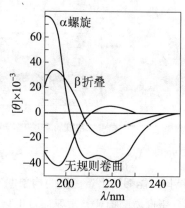

图 3–33　蛋白质二级结构的 CD 谱图

谱，将其与标准谱对照就可知道结构中是否含有 α 螺旋和 β 折叠结构，并且可以推测蛋白质中各种结构组分所占的相对比例。若蛋白质发生变性，二级结构丧失，其圆二色性谱也会发生改变，因此圆二色性谱也可以推测蛋白质的变性程度。

除上述方法外，核磁共振和低温冷冻电镜技术是当前蛋白质三维构象研究的热点方法。核磁共振技术可以解析蛋白质在溶液中的结构，研究蛋白质之间及与配基之间的相互作用，也可以探究蛋白质折叠动力学。低温冷冻电镜技术可以解析膜蛋白和蛋白质复合物的结构，追踪蛋白质构象变化和电镜图象中包含的相位信息。

科技视野 3–6

低温冷冻电镜解析蛋白质结构

三、肽的人工合成

多肽合成（peptide synthesis）就是把氨基酸按一定的顺序排列起来，利用氨基和羧基的脱水形成肽键，进而得到人们所需要结构的多肽。但是因为两个氨基酸或肽都有各自的氨基和羧基，要使氨基酸甲的羧基与氨基酸乙的氨基结合，首先需要保护氨基酸甲的氨基和氨基酸乙的羧基，以保证按照要求形成肽键。如果所用的氨基酸带有活泼的侧链基团（如巯基、胍基等），则同样需要先将这些侧链基团保护起来使其不受合成反应的破坏。待到肽键形成之后再将保护基除去。多肽可以通过液相和固相两种方法合成。

（一）肽的液相合成

多肽液相合成的一般过程分为如下几大步骤：

1. 保护氨基酸的自由氨基

最广泛使用的氨基保护基有：苄氧甲酰基、三苯甲基、叔丁氧甲酰基和对甲苯磺酰基等。

$$H_3\overset{+}{N}-\underset{\underset{R_1}{|}}{C}H-COO^- \ + \ Y \longrightarrow Y\cdot HN-\underset{\underset{R_1}{|}}{C}H-COO^-$$

氨基酸　　　　　保护基　　　　氨基保护的氨基酸

2. 保护氨基酸的自由羧基

羧基通常可以用成盐或成酯的形式保护。常用的盐有：钾盐、钠盐、三乙胺盐、三丁胺盐等；酯有：甲酯、乙酯、苄酯、叔丁酯等。在羧基保护反应时，常常氨基同时被活化。

$$
\underset{\text{氨基酸}}{H_3\overset{+}{N}-\underset{\underset{R_2}{|}}{CH}-COO^-} + \underset{\text{保护基}}{Z} \longrightarrow \underset{\text{羧基保护的氨基酸}}{H_2N-\underset{\underset{R_2}{|}}{CH}-COOZ}
$$

3. 羧基的活化与肽的合成

羧基和氨基之间不会自发形成氢键，因此需要将羧基活化，以加强碳原子的亲电特性，使被活化基团的低电子密度更加降低，使形成的亲电中心允许亲核的非离子化氨基对其进行攻击。目前使用较多的羧基活化方法有：叠氮法、活化酯法和混合酸酐法。

① 叠氮法　一般由小肽段进一步缩合成大肽段时，常用**叠氮法**（azide method）。该法不引起消旋，产物光学纯度较高，反应过程如下：

$$
\underset{\text{酰化氨基酸甲酯}}{Y-NH-CRH-CO-OCH_3} \xrightarrow{NH_2NH_2} \underset{\text{酰化氨基酸的肼衍生物}}{Y-NH-CRH-CO-NHNH_2} \xrightarrow{HNO_2}
$$

$$
\underset{\text{酰化氨基酸叠氮}}{Y-NH-CRH-CO-N_3} \xrightarrow{NH_2CR_1HCOOCH_3} \underset{\text{酰化肽甲酯}}{Y-NH-CRH-CO-NH-CR_1H-COOCH_3}
$$

② 活化酯法　经氨基保护的氨基酸对硝基苯酯（一种活化酯）可以与另一个氨基酸的氨基缩合成肽，此种合成肽的方法即为**活化酯法**（activated ester method）。该法反应温和，产率较高。

$$
\underset{\text{酰化氨基酸对硝基苯酯}}{Y-NH-CRH-CO-O-\!\!\bigcirc\!\!-NO_2} + \underset{\text{氨基酸甲酯}}{NH_2-CR_1HCOOCH_3}
$$

$$
\longrightarrow \underset{\text{酰化肽甲酯}}{Y-NH-CRH-CO-NH-CR_1HCOOCH_3}
$$

③ 混合酸酐法　被保护氨基的氨基酸，在有叔胺存在时，能与氯甲酸乙酯生成混合酸酐，这种中间物能与另一氨基酸酯缩合成肽，该方法叫做**混合酸酐法**（mixed anhydride method）。该方法的缺点是容易产生消旋，但可通过在无水溶剂中保持消旋的较低水平，其反应为：

$$
\underset{\text{氨基保护氨基酸}}{Y-NH-CRH-COOH} \xrightarrow{Cl-COOC_2H_5} \underset{\text{混合酸酐}}{Y-NH-CRH-CO-O-COOC_2H_5}
$$

$$
\xrightarrow[NR_3]{HCl \cdot NH_2CR_1HCOOC_2H_5} \underset{\text{酰化肽乙酯}}{Y-NH-CRH-CO-NH-CR_1HCOOC_2H_5}
$$

4. 脱保护基

将保护基团除去形成肽。

$$
\underset{\text{酯化肽}}{Y-HN-\underset{\underset{R_1}{|}}{CH}-CO-NH-\underset{\underset{R_2}{|}}{CH}-COOZ} \xrightarrow{\text{脱保护基剂}} \underset{\text{肽}}{H_3\overset{+}{N}-\underset{\underset{R_1}{|}}{CH}-CO-NH-\underset{\underset{R_2}{|}}{CH}-COO^-}
$$

多肽液相合成的特点是：① 反应物均一混合并且快速移动使得反应机会增加；② 在加热反应中，热能通过溶液中的分子扩散而被均匀转移；③ 大量反应可以通过控制反应釜的大小和反应物的数量而实现；④ 可以在每个步骤提纯并且分析反应化合物。但其缺点有：① 在反应完成之后，需要的化合物和副产物都一起在反应混合物中，需要溶液化学中的分离步骤；② 如果使用过量试剂以获得高产量，需要提纯试剂；③ 自动化液相合成由于提纯程序的复杂化而非常困难，因而难以实现。

（二）肽的固相合成

多肽固相合成法的原理与液相合成法基本相同。其最主要特征是合成反应在固相载体上进行，为了防止副反应的发生，参加反应的氨基酸侧链都应该是要保护的。用于固相法合成多肽的高分子载体主要有三类：聚苯乙烯-苯二乙烯交联树脂、聚丙烯酰胺、聚乙烯-乙二醇类树脂及衍生物。固相合成多肽的基本过程是：

① 在整个合成过程中，第一个氨基被保护的氨基酸始终通过稳定的共价键连接于固相载体上，形成氨酰基树脂。

② 利用脱氨基保护试剂脱除氨基保护基，暴露出第一个氨基酸的自由氨基，得到带自由氨基的氨酰基树脂。

③ 加入第二个氨基被保护的氨基酸，与结合于固相的前一个氨基酸缩合形成肽键，得到氨基被保护的二肽树脂。

④ 反复进行②，③两步。

⑤ 脱除氨基酸侧链保护基及与合成肽相结合的固相载体。

固相合成多肽的主要特点有：① 固相载体必须包含反应位点，以使肽链连在这些位点上，并在以后除去；② 合成过程中的物理和化学条件必须稳定；③ 载体必须促使不断增长的肽链和试剂之间快速的、不受阻碍的接触。

第五节 蛋白质的物理化学性质

由于蛋白质是由氨基酸组成的生物大分子化合物，因此它除了具有某些与氨基酸有关的性质，还具有与氨基酸不同的性质，如高分子性质、胶体性质、沉淀和变性等。认识和理解蛋白质的性质，对于蛋白质的分离、纯化以及研究蛋白质的结构与功能都极为重要。

一、蛋白质的胶体性质

分散系统理论把分散系统分为三类，当分散相质点小于 1 nm 时称为真溶液，分散相质点大于 100 nm 时称为悬浊液，而分散相质点在 1～100 nm 之间时称为胶体溶液。胶体溶液是在一定条件下稳定的分散系统。由于蛋白质在水溶液中的颗粒为 1～100 nm，所以蛋白质溶液属于胶体系统，是一种亲水胶体，蛋白质分子颗粒是**分散相**（disperse phase），水是**分散介质**（disperse medium）。与其他胶体系统一样，蛋白质溶液也具有布朗运动、丁达尔效应以及不能透过半透膜等性质。利用蛋白质不能透过半透膜的性质，常将含有小分子杂质的蛋白质溶液放入透析袋中，置于流水中逐渐将小分子杂质除去，起到纯化的目的，这种方法即为**透析**（dialysis）。另外，利用蛋白质不能透过半透膜的性质发展了另一蛋白质纯化方法——超滤。

可溶性蛋白质分子表面的—NH_2、—COOH、—OH 等亲水基团在水溶液中能与水分子起水化作用，使蛋白质颗粒表面形成一层水化层。同时由于蛋白质分子表面存在可解离基团，在适当的酸碱条件下均带有相同的净电荷，可以与周围的相反离子构成稳定的双电层。由于具有水化层与双电层，因而蛋白质溶液是稳定的亲水胶体。若除掉水化层和双电层这两个重要的稳定因素，蛋白质便容易凝集析出。

二、蛋白质的酸碱性质

蛋白质分子除了两端的氨基和羧基可以解离以外，肽链中氨基酸残基侧链的基团在一定的 pH 条件下也可以发生解离，使蛋白质带有正电荷或负电荷，这就是蛋白质的两性解离。蛋白质中可解离的侧链基团有 ε-氨基、β-羧基、γ-羧基、咪唑基、胍基、酚基、巯基等，这些侧链基团在一定的 pH 条件下可以释放或接受 H^+，构成了蛋白质两性解离的基础。当蛋白质溶液处于某一 pH 时，蛋白质解离成正离子和负离子的趋势相等，为两性离子，即总净电荷为零，此时在电场中，蛋白质分子既不向阳极移动，也不向阴极移动，这个 pH 称为蛋白质的**等电点**（isoelectric point），用 pI 来表示。当溶液的 pH 大于 pI 时，蛋白质带有负电荷；当溶液的 pH 小于 pI 时，蛋白质带有正电荷；当溶液的 pH 等于 pI 时，蛋白质以两性离子存在。

知识拓展 3－12
等电聚焦法测定蛋白质的等电点

$$\underset{\text{正离子}}{\overset{\displaystyle NH_3^+}{\underset{\displaystyle COOH}{P}}} \xrightleftharpoons[+H^+]{+OH^-} \underset{\text{两性离子}}{\overset{\displaystyle NH_3^+}{\underset{\displaystyle COO^-}{P}}} \xrightleftharpoons[+H^+]{+OH^-} \underset{\text{负离子}}{\overset{\displaystyle NH_2}{\underset{\displaystyle COO^-}{P}}} \qquad \text{P 代表蛋白质}$$

不同的蛋白质具有不同的氨基酸组成，因此具有不同的等电点。蛋白质分子中可解离氨基酸的含量多少，对蛋白质的等电点有着直接的影响。对于线性蛋白质来说，如果酸性氨基酸的含量高，那么蛋白质的等电点就偏酸性；如果碱性氨基酸的含量高，那么蛋白质的等电点就偏碱性。但是实际上蛋白质都要折叠成一定的空间结构来行使功能，因此具有一些可解离基团的氨基酸可能包裹在蛋白质分子的内部，这些氨基酸就不会影响到蛋白质分子的表面电荷，也就不会对蛋白质的等电点产生影响。

蛋白质处于等电点时，由于不带电荷而使分子间的斥力消失，此时的蛋白质最不稳定，容易从溶液中沉降出来。利用这一性质可在蛋白质分离纯化时，调节溶液的 pH，使其达到蛋白质的等电点，此时由于蛋白质分子净电荷为零，分子间的斥力消失，使蛋白质所带电荷与环境的反离子构成的双电层的结构也遭到破坏，分子之间容易发生聚集而沉淀，从而将蛋白质分离出来。

三、蛋白质的沉淀反应

蛋白质在溶液中的稳定是有条件的、相对的。如果条件改变，破坏了蛋白质溶液的稳定性，蛋白质就会从溶液中沉淀出来。因为稳定蛋白质的两个主要因素是水化层和双电层，所以若向蛋白质溶液中加入适当的试剂，破坏此两项因素，就很容易使其失去稳定而发生沉淀，这种使蛋白质从溶液中析出的现象叫做**蛋白质的沉淀反应**（protein precipitation）。因此，蛋白质沉淀反应的原理是，当蛋白质分子的水化作用被减弱，或者分子间的同性相斥作用被降低时，会导致蛋白质在水溶液中的溶解度减小，最终使蛋白质从溶液中沉淀出来。

能够引起蛋白质沉淀的方法有以下几种：

1. 盐析法

向蛋白质溶液中加入高浓度的中性盐（如硫酸铵、硫酸钠或氯化钠等），可有效地破坏蛋白质颗粒的水化层，同时中和了蛋白质的电荷，降低了蛋白质的溶解度，从而使蛋白质沉淀，这种方法称为**盐析**（salting out），如图 3－34。

在实际工作中常用的盐析剂是硫酸铵。硫酸铵的盐析能力强，在水中的溶解度大，浓度高时也不会引起蛋白质的生物学活性丧失。各种蛋白质盐析时所要求的硫

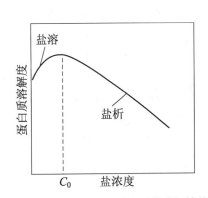

图 3－34　盐离子浓度与蛋白质的溶解性关系

酸铵饱和程度不同，所需添加量也不同，可按下面的经验公式求出一定体积蛋白质溶液盐析所用饱和硫酸铵的体积数。

$$X = aV/ (100 - a)$$

式中，X 为所需饱和硫酸铵的体积（mL）；a 为所需饱和度（%）；V 为蛋白质溶液的体积数（mL）。在具体使用时可以直接加入固体硫酸铵，也可以采用加入饱和硫酸铵溶液的方式。

影响盐析作用的因素有蛋白质的种类与浓度、溶液的酸碱度、温度等。如果溶液中的蛋白质浓度较高，较低的无机盐浓度就会导致蛋白质溶解度的降低，蛋白质分子易于析出；反之，当蛋白质浓度较低时，盐析则需要较高浓度的无机盐。一般蛋白质溶液浓度在 2% ~3% 较为合适。盐析时若控制溶液 pH 在蛋白质的等电点，则盐析效果最好。各种蛋白质分子的颗粒大小、亲水程度不同，盐析所需的盐浓度也不一样，因此，通过调节盐浓度可以使混合溶液中的几种蛋白质分段析出，这种方法称为**分段盐析**（sub-salting out）。例如饱和硫酸铵可以使血清中的清蛋白、球蛋白都沉淀出来，但当盐析沉淀球蛋白时，只需 50% 饱和度的硫酸铵即可，而要沉淀清蛋白，还需继续增加硫酸铵的浓度，所以可用分段盐析的方法将球蛋白和清蛋白依次沉淀分离。

相反，在蛋白质水溶液中，加入少量的中性盐，如硫酸铵、硫酸钠、氯化钠等，会增加蛋白质分子表面的电荷，增强蛋白质分子与水分子的作用，从而使蛋白质在水溶液中的溶解度增大（图 3 - 34），这种现象称为**盐溶**（salting in）。

2. 有机溶剂沉淀法

有机溶剂沉淀法是根据库仑定律的原理进行的。库仑定律指出，带电质点之间的作用力分别与电荷的乘积成正比，与距离的平方和介电常数成反比。蛋白质在等电点附近时，其分子以偶极离子形式存在，如果此时加入介电常数较低的有机溶剂，会使溶液的介电常数也变小，增加了偶极离子间的静电引力，从而使分子聚集沉淀。同时，有机溶剂也会破坏蛋白质表面的水化层，使蛋白质分子脱水沉淀。在对生物大分子核酸进行提取的过程中，也常常通过加入有机溶剂的方法，使蛋白质脱去水化层，从溶液中沉降出来，从而达到与核酸分子分离的目的。

乙醇、甲醇、丙酮等有机溶剂可与水混合，对水的亲和力很大，因此能破坏蛋白质颗粒的水化膜，使蛋白质沉淀。如将溶液的 pH 控制在蛋白质的等电点，再加入这些有机溶剂可以加速沉淀反应。在常温下，有机溶剂沉淀蛋白质往往引起变性，例如乙醇消毒灭菌。但若在低温条件下，则变性进行得较缓慢，可分离制备各种蛋白质，如分离各种血浆蛋白。

3. 重金属盐沉淀法

🔍 科学史话 3－13

汞中毒与水俣病

当溶液 pH 大于等电点时，蛋白质颗粒带负电荷，这样就容易与重金属离子（Pb^{2+}、Cu^{2+}、Ag^+ 等）形成不溶性盐而沉淀。通常用这种方法沉淀的蛋白质是变性的，但如控制温度，并控制重金属离子浓度，则可用于分离制备不变性的蛋白质。

临床上对误食了重金属盐的病人进行救治时，可以让病人大量服用牛奶或豆浆等，通过这些物质中的蛋白质来结合重金属离子，再通过催吐的方式，排出体外进行解毒。

4. 生物碱试剂以及某些酸类沉淀蛋白质

蛋白质可与生物碱沉淀试剂（如苦味酸、磷钨酸、鞣酸）以及某些酸（如三氯醋酸、过氯酸、硝酸）结合成不溶性的盐沉淀。其原理在于当 pH 小于等电点时，蛋白质带正电荷，酸根负离子易与带正电荷的蛋白质结合成盐。

在临床中进行血液化学分析时，常利用此原理除去血液中的蛋白质，此类沉淀反应也可用于检验尿中的蛋白质。

5. 加热凝固

加热凝固是指将接近等电点附近的蛋白质溶液加热，使蛋白质发生凝固而沉淀。其过程首先是加热使蛋白质变性，有规则的肽链结构被打开呈松散状不规则的结构，分子的不对称性增加，疏水基团暴露，进而凝聚成凝胶状的蛋白块。几乎所有的蛋白质都可因加热变性而凝固。少量盐可促进蛋白质加热凝固。当蛋白质处于等电点时，加热凝固最完全、最迅速。我国很早使用的制豆腐方法，就是将大豆蛋白质的浓溶液加热并点入少量盐卤（含 $MgCl_2$），这是成功地应用加热沉淀蛋白的例子。再如鸡蛋煮熟后，本来流动的蛋清、蛋黄都变成固体状态，是蛋白质凝固作用应用于食品加工的典型例子。

四、蛋白质的变性和复性

1. 蛋白质变性的概念

蛋白质变性（protein denaturation）是指通过某些物理或化学因素的作用，使蛋白质天然的空间构象破坏，引起蛋白质生物学活性丧失，若干理化性质的改变。变性后的蛋白质称为**变性蛋白**（denatured protein）。蛋白质变性作用的实质是维持蛋白质分子高级结构的次级键和二硫键被破坏，引起天然构象解体，但维持主链的共价键——肽键并未被打断，即一级结构保持完好。

2. 蛋白质变性的诱因与结果

几乎所有的蛋白质都可以通过加热作用而发生变性，但不同的蛋白质对变性因素的敏感程度不同。能使蛋白质变性的因素很多，可分为化学因素和物理因素两大类。化学因素有强酸、强碱、尿素、胍、去污剂、重金属盐、三氯醋酸、磷钨酸、苦味酸、浓乙醇等；物理因素有加热（70～100 ℃）、剧烈振荡或搅拌、紫外线及 X 射线照射、超声波等。

蛋白质变性后，常常会有如下表现：

① 生物学活性丧失　蛋白质的生物活性是指蛋白质所具有的酶、激素、抗原与抗体等活性。由于空间结构和蛋白质的生物学功能密切相关，空间结构的轻微改变就可以导致蛋白质生物学功能的丧失，如酶的催化活性丧失，抗体失去识别或结合抗原的能力等。生物学活性的丧失是蛋白质变性的主要特征。

② 某些侧链基团暴露出来　蛋白质变性时，有些原来在分子内部包藏而不易与化学试剂起反应的侧链基团，由于结构的伸展松散而暴露出来。疏水基团的暴露，可能导致蛋白质容易从溶液中析出。

③ 一些理化性质改变　蛋白质变性后，疏水基外露，溶解度降低，一般在等电点区域不溶解，分子相互凝集形成沉淀。另外，变性后蛋白质溶液的黏度增大，扩散系数变小，结晶能力丧失，光学性质改变。

④ 生物化学性质的改变　蛋白质变性后，分子结构伸展松散，对蛋白水解酶的敏感性增大。

3. 蛋白质变性的机制

目前认为蛋白质的变性作用主要是由于蛋白质分子内部的结构发生改变引起的。天然蛋白质分子，通过内部的氢键等次级键使整个分子具有紧密结构。变性后，氢键等次级键被破坏，蛋白质分子就从原来有秩序的卷曲紧密结构变为无秩序的松散伸展状结构，也就是二、三级以上的高级结构发生改变或破坏，但一级结构没有破坏。所以变性后的蛋白质在结构上虽有改变，但组成成分和相对分子质量不变。变性后蛋白质的溶解度降低是由于其高级结构受到破坏，使分子表面结构发生变化，亲水基团相对减少，原来藏在分子内部的疏水基团大量暴露在分子表面，使蛋白质颗粒不能与水相溶而失去水膜，很容易引起分子间相互碰撞发生聚集沉淀，或者随着二、三级结构的破坏，发生解离或聚合现象。变性的蛋白质易于发生沉淀，但是沉淀的蛋白质并不一定都是变性的蛋白质。总之，在变性过程中蛋白质的高级结构遭到破坏，而蛋白质的一级结构依然保留。

4. 蛋白质的复性

蛋白质的变性并非是不可逆的变化，当变性程度较轻时，如去除变性因素，有的蛋白质仍能恢复或部分恢复其原来的构象及功能，这就是蛋白质的**复性**（renaturation）。

对于蛋白质的复性机制，主要有两种假说：一种认为，肽链中的局部肽段先形成一些构象单元，

🌐学习与探究 3 –5

蛋白质的变性与复性

如 α 螺旋、β 折叠、β 转角等二级结构，然后再由二级结构单元进行组合、排列，形成蛋白质的三级结构；另一种假说认为，蛋白质在复性时，先由肽链内部的疏水相互作用导致一个塌陷过程，然后经过逐步调整，形成不同层次的结构。虽然是两种不同的假说，但大多数学者认为复性过程有一个"熔球态"的中间态。在这种状态下，二级结构基本形成，空间结构也初具规模。此后，立体结构再进行局部调整，形成具有天然活性的结构。复性过程中，分子内的疏水相互作用促进蛋白质正确折叠，而部分折叠肽链间的相互作用驱使蛋白质聚集，两种作用相互竞争。因此可见，在复性过程中，促进分子内的疏水作用以利于折叠，抑制肽链间的疏水相互作用以防止聚集。

蛋白质的复性是一个复杂的过程，需要去除变性因素，甚至需要寻求其他因素来协助蛋白质的正确折叠。有些相对分子质量较小的蛋白质，在体外可进行可逆的变性和复性，如还原变性的牛胰核糖核酸酶，在不需其他任何物质的帮助下，仅通过去除变性剂和还原剂，就可使其恢复天然结构，这种在体外即可进行的复性被称为"自组装学说"。但是并非所有的蛋白质都如此，体内蛋白质的折叠往往需要有其他辅助因子的参与，并伴随有 ATP 的水解，被称为蛋白质折叠的"辅助性组装学说"。这表明蛋白质的折叠不仅仅是一个热力学的过程，显然也受到动力学的控制。在人体内，蛋白质的错误折叠会产生一些疾病，如老年痴呆症、帕金森病、癌症、肺气肿等。

蛋白质复性的传统方法有稀释、透析、超滤等，但这些方法都具有一定的局限性。稀释法操作简便，应用较广，但变性的蛋白质被稀释进入复性缓冲液时，必须严格控制在较低的浓度，以防止蛋白质聚集。这就不可避免地扩大了反应体积，耗费大量的时间和缓冲液，要求巨型的反应容器和大量的复性缓冲液，使后续工作较为繁琐。透析总会引起蛋白质附着在透析袋上造成损失，也会耗费较长的时间。

目前，有一些新的方法被用于解决上述困难。如利用分子伴侣辅助蛋白质复性，利用**液相层析**（liquid phase chromatography，LC）诱导蛋白质复性和**尺寸排阻层析**（size exclusion chromatography，SEC）辅助蛋白质复性等。

💡知识拓展 3-13

蛋白质复性技术进展

📋 **拾 零**

蛋白质折叠与"构象病"

越来越多的研究表明，一些疾病是由于蛋白质的错误折叠，干扰了其正确运输，形成对细胞有毒性作用的聚积物而造成的，这类由于组织中特定蛋白质空间构象改变引起的疾病称为构象病。目前发现的构象病有朊蛋白构象变化引起的疯牛病、克雅氏病、格斯特曼综合征、致死性家族嗜睡症、库鲁病等疾病，与淀粉样蛋白纤维沉淀相关的阿尔茨海默病等退行性神经系统疾病和抑丝酶家族构象异常引起的血栓病、肝受损等疾病。尽管引起这些疾病的细节还不清楚，但已发现，这几种构象病的发生都是在不明原因的作用下，相关蛋白质分子结构中的螺旋结构向 β 片层结构发生了转变。因此近年来人们尝试通过 β 片层阻断肽、分子伴侣等方法抑制或逆转功能蛋白质病理构象形成，希望对构象病进行防治。

五、蛋白质的颜色反应

蛋白质的**颜色反应**（colour reaction）是指利用蛋白质的结构或利用肽键，以及酚基等特殊氨基酸残基的特性，使其与一些试剂发生反应而生成有色物质。

蛋白质由氨基酸组成，氨基酸的一些颜色反应蛋白质往往也都具有，但氨基酸与氨基酸通过肽键形成蛋白质后就会出现氨基酸所没有的一些颜色反应，主要是双缩脲反应，是蛋白质常用的定量分析方法。

包含肽键基团的化合物如双缩脲 NH_2—CO—NH—CO—NH_2 能与硫酸铜 – 氢氧化钠溶液产生双缩脲反应，生成紫红色或蓝紫色的复合物。肽和蛋白质包含肽键，肽键与双缩脲的部分结构类似，所以可以发生双缩脲反应。单个氨基酸没有此反应，利用这个反应可以借助分光光度计在 540 nm 处来测定蛋白质的含量。双缩脲反应的反应式如下所示：

$$2H_2N-\overset{\overset{\displaystyle O}{\|}}{C}-NH_2 \xrightarrow{132\ ℃} H_2N-\overset{\overset{\displaystyle O}{\|}}{C}-\overset{\overset{\displaystyle H}{|}}{N}-\overset{\overset{\displaystyle O}{\|}}{C}-NH_2 + NH_3\uparrow$$

尿素　　　　　　　　　　双缩脲

$$双缩脲 \xrightarrow{CuSO_4 + NaOH} 紫红色物质$$

第六节　蛋白质及氨基酸的分离与分析

对蛋白质进行结构、功能的研究和改造是当前生物化学研究领域中的重要内容，为了对一个新的蛋白质有更加清晰的认识，首先要获得蛋白质或氨基酸的纯品，因此分离纯化和分析蛋白质或氨基酸的方法是研究蛋白质的关键技术。本节以蛋白质和氨基酸的理化特性为基础，探讨它们的分离和分析方法。

一、蛋白质分离纯化的一般过程

蛋白质在分离纯化前以复杂的混合物形式存在，混合物中可能既含有各种蛋白质，又含有核酸、多糖、脂质、有机小分子和无机离子等多种多样的杂质。分离纯化的目的是将目标蛋白从复杂的混合物中分离出来，或者通过简单的操作除去一部分杂质，其直接指标是目标蛋白纯度或活性的增加，即增加单位质量蛋白质中目标蛋白的含量（%）或生物学活性（U/mg 蛋白质）。

蛋白质的分离纯化过程大致可分为材料的预处理及细胞破碎、蛋白质的抽提、蛋白质粗制品的获得、样品的进一步纯化和脱盐、浓缩、结晶等（图 3 – 35）。

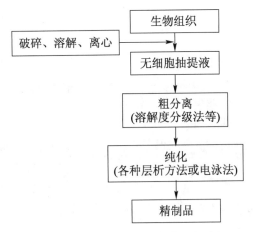

图 3 – 35　蛋白质分离纯化的一般流程

1. 材料的预处理及细胞破碎

一般蛋白质在原料中的含量较低，组成复杂，各种杂质都会对产物的分离纯化产生影响，因此在分离纯化蛋白质之前常常需要对原材料进行预处理。预处理的主要目的是去除原材料中的部分可溶性杂质，分离含有蛋白质的细胞。如果原材料是发酵液，需改变原料液的物理性质，加快菌体细胞的沉降速度，为蛋白质的提取和纯化做准备。

分离提纯某一种蛋白质时，首先要把蛋白质从组织或细胞中释放出来并保持原来的天然状态，避免其丧失活性。所以要采用适当的方法将组织和细胞破碎。常用的破碎方法有：机械破碎法、化学破碎法、酶促降解法等（表 3 – 5）。由于机械破碎法处理量大、破碎速度快和不带入任何化学物质，是

知识拓展 3 – 14

去污剂破碎细胞

最常用的细胞破碎方法。

2. 蛋白质的抽提

选择适当的缓冲液把蛋白质提取出来,即为蛋白质的抽提。抽提所用缓冲液的 pH、离子强度、组成成分等条件的选择应根据欲制备蛋白质的性质而定。如膜蛋白的抽提,所用缓冲液中一般要加入表面活性剂(十二烷基硫酸钠、Triton X-100 等),使膜结构破坏,利于蛋白质与膜分离。在抽提过程中,应注意选择合适的温度条件,避免剧烈搅拌等,以防止蛋白质的变性。

表 3-5 细胞破碎的常见方法及适用范围

方法	原理	举例
机械破碎法		
研磨	剪切力破碎细胞	肌肉、植物组织、微生物细胞
手动匀浆器	迫使细胞撕开细胞膜	肝组织
韦林氏捣碎机	切削作用和剪切作用	植物组织和动物组织
压榨机(French press)	高压下的剪切作用	细菌和植物细胞
Manton-Gaulin 匀浆器	高压下的剪切作用	细胞悬浮液
超声波作用	剪切力和空化作用	微生物细胞悬浮液
化学破碎法	部分化学试剂溶解细胞壁	甲苯抽提酵母
酶促降解法	消化细胞壁等外层结构	溶菌酶处理细菌

3. 蛋白质粗制品的获得

选用适当的方法将所要的蛋白质与其他杂蛋白分离开来,首先获得蛋白质粗制品。比较方便有效的方法是根据蛋白质溶解度的差异进行分离。一般采用的方法有:等电点沉淀法、盐析法、有机溶剂沉淀法。这些方法的特点是简便、处理量大、既能除去大量杂质,又能浓缩蛋白质溶液。

4. 样品的进一步纯化

上述方法获得的蛋白质粗制品中一般会含有其他蛋白质杂质,须进一步分离提纯才能得到有一定纯度的样品。常用的纯化方法有:色谱法(凝胶过滤、离子交换、亲和等),电泳法和超离心法等。有时还需要这几种方法联合使用才能得到较高纯度的蛋白质样品。

5. 蛋白质的脱盐、浓缩、结晶与保存

蛋白质经上述方法分离纯化后,产品在保存之前常常还需脱盐、浓缩和结晶等工序。脱盐处理主要是除去样品中残留的盐类及一些小分子等物质,因此可以使用透析法、超滤法和凝胶过滤法。透析法是一种最简便易行的方法,只需玻璃纸或透析袋即可完成,但需要时间较长。超滤法可以使透析时间大为缩短,对浓缩蛋白质也十分有效。凝胶过滤法常用 Sephadex G-25 或 Bio-gel P30 柱进行层析,此种方法操作较复杂,且实验条件要求较高。

在浓缩蛋白质时,可根据蛋白质的不同性质,选用不同方法。除了上述介绍的超滤法外,也可以选用常见的蒸发浓缩法,如薄膜蒸发浓缩、减压加温蒸发。冰冻法也是蛋白质浓缩的一种有效方法。冰冻时,水分子结成冰,盐类及蛋白质分子不进入冰内而留在液相中。操作时先将要浓缩的溶液冷却使之变成固体,然后缓慢的融解,利用溶剂与溶质融解点的差别而达到除去大部分溶剂的目的。

当蛋白质纯化到一定纯度,就可以进行蛋白质的结晶。但结晶样品不一定均为纯品,如有时蛋白质第一次结晶的纯度就低于 50%,这时需要重结晶。结晶后的样品可稳定地贮存,也可作为蛋白质 X 射线衍射分析的材料。蛋白质能否结晶主要决定于它的本性,但还必须具备三个主要条件,即蛋白质的纯度、浓度和溶剂的性质,其中纯度和浓度是决定因素。对于大多数蛋白质来说,纯度需要达到 50% 以上才能结晶,浓度在 10~50 g/L 为佳。

为了稳定蛋白质或符合产品要求，制得的蛋白质样品可通过真空干燥、冷冻干燥、喷雾干燥等方法干燥。在保存时必须根据蛋白质的不同特性，采用不同措施，以防止变性或降解。对于液态蛋白质溶液，常常在 $-5℃ \sim -10℃$ 甚至在 $-20℃$ 保存，根据蛋白质本身特性，或在稳定 pH 下保存、或在高浓度或保护剂下保存。由于各种蛋白质的耐热性不同，并非温度越低，稳定性越好。某些蛋白质经冻融后，活性反而增加。对于固态蛋白质，主要以干粉或结晶形式保存，其抗热性较强，是长期保存蛋白质的最好办法。

二、蛋白质与氨基酸的常用纯化方法

1. 蛋白质的常用纯化方法

不同种类的蛋白质之所以能得以分离，是由于组成它们的氨基酸种类、序列及空间结构的差异，引起它们的物理、化学以及生物学性质的不同。组成蛋白质主链的氨基酸残基可以带有不同的电荷、具有不同的极性和亲水性；同时，肽链的折叠可以形成包括 α 螺旋、β 折叠、β 转角组成的二级结构，进而形成大小、形状、表面电荷分布不同的三级结构。因此，蛋白质分子的大小、形状、所带电荷以及电荷分布，蛋白质的等电点、疏水性、溶解度以及蛋白质与不同配体的结合能力等，均可以作为不同蛋白质的分离依据。

（1）根据分子大小的不同进行纯化

蛋白质分子的大小各不相同，其相对分子质量的范围在 6 000 到 100 000 或更大。由多亚基组成的寡聚蛋白质，其相对分子质量还会更大。根据相对分子质量不同，可以进行蛋白质分离的方法包括透析、超滤、离心和凝胶过滤等。

① 透析法 **透析法**（dialysis）是利用蛋白质的分子比较大，不能透过半透膜的特点，实现的蛋白质与小分子物质分离的方法。由于半透膜膜孔大小不同，可以对不同大小的分子进行选择性的透过和截留。在透析过程中，大分子的蛋白质由于不能通过半透膜（透析袋）而留在膜内，小分子的物质可以自由通过半透膜，直至膜内外达到动态平衡。如果想要将小分子物质去除得比较干净，就需要对透析液进行多次替换。

在透析过程中，为了维持蛋白质的稳定性，透析液应该选用具有一定 pH 的缓冲液，同时透析应在低温下进行，一般选用 4℃。为了使透析的效率提高，还需要在透析的过程中进行搅拌，图 3 - 36 为典型的透析装置图。

② 超滤法 利用一定的压力使样品通过半透膜，这时小分子和水组成的溶质可以被滤过，而大分子的蛋白质则留在膜内，这种方法称为**超滤法**（ultrafiltration），亦称**微滤法**（micro filtration）（图 3 - 37）。超滤膜的孔径不同，截留分子大小也不同。超滤时的压力可通过离心的方式获得，改变离心条件可以提供不同压力，以适应不同膜的承受能力。超滤法常被用于蛋白质的浓缩和酶的粗分离。

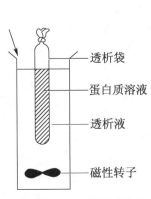

图 3 - 36 透析装置示意图

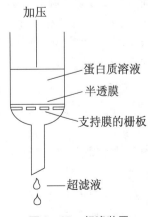

图 3 - 37 超滤装置

③ 离心法 离心分离是利用离心惯性力的作用分离非均相混合物的方法。由于悬浮液中颗粒的沉降速率不仅取决于颗粒本身的性质，而且也取决于悬浮颗粒介质以及作用在颗粒上的力，因此常采用密度梯度离心法对蛋白质进行分离。**密度梯度离心法**（density gradient centrifugation method）是在离心管中通过某种介质来提供一个密度梯度环境，然后加入待分离的物质，通过离心的方法达到分离的目的。在离心操作中，料液中的各组分在密度梯度中以不同的速度沉降，根据各组分沉降系

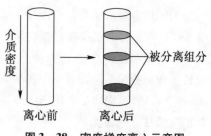

图 3-38 密度梯度离心示意图

数的差异，形成各自的区带。密度梯度离心法有速率区带离心法和等密度梯度离心法，前者是将小量悬液放在一平缓的密度梯度液上，用此梯度液来稳定颗粒的沉降，离心开始后，各种颗粒将按它们在介质中的相对速度不同而各自分开形成一系列区带，常常以蔗糖、甘油等为密度梯度介质；后者是将要分离的颗粒悬液放在密度梯度液上，通过离心，颗粒或者上浮或者下沉，当分离物的密度和介质的密度相等时，分离物就不再上移或下移，而是停留在与其密度相同的区域里，从而达到分离的目的（图 3-38），这种方法常以 CsCl、KBr 等为密度梯度介质。

④ 凝胶过滤法 **凝胶过滤色谱**（gel filtration chromatography）也称为**分子筛色谱**（molecular sieve chromatography），是通过一定的载体来实现的，载体的孔径不同，分离的分子大小范围也不相同。其分离过程是基于蛋白质在自由流动溶剂和存在于多孔凝胶中的固定溶剂间的分配。大于凝胶孔径的分子由于不能进入胶粒内部而在颗粒外移动，快速通过层析柱，在洗脱缓冲液的带动下首先被洗脱。而小分子可以进入胶粒内部的空隙中，因此移动较慢。经过一定长度的层析柱和时间后，不同的分子会根据从大到小的顺序被依次洗脱流出，达到分离纯化的目的（图 3-39）。

学习与探究 3-6
凝胶过滤色谱

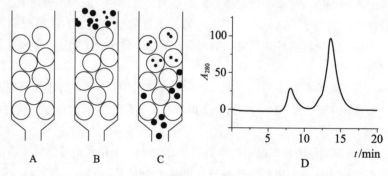

图 3-39 凝胶过滤色谱分离蛋白质

A. 装好的凝胶过滤色谱柱；B. 蛋白质混合液上样；C. 不同大小的蛋白质分子通过色谱柱；D. 蛋白质出峰图

凝胶过滤介质的坚硬程度、耐压程度决定了它是否可以获得高流速和是否可以进行大规模操作。凝胶介质的分离范围较大，可以分离相对分子质量从小于 $1\,000 \times 10^3$ 到大于 $10^7 \times 10^3$ 的蛋白质。常用的凝胶介质有葡聚糖凝胶、琼脂糖凝胶和聚丙烯酰胺凝胶等。如 Sephadex G-25 为葡聚糖凝胶，G-25 表示 1 g 凝胶能够吸水 2.5 mL，数字越大，孔径越大，吸水量越高，更适合于较大分子的分离；Sepharose 6B 为琼脂糖凝胶，6B 表示琼脂糖含量为 6%。

利用凝胶过滤色谱，除了可以进行混合物的分离外，还能测定样品的相对分子质量。具体方法是：先用已知相对分子质量的蛋白质混合标准品进行层析，根据洗脱峰的位置，量出各种蛋白质的洗脱体积。然后用相对分子质量的对数（$\lg M_r$）为纵坐标，以洗脱体

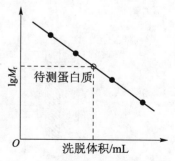

图 3-40 洗脱体积与蛋白质相对分子质量的关系

积为横坐标，作出相对分子质量与洗脱体积之间的标准曲线（图3-40）。将未知蛋白上柱，在相同条件下洗脱，量出洗脱峰出现时所需的洗脱体积，然后可以从标准曲线中查出其相对分子质量。

（2）利用溶解度的差别进行纯化

蛋白质分子是两性电解质，溶液的pH、溶剂的极性、盐离子浓度以及沉淀剂都会影响到蛋白质的稳定性，从而影响蛋白质在溶剂中的溶解度。在不同的pH、极性或盐离子环境中，蛋白质的溶解度会发生改变，调节上述各种条件，使蛋白质溶解度最小，此时蛋白质会沉淀析出，达到纯化的目的。

① 改变溶液的pH 如前面所述，当溶液的pH与蛋白质的等电点相同时，蛋白质分子呈现电中性，分子间无斥力，分子易于积聚和沉淀，此时蛋白质的溶解度是最小的，这种使蛋白质沉淀的方法称为**等电点沉淀**（isoelectric precipitation）。由于不同的蛋白质具有不同的等电点，利用这一特性，可以通过改变溶液的pH，使要分离的蛋白质沉降出来，这些蛋白质仍然能够保持天然的生物学活性，该方法可以应用于蛋白质的粗分离。

② 改变溶液的离子浓度 盐离子浓度对蛋白质溶解度的影响随盐离子浓度的不同而不同。低浓度的盐溶液有利于增加溶液中蛋白质的溶解度，这是前面介绍过的盐溶现象；而高的盐离子浓度可以使蛋白质从溶液中聚集沉淀出来，就是盐析现象。由于不同蛋白质分子发生盐析所要求的盐离子浓度不同，因此可以通过加入不同浓度的盐来分离不同的蛋白质分子。在实际应用中，硫酸铵分级沉淀法是一种行之有效的蛋白质粗分离方法。

③ 改变溶剂的极性 与水混溶的有机溶剂能减少水和蛋白质间的作用力，使蛋白质脱水；有机溶剂的加入能降低溶液的介电常数，使蛋白质分子间的作用力增强，蛋白质分子易于聚集沉淀。

（3）利用电荷的不同进行纯化

① 电泳 电泳（electrophoresis）是溶液中带电粒子（离子）在电场中移动的现象。利用带电粒子在电场中移动速度不同而使目标分子分离的技术称为电泳技术。在一定的pH溶液中，蛋白质可能含有阳离子或阴离子基团，在电场中，它们可以分别向阴极或阳极迁移，其方向取决于它们带电的性质和数量。由于电泳过程常常会对蛋白质的结构和功能产生影响，所以这种方法一般作为蛋白质分析的手段，而不用于大量纯化蛋白质。通过电泳后染色的条带，可以对混合物中各种蛋白质的数量和纯度进行初步估算。根据条带的位置和与标准相对分子质量蛋白质进行比较，还能粗略估计蛋白质的相对分子质量。

蛋白质电泳通常使用的支持物是聚丙烯酰胺凝胶，蛋白质在电场中的移动距离与蛋白质的荷质比有关，同时也受蛋白质形状的影响，其移动距离是其大小和形状的函数。根据电泳时是否使用变性剂，可分为非变性聚丙烯酰胺凝胶电泳和十二烷基苯磺酸钠聚丙烯酰胺凝胶电泳。在使用**十二烷基硫酸钠的聚丙烯酰胺凝胶电泳**（sodium dodecyl sulfate-polyacrylamide gel electrophoresis，SDS-PAGE）中，去污剂SDS能结合大多数的蛋白质，大约每2个氨基酸残基结合1分子的SDS。因为SDS提供了大量的负电荷，使蛋白质自身所带的电荷可以忽略，结合了SDS的蛋白质大多形成了基本相似的形状。因此，十二烷基硫酸钠聚丙烯酰胺凝胶电泳可以完全依据蛋白质的相对分子质量，来对蛋白质进行分离。图3-41为SDS-PAGE电泳的简单示意图。

💿 学习与探究3-7
SDS-PAGE操作介绍

等电聚焦（isoelectric focusing，IEF）电泳技术是在具有pH梯度的介质中进行的电泳。在等电聚焦时，蛋白质分子在含有载体两性电解质形成的一个连续而稳定的线性pH梯度中进行电泳。使用不同的两性电解质，可以形成不同的pH范围，如：pH 3~10、4~6、5~7、6~8、7~9、8~10等，能够适应于大多数蛋白质的等电点范围。在等电聚焦电泳中，正极是酸性的，负极是碱性的，这样在正负极之间就形成了一个在一定范围内的pH梯度，置于正负极之间的蛋白质分子，如果所处位置的pH大于它的pI，那么分子带负电，电泳过程中蛋白质分子向阳极移动；如果所处位置的pH小于它的pI，那么分子带正电，电泳过程中蛋白质分子向阴极移动。当所处位置的pH等于它的pI时，那么

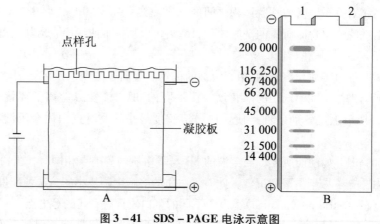

图 3 –41　SDS – PAGE 电泳示意图

A. SDS – PAGE 电泳装置简单图解；

B. SDS – PAGE 凝胶电泳图，其中 1 为蛋白质相对分子质量标准，2 为待测蛋白质条带

分子不带电，蛋白质分子停止移动。不同等电点的蛋白质分子在等电聚焦电泳结束后，会分别聚集于其等电点的位置，这样不同的蛋白质分子就得以分离。蛋白质在等电聚焦电泳中所处的位置与分子的大小和形状无关，只与电泳场中的 pH 梯度和蛋白质本身的等电点有关。

　　将等电聚焦和 SDS – PAGE 结合使得到另外一种高分辨率的电泳——双向电泳。电泳时第一向使用等电聚焦，第二向使用 SDS – PAGE，蛋白质先后通过电荷和分子大小的差异进行分离，分辨率提高。双向电泳是当今蛋白质组学研究的重要技术。

　　② 离子交换色谱　离子交换色谱（ion exchange chromatography，IEC）是一种用离子交换剂作为支持剂的层析方法。其分离原理是在一定离子强度和 pH 等条件下，由于样品中目标纯化分子和杂质分子与吸附剂之间的吸附与解吸能力不同，达到分离纯化目标分子的目的。离子交换色谱法一般需经过加样、吸附、洗涤、洗脱和凝胶再生几个环节（图 3 – 42）。

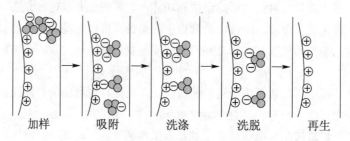

加样　　　吸附　　　洗涤　　　洗脱　　　再生

图 3 – 42　离子交换色谱原理

　　离子交换剂为人工合成的多聚物，是由基质、荷电基团构成，在水中呈不溶解状态。常用的基质主要有凝胶、纤维素、树脂等。离子交换基质上带有许多可解离基团，根据这些基团所带电荷的不同，分为阳离子交换剂和阴离子交换剂。

　　当蛋白质处于不同的 pH 条件下，其带电状况也不同。阳离子交换树脂含有的酸性基团如 – SO_3H（强酸型）或 – COOH（弱酸型），可解离出 H^+，当溶液中含有其他阳离子时，例如在酸性环境中的蛋白质，它们可以和 H^+ 发生交换而"结合"在树脂上。同样，阴离子交换树脂含有的碱性基团如：– $N(CH_3)_3OH$（强碱型）或 – NH_3OH（弱碱型）可解离出 OH^-，它们可以和溶液里的阴离子（如碱性环境中蛋白质）发生交换而"结合"在树脂上（图 3 – 43）。这样蛋白质被留在柱子上，然后通过提高洗脱液中的盐浓度等措施，将吸附在柱子上的蛋白质洗脱下来。结合较弱的蛋白质首先被洗脱下来。结合的蛋白质可以通过逐步增加洗脱液中的盐浓度或是提高洗脱液的 pH 洗脱下来。

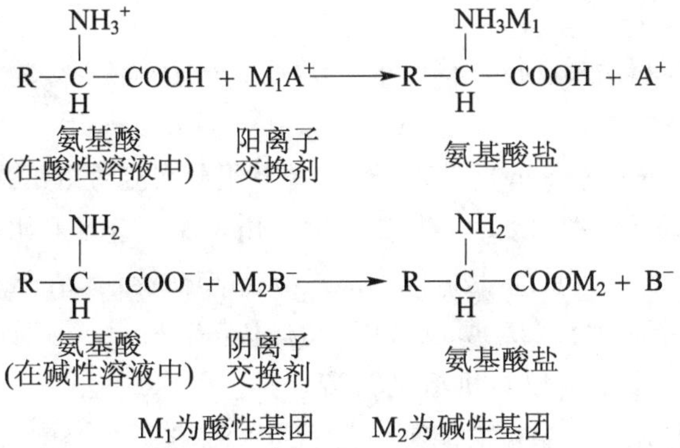

$$
\begin{array}{c}
\overset{\displaystyle NH_3^+}{\underset{\displaystyle H}{R-C-COOH}} + M_1A^+ \longrightarrow \overset{\displaystyle NH_3M_1}{\underset{\displaystyle H}{R-C-COOH}} + A^+
\end{array}
$$

氨基酸　　　　阳离子　　　　　　氨基酸盐
(在酸性溶液中)　交换剂

$$
\begin{array}{c}
\overset{\displaystyle NH_2}{\underset{\displaystyle H}{R-C-COO^-}} + M_2B^- \longrightarrow \overset{\displaystyle NH_2}{\underset{\displaystyle H}{R-C-COOM_2}} + B^-
\end{array}
$$

氨基酸　　　　阴离子　　　　　　氨基酸盐
(在碱性溶液中)　交换剂

M_1为酸性基团　　　M_2为碱性基团

图 3 – 43　蛋白质或氨基酸离子交换层析的反应式

（4）利用对配体的特异亲和力进行纯化

亲和色谱（affinity chromatography）是利用共价连接有特异配体的层析介质，分离蛋白质混合物中与配体特异结合的目的蛋白或其他分子的层析技术，是从复杂混合物中纯化蛋白质的最好方法。亲和色谱以蛋白质和配体之间的特异性亲和力作为分离的基础，因而具有高度的选择性，其纯化程度有时可以达到千倍以上，是一种非常有效的蛋白质分离纯化方法，在纯化的同时具有浓缩的效果。

亲和色谱的固定相主要是结构疏松的亲水载体，使用最广泛的是琼脂糖、交联葡聚糖、纤维素以及聚丙烯酰胺等。这些载体具有可以与特异性配基进行偶联反应的基团，不会和蛋白类物质发生专一性吸附，同时具有耐受操作 pH、离子强度等条件快速变化的特点。

亲和色谱中蛋白质与配体之间的结合类型主要有：酶的活性中心或别构中心通过次级键与专一性底物、辅酶、激活剂或抑制剂结合；抗原与抗体、激素与受体、生物素与抗生物素蛋白/链霉抗生物素蛋白、糖蛋白与凝集素等的结合。这些蛋白质与配体之间能够可逆地结合和解离，因而可依此进行蛋白质的分离和纯化（图 3 – 44）。

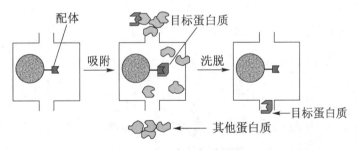

图 3 – 44　亲和色谱原理

学习与探究 3 – 9

亲和色谱

另外，Cu^{2+}、Ni^{2+}、Zn^{2+}、Co^{2+} 等过渡金属离子可与 N、S 和 O 等供电原子产生配位键，因此可与蛋白质表面组氨酸的咪唑基、半胱氨酸的巯基和色氨酸的吲哚基发生亲和结合作用，其中以组氨酸的咪唑基结合作用最强。过渡金属离子与咪唑基的结合强弱顺序是 $Cu^{2+} > Ni^{2+} > Zn^{2+} \geqslant Co^{2+}$。过渡金属离子可通过与亚胺二乙酸或三羧甲基乙二胺形成螯合金属盐，固定在固定相粒子表面，用做亲和吸附蛋白质的配基。这种利用金属离子为配基的亲和色谱一般称为**金属螯合色谱**（metalchelate chromatography）或**固定化金属离子亲和色谱**（immobilized metal affinity chromatography，IMAC）。

亲和色谱操作过程与其他层析技术相似。首先需要制备有效的亲和介质，然后将亲和介质装入层析柱进行亲和层析。其具体过程为：装柱、平衡、蛋白质混合物的制备、上样（吸附）、洗去杂蛋白、特异性蛋白质的洗脱等。其中洗脱是整个层析过程中最为重要的环节。最常用的洗脱方法有改变 pH、温度、离子强度或溶剂等非专一性洗脱方法和采用抑制剂、底物类似物、竞争性洗脱等专一性洗脱方法。

2. 氨基酸的常用纯化方法

氨基酸的分离常使用层析法来进行。

（1）纸层析

纸层析（filter paper chromatography）是利用混合物各组分在流动相和固定相两种不同溶剂中分配系数的差异进行分离的。纸层析以滤纸为惰性支持物。由于滤纸纤维和水有较强的亲和力，能吸收22%左右的水，而且其中6%~7%的水是以氢键形式与纤维素的羟基结合，在一般条件下较难脱去，而滤纸纤维与有机溶剂的亲和力甚弱，所以纸层析的固定相是被滤纸纤维吸附的结合水。纸层析以有机溶剂为流动相，也称为层析液，在毛细拉力的作用下，层析液能不断由下向上流动。层析时，混合氨基酸在水和有机相之间不断进行分配，使它们分布在滤纸的不同位置，从而使物质得到分离和提纯，最后用茚三酮显色。

层析操作时，首先在一个密闭的容器内，将氨基酸的混合物点在滤纸的一个角上，把这个点称为**原点**（origin）。然后，让混合物在溶剂系统内进行展层。

氨基酸在滤纸上移动的速度称为**比移值**（R_f value）或**迁移率**（mobility），以符号 R_f 代表。R_f 也就是原点到层析斑点（即显色点）中心的距离（D_A）与原点到溶剂前沿的距离（D_S）的比值（图 3–45）。

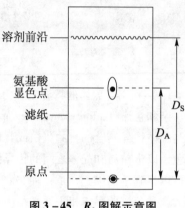

图 3–45 R_f 图解示意图

$$R_f = D_A/D_S$$

同一氨基酸对一定溶剂系统的 R_f 值是常数，因而可通过测定 R_f 值来鉴别氨基酸。不同的氨基酸在展层后，由于不同的分配系数（R_f）而彼此分开，并分布于滤纸的不同区域。

当混合物中含有的氨基酸种类较少并且彼此 R_f 相差较大时，通过一个溶剂系统的展层，样品即可得到分离。但是当混合物中含有的氨基酸种类较多时，需要在第一次展层后将滤纸烘干，旋转 90° 后用第二个溶剂系统进行展层。最后通过茚三酮显色可以得到一个双向纸层析图谱（图 3–46）。

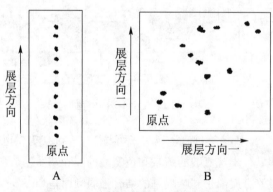

图 3–46 氨基酸的纸层析图谱示意图
图中黑点代表不同的氨基酸

（2）薄层层析

薄层层析（thin-layer chromatography，TLC）的基本原理是利用混合物各组分在某一物质中的吸附性能、溶解性能（即分配）或者其他亲和作用性能的差异，使混合物溶液中的各种物质，进行反复的吸附或者分配等作用，从而将各种组分分开。因此根据分离的原理不同，薄层层析可以分为吸附薄层层析和分配薄层层析两类。薄层层析中以吸附薄层为多用，吸附薄层中常用的吸附剂为氧化铝和硅胶。

薄层层析法中，固定相是涂在玻璃板上的支持剂，将支持剂涂布在玻璃板上形成均匀的薄层，然后将要分析的样品滴在薄层的一端，在密闭的容器中进行展层，最后进行鉴定和定量测定。薄层层析的流动相是流动的混合物溶液。

薄层层析法分离氨基酸的常用步骤为制板、点样、展开和显色。铺制薄层板时，可用干法或湿法铺制。目前常用湿法制板，即将吸附剂和黏合剂按一定比例混合，加入适量水调匀，用涂布器将此匀浆缓慢地移过基底板，放置晾干，再经适当烘烤活化后即可使用。如不加黏合剂和水，直接将吸附剂均匀地铺成薄层，则为干法制板。展开方法有上行法、下行法、平行展开和径向展开多种方式，以上行法最为常用。上行法是将薄层板垂直或倾斜放置，将展开溶剂加于底部，使之自下向上移动（图 3 –47）。展开一次后取出薄层板使溶剂挥发，再用同一溶剂或换用其他溶剂再次沿此方向展开的方法称多次展开。将样品点在方形薄层板的一角，先沿着一个方向展开，然后将板转动 90°，再沿着另一方向展开的为双向展开。

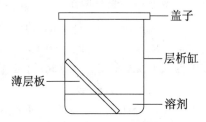

图 3 –47　薄层层析的上行法展开

虽然薄层层析的原理与纸层析基本相同，但相比之下，由于薄层层析可快速获得结果，同时需要样品量少、且可回收分离产物，因此得到了较为广泛的应用，成为近十几年发展起来的一种微量而快速的层析法。

（3）离子交换色谱

与蛋白质相似，不同的氨基酸具有不同的带电性质，与离子交换剂的亲和能力不同，因此也可以用离子交换色谱分离氨基酸。常用于氨基酸分离的离子交换剂是树脂。树脂是带有酸性或碱性基团的不溶性高分子化合物（图 3 –48），如人工合成的聚苯乙烯酸等。带有正电荷的树脂称之为阴离子交换树脂；而带有负电荷的称之为阳离子树脂。它们分别和不同带电性质的离子基团发生离子交换。

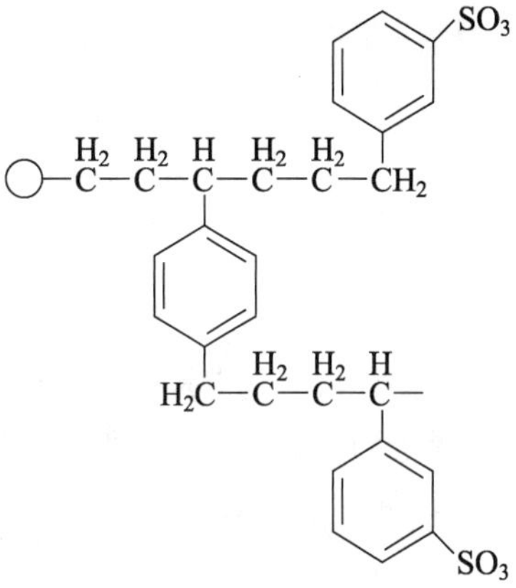

氨基酸在树脂上结合的牢固程度即氨基酸与树脂的亲和力，主要决定于它们之间的静电引力和氨基酸侧链与树脂基质之间的疏水相互作用。如在 pH 3 左右，氨基酸与阳离子交换树脂之间静电引力的大小次序是：碱性氨基酸（R^{2+}）大于中性氨基酸（R^+），后者又大于酸性氨基酸（R^0）。因此，氨基酸的洗脱顺序大体上是酸性氨基酸、中性氨基酸和碱性氨基酸。为了

图 3 –48　磺酸型阳离子交换
树脂的部分结构

使氨基酸从树脂上洗脱下来，需要降低它们之间的亲和力，有效的方法是逐步提高洗脱剂的 pH 和盐浓度（离子强度），这样，各种氨基酸将以不同的速度被洗脱下来，从而得到了分离。

三、蛋白质的定量检测

蛋白质的定量分析对蛋白质的分离纯化以及结构与功能的研究十分必要，同时这些方法也经常应用在临床检验、食品工业与营养卫生检测等方面。

1. 凯氏定氮法

凯氏定氮法（Kjeldahl method）于 1883 年由丹麦化学家 J. Kjedahl 建立，后来经过了改良使其更加符合蛋白质定量检测的要求。该方法的理论基础是蛋白质中的含氮量通常占其总含量的 16% 左右，因此，通过测定样品中的含氮量，就可以估算出其中的总蛋白质含量。

该方法需假设测定物质中的氮全部来自于蛋白质，其具体操作方法是将蛋白质样品用浓硫酸消化，

产生硫酸铵，硫酸铵中的铵离子与NaOH反应转换为NH_3，然后用硼酸溶液进行吸收，最后由标准盐酸滴定定量。该方法灵敏度较低，能够测定的氮含量范围是$0.2 \sim 1.0$ mg，且费时较长，需$8 \sim 10$ h，且不能区分蛋白氮和非蛋白氮。

2. 紫外－分光光度计法

蛋白质中含有酪氨酸、色氨酸、苯丙氨酸等芳香族氨基酸，这些氨基酸的苯环中含有共轭双键，使蛋白质溶液在$275 \sim 280$ nm处有一紫外吸收高峰，在一定的浓度范围内，蛋白质在280 nm的光吸收值与其浓度呈正比，可依此进行蛋白质含量的测定。

紫外吸收法简便、灵敏、快速，不消耗样品，测定后仍能回收使用。低浓度的盐，例如盐析过程中的$(NH_4)_2SO_4$等和大多数缓冲液不干扰测定，因此该法特别适用于层析洗脱液的快速连续检测。

但此法测定蛋白质含量的准确度较差，干扰物质多，在用标准曲线法测定蛋白质含量时，对那些与标准蛋白质中酪氨酸和色氨酸含量差异大的蛋白质，有一定的误差，故该法适于用测定与标准蛋白质氨基酸组成相似的蛋白质。若样品中含有嘌呤、嘧啶及核酸等吸收紫外光的物质，则会出现较大的干扰，通常用280 nm及260 nm下的光吸收差大概计算蛋白质的浓度：

$$蛋白质浓度\ mg/mL = 1.45A_{280} - 0.74A_{260}$$

3. 双缩脲法（Biuret法）

肽和蛋白质包含肽键，肽键与双缩脲的部分结构类似，可以发生双缩脲反应。单个氨基酸没有此反应。540 nm处测定的吸光值与蛋白质的含量在一定范围内呈线性关系。显色反应与肽键数呈正比，而与蛋白质的种类、相对分子质量、氨基酸组成无明显关系。双缩脲反应的反应式如下所示：

$$2H_2N-\overset{\overset{O}{\|}}{C}-NH_2 \xrightarrow{132℃} H_2N-\overset{\overset{O}{\|}}{C}-\overset{H}{N}-\overset{\overset{O}{\|}}{C}-NH_2 + NH_3 \uparrow$$
尿素 　　　　　　　　双缩脲

$$双缩脲 \xrightarrow{CuSO_4 + NaOH} 紫红色物质$$

双缩脲法的测定范围为$1 \sim 10$ mg蛋白质。干扰这一测定的物质主要有硫酸铵、Tris缓冲液和某些氨基酸等。此法的优点是快速，不同的蛋白质产生颜色的深浅相近，以及干扰物质少。主要的缺点是灵敏度差。因此双缩脲法常用于需要快速，但并不需要十分精确的蛋白质测定。

4. Folin－酚试剂法（Lowry法）

该方法于1951年由O. H. Lowry建立，是双缩脲法的进一步发展。

Folin－酚试剂法包括两个反应，第一个反应使用的试剂酒石酸钾钠－铜盐溶液相当于双缩脲试剂，它可以和蛋白质中的肽键发生颜色反应；第二个反应使用的试剂（磷钼酸和磷钨酸、硫酸、溴等组成成分）在碱性条件下极不稳定，易被酚类化合物还原而呈现蓝色。因此，该方法是通过肽链或极性侧链形成铜络合物的较慢反应，以及芳香族氨基酸残基的迅速反应，把磷钼酸、磷钨酸发色团还原为暗蓝色，其颜色深浅和蛋白质含量在一定范围内呈线性关系。

Folin－酚试剂法比双缩脲法的灵敏度提高了许多倍，可检测的最低蛋白质量达5 μg/mL，测定范围是$5 \sim 100$ μg/mL。缺点是花时间较长，要精确控制操作时间，标准曲线也不是严格的直线形式，且专一性较差，干扰物质较多。对双缩脲反应发生干扰的离子，同样容易干扰Lowry反应。而且对后者的影响还要大得多。酚类、柠檬酸、硫酸铵、Tris缓冲液、甘氨酸、糖类、甘油等均有干扰作用。浓度较低的尿素（0.5%），硫酸钠（1%），硝酸钠（1%），三氯乙酸（0.5%），乙醇（5%），乙醚（5%），丙酮（0.5%）等溶液对显色无影响，但这些物质浓度高时，必须作校正曲线。对于芳香族氨基酸含量大的蛋白质，测定的误差就会增加。

5. 考马斯亮蓝G－250染色法（Bradford法）

该方法于1976年由M. Bradford建立，根据蛋白质与染料相结合的原理设计而成。研究认为，染料主要是与蛋白质中的碱性氨基酸（特别是精氨酸）和芳香族氨基酸残基相结合。考马斯亮蓝 G-250 具有红色和蓝色两种色调，在酸性溶液中，以游离态存在时呈现棕红色，与蛋白质通过疏水相互作用结合后，变为蓝色，此时可见光谱中的最大吸收值从 465 nm 转移到 595 nm 处。蛋白质和色素的结合十分迅速，约在 2 min 左右达到平衡，在室温 1 h 以内基本稳定，在低于 1 mg/mL 的范围内，蛋白质的含量与 595 nm 处的光吸收值呈正比。

　　Bradford 法突出的优点是：①灵敏度高，据估计比 Lowry 法约高四倍。这是因为蛋白质与染料结合后产生的颜色变化很大，蛋白质-染料复合物有更高的消光系数。②测定快速、简便，只需加一种试剂。③干扰物质少，如干扰 Lowry 法的 Tris 缓冲液、糖类、甘油、巯基乙醇、EDTA 等均不干扰此测定法。此法的缺点是：①由于各种蛋白质中的精氨酸和芳香族氨基酸的含量不同，因此 Bradford 法用于不同蛋白质测定时有较大的偏差，在制作标准曲线时通常选用球蛋白为标准蛋白质，以减少偏差。②一些物质也干扰此法的测定，主要有：去污剂、Triton X-100、十二烷基硫酸钠（SDS）和 0.1 mol/L NaOH；标准曲线也有轻微的非线性，只能用标准曲线来测定未知蛋白质的浓度。

知识拓展 3-15

Bradford 法测定蛋白质浓度

6. 二喹啉甲酸法

　　二喹啉甲酸法（bicinchoninic acid，BCA 法）　4，4'-二羧-2，2'-二喹啉是对一价铜离子敏感、稳定和高特异性活性的试剂，在碱性溶液中，蛋白质将二价铜离子还原成一价铜离子，一价铜离子与测定试剂中的 BCA 形成一个在 562 nm 处具有最大光吸收的紫色复合物，该复合物的光吸收强度与蛋白质浓度呈正比。

　　该法的优点是准确灵敏，试剂稳定性好，测定蛋白质的浓度范围是 10 ~ 2 000 μg/mL，微量 BCA 法的测定范围是 0.5 ~ 10 μg/mL。另外抗干扰能力也强，如去污剂、尿素等对此反应均无影响。

四、蛋白质的纯度分析

　　蛋白质经过分离纯化后是否已经得到纯品，需要进行纯度的鉴定。而确定一个蛋白质样品的纯度往往会受到多种因素的限制，通常杂质蛋白的含量是很低的，当它低于所用分析方法的检测极限时，就很难从蛋白质样品中检测出来。正因为如此，在检测蛋白质纯度时应采用多种不同的方法检测，从不同的角度来证实样品是纯的。常用的蛋白质纯度检测方法有物理化学法和分析化学法。物理化学法包括溶解度分析、电泳、超离心沉降、液相色谱等；而分析化学法则包括免疫学活性和生物活性的检测。对样品的纯度要求越高，应该采用的检测方法种类越多。

　　下面主要介绍几种常用的方法。

1. 溶解度分析

　　利用溶解度曲线分析可以确定蛋白质是否单一，因为纯的蛋白质在一定的溶剂系统中具有恒定的溶解度。在严格规定的条件下，以加入的固体蛋白质对溶解的蛋白质作图。纯蛋白质的溶解度曲线只呈现一个折点，折点前的直线斜率为 1，折点后的斜率为 0，而不纯的蛋白质的溶解度曲线常常呈现 2 个或者 2 个以上的折点（图 3-49）。

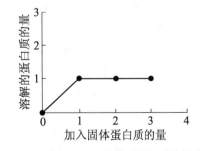

图 3-49　溶解度分析法检测蛋白质的纯度

2. 电泳法

　　电泳方法常被用来检测蛋白质是否单一。但"电泳法"只是一个相对的概念，因为在不同支持物上，电泳分离的效果并不相同。在纸电泳中呈现一条区带的样本，在聚丙烯酰胺凝胶上电泳时，可能分成数条区带；但聚丙烯酰胺凝胶电泳图谱上呈现一条带，只能说明蛋白质样品的荷质比是均一的；如结合等电聚集电泳则可以进一步提高分辩力，很容易检出微量杂蛋白质的混存。纯的蛋白质在等电聚焦电泳的图谱上应呈现单一条带。

3. 超离心沉降法

均一相对分子质量的蛋白质其沉淀速度是一致的，因此离心后在溶剂中形成一条明显的分界线。若为两种相对分子质量不同的蛋白质混合时，则形成两条分界线。

4. 免疫学方法

蛋白质往往具有抗原性，用琼脂免疫扩散或免疫电泳法，蛋白质（抗原）与抗血清（抗体）之间可产生沉淀线。

5. 分光光度法

蛋白质的最大吸收峰在 280 mm，核酸在 260 mm，若两者比值为 1.75 以上，表示为基本是纯蛋白质（$A_{280}/A_{260} = 1.8$）。该方法是用来检测蛋白质制品中有无核酸混存的方法。

6. 化学分析法

应用化学分析法测定纯化的蛋白质试样中的某种成分的比值，可以判断蛋白质的纯度。免疫化学法是鉴定蛋白质纯度的有效方法，它根据抗原与抗体反应的特异性，可用已知抗体检查抗原或已知抗原检查抗体。常用的方法有免疫扩散、免疫电泳、双向免疫电泳和放射免疫分析等。特别是**放射免疫分析**（radioimmunological analysis，RIA），它是一种超微量的特异分析方法，灵敏度很高，可达 ng ~ pg 水平。1971 年建立的**酶联免疫吸附测定法**（enzyme linked immunosorbent assay，ELISA）以无害的酶作为标记物代替同位素，灵敏度近似于 RIA，是一种有发展前途的分析技术。

此外，色谱法、酶活测定、蛋白质的末端分析也可用于蛋白质的纯度测定。

第七节　蛋白质组学与生物信息学简介

一、蛋白质组学

细胞中大多数生理功能直接通过蛋白质来完成，而蛋白质是由基因编码产生的。在不同的条件下，同一个细胞中的蛋白质数量、种类和结构均可发生变化，并且对于任何单一的蛋白质，在体内是无法完成生物学过程的。因而，检测一个细胞或一种材料在一个特定条件下含有的所有蛋白质，进而了解它们的功能，这就是蛋白质组学，目前已成为生物技术领域新的研究热点。

蛋白质组学的研究目标可分为两个层次。一个层次是研究产生特定蛋白质的原因，以找到应对的策略，人为地控制蛋白质的表达，称为表达蛋白质组；另一层次是阐明已得到蛋白质的功能，称为功能蛋白质组。详细来讲，蛋白质组学的研究内容可以分为两方面，其一是研究蛋白质与蛋白质间的相互作用，目前主要集中在揭示已经分离得到的蛋白质之间的关系；其二是研究蛋白质与其他分子的相互作用，这是由于蛋白质在行使功能时，常常会和其他分子相互作用。

不同的蛋白质分子具有不同的特性，因此对蛋白质的研究比对核酸的研究要复杂得多，也面临着更多的困难。由于基因的拼接和翻译后的修饰，导致蛋白质的数量要远远大于基因的数量，再加上蛋白质随时间、空间的变化而进行动态的表达，更增加了对蛋白质研究的难度。蛋白质研究手段的日益发展，推进了对蛋白质组学的研究。**双向电泳技术**（two-dimensional electrophoresis）、**计算机图像分析**（computerized image analysis）、**大规模数据处理技术**（enormous data processing technology）、**质谱技术**（mass spectrometry）被称为蛋白质组学研究的四大支撑技术。

蛋白质组学研究的基本过程是：从细胞、体液或组织中提取蛋白质，经双向电泳技术分离后得到蛋白质的表达图谱；采用计算机图像分析技术可以对图谱上的蛋白质点进行定位、定量、图谱比较、差异点寻找；然后采取两种方法进行蛋白质的鉴定，一是采用蛋白质转膜法进行氨基酸组成和序列分析，再进行数据库搜索比较；二是利用质谱技术进行蛋白质鉴定；最后需要利用生物学或者生物化学方法进行功能的研究和验证。具体研究技术路线见图 3 – 50。

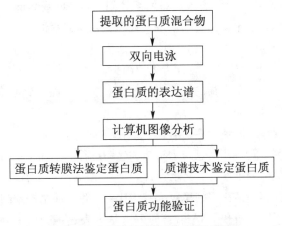

图 3 – 50　蛋白质组学研究的技术路线

可见，蛋白质组学是对一个基因组所编码的全部蛋白质及其相互作用的研究。例如，人类基因组含有 28 000 ~ 40 000 个编码基因，其表达的蛋白质可能达到十几万种。因此大多数蛋白质组学的研究就始于蛋白质混合物。如何实现对组织、细胞中所含有的成千上万个蛋白质进行有效的分离，是蛋白质组学研究首先要解决的问题。

蛋白质组研究技术已被应用到生命科学的各个领域，如细胞生物学、神经生物学等。在研究对象上，覆盖了原核微生物、真核微生物、植物和动物等范围，涉及各种重要的生物学现象，如信号转导、细胞分化、蛋白质折叠等。在应用研究方面，蛋白质组学将成为寻找疾病分子标记和药物靶标的最有效的方法之一。在对癌症、早老性痴呆等人类重大疾病的临床诊断和治疗方面，蛋白质组技术也有十分诱人的前景，目前国际上许多大型药物公司正投入大量的人力和物力进行蛋白质组学方面的应用性研究。在未来的发展中，蛋白质组学的研究领域将更加广泛。

📋 拾 零

"人类蛋白质组计划"简介

"人类蛋白质组计划"是继人类历史上三大有影响的"曼哈顿原子弹计划"、"阿波罗登月计划"和"人类基因组计划"之后，全球共同实施的又一重大科研计划。"人类蛋白质组计划"的目标是花费约 10 年时间将人体所有蛋白质归类并描绘出它们的特性，并揭示这些蛋白质在细胞中所处的位置以及它们存在的相互作用。2001 年国际人类蛋白质组组织宣告成立。按照该组织前主席 J. Bergeron 等的设想，这一计划将以 3 种实验方式进行：一是用质谱分析法鉴别组织样本中的蛋白质及其数量；二是生产针对每种蛋白质的抗体并用这些抗体确定蛋白质在组织和细胞中的位置；三是系统地确定每一种蛋白质与其他哪些蛋白质存在相互作用。

"人类肝脏蛋白质组计划"（HLPP）和"人类血浆蛋白质组计划"（HPPP）两大项目首先实施，其中HLPP 由中国的贺福初院士领导执行，有 16 个国家和地区的 80 多个实验室报名参加，是我国科学家第一次领导执行重大国际科技协作计划，承担了所有计划中 30% 的工作量。2007 年我国科学家表示，他们已经成功测定出 6 788 个高可信度的中国成人肝蛋白质，构建了国际上第一个系统的人类器官蛋白质组"蓝图"；发现了包含 1 000 余个"蛋白质–蛋白质"相互作用的网络图；建立了 2 000 余株蛋白质抗体，有望用一种与电脑连接的生物芯片，通过验血的方式，准确找出各类肝炎及肝癌致病原因及有效的治疗方法。

蛋白质组学虽然问世时间很短，但已经在研究细胞的增殖、分化、异常转化、肿瘤形成等方面有了很大发展，蛋白质组学在对癌症、早老性痴呆等人类重大疾病的临床诊断和治疗方面有着十分诱人的前景。

二、蛋白质生物信息学

生物信息学（bioinformatics）是随着**人类基因组计划**（human genome project，HGP）发展起来的一门新兴的交叉学科。它包含了生物信息的获取、处理、存储、发布和解释等方面的内容，它综合运用数学、计算机科学和生物学等各种工具，阐明和理解大量数据所包含的生物学意义。

生物信息学是以基因组 DNA 序列信息分析作为源头，找到基因组序列中代表蛋白质和 RNA 基因的编码区，同时阐明基因组中大量存在的非编码区的信息实质，破译隐藏在 DNA 序列中的遗传语言规律，并且归纳、整理与基因组遗传信息释放及其调控相关的转录谱和蛋白质谱的数据，从而认识代谢、发育、分化、进化的规律。另外，生物信息学还利用基因组中编码区的信息进行蛋白质空间结构的模拟和蛋白质功能的预测，并将此信息与生物体和生命过程的生理生化信息相结合，阐明其分子机制，最终进行蛋白质、核酸的分子设计、药物设计和个性化医疗保健的设计。

蛋白质生物信息学的内容包括：序列比对、结构比对、蛋白质结构预测、计算机辅助的基因编码区和非编码区识别、非编码区分析和 DNA 语言研究、基因表达谱分析、分子进化和比较基因组学、基于结构的药物设计、生物信息处理并行算法的研究、代谢网络分析、基因芯片设计和蛋白质组学数据分析等。

三、蛋白质的分子模拟

分子模拟（molecular simulation）技术属于广义的生物信息学范畴，但偏重于蛋白质的结构相关研究。蛋白质的复杂结构决定其生物学功能。然而，利用现有实验方法实时检测蛋白质的微观结构依然存在诸多困难。分子模拟技术则是随着计算机技术发展的新兴研究手段，用计算机建立原子水平的分子模型来模拟分子体系的结构与行为，进而计算分析获得分子体系的各种物理与化学性质。分子模拟便于测量，可以清晰、直观的描述微观过程，同时通过数学统计又能方便地获得体系的宏观性质，易于操作且分析全面，已发展成为与实验研究并行互补的基本研究方法，广泛应用于蛋白质的相关研究。

1. 概述

分子模拟的基本步骤包括：模型构建，模拟方法和软件选取，进行模拟，结果整理和分析。其中，模型构建是分子模拟可靠性的关键因素，模拟方法涉及分子模拟的详细实施过程。

模型构建的原则是尽可能反映目标体系的真实物理化学属性。实际体系模型构建主要包括两个方面：几何模型构建和势能设定，分别表征对实际分子空间方位和相互作用的数学描述。几何模型构建包括模型组成粒子的三维空间坐标及其连接关系。势能设定包括模型组成粒子间相互作用关系及其参数，通过势能设定可计算体系能量及各粒子所受作用力。通常根据实际情况对微观相互作用力进行简化以进行势能设定，包括以下几个部分：键伸缩能，构成分子的各个化学键在键轴方向上的伸缩运动所引起的能量变化；键角弯曲能，键角变化引起的分子能量变化；二面角扭曲能，单键旋转引起分子骨架扭曲所产生的能量变化；非键相互作用，包括范德华力、静电相互作用等。

模型构建的正确性直接关系到模拟结果的准确性。足够精细的模型可准确描述实际体系和过程。但限于现有计算能力有限，且对原子水平相互作用的认识尚不完善，现有的模型都对实际体系有一定简化，区别只在于简化程度的不同。蛋白质的模型构建中，依据其简化程度，可分为无结构模型、晶格模型、粗粒化模型和全原子模型。简化程度越大，其计算量需求越小，但对微观信息的考察全面性相对越低。全原子模型简化程度最小，对实际蛋白质的空间分布不做任何简化，每一个原子用一个粒子表示，其位置由真实原子位置确定，通常通过晶体 X 射线衍射、核磁共振或者低温冷冻电镜实验所得蛋白质结构数据获得。在势能函数设定上，考察键伸缩能、键角弯曲能、二面角扭曲能和非键相互作用等项目，且粒子种类不做简化，按实际原子属性确定。因而，全原子模型中势能函数设定相对繁琐和复杂，研究者将其搜集整理为力场供后续研究选用。目前，已发表多种适用于蛋白质体系的全原子力场函数，如 AMBER、CHARMM 和 GROMOS 力场。与晶格模型和粗粒化模型相比，全原子模型最贴近真实体系，其计算结果最准确，但其计算量也最大。粗粒化模型对实际体系进行一定简化，既能表征蛋白质的高级结构，也极大降低计算量，因而也得到广泛的应用。

2. 模拟方法和软件

分子模拟是根据设定规则，跟踪分子体系从一种状态（通常为非平衡态）过渡到另一种状态（通常为平衡态）的计算过程，根据其转换方式的不同，可分为**蒙特卡洛**（Monte Carlo，MC）模拟和**分子动力学**（molecular dynamics，MD）模拟。MC 模拟的构象转换是基于体系能量降低的途径，以达到体系平衡状态。MD 模拟则是基于粒子受力运动的途径，通过求解牛顿运动方程，沿受力平衡的途径找出体系平衡状态，并研究体系性质随时间的变化。二者的主要区别在于构象转换途径的不同。根据分子模拟的计算流程，研究者可以自编程序进行计算，常用编程语言有 C 和 FORTRAN 语言等。同时，研究者也开发出各种分子模拟程序包以方便使用。在蛋白质相关分子模拟研究中，常用程序有 Gromacs、NAMD、AMBER、CHARMM 和 Insight Ⅱ 等。

3. 应用实例

分子模拟技术已在生物分离领域尤其是色谱的相关研究中取得广泛应用。生物分离是现代生物技术产业的重要环节。重组蛋白质药物生产过程中，目标蛋白质的分离纯化成本往往占整个生产过程成本的 50% ~ 80%。在各种分离纯化方法中，色谱（见本章第六节）具有分离效率高、适用性广、过程易于自动化和放大的特点，已成为蛋白质分离纯化的核心技术。色谱是利用混合物中不同组分在固定相和流动相中的分配不同以获得分离的方法。也就是说，色谱提供固定相和流动相两相，不同的物质在两相之间的分配不同，因而随流动相运动速度不同，在固定相上相互分离。因此，固定相和流动相界面上蛋白质的分配行为，即蛋白质的色谱界面过程，是色谱分离的关键。然而，通过实验方法难于实时检测色谱界面过程。因此，通过分子模拟技术研究蛋白质色谱界面过程具有重要意义。研究者已通过构建色谱介质模型，利用分子模拟方法，考察色谱介质表面蛋白质的构象转换及其影响因素，展示实际分离中的吸附和洗脱过程，探讨配基属性（如密度、分子长度、分布）和流动相属性（如盐浓度、pH 值）的影响，探索过程中的关键因素及其作用机制。模拟结果与色谱实验定性符合，更能提供孔道内吸附洗脱过程及蛋白质构象转换的微观图景，有助于配基的理性设计和色谱的操作优化，为蛋白质色谱的理论发展和技术开发奠定基础。

知识拓展 3-16

蛋白质色谱过程的分子模拟

思考与讨论

1. 天然氨基酸在结构上有何特点？氨基酸有哪些性质？哪些性质是与肽、蛋白质共有？
2. 蛋白质有哪些二级结构构象单元？它们的各自特点如何？
3. 简述蛋白质的超二级结构、结构域和三级结构的异同。
4. 蛋白质分离纯化的一般过程如何？蛋白质的哪些性质可作为纯化依据？
5. 如何确定蛋白质的纯度与浓度？主要方法有哪些？
6. 比较蛋白质的一级、二级、三级和四级结构特点及主要维持作用力。

网上更多资源……

◆ 本章小结　◆ 教学课件　◆ 自测题　◆ 教学参考　◆ 生化实战

第四章

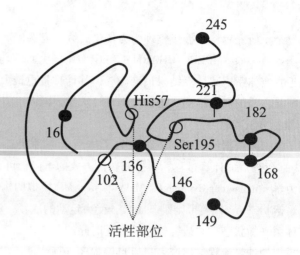

活性部位

酶 化 学

- **酶的概述**
  酶和一般催化剂的比较；酶作为生物催化剂的特性；酶的化学本质

- **酶的命名与分类**
  酶的命名；酶的分类

- **酶的结构与功能**
  酶的活性部位；酶活性的调节控制和调节酶；酶分子的修饰与改造

- **酶的作用机制**
  酶的催化作用与分子活化能；与酶的高效率有关的因素；与酶的专一性有关的假设

- **酶促反应动力学**
  化学动力学；影响酶促反应速率的因素

- **酶的活力测定与分离纯化**
  酶活力的测定；酶的分离纯化

- **酶的应用及其固定化**
  酶在食品工业中的应用；酶在医药工业中的应用；酶在能源、化工和轻工业中的应用；酶的固定化应用

　　哪里有生命活动，哪里就有生物催化剂——酶的活动。酶使生物体内的反应变得容易和迅速，这也是大肠杆菌能在20 min 繁殖一代的力量。

　　然而，酶的本质究竟是什么，它为何具有高效的催化效率，与一般催化剂有何不同？

学习指南

　　1. 重点：酶的化学本质、分类、结构特点及改造途径；酶具有高效性与专一性的机制；酶的反应动力学。

　　2. 难点：酶的结构与功能关系，酶活性调节的各种方式；酶的反应动力学。

▶▶ **知识导图**

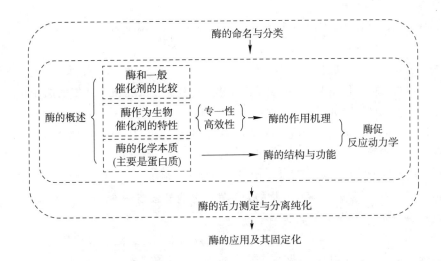

第一节　酶的概述

生物体不断地进行着各种各样的化学反应，这些复杂但有规律的物质与能量变化组成了生命的新陈代谢活动。然而，这些复杂的反应均是在温和的温度和适中的 pH 条件下迅速进行的，与一般化学反应相比非常特殊。究其原因，就在于生物体内的各种化学变化均受一类特殊催化剂的催化，即"酶"。酶在生命活动中起着关键作用，可以说，没有酶就没有生命。

一、酶和一般催化剂的比较

酶（enzyme）是一类由生物活细胞产生的具有催化功能的生物大分子，因此又被称为**生物催化剂**（biocatalyst）。酶参与的化学反应称为**酶促反应**（enzymatic reaction），被其作用发生化学变化的物质称为**底物**（substrate）。

作为生物催化剂，酶和一般催化剂具有相同的特点，即只能催化热力学允许进行的反应，能显著加快化学反应的速率，但不能改变反应的方向和平衡常数，且在反应前后酶本身的量与化学组成不发生变化。1 个酶分子能在 1 min 内催化数百万个底物分子转化为产物，可认为酶在反应过程中并不消耗。但是研究证实，酶是参与反应的，只是在完成一次反应后酶分子立即恢复原状，又参与下次反应，并且酶分子不可能一直保持催化活性。

酶作为特殊的生物催化剂，又与一般催化剂不同。首先，酶均是由生物体合成的，病毒甚至也能合成，如腺病毒、劳氏肉瘤病毒等均含有 RNA 聚合酶、反转录酶等；第二，酶和生命活动密切相关，具有保护、调节、催化代谢等生理作用，如限制性内切核酸酶能选择性地水解外源 DNA，保护机体免受异种生物的侵入；第三，酶具有不稳定性，在高温、高压、强酸、强碱或紫外线等不利物理或化学条件下，容易变性失去催化活性；第四，酶的催化活性在体内可以受到调节控制。细胞内合成的有些新生肽（如一些与消化作用有关的胃蛋白酶、胰凝乳蛋白酶等）以无活性的前体存在，只有生理需要时才变为具有活性的蛋白质或酶。又如，在分娩时由于激素水平的变化，母体可以调节乳糖合酶

🔍 科学史话 4-1
酶的发现

🔬 科技视野 4-1
纳米酶

🔍 科学史话 4-2
酶化学与诺贝尔奖

进行亚基修饰，以提高活性，合成大量乳糖。

二、酶作为生物催化剂的特性

酶作为一种特殊的催化剂，除上述特点外，还有以下更加突出的优点。

1. 专一性

大多数酶只能作用于一种底物或一类结构相似的物质，催化一种或一类反应，这一性质称为酶作用的**专一性**或**特异性**（specificity）。而一般无机催化剂对其作用底物没有严格的选择性，这是酶与其他化学催化剂最主要的区别。如硫酸可对糖、脂肪和蛋白质等多种物质进行水解，而蔗糖酶只能催化蔗糖水解，蛋白酶只能催化蛋白质水解。许多细胞内的酶表现出对底物高度的特异性和选择性。不同酶表现的专一性程度不同，有的酶专一性较低，可以作用于多种底物，例如脂肪酶可以催化脂质的水解或合成。而有些酶的专一性很高，只能作用于一种物质，例如 L − 谷氨酸脱氢酶只能作用于 L − 谷氨酸，而不能作用于 D − 谷氨酸。酶对底物的专一性可分为**底物专一性**（substrate specificity）和**立体异构专一性**（stereo specificity）两种。

学习与探究 4 −1
酶的专一性

① 底物专一性　各种酶对底物结构的专一性要求有所不同。若酶只能作用于一种底物，即只对一定化学键两端带有一定原子基团的化合物发生作用，称为酶的**绝对专一性**（absolute specificity）。例如，已发现的 400 多种限制性内切核酸酶，它们一般各自只能识别 DNA 上 4 ~ 6 个碱基，并进行 DNA 的酶切反应，每一个酶的活性部位接触底物的特定区域具有绝对的专一性。又如脲酶只能催化尿素的分解，而对尿素的衍生物就不起作用；过氧化氢酶只能催化过氧化氢的分解。

$$\underset{\text{尿素}}{H_2N-\overset{\overset{\displaystyle O}{\|}}{C}-NH_2} + H_2O \xrightarrow{\text{脲酶}} \underset{\text{氨}}{2NH_3} + CO_2$$

若酶作用的底物不止一种，则称为酶的**相对专一性**（relative specificity）。如果酶只对作用底物的某一化学键发生作用，而对此化学键两端所连接的化学基团无选择性，即为**键专一性**（bold specificity）。如酯酶水解的酯键，可以是不同有机酸与醇或酚形成的酯键。

$$\underset{\text{酯}}{R-\overset{\overset{\displaystyle O}{\|}}{C}-O-R'} + H_2O \xrightarrow{\text{酯酶}} \underset{\text{有机酸}}{RCOO^-} + \underset{\text{醇}}{R'OH} + H^+$$

如果酶不但要求一定的化学键，而且对此键两端连接的两个原子基团之一也有严格要求，称为**基团专一性**（group specificity）。如胰蛋白酶所作用的肽键，一侧的羧基必须是由碱性氨基酸参与形成；而胰凝乳蛋白酶作用的肽键，一侧的羧基必须是由芳香族氨基酸形成。α − 葡糖苷酶能催化水解由葡萄糖和另一种糖形成的 α − 葡糖苷键，但对形成糖苷键的另外一种糖无严格要求。

综上而言，根据酶对底物结构专一性程度的不同，可将酶的底物专一性分为绝对专一性和相对专一性。而根据酶对底物作用的化学键和化学键两端原子基团的选择性不同，相对专一性又可分为键专一性和基团专一性两种。

② 立体异构专一性　这类酶只对一定异构类型的化合物起作用，而对其对映体无作用。几乎所有的酶对立体异构体都有高度的专一性，分为**旋光异构专一性**（optical specificity）和**几何异构专一性**（geometrical specificity）。

旋光异构专一性是指酶只作用于某一旋光构型，而对其对映体无作用。如大多数的 L − 氨基酸氧化酶只能催化 L − 氨基酸的氧化反应，而对 D − 氨基酸无催化作用，如 L − 精氨酸酶只能催化 L − 精氨酸的分解反应，而对 D − 精氨酸无作用。此类酶可被用于旋光异构化合物的合成或分离纯化。例如，氨基酰化酶在工业上用于对映体 D − 、L − 氨基酸的分离，氨基酰化酶只能作用于 L − 乙酰氨基酸，反应后生成 L − 氨基酸和未反应的 D − 乙酰氨基酸，由于生成的两种物质溶解度差异很大，因此很容易实现分离。

$$CH_3CONH\text{~~~~}\underset{R}{\overset{COOH}{\underset{|}{\overset{|}{C}}}}-H \xrightarrow{\text{氨基酰化酶}} H_2N-\underset{R}{\overset{COOH}{\underset{|}{\overset{|}{C}}}}-H + H-\underset{R}{\overset{COOH}{\underset{|}{\overset{|}{C}}}}-NHCOCH_3$$

　　　　D,L-乙酰氨基酸　　　　　　L-氨基酸　　　　D-乙酰氨基酸

　　几何异构专一性是指当底物具有几何异构体时，酶只能作用于其中的一种，而对另一种无作用。事实上，酶的几何异构专一性比酶的旋光异构专一性更为严格。具有几何异构专一性的酶催化生成的产物中含有不对称碳原子时，只能得到一种对映异构体。生命代谢活动中就含有这种功能的酶，如延胡索酸酶只能催化反丁烯二酸加水生成 L-苹果酸，而不能催化生成 D-苹果酸，也不能催化顺丁烯二酸发生反应。酶的这一特点已被应用于手性化合物的合成与拆分。如 S-萘普生具有抗炎止痛活性，而 R-萘普生效果较差，J. M. Moreno 等利用脂肪酶催化拆分外消旋体萘普生酯的不对称水解反应，得到纯度为 95% 的 S-萘普生。

　　　　　　外消旋体萘普生酯　　　　　　　　　　　　S-萘普生

2. 高效性

　　酶具有极高的催化效率，酶参与的催化反应比非催化反应高 $10^8 \sim 10^{20}$ 倍，比一般催化剂催化的反应高 $10^6 \sim 10^{13}$ 倍（表 4-1），生物体内大多数反应在没有酶的情况下几乎不能进行。与一般化学催化剂用量相比，酶在催化反应中的用量很少，一般为 $10^{-3}\% \sim 10^{-4}\%$，而化学催化剂的用量一般都在 $0.1\% \sim 1\%$ 之间。例如，脲酶水解尿素的反应效率比酸水解尿素高 7×10^{12} 倍左右。而血液中 1 分子的碳酸酐酶可在 1 min 内催化 96 000 万个碳酸分子水解，这样才能维持血液的正常酸碱度并及时完成 CO_2 的排放。据估计，1 g 结晶 α-淀粉酶在 65 ℃ 条件下可以催化 2 000 kg 的淀粉发生水解反应。由此可见，酶具有高效的催化活性，所以在生物细胞内虽然各种酶的含量很少，但却可以催化大量的底物发生反应来维持正常的代谢活动。

表 4-1　天然酶催化效率举例

酶	非催化半衰期	非催化反应速率	催化反应速率	速率提高倍数
OMP 脱羧酶	7 800 万年	2.8×10^{-16}	39	1.4×10^{17}
葡萄球菌核酸酶	13 万年	1.7×10^{-13}	95	5.6×10^{14}
AMP 核蛋白酶	6.9 万年	1.0×10^{-11}	60	6.0×10^{12}
酮类固醇异构酶	7 周	1.7×10^{-7}	66 000	3.9×10^{11}
丙糖磷酸异构酶	1.9 天	4.3×10^{-6}	4 300	1.0×10^9
分支酸变位酶	7.4 小时	2.6×10^{-5}	50	1.9×10^6

3. 作用条件的温和性

　　在可比较的反应中，酶促反应速率相当高，但反应温度可能很低。酶催化的最适条件几乎都是温和的温度及非极端的 pH。酶的一般反应温度在 $20 \sim 40$ ℃，反应 pH 在 $5 \sim 8$。如固氮酶在催化氨的合成时通常都是在室温和中性 pH 下完成的，若在工业上合成，则需在 $700 \sim 900$ K 的温度条件和 $10 \sim 90$ MPa 的压力下才能完成。酶在温和条件下催化反应，可以减少不必要的副反应，克服传统催化反应副反应较多的不足。这也是在 21 世纪随着能源危机和人们环保意识的增强，工业生物催化快速发展的原因之一。

科技视野 4-2

非水介质中的酶促反应

三、酶的化学本质

虽然酶由生物体合成，但它们可以脱离生物体单独存在。从已纯化酶的化学组成和理化性质来看，大多数酶的化学本质是蛋白质。

凡是蛋白质所具有的性质，酶都具有。直接证明酶是蛋白质的依据主要是 1969 年人工合成了牛胰核糖核酸酶，其他依据还有：

① 酶经酸或碱水解后的最终产物为氨基酸，如木瓜蛋白酶由 212 个氨基酸组成。

② 酶和蛋白质一样是两性电解质，在一定 pH 下它们的基团可发生解离，均有其等电点，如胃蛋白酶的等电点为 7.8。

③ 能使蛋白质变性的条件如受热、有机溶剂、蛋白酶等都能使酶变性失活。

④ 酶和蛋白质相同，具有胶体性质，不能透过半透膜。

然而，如果说所有的酶都是蛋白质，则欠恰当。1982 年 T. R. Cech 发现原生动物四膜虫的 26S rRNA 前体具有自我剪接能力，说明该 rRNA 前体是一种 RNA 性质的生物催化剂，后来被称为**核酶**（ribozyme）。

◉ 知识拓展 4–1
核酶的发现

但由于绝大多数酶都具有蛋白质的性质，并以蛋白质为核心成分，所以酶的化学本质是蛋白质的说法仍被接受。

1. 酶的化学组成

除核酶外，酶的化学本质是蛋白质。从化学组成来看，蛋白质有单纯蛋白质和结合蛋白质之分，所以酶也可以分为**单纯酶**（simple enzyme）和**缀合酶**（conjugated enzyme）两大类。单纯酶除了蛋白质外，不含其他物质，如淀粉酶、蛋白酶、纤维素酶等水解酶。缀合酶结构中除了蛋白质外，还结合一些对热稳定的非蛋白小分子物质或金属离子，其中蛋白质部分称为**酶蛋白**（zymoprotein）或**脱辅基酶**（apoenzyme），非蛋白质部分统称为**辅因子**（cofactor）。对于缀合酶来说，脱辅基酶蛋白与辅因子结合而成的完整分子称为**全酶**（holoenzyme），当脱辅基酶蛋白与辅因子单独存在时，均无催化活力，只有二者结合成完整的全酶后才具有活力。即：

$$全酶 = 脱辅基酶蛋白 + 辅因子$$

在生物体内的催化反应中，脱辅基酶蛋白与辅因子究竟有何功能呢？研究发现，酶反应的专一性和高效性取决于脱辅基酶蛋白本身，而辅因子主要作为电子和原子的传递或作为某些基团的载体参与反应，某些金属离子还有"搭桥"的作用，促进催化反应整个过程的进行，决定着酶催化反应的类型和性质。这是因为酶对辅因子具有一定的选择性，酶与一定的辅因子结合形成特异性的酶，即一种脱辅基酶蛋白只能与某一特定的辅因子结合才会有活性，如乙醇脱氢酶只能以 Zn^{2+} 为辅因子。但同一种辅因子可与多种不同的脱辅基酶蛋白结合，选择性较差，从而表现出不同的催化作用，如催化甘油脱水反应的甘油脱水酶和催化二醇或多醇脱水的二醇脱水酶均需要辅酶 B_{12} 作为辅因子，但它们催化不同的底物发生酶促反应。

2. 酶的辅因子

◎ 知识拓展 4–2
马铃薯与辅酶水解

各种酶的辅因子不同。从其化学本质来看，主要有小分子有机化合物和金属离子；根据它们与脱辅基酶蛋白结合的牢固程度分为两种：与脱辅基酶蛋白结合比较松弛，可用透析法除去的小分子有机物被称为**辅酶**（coenzyme），而把与脱辅基酶蛋白结合比较紧密，不易用透析法除去的小分子物质称为**辅基**（prosthetic group）。辅基一般通过共价键与脱辅基酶蛋白结合，通过一定的化学处理才能分开，如常见的细胞色素氧化酶中的铁卟啉、黄素蛋白中的 FAD 等。辅酶与辅基的区别只在于与脱辅基酶蛋白结合的牢固程度，并无严格区别，认为辅基是一种特殊的辅酶。大多数辅酶具有核苷酸结构，很多维生素是辅酶的前体，也有部分含有铁和其他化合物。常见的辅酶见表 4–2。

表 4 – 2 常见辅酶及主要功能

辅酶	缩写	主要组成	主要功能	有关全酶
烟酰胺腺嘌呤二核苷酸	NAD^+	烟酰胺	转移 H 原子、电子	脱氢酶
烟酰胺腺嘌呤二核苷酸磷酸	$NADP^+$	烟酰胺	转移 H 原子、电子	脱氢酶
黄素单核苷酸	FMN	核黄素	转移 H 原子	细胞色素氧化酶
黄素腺嘌呤二核苷酸	FAD	核黄素	转移 H 原子	黄嘌呤氧化酶
辅酶 Q	CoQ_{10}	泛醌	转移 H 原子、电子	脱氢酶
辅酶 A	CoA	泛酸	转移乙酰基	乙酰化酶
四氢叶酸	FH_4	叶酸	转移甲基、甲酰基等一碳化合物	
辅酶 B_{12}	CoB_{12}	钴胺素	分子重排和甲基活化	谷氨酸变位酶
焦磷酸硫胺素	TPP	焦磷酸硫胺素	氧化脱羧和酮基转移	脱羧酶
硫辛酸	L	6，8 – 二硫辛酸	脂酰基的产生和转移	丙酮酸脱氢酶
磷酸吡哆醛	VB_6	吡哆醛	氨基的转移	转氨酶
生物素	VB_7	生物素	羧基转移（CO_2 的传递）	羧化酶

◉ 知识拓展 4 – 3

金属酶

辅酶在参与生物化学反应时会发生化学变化，而且可以再生，辅酶的再生反应可以被不同的酶催化。例如在以 NAD^+ 为辅酶的脱氢酶催化反应时，NAD^+ 被还原为 NADH，但为了连续反应或完成催化循环，辅酶 NADH 必须被氧化成原始状态 NAD^+。

常见的作为辅因子的金属离子有 Zn^{2+}、Mg^{2+}、Ni^{2+}、Mn^{2+} 和 Mo^{2+} 等，如羧肽酶、己糖激酶以 Mg^{2+} 为辅因子，脲酶以 Ni^{2+} 为辅因子，过氧化物歧化酶以 Mn^{2+} 为辅因子，硝酸盐还原酶以 Mo^{2+} 为辅因子。

◉ 知识拓展 4 – 4

辅酶 Q10 的作用

📋 拾 零

抗体酶的发现

1969 年 W. P. Jencks 等提出设想，能与化学反应中过渡态结合的抗体可能具有酶的活性。1986 年，P. G. Schultz 和其同事首次观察到了抗体具有选择性的催化活性，发现了一系列具有各种催化活性的抗体，并且对它们的催化机制有了较全面的认识。与此同时，R. Lerner 研究小组也发现了这个现象。当时将其命名为催化性抗体，后来称为抗体酶。

如今发现的抗体酶可以成功催化所有 6 种酶促反应和数十种类型的常规反应。如酯、肽键、烯醇醚和糖苷键的水解，酰胺的形成和水解、酯交换、内酯化、Claisen 重排反应、Diels-Alder 反应、光分解和聚合、顺反异构化、脱羧、环氧化反应等。

第二节 酶的命名与分类

随着酶学和基因工程的发展，每年都有许多新酶被发现。为避免混乱，尤其是便于比较和研究，需要对已知的酶命名并分类。

一、酶的命名

由于酶的种类繁多，1961 年国际生物化学学会酶学委员会（Enzyme Commission，EC）以酶的催化反应特异性为基础提出了酶的命名原则。依据原则，每种酶可有一个习惯名称和一个系统名称。

1. 习惯命名法

1961年国际酶学委员会提出系统命名法以前，所有发现的酶都以习惯命名法命名。习惯命名法的原则是根据酶所催化的底物、催化性质或者酶的来源等命名，但不需要非常精确反映底物名称和作用方式。如以底物命名的有纤维素酶、蛋白酶、脂肪酶、核酸酶等；以催化性质命名的有转氨酶、脱氢酶、水解酶等。有时把酶催化的底物和性质两者结合起来命名，如乳酸脱氢酶、木质素过氧化物酶等；有时还缀合酶的来源加以命名，如把来源于胃的蛋白酶称为胃蛋白酶，来自于胰腺的则称为胰蛋白酶。

对于催化水解反应的酶，习惯命名法一般均省去反应类型，如水解蔗糖的酶称为蔗糖酶，水解淀粉的称为淀粉酶。习惯命名法没有国际系统命名法严格，易出现一酶多名现象。但因其一般简短，使用方便，现仍被沿用。

2. 国际系统命名法

1961年国际酶学委员会提出的系统命名法要求在为酶命名时，将酶催化的底物、辅酶以及催化反应性质全部表征出来，即系统名称应当标明酶的底物和催化反应的性质。如果一个酶催化两个底物起反应，应在两种底物间以"："将两者分开。如根据反应式：

$$乳酸 + NAD^+ \rightleftharpoons 丙酮酸 + NADH + H^+$$

则乳酸脱氢酶的系统命名为：乳酸：NAD^+氧化还原酶，表示该酶参加催化反应的底物有乳酸和NAD^+，反应类型为氧化还原反应。

可以看出，酶的系统名一般很长，所以最大不足在于繁琐。

二、酶的分类

1. 国际系统分类法原则

知识拓展4-5 核酸类酶的分类与命名

按照国际酶学委员会制定的国际系统分类法，将所有酶促反应按照反应性质的不同分为6大类（表4-3）。在每一大类酶中，根据底物分子中被作用基团或键性质的不同分为若干亚类，每一亚类再分为若干亚亚类。然后再把属于这一亚亚类的酶按顺序排好，这样就把所有的酶分门别类地排成一个表，称为**酶表**（enzyme table）。每个酶在表中的位置可用一个统一的编号表示，这种编号包括4个数字，并在其前冠以EC（国际酶学委员会的缩写）。如乳酸脱氢酶的编号为（EC 1.1.1.27），其编号中：

第一个1，表示该酶属于第1大类，即氧化还原酶类；

第二个1，表示该酶属于氧化还原酶类中的第一亚类，催化醇的氧化；

第三个1，表示该酶属于氧化还原酶类中第一亚类的第一亚亚类；受氢体为NAD^+；

第四个27，表示乳酸脱氢酶在此亚亚类中的顺序号。

表4-3 酶的国际系统分类

分类	名称	反应式	举例
1	氧化还原酶	$AH_2 + B \rightleftharpoons A + BH_2$	硝酸盐还原、乳酸脱氢
2	转移酶	$A-R+B \rightleftharpoons A+B-R$	己糖激酶
3	水解酶	$A-B+H_2O \rightleftharpoons AOH+BH$	淀粉水解
4	裂合酶	$AB \rightleftharpoons A+B$	脱羧酶、脱氨酶
5	异构酶	$A \rightleftharpoons A'$	葡萄糖异构成果糖
6	合成酶	$A+B+ATP \rightleftharpoons A-B+ADP+Pi$	蛋白质、核酸的合成以及
	（连接酶）	或 $A+B+ATP \rightleftharpoons A-B+AMP+PPi$	二氧化碳的固定

2. 六大酶类的特征

① 氧化还原酶类 **氧化还原酶**（oxido-reductases）指能催化底物发生氧化还原反应的酶，主要涉及 H 或 e⁻ 的转移。根据作用供体的不同，又分为 20 个亚类。

在有机反应中，通常把脱氢加氧视为氧化，加氢脱氧视为还原，因此此类酶可分为**脱氢酶**（dehydratase）和**氧化酶**（oxidase）两大类。大部分脱氢酶需要 NADH 或 NADPH 作为氢供体或氢受体来传递氢。如葡糖脱氢酶催化葡萄糖的反应。

葡萄糖　　　　　　　　　　　　　　　　葡糖酸

在氧化酶催化的反应中，从底物分子中脱下来的氢原子，不经传递，直接与氧反应生成水。由氧化酶催化的反应多数是不可逆的，常见的有单加氧酶，该酶可以使氧分子中的一个氧原子加入到底物分子中。

② 转移酶类 **转移酶类**（transferases）指催化底物之间进行某些基团转移或交换的酶类。常见的转移酶有转甲基酶、转氨酶、己糖激酶、酰基转移酶、磷酸化酶等。

多数转移酶是缀合酶，被转移的基团首先与辅酶结合，而后再转移给另一受体。如氨基转移酶的辅酶是磷酸吡哆醛，在转氨过程中，被转移的氨基首先与磷酸吡哆醛结合生成磷酸吡哆胺，然后磷酸吡哆胺再把此氨基转移到另一物质上。由于许多 D - 氨基酸是多种手性药物合成的前体，所以 D - 氨基转移酶是研究较多的转移酶之一。

③ 水解酶类 **水解酶类**（hydrolases）指催化底物发生水解反应的酶类，共有 11 个亚类。常见的有淀粉酶、蛋白酶、脂肪酶、磷酸酶等。

大多数水解酶属于胞外酶，且为单纯酶。水解酶所催化的反应多数是不可逆的，如工业上催化腈类化合物水解时可以使用腈水解酶。

腈　　　　　　　　　　　　　　酸

④ 裂合酶类 **裂合酶类**（lyases）指催化一个底物分解为两个化合物或两个化合物合成为一个化合物的酶类。催化底物分子中 C—C（或 C—O、C—N 等）化学键断裂，例如柠檬酸合酶、醛缩酶、脱氨酶、脱羧酶等。

这类酶催化的反应多数是可逆的。如醛缩酶（aldolases）是糖代谢过程中一个很重要的酶，广泛存在于各种生物细胞内，是一个较为常见的裂合酶，它催化 1，6 - 二磷酸果糖裂解为磷酸甘油醛与磷酸二羟丙酮。再如，存在于三叶草或植物种子等中的醇氰酶能够催化氰化氢与醛或酮通过不对称加成合成氰醇，氰醇是工业有机合成的重要原料之一。

酮或醛　氰化氢　　　　　　　　氰醇

⑤ 异构酶类 **异构酶类**（isomerases）指催化各种同分异构体之间相互转化的酶类。例如，磷酸丙糖异构酶、消旋酶等。常见的异构酶有顺反异构酶（cis-trans isomerases）、差向异构酶（epimerase）、变位酶（mutase）和消旋酶（racemases）。

异构酶催化的反应都是可逆的。糖酵解中的异构酶有磷酸葡糖变位酶、磷酸丙糖异构酶及磷酸甘油酸变位酶。

⑥ 合成酶类　**合成酶类**（synthetases），也称为**连接酶**（ligases），指催化两分子底物合成为一分子化合物，同时还必须偶联有 ATP 的磷酸键断裂的酶类，共有 5 个亚类。酶促反应通式可表示为：

$$A + B + ATP \rightleftharpoons A - B + ADP + Pi$$
$$或 \quad A + B + ATP \rightleftharpoons A - B + AMP + PPi$$

科技视野 4 - 3

第七大酶类

反应式中的 Pi 或 PPi 分别代表无机磷酸与焦磷酸。反应中必须有 ATP（或 GTP 等）参与。常见的合成酶如丙酮酸羧化酶（pyruvate carboxylase）、谷氨酰胺合成酶（glutamine synthetase）、谷胱甘肽合成酶（glutathione synthetase）等。

3. 酶的组成分类

可根据酶的组成成分和酶蛋白的分子特点对酶分类。按照酶的组成成分，可分为单纯酶和缀合酶。根据酶蛋白分子结构的特点，可分为**单体酶**（monomeric enzymes）、**寡聚酶**（oligomeric enzymes）和**多酶复合体**（multienzyme complex）三种类型。

单体酶由仅有一个活性中心的多肽链构成，一般由一条多肽链组成，如核糖核酸酶、溶菌酶等。但有的单体酶是由多条多肽链组成，如胰凝乳蛋白酶由三条肽链组成，链间由二硫键相连构成一个共价整体。这类含几条肽链的单体酶往往是由一条前体肽链经活化断裂而生成。单体酶种类很少，且一般多是催化水解反应的酶，相对分子质量在 13 000 ~ 35 000 之间。常见的单体酶见表 4 - 4。

表 4 - 4　常见的单体酶

酶	组成氨基酸残基数	相对分子质量
核糖核酸酶	124	13 700
溶菌酶	129	14 600
胰凝乳蛋白酶	223	23 800
木瓜蛋白酶	203	23 000
羧肽酶	307	34 600

寡聚酶是由 2 个或多个相同或不相同亚基组成的酶。亚基之间以非共价键结合，用 4 mol/L 以上的尿素溶液或其他方法可以把它们彼此分开。单独的亚基一般无活性，必须相互结合才有活性。相当数量的寡聚酶是调节酶，其活性可受各种形式的调节，对代谢过程起重要的调控作用。糖代谢过程中的很多酶属于寡聚酶，如三羧酸循环中的琥珀酸脱氢酶由 2 个不同的亚基构成，延胡索酸酶由 4 个相同的亚基构成。

科技视野 4 - 4

人工组装多酶复合体

多酶复合体是多种酶靠非共价键相互嵌合，能够催化连续反应的体系。一般在连续反应系列中有 2 ~ 6 个功能相关的酶，连续反应体系中前一反应的产物为后一反应的底物，反应依次连接，构成一个代谢途径或代谢途径的一部分。多酶复合体的相对分子质量很高，例如脂肪酸合酶复合体相对分子质量为 22 万，丙酮酸脱氢酶复合体的相对分子质量为 46 万。由于这一系列反应是在一高度有序的多酶复合体内进行，从而提高了酶的催化效率，同时有利于机体对酶的调控。

此外，酶的分类还有其他方法。如根据酶合成后分布的位置，可将其分为**胞内酶**（intracellular enzyme）和**胞外酶**（extracellular enzyme）；根据酶在代谢过程中所处的地位、含量和活性情况，将其分为**恒态酶**（static enzyme）和**调节酶**（regulative enzyme）等。

第三节 酶的结构与功能

酶之所以不同于一般蛋白质，具有催化功能和催化时的专一性、高效性，是由于酶的分子结构具有特殊性。酶的分子结构决定了酶的催化活性，是酶催化功能的物质基础。酶的催化活性不仅决定于酶蛋白的一级结构，在一定程度上与其高级结构的关系更加紧密。

酶的分子结构如何，其中哪些氨基酸残基是催化活性所必需的？这些氨基酸残基与酶的活性部位有何关系，与酶的催化功能又如何联系起来？这是本节所要论述的问题。

一、酶的活性部位

1. 必需基团和活性部位

酶分子中含有各种功能基团，如—OH、—COOH、—NH₂、—SH 等，但并不是所有基团均参与酶活性的发挥，而只有酶蛋白特定部位的若干功能基团才与催化作用有关。酶的**必需基团**（essential group）是指存在于酶蛋白中一定部位，决定酶催化作用的化学基团。常见的有组氨酸中的咪唑基、半胱氨酸中的巯基等。根据必需基团的功能不同，又可将其分为两类：若这些基团直接与底物结合，则称为**结合基团**（binding group）；若这些基团能够促进底物发生化学变化，则称为**催化基团**（catalytic group）。值得一提的是，有的必需基团兼有结合基团和催化基团的功能。

酶的活性部位（enzyme active site）是指酶分子上直接参与底物结合及催化作用的必需基团，也称为**酶的活性中心**（enzyme active center）。一个酶的活性部位由**结合部位**（binding site）和**催化部位**（catalytic site）组成。前者是与底物结合的部分，决定了酶的专一性；而后者可使底物的共价键发生形变或极化，降低活化能，参加催化作用，是决定酶促反应性质和高效性的部位。因此，酶的活性部位是酶行使催化功能的结构基础。

不同酶的活性部位具有不同的功能基团和构象。对于单纯酶，构成活性部位的功能基团就是少数的几个氨基酸残基或是这些残基上的某些基团；而对于缀合酶来说，辅酶或辅基分子上的某一结构也是活性部位的组成部分，即活性部位包括了辅酶或辅基分子和酶蛋白的结构区域。组成酶活性中心的氨基酸残基侧链，在一级结构上可能相距很远，甚至可能位于不同肽链上，经肽链的盘绕折叠，在空间构象上互相靠近进入适当位置，从而形成活性部位，且一般这个部位位于酶分子表面的一个裂缝内。如卵清溶菌酶活性部位的氨基酸残基 Glu35 和 Asp52 位于同一肽链上（图 4-1），而胰凝乳蛋白酶活性部位的 His57 和 Asp102 与 Ser195 分别位于两条肽链上（图 4-2）。

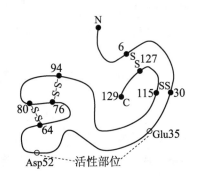

图 4-1 卵清溶菌酶的活性部位基团

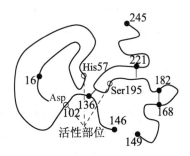

图 4-2 胰凝乳蛋白酶的活性部位基团

酶的活性部位通常只占酶分子总体积的 1%～2%，酶活性部位是一个三维结构。一般一个酶只有一个活性部位，少数酶有几个。结合部位随酶的不同而异，有的只有一个，有的有几个，且组成结合部位的氨基酸残基也有很大差别。但单体酶或寡聚酶的亚基的催化部位常常仅有一个，且只包含 2~3 个氨基酸残基。底物在活性部位的结合主要是靠多重弱的静电相互作用、氢键（hydrogen bond）、范德华力（van der Waals force）或疏水相互作用（hydrophobic bold），在少数情况下也有可逆的共价结合。

2. 活性部位必需基团的鉴定

酶分子由许多氨基酸残基组成，确定哪些氨基酸残基属于活性部位的必需基团，可以采用多种方法。

① 切除法　用专一性的酶将被测酶分子的肽链切去一段，测定剩余肽段的活性。如果该肽链仍有活性，说明切除的肽链与活性无关；反之，切除的肽链与活性有关。这种方法多用于小分子且结构已知酶的必需基团鉴定。

② 化学修饰法　选用适当的化学修饰试剂与酶蛋白中氨基酸残基的侧链基团发生反应，引起共价结合、氧化或还原等修饰标记。如果某一基团被修饰后，酶的活性显著下降或无活性，可初步判断该基团与酶的活性有关；反之，与酶的活性无关。根据修饰剂是否能够专一性结合酶活性部位的特定基团，化学修饰法可分为**非特异性共价修饰**（non-specific covalent modification）和**特异性共价修饰**（specific covalent modification）。

③ 亲和标记法　根据酶与底物能特异性结合的性质，设计合成一种含反应基团的底物类似物，作为活性部位的标记试剂，它能像底物一样进入酶的活性部位，并以其活泼的化学基团与酶活性部位中的某些特定基团共价结合，使酶失去活性，这种方法称为**亲和标记法**（affinity labeling）。

④ X 射线衍射法　**X 射线衍射法**（X-ray diffraction）是使用 X 射线作为物理工具，以晶体为研究对象的分析方法。将该方法用于酶结构研究，为探明酶的活性部位提供了许多直接和确切的实验证据。

⑤ 核磁共振法　根据蛋白质的核磁共振波谱参数，可以反映蛋白结构特征的质子对间距离，从而确定蛋白质分子中的 α 螺旋、β 折叠以及转角等二级结构；可以反映主链和侧链构象的扭转角和主链规则排布的二级结构单元。

二、酶活性的调节控制和调节酶

1. 酶原和酶原激活

有些酶在细胞内合成或初分泌时，没有催化活性，这种无活性状态的酶前体称为**酶原**（zymogen 或 proenzyme）。这些前体分子之所以没有活性，是因为其活性中心没有形成或被包埋在酶分子内部。所以，要使酶原具有活性，必须使肽链重新盘绕折叠，形成活性部位。酶原在一定条件下被打断一个或几个特殊的肽键，从而使酶的构象发生一定变化，形成具有催化活性的三维结构，该过程称为**酶原激活**（zymogen activation）。与蛋白质降解有关的胃蛋白酶、胰蛋白酶、胰凝乳蛋白酶、羧肽酶和弹性蛋白酶等，它们初分泌时都是以无活性的酶原形式存在，在一定条件下才转化成相应的酶。酶原激活实际上是酶的活性中心形成或暴露的过程，这种调节控制作用的特点是由无活性状态转变为有活性状态的不可逆过程。

酶原激活最典型的例子是胰凝乳蛋白酶原的激活（图 4 - 3）。当胰凝乳蛋白酶原进入小肠时，会被在小肠上皮细胞边缘处合成的胰蛋白酶激活，使无活性的胰凝乳蛋白酶原变为有活性的 π - 胰凝乳蛋白酶，而 π - 胰凝乳蛋白酶能够自我催化裂解，使得一条多肽链成为三条肽链，这三条肽链通过二硫键相连，折叠后形成催化活性最高的 α - 胰凝乳蛋白酶。

酶原激活具有重要的生理意义。它可以避免细胞内产生的蛋白酶对细胞进行自身消化，保护分泌酶原的组织不被水解破坏，并可使酶在特定的部位和环境中发挥作用，保证体内代谢的正常进行；同时酶原激活也是有机体调控酶活的一种形式，如急性胰腺炎就是由于该器官合成的消化

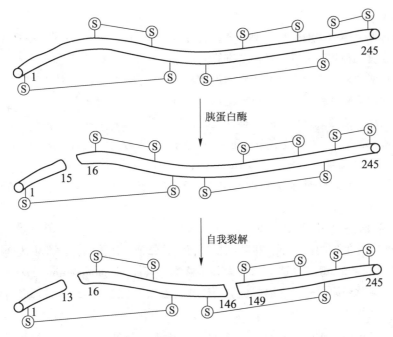

图 4-3 胰凝乳蛋白酶原的激活

酶过早激活所造成的。

2. 别构效应和别构酶

有些酶分子除了活性中心外，还有一个或几个可与非底物的化学物质非共价结合的部位，称为**别构部位**（allosteric site），与别构部位结合的物质称为**别构剂**（effector）（图 4-4）。凡使酶活性增强的别构剂称为**别构激活剂**（allosteric activitor），使酶活性减弱的别构剂称为**别构抑制剂**（allosteric inhibitor）。当别构剂结合到酶的这些别构部位时，就可以改变酶的构象，增加或降低底物与酶分子活性部位的亲和力，进而改变酶的活性，酶的这种调节作用称为**别**

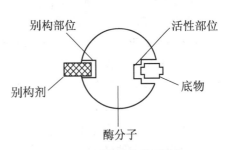

图 4-4 别构酶的分子结构

学习与探究 4-3
别构效应

构效应（allosteric regulation）。受别构调节的酶称为**别构酶**（allosteric enzyme）。别构酶是一种重要的调节酶。20 世纪 60 年代初 F. Jacob 和 J. Monod 就已经提出了别构酶理论，截至目前已发现约有 30% 的酶具有别构效应。

与其他酶相比，别构酶主要有以下几个特点。

（1）特殊的结构与性质

大部分别构酶是多亚基的，具有四级结构，且一般别构酶分子上有两个以上的底物结合位点。酶的活性部位和别构部位可以在不同的亚基或者位于同一亚基上。当底物或别构剂与一个亚基结合后，引起酶分子构象的改变，使其与底物的结合能力发生变化，若起到增强作用，则为**正协同效应**（positive cooperative effect），反之为**负协同效应**（negative cooperative effect）。许多别构酶既受底物调节，也受别构剂调节，它们可能同时具有正协同效应和负协同效应。

（2）特殊的动力学特征

大多数别构酶的反应初速率对底物浓度的动力学不遵循米氏方程。正协同效应的别构酶的动力学曲线呈 S 形（图 4-5），即底物浓度低时，酶活性的增加较慢，底物浓度高到一定程度后，酶活性显著加强，最终达到最大值。负协同效应的别构酶，其动力学曲线类似普通酶的曲线（见图 4-5），但并不相同，即底物浓度较低时，酶表现出较大活性，但底物浓度明显增加时，其反应速率无明显变化。

别构酶是快速调节酶活力的一种重要方式，具有重要的生理意义。通过别构效应可以快速调节细胞内代谢速度，调节整个代谢通路，减少不必要的底物消耗。别构抑制剂一般是代谢通路的终产物，通过反馈抑制调节整个代谢通路。例如葡萄糖的氧化分解可提供能量，使AMP、ADP转变成ATP，当ATP过多时，通过别构调节酶的活性，可限制葡萄糖的分解，而ADP、AMP增多时，则可促进糖的分解，随时调节ATP/ADP的水平，可以维持细胞内能量的正常供应。

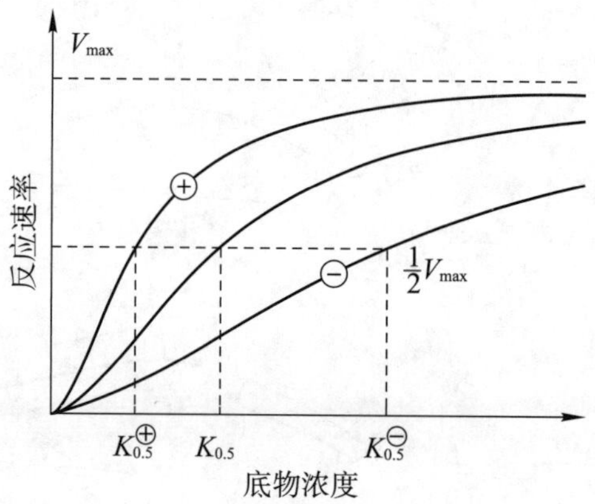

图 4 - 5　别构酶的动力学曲线

3. 可逆的共价修饰和共价修饰酶

体内有些酶可在其他酶的作用下，将酶结构进行共价修饰，使该酶活性发生改变，这种调节称为**共价修饰**（covalent modification），这类酶称为**共价修饰酶**（covalent prosessing enzyme）。例如某些酶的疏基发生可逆的氧化还原；一些酶以共价键与磷酸、腺苷等基团可逆结合，都会引起酶结构的变化而使其呈现不同的活性。

酶的共价修饰是体内代谢调节的另一重要方式。共价修饰的实质也是实现酶的非活性态与活性态的互相转变。共价修饰作用反应非常灵敏，可以起到节约能量的作用，生理意义广泛。在细胞内有些酶存在天然的共价修饰作用，主要有磷酸化与去磷酸化、乙酰化与去乙酰化、甲基化与去甲基化，以及—SH 与—S—S—互变等，其中磷酸化与去磷酸化是常见的修饰形式。

酶蛋白中带羟基的氨基酸残基（Thr、Ser 和 Tyr）常作为磷酸化的修饰位点，磷酸化是指由蛋白激酶催化，把 ATP 或 GTP γ 位的磷酸基转移到底物蛋白质的氨基酸残基上的过程；而酶蛋白的去磷酸化是磷酸化的逆过程，由蛋白磷酸酶催化（图 4 –6）。

在生理条件下，几乎所有的蛋白激酶都以 ATP 为磷酸基的供体，而且几乎所有的磷酸化反应都需要 Mg^{2+}，其功能是 ATP 被利用前首先与 Mg^{2+} 结合成 ATP - Mg^{2+} 复合体。磷酸化与去磷酸化过程是生物体内普遍存在的一种调节方式，不仅涉及基因的转录调控与表达、代谢调控、细胞的增殖与生长发育等所有的生理过程，也涉及癌变等病理过程，甚至在细胞信号的传递过程中也占有极其重要的位置。

4. 同工酶

同工酶（isoenzyme 或 isozyme）是指催化的化学反应相同，但酶蛋白的分子结构、理化性质乃至免疫学性质均不相同的一组酶。这类酶存在于生物的同一种属或同一个体的不同组织，甚至同一组织或细胞中。由于酶蛋白编码基因不同，或者尽管基因相同，但基因转录或翻译后加工过程不同，导致了它们的差异。所以同工酶按其产生原因分为基因型同工酶和翻译后同工酶两类。

基因型同工酶（genetic isozyme）又称为**原级同工酶**（primary isozyme），是指在基因水平产生的同工酶，可进一步细分为多基因位点同工酶和等位基因同工酶。前者主要指由染色体上两个或两个以上不同基因位点编码的酶，它们彼此相互独立，受不同因素调控，可以不同时表达。这种同工酶可能在一级结构上差别较大，催化性质也有差异。不同肽链形成的亚基可聚合成纯聚体和杂聚体，因而可根据酶蛋白的亚基数和亚基种类决定

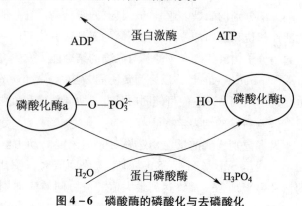

图 4 - 6　磷酸酶的磷酸化与去磷酸化

同工酶种类。

多基因位点同工酶最典型的例子是乳酸脱氢酶（LDH）。该酶是于 1959 年发现的第一个同工酶，为四聚体，有 H 和 M 两种类型的亚基，在不同基因控制下产生，相对分子质量均为 35 000，亚基可有 5 种组合：H_4、H_3M、H_2M_2、H_1M_3 和 M_4。

等位基因同工酶是由于控制酶的基因位点发生遗传突变，导致编码酶蛋白上氨基酸的置换或缺失，但仍能够催化相同反应。等位基因同工酶主要表现在群体中，不同个体的同一种酶在一级结构上具有差异，如在不同人种个体中已发现有近百种 6 - 磷酸葡糖脱氢酶。

mRNA 翻译形成多肽链后，经不同修饰发生酶蛋白结构上的改变而形成的同工酶，称为翻译后同工酶（post - translational isozyme），也称为次级同工酶（secondary isozyme）。胺基的丢失，乙酰基、磷酸基团的添加或多肽链聚合方式的不同都是产生同工酶的可能原因。

同工酶催化相同的底物，但对同一底物表现出不同的 K_m 值和反应方向，因而导致同工酶在不同的组织中具有不同的代谢特点。同工酶的存在并不是意味酶分子的结构与功能无关，而是反映同一种酶在结构上显示出的组织或细胞的特异性。具有不同形式的同工酶能催化相同反应，是因为它们的活性部位在结构上相同或相似。

同工酶存在的意义可能与代谢调控相关，不少代谢途径中均有同工酶存在，如参与葡萄糖糖酵解的 11 个酶中，就有 9 种是具有多基因位点的同工酶。同工酶已在代谢调控、肿瘤发生、临床诊断和生物进化研究等领域广泛应用。

科学史话 4 - 3
乳酸脱氢酶同工酶的发现

三、酶分子的修饰与改造

目前酶的种类很多，但仍无法满足人们的生产需要，所以人们想尽办法寻找符合要求的酶。获得特殊酶主要有两种途径，第一是传统方法从环境中分离纯化新酶。但由于酶的发展进化与其所处环境密切相关，在自然环境中极少能进化出适应工业需要的酶，这样就产生了第二种途径，即对现有酶进行人工修饰与改造。

酶分子的修饰与改造（molecular modification and reformation of enzyme）是指利用化学或分子生物学方法对酶分子进行处理，以改变其理化性质或生物学活性。对于酶分子改造，可从两方面考虑，一是利用化学方法对酶分子进行修饰，二是基于基因工程原理对酶分子进行遗传改造。

1. 酶蛋白的化学修饰

通过化学基团的引入或除去，以改变酶蛋白的共价结构，称为**酶蛋白的化学修饰**（enzyme chemical modification）。广义上来讲，凡是涉及共价结构部分或全部的形成或破坏的转变，都可看做是酶的化学修饰。酶化学修饰的基本原理是利用修饰剂所具有的化学基团特性，直接或经过活化后与酶分子上某些氨基酸残基产生化学反应，对酶分子结构进行改造。酶分子的化学修饰包括酶蛋白侧链的修饰、酶的亲和修饰以及酶的化学交联。

知识拓展 4 - 6
生物正交反应

① 酶蛋白侧链的修饰　由于酶蛋白侧链上有氨基、羧基、巯基、咪唑基、酚基、胍基等功能基团，所以可选用某些化学试剂对其进行修饰。如一些卤代酸、卤代酰胺是巯基的重要修饰剂；氰酸盐是使氨基甲氨酰化的重要试剂；水溶性的碳二亚胺类是羧基的重要修饰剂。

根据化学修饰剂与酶分子之间反应性质的不同，可将修饰反应分为烷基化反应（图 4 - 7）、酰化反应（图 4 - 8）以及氧化和还原反应等。

② 酶的亲和修饰　这类修饰剂一般与底物具有类似的结构，对酶活性部位具有很高的亲和性，对活性部位氨基酸残基进行的是共价标记。亲和修饰实质上是修饰剂标记于酶的活性部位上，使酶发生不可逆失活（图 4 - 9），所以这类修饰剂主要被用于治疗某些疾病。

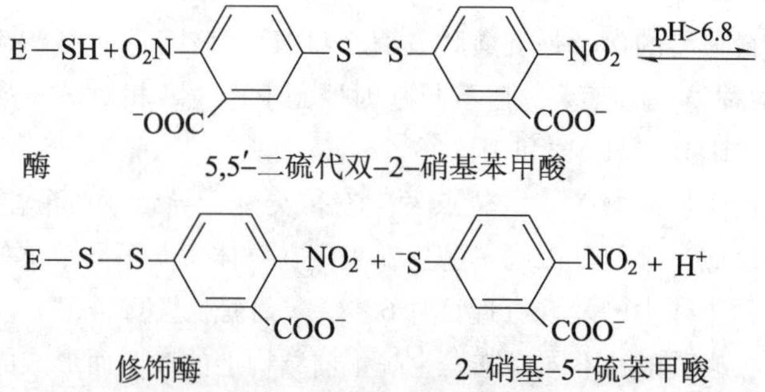

图 4-7 酶蛋白的烷基化修饰

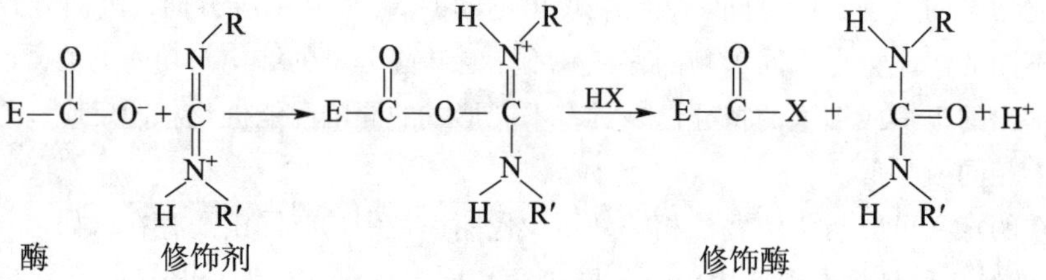

图 4-8 酶蛋白的酰化修饰

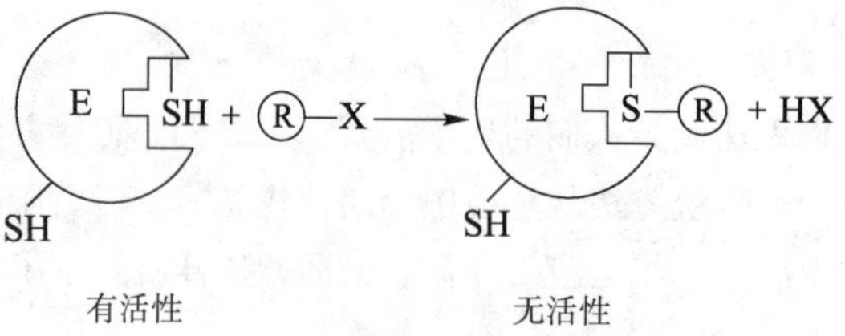

图 4-9 酶分子的亲和修饰

③ 酶的化学交联　化学交联（chemical cross-linking）是利用具有两个反应活性部位的双功能基团交联剂，使相近的两个氨基酸残基间或酶与其他分子间发生交联。交联剂可分为同型双功能交联剂、异型双功能交联剂和可被光活化的交联剂 3 种。

同型双功能交联剂两端具有相同的活性基团，如双亚胺酯、戊二醛、二硝基氟苯等，主要与氨基或羟基反应。异型双功能交联剂一端与氨基反应，一端与巯基作用。被光活化的交联剂一端与酶反应后，经光照，另一端产生一个如碳烯、氮烯的活性反应基团，它们具有高反应性，但没有专一性。常见的交联剂有戊二醛、聚乙二醇（PEG）和碳二亚胺等。首次利用戊二醛实现酶交联的例子是嗜热菌蛋白酶，它与戊二醛交联后不仅提高了该酶的生物学活性，而且增加了其稳定性。

酶的化学修饰已在酶的结构与功能研究中得到了较多应用。但由于酶分子的化学修饰涉及共价键的形成或破坏，且专一性较差，故存在一定的局限性，如：① 很少存在对某种氨基酸侧链绝对专一的化学修饰剂；② 化学修饰酶的构象在修饰后均有改变，会对结果产生影响；③ 化学修饰只能在极性氨基酸残基上进行，不能研究其他氨基酸残基在酶的结构与功能关系中的作用。

2. 酶分子的遗传改造

随着分子生物学的发展，人们已能够在实验室模拟自然进化机制，在短期内创造出新的酶类，即构建新的非天然酶或改造天然酶分子，主要有酶分子的**非理性设计**（irrational design）和**理性设计**（rational design）两类。若将非理性设计与理性设计结合，将形成半理性设计，可以构建"小而精"的突变体文库，进一步提高进化效率。从技术层面讲，非理性设计是利用基因的可操作性，无需准确知道酶分子的结构信息，通过随机突变、基因重组、定向筛选等方法对其进行改造，如**定向进化**

（directed evolution）、**杂合进化**（hybrid evolution）等。理性设计是指基于酶分子的氨基酸序列，利用各种生物化学、晶体学等方法对酶分子进行研究，获得酶分子的特征、空间结构、结构与功能间的关系以及氨基酸残基功能等信息，以此为依据对酶分子进行改造，如化学修饰、**定向突变**（directed mutagenesis）等。

① 酶分子的非理性设计　**酶分子体外定向进化**（enzyme directed evolution *in vitro*）是近年发展起来的一种酶分子改造新策略，属于酶分子的非理性设计。它是根据达尔文进化论，在试管中模拟进化机制，在人工创造的条件下筛选出进化酶类。

酶分子体外定向进化的基本原理是利用 *Taq* DNA 聚合酶不具有 3′→5′ 校对功能的性质，结合基因工程的技术手段，在待进化酶基因的 PCR 扩增反应中，配合适当条件，以很低的比率向目的基因中随机引入突变，并构建突变库。凭借定向选择方法，选出性质优良的酶，从而排除其他突变体（图 4-10）。定向进化的基本原则是：定向进化 = 随机突变 + 正向重组 + 筛选。可以看出，定向进化不需要事先了解酶分子的结构信息和催化机制，通过迭代有益突变，实现蛋白质性能的飞跃。

知识拓展 4-7
酶分子的体外定向进化

科学史话 4-4
酶分子定向进化与诺贝尔化学奖

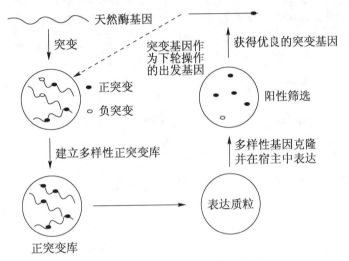

图 4-10　酶分子体外定向进化的基本原理

目前已经成功应用的定向进化方法有**易错 PCR**（error prone PCR）、**DNA 改组**（DNA shuffling）、**外显子改组**（exon shuffling）、**杂交酶**（hybrid enzyme）和**交错延伸**（stagger extension process StEP）等。应用定向进化方法已获得许多成功的应用实例（表 4-5）。

科技视野 4-5
DNA 改组技术改造基因治疗载体

表 4-5　定向进化在酶分子改造中的成功应用实例

酶	定向进化方法	酶的改变情况
枯草芽孢杆菌蛋白酶 E	易错 PCR	在 60% 二甲基甲酰胺中活性提高 170 倍
β-内酰胺酶	DNA 改组	对一种底物的活力提高 32 000 多倍
β-半乳糖苷酶	DNA 改组	对新底物的活力和特异性分别提高 66 倍和 1 000 倍
联苯过氧化物酶	易错 PCR 和交错延伸	扩展底物范围
酯酶	易错 PCR	提高酯酶的选择性

② 酶分子的理性设计　酶分子的理性设计是在酶分子改造中应用最早的方法。特定氨基酸残基和特定结构单元的化学修饰属于酶分子的理性设计；而在酶分子的遗传改造中，定点突变为主要的理性设计方法。理性设计目前尚无普遍适用的规则，每一种方法都需要了解酶的结构信息，包括酶蛋白的一级结构、二级结构或三级结构。酶蛋白立体结构是酶分子理性设计容易实现的保障。

酶分子理性设计的主要方法是利用生物信息学，通过序列分析、分子建模和分子图像等技术预测酶蛋白的立体结构，运用酶学知识和分子生物学手段进行酶分子的改造。

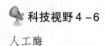
知识拓展 4-8
定点突变一般方法

定点突变技术（site-directed mutagenesis techniques）是在已知酶结构与功能的基础上，有目的地改变酶的某一活性基团或模块，从而产生具有新性状酶的技术。定点突变技术可以随心所欲地在已知酶 DNA 序列中取代、插入或缺失一定长度的核苷酸片段。该技术具有突变率高、简单易行和重复性好的特点。定点突变技术有通过寡核苷酸介导的突变法、限制性内切酶酶切片段取代突变法和盒式突变法（cassette mutagenesis）等。

利用定点突变技术对天然酶蛋白的催化性质、底物特异性和热稳定性等进行改造已有很多成功的实例（表 4-6）。

表 4-6 定点突变技术的成功应用实例

突变酶	突变位点	研究目的	研究结果
转氨酶	改变了 6 个残基	改造酶的底物特异性	活性位点对 Phe 的活性增加了 3 个数量级
尿激酶原	Lys300 变为 His	提高溶栓活性	溶栓活性提高了 2 倍
葡糖异构酶	Gly138 变为 Pro	提高酶的热稳定性	热失活半衰期提高了 2 倍，最适反应温度提高了 12 ℃
青霉素酰化酶	Lys 变为 Ala	研究酶在有机溶剂中的稳定性	在 50% 二甲基甲酰胺中的稳定性提高了 8 倍以上
L-天冬氨酸酶	构建融合蛋白	解决半衰期短和稳定性差	半衰期从 2 h 提高到 9 h，对高温和低 pH 的抗性增强

近年来，随着蛋白质序列、三维结构、催化机制的不断挖掘和解析，计算机运算能力的持续提升和先进算法的相继涌现，计算机辅助蛋白质设计策略得到前所未有的发展，蛋白质从头设计与合成的研究层出不穷。蛋白质从头设计与合成就是利用已知的蛋白质的结构与序列，首先采用计算机模拟的方法，进行分子对接、分子动力学模拟、量子力学、蒙特卡洛法模拟退火等一系列计算方法，来预测和评估蛋白质在结构、自由能、底物结合能等方面的变化，并基于计算结果，从中筛选可能符合改造要求的突变体并进行实验验证；再根据实验结果制定下一轮计算方案，循环往复直到获得符合需求的蛋白质。由于大部分酶的化学本质是蛋白质，因此蛋白质从头设计与合成的研究思路使酶分子的改造上了一个新的台阶。这种方法可以创造自然界不存在的、并赋予特定功能的人工酶蛋白。该法在生物医药等领域也拥有巨大的应用潜力。

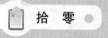
科技视野 4-6
人工酶

📋 **拾 零**

模 拟 酶

模拟酶又称人工合成酶，是利用有机化学方法合成的比天然酶简单的非蛋白质分子。模拟酶同样具有底物结合位点和催化位点，具有结构对底物键合的方向和立体化学专一性。设计合成模拟酶一般从三个层次进行：首先合成类似酶活性的简单配合物；然后在天然或人工合成的化合物中引入某些活性基团和模拟酶的活性中心；最后进行整体模拟，即进行整个酶活性部位的化学模拟。

模拟酶技术已引起科研人员的广泛关注，目前已涉及多种酶的模拟。如人们根据天然固氮酶是由铁蛋白和铁钼蛋白组成且金属离子在催化中具有重要作用的特点，提出了多种固氮酶模型，包括过渡金属铁、钴、镍等的氮络合物；过渡金属钒、钛的氮化物和过渡金属的氨基酸配合物等。截至目前，以大环化合物为骨架，已建立了各种酶模型，如：以环糊精构建的水解酶（胰凝乳蛋白酶）、核酸酶，冠醚构建的肽合成酶，以钌卟啉构建的超氧化物歧化酶（SOD）和过氧化氢酶（CAT）的双功能模拟酶等，均获得了显著的效果。

第四节　酶的作用机制

酶在催化生物化学反应时，一般通过活性部位的氨基酸残基与底物形成中间复合物，随后再分解为产物，并游离出酶。但是酶为什么具有高效的催化能力而其他蛋白质没有呢？为什么酶对反应的底物具有严格的选择专一性？本节将为大家一一阐明。

一、酶的催化作用与分子活化能

在化学反应中，反应速率取决于**活化能**（activation energy）的大小。活化能为分子由常态变为活化态所需的能量，定义为一定温度下 1 mol 底物分子全部进入活化态所需要的自由能。在一个反应体系中，活化分子越多，反应就越快，若增加活化分子数，就能提高反应速率。能使常态分子变为活化态分子的可能途径有两条：

① 加热或进行光照射以增加活化分子的数目，从而加速反应。

② 使用适当的催化剂，降低反应的能阈，使反应沿着活化能阈较低的途径进行，间接增加活化分子的数目。活化能越低，反应物分子的活化越容易，反应就越容易进行。

催化剂能够加速反应进行，其本质是降低了反应的活化能。非催化反应比催化剂催化的反应所需的活化能高，所以反应速率慢；反应所需的活化能越高，反应速率就越慢。在催化反应中，较少的能量即可使底物活化，催化剂的存在降低了反应的活化能，加快了反应速率。最简单的例子是过氧化氢转化为水和氧气的反应，无催化剂情况下，该反应所需的活化能高达 75.2 kJ/mol，当以液态铂为催化剂时，所需活化能降低为 48.9 kJ/mol，而当以过氧化氢酶作为催化剂时，其活化能降低为 23.0 kJ/mol。

催化剂可以大大降低反应的活化能，提高反应速率。与一般催化剂相比，酶降低反应活化能的能力更强，其机制是通过改变反应途径，使反应沿着活化能低的途径进行（图 4-11）。

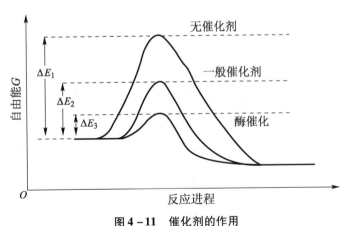

图 4-11　催化剂的作用
ΔE_1、ΔE_2、ΔE_3 表示活化能

然而，酶是如何改变反应途径使反应的活化能降低的呢？目前公认的解释是**中间产物学说**（intermediate theory）。该学说认为，在酶促反应中，酶首先与底物结合成不稳定的中间物，然后再分解为酶和产物。可用下式表示：

$$E + S \rightleftharpoons ES \longrightarrow P + E$$

式中，E 表示酶，S 表示底物，ES 为中间物，P 为反应产物。

科技视野 4 - 7
一种酶与底物或抑制剂的结合

在反应中，由于 E 和 S 的结合导致底物 S 分子中某些化学键发生变化，呈不稳定状态，且这一过程释放一部分结合能，从而使整个反应的活化能降低，反应速率大大加快。如果酶催化的反应是一个多步反应，则具有最高过渡状态活化能的步骤对整个反应起着瓶颈作用，通常称为该反应的限速步骤。

虽然这些中间物不稳定，不易把它们从反应体系中分离出来，但通过许多间接证据表明了中间产物学说的正确性。如用同位素标记的方法将磷酸化酶中的 P 标记后，证明磷酸化酶在催化蔗糖合成反应中存在酶 - 葡萄糖复合物，说明磷酸化酶在催化过程中形成了中间物。现在也有个别证据直接证实了酶催化反应时与底物形成了复合中间体，如在 D - 氨基酸氧化酶氧化 D - 丙氨酸反应过程中，分离到了结晶的酶 - 底物复合物，充分说明酶在催化反应时能够形成酶 - 底物复合物，从而加快反应速率。

二、与酶的高效率有关的因素

与一般催化剂相比较，酶催化反应具有高效性的特点，这可能是多种催化机制综合作用的结果。酶催化的常见机制如下：

1. 酸碱催化

酸碱催化（acid-base catalysis）是指在反应中瞬时地向反应物提供质子，或从反应物接受质子以稳定过渡态，从而达到降低反应活化能，加快反应速率的一种催化机制。酸碱催化可分狭义和广义两种，前者是指直接通过 H^+ 与 OH^- 进行的催化，后者指能供给质子和接受质子的物质所进行的催化。广义的酸和碱常常以共轭对存在，如 CH_3COOH 为共轭酸，CH_3COO^- 为共轭碱。

生物体大多是中性环境，H^+ 和 OH^- 的浓度仅为 10^{-7} mol/L 左右，所以细胞内的许多反应类型是广义的酸碱催化，如分子重排、磷酸酯的水解、羰基的水化等。酶蛋白活性中心的咪唑基、巯基、氨基、羧基、酚羟基等都可以作为质子供体或受体进行酸碱催化反应（表 4 - 7）。由于酶分子中具有多种提供质子或接受质子的基团，所以酶作为催化剂时的酸碱催化效率比一般酸碱催化剂高很多。主要有两个因素影响酸碱催化的反应速率，即酸碱的强度和功能基团提供质子或接受质子的速度。

表 4 - 7　酶蛋白中的广义酸碱基团

质子供体	质子受体	pK_a
—SH	—S⁻	8.33
—NH₃⁺	—NH₂	10.8
–COOH	—COO⁻	3.96（Asp），4.32（Glu）
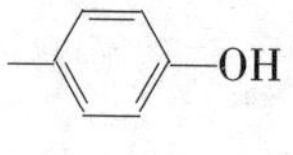 ⬡—OH	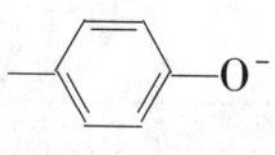 ⬡—O⁻	10.11
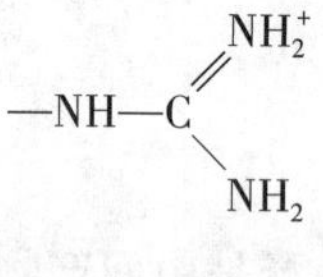 —NH—C(═NH₂⁺)—NH₂	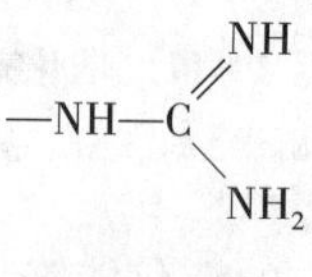 —NH—C(═NH)—NH₂	12.48
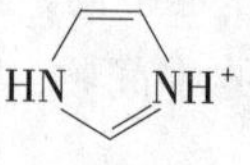 HN⌒NH⁺ (咪唑)	 HN⌒N (咪唑)	6.0

在广义酸碱的功能基团中，巯基和酚羟基在体内 pH 条件下并不解离，主要作为质子供体；羧基常以 COO^- 形式存在，主要为质子受体；而胍基和氨基则常以阳离子形式存在，主要作为质子供体。

由于组氨酸咪唑基的解离常数为 7.35，在中性条件时一半以酸形式存在，一半以碱形式存在，所以在酶反应中既可以作为质子供体又可以作为质子受体，是最活泼和尤为重要的功能基团。咪唑基提供或接受质子的速度十分迅速，其半衰期小于 10^{-10} s。

核糖核酸酶 A 催化分解 RNA 是酶酸碱催化的很好例子。研究证明核糖核酸酶 A 催化 RNA 分解时，形成中间体 2′，3′-环核苷酸，该酶上的 His12 和 His119 作为一般的酸碱催化剂共同起作用。首先 His12 起碱的作用，从 RNA 分子的 2′-OH 基团中夺取一个质子，促进对邻近磷原子的亲核攻击；而 His119 起酸的作用，通过质子化作用促进键的断裂。

2. 共价催化

共价催化（covalent catalysis）是指催化剂通过与底物形成反应活性很高的共价中间产物，从而降低反应的活化能，提高反应速率的催化过程。共价催化的一般形式是催化剂的亲核基团对底物中亲电子的碳原子进行攻击，或催化剂的亲电基团获取电子并作用于底物的负电中心，形成不稳定的共价中间复合物。这种中间物可以很快地转变为活化能很低的转变态，从而提高催化反应速率。例如，胰凝乳蛋白酶在催化乙酸对硝基苯酯分解时，乙酰基和酶共价结合，形成乙酰 - 胰凝乳蛋白酶中间物，并释放出 p - 硝基苯酚。

共价催化作用实际上是由三个步骤组成：首先通过亲核或亲电反应，使酶与底物间形成共价键，然后去除或添补反应中心的电子，最后使酶与产物分离。所形成的共价键越稳定，在反应的最后就越不易分解，这是共价催化作用很重要的特征。

常见酶的亲核基团有丝氨酸的羟基、半胱氨酸的巯基、组氨酸的咪唑基等（表 4 - 8），亲电基团有酪氨酸的酚羟基、—NH_3^+、H^+ 等。

表 4 - 8　酶 - 底物共价复合物举例

酶	功能基团	酶 - 底物共价复合物
胰凝乳蛋白酶	丝氨酸的羟基	酰基酶
乙酰胆碱酯酶	丝氨酸的羟基	酰基酶
葡糖磷酸异构酶	丝氨酸的羟基	磷酸酶
磷酸甘油醛脱氢酶	半胱氨酸的巯基	酰基酶
乙酰辅酶 A 转酰基酶	半胱氨酸的巯基	酰基酶
6 - 磷酸葡糖酶	组氨酸的咪唑基	磷酸酶
琥珀酰辅酶 A 合成酶	组氨酸的咪唑基	磷酸酶

3. 底物与酶的邻近效应和定向效应

邻近效应（proximity）和**定向效应**（orientation）是指底物的反应基团与酶活性部位的邻近，也包括双底物反应中酶活性部位上两底物分子间的邻近，而且互相靠近的底物分子之间、底物分子与酶活性部位的基团之间严格的定向，即要有正确的立体化学排列，使反应速率加快。化学反应速率与底物浓度成正比。在反应系统中，底物浓度越高，反应速率也越大。

如果底物分子进入酶的活性中心，邻近效应可使酶活性中心的底物浓度提高数千至数万倍，进而使活性区域内有效底物浓度大为提高，增加底物参加反应的概率。且由于底物分子在活性中心的定向排布，使分子间反应近似于分子内反应，为分子轨道交叉提供了有利条件，使底物转变为过渡态时的熵变负值减小，导致活化能的降低，大大增加了酶 - 底物复合物进入过渡态的几率，加快反应速率。因此，用邻近效应和定向效应解释酶促反应时，反应速率的提高是既靠近又定向的结果，即酶与底物的结合达到最有利于形成转变态时（图 4 - 12），才能使反应

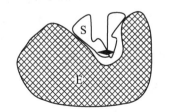

图 4 - 12　邻近效应与定向作用

速率加快。

4. 金属离子催化

许多酶活性的最佳发挥需要金属离子参与，目前发现的酶大约有三分之一需要一种或几种金属离子。如果酶与金属离子结合得非常紧密，或酶在催化反应时需要金属离子维持其稳定性和天然构象，则为**金属酶**（metalloenzyme）。如果在催化循环中，酶和金属离子结合得不太紧密，则金属离子可能是酶的激活剂。

金属离子在这类催化中有两种常见的功能，其一是执行了静电催化的作用，稳定反应中增加的电子云或负电荷。例如，在乙醇脱氢酶催化乙醛形成乙醇时，就是将 NADH 上的氢负离子 $H:^-$ 转移到乙醛上形成乙醇。在催化过程中，为了稳定乙醛分子中 O 原子形成的负电荷，乙醇脱氢酶活性中心的 Zn^{2+} 诱导乙醛分子中的第一位碳原子产生部分正电荷，最后使带有负电荷的 $H:^-$ 转移到该碳原子上形成乙醇。

其二是在中性 pH 条件下，金属离子协助亲核试剂提供强大的亲核基团，在金属离子的调节下，亲核试剂以离子化和去离子化质子的形式参与氧化还原反应。

$$M^{2+} + NucH \rightleftharpoons M^{2+}(NucH) \rightleftharpoons M^{2+}(Nuc^-) + H^+$$

5. 静电催化

酶分子活性部位可能含有水分子，但当酶分子与底物结合时，这些水分子会被排出，这样就使得酶的活性部位表现出类似于有机溶剂的非极性特征，增强这一区域的静电作用，并且酶分子活性部位周围的电荷会被有序地排列成催化反应的过渡状态，这种增大反应速率的方式称为**静电催化**（electrostatic catalysis）。

6. 底物的形变与诱导契合

当酶遇到它的专一性底物时，许多活性部位并不直接与底物契合，而是必须扭曲，发生构象变化才能与底物结合，从而利于催化反应的进行，即为诱导契合（induced fit）。同样，酶中的某些基团或离子可以使底物分子内敏感键相关的某些基团的电子云密度增高或降低，产生"电子张力"，使已有的键变弱，甚至使底物分子发生形变（distortion），易于形成酶－底物复合物。

三、与酶的专一性有关的假设

1. 三点附着学说

三点附着学说（three-point attachment hypothesis）是最早解释酶专一性的学说，该学说认为酶与底物的结合处至少有三个点。同时指出，立体对映的一对底物尽管基团相同，但空间排布不同，因此与酶分子活性中心的结合就存在互补匹配的问题，只有底物与酶的三个结合位点完全特异性地结合时，底物的不对称催化作用才能实现。这种理论可以很好地解释酶对底物的绝对专一性，但无法解释酶的相对专一性和其他现象。

2. 锁匙学说

锁匙学说（lock and key hypothesis）的理论依据是酶对它所作用的底物有着严格的选择性。1894年 E. Fischer 提出锁匙学说，认为酶和底物结合时，底物的结构必须和酶活性中心的结构非常吻合，就像锁和钥匙一样，这样才能紧密结合形成中间复合物（图 4 −13）。

该学说认为酶和底物的形状都是刚性和固定不变的，且正好相互补充，只有当底物和酶正确组合在一起时，才能够进行催化反应。此学说能够很好地解释酶的立体异构专一性，但不能解释酶专一性中的所有现象。因此"锁匙学说"把酶的结构看成固定不变是不切实际的。

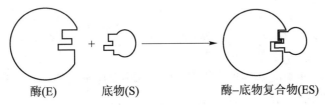

图 4 – 13 锁匙学说模型

3. 诱导契合学说

学习与探究 4 – 5
酶与底物的诱导契合

诱导契合学说（induced fit hypothesis）是 1958 年由 D. E. Koshland 提出的，是目前公认的可以较好地解释酶催化选择特异性的机制。该学说认为酶和底物接触之前，二者并不是完全契合，当底物与酶结合时，产生了相互诱导作用，使活性中心上有关的各个基团达到正确的排列和定向，引起酶构象发生微妙变化，催化基团转到有效的作用位置，因而使酶和底物契合而结合成中间复合物，引起高效的催化反应（图 4 – 14）。反应结束后产物从酶上脱落，酶的活性中心重新恢复到原位，继续进行催化反应。

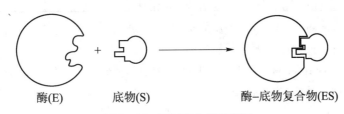

图 4 – 14 诱导契合学说模型

可以看出，诱导契合学说主要有两个观点，首先是酶分子具有一定的柔软性，其次是酶的专一性不仅取决于酶和底物的结合，也取决于酶的催化基团有正确的取位。该学说说明酶的催化部位不是"现成的"，而是诱导形成的，就如手和手套的关系。近年来对羧肽酶等进行 X 射线衍射分析的结果有力地支持了这个学说，证明了酶与底物结合时确实有构象的变化。

其实酶活性部位的柔性是酶充分表现其活性所必需的。因为除了酶与底物诱导契合结合外，酶的活性还可以调节，这就要求酶的活性部位保持一定的柔性，只有这样，当酶的局部环境受到调节剂或抑制剂等影响时，酶的构象才会发生细微变化，从而调节酶与底物的结合专一性和酶的活性。

第五节 酶促反应动力学

酶促反应动力学是研究酶促反应的速率以及影响反应速率的各种因素的学科。其意义在于为发挥酶反应的高效性、寻找反应的最佳条件、为阐明酶在代谢中的作用机制等提供科学依据。什么是反应速率和反应级数？影响酶促反应速率的因素有哪些？这些因素是如何发挥作用的？这是本节要介绍的主要内容。

一、化学动力学

化学动力学（chemical kinetics）是研究化学反应速率和历程的学科。虽然它与化学热力学的研究对象都是化学反应系统，但二者的着眼点不同，研究方法也相差甚大。经典化学热力学是研究平衡系统的有力工具，它主要关注化学过程的起始状态和终结状态。它以热力学三个基本定律为基础，用状态函数去研究在一定条件下从给定初态到指定终态的可能性、系统的自发变化方向和限度。至于如何把可能性变为现实性，以及过程进行的速率如何、途径如何，则是化学动力学研究的问题。因此，化学动力学的基本任务是考察反应过程中物质运动的实际途径，研究反应进行的条件（如温度、压力、浓度、介质、催化剂等）对化学反应过程速率的影响，揭示化学反应能力之间的关系。

1. 反应速率

反应速率（reaction rate）定义为单位体积反应系统中反应进度随时间的变化率，通常以单位时间内反应物或生成物的浓度变化来表示。

$$v = -\mathrm{d}S/\mathrm{d}t = \mathrm{d}P/\mathrm{d}t \tag{4-1}$$

式中，v 是反应速率，$\mathrm{d}S$ 和 $\mathrm{d}P$ 分别代表底物和产物的变化量。

对于单分子反应，通常可以用式4-2表示。

$$v = -\mathrm{d}S/\mathrm{d}t = \mathrm{d}P/\mathrm{d}t = kc \tag{4-2}$$

式中，c 表示反应物的浓度（mol/L）；k 表示反应速率常数。

2. 反应级数

反应级数（order of reaction）是根据反应速率方程定义的。凡是反应速率只与反应底物浓度的一次方成正比的反应称为**一级反应**（first order reaction）；若反应速率与反应底物浓度的二次方（或两种物质浓度的乘积）成正比则称为**二级反应**（second order reaction）；如果反应速率与反应物浓度无关，则称为**零级反应**（zeroth order reaction）（图4-15）。

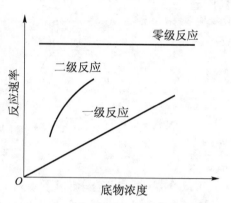

图4-15 反应级数与底物浓度的关系

二、影响酶促反应速率的因素

对于酶促反应，也可以采用一般化学反应的方法表征反应速率，即酶促反应的速率也可用单位时间内反应物或生成物的变化来表示。影响酶促反应速率的因素有酶浓度、底物浓度、反应条件（温度和 pH 等）以及激活剂和抑制剂等。

1. 酶浓度对酶作用的影响

在酶促反应中，酶首先与底物形成中间复合物。因此，当其他反应条件固定，底物浓度大大超过酶浓度，且反应系统中不含有酶的抑制剂或不利于酶发挥作用的因素时，酶促反应的速率随着酶浓度的增加而增大，两者成正比关系（图4-16），即

$$v = k\,[\mathrm{E}] \tag{4-3}$$

酶反应的这种性质是酶活力测定的基础之一，被应用于酶的分离提纯过程中。

2. 底物浓度对酶作用的影响

酶和底物是构成酶促反应体系的最基本因素，它们决定着酶促反应的基本性质。因此，酶和底物之间的动力学关系是整个酶促反应动力学的基础。对于单底物酶促反应，在酶浓度和其他反应条件一定的情况下，通过增加底物浓度的方法获得了一条典型的酶促反应速率和底物浓度之间的关系曲线（图4-17）。

由图4-17可以看出，底物浓度对酶促反应速率的影响是非线性的。当底物浓度较低时，反应速率的增加与底物浓度的增加成正比，呈现一级反应；随着底物浓度的增加，反应速率的增加量逐渐减少，反应速率与底物浓度不再呈现正比关系，表现为混合级反应；最后，当底物浓度增加到一定量时，反应速率达到某一极值（V_{max}），不再随底物浓度的增加而增加，即反应速率与底物浓度无关，表现为零级反应，说明底物对酶促反应具有饱和现象。

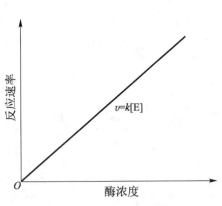

图 4 - 16　酶促反应速率与酶浓度的关系

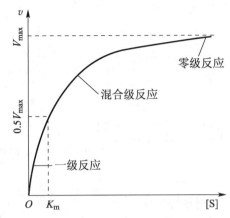

图 4 - 17　酶促反应速率与底物浓度的关系

底物对酶促反应具有饱和现象可通过中间产物学说解释，说明酶在不同底物浓度下具有两种状态：当底物浓度低时，酶分子的活性中心未被底物全部饱和，所以随着底物浓度的增加，反应速率会变大；当底物浓度高时，酶分子的活性中心全部被底物所饱和，没有活性中心能够再与底物结合，所以反应速率不再随着底物浓度的增加而增大了。

根据实验结果，L. Michaelis 和 M. Menten 于 1913 年推导出了酶促反应中底物浓度与反应速率之间的数学表达式，1925 年 G. E. Briggs 和 J. B. S. Haldane 又提出了"拟稳态假说"，对其基本原理进行了补充和发展，最终建立了表示整个酶促反应中底物浓度与反应速率关系的公式——**米氏方程**（Michaelis-Menten equation）。

🔍 **科学史话 4 -5**

米海利斯
（L. Michaelis）

（1）米氏方程

米氏方程的推导主要涉及两个理论：中间产物学说和"拟稳态假说"。"拟稳态假说"的内容主要有三方面：

① 测定的反应速率为初速度，即底物浓度消耗小于 5% 时的反应速率，其原因是减少由产物（P）与酶（E）重新生成中间复合物（ES）的可能性。

② 假设反应中底物的浓度（[S]）远远超过酶的浓度（[E]），即 [S] ≫ [E]。在整个反应中 [S] 的降低不显著，即使所有的 E 都和 S 结合形成 ES，[S] 的降低也可以不予考虑。

③ 假设反应开始，[ES] 升高后，可以快速达到平衡，使 [ES] 在一段时间内保持恒定，即 ES 的生成速率和分解速率相等，达到动态平衡。

根据中间产物学说，酶催化反应可分两步进行：

$$E + S \underset{k_{-1}}{\overset{k_1}{\rightleftharpoons}} ES \overset{k_2}{\longrightarrow} P + E$$

若酶的总浓度为 [E_0]，反应体系中的游离酶浓度为 [E_0] - [ES]，底物浓度为 [S]，中间复合物的浓度为 [ES]，k_1、k_{-1} 和 k_2 表示各反应的速率常数，则有：

ES 的生成速率　　　$v_1 = k_1([E_0] - [ES]) \times [S]$　　　　　　　　　　　　　　（4 - 4）

ES 的分解速率　　　$v_2 = k_{-1}[ES] + k_2[ES]$　　　　　　　　　　　　　　　　（4 - 5）

在拟稳态情况下，ES 中间复合物的生成速率和分解速率相等（$v_1 = v_2$），即有

$$k_1([E_0] - [ES]) \times [S] = k_{-1}[ES] + k_2[ES] \tag{4 - 6}$$

移项合并后：

$$\frac{k_{-1} + k_2}{k_1} = \frac{[E_0][S] - [ES][S]}{[ES]} \tag{4 - 7}$$

由于 k_1、k_{-1} 和 k_2 为常数，所以令：

$$\frac{k_{-1} + k_2}{k_1} = K_m \qquad (4-8)$$

则有：

$$K_m = \frac{[E_0][S] - [ES][S]}{[ES]} \qquad (4-9)$$

$$[ES] = \frac{[E_0][S]}{K_m + [S]} \qquad (4-10)$$

由于酶促反应的速率 $v = k_2[ES]$，所以有：

$$v = \frac{k_2[E_0][S]}{K_m + [S]} \qquad (4-11)$$

根据"拟稳态假说"，当所有的酶都被底物饱和时，酶均以 $[ES]$ 形式存在，即 $[E_0] = [ES]$，此时的反应速率为最大反应速率 V_{max}，因此：

$$k_2[E_0] = V_{max} \qquad (4-12)$$

则有：

$$v = \frac{V_{max}[S]}{K_m + [S]} \qquad (4-13)$$

式 4-13 即为米氏方程，其中 K_m 称为**米氏常数**（Michaelis constant）。

米氏方程表明了底物浓度与反应速率之间的关系，它很好地解释底物浓度对反应速率影响所表现出的三级反应（见图 4-17）。在底物浓度很低时，$[S] \ll K_m$，米氏方程分母中的底物浓度 $[S]$ 可忽略不计，则有 $v = V_{max}[S]/K_m$，即反应速率与底物浓度近似成正比，符合一级反应；而在底物浓度很高时（$[S] \gg K_m$），米氏方程分母中的米氏常数 K_m 可忽略不计，则有 $v = V_{max}$，即反应速率与底物浓度无关，呈现零级反应；当底物浓度介于上述两者之间时，$[S]$ 与 K_m 差别不大，反应速率与底物浓度呈现混合级反应。

（2）K_m 值的意义

从米氏方程的推导过程可以看出，某种酶催化某一底物反应时的 K_m 是一个定值，代表了如下的意义。

① K_m 值的物理意义是酶催化反应速率达到最大反应速率一半时的底物浓度　即当 $v = V_{max}/2$ 时，$K_m = [S]$，所以其单位与浓度单位一致，常用 mol/L、mmol/L 和 μmol/L 来表示。

② 米氏常数 K_m 是酶的特征性物理常数，只与酶的结构、酶所催化的底物和反应环境有关，与酶的浓度无关，因此通过测定酶的 K_m 值，可以鉴别酶的种类。

③ K_m 可用于判断反应级数　当 $[S] < 0.01\ K_m$ 时，$v = (V_{max}[S]/K_m)$，反应为一级反应；当 $[S] > 100\ K_m$ 时，$v = V_{max}$，反应为零级反应；当 $0.01\ K_m < [S] < 100\ K_m$ 时，反应处于零级反应和一级反应之间，为混合级反应。

④ 当 $k_{-1} \gg k_2$ 时，K_m 可以近似地表示酶与底物的亲和力。此时，说明 ES 复合物解离成 E 和 S 的速度大大超过了分解为 P 和 E 的速度，K_m 近似等于 k_{-1}/k_1。因此，K_m 值越小，酶对底物的亲和力越大，K_m 值越大，酶对底物的亲和力越小。

⑤ K_m 值可用来判断酶的最适底物　当酶有几种不同的底物存在时，K_m 值最小者，为该酶的最适底物。

⑥ 根据 K_m 值可以判断代谢路径的限速步骤　当一组酶催化连续的代谢反应时，若已知各酶的相应底物和 K_m 值，则 K_m 最大的酶催化的反应为这一连续反应的限速步骤。

（3）K_m 值的测定

K_m 值和 V_{max} 是酶促反应动力学的基本参数，测定 K_m 值时，都是通过改变米氏方程的形式后求得的。

① Lineweaver-Burk 作图法（双倒数作图法）　将米氏方程两边同时取倒数后，得到以下形式：

$$\frac{1}{v} = \frac{K_m}{V_{max}} \cdot \frac{1}{[S]} + \frac{1}{V_{max}} \tag{4-14}$$

式 4-14 符合线性方程 $y = ax + b$ 的形式，以 $1/v$ 为纵轴，$1/[S]$ 为横轴作图得到一条直线，就可以求得 K_m 值。在纵轴上的截距为 $1/V_{max}$，在横轴上的截距为 $-1/K_m$，直线的斜率为 K_m/V_{max}（图 4-18）。

② Hanes-Woolf 作图法　将米氏方程的双倒数形式两边均乘以 $[S]$，可得式 4-15：

$$\frac{[S]}{v} = \frac{1}{V_{max}}[S] + \frac{K_m}{V_{max}} \tag{4-15}$$

以 $[S]/v$ 和 $[S]$ 分别为纵轴和横轴作图，可得到一条直线，斜率为 $1/V_{max}$，在纵轴上的截距为 K_m/V_{max}，在横轴上的截距为 $-K_m$（图 4-19）。

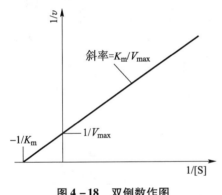

图 4-18　双倒数作图

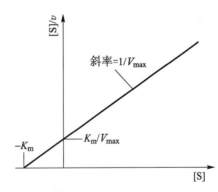

图 4-19　Hanes-Woolf 作图

③ Eadie-Hofstee 作图法　将米氏方程的双倒数形式两边均乘以 $v \times V_{max}$，可得式 4-16：

$$v = -K_m \frac{v}{[S]} + V_{max} \tag{4-16}$$

以 v 和 $v/[S]$ 分别为纵轴和横轴作图，可以得到一条直线，斜率为 $-K_m$，纵轴上的截距为 V_{max}，横轴上的截距为 V_{max}/K_m（图 4-20）。

在各种 K_m 值的求取方法中，Hanes-Woolf 和 Eadie-Hofstee 作图通常被用于酶反应的动力学研究，而双倒数作图法被广泛应用于酶学研究。

3. pH 对酶作用的影响

酶对环境酸碱度敏感，其活性受 pH 的影响较大。每一种酶只能在一定限度的 pH 范围内才表现活性。在有限的 pH 范围内酶活力也随环境 pH 的改变而有所不同。使酶表现最大活力的 pH 称为该酶的**最适** pH（optimum pH），高于或低于此 pH，酶活力都会下降。

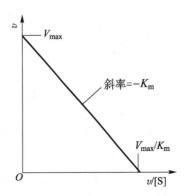

图 4-20　Eadie-Hofstee 作图

学习与探究 4-6

酶反应动力学

酶促反应其他条件保持不变，且为最佳状态时，以酶促反应速率 v 对 pH 作图，可见大多数酶的活力与环境 pH 的关系表现为典型的钟罩形曲线（图4-21），它和两性电解质在不同 pH 中的解离曲线很相似。因此人们认为 pH 之所以能够影响酶活性，其原因是它改变了酶分子的解离状态。但深入研究发现，pH 影响酶作用的原因可能还有以下两方面：

① pH 不仅能够作用于酶的整个分子，而且能够改变酶的活性中心或与之有关基团的解离状态，影响酶的活性中心构象，从而影响酶的专一性。

② 过酸或过碱会强烈影响酶蛋白的构象，导致酶变性失活。

不同种类的酶具有不同的最适 pH。一般酶的最适 pH 在 5~8，植物及微生物来源的大多数酶的最适 pH 在 4.5~6.5，动物体内的酶最适 pH 大多数在 6.5~8.0。但也有一些特殊 pH 要求的酶，如胃蛋白酶的最适 pH 为 1.9。因此在临床上使用胃蛋白酶时，常与稀盐酸同服。

酶的最适 pH 不是酶的特征常数，它会受酶的来源、纯度、底物、缓冲剂等各种因素的影响，因此酶的最适 pH 只有在一定条件下才有意义，在测定酶活性时，要选择适当的缓冲溶液，控制酶的最适 pH，以保持酶活性的相对恒定。

4. 温度对酶作用的影响

一般来说，酶促反应速率随温度的增高而加快，但当温度增加到某一点后，由于酶蛋白的热变性作用，反应速率迅速下降。酶促反应速率随温度升高而达到最大值时的温度称为酶的**最适温度**（optimum temperature）（图4-22）。

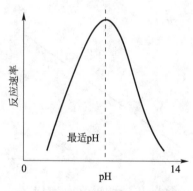

图4-21 pH 对酶促反应速率的影响

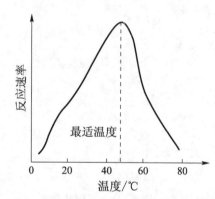

图4-22 温度对酶促反应速率的影响

知识拓展4-9
极端酶的发现与应用

一般来说，温度每升高 10 ℃，普通化学反应速率可提高 2~3 倍，但酶促反应的速率只能提高 1~2 倍，这是因为酶促反应速率的改变是两种效果的综合结果。在低于最适温度时，升温加速酶促反应速率；在高于最适温度时，升温加速酶蛋白变性失活。除少数酶能够耐受较高的温度外（如 *Taq* DNA 聚合酶最适温度可达 70 ℃，细菌淀粉酶最适温度为 93 ℃，牛胰核糖核酸酶可耐受 100 ℃ 的高温），绝大多数酶的最适催化温度在 60 ℃ 以下。且温度促使酶蛋白变性的效应是随时间累加的。在反应初始阶段，变性效果还未表现出来，但随着时间的延长，酶蛋白的变性逐渐突出。反应速率实际上是升温加速酶反应速率和酶变性失活两种效果的综合。

酶的最适温度与实验条件有关，其数值受底物、作用时间、激活剂、抑制剂等因素的影响，因而它也不是酶的特征性常数。研究表明，酶在干燥状态时对温度的耐受力较高，低温保存时可降低活性，利于存放。如低温保存种子、菌种等均是利用低温降低酶的活性、减慢新陈代谢的措施。

5. 激活剂对酶作用的影响

凡是能提高酶活性、加速酶促反应进行的物质都称为酶的**激活剂**（activator），按其化学属性可分为以下 3 类：

① 无机离子激活剂 Cl^-、Br^-、I^-、CN^- 等阴离子和某些金属离子如 Na^+、K^+、Mg^{2+}、Ca^{2+}、

Zn^{2+}、Mn^{2+}等都可作为激活剂。其中 Mg^{2+} 是许多激酶及合酶的激活剂，Cl^- 是唾液淀粉酶的激活剂。

② 小分子有机物激活剂　抗坏血酸（维生素 C）、半胱氨酸、还原型谷胱甘肽等对某些含巯基的酶有激活作用，保护酶分子中的巯基不被氧化，从而提高酶活性。一些金属螯合剂，如 EDTA（乙二胺四乙酸）能除去重金属离子对酶的抑制，也可视为酶的激活剂。

③ 生物大分子激活剂　一些蛋白激酶对某些酶的激活，如磷酸化酶 b 激酶可激活磷酸化酶 b，而磷酸化酶 b 激酶又受到 cAMP 依赖性蛋白激酶的激活；酶原可被一些蛋白酶选择性水解肽键而激活，也可将这些蛋白激酶和蛋白酶看成是激活剂。

激活剂对酶的作用是相对的，有一定的选择性。一种激活剂对某些酶起激活作用，而对另一些酶可能起抑制作用。如 Mg^{2+} 是脱羧酶、烯醇化酶、DNA 聚合酶的激活剂，但对肌球蛋白腺苷三磷酸酶却有抑制作用。另外，酶的激活与酶原的激活不同，酶的激活是使有活性酶的活性提高，而酶原激活是使无活性的酶原变为有活性酶的过程。

6. 抑制剂对酶作用的影响

许多化合物可以和酶相互作用，以可逆的或不可逆的方式与酶结合，这些物质并不引起酶的变性，但会使酶活性中心的结构和性质发生变化，从而引起酶活力下降或丧失，这种作用称为酶的**抑制作用**（inhibition）。能对酶起抑制作用的物质称为酶的**抑制剂**（inhibitor）。某些酶的抑制作用可作为生物体内的主要调控机制，是代谢途径中正常调控的一部分，具有重要的生理意义。而某些酶的抑制剂是外源的，如许多药物的药理作用和许多毒素的毒理作用均是通过抑制剂抑制某些酶活性来实现的，这些物质包括药物、抗生素、毒物和抗代谢物等。同时，酶的抑制作用也是新药分子设计的重要理论基础。

抑制剂对酶的作用有一定的选择性。一种抑制剂只能引起某一种或某一类酶的活性降低或丧失。酶的抑制作用包括**不可逆抑制作用**（irreversible inhibition）和**可逆抑制作用**（reversible inhibition）。

（1）不可逆抑制作用

不可逆抑制作用是指抑制剂通过共价键牢固地结合到酶活性中心的必需基团或靠近活性部位的氨基酸残基上，使酶活性永久性地丧失，不能用透析或超滤的方法除去抑制剂而恢复酶活性。最易发生不可逆抑制的氨基酸残基是具有活性—OH 的丝氨酸残基和具有活性—SH 的半胱氨酸残基。如有机磷化合物二异丙基氟磷酸（DIPF）能与乙酰胆碱酯酶活性中心的丝氨酸残基反应，形成稳定的共价键而使酶丧失活性。乙酰胆碱是昆虫和脊椎动物体内传导神经冲动的化学介质，乙酰胆碱酯酶的作用是催化乙酰胆碱水解为乙酸和胆碱。若乙酰胆碱酯酶被抑制，则会导致乙酰胆碱的积累，发生神经冲动的持续传导，引起一系列神经中毒症状，过度兴奋导致功能失调，最终导致死亡，这就是有机磷杀虫剂的作用原理。

另外重金属离子、有机汞、有机砷化物，如 Pb^{2+}、Hg^{2+} 及含 Hg^{2+}、Ag^+、As^{3+} 的化合物可与酶活性中心的必需基团—SH 结合而使酶丧失活性。氰化物和一氧化碳能与金属离子形成稳定的络合物，而使一些需要金属离子的酶活性受到抑制，如含铁卟啉辅基的细胞色素氧化酶。

有些不可逆抑制剂是重要的药物，如青霉素通过共价修饰转肽酶，不可逆地与糖肽转肽酶活性部位的丝氨酸残基共价结合，使酶失活，而该酶在细菌细胞壁合成中使肽聚糖链交联。则此酶的失活阻

知识拓展 4 –10

有机磷中毒

止了细菌细胞壁的合成，从而杀灭了细菌。

（2）可逆抑制作用

可逆抑制作用是指抑制剂与酶以非共价键结合，一般用透析、超滤、凝胶过滤等方法可除去抑制剂而恢复酶活性。可逆抑制存在解离平衡，抑制剂与酶分子的结合可能是活性部位，也可能不是活性部位。根据抑制剂与酶结合的关系，可逆抑制作用可分为3类。

📕学习与探究4-7
竞争性抑制作用

① 竞争性抑制作用　有些抑制剂的结构与底物非常相似，因此抑制剂可以与底物竞争酶的活性部位（图4-23A），从而阻止底物与酶的结合，减少了酶与底物的作用机会，降低了酶活力，此类抑制作用称为**竞争性抑制作用**（competitive inhibition）。

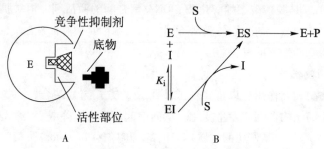

图4-23　竞争性抑制作用
A. 竞争性抑制剂结合到活性部位；B. 酶或和底物结合或和抑制剂结合

酶能结合底物（S）形成ES，也可以与抑制剂（I）结合形成EI，但酶不能同时结合底物和抑制剂形成EIS（图4-23B）。因此，这种抑制作用的强弱主要取决于底物浓度与抑制剂浓度的比例，而不由抑制剂和酶的绝对量决定，竞争性抑制作用可以通过增加底物浓度得以解除。也就是说当底物浓度较大时，底物可以通过竞争结合到酶的活性部位，从而阻止抑制剂与酶结合。

在竞争性抑制剂存在时，酶促反应仍然能达到最大反应速率（V_{max}），但表观K_m值却发生了改变。酶受到竞争性抑制后动力学方程变为：

$$v = \frac{V_{max}[S]}{K_m(1+[I]/K_i)+[S]} \tag{4-17}$$

其双倒数形式为：

$$\frac{1}{v} = \frac{K_m}{V_{max}}(1+[I]/K_i)\frac{1}{[S]}+\frac{1}{V_{max}} \tag{4-18}$$

新的K_m变为$K_m'=K_m(1+[I]/K_i)$，说明抑制剂I减少了E和S的结合力，但最大反应速率V_{max}不变。利用双倒数作图（图4-24A）可见，当有竞争性抑制剂时，直线斜率大于无抑制剂时的斜率，直线与纵轴的截距都是$1/V_{max}$，而与横轴的截距变为$-1/[K_m(1+[I]/K_i)]$，反应速率和底物浓度的关系变为图4-24B。

🔍科学史话4-6
格哈德·多马克与磺胺药

竞争性抑制作用的机制可用来解释某些药物的作用机制，并指导新药合成。叶酸和二氢叶酸是嘌呤核苷酸合成的重要辅酶——四氢叶酸的前体，细菌不能利用外源叶酸。磺胺药的结构与组成叶酸的对氨基苯甲酸结构非常相似，是细菌二氢叶酸合酶的竞争性抑制剂，能够影响二氢叶酸的合成，起到抗菌作用。利用尿嘧啶核苷酸磷酸化酶的竞争性抑制剂5-氟尿嘧啶与正常底物尿嘧啶竞争该酶的同一活性位点，可以抑制核苷酸的正常合成，起到抗癌作用。

📕学习与探究4-8
非竞争性抑制作用

② 非竞争性抑制作用　有些抑制剂可与底物同时结合到同一酶的不同部位，形成不能分解的抑制剂、底物和酶的复合物（EIS），所以导致催化活性降低，这种抑制作用称为**非竞争性抑制作用**（noncompetitive inhibition）（图4-25A）。

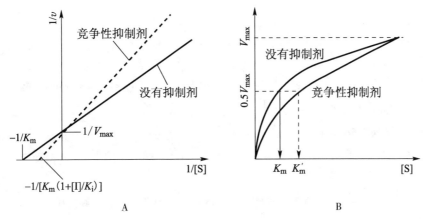

图 4-24　竞争性抑制双倒数作图（A）和 V-[S] 曲线（B）

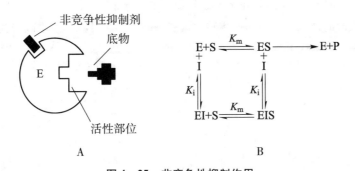

图 4-25　非竞争性抑制作用

A. 非竞争性抑制剂结合到活性部位之外；B. 酶既和底物结合又和抑制剂结合

在这种抑制作用中，抑制剂不是结合到酶的活性部位，而是结合到活性部位以外的其他部位。因此，抑制剂与底物没有竞争作用，酶与抑制剂结合后，还可以和底物结合，酶与底物结合后，也可以和抑制剂再结合（图 4-25B）。非竞争性抑制作用的强弱主要取决于抑制剂的绝对浓度，所以用增大底物浓度的方法不能解除抑制作用。

非竞争性抑制的米氏方程为：

$$v = \frac{V_{\max}[S]}{K_{m}(1 + [I]/K_{i}) + [S](1 + [I]/K_{i})} \tag{4-19}$$

其双倒数形式为：

$$\frac{1}{v} = \frac{K_{m}}{V_{\max}}(1 + [I]/K_{i})\frac{1}{[S]} + \frac{1}{V_{\max}}(1 + [I]/K_{i}) \tag{4-20}$$

在非竞争性抑制作用中，由于底物和抑制剂与酶的结合部位不同，所以底物与酶的亲和力没变，K_{m} 保持不变。但由于酶-抑制剂-底物三元复合物不能分解形成产物，所以 $V_{\max}$ 降低，实际上是非竞争性抑制剂降低了有功能酶的浓度，$V_{\max}$ 减小，使得 $V'_{\max} = V_{\max}/(1 + [I]/K_{i})$（图 4-26A），反应速率和底物浓度的关系变为图 4-26B。

非竞争性抑制作用也可以阐明某些药物的作用机制和指导新药的开发。别嘌呤醇为次黄嘌呤的异构体。次黄嘌呤及黄嘌呤可被黄嘌呤氧化酶催化生成尿酸。别嘌呤醇也能被黄嘌呤氧化酶催化而转变成别黄嘌呤，别嘌呤醇与别黄嘌呤都可抑制黄嘌呤氧化酶。因此在别嘌呤醇作用下，尿酸生成及排泄都减少，避免尿酸盐微结晶的沉积，防止发展为慢性痛风性关节炎或肾病变。

③ 反竞争性抑制作用　有些抑制剂只有当酶与底物结合后才能与 ES 复合物结合形成 ESI，形成

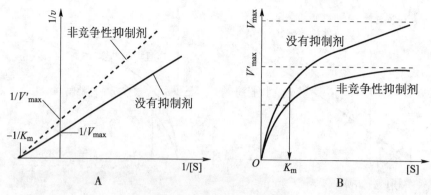

图 4 - 26　非竞争性抑制双倒数作图（A）和 $V - [S]$ 曲线（B）

的 ESI 三元复合物不能进一步分解为产物，因此对酶的催化作用产生抑制作用，这种抑制作用称为**反竞争性抑制作用**（uncompetitive inhibition）（图 4 - 27A）。

发生反竞争性抑制时既减少了中间产物转化为产物的量，同时减少了中间产物游离出酶和底物的量。反竞争性抑制作用的米氏方程为：

$$v = \frac{V_{max}[S]}{K_m + [S](1 + [I]/K_i)} \tag{4-21}$$

其双倒数形式为：

$$\frac{1}{v} = \frac{K_m}{V_{max}}\frac{1}{[S]} + \frac{1}{V_{max}}(1 + [I]/K_i) \tag{4-22}$$

双倒数作图发现，反竞争性抑制剂存在时，虽然其曲线与无抑制剂时的曲线平行，但 $V'_{max} = V_{max}/(1 + [I]/K_i)$，$K'_m = K_m/((1 + [I]/K_i)$，两者均变小（图 4 - 27B）。反应速率和底物浓度的关系变为图 4 - 27C。反竞争性抑制作用在单底物反应中较为少见。

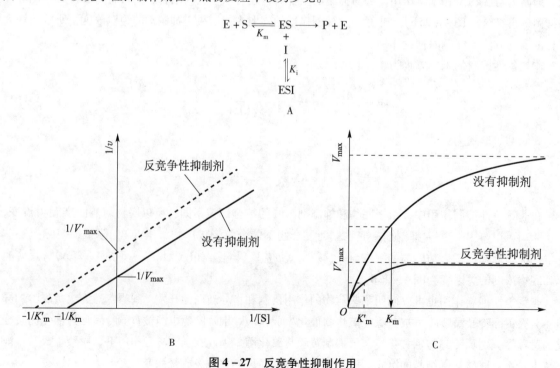

图 4 - 27　反竞争性抑制作用

A. 抑制剂在形成 ES 后结合；B. 反竞争性抑制双倒数作图；C. $V - [S]$ 曲线

表4-9总结了三种可逆抑制作用的特点。

表4-9　可逆抑制作用的主要区别

抑制类型	抑制剂结合方式	K_m	V_{max}	解除方式
无抑制	S和E			
竞争性	S或I与E结合	变大	不变	增加S
非竞争性	S和I与E结合为ESI	不变	变小	去除I
反竞争性	E和S结合为ES后与I结合为ESI	变小	变小	去除I

第六节　酶的活力测定与分离纯化

酶不同于一般的化学物质，不能简单地用质量或体积来表示酶的催化能力，常用酶活力表示。那么，酶活力是什么？如何来定性或定量地表示酶催化一定反应的能力？有哪些方法可以测定酶的活力？我们可以选用哪些方法来分离纯化目标酶？这些问题将在本节论述。

一、酶活力的测定

1. 酶活力

酶活力（或酶活性）（enzyme activity），是指酶催化一定反应的能力，也可以说是酶催化反应的速率。一种酶的活力与酶催化反应时的条件和催化底物有关，其大小可以用在一定反应条件下某种酶催化某一底物发生反应的速率来表示。也就是说，酶催化反应的速率越大，酶的活力就越高。对于某些已经商业化的酶而言，其活力的测定和表示方法通常是固定的。

测定酶活力的直接方法就是测定酶促反应的速率，常用单位时间内、单位体积中底物的减少量或产物的增加量来表示，公式为：

$$v = -dS/dt = dP/dt \tag{4-23}$$

式中，v 表示酶促反应速率，dS 表示底物的减少量，dP 表示产物的增加量。

如以产物浓度与反应时间作图（图4-28），则发现酶促反应进程曲线与典型的化学催化反应进程曲线有所差异。酶促反应速率只在反应初始的一段时间内保持恒定，之后随着反应的进行，酶促反应速率逐渐降低，这与酶是生物催化剂有关，可能的原因主要有：① 随着反应的进行，底物浓度不断降低；② 酶在催化过程中由于催化体系的变化其稳定性下降；③ 产物浓度的增加加速了逆反应的进行，或产物对酶形成了抑制作用。

为避免上述原因导致的酶促反应速率下降，在测定酶活力时常常用酶促反应的**初速率**（initial velocity）来表示，其值为曲线起始一段时间内直线的斜率。

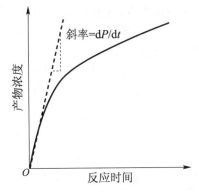

图4-28　酶促反应进程曲线

2. 酶的活力单位

酶活力单位（enzyme unit，简写为U）即酶单位，是指在一定条件下，一定时间内将一定量的底物转化为产物所需的酶量。

1961 年国际生物化学学会酶学委员会及国际纯化学和应用化学学会临床化学委员会提出，采用统一的"国际单位"（IU）来表示酶活力，规定为：在 25 ℃条件下，每分钟内催化 1 微摩尔（μmol）底物转化为产物所需的酶量为一个酶活力单位，即 1 IU = 1 μmol/min，称为标准单位。在测定酶活力时，对反应温度、pH、底物浓度、作用时间都有统一规定，以便同类产品互相比较。但因标准单位在实际应用时不够方便，故生产上往往根据不同的酶制定各自的酶活力单位。例如蛋白酶以 1 min 内能水解酪蛋白产生 1 μg 酪氨酸的酶量为 1 个蛋白酶单位，液化型淀粉酶以 1 h 内能液化 1 g 淀粉的酶量为 1 个单位，等等。不过习惯上沿用的单位表示方法不统一，同一种酶有几种不同的单位，不便于对同一种酶的活力进行比较。

1972 年国际酶学委员会又推荐一种新的酶活力国际单位，规定为在最适条件下，每秒钟能催化 1 摩尔（mol）底物转化为产物所需的酶量，定义为 1 Kat 单位。

$$1 \text{ Kat} = 1 \text{ mol/s} = 6 \times 10^7 \text{ IU}$$

虽然酶活力能衡量酶的催化能力，但要了解酶的质量和纯度，通常还需要测定酶的**比活力**（specific activity）。酶的比活力是指在特定条件下，单位质量的酶蛋白所具有的活力。比活力是表示酶纯度的指标之一，常用于酶的分离纯化和性质研究中，比活力越高，酶的纯度越高。

$$\text{比活力} = \text{酶活力（IU）} / \text{酶蛋白质量（mg）}$$

3. 酶活力的测定方法

酶在催化反应时受环境影响，因此测定酶活力时要在最适条件下进行，如最适温度、最适 pH、最适底物浓度和最适缓冲液离子强度等，只有在最适条件下测定才能真实反映酶活力的大小。不同酶的活力测定方法不同，但也有一些基本要求。

① 选择好测定对象　酶反应速率主要以底物或产物的变化量来衡量，底物是从有到无，而产物是从无到有。所以大多数情况下在测定酶活力时采用测定产物生成的方法。一般只要测定方法灵敏，准确度可以很高。

② 设立参照　为消除各种误差，在测定酶活力时常常需要设立参照。常用的有空白对照、样品对照和底物对照三种。空白对照指不加反应物的"试剂管"；样品对照是指测定的样品不纯时，通过设立单纯样品进行对照，以消除样品的内源性底物或产物；而底物对照是指当酶的底物能自发转化为产物时，通过不加样品，单加底物予以消除。

③ 保证实验中所测的速率为反应初速率　常用的初速率测定方法有取样测定法、连续测定法和反应进程曲线法。取样测定法是在酶促反应开始后，每隔一定时间取样进行产物或底物变化测定，求取单位时间内的酶促反应变化量，即为反应初速率；连续测定法是指连续测定酶促反应过程中底物或产物的变化量而求出反应初速率；反应进程曲线法是通过测定酶促反应底物或产物随时间的消耗或积累量，通过绘制反应进程曲线在 0 时刻的斜率而求得反应初速率的方法。

酶促反应速率的测定，可根据底物或产物的物理或化学特性来决定，常见的方法有以下几种。

① 分光光度法　**分光光度法**（spectrophotometry）是利用底物和产物的光吸收性质不同，选择适当的波长，测定酶促反应过程中吸收光谱的变化。此法可以连续读出反应过程中的光吸收变化，直接反映混合物中底物和产物的变化情况，是酶活力测定中最重要的方法之一。其优点是简便、迅速，专一性较强，并且几乎可以测定所有的氧化还原酶。如检测发酵过程中的氧化还原酶时，可依据其辅酶 NADH 在 340 nm 处吸光度的变化，间接计算该酶的活力。

② 荧光法　**荧光法**（fluorometry）是根据底物或产物的荧光性质不同来测定。此法的优点是灵敏度高，所以越来越多地用于某些快速反应的测定。但缺点是易受其他物质的干扰，尤其是在紫外区表现更为明显，若有 RNA、DNA 和蛋白质存在，就会影响测定结果。

③ 同位素测定法　**同位素测定法**（isotopic measurement）是指酶以具有放射性同位素的底物进行

催化反应，若生成的产物也具有放射性，适当分离后测定产物的脉冲数，则可换算出酶的活力。此法的优点是灵敏度极高，几乎所有的酶都可用此法测定。

此外还有：电化学法、pH 测定法、氧和过氧化氢的极谱测定、量气法、旋光法等都可以测定酶活力，但由于这些方法使用范围较窄，有些灵敏度较差，因此只应用于少数酶活力的测定。

二、酶的分离纯化

研究酶的性质、反应动力学、结构与功能关系等均需要高度纯化的酶，因此，酶的分离纯化是酶学研究的基础。在酶的纯化过程中，经常用酶的活力、比活力、回收率和纯化倍数来表征酶的纯化程度。一般而言，纯化后酶的比活力提高越多，总活力损失越少，则纯化效果就越好。

1. 酶分离纯化的一般原则

酶的分离纯化即是将酶从细胞、组织或其他含酶原料中提取出来，并通过适当的方法与杂质分离，从而获得所需的酶。酶的应用目的不同，对其纯度的要求也不同，但均必须保存酶的活力，所以酶的分离纯化具有如下一般原则。

① 防止破坏酶的天然构象，抑制酶变性失活　操作时要避免局部过酸或过碱，更应防止重金属、有机溶剂、去污剂、微生物污染或自身酶解等因素；尽可能保持在低温条件下操作，防止酶在高温时失活；尽早除去如细胞碎片、糖类、脂质和核酸等杂质的干扰。

② 建立有效的检测分析手段　因为灵敏、快速、准确的检测手段是评估纯化方法、判断酶活性和纯度的前提。从原料开始，酶的整个分离纯化步骤都要贯穿酶活力的测定与比较，从而为选择适当的方法和条件提供依据。

③ 选择有效的分离纯化策略　大部分酶是蛋白质，所以用于蛋白质分离纯化的方法都适用于酶，但对于具有生物活性的酶而言，还有一些特殊的方法使用。常用的有凝胶过滤、离子交换、等电聚焦、疏水作用及亲和层析等。

2. 酶分离纯化的一般过程

酶有胞外酶和胞内酶之分。对于胞外酶，例如在微生物发酵时分泌到发酵液中的酶，可通过离心或过滤等方法除去菌体，再进行浓缩和纯化。但大部分酶为胞内酶，一般需经过细胞破碎、酶的抽提、浓缩和纯化等较为复杂的过程才能获得纯度较高的酶。

① 细胞的破碎　大多数酶蛋白存在于细胞内，因此必须对细胞进行破碎。目前常利用机械法、化学法、酶法，或酶法与机械法相结合的方法，它们的原理及应用范围见第三章表 3-5。

② 酶的抽提　酶提取时应当根据目标酶的结构和性质选择合适的抽提缓冲液。大多数酶是能溶解于水的球蛋白，一般可以用水、稀盐或稀酸、碱溶液提取，少数与脂质结合或含非极性基团较多的酶可用非水相溶剂提取。也可以根据酶在分离步骤中所处的位置，采用先后不同的溶剂进行选择性的抽提。

为确保酶的提取效果，提取时应尽量使用类似于生理条件或能使酶稳定的缓冲液。常用的有磷酸盐缓冲液和 Tris-HCl 缓冲液，也可根据需要加入适当浓度的 EDTA、巯基乙醇或蛋白质稳定剂等。若材料为动物器官或组织，应当尽量除去脂肪和结缔组织以减少污染。若为植物组织，可在抽提缓冲液中加入聚乙烯吡咯烷酮（PVP），以减少褐变。

对于存在于线粒体、叶绿体等细胞器或细胞膜上的外周酶蛋白和嵌合酶蛋白，提取时相对较为复杂。外周酶蛋白通过次级键和外膜脂质的极性头部螯合在一起，一般可以用含 EDTA 的缓冲液抽提出来。而嵌合酶蛋白嵌合在膜的双层中，所以在提取时既要削弱它和膜质的疏水相互作用，还要保持酶蛋白疏水基暴露在外的天然状态，称为增溶作用。一般用既含有亲水部分又含有疏水部分的去污剂作为增溶剂，当其浓度高时，会形成内部为疏水核，外部为亲水层的胶束。当增溶时，膜蛋白的疏水部分嵌入胶束的疏水核中而与膜脱离，同时维持了膜蛋白表面的疏水结构。最后通过透析等方法除去去

科学史话 4-7
詹姆斯·萨姆纳
（James B. Sumner）

污剂，获得粗的膜蛋白。

为了提高酶的溶解度，抽提液的 pH 应该避开酶的等电点。但必须考虑酶的稳定性，选择的 pH 不能超出酶的 pH 稳定范围，大多数酶在抽提时的 pH 介于 4~8 之间。

为了保证酶活力损失最少，在提取时尽量将提取液保持在 0~4 ℃的低温环境中。大多数酶在高温时易损失酶活，但这也不是绝对要求，因为适当提高温度，酶的扩散速度也会增加，从而增加酶的溶解度，有利于酶的提取和纯化，如碱性磷酸酶、胃蛋白酶等是在 37 ℃时提取的。总的来说，温度范围的确定也应与酶的热稳定性、溶解度等因素一起综合考虑。

大多数酶在低盐溶液中具有较大的溶解度。因此大多数酶可用稀盐溶液进行抽提，除了常用的磷酸盐缓冲液和 Tris–HCl 缓冲液外，由于柠檬酸缓冲液有助于切断酶和其他物质之间的联系，并具有螯合某些金属离子的作用，应用也较为广泛。

此外，为了维持抽提体系的稳定性，减少细胞组分对提取效果的影响，常常在抽提液中加入一些保护剂。常见的有防止蛋白酶破坏性水解作用的对甲苯磺酰氟（PMSF），防止氧化等因素的半胱氨酸、惰性蛋白和酶的作用底物等。

③ 酶的浓缩　提取液和发酵液中的酶量一般都很少，而且被提取的目标蛋白可能只是提取总蛋白的一小部分，因此必须对其进行浓缩。浓缩去除水分的方法有蒸发、超滤、沉淀、凝胶过滤等。

酶液的蒸发浓缩一般采用减压浓缩，主要有真空蒸发和薄膜蒸发。**真空蒸发**（vacuum evaporation）利用减压条件下溶液沸点降低的原理，使溶液在较低温度下沸腾蒸发，达到浓缩的目的。此种蒸发方法效率较低，并且可以产生气泡使酶变性失活。**薄膜蒸发**（thin film evaporation）能使液体形成薄膜，增大蒸发面积，在短时间内可迅速蒸发溶液而达到浓缩的目的，酶活损失较少。所以工业上应用较多的是薄膜蒸发浓缩法。

知识拓展 4–12

超滤技术与超滤膜

超滤（ultrafiltration）是酶液最方便和常用的浓缩方法。一般利用截留范围在 $10 \times 10^3 \sim 30 \times 10^3$ 的膜进行酶液浓缩，可以分离相对分子质量在 $1 \times 10^3 \sim 100 \times 10^3$ 范围内的酶分子。该方法的优点是无热破坏，酶活性损失较低。超滤可用于酶的粗分离以及除盐和低分子杂质，适用于实验室规模和工业化生产。

沉淀（precipitation）一般利用有机溶剂或盐进行沉淀，然后对沉淀物进行过滤和抽提。沉淀方法包括盐析法、有机溶剂沉淀法、高分子聚合物沉淀法及亲和沉淀法，此外，还有等电点沉淀法、热变性等多种酶蛋白沉淀方法，根据分离和浓缩的目标酶的性质不同来选择不同的沉淀方法。有关这些方法的具体内容请参见第三章蛋白质化学。

④ 酶液的脱盐　经过浓缩的沉淀物在进一步纯化之前一般需要脱盐处理，降低其离子强度，常用的除盐方法有透析、凝胶过滤、纤维过滤透析、超滤等，它们各自的处理特点和优缺点见表 4–10。

表 4–10　酶蛋白的脱盐方法

方法	特点	处理时间	优缺点
透析	截留范围在 $5 \times 10^3 \sim 30 \times 10^3$，处理少量或几十毫升	5 h 以上	简单，但耗时，缓冲液用量大
凝胶过滤	酶蛋白不被截留，处理少量或几十毫克	数小时	稍难
纤维过滤透析	可以连续处理大量样品	半小时	透析时间短，但透析膜昂贵
超滤	可处理大量液体	半小时内	有浓缩作用，缓冲液用量少

3. 酶的常用纯化方法

经过粗分离的酶蛋白还含有许多非目标蛋白，为获得更高的纯度，还需进一步纯化。这主要通过各种层析技术或电泳分离实现，常用的层析技术见表 4–11。

表 4 – 11　常用的酶蛋白纯化层析技术

层析类型	分离原理	特点	应用
凝胶过滤	分子大小	受样品体积限制，无需再生处理	小量样品的快速分离，适于后期纯化阶段
离子交换	电荷不同	不受样品体积限制，需再生处理	可用于大量样品的分离，适于早期纯化阶段
疏水作用	极性不同	不受样品体积限制，需再生处理	可用于大量样品的分离，适于纯化的任何阶段
亲和层析	生物亲和作用	不受样品体积限制，需再生处理	适于小量样品分离，不适于早期纯化阶段

亲和层析用于酶的分离时，可用的特异性配基较多，可以选择它的底物或辅助因子、底物类似物或竞争性抑制剂等，它们都具有较高的生物亲和力，能够专一性地且可逆地形成酶 – 配基络合物，这些特异性的配基与固定化载体偶联后即为亲和层析吸附剂。用于酶纯化的配基被分为 3 类：

① 特异性亲和目的酶的配基　主要有底物、底物类似物、酶的抑制剂和抗体。如胰蛋白酶的天然蛋白质类抑制剂有胰蛋白酶抑制剂，如卵黏蛋白和大豆胰蛋白酶抑制剂等；小分子抑制剂有苄脒、精氨酸和赖氨酸等。

② 特异性亲和不同类型酶的配基　主要有辅酶和磷酸腺苷。如各种脱氢酶和激酶需要在辅酶存在下表现生物催化活性，这些辅酶可用做脱氢酶和激酶的亲和配基。腺苷一磷酸、腺苷二磷酸的腺苷部分与许多辅酶的结构类似，与脱氢酶和激酶同样具有亲和结合作用，也可用做这些酶的亲和配基。

③ 和不同类型酶进行相互作用的配基　主要有金属离子、染料和碳氢链。

另外，某些染料也可以与酶发生亲和作用，成功地用于酶蛋白的分离纯化。其原理被认为是染料具有二核苷酸类似物的作用，主要可以纯化需要如 NAD^+、$NADP^+$ 等辅因子的酶。目前被广泛作为配基使用的染料是三嗪活性蓝（cibacron blue F3 – GA），用染料亲和层析大规模纯化的酶主要有甘油激酶、甘油脱氢酶、羧肽酶等。

第七节　酶的应用及其固定化

工业生物催化技术的深入研究与广泛应用，是继生物制药和生物科技农业之后生物技术发展的"第三次浪潮"。这一技术的核心就是生物催化剂的开发与应用。酶作为生物催化剂，在许多化学反应中具有不可低估的作用，酶是基因工程、发酵工程、蛋白质工程、细胞工程等现代生物技术发展的重要组成部分。另外，由于酶具有的高效性、专一性和反应体系简单等优点，它在食品工业、医药工业等领域也早有应用；近年来在能源、化工和轻工等行业中的应用也迅速发展。并且随着酶工程技术的发展，固定化酶技术和方法的研究也迅速发展，并被广泛应用在基础研究、工业生产、医疗和分析检测等方面。

一、酶在食品工业中的应用

酶的应用最早是从食品工业开始的。在食品加工中，较好地保持食物的色、香、味和结构是很重要的。酶的作用条件非常温和，是最适用于食品加工的催化剂。目前已经有几十种酶成功地被应用于食品加工中，但主要是水解酶和氧化还原酶类（表 4 – 12）。

1. 酶在制糖工业中的应用

葡萄糖和果葡糖浆是酶法制糖最为典型的例子。酶法生产葡萄糖是以淀粉为原料，经 α – 淀粉酶和糖化酶的作用催化生成的，分为淀粉液化和葡萄糖转化两步反应。生产时首先利用淀粉酶，在 80 ~ 90 ℃ 的高温下使淀粉颗粒破裂糊化、液化，再经糖化酶的催化将糊精全部水解成葡萄糖浆。糖

表4-12 应用于食品工业中的主要酶

酶	来源	在食品工业中的用途
淀粉酶	枯草杆菌、米曲霉、麦芽等	淀粉液化、啤酒酿造等
糖化酶	根霉、黑曲霉等	糊精降解为葡萄糖
蛋白酶	木瓜、枯草杆菌、霉菌等	肉类的软化和熟化、乳酪生产等
纤维素酶	木霉、青霉等	发酵
果胶酶	霉菌	果汁、果酒等饮料的澄清
脂肪酶	真菌、细菌等	乳酪的后熟、牛奶的加工等
溶菌酶	蛋清等	食品抗菌
氨基酰化酶	霉菌、细菌等	L-氨基酸的生产
橙皮苷酶	黑曲霉	防止柑橘罐头或其产品的浑浊

化酶可从淀粉的非还原性末端逐个水解下葡萄糖。糖化酶对温度敏感，在糖化工艺中，将液化淀粉冷却到60 ℃，pH 降低至4.5~5.0 可生产出95%~98%的葡萄糖浆。

果葡糖浆是葡萄糖和果糖的混合物，是葡糖在葡糖异构酶的催化下通过异构化反应得到的，自1973 年后，国内外先后采用此方法进行连续化生产果葡糖浆。葡糖异构酶主要来源于放线菌或细菌，由于偏碱时葡萄糖易分解，所以在生产果葡糖浆时一般控制 pH 在7.0 之下。异构化的反应温度一般在60~70 ℃之间，目前已从嗜热微生物 Thermotogo 中分离到最适温度接近100 ℃的木糖异构酶，它能够在高温下将葡萄糖转化为果糖。

2. 酶在果蔬保鲜与加工中的应用

包装食品在贮藏中变质的主要原因是氧化和褐变，许多食品的变质都与氧有关。葡糖氧化酶在食品保鲜与包装中突出的作用是除氧。生鲜食品容易发生腐败，所以常常需要一定的防腐措施。溶菌酶可以水解细菌细胞壁肽聚糖的 β-(1→4) 糖苷键，导致细菌自溶死亡，并且溶菌酶在含食盐、糖等的溶液中较稳定，耐酸和耐热性强，故非常适用于各种食品的防腐保鲜。

在果蔬汁的生产中，应用最广的酶是果胶酶，也是第一个被用于果汁处理的酶。在果汁制备过程中，应用果胶酶处理有助于压榨和提取汁液，在进行沉降、过滤和离心时，能促进凝聚沉淀物的分离，使果汁澄清。

除了果胶酶外，还有纤维素酶和半纤维素酶等对加快果汁澄清速度、缩短果汁处理时间具有重要意义。纤维素酶、木瓜蛋白酶和淀粉酶等一般是作为混合酶起到共同酶解的作用。

3. 酶在乳品工业中的应用

在乳品工业中，凝乳酶可用于制造干酪，过氧化氢酶可用于牛奶消毒，溶菌酶可用于生产婴儿奶粉，乳糖酶可以分解乳糖，脂肪酶可以增加黄油香味。如在生产干酪时，牛奶用乳酸菌发酵制成酸奶，再加凝乳酶水解酪蛋白，在酸性条件下，钙离子使酪蛋白凝固，再经切块加热压榨熟化而成。由于过氧化氢酶对牛奶中的酶和有益细菌损害较小，且可很好地降解过氧化氢（杀菌剂），使其变为水和氧，因此过氧化氢酶常被用于牛奶的消毒。

另外，牛乳中含有5%的乳糖，可被乳糖酶水解为半乳糖和葡萄糖。有些人饮用牛奶后常发生腹泻、腹痛等症状，这是由于体内缺乏乳糖酶所致。为了解决以上问题，采用聚丙烯酰胺包埋法将乳糖酶固定后再与牛乳作用，就可以制造不含乳糖的牛奶。

4. 酶在蛋品与肉品工业中的应用

酶在蛋白质制品加工中的主要作用是改善组织、嫩化肉品以及转化不可食用蛋白质为可食用蛋白质，从而增加蛋白质的利用度等。如用葡糖氧化酶去除禽蛋中含有的微量葡萄糖，防止葡萄糖与氨基酸发生反应，产生褐变。

在肉品加工中，常用蛋白酶分解肌肉结缔组织的胶原蛋白，起到软化肉的作用。利用转谷氨酰胺酶，使蛋白质分子内或分子间发生交联，可改变蛋白质的凝胶性、持水性等性质。

随着酶学和酶工程技术的发展，酶在食品领域的应用越来越广泛，在酒类酿造、面包制作、食用油的开发以及膳食纤维生产等各方面也得到了广泛应用。

二、酶在医药工业中的应用

1. 酶在药物合成和新药开发中的应用

酶在药物合成中的应用，主要是利用酶的催化作用将前体物质转化为药物，涉及酶的催化高效性和专一性等特点，现在已有不少药物是通过酶法合成的（表 4 – 13）。

表 4 – 13　酶法生产的部分商业化药物

药物	酶	作用方式
青霉素	青霉素酰化酶	水解合成
头孢霉素	青霉素酰化酶	水解合成
多巴	L – 酪氨酸转氨酶、β – 酪氨酸酶	手性拆分
氢化可的松	11 – β – 羟化酶	还原
L – 肉碱	脱氢酶	氧化
核苷酸类	核糖核酸酶	水解
氨基酸	蛋白酶	水解

多数药物具有手性，因此进行手性药物的合成和拆分是药物生产中的重要环节，酶法拆分是近几年发展的趋势。巴斯夫（BASF）公司以多品种的混旋手性胺为原料，经脂肪酶催化，选择性酰化拆分生产几十种不同手性胺，目前年产已达 1 000 t。又如，大部分抗胆固醇药物普伐他汀是通过两步酶法合成的，第一步是在枯青霉菌存在下，通过发酵法生产前体康百汀（compactin），第二步利用放线菌中的细胞色素氧化酶通过区域和立体选择性氧化 compactin 的 C – 3 生成普伐他汀。

2. 酶在疾病治疗方面的应用

由于酶具有专一性、高效性和可调控的特点，所以酶在疾病治疗方面的应用非常广泛，种类也多。并且随着对疾病病因的解析，预计会产生更多新的酶类药物，伴随基因工程技术的应用，酶类药物的生产成本也将会大大降低。已被应用于疾病治疗的酶见表 4 – 14。

科技视野 4 – 9

长寿的秘密：端粒酶

表 4 – 14　主要的医用酶

酶	来源	用途
淀粉酶	微生物、麦芽	治疗消化不良、食欲不振
蛋白酶	微生物、胃、胰	治疗消化不良、消炎、除去坏死组织等
脂肪酶	微生物、胰	治疗消化不良、食欲不振
纤维素酶	霉菌	治疗消化不良、食欲不振
溶菌酶	细菌、蛋清	治疗出血、分解脓液、消炎镇痛等
超氧化物歧化酶	微生物、血液	预防辐射，治疗皮肤炎症、氧中毒等
L – 天冬酰胺酶	大肠杆菌	治疗白血病
凝血酶	细菌、酵母	治疗各种出血
谷氨酰胺酶	微生物	抗癌
核糖核酸酶	胰	抗感染、去痰、治肝癌
溶纤酶	蚯蚓、微生物	溶血栓
右旋糖酐酶	微生物	预防龋齿，制造右旋糖酐用作代血浆

3. 酶在疾病诊断和分析检测中的应用

酶应用于疾病诊断主要依据两个原理，一是根据体内原有酶活力的变化，二是利用酶来测定体内某些物质含量的变化。某些酶在健康人体内的含量可能为一恒定值或在某一范围内，若出现某些疾病，则体内这些酶的活力将会发生相应的变化，因此可以据此诊断某些疾病。如患有肝病时体内胆碱酯酶的活性会下降，患有坏血病和贫血时，体内碳酸酐酶的活性会升高。也可以利用酶的专一性来测定体内某些物质的含量，从而诊断某些疾病。如利用尿酸酶测定血液中尿酸的含量，可以诊断是否患有痛风；利用胆固醇氧化酶测定血液中胆固醇的含量，可以诊断心血管疾病或高血压。且随着酶在分析检测技术中应用的发展，多酶偶联反应和酶联免疫吸附等检测方法也迅速发展。

多酶偶联反应检测（coupled multienzyme reaction assay）是利用两种或多种酶的联合作用，使底物通过两步或多步反应转化为易于检测的产物，从而测定被测物质量的方法。如在测定血液或尿液中葡萄糖含量时，可使用葡糖氧化酶和过氧化物酶偶联的酶试纸。其原理是葡糖氧化酶催化葡萄糖与氧反应生成葡糖酸和 H_2O_2，生成的 H_2O_2 在过氧化物酶的作用下分解为水和原子氧，新生态的原子氧将无色的还原型邻联苯甲胺氧化成蓝色物质，颜色的深浅与样品中葡萄糖浓度呈正比。

酶联免疫吸附测定（enzyme linked immunosorbent assay，ELISA）首先是将适宜的酶与抗原或抗体结合在一起，若要测定样品中抗原含量，就将酶与欲测定的抗原的对应抗体结合，制成酶标抗体；反之，若要测定抗体，则需先制成酶标抗原。然后将酶标抗体（或酶标抗原）与样品液中待测抗原（或抗体），通过免疫反应（或抗体）结合在一起，形成酶 – 抗体 – 抗原复合物。通过测定复合物中酶的含量就可得出欲测定的抗原或抗体的量。

◎ **知识拓展 4 –13**

酶联免疫吸附测定

三、酶在能源、化工和轻工业中的应用

1. 酶在能源开发中的应用

① 脂肪酶生产生物柴油　**生物柴油**（biodiesel）是以植物、动物油脂等可再生生物资源为原料生产的可用于压燃式发动机的清洁替代燃料。从化学成分来看，生物柴油是一系列长链脂肪酸甲酯。天然油脂多由直链脂肪酸的三酰甘油组成，经化学处理后，相对分子质量降至与柴油相近，接近于柴油的性能。

目前生物柴油的制备方法主要有直接混合法、微乳化法、高温裂解法和酯交换法。酯交换法中备受人们关注的是利用脂肪酶催化制备生物柴油的技术。脂肪酶来源广泛，在非水相中能催化水解、酯合成、转酯化等多种反应。但脂肪酶在有机溶剂中易聚集，因而催化效率较低。所以采用固定化脂肪酶技术以提高脂肪酶的稳定性，并使其能重复利用。

② 燃料乙醇　燃料乙醇可用淀粉和纤维素为原料来生产。较成熟的燃料乙醇的生物转化方法是以玉米为原料，甘蔗、甜菜、甜高粱以及木薯、马铃薯等也可以作为乙醇生产的原料，但最近各国的研究集中在以纤维素为原料上。

以淀粉为原料生产乙醇时，主要涉及的酶有淀粉酶、糖化酶和酒化酶等。淀粉酶是将淀粉降解为葡萄糖等所必需的。酒化酶是乙醇发酵时所需多种酶的总称，单糖在酒化酶的作用下进行厌氧发酵并转化成乙醇及 CO_2。以玉米淀粉为原料生产燃料乙醇在我国已得到极大重视，现在吉林、黑龙江和河南等地已建立年产数十万吨乙醇的工厂。

以纤维素为原料生产燃料乙醇主要有两大步骤，其一是将难降解的纤维素变为葡萄糖，其二是将葡萄糖发酵生成乙醇，纤维素酶是整个降解过程中的重要酶。现已确认纤维素酶主要分为 3 大类，内切 β – 1，4 – 葡聚糖酶，外切 β – 1，4 – 葡聚糖水解酶和 β – 葡糖苷酶，也称纤维二糖酶。虽然纤维素较难降解，但通过研究，在以纤维原料转化为燃料乙醇的应用中已有较大的进展。如杰能科（Genencor）国际生物公司与美国能源部合作，研制开发从木质纤维原料转化为乙醇的生物技术，已经取得了突破性的成就。

③ 生物制氢　**生物制氢**（biohydrogen production）技术，是以废糖液、纤维素废液和污泥废液为原料，采用微生物培养的方法制取氢气。细菌中的氢酶是生物制氢中被人们所重视的酶。氢酶是一种多酶复合物，其主要成分是铁硫蛋白，分为放氢酶和吸氢酶两种，分别催化 $2H^+ + 2e^- = H_2$ 的正反应和逆反应。氢酶极不稳定，如在氧存在下就容易失活。因此生物制氢的关键是要提高氢酶的稳定性，以便能采取通常的发酵方法连续地、较高水平地生产氢气。目前国外的研究主要集中在固定化微生物制氢技术上。I. Karube 等人利用聚丙烯酰胺凝胶包埋丁酸梭状芽孢杆菌 IFQ_{3847} 菌株，以葡萄糖为底物能够连续进行 20 天的产氢。有报道指出用多孔玻璃固定化产气肠杆菌 HO – 39 细胞，其生成氢气的速度约为前者的 7 倍。

④ 生物燃料电池　**生物燃料电池**（biofuel cell）主要是将生物在代谢过程中所产生的化学能变为电能。生物燃料电池可以分为直接使用酶的**酶电池**（enzyme fuel cell）和间接利用生物体内酶的**微生物电池**（microbial fuel cell）。例如用葡萄糖为燃料的酶电池是模仿线粒体的反应机构成的。漆酶（Lac）和胆红素氧化酶（BOD）可以被用作 O_2 还原的生物催化剂，O_2 被还原为水，有可能替代传统燃料电池中的贵重金属催化剂铂。近几年国内外对酶生物燃料电池的研究不断深入，相信酶燃料电池作为一种绿色能源会在能源和医疗等领域发挥巨大的作用。

2. 酶在化学工业中的应用

美国化学工业一年可将价值 270 亿美元的原材料变为价值 4 190 亿美元的产品，通常会消耗美国每年能源产量的 7%。由于酶的高效性和高选择性，它在化学工业上的应用已经具有越来越大的吸引力，且有许多成功的例子。

① 腈的生物转化　丙烯酰胺是一种用途广泛的重要有机化工原料。1985 年起，日本首次采用微生物法商业化生产丙烯酰胺，并迅速取代了传统的化学催化水合法，其中主要的催化剂即为腈水合酶。

腈水合酶有钴型和铁型两类。腈水合酶催化丙烯腈合成丙烯酰胺的机制是腈水合酶中的钴离子起到 Lewis 酸的作用。首先，铁或钴离子与腈及周围的水分子结合，激活腈基中的三键，并在辅酶的共同作用下发生水合。腈基靠近 OH^- 或者一个与金属离子形成共价键的水分子，然后 OH^- 或者水分子攻击腈基中的碳负离子形成一个亚酰胺，最后亚酰胺异构化生成酰胺。

② 醇类化合物的生产　1，3 – 丙二醇是一种多用途的二元醇，是工业生物技术领域研究的重要产品之一。生物法合成 1，3 – 丙二醇主要是在一系列酶的催化下进行的，其中甘油脱水酶是关键限制性酶。甘油脱水酶需要与辅酶 B_{12} 有机结合后产生电子受体，从而将甘油转化为相应的醛。

③ 长链二元酸的生产　长链二元酸（简称 DCA）是一类重要的精细化工原料，用传统的化学法只能合成 C_{12} 以下的二元酸。自 20 世纪 80 年代初，日本矿业公司成功开发出用发酵法以石蜡烃为原料生产 DCA 后，化学法生产 DCA 技术已完全被生物法所取代。

目前以酶为主要催化剂生产的 DCA 主要是直链 α，ω – 二羧酸，用于工业生产的菌种主要为 *Candid tropicalis* 的各种突变株。中国石油化工集团公司抚顺石油化工研究院通过诱变获得一株高产 DCA 的 *Candida tropicalis* 突变株 CCGMC356，在 20 t 发酵罐生产 DCA_{13}，培养 120 h 产酸量达到 153 g/L，烷烃分子转化率约 53%，而且产物中未检测到 DCA 的降解物。预计通过基因工程的方法对其进行改造，还能显著提高有机酸的产量。

④ 其他　此外，酶可应用于烷基芳香烃的生物转化，可以用于基团转移反应，工业生产芳香族氨基酸、手性物质等。工业生产中常利用转酮醇酶生产芳香族氨基酸，如将 L – 色氨酸和 L – 酪氨酸转化为染料——靛蓝和紫外吸收物质——真黑色素。

3. 酶在轻工业中的应用

酶在轻工业中的应用广泛，可以应用于纺织、皮革、造纸、洗涤剂和化妆品等领域。

应用于纺织行业的酶主要是纤维素酶。酸性纤维素酶能对织物表面或伸出织物表面的茸毛状短小

科技视野 4 – 10

酶催化纤维素变淀粉

纤维进行降解，使织物表面绒毛减少，起球趋势降低，手感、悬垂性、吸水性等性能得到改善。应用在皮革加工中的酶主要是蛋白酶，常用胰蛋白酶制剂对皮革进行软化和脱毛，可减轻生产中的污染，有利于实现生产工艺过程生态化和无废化。

木聚糖酶在纸浆工业上的应用日益受到重视。木聚糖酶的作用是通过水解半纤维素以增加木质素的溶出，新的工程木聚糖酶可耐高 pH 和高温，并且只需短短的 15 min 即可有效。研究发现利用木素过氧化物酶、锰过氧化物酶和漆酶的共同作用，有望完全降解纸浆中残留的木质素，实现生物漂白的作用。

碱性蛋白酶是目前最广泛应用于洗涤剂中的酶，添加量为洗涤剂的 0.1% ~ 1.0%。在日本、欧洲和美国，加酶洗涤剂占洗涤剂总产量的比例分别为 70%、90% 和 95%，我国加酶洗涤剂占洗涤剂总量的 10% ~ 15%。

酶在化妆品领域也得到了广泛的应用。如采用木瓜蛋白酶成分的化妆品可以水解蛋白质，有选择性地溶解老化细胞，温和高效地去除角质层。又如在定型或染发时采用已获专利的葡糖氧化酶、吡喃糖氧化酶和尿酸酶体系，不仅对发质无损，且定型和染色效果更好。

四、酶的固定化应用

酶分子的高级结构易受各种环境因素和蛋白酶等生物因素的影响，从而使酶丧失活力。为减少这些影响，酶的固定化技术应运而生。这是由于固定化后的酶不仅保留了其催化特性，而且能够回收反复使用，可以实现生产工艺的自动化和连续化等。

1. 酶的固定化

科技视野 4 – 11

纳米材料固定化酶

酶的固定化是 20 世纪 50 年代发展起来的新技术，经固定化后的酶被称为**固定化酶**（immobilized enzyme）。固定化酶在 1971 年第一届国际酶工程会议上被正式建议使用。固定化酶的实质是将酶经过一定改造后利用物理或化学的方法将其限制在一定的空间内，使其能模拟体内酶的作用方式，并可反复连续地进行有效的催化反应。所以固定化酶又被称为**固相酶**（insoluble enzyme）。在理论研究上，固定化酶可以作为探讨酶在体内作用的模型，而在实际使用中，可使生产工艺自动化和连续化，提高酶的使用效率。

与游离酶相比，固定化酶具有显著的优点：与底物和产物易分离，简化了提纯工艺；大多数情况下，酶在固定化后稳定性会提高，可以增加反应效率，提高产物质量；可以严格控制酶反应过程，适用于大规模生产；固定化酶可以反复长期使用，使用效率提高，降低成本。但在固定化酶时，常常会出现酶活力损失的现象，由于需要固定化工序，所以工厂初始投资也会增大。

制备固定化酶时需要根据情况选择不同的固定化方法，但必须避免酶活性中心或其高级结构受到破坏，所选的固定化载体要有一定的机械强度，不与底物或产物发生化学反应，并且应使固定化酶具有尽可能大的稳定性，酶与载体间不易脱落，以利于在工业上使用。固定化酶技术主要是通过化学或物理等手段，将酶分子束缚起来以供重复使用，大致可分为吸附法、包埋法、共价偶联法和交联法（图 4 – 29）。

① 吸附法　吸附法（adsorption）是通过载体表面和酶分子表面间的次级键相互作用而达到固定酶的方法。吸附法包括物理吸附法和离子结合法。这些种类的作用力较弱，所以酶的活性损失少。**物理吸附法**（physical adsorption）是通过氢键、疏水作用等物理作用力将酶吸附于不溶性载体上的方法。因为这种方法酶与载体间的相互作用力弱，所以酶易脱落。**离子结合法**（ion binding）是指在适宜的 pH 和离子强度条件下，利用酶的侧链解离基团和水不溶性载体的离子交换基团间，通过盐键相互作用而达到固定化的方法。离子结合法固定化酶时受 pH、离子强度、蛋白质浓度、温度、吸附速度和载体的影响，在这种方法中，载体和酶的结合力也较弱，酶常常在离子强度较高的反应环境中脱落。

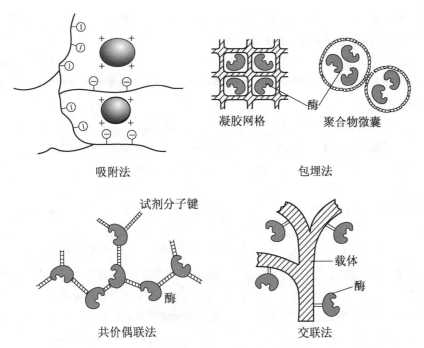

吸附法   包埋法

共价偶联法   交联法

图4-29 酶的固定化方法

② 包埋法 **包埋法**（entrapment）是将酶包埋在高聚物网格或高分子半透膜内的固定化方法。若将酶包裹在高聚物凝胶的细微网格中，称为网格型；若是酶分子被包埋在高分子半透膜内，则称为微囊型。通过包埋法固定化的酶只是被限制在一定大小的网格范围内运动，酶蛋白的氨基酸残基不进行结合反应，所以很少改变酶的高级结构，酶活力回收较高，适用于大多数酶的固定化。网格型包埋法常用的载体有聚丙烯酰胺、聚乙烯醇和光敏树脂等，海藻酸钠、K-角叉菜胶、胶原和明胶等是近年来发展起来的无毒包埋材料。微囊型包埋法主要是将酶固定在直径为几十到几百微米的半透膜内。尼龙膜、硝酸纤维素等许多材料可用于制备微胶囊，最典型的例子是将酶封装在胶囊、脂质体和中空纤维中。

包埋法的优点在于它是一种反应条件温和、很少改变酶结构但是又较牢固的固定化方法。包埋法的缺点是只有小分子底物和产物可以通过高聚物网架扩散，对那些底物和产物是大分子的酶并不适合。这是由于高聚物网架会对大分子物质产生扩散阻力，导致固定化酶动力学行为改变，使活力降低。

③ 共价偶联法 **共价偶联法**（convalent coupling）是目前酶固定化研究中最为活跃的方法。它的原理是酶蛋白分子上的功能基团和固相支持物表面上的反应基团之间形成共价键，将酶固定在支持物上。该方法常常要使载体活化后才能与酶结合，不同的载体有不同的活化方法。但在固定化酶时都需遵循几个原则：载体的物化性质要求载体亲水，并且有一定的机械强度和稳定性，同时具备在温和条件下与酶结合的功能基团；偶联反应的反应条件必须在温和pH、中等离子强度和低温的缓冲溶液中；所选择的偶联反应要尽量避免对酶的其他功能基团发生的副反应；要考虑到酶固定后的构型，尽量减少载体的空间位阻对酶活力的影响。

共价偶联法的优点是得到的固定化酶结合牢固、稳定性好、利于连续使用。缺点是载体活化的操作复杂，反应条件激烈，需要严格控制条件才可以获得较高活力的固定化酶。同时共价结合会影响到酶的空间构象，从而对酶的催化活性产生影响。

④ 交联法 **交联法**（cross-linking）是利用双功能或多功能试剂在酶分子间、酶分子与惰性蛋白间或酶分子与载体间进行交联反应，把酶蛋白分子彼此交叉连接起来，形成网络结构的固定化酶。能起交联作用的试剂很多，有戊二醛和双偶联苯胺-2，2-二磺酸等，但目前常用的交联试剂是戊二

醛。交联法常与吸附法或包埋法配合，目的是使酶紧紧地结合于载体上。其缺点是由于交联反应一般比较激烈，固定化酶的酶活回收率一般较低。

科技视野 4-12
多酶的共固定化

近几年生物技术的大发展，使得酶的固定化技术出现了一些新进展，如介孔材料固定法、纳米材料固定法、共固定化技术、定向固定化技术、交联酶晶体和脂质体包埋技术等。

2. 固定化酶的应用

随着固定化酶技术的发展，固定化酶已经广泛应用于食品工业、发酵工业、制药和能源工业等各个行业，涉及生化基础理论研究、医学检测、化学分析等各个方面。从技术角度分类，固定化酶主要应用于生物化学的基础理论研究、亲和分离系统、药物缓释载体和生物传感器与生物反应器 4 大领域。

① 生物化学的基础理论研究 由于酶在固定化后的可操作性增强，因此固定化酶可作为进行酶的结构与功能研究的工具，为阐明酶促反应的机制以及研究构成酶分子各氨基酸残基和亚基的功能服务。

许多酶为多亚基的寡聚酶，这些组成亚基对酶催化活性的影响程度如何，可以采用酶的固定化方法来研究。如醛缩酶由 4 个亚基构成，在一定条件下，通过共价结合的方法使其上一个亚基通过共价键与 CNBr 活化的琼脂糖凝胶结合。当用 8 mol/L 的尿素使醛缩酶变性后，维持酶蛋白高级结构的次级键断裂，未被固定的亚基可以通过透析的方法除去，而被固定化的亚基保留。通过研究发现被固定的醛缩酶的亚基仍具有活性，说明该亚基对醛缩酶发挥正常的催化活性非常重要。

② 建立亲和分离系统 生物亲和技术的基础就是生物活性化合物的生物特异性信息的综合。因此这一技术不仅是测定、分离和利用抗体抗原和半抗原、细胞和细胞器、辅因子和维生素、酶、糖蛋白和单糖、激素、抑制剂、抗生素等的有效方法，而且对于研究超分子结构与它们所在微环境的关系也有很重要的作用。亲和分离可用于肽库及抗体库的筛选、药用重组蛋白的纯化等方面，如将融合有靶分子的谷胱甘肽-S-转移酶（GST）固定于谷胱甘肽亲和柱上。然后将噬菌体抗体库流过该亲和柱，则表达特异结合靶分子蛋白质的噬菌体被截留，用凝血酶切开靶分子与 GST 之间的连接即可回收相应的噬菌体进行检测和扩增。

③ 药物控释载体 某些药物可能是蛋白质或酶类，为了保持这类药物的药效，或增加其在细胞膜上的通透性，或增加药物的半衰期等，需要将其进行固定化处理。如将抗癌药羟基硫胺素及氨甲蝶呤偶联于羧甲基纤维素后注射，可使小鼠平均生存时间较对照组延长 2 倍左右，将天冬酰胺酶用羧甲基脱乙酰壳多糖和聚乙二醇修饰后，可起到降低毒性、延长半衰期的作用；将博莱霉素与聚乳酸一起溶解后，制成凝胶包埋于动物皮下，较直接注射治疗效果为好，是一种有希望的局部化疗给药系统。

④ 生物传感器 **生物传感器**（biosensor）是将被测量的信号转换成为一种可输出信号的装置。与其他传感器不同的是，生物传感器是以生物学组件作为主要功能性元件，既不是专用于生物领域的传感器，也不是指被测量的对象必是生物量的传感器，而是制造它的生物敏感材料来自于生物体。**酶生物传感器**（enzyme biosensor）是由固定化的生物敏感膜和与之密切结合的换能系统组成，它把固化酶和电化学传感器结合在一起，因而均有独特的优点：它既有不溶性酶体系的优点，又具有电化学电极的高灵敏度；由于酶的专属反应性，使其具有高的选择性，能够直接在复杂试样中进行测定。

自 1962 年第一次提出把酶与电极结合来测定酶底物的设想后，1967 年就研制出了世界上第一支葡糖氧化酶电极，用于定量检测血清中的葡萄糖含量。一种新型的葡萄糖传感器是将酶包埋于丙烯酸-聚氨基甲酸酯光致固化的聚合物膜中，此聚合物制备快速简便，经固定化的酶传感器响应快速，响应时间为 3~30 s。此后，酶生物传感器引起了各领域科学家的高度重视并进行了广泛的研究，从而得到了迅速发展。

知识拓展 4-14
辅酶的固定化

随着酶固定化技术的发展，研究分子相互作用的技术不断出现，表面等离子体共振（surface plasmon resonance，SPR）技术、生物分子相互作用分析技术（biomolecular interaction analysis，BIA）

已应用于分子生物学、分析化学等领域。

？ 思考与讨论

1. 什么是酶？它的化学本质是什么？酶与一般非酶蛋白质和化学催化剂有何不同？
2. 举例说明酶的专一性。说明酶催化高效性的理论有哪些？
3. 解释酶的三种可逆性抑制作用，并比较三者的异同。
4. 为什么要对酶分子进行改造，有哪些方法可以改造酶分子？

网上更多资源……

◆ 本章小结　　◆ 教学课件　　◆ 自测题　　◆ 教学参考　　◆ 生化实战

第五章

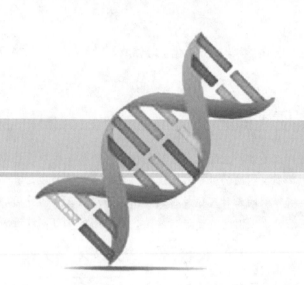

核 酸 化 学

- **核酸的概述**

  核酸的研究史；核酸的概念和分类；核酸的组成和结构

- **DNA 的结构**

  DNA 的一级结构；DNA 的二级结构；DNA 的三级结构；DNA 与基因组

- **RNA 的结构**

  RNA 的一级结构；RNA 的高级结构

- **核酸的理化性质和核酸的分离、分析**

  核酸的理化性质；核酸的分离；核酸的分析；核酸序列的研究方法

- **核酸的应用研究**

  人类基因组计划；分子杂交；小 RNA 和微 RNA；反义 RNA；DNA 水凝胶

生物体的遗传和变异现象与核酸密切相关。核酸分子具有怎样的结构？如何完成遗传信息的贮存和传递？本章首先介绍核酸的种类、结构、性质等知识，进而深入了解遗传、变异现象产生的原因，明确核酸在生命活动中所起到的重要作用。

学习指南

1. 重点：核酸的组成、一级结构和高级结构的特点，变性与复性及其应用。

2. 难点：核酸的组成单元与连接方式，DNA 和 RNA 的高级结构的特点及其与生物学功能之间的关系。

▶▶ **知识导图**

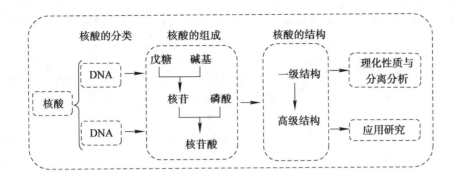

第一节　核酸的概述

生命为什么能够延续？为什么老鼠的后代总是老鼠，而豌豆的种子总长成豌豆？为什么子女既和父母相像，又和父母不同？

1865 年，奥地利遗传学家孟德尔第一次提出了"遗传因子"的概念，他认为"遗传因子"存在于细胞中，具有独立性，不同的遗传因子在细胞中并不融合。"遗传因子"的本质究竟是什么？位于细胞中的什么位置？科学家们对此展开了近百年的研究。

一、核酸的研究史

1868 年，瑞士生理学家和有机化学家 F. Miescher 从医学院毕业后，到德国著名的有机化学家 Hoppe-Seyler 的实验室进行博士后研究。当他研究外科绷带上分离得到脓细胞的组成时，从细胞核中提取到一种酸性物质，该物质磷含量很高，他将其称为**核素**（nuclein）。随后 Hoppe-Seyler 也从酵母细胞中分离得到核素，并认为核素"可能在细胞发育中发挥着极为重要的作用"。1889 年，R. Altmann 提出了制备不含蛋白质的核酸的方法，由于核酸是从细胞核中发现的酸性物质，因此将它称为**核酸**（nucleic acid）。

到了 19 世纪末，A. Kossel 等分析出核酸各组成成分的比例，他发现 F. Miescher 得到的核素是由蛋白质和核酸组成，水解其中的核酸后可以得到鸟嘌呤、腺嘌呤、胸腺嘧啶、胞嘧啶 4 种含氮碱基和磷酸以及某种糖类物质。A. Kossel 因在核酸化学研究中的成就获得了 1910 年诺贝尔生理学或医学奖。

随后 A. Kossel 的学生 P. A. Levene 和 W. A. Jacobs 证明了核酸中的糖类有 5 个碳原子，将其命名为核糖，并且发现来自酵母的核酸含有 D - 核糖，来自胸腺组织的核酸含有 D - 2 - 脱氧核糖，因此根据所含五碳糖的不同将核酸分为**脱氧核糖核酸**（deoxyribonucleic acid，DNA）和**核糖核酸**（ribonucleic acid，RNA）。至此，人们已经知道核酸分子是由不同的核苷酸连接而成，每个核苷酸中含有一个嘌呤或嘧啶碱基、一个核糖或脱氧核糖和一个磷酸。

早期在分析核酸分子的组成时，由于实验条件比较剧烈，导致核酸分子断裂成片段，人们错误地认为这些片段就是完整的核酸分子。这些片段的相对分子质量只有 1 000 左右，因此人们认为核酸分子的组成非常简单，是其基本组成单元核苷酸的简单排列（如 12341234），不可能贮存大量的遗传信息，即所谓的"四核苷酸学说"（tetranucleotide hypothesis）。

🎯 **学习与探究 5 -1**

遗传学教学中的两条主线

⊙ **知识拓展 5 -1**

如何发现 DNA 是生命的遗传物质

20世纪40年代 T. Caspersson 等采用了超速离心、过滤、光吸收等方法后发现，DNA 的相对分子质量是 50 万到 100 万，远大于以前测得的数据，从而推翻了"四核苷酸学说"。1944 年 O. T. Avery，C. M. Macleod 和 M. McCarthy 发现，从一种有荚膜（表面光滑）的致病性肺炎链球菌中提取的 DNA 可使另一种无荚膜（表面粗糙）的非致病性肺炎链球菌的遗传性状发生改变，使其转变为有荚膜且具有致病性的肺炎链球菌，但若将 DNA 预先用 DNA 酶降解，转化就不会发生。该发现确立了核酸是遗传物质。1952 年，A. Hershey 和 M. Chase 用放射性同位素^{32}P 标记噬菌体 DNA，用^{35}S 标记其蛋白质外壳，再用标记过的噬菌体去感染大肠杆菌，发现能够进入细菌体内使细菌生长、繁殖发生变化的是^{32}P 标记的 DNA，而不是留在细菌细胞外^{35}S 标记的蛋白质，并且新繁殖生成的噬菌体不含^{35}S，只含^{32}P，从而有力地证明了 DNA 是遗传物质。

1953 年 J. D. Watson 和 F. Crick 提出了 DNA 双螺旋结构模型，该模型不仅阐明了 DNA 分子的结构特征，而且提出了 DNA 作为执行生物遗传功能的分子，是如何从亲代到子代的**复制**（replication）过程中保持了遗传信息的稳定和高保真。双螺旋结构模型的提出被认为是 20 世纪自然科学中最伟大的成就之一，为生物化学的研究进入分子水平奠定了基础，成为现代分子生物学发展史上最为辉煌的里程碑。

二、核酸的概念和分类

核酸是一种**多（聚）核苷酸**（polynucleotide），它的基本结构单位是**核苷酸**（nucleotide）。脱氧核糖核苷酸聚合成 DNA，核糖核苷酸聚合成 RNA。

DNA 主要分布在细胞核中，绝大多数生物体的遗传性状来源于 DNA，即遗传信息主要贮存于 DNA 中。细胞分裂时，通过 DNA 的复制把亲代的遗传信息传递给子代，从而使子代表现出亲代的性状。但少数病毒不含 DNA，它们以 RNA 作为遗传物质。

RNA 在遗传信息的传递中起着重要的辅助作用，如**信使 RNA**（messenger RNA，mRNA）将 DNA 的遗传信息传递到具有一定氨基酸顺序的多肽链上；**转移 RNA**（transfer RNA，tRNA）在蛋白质的生物合成中起着转移氨基酸到核糖体的作用；**核糖体 RNA**（ribosomal RNA，rRNA）位于核糖体内，参与蛋白质的生物合成及其特定构象形成。除了上述三种主要的 RNA 外，生物体内还含有少量的其他种类的 RNA，如核不均一 RNA（heterogeneous nuclear RNA，hnRNA）、核（内）小 RNA（small nuclear RNA，snRNA）、染色体 RNA（chromosomal RNA，chRNA）、线粒体 RNA（mitochondrial RNA，mtRNA）、叶绿体 RNA（chloroplast RNA，ctRNA）等。

三、核酸的组成和结构

无论是核糖核酸还是脱氧核糖核酸，都可以水解生成其基本组成单元——核糖核苷酸或脱氧核糖核苷酸以及更小的成分。核糖核酸彻底水解生成核糖、磷酸和含氮碱基，脱氧核糖核酸彻底水解生成脱氧核糖、磷酸和含氮碱基（表 5-1）。

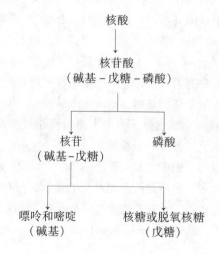

核酸
↓
核苷酸
（碱基-戊糖-磷酸）

核苷　　　　　　磷酸
（碱基-戊糖）

嘌呤和嘧啶　　　核糖或脱氧核糖
（碱基）　　　　（戊糖）

知识拓展 5-2
试论核酸发现对人类生活的影响

科学史话 5-1
遗传物质发现史的哲学思考

知识拓展 5-3
morpholino 反义 RNA

表 5 - 1　两种核酸的基本化学组成

核酸的化学组成	DNA	RNA
嘌呤碱基	腺嘌呤	腺嘌呤
	鸟嘌呤	鸟嘌呤
嘧啶碱基	胞嘧啶	胞嘧啶
	胸腺嘧啶	尿嘧啶
戊糖	D - 2 - 脱氧核糖	D - 核糖
无机酸	磷酸	磷酸

（一）戊糖

构成核酸的核糖或脱氧核糖，都属于戊糖，为 β 构型，核糖参与 RNA 的构成，脱氧核糖参与 DNA 的构成。为了与碱基标号相区别，通常将戊糖的 C 原子编号都加上"′"，如 C_1' 表示糖的第一位碳原子。

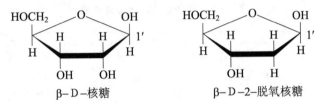

β-D-核糖　　　　　β-D-2-脱氧核糖

核糖和脱氧核糖的差别是核糖 2′ - 位碳原子上连接的是羟基，而脱氧核糖 2′ - 位碳原子失去氧，因此称为脱氧核糖。

在某些 RNA 中，还含有少量的 β - D - 2 - O - 甲基核糖，是核糖 C_2' 位羟基上的氢被甲基取代。

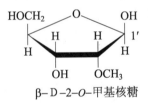

β-D-2-O-甲基核糖

D - 核糖与浓盐酸和甲基间苯二酚混合后加热，发生脱水作用生成糠醛，糠醛与甲基间苯二酚和三氯化铁反应，呈现绿色，可用于 RNA 的测定。D - 2 - 脱氧核糖与浓盐酸和二苯胺混合后加热发生脱水作用生成 ω - 羟基 - γ - 酮戊醛，该物质能与二苯胺作用呈现蓝色，可用于 DNA 的测定。

（二）碱基

核酸中的碱基均为含氮的杂环化合物，分别属于嘌呤衍生物和嘧啶衍生物，因此可分两类：嘧啶碱基和嘌呤碱基。

1. 嘧啶碱基

核酸中常见的嘧啶碱基有三类：**胞嘧啶**（cytosine，C）、**尿嘧啶**（uracil，U）、**胸腺嘧啶**（thymine，T）。DNA 含有胸腺嘧啶，不含尿嘧啶，RNA 则正好相反。

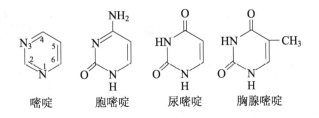

嘧啶　　　　胞嘧啶　　　　尿嘧啶　　　　胸腺嘧啶

2. 嘌呤碱基

核酸中常见的嘌呤有两类：腺嘌呤（adenine，A）、鸟嘌呤（guanine，G）。

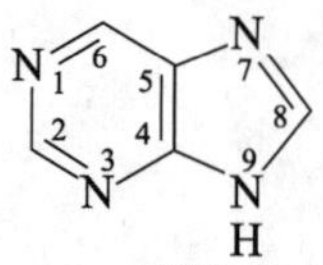

嘌呤 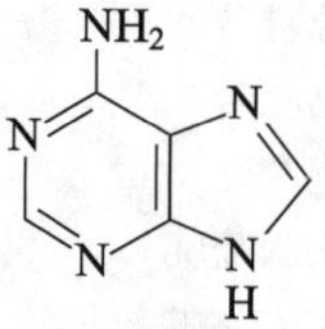　　　　　腺嘌呤 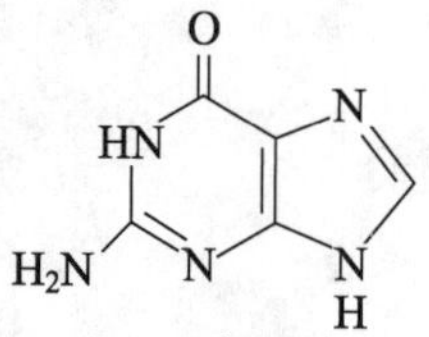　　　　　鸟嘌呤

碱基可用其英文名称的前3个字母表示，如腺嘌呤为 Ade，鸟嘌呤为 Gua，胞嘧啶为 Cyt，尿嘧啶为 Ura，胸腺嘧啶为 Thy，也可以只用英文名称的首写字母表示为 A、G、C、U、T。

3. 稀有碱基

除以上5类基本的碱基外，核酸中还有一些含量极少的碱基，称为**稀有碱基**（minor base）或**修饰碱基**（modified base）（表5−2）。

表5−2　核酸中的部分稀有碱基

	DNA	RNA
嘌呤	7−甲基鸟嘌呤（m^7G）	N^6−甲基腺嘌呤（m^6A）
	N^6−甲基腺嘌呤（m^6A）	N^6，N^6−二甲基腺嘌呤（m_2^6A）
		7−甲基鸟嘌呤（m^7G）
嘧啶	5−甲基胞嘧啶（m^5C）	假尿嘧啶（ψ）
	5−羟甲基胞嘧啶（hm^5C）	5，6−二氢尿嘧啶（DHU）

知识拓展5−4

碱基类似物（base analog）

稀有碱基大多是在基本碱基的不同部位被甲基化（methylation），或进行其他化学修饰后形成的衍生物，在生物体内具有重要的生理功能。核酸分子上的取代基团用英文小写字母表示，碱基上取代基团的符号写在碱基单字符号的左边。噬菌体 DNA 含有较多的修饰碱基，如5−甲基胞嘧啶（m^5C）、5−羟甲基胞嘧啶（hm^5C）；tRNA 的稀有碱基含量也较高，如1−甲基腺嘌呤（m^1A）、2，2−二甲基鸟嘌呤（m_2^2G）和5，6−二氢尿嘧啶（DHU）等。

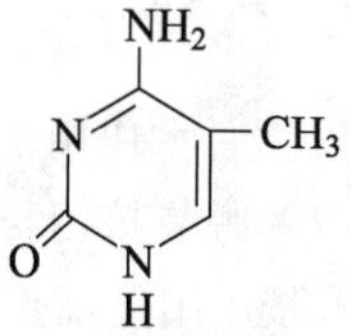

5−甲基胞嘧啶 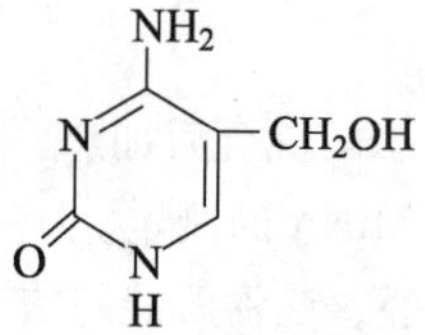　　　　5−羟甲基胞嘧啶

4. 碱基的性质

嘌呤碱基和嘧啶碱基基本上是平面分子。碱基分子中的酮基或氨基均位于杂环上氮原子的邻位，受介质中 pH 的影响，会发生酮式−烯醇式互变异构，或氨基−亚氨基互变异构，而且处于平衡状态。

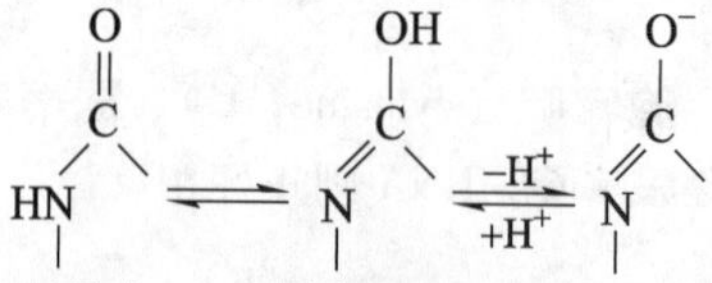

酮式　　　　　烯醇式

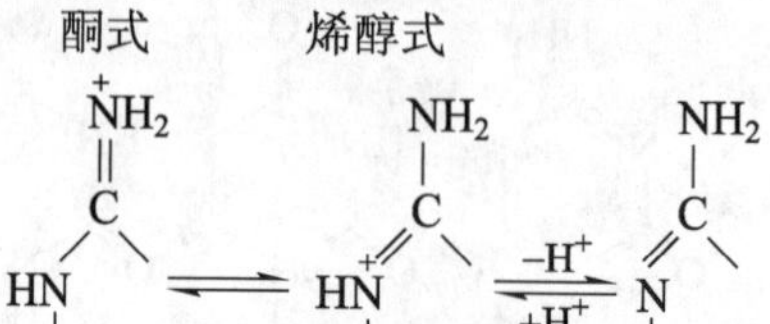

亚氨式　　　　　氨式

嘌呤碱基和嘧啶碱基均含有共轭双键，具有吸收紫外光的性质，最大吸收波长在 260 nm 左右，不同碱基具有不同的紫外吸收光谱，利用此性质可进行核酸的定性或定量分析。

（三）核苷

碱基与戊糖以共价键结合成核苷，核苷分为核糖核苷和脱氧核糖核苷两类。常见的核苷如表 5 – 3 所示。

表 5 – 3　常见核苷的种类

核糖核苷	符号	脱氧核糖核苷	符号
腺苷	A	脱氧腺苷	dA
鸟苷	G	脱氧鸟苷	dG
胞苷	C	脱氧胞苷	dC
尿苷	U	脱氧胸苷	dT

1. 核苷的结构

X 射线衍射图谱表明，糖环上的 C_1' 与嘧啶碱基的 N_1 或嘌呤碱基的 N_9 相连接，这种糖与碱基之间的 N—C 共价键称为 N – 糖苷键。碱基与戊糖通过 β – N – 糖苷键（β – N – glycosidic bond）缩合形成的化合物称为**核苷**（nucleoside）。核苷中的 D – 核糖与 D – 2 – 脱氧核糖均为呋喃型环状结构，糖环中 C_1' 是不对称碳原子，有 α – 和 β – 两种构型，但构成核苷的糖环均为 β – 构型。

图 5 – 1 为腺嘌呤核苷、腺嘌呤脱氧核苷、胞嘧啶核苷和胞嘧啶脱氧核苷的结构式（1 和 9 为碱基环中元素位置的标号，1′ 表示糖环中的碳原子标号）。

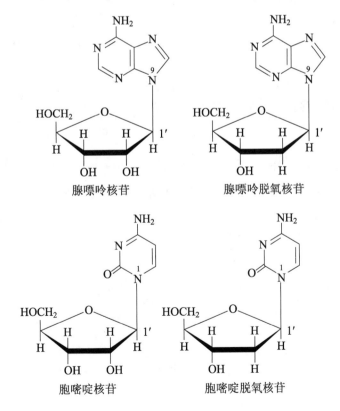

图 5 – 1　核苷和脱氧核苷的结构示例

X射线衍射分析结果证明，核苷中的碱基平面与糖环平面垂直。嘌呤环或嘧啶环所形成的 N-糖苷键在理论上可以自由转动，但是实际上这种转动受到原子之间的空间阻碍作用，因此形成顺式和反式两种构象（图5-2）。反式构象更为稳定，是天然核苷存在的主要形式，不过为了书写方便，通常将其写为顺式构象。

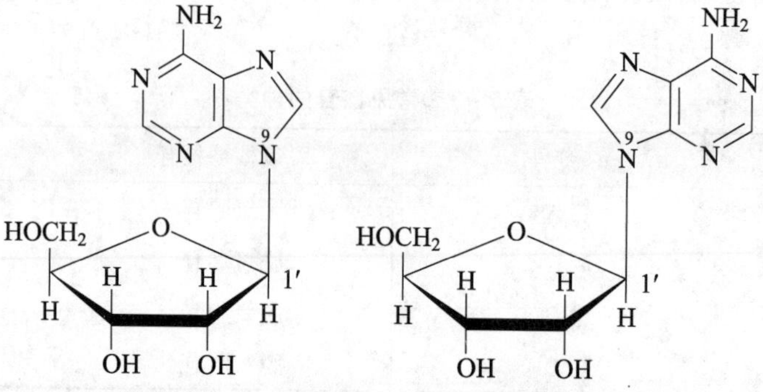

顺式腺苷　　　　　　　　反式腺苷

图5-2　核苷的顺式构象和反式构象

2. 核苷的书写

核苷可用单字符号 A（腺嘌呤核苷，简称腺苷）、G（鸟苷）、C（胞苷）、U（尿苷）表示，脱氧核苷则在单字符号前面加小写 d，如 dA（腺嘌呤脱氧核糖核苷，简称脱氧腺苷）、dG（脱氧鸟苷）、dC（脱氧胞苷）、dT（脱氧胸苷）。

稀有碱基（或称为修饰碱基）与戊糖生成的核苷称为稀有核苷（或修饰核苷）。稀有核苷常用缩写代号表示，用小写英文字母表示取代基的种类（如 m 表示甲基），写在核苷单字代号（如 G）的左面；用数字表示取代基的位置和数目，将碱基上取代基的取代位置写在取代基字母的右上角，取代基的数目写在取代基字母的右下角，如果只有一个取代基，取代基的数目可省略不写。例如 m^2A 表示腺苷嘌呤环上第2位的一个 H 被甲基取代；而 m_2^6A 表示腺苷嘌呤环上第6位上的氨基上有两个甲基取代基，即 N^6, N^6-二甲基腺苷。常见的一些稀有核苷可直接用单字母符号表示，如 I（次黄嘌呤核苷，又叫肌苷），X（黄嘌呤核苷），D（二氢尿嘧啶核苷），ψ（假尿苷）等。

（四）核苷酸

1. 核苷酸的种类

核苷酸是核苷的磷酸酯。核苷分子中戊糖上的羟基与磷酸之间脱水以酯键相连，即形成核苷酸（也称磷酸核苷）。

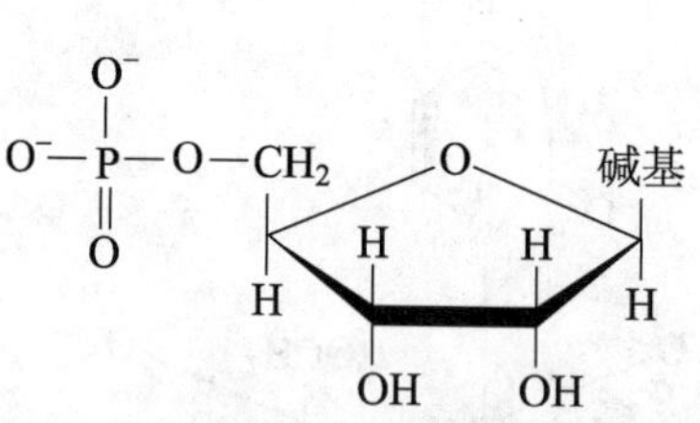

核苷酸

根据所含戊糖的不同，核苷酸可分为核糖核苷酸与脱氧核糖核苷酸两大类。常见的核苷酸见表5-4。

表 5 – 4　常见的核苷酸

碱基	核糖核苷酸	脱氧核糖核苷酸
腺嘌呤	腺嘌呤核苷酸 （adenosine monophosphate，AMP）	脱氧腺嘌呤核苷酸 （deoxyadenosine monophosphate，dAMP）
鸟嘌呤	鸟嘌呤核苷酸 （guanosine monophosphate，GMP）	脱氧鸟嘌呤核苷酸 （deoxyguanosine monophosphate，dGMP）
胞嘧啶	胞嘧啶核苷酸 （cytidine monophosphate，CMP）	脱氧胞嘧啶核苷酸 （deoxycytidine monophosphate，dCMP）
尿嘧啶	尿嘧啶核苷酸 （uridine monophosphate，UMP）	—
胸腺嘧啶	—	脱氧胸腺嘧啶核苷酸 （deoxythymidine monophosphate，dTMP）

2. 核苷酸的结构与命名

由于核糖分子上有 2′ –、3′ – 和 5′ – 三个自由羟基，因此能够形成三种核糖核苷酸。

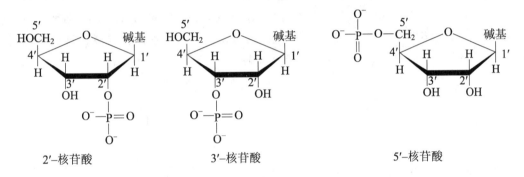

2′–核苷酸　　　　　3′–核苷酸　　　　　5′–核苷酸

由于脱氧核糖上只有 3′ – 和 5′ – 两个自由羟基，所以只能形成两种脱氧核糖核苷酸。

5′–脱氧核苷酸　　　　　3′–脱氧核苷酸

　　天然核苷酸分子中，磷酸都是结合在糖环分子的 5′ – 位上，称为 5′ – 核苷酸。生物体内存在的游离核苷酸多为 5′ – 核苷酸；用碱水解 RNA 时，可得到 2′ – 核苷酸与 3′ – 核苷酸的混合物。

　　核苷酸的缩写符号通常由三个或四个字母组成，必须先冠以碱基的名称和磷酸的取代位置，如果是脱氧核苷酸，则要在碱基缩写字母前加上"d"；之后用 M、D、T 分别表示该核苷酸含有一个、二个或三个磷酸基团；最后用 P 表示磷酸。如 5′ – AMP 表示 5′ – 腺嘌呤单核苷酸，3′ – dCMP 表示 3′ – 胞嘧啶脱氧单核苷酸。

5′–腺嘌呤核苷酸（5′–AMP）　　　3′–胞嘧啶脱氧核苷酸（3′–dcup）

3. 多磷酸核苷及其衍生物

在核苷酸分子中，通常 2′–位和 3′–位只能结合一个磷酸分子，而在 5′–位最多可结合三个。结合一个磷酸分子的称为**核苷一磷酸**（nucleoside monophosphate，NMP）；结合两个的称为**核苷二磷酸**（nucleoside diphosphate，NDP）；结合三个的称为**核苷三磷酸**（nucleoside triphosphate，NTP），第一、二、三位的磷酸基团分别标记为 α、β、γ，如腺苷一磷酸（简称 AMP 或腺苷酸）与 1 分子磷酸结合可生成腺苷二磷酸（ADP），ADP 再与 1 分子磷酸结合可生成腺苷三磷酸（ATP）。各种核苷三磷酸（简写为 ATP、CTP、GTP 和 UTP）是体内 RNA 合成的直接原料，各种脱氧核苷三磷酸（简写为 dATP、dCTP、dGTP 和 dTTP）是 DNA 合成的直接原料。

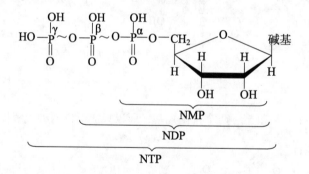

某些单核苷酸的衍生物在生物体能量代谢中起着重要作用，如 ADP、ATP 与生物机体的能量转化有关，GTP 参与蛋白质和腺嘌呤的生物合成，UTP 参与糖原的生物合成，CTP 参与磷脂的生物合成。

鸟苷四磷酸（ppGpp）和鸟苷五磷酸（pppGpp）属于鸟苷多磷酸衍生物，于 1969 年被人们发现，它们参与了细菌基因转录的调节过程。当细菌培养基中缺少某些必需氨基酸时，细菌体内会迅速发生鸟苷四磷酸和鸟苷五磷酸的积累。在它们的作用下，胞内蛋白质合成速率降低，同时原有蛋白质的水解速率提高以提供所缺少的氨基酸，从而保证生命活动必需的蛋白质合成不受影响，来维持正常的生命活动。

知识拓展 5–5

魔斑核苷酸

此外，还有一些参与代谢作用的重要核苷酸衍生物，如烟酰胺腺嘌呤二核苷酸（辅酶Ⅰ，NAD）、烟酰胺腺嘌呤二核苷酸磷酸（辅酶Ⅱ，NADP）、黄素单核苷酸（FMN）、黄素腺嘌呤二核苷酸（FAD）等与生物氧化作用的关系很密切，是重要的辅酶。

4. 环核苷酸

人们发现在动植物细胞中除了上述核苷酸外，还存在少量的环式核苷酸，即核苷酸的5′-磷酸与核糖上 C-3′羟基结合成环，如3′，5′-环腺苷酸（cAMP）、3′，5′-环鸟苷酸（cGMP）。cAMP 在体内由 ATP 转化而来，某些激素可以改变细胞内 cAMP 的合成速率，引起 cAMP 浓度变化，进而影响细胞通透性和酶活性，使细胞产生特异性反应，因此 cAMP 是与激素作用密切相关的代谢调节物，是胞内第二信使。cGMP 也和激素作用有关，调节机体代谢、细胞发育和 DNA 合成等生理活动。

科技视野 5-1
环核苷酸的生理作用及临床应用

5. 核苷酸的性质

核苷酸为无色粉末或结晶，易溶于水，不溶于有机溶剂，具有旋光性。在酸性溶液中不稳定，易分解，在中性和碱性溶液中很稳定。

由于核苷酸中的碱基具有共轭双键，所以核苷酸在 240～290 nm 具有强烈的光吸收，最大吸收波长在 260 nm 左右。不同的核苷酸具有不同的紫外吸收曲线，可以采用紫外-分光光度法进行核苷酸的测定。

核苷酸分子中既有磷酸基团，又有碱基，是两性电解质，在不同 pH 下，其解离程度不同，在某一 pH 时，其所带的正、负电荷恰好相等，即净电荷为零，称该 pH 为其等电点。不同核苷酸的等电点不同，利用该特点可以调节溶液的 pH，使各种核苷酸所带净电荷不同，从而用电泳或离子交换的方法来分离核苷酸。

核苷酸在日常生活中也有许多重要用途，如在食品行业中作为鲜味剂，称为呈味核苷酸。呈味核苷酸主要包括5′-肌苷酸（简称 IMP）和5′-鸟苷酸（简称 GMP），它们与味精（谷氨酸钠）混合时产生协同效应，使鲜度提高数倍至数十倍；同时核苷酸对甜味、肉味有增效作用，对咸、酸、苦味及腥、焦味有抑制作用，是 20 世纪 60 年代兴起的鲜味剂，市场上的"强力味精"和"加鲜味精"等产品含有 5%～12% 的肌苷酸钠。

知识拓展 5-6
呈味核苷酸及其在食品中的应用

（五）核酸

1. 核酸的结构

核酸是由许多核苷酸连接形成的聚合物。由几个或十几个核苷酸连接起来的分子称为**寡核苷酸**（oligonucleotide），核苷酸之间通过3′，5′-磷酸二酯键连接，即前一个核苷酸的 C-3′ 羟基与下一个核苷酸的 C-5′ 磷酸之间脱水形成酯键。通常核苷酸链的5′端含有游离的磷酸基团，3′端含有游离的羟基。核苷酸的连接具有严格的方向性，核苷酸链的书写方向或阅读方向为5′→3′。

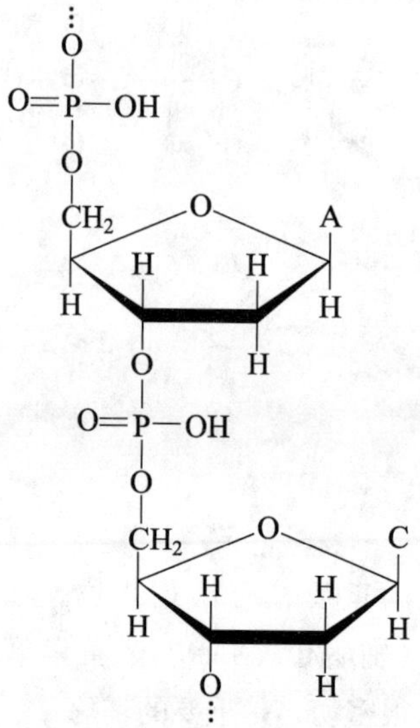

不同核苷酸在核酸长链上的排列顺序称为核酸的一级结构。由于核苷酸之间主要是碱基不同，所以核酸的一级结构也称为核苷酸序列或碱基序列。决定核酸生物学活性的部分是碱基的排列顺序，磷酸和核糖只是核酸的骨架，不参与遗传信息的贮存和表达。

DNA 多核苷酸有几种缩写法：（A）为线条式缩写，竖线表示核糖的碳链，A、C、T、G 表示碱基，P 代表磷酸基，由 P 引出的斜线一端与 C_3' 相连，另一端与 C_5' 相连；（B）为文字式缩写，P 在碱基左侧，表示 P 在 C_5' 位置上，P 在碱基右侧，表示 P 与 C_3' 相连接；有时，多核苷酸中磷酸二酯键上的 P 也可省略，写成（C）所示形式。这几种写法均适用于 DNA 和 RNA 分子。

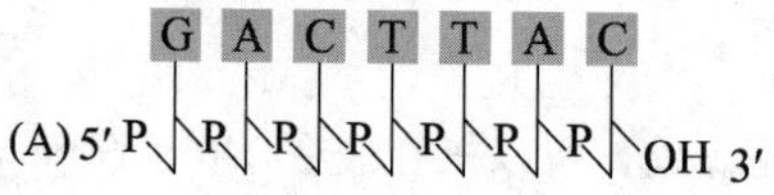

(A) 5′ P P P P P P OH 3′ （G A C T T A C）

(B) 5′−pGpApCpTpTpApC−OH−3′

(C) 5′−GACTTAC−3′

将构成 DNA 和 RNA 的碱基和常见的核苷酸列于表 5−5。

表 5−5　构成 DNA 及 RNA 的碱基、核苷和常见核苷酸

核酸	碱基	核苷	核苷酸
DNA	腺嘌呤（A） 鸟嘌呤（G） 胞嘧啶（C） 胸腺嘧啶（T）	脱氧腺苷 脱氧鸟苷 脱氧胞苷 脱氧胸苷	脱氧腺苷酸 dAMP、dADP、dATP 脱氧鸟苷酸 dGMP、dGDP、dGTP 脱氧胞苷酸 dCMP、dCDP、dCTP 脱氧胸苷酸 dTMP、dTDP、dTTP
RNA	腺嘌呤（A） 鸟嘌呤（G） 胞嘧啶（C） 尿嘧啶（U）	腺苷 鸟苷 胞苷 尿苷	腺苷酸 AMP、ADP、ATP 鸟苷酸 GMP、GDP、GTP 胞苷酸 CMP、CDP、CTP 尿苷酸 UMP、UDP、UTP

2. 核酸的降解

核酸可被酸、碱或酶水解生成各种寡核苷酸、核苷酸、核苷和碱基。

（1）碱水解

RNA 用 0.3 mol/L NaOH 在 37 ℃ 条件下处理 16~18 h 可被完全降解，得到 2′−核苷酸和 3′−核苷

酸。但在同样条件下 DNA 十分稳定，不被降解，利用此性质可以进行 DNA 和 RNA 的鉴别和分离。在 RNA 分子中，核糖的 C-2'并没有结合磷酸，为什么水解产物中会含有 2'-核苷酸呢？这是因为在稀碱水解的过程中，首先会形成一个中间产物 2',3'-环核苷酸，该中间产物不稳定，迅速分解生成 2'-核苷酸和 3'-核苷酸，其反应机制如图 5-3。DNA 的脱氧核糖 2'-位上没有自由羟基，不能形成环状中间产物，因此对稀碱溶液很稳定。

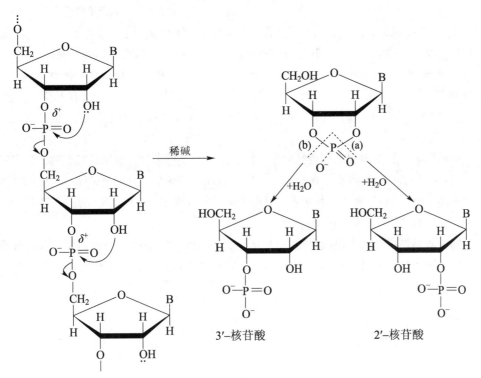

图 5-3 RNA 的稀碱水解

（2）酸水解

在不同酸浓度下，核酸的水解产物不同。嘌呤的糖苷键比嘧啶的糖苷键对酸更不稳定，脱氧核糖的糖苷键比核糖的糖苷键更易被酸水解。因此，在酸性条件下，常常可将 DNA 的嘌呤碱基水解下来，得到的产物称为无嘌呤酸。

在核酸的酸、碱水解中，常常会引起腺嘌呤、胞嘧啶等含氮碱基发生脱氨作用，生成相应的次黄嘌呤和尿嘧啶。

（3）酶降解

水解核酸的酶称为核酸酶。按照核酸酶作用底物不同，将其分为核糖核酸酶和脱氧核糖核酸酶。特异性降解 RNA 的核酸酶称为**核糖核酸酶**（ribonuclease，RNase）；特异性降解 DNA 的核酸酶称为**脱氧核糖核酸酶**（deoxyribonuclease，DNase）；按照核酸酶对底物作用方式的不同可将其分为**外切核酸酶**（exonuclease）和**内切核酸酶**（endonuclease）；按照核酸酶所作用化学键的不同将其分为**磷酸二酯酶**（phosphodiesterase，PDase）和**磷酸单酯酶**（phosphomonoesterase，PMase）。

牛胰核糖核酸酶（bovine pancreatic ribonuclease，RNase A）是一种作用于磷酸二酯键的内切酶，最早从牛的胰脏中分离得到。该酶特异性作用于 RNA 中嘧啶核苷酸的 C-3'位磷酸与其相邻核苷酸 C-5'位所形成的磷酸酯键（表示为—Pyp↑N—，Py 表示嘧啶核苷酸，N 表示任意一种核苷酸，p 表示磷酸，↑表示酶切位点），产物为 3'-嘧啶单核苷酸和以嘧啶核苷酸为 3'端的寡核苷酸。

核糖核酸酶 T1（RNase T1）也是一种作用于磷酸二酯键的内切酶，该酶特异性作用于鸟嘌呤核苷酸的 C - 3′位磷酸与其相邻核苷酸的 C - 5′位所形成的磷酸酯键（表示为—Gp↑N—，G 表示鸟嘌呤核苷酸）。

牛脾磷酸二酯酶（bovine spleen phosphodiesterase，SPDase）是一种作用于磷酸二酯键的外切酶，从 RNA 链的 5′- OH 端逐个切下单核苷酸，对碱基没有选择性，产物为 3′- 单核苷酸。

牛胰脱氧核糖核酸酶（bovine pancreatic deoxyribonuclease，DNase Ⅰ）是一种作用于磷酸二酯键的内切酶，对双链 DNA 和单链 DNA 都能起作用，水解产物为 5′端带磷酸的寡聚脱氧核苷酸片段（平均长度为 4 个核苷酸残基），对碱基没有选择性，最适作用 pH 7 ~ 8。

限制性内切酶是**限制性内切核酸酶**（restriction endonulcease）的简称，它能够识别双链 DNA 分子上的特殊核苷酸序列，水解磷酸二酯键，形成特异的 DNA 片段。由于该酶具有可预测的位点，并能特异性切割 DNA，因此在基因工程及核酸序列分析等领域被广泛应用。自从 20 世纪 70 年代首次发现限制性内切酶以来，目前已经有近 2 000 种，其主要来源于原核生物，其中 100 多种已经商品化。

限制性内切酶的名称一般用三个英文字母表示，第一个字母大写，表示原核生物的属名；后两个字母小写，代表其种名；菌株名则放在第三个字母的后面。如果同一菌株中存在多个限制性内切酶，则用罗马数字来区分。如 *EcoR* Ⅰ，*E* 代表 *Escherichia* 属，*co* 代表 *coli* 种，R 代表 RY13 菌株，Ⅰ 代表从该菌株中分离得到的第一种限制性内切酶。

由于不同的限制性内切酶可识别双链 DNA 分子上不同核苷酸序列并进行切割，因此可根据需要选择不同的限制性内切酶进行 DNA 的剪切和拼接，完成基因操作。有关常用酶的作用特点可参见相关书籍。

第二节 DNA 的结构

DNA 是遗传信息的载体，遗传信息的传递通过 DNA 的自我复制完成。原核细胞中 DNA 集中在核区，真核细胞中 DNA 主要分布在细胞核内，形成染色体。线粒体、叶绿体等细胞器中也含有 DNA，病毒含有 DNA 或 RNA，目前尚未发现同时含有两者的病毒。

细胞核内的 DNA 是双链线性分子，原核生物染色体 DNA、质粒 DNA、真核生物细胞器 DNA 为**环状双链** DNA（circular double-stranded DNA）。病毒 DNA 种类很多，结构各不相同。动物病毒 DNA 通常为环状双链或线性双链，少数植物病毒 DNA 为环状双链或环状单链，噬菌体 DNA 多为线性双链。

一、DNA 的一级结构

DNA 是由数量极其庞大的 4 种脱氧核糖核苷酸，通过 3′，5′- **磷酸二酯键**（3′，5′- phosphodiester bond）连接起来的直线形或环形多聚体。DNA 的一级结构是构成 DNA 的脱氧核苷酸的排列顺序。由于脱氧核糖中 C_2′上不含羟基，C_1′又与碱基相连接，所以唯一可以形成的化学键是 3′，5′- 磷酸二酯键，因此 DNA 分子没有侧链。在天然完整的多核苷酸链中，5′端有游离的磷酸基团，3′端有游离的羟基。

4 种脱氧核糖核苷酸以不同的数量、比例和排列顺序连接起来，形成各种特异性片段，从而表达不同的遗传信息。

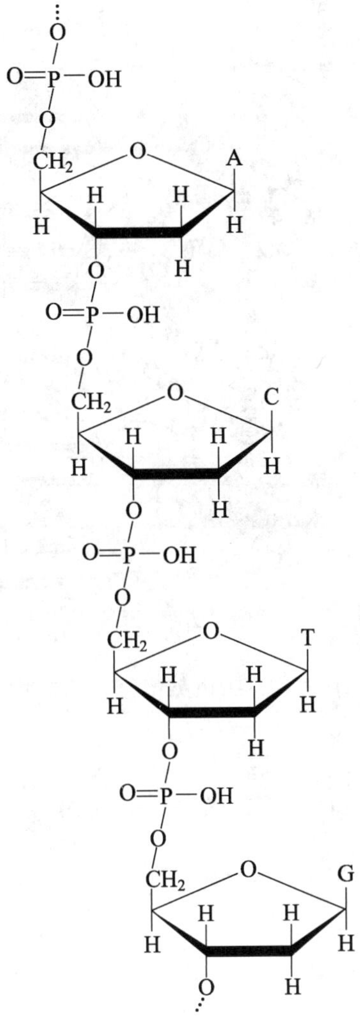

二、DNA 的二级结构

DNA 的二级结构通常是指 J. D. Watson 和 F. Crick 于 1953 年提出的 DNA 双螺旋结构。

Watson 和 Crick 构建模型时所用的 X 射线衍射照片来自相对湿度为 92% 时所得到的 DNA 钠盐纤维，称这种 DNA 为 B 型 DNA（B–DNA），细胞内的天然 DNA 几乎都以 B–DNA 形式存在。

1. B–DNA 双螺旋结构模型的要点

① DNA 分子通常由两条脱氧核糖核苷酸链组成，它们相互平行但走向相反（即一条链是 $3'→5'$ 走向，另一条是 $5'→3'$ 走向），以脱氧核糖和磷酸形成的长链为基本骨架，位于双螺旋结构的外侧，碱基位于内侧，一般以右手螺旋形式绕同一根中心轴盘旋成双螺旋结构（图 5–4）。

② 两条链上的碱基互补配对。两条链的碱基处于同一平面，A 与 T 配对，G 与 C 配对，此规律称为碱基互补配对规律。配对的碱基称为互补碱基，两条链彼此称为互补链。互补链之间通过碱基形成的氢键稳定结合，A–T 间形成两个氢键，C–G 间形成三个氢键（图 5–5）。如果一条链的碱基顺序确定，则另一条链必有相应的碱基顺序。

③ 双螺旋的直径为 2 nm，螺距为 3.4 nm，每一个螺旋有 10 个核苷酸，相邻碱基对平面间的距离（碱基堆积距离）是 0.34 nm。相邻核苷酸之间的夹角为 36°。

④ 双螺旋结构表面形成两条螺旋形的凹槽，一条深且宽，称为大沟（major groove）或深沟，另一条浅而窄，称为小沟（minor groove）或浅沟。大沟和小沟是蛋白质和 DNA 相互识别、结合的部位（图 5–4）。

科学史话 5–2
沃森、克里克与鲍林、科里 DNA 案例比较

知识拓展 5–7
不同来源的 DNA 碱基组成

科技视野 5–2
螺旋沟的应用——以 DNA 为靶点的含糖基药物的研究进展

学习与探究 5 - 2

Watson 和 Crick 发现 DNA 双螺旋结构过程及启示

知识拓展 5 - 8

Watson 和 Crick DNA 双螺旋结构

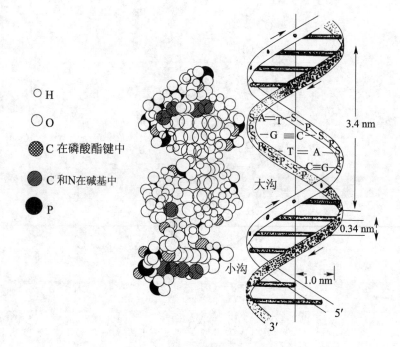

○ H
○ O
⊘ C 在磷酸酯键中
◨ C 和N在碱基中
● P

大沟

小沟

3.4 nm

0.34 nm

1.0 nm

5′

3′

图 5 – 4 DNA 双螺旋结构模型

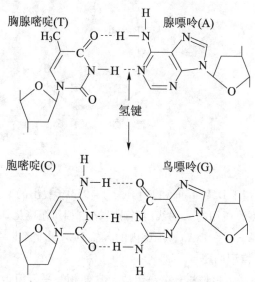

胸腺嘧啶(T)　　　　腺嘌呤(A)

氢键

胞嘧啶(C)　　　　鸟嘌呤(G)

图 5 – 5 DNA 的碱基互补配对

⑤ 碱基平面与双螺旋的中心轴垂直，糖环平面与中心轴平行。

⑥ 双螺旋结构横向靠氢键稳定，纵向靠碱基堆积力维系稳定。

DNA 双螺旋模型最主要的成就是引出"互补"（碱基配对）的概念。碱基互补原则具有极其重要的生物学意义，成为 DNA 复制、转录、反转录等生命现象的分子基础。

DNA 双螺旋结构在生理状态下很稳定。维持这种稳定性的主要因素是碱基堆积力（base stacking force）。嘌呤与嘧啶形状扁平，具有疏水性，分布于双螺旋结构内侧。大量碱基层层堆积，两相邻碱基的平面十分贴近，使双螺旋结构内部形成一个强大的疏水区，与介质中的水分子隔开。另外，大量存在于 DNA 分子中的次级键，也是维持双螺旋结构稳定的因素，这些次级键包括互补碱基对之间的氢键、磷酸基团上的负电荷与介质中阳离子之间的离子键、范德华力（van der Waals force）等。

Watson-Crick 的 DNA 双螺旋结构是 DNA 钠盐纤维在相对湿度为 92% 时的一种存在形式，称为

学习与探究 5 - 3

DNA 双螺旋结构发现的重要意义

B 型 DNA 双螺旋。如果 DNA 钠盐纤维样品的相对湿度不同或盐的种类不同，其双螺旋结构特征也不同。在相对湿度为 75% 时测得的 DNA 纤维的 X 射线衍射图谱称为 A-DNA。A-DNA 也是两条反向的多核苷酸链组成的右手双螺旋，但是螺体较宽而短，碱基对与中心轴之倾角也不同，呈 19°。RNA 分子的双螺旋区以及 RNA-DNA 杂交双链也具有与 A-DNA 相似的结构。

除了 A-DNA 和 B-DNA 以外，人们还发现一种 Z-DNA。1979 年 A. Rich 在研究人工合成的 d（CGCGCG）寡聚体结构时发现了这类 DNA。虽然 CGCGCG 在晶体中也呈双螺旋结构，但它是左手螺旋，在 CGCGCG 晶体中，磷酸基在多核苷酸骨架上的分布为 Z 字形。所以称 Z-DNA。Z-DNA 的大沟平坦，而小沟较狭较深。但目前仍然不清楚 Z-DNA 究竟具有何种生物学功能。

DNA 双螺旋结构模型的提出使核酸的研究取得了历史性突破，推动了生命科学与现代分子生物学的发展，为生物的遗传学研究做出了贡献。

2. 三螺旋 DNA 和四螺旋 DNA

（1）三螺旋 DNA

双螺旋 DNA 的大沟中存在多余的氢键给体和受体，它们可以和专一的结合分子（如蛋白质）发生相互作用，形成专一的复合物，也可以与单链 DNA 分子结合形成**三螺旋 DNA**（triplex helix DNA）。1957 年 G. Felsenfeld 等首次报道了这种结构，他们发现当双链 DNA 中一条链为全嘌呤核苷酸链，另一条链为全嘧啶核苷酸链时，就会出现三螺旋结构。1963 年，K. Hoogsteen 提出了 DNA 的三螺旋模型。

研究结果表明，三螺旋 DNA 的形成可能发生在 DNA 转录、复制和重组等过程。三螺旋 DNA 的研究有助于深入理解细胞中发生的一些生理过程，揭示某些基因疾病的形成机制，三螺旋 DNA 的形成能在转录阶段抑制基因表达，因而在基因组定位、基因克隆、序列分辨、药物的传输以及基因的选择性表达等方面起重要作用。体外实验表明，三螺旋 DNA 的形成阻碍了由 DNA 聚合酶催化的 DNA 合成，抑制了基因的表达。

（2）四螺旋 DNA

X 射线衍射图谱和核磁共振的研究结果表明，人工合成的单链 DNA 序列 $(T/A)_m G_n$（$m=1\sim4$，$n=1\sim8$）中的 4 个鸟嘌呤可以通过 Hoogsteen 氢键配对，形成分子内或分子间的**四螺旋 DNA**（quadruplex helix DNA）结构。端粒是位于真核细胞染色体末端的 DNA 重复结构，由端粒 DNA 重复序列与端粒相关蛋白组成。在真核细胞染色体的端粒 DNA 中，其 3' 端一般由 5~8 bp 的短核苷酸序列重复构成，这种序列中富含鸟嘌呤，可以形成四螺旋结构。在大多数正常人体细胞中，端粒序列不能完全复制，细胞每分裂一次，端粒就要丢失 50~300 bp 碱基。当端粒缩短到一定长度时，就丧失了保护染色体末端的功能，其结果是编码区基因被破坏，染色体之间发生融合或染色体被降解，最终导致细胞进入衰老或死亡。与正常细胞相反，在永生化细胞（包括肿瘤细胞）中，端粒长度则是稳定的。

🎯 知识拓展 5-9
不同类型 DNA 双螺旋模型参数比较

🎯 知识拓展 5-10
三螺旋 DNA 及结构

🎯 知识拓展 5-11
2009 年诺贝尔生理学或医学奖——神奇的端粒和端粒酶

🎯 知识拓展 5-12
生命为何偏爱螺旋

📋 **拾　零**

生命为何偏爱螺旋？

在生物大分子 DNA、蛋白质、淀粉、纤维素的结构中都存在螺旋结构。我们所熟知的遗传物质 DNA 主要是双螺旋结构，它包含着人体的遗传信息。为何大自然对这种结构如此偏爱呢？

我们可以通过一个模型说明这个问题：把一个能随意变形、但不会断裂的管子插入由硬的球体组成的混合物中，发现对于短小易变形的管子而言，U 形结构的形成所需的能量最小，空间也最少。而它的 U 形结构，在几何学上与螺旋结构最为近似。

DNA 就像那根管子，在拥挤的细胞中，由于受到细胞内的空间局限而采用了双螺旋结构，就像由于公寓空间局限而采用螺旋梯的设计一样。这一构造有两点好处：可以让信息紧密地结合在其中；还能够形成一个表面，允许其他物质在一定的间隔处与它相结合，例如 DNA 双螺旋结构的大沟和小沟是蛋白质和 DNA 相互识别、结合的部位。

三、DNA 的三级结构

1. 超螺旋结构

生物界的 DNA 分子数量十分巨大，不同物种的 DNA 分子大小和复杂程度相差也很多，如病毒可能只含几千个碱基对，细菌含数百万个碱基对，哺乳类动物的 DNA 有数十亿碱基对。在小小的细胞核内要容纳如此长度的 DNA 分子，必须形成紧密的螺旋结构，因此 DNA 在双螺旋结构的基础上可进一步折叠成**超螺旋**（super helix），在蛋白质的参与下，再进行精密的包装。

双螺旋 DNA 处于最低的能量状态，如果将这种正常的双螺旋分子额外地多转几圈或少转几圈，就会使螺旋内部的原子偏离正常的位置，产生额外张力。如果双螺旋末端是开放的，产生的张力可以通过链的转动而释放，双螺旋分子恢复正常状态。但是对于线粒体、叶绿体以及某些细菌的 DNA，它们是闭合的环状双螺旋结构，此时产生的张力无法释放，只能在 DNA 分子内部使原子的位置重新排布，从而导致双螺旋 DNA 进一步扭曲盘绕形成"超螺旋"，超螺旋是 DNA 三级结构的主要形式。自从 1965 年 J. Vinograd 等发现多瘤病毒的环形 DNA 超螺旋以来，现已知道绝大多数原核生物的 DNA 都是共价封闭环（covalently closed circle，CCC）分子，这种双螺旋环状分子再度螺旋化成为超螺旋结构（图 5－6）。

图 5－6 DNA 的超螺旋结构

超螺旋有负超螺旋和正超螺旋两种。放松 DNA 双螺旋形成的超螺旋称为负超螺旋，旋紧 DNA 双螺旋形成的超螺旋为正超螺旋。自然界中存在的超螺旋 DNA 分子绝大多数都是负超螺旋，这种形式有利于 DNA 复制和转录过程中进行解链。

超螺旋 DNA 与线性 DNA 和开环 DNA 相比，结构较为紧密，黏度较低，密度大，沉降速度快，在凝胶电泳中移动速度也较快。超螺旋 DNA 变性温度高，变性后两条链形成一团相互缠绕的无规则线团，难以分开。

线形 DNA 分子在体内也可以形成超螺旋结构，如真核生物的染色体 DNA 在核小体结构中的扭曲就是一种超螺旋。生物体内绝大多数的 DNA 分子都是以超螺旋形式存在，这样可以使很长的 DNA 分子被压缩为很小的体积，有利于 DNA 分子的进一步包装。

2. 真核细胞染色体的组装

原核生物中的 DNA，除了复制或转录过程，通常不与蛋白质结合，而真核生物中大多数的 DNA 则与多种蛋白质结合形成染色体。

染色体中除了 DNA 外，还有数量较多的组蛋白和数量较少的非组蛋白，组蛋白的作用之一就是将长于细胞核直径上千倍的 DNA 分子压缩，使之可以贮存在细胞核内。压缩过程是通过染色体内存在的大量核小体（nucleosome）来实现的。在核小体中，DNA 以左手螺旋的形式缠绕在圆盘型组蛋白八聚体表面，形成核小体的核心颗粒。若干核小体再形成超螺旋核小体，最后形成染色体。据估计，裸露的 DNA 双螺旋通过核小体以及超螺旋核小体的方式，可被压缩大约 8 000 倍。

四、DNA 与基因组

DNA 的相对分子质量非常大，通常一个染色体只含有一个 DNA 分子。染色体是遗传信息的载体，**基因**（gene）存在于染色体上，在遗传中具有完整性和独立性。

1909 年丹麦科学家 W. L. Johannsen 最早使用了"gene"（基因）这个名词，用来定义那些决定生物体性状并能遗传到后代的物质。gene 在希腊文中是生命的意思，它是遗传信息的基本单位，一般指位于染色体上编码一个特定功能产物（如蛋白质或 RNA 分子）的一段核苷酸序列，即 DNA 分子链

🔭 **科技视野 5－3**

解析 30 nm 染色质高清晰结构

上的一段特定片段。基因中储存的遗传信息或指令以"密码"的形式存放在 DNA 的碱基序列中，并通过转录和表达指导蛋白质或多肽的合成，从而将遗传信息传递给子代。所以基因是生命的起点，是决定生命现象的最根本物质。

随着遗传学研究逐步深入到分子水平，人们认识到基因的化学本质就是 DNA。在现代生物学中，**基因组**（genome）是指生物体的单倍体细胞核、细胞器或病毒粒子所含的全部 DNA 分子或 RNA 分子的总和。测定生物体的基因组序列，有利于揭示生命的奥秘。目前已经完成了病毒、大肠杆菌、酵母、果蝇、玉米、水稻和人类基因组的测序，例如，人类基因组的大小为 3.2×10^9 bp，用于编码蛋白质的基因约为 31 000 个，只占基因组的 1.1% ~ 1.4%。与人类基因组相比，酵母细胞的编码基因仅为 6 000 个，果蝇为 13 000 个，而植物为 26 000 个。

科技视野 5-4
全基因组外显子测序及其应用

第三节 RNA 的结构

20 世纪 40 年代，T. Caspersson 使用紫外显微光度法、J. Brachet 使用染色反应法和 J. N. Davidson 等使用化学分析法测定细胞的 RNA 时发现，当细胞内蛋白质合成旺盛时，RNA 含量也显著增加，这意味着 RNA 可能参与了蛋白质的生物合成。随后，科学家们从细胞中分离到了转移 RNA、核糖体 RNA 和信使 RNA，它们共同参与了遗传信息从 DNA 到蛋白质的传递过程，即参与了蛋白质的生物合成。

一、RNA 的一级结构

1. RNA 一级结构的定义

RNA 的一级结构是指多核苷酸链中核糖核苷酸的排列顺序，即多核苷酸链中碱基的排列顺序。

RNA 是无分支的线形结构，主要由 4 种核糖核苷酸组成。

组成 RNA 的核苷酸也是以 3′, 5′ - 磷酸二酯键彼此连接。用牛脾磷酸二酯酶降解天然 RNA 时，降解产物中只有 3′ - 核苷酸，并无 2′ - 核苷酸，说明虽然 RNA 分子中核糖环 C_2' 上有一羟基，但并不形成 2′, 5′ - 磷酸二酯键。

RNA 分子中也含有某些稀有碱基，如 tRNA 中的 5, 6 - 二氢尿嘧啶（DHU）、假尿嘧啶（ψ）、1 - 甲基鸟嘌呤（m^1G）、次黄嘌呤（I）等。

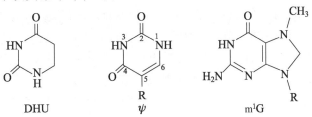

2. RNA 一级结构的特点

（1）tRNA

转移 RNA（transfer RNA，tRNA）约占细胞 RNA 总量的 15%，其相对分子质量在 25 000 左右，由 70 ~ 90 个核苷酸残基组成。tRNA 在蛋白质合成过程中主要负责将氨基酸转移到核糖体上，由于每种氨基酸都有一种或者多种对应的 tRNA，因此虽然构成蛋白质的常见氨基酸只有 20 种，但细胞内的 tRNA 却有 500 多种。tRNA 除了转移氨基酸外，在蛋白质生物合成的起始、DNA 的反转录等方面也有重要作用。

从一级结构来看，不同的 tRNA 虽然含有的核苷酸数目不同、序列各异，但是也有一些共同的特点：① 相对分子质量较小，平均沉降系数为 4S；② 各种 tRNA 的链长均比较接近（70~90 个核苷酸）；③ tRNA 的 5′端总是磷酸化，而且常是 pG，3′端最后三个氨基酸顺序相同，总是 CCA_{OH}；④ tRNA 中含有较多的稀有碱基（每分子中含 7~15 个），最常见的是甲基化的碱基。

（2）rRNA

核糖体 RNA（ribosomal RNA，rRNA）在细胞中含量最多，占细胞 RNA 总量的 80% 左右，是构成核糖体的骨架。核糖体含有大约 40% 的蛋白质和 60% 的 RNA，由两个大小不同的亚基组成，是蛋白质生物合成的场所。原核生物核糖体中有三类 rRNA（5S rRNA，16S rRNA，23S rRNA），真核生物核糖体 rRNA 有四类（5S rRNA，5.8S rRNA，18S rRNA，28S rRNA）。

在 rRNA 分子中，研究最多的是 5S rRNA 和 16S rRNA。大肠杆菌中的 5S rRNA 的 5′端常出现 pp-pU，3′端为 U_{OH}，第 43~47 位的核苷酸顺序为 CGAAC（真核细胞此序列则出现在 5.8S rRNA），这是 rRNA 与 tRNA 相互识别、相互作用的部位。原核细胞 16S rRNA 的 3′端总存在 ACCUCCU，这是 mRNA 的识别位点。

（3）mRNA

信使 RNA（messenger RNA，mRNA）约占细胞 RNA 总量的 5%，其生物学功能是转录 DNA 上的遗传信息并指导蛋白质的合成。每一种多肽都有特定的 mRNA 负责编码，因此 mRNA 的种类很多。不同 mRNA 的链长和相对分子质量差异很大。三种主要 RNA 中 mRNA 寿命最短。

mRNA 在细胞核及线粒体内产生，随后进入细胞质和核糖体指导蛋白质的合成。mRNA 是蛋白质合成的模板，将细胞核内的遗传信息转移到细胞质，指导蛋白质的生物合成。

mRNA 的分子大小取决于相应基因的长短和种类，同时它的大小也决定着蛋白质的相对分子质量。mRNA 分子中每三个相邻碱基组成一个密码子，决定着蛋白质中氨基酸的排列顺序，又称为遗传密码。

细胞核内最初转录的产物是**核内不均一 RNA**（heterogeneous nuclear RNA，hnRNA），比 mRNA 大得多，是 mRNA 的前体，由编码序列（外显子）和非编码序列（内含子）间隔构成。hnRNA 在核内经过一系列的剪接、修饰和加工，成为成熟的、有生物学功能的 mRNA 并转移到细胞质中。

大多数真核细胞的 mRNA 在 3′端有一段长 80~250 个核苷酸的多聚腺苷酸（polyA）（polyade nylic acid），称为"尾"结构。polyA 是在转录后经 polyA 聚合酶的作用添加上去的。polyA 可能有多方面功能，与 mRNA 从细胞核到细胞质的转移以及 mRNA 的半衰期有关。新合成的 mRNA，polyA 链较长，而衰老的 mRNA，polyA 链缩短。

真核细胞 mRNA 5′端还有一个特殊的结构：一个甲基化的鸟苷酸，称为"帽"（cap）结构。帽子结构通常有三种类型，其表示方式分别为 O 型（$m^7G5'ppp5'Np$）、I 型（$m^7G5'ppp5'NmpNp$）和 II 型（$m^7G5'ppp5'NmpNmpNp$），5′端的鸟嘌呤 N_7 被甲基化，N 代表任意核苷。鸟嘌呤核苷酸经焦磷酸与相邻的一个核苷酸相连，形成 5′，5′-磷酸二酯键。这种结构能够防止 5′-外切核酸酶的降解，起到稳定 mRNA 的作用。目前认为 5′-帽子还可能与正确起始蛋白质合成有关，它可能协助核糖体与 mRNA 相结合，使翻译过程在 AUG 起始密码子处开始。

原核细胞与真核细胞 mRNA 在结构上有明显差别，原核细胞 mRNA 的 5′端没有帽子结构，3′端通常没有或仅有少于 10 个多聚腺苷酸的结构。

二、RNA 的高级结构

天然 RNA 是单链线形分子，核苷酸残基的总数由数十个至数千个不等。RNA 的单链可以弯曲折叠，在多核苷酸链的局部形成双链结构。碱基按照 A-U、G-C 进行配对，形成氢键，并形成双螺旋。在双螺旋区内不能参加配对的碱基仍以单链存在，形成突环（loop），被排斥在双螺旋之外。RNA 中的双螺旋结构类似于 A-DNA。每一段双螺旋区至少有 4~6 对碱基才能保证 RNA 结构的稳定。一般说来，双螺旋区约占 RNA 分子的 50%。RNA 中双螺旋结构的稳定因素主要是碱基堆积力，其次是氢键。

1. tRNA 的二级结构

1965 年，R. W. Holley 等人测定了酵母丙氨酸 tRNA^{Ala} 的一级结构后，提出了酵母 tRNA^{Ala} 的二级结构模型，因其形状类似三叶草，故称为三叶草模型。

酵母 tRNA^{Ala} 中约有一半碱基可以通过 A–U、G–C 配对，形成局部双螺旋，通常有 5 组碱基不能形成碱基对，呈单链状态（构成柄）或形成小环，使得 tRNA 形成"茎–环"结构。整个二级结构可分为 5 个区：氨基酸接受区、反密码区、二氢尿嘧啶区、TψC 区和可变区，除氨基酸接受区外，其余每个区含有一个突环和一个臂（图 5–7）。

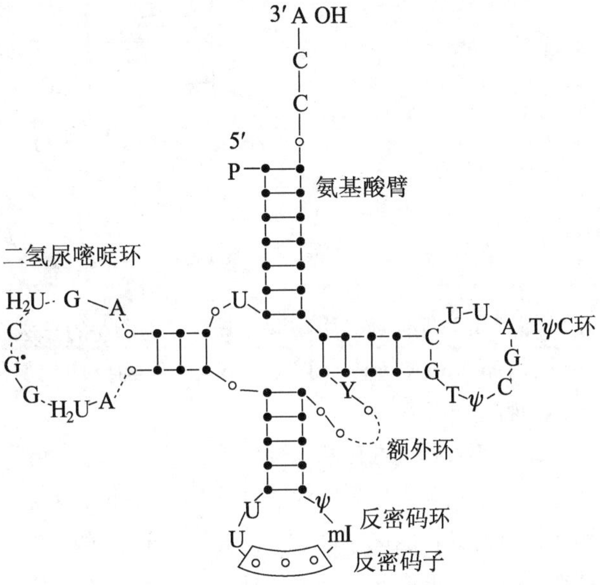

① 氨基酸接受区（氨基酸臂） 包括 tRNA 的 3′ 和 5′ 端，3′ 端最后的三个核苷酸残基总是—CCA$_{OH}$，并且以单链形式存在。3′–OH 是 tRNA 结合氨基酸的位置，5′ 端一般都是磷酸化的 pG。

② 二氢尿嘧啶区 该区总是含有二氢尿嘧啶（D），一般由 8～12 个核苷酸残基组成。

③ 反密码区 一般由 7 个核苷酸残基组

图 5–7 tRNA 的二级结构模型

成。反密码环中间由三个连续的碱基（常出现 I）组成反密码子，与 mRNA 上相应的密码子互补，在蛋白质生物合成过程中，通过反密码子来辨认 mRNA 上的密码子，使氨基酸能够正确地进位。

④ TψC 区 各种 tRNA 在此区均含有 TψC 序列，一般由 7 个核苷酸残基组成。

⑤ 额外环（可变区） 位于反密码区和 TψC 区之间，一般是不封闭的，有时也可以形成螺旋区或小环，该区的核苷酸长度变化较大，随 tRNA 的种类而变，可以作为 tRNA 分类的标准。

tRNA 分子中含有 20～21 对碱基对，由于其双螺旋结构所占比例很高，对称性强，因此 tRNA 的稳定性较高。

到目前为止发现的 500 多种 tRNA，其二级结构绝大部分符合三叶草模型，但也有例外。1980 年发现牛心线粒体 tRNA^{Ser} 只有 63 个核苷酸，缺少二氢尿嘧啶臂和二氢尿嘧啶环，为二叶草模型，某些线虫线粒体的 tRNA 也不是标准的三叶草结构，或缺少 TψC 区，或缺少二氢尿嘧啶区。

2. tRNA 的三级结构

20 世纪 70 年代，S. H. Kim 等人应用高分辨率（0.3 nm）X 射线衍射分析法对 tRNA 晶体进行研究，测定了酵母苯丙氨酸 tRNA 的三维空间结构，其三级结构的形状像一个倒写的字母"L"（图 5–8），其特点为：

① 字母"L"下面一横的末端是一级结构的 3′ 端—CCA$_{OH}$，字母"L"一竖的末端是反密码子，两端之间的距离为 7 nm。

② 分子中碱基对之间有维系三级结构的氢键，碱基对中除了按照 Watson–Crick 标准配对外，还有许多非标准配对的氢键，如碱基与核糖、碱基与磷酸之间形成的氢键。

大肠杆菌起始 tRNA、大肠杆菌精氨酸 tRNA、酵母起始 tRNA 的三级结构随后也陆续被测定，发现除了少数几种 tRNA 在—CCA$_{OH}$ 末端的伸展度、肽链折叠的松紧度、反密码子臂的构象等细节有所

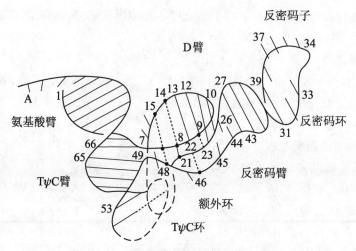

图 5-8　酵母苯丙氨酸 tRNA 的三级结构

差异外，几乎所有真核生物和原核生物 tRNA 的三级结构基本相似，都是倒"L"形。

所有的 tRNA 折叠后形成大小及三维构象均相似的三级结构，这有利于 tRNA 携带氨基酸进入核糖体的特定部位。

3. rRNA 的高级结构

原核生物和真核生物的核糖体均由大小亚基构成。许多 rRNA 的一级结构及二级结构都已被阐明，但是对其功能迄今仍不十分清楚。rRNA 的二级结构局部碱基互补，由部分双螺旋和部分单链突环相间排列，形成许多"茎-环"结构，是蛋白质结合与组装的结构基础。图 5-9 为大肠杆菌 5S rRNA 的结构。

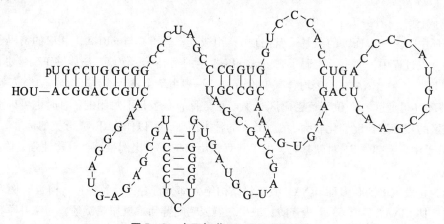

图 5-9　大肠杆菌 5S rRNA 的结构

第四节　核酸的理化性质和核酸的分离、分析

一、核酸的理化性质

1. 相对分子质量

DNA 的相对分子质量较大，一般为 $10^6 \sim 10^9$ bp，大多数 DNA 为线性分子，分子极不对称，虽然其长度可达 cm 级但分子的直径只有 nm 级；RNA 的相对分子质量较小，通常为 $10^4 \sim 10^6$ bp。一般来

说，进化程度越高的生物，其 DNA 分子越大，以利于贮存更多的遗传信息。但进化的复杂程度与 DNA 的大小并不完全一致，如哺乳类动物的 DNA 约为 3×10^9 bp，而有些两栖类动物（如南美肺鱼）的 DNA 可达 $10^{10} \sim 10^{11}$ bp。

2. 黏度与沉降特性

物质的黏度与其相对分子质量和结构密切相关。相对于 RNA，DNA 的相对分子质量更大，结构更复杂，因此 DNA 分子的黏度比 RNA 要大得多。当核酸分子的结构发生变化时，其黏度也会发生改变，如：DNA 分子由双链变成单链，其黏度会变小。黏度变化是判定核酸是否变性的指标之一。

溶液中的核酸分子在离心场中可以沉降。由于黏度不同，不同构象、不同相对分子质量的核酸沉降速度不同。一般情况下，RNA > DNA，超螺旋 DNA > 环状 DNA > 线形 DNA。同种构象的不同相对分子质量的核酸，相对分子质量越小，沉降速度越快。

3. 紫外吸收

嘌呤碱和嘧啶碱具有共轭双键，使得碱基、核苷、核苷酸和核酸在 240~290 nm 的紫外波段有强烈的吸收峰，最大吸收峰为 260 nm。核酸的吸光度以 A_{260} 表示，A_{260} 是核酸的重要性质之一。目前，紫外-分光光度法是实验中常用的一种定量及定性测定核酸的简便方法。

核酸的光吸收值并非是其组成核苷酸的光吸收值之和，一般比总和减少 30%~40%，这主要是由于核酸双螺旋结构中碱基紧密地堆积在一起，某些碱基被其他碱基遮蔽不能吸收光。当核酸双链结构解开之后，这些被遮蔽的碱基暴露出来，导致光吸收增加，因此，核酸的紫外吸光值突然增大，这也是判定核酸是否变为单链的指标之一。

学习与探究 5-4
为什么 DNA 变性之后紫外吸收增加？

4. 变性与复性

（1）变性

在一定理化因素作用下，核酸双螺旋碱基之间的氢键断裂，空间结构被破坏，形成单链无规则线团状态，此种现象称为核酸的**变性**（denaturation）。变性一般只涉及次级键的变化。在变性过程中，核酸的空间构象被破坏，理化性质发生改变，例如：双螺旋链被打开，内部的碱基暴露，A_{260} 值明显增加；黏度下降，浮力密度升高；生物活性部分或全部丧失。通常情况下，A_{260} 值的增加与解链程度有一定的比例关系，这种关系称为**增色效应**（hyperchromic effect），可以利用此现象来判断核酸的变性程度。

引起核酸变性的常见因素是温度、溶液的离子强度、溶液的 pH 以及变性剂（尿素、甲醛和甲酰胺等），这些外界因素的变化会破坏或削弱核酸双链中的氢键，妨碍碱基堆积，增加磷酸基静电斥力等，导致核酸发生变性。

（2）复性

在适当条件下，变性核酸的互补单链重新结合成双螺旋结构的过程称为核酸的**复性**（renaturation）。核酸复性过程非常复杂，复性时分开的两条单链随机碰撞，有时不能形成正确的碱基配对或只能形成局部正确的碱基配对；有时在一定温度下形成双螺旋的两条链又重新分开，经过多次试探性碰撞、结合、分开、再结合，最终才能形成正确的双螺旋结构。影响核酸复性速度的因素很多，主要有以下几个方面：

① 核酸浓度越高，随机碰撞的频率越高，复性速度越快。

② 核酸分子越大，链间错配频率越高，复性速度越慢。

③ 核酸链内重复序列多，易形成互补配对，复性速度较快。

④ 维持一定的溶液离子强度，削弱磷酸基静电斥力，可加快复性速度。

⑤ 选择最佳的复性温度，温度太高会使核酸发生变性，而温度过低会使错配的两链无法分开。

5. 熔解温度

将核酸溶液缓慢地加热使其变性，在不同温度下测定其 A_{260} 值，可得到"S"形曲线，称为

DNA 熔解曲线（DNA melting curve）（图 5-10）。温度较低时，核酸还保持双螺旋结构，溶液的 A_{260} 值没有变化；随着温度升高，核酸分子中的部分碱基对开始断裂，A_{260} 值上升；达到一定温度后，溶液的 A_{260} 急剧增加后趋于平坦，表明此时核酸分子最后一个碱基对断裂，两链已彻底分开。因此核酸变性是个突变的过程，在一个相对窄的温度范围内完成，类似晶体的熔解。

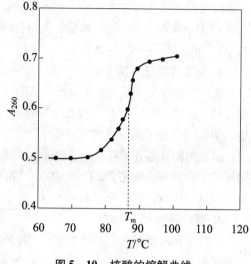

图 5-10 核酸的熔解曲线

通常，在 DNA 发生熔解时，将吸光度值的增加量达到最大增量一半时的温度称为**熔解温度**（melting temperature，T_m）。不同来源 DNA 的 T_m 值不同，一般在 80~95 ℃之间。DNA 的 T_m 值与分子中的（G + C）含量有关，G - C 对含有 3 个氢键，A - T 对含有 2 个氢键，因此 G - C 对含量愈高，双螺旋结构愈稳定，T_m 值越大。另外，均质 DNA 的熔解过程发生在较窄的温度范围内。

6. 摩尔磷吸光系数

由于核酸分子中磷原子的含量基本稳定，因此，可根据磷的含量测定核酸溶液的吸光度，以每升核酸溶液中一摩尔磷为标准来计算核酸的吸光系数，就叫做**摩尔磷吸光系数**（extinction coefficient per gram atom of phosphorus），用 $\varepsilon(P)$ 表示。一般 DNA 的 $\varepsilon(P)$ 为 6 000~8 000，RNA 为 7 000~10 000，因此可根据 $\varepsilon(P)$ 的不同来鉴别 DNA 和 RNA。在变性过程中，摩尔磷吸光系数增加；相反，在复性过程中，摩尔磷吸光系数降低。

二、核酸的分离

1. 核酸的分离原则

核酸的分离纯化主要遵循两个原则：一是保证核酸一级结构的完整性；二是排除其他分子的污染。

因此，在分离过程中应注意以下几点：

① 尽量简化操作步骤，缩短提取过程。

② 减少化学物质对核酸的降解　为避免过酸、过碱对磷酸二酯键的破坏，多在 pH 4~10 的条件下进行操作。

③ 防止核酸的生物降解　来自细胞内外的各种核酸酶能水解磷酸二酯键，直接破坏核酸的一级结构。

④ 减少物理因素对核酸的降解　避免强力高速的溶液振荡、搅拌，避免细胞爆炸式地破裂和 DNA 样品的反复冻融。高温也是使核酸降解的重要因素，一般操作温度为 0~4 ℃。

2. 核酸的分离方法

核酸分离一般包括细胞裂解、酶处理、核酸与其他生物大分子的分离、核酸纯化等几个主要步骤。每一步骤又可由多种不同的方法单独或联合实现。

（1）细胞裂解

细胞裂解可通过机械作用，如：超声裂解、微波裂解、冻融裂解、颗粒破碎等；化学作用，如：改变 pH、加热、加表面活性剂等；酶作用，主要是通过加入溶菌酶或蛋白酶使细胞破裂等来实现，这样使核酸从细胞和其他生物质中释放出来。在实际操作中，这几种方法经常联合使用。

（2）酶处理

在核酸提取过程中，可加入适当的酶使其他物质降解以利于核酸的分离与纯化。如加入蛋白酶K可以降解蛋白质并灭活核酸酶。

（3）核酸的分离与纯化

核酸的高电荷磷酸骨架使其比蛋白质、多糖、脂肪等大分子更具亲水性。根据各类物理化性质的差异，可选择沉淀、层析等方法将核酸分离和纯化。

① 盐提取法 利用 RNA 和 DNA 在盐溶液中的溶解度不同，可将二者分离。常用的方法是用 1.0 mol/L 氯化钠提取，得到的DNA 黏液与含有少量辛醇的氯仿一起摇荡，使其乳化，再离心去除蛋白质，此时蛋白质主要分布在水相及氯仿相中间，而DNA 则位于上层水相中。然后用 2 倍体积 95% 乙醇可将 DNA 钠盐沉淀出来。

② 酚提取 酚抽提法是核酸分离的经典方法。细胞裂解后离心分离含核酸的水相，加入等体积的酚∶氯仿∶异戊醇（25∶24∶1，体积比）混合液。两相经旋涡振荡混匀（适用于分离相对分子质量较低的核酸）或简单颠倒混匀（适用于分离相对分子质量较高的核酸）后离心分离。疏水性的蛋白质被分配至有机相，核酸则被留于上层水相。

③ 层析法 层析法是利用不同物质某些理化性质的差异而建立的分离分析方法，包括吸附层析、亲和层析、离子交换层析等。此种方法具有分离纯度高、成本低、快速简便、易操作等优点，被广泛用于核酸的分离与纯化。将核酸分离制备的工艺流程总结如图 5-11 所示。

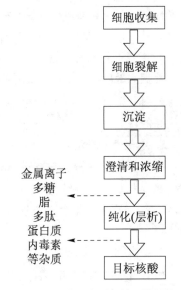

图 5-11　核酸分离制备的工艺流程

三、核酸的分析

核酸的分析方法有很多，最常用的有定磷法和紫外法，但精度不高。随着科技的进步，一些操作简单、灵敏度高的分析方法，如荧光分析法、光散射法和电化学分析法得到了广泛应用。

1. 定磷法

核酸中含有一定比例的磷，纯的 RNA 及其核苷酸含磷的质量分数为 9.0%，DNA 及其核苷酸含磷的质量分数为 9.2%，这就是**定磷法**（determinenate phosphorus method）测定核酸含量的原理。

含磷有机物经硫酸或过氯酸水解，被消化成为无机磷。无机磷在酸性条件下，与钼酸盐（钼酸铵或钼酸钠）反应生成磷钼酸盐络合物，然后用还原剂将其还原成钼蓝。钼蓝在 660 nm 处有最大光吸收峰，在一定浓度范围内，吸光度与磷含量成正比关系。因此，可用分光光度法进行磷的定量测定，从而计算出核酸含量。

2. 紫外法

DNA 和 RNA 都有吸收紫外光的性质，最大吸收峰在 260 nm 处，根此可用紫外-分光光度法进行定量、定性测定。

在一定 pH 下测定样品的紫外吸光度（A_{260}），由下式计算样品中的核酸含量：

$$C = M_r \times A_{260} / \varepsilon \times L$$

式中，C 为核酸含量（mg/mL），M_r 为核酸的相对分子质量，A_{260} 为核酸溶液的吸光度，ε 为摩尔吸光系数（即 1 升溶液中含 1 摩尔核酸的光吸收值），L 为比色杯的内径（cm）。

当分析待测样品是否是纯品时，可用 A_{260} 与 A_{280} 的比值来判定。纯 DNA 的 $A_{260/280} \geqslant 1.8$，否则样品中含有杂多糖；纯 RNA $A_{260/280} \geqslant 2.0$，如果样品中含有杂蛋白，比值会明显下降。通常以 A 值为 1.0 相当于 50 μg/mL 的双螺旋 DNA 或 40 μg/mL 单链 DNA（或 RNA）或 20 μg/mL 寡核苷酸。

3. 荧光分析法

荧光分析法（fluorescence analysis）灵敏度高、选择性好、操作方便，在生物分析中有非常广泛的应用。但核酸内源荧光很弱，无法直接将荧光技术应用于核酸结构和性质的研究中，因此必须借用荧光探针。基于核酸对小分子探针的荧光增强或减弱作用可对核酸进行分析研究，常用的荧光探针有染料探针、稀土–配体探针、金属配合物探针以及抗生素探针。

4. 共振光散射分析法

共振光散射技术（resonance light scattering technique）是一项在普通荧光分光光度计上进行测量的光散射分析技术，目前被逐步发展成为用来测定和研究生物大分子的新技术，具有简单、快速、灵敏度高的特点。

5. 电化学分析法

DNA 的**电化学分析法**（electrochemical analytical method）研究起始于 20 世纪 50 年代，目前在 DNA 的结构、形态、碱基序列测定以及 DNA 的损伤、基因诊断等方面都发挥着重要作用，也为 DNA 与金属离子、金属螯合物及小分子物质相互作用机制的研究提供了新的分析手段。

四、核酸序列的研究方法

1965 年，R. W. Holley 首先用测定蛋白质氨基酸序列的方法（重叠法）测定了酵母丙氨酸 tRNA 的序列，但是该方法操作比较繁琐，较难用于测定相对分子质量很大的核酸序列。1977 年，A. Maxam 和 W. Gilbert 提出了**化学断裂法**（chemical cleavage method），F. Sanger 提出了**双脱氧链终止法**（dideoxy chain termination）。这两种方法虽然步骤不同，但是基本原理相同，都是将待测核酸序列制成带放射性标记的互相独立的若干组寡核苷酸，每组寡核苷酸都有固定的起点，但却随机终止于特定的一种或多种核苷酸残基上。然后经过电泳，从凝胶的放射自显影片上即可直接读出 DNA 的核苷酸顺序。

1. Sanger 双脱氧链终止法

DNA 的合成总是从 5′ 端向 3′ 端进行，需要模板以及相应的引物链。在 DNA 合成过程中，新链 DNA 的 3′ 端，根据模板链上的碱基序列进行碱基配对，通过 3′，5′ – 磷酸二酯键连接下一个核苷酸，使 DNA 链延长。Sanger 双脱氧链终止法中，平行进行 4 组反应，每组反应均使用相同的模板，相同的引物以及 4 种脱氧核苷酸（dATP、dTTP、dCTP、dGTP），并在 4 组反应中各加入适量不同的双脱氧核苷酸（ddATP、ddTTP、ddCTP、ddGTP），由于双脱氧核苷酸 2′ 和 3′ 端均没有羟基，后续的核苷酸无法与其形成磷酸二酯键，导致链合成的终止，这样即可产生相应的 4 组具有特定长度的 DNA 链。将这 4 组 DNA 链经聚丙烯酰胺凝胶电泳按链的长短分离开，经过放射自显影显示区带，就可以直接读出被测 DNA 的核苷酸序列（图 5 – 12）。

DNA 测序仪就是根据上述原理，由检测系统进行识别和记录，经过计算机处理实现自动化测序过程。

2. Gilbert 化学断裂法

该方法首先对 DNA 单链的 5′ 端磷酸基进行同位素标记，然后分为 4 组，分别加入不同的专一性试剂，使各组样品的核酸链在特定的碱基部位发生断裂，获得不同的核苷酸片段（表 5 – 6）。

将得到的 4 组核苷酸片段经过聚丙烯酰胺凝胶电泳，按片段的长短分离开，经过放射自显影显示区带，就可以直接读出被测 DNA 的核苷酸序列。

🔍 科学史话 5 –3
Sanger 和双脱氧链终止法测序技术

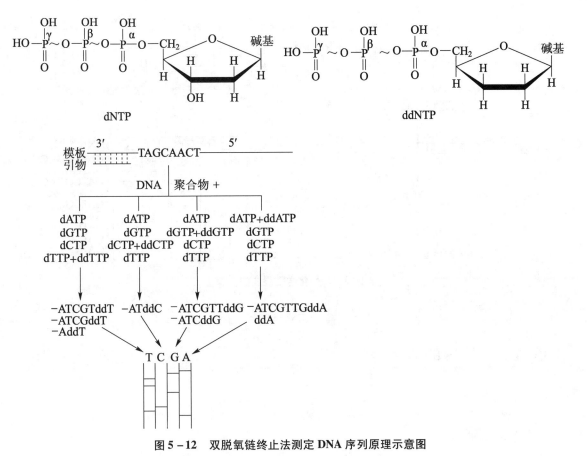

图 5-12 双脱氧链终止法测定 DNA 序列原理示意图

表 5-6 专一性试剂的断裂位点

专一性试剂	断裂位点
硫酸二甲酯	鸟嘌呤（G）
硫酸二甲酯 + 甲酸	鸟嘌呤（G）、腺嘌呤（A）
肼	胞嘧啶（C）、胸腺嘧啶（T）
肼 + 氯化钠	胞嘧啶（C）

科技视野 5-5
DNA 测序技术的发展
历史与最新进展

　　具体步骤为：① 将 DNA 的 5′端磷酸基进行标记（通常用放射性同位素^{32}P），② 在多组互相独立的化学反应中分别进行特定碱基的化学修饰，③ 在修饰碱基位置用化学法断开 DNA 链，④ 用聚丙烯酰胺凝胶电泳将 DNA 链按长短分开，⑤ 根据放射自显影显示区带，直接读出 DNA 的核苷酸序列（图 5-13）。

3. 二代测序技术

　　二代测序技术（next-generation sequencing，NGS）是在过去十年中不断发展起来的测序技术。该技术主要有 3 方面的改进：首先，它们不依赖于细菌 DNA 片段的克隆，而是依赖于非细胞系统中二代测序技术文库的制备；其次，并行产生数千至数百万个测序反应，而不是通常的数百个；第三，无需电泳即可直接检测到测序输出，整个过程循环和并行进行。如常用的焦磷酸测序技术原理为：在 DNA 聚合酶、ATP 硫酸化酶、荧光素酶和双磷酸酶作用下，将每一个脱氧核糖核苷三磷酸的聚合与一次化学发光信号的释放偶联起来，通过检测化学发光信号的有无和强度，达到实时检测 DNA 序列的目的。NGS 产生的大量读数能够以前所未有的速度对整个基因组进行测序。这些重大改进使科学家能够在很短的时间内以低成本处理整个基因组的测序，开辟了基因组学和分子生物学的新时代。

科技视野 5-6

高通量测序技术的研究进展

科技视野 5-7

单细胞 RNA 测序技术发现新型冠状病毒的受体 ACE2 在不同人群中的表达特性

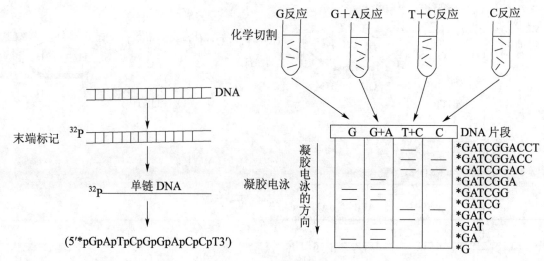

图 5-13　化学断裂法的步骤

第五节　核酸的应用研究

知识拓展 5-13

人类基因组计划回顾与展望——从基因组生物学到精准医学

一、人类基因组计划

人类有 22 对常染色体和一对性染色体（XX 或 XY），含有 30 亿个碱基对。这些碱基对隐含着人类生、老、病、死的奥秘。1986 年，R. Dulbecco 在 Science 上首先提出"**人类基因组计划**"（human genome project，HGP）。人类基因组计划的研究内容之一就是对包含 3×10^9 bp 的 DNA 进行全序列分析，测定和制定人类染色体基因图谱（包括遗传图谱、物理图谱、转录图谱），以达到了解其结构、认识其功能的目的。这是一项规模巨大、意义深远的科学探索。1990 年 10 月美国政府决定出资 30 亿美元，用大约 15 年的时间完成"人类基因组计划"。此后英国、日本、法国、德国的科学家先后加入这个国际合作计划，中国也于 1999 年加入并承担了 1% 的测序任务。

"人类基因组计划"采取"多级霰弹测序"方法。首先将人类基因随机打断成 15 万~20 万碱基对的 DNA 大片段，克隆到一种特殊的载体 BAC（即细菌人工染色体）中。这些克隆可以在细菌中扩增，使每种 DNA 大片段成倍增长。含有整个人类基因 BAC 克隆的集合叫做 BAC 文库。为了方便测序，需要将 BAC 克隆中这些大片段打断成大约 2 000 bp 长度的 DNA 小片段，克隆到另一种特殊的载体——质粒中，这个过程叫做亚克隆。"测序反应"就是在这些亚克隆序列上进行的。最后用测序仪测出亚克隆的碱基序列，根据各段序列之间相同的重叠部分将它们连接起来，从而得到 BAC 克隆中 DNA 大片段的序列，继而再拼接成整个人类基因组的序列。

人类基因组计划实际耗资约 27 亿美元，2003 年 4 月 14 日，美、英、日、德、法、中六国首脑发表了"人类基因组联合宣言"，宣告"人类基因组计划"提前完成。

科技视野 5-8

基因组学和生命科学新世纪

完成人类基因组计划后，玉米、水稻、猪、家蚕等生物的 DNA 全序列也被陆续测定，目前科学家的研究中心开始转移到了对基因组的功能研究上，产生了基因组学这一新的学科。从研究方法来说，经典遗传学一般通过杂交育种或家系分析来发现新基因，而基因组学则是先获取全基因组的序列，再在其中寻找新基因。随着研究的深入，结构基因组学、功能基因组学、蛋白质组学等一系列新的学科不断出现，使生命科学进入了后基因组时代。

二、分子杂交

分子杂交（molecular hybridization）是指来源不同，但具有序列互补性的两条 DNA、DNA 与 RNA 或两条 RNA，通过碱基配对原则结合在一起的过程。杂交是分子生物学研究中常用的技术之一，其原理如图 5 – 14 所示。首先通过加热或提高 pH 的方法将双链 DNA 解聚成单链，然后与另一种核酸单链或已标记的寡核苷酸链通过碱基配对进行分子杂交。

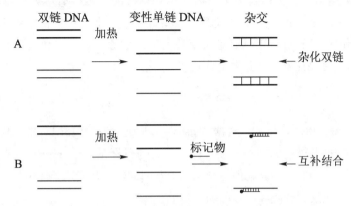

图 5 – 14　核酸分子杂交原理示意图

A. 不同来源的 DNA 分子（分别用粗线和细线表示），在加热变性后的复性过程中可以形成杂化双链；

B. 经标记的寡核苷酸与变性后的单链 DNA 互补结合

利用这一原理，1975 年英国分子生物学家 E. M. Southern 首先发明了一种 DNA 与 DNA 杂交的 **Southern 印迹法**（Southern blotting）。该方法是将 DNA 分子经限制性内切酶降解后，用琼脂糖凝胶电泳进行片段分离，再将凝胶用碱液处理，使 DNA 片段变性，将处理后的凝胶与硝酸纤维素膜接触，由于硝酸纤维素只能吸附变性的 DNA 片段，未变性的 DNA 片段则被洗去，吸附在硝酸纤维素膜上的 DNA 片段的形状和位置与凝胶板上完全一致。然后用标记的探针与之进行杂交，再将未杂交的片段洗去，最后用放射自显影或者显色，即可找出与探针序列互补的 DNA。以此为基础，1977 年 G. R. Stark 又建立了测定 RNA 的分子杂交技术，命名为 **Northern 印迹法**（Northern blotting）。用类似的方法，根据抗体与抗原结合的原理，开发了分析蛋白质的方法，称为 **Western 印迹法**（Western blotting）。

目前，分子杂交技术已经成功地运用于核酸的分析测定、基因标记、定位、克隆、分离纯化和体外合成，在分子生物学和医药学领域具有诱人的应用前景。人们可以从基因组 DNA 文库和 cDNA 文库中获得特定基因，通过克隆并制备探针 DNA，或采用核酸自动合成仪制备 18 ～ 100 个碱基的寡核苷酸探针，应用限制性内切酶和 Southern 印迹技术，用数微克 DNA 就可分析特异基因。

科学史话 5 –4

Edwin Mellor Southern 和 Southern 印迹法

三、小 RNA 和微 RNA

几十年来，人们一直认为 RNA 分子只能按照 DNA 的命令把遗传信息翻译为蛋白质，因此 RNA 曾被认为是一种缺乏活力的生物分子。但从 1998 年起，科学家发现一种被称作**小 RNA**（small ribonucleic acid，sRNA）的分子，它们能够反过来控制 DNA，使基因关闭、停止基因的复制、删除一些不需要的 DNA 片段或改变它们的表达水平。也就是说 sRNA 分子能够通过引导基因打开或关闭、控制细胞分裂过程、指导染色体中的物质形成正确的结构，从而决定某一细胞的命运。例如在四膜虫体内，当一个细胞分裂时，sRNA 对删除或改造某些 DNA 序列具有决定性作用。另外，sRNA 可抑制产生核糖核酸的基因，此现象被称为 RNA 干扰（RNAi）。目前研究人员正在探索 RNAi 在疾病的发生发展过程中可能起到的作用，利用 RNAi 关闭人体中引发癌症等疾病的有害基因，或关闭艾滋病病毒和埃博拉病毒等致命病毒的基因，从而将小核糖核酸的研究应用到抗病毒和抗癌治疗等领域。

微 RNA（microribonucleic acid，miRNA）是 20 世纪 80 年代鉴定出的一类含有 19~25 个核苷酸的小核糖核酸分子，它可以和特定的靶 mRNA 识别，以启动 RNA 诱导的基因沉默，从而调节特定基因的表达。miRNA 最早在细胞核内表达为含有大约几百个核苷酸的 miRNA 前体，随后被加工成大约含有 60 个核苷酸的发夹型结构，转移到细胞质后在内切核酸酶作用下剪切为成熟的 miRNA。研究发现，miRNA 是细胞内一种非常重要的负调节因素，肿瘤作为一种调节异常的疾病与它们存在着一定的内在联系，一系列的结果显示 miRNA 的研究必将对肿瘤的诊断、治疗和预防有所帮助，从而为人类最终战胜肿瘤（特别是癌症）发挥重要的作用。

科技视野 5-9
microRNAs 的临床应用

四、反义 RNA

反义 RNA（antisense RNA）技术是根据 Watson-Crick 的碱基互补配对规律和核酸杂交原理，设计出能与目标基因特定区域结合的互补寡核苷酸片段，与目标基因或 mRNA 的特定序列结合，以影响目标基因的表达，从而抑制其功能，但不影响其他基因的转录和表达。通过相应反义寡核苷酸对目标基因表达的调控，可以达到预防和治疗肿瘤的目的。

肿瘤基因治疗的实施主要包括以下三个方面：① 寻找具有治疗意义的目标基因，② 建立有效的靶向基因载体系统，③ 发挥治疗效应。

随着 DNA 微阵列技术的发展，肿瘤基因表达可以得到高通量检测，并筛选出对特定肿瘤具有治疗意义的目标基因。利用反义 RNA 技术合成已知基因的反义寡核苷酸，与相应的癌基因特异结合，封闭其转录和翻译，使癌基因失活。反义 RNA 疗法已在肿瘤研究中广泛应用，目前主要集中于有关癌基因和细胞因子等领域的研究。

长期以来，通过阻断 mRNA 的活动，封闭特异性目的基因的表达，达到基因沉默的目的，已成为利用基因组学知识发展新药的理想策略。反义 RNA 技术作为基因治疗的一种方法，在肿瘤研究方面取得了较快的进展。但是还存在一些没有解决的问题，如细胞癌变并非一个基因变异所致，是多个相关基因共同作用的结果，而反义技术一般只能特异地抑制一个基因。可见，同时抑制多个癌基因表达的反义技术还有待于进一步研究；针对目标基因的哪一段来设计反义序列最有效，也是一个需要重点研究的问题。

随着人类基因组计划的完成，陆续发现和阐明了各种与肿瘤发生密切相关的基因的结构和功能，上述问题将会逐步得以解决，反义 RNA 技术也必然会在肿瘤研究中发挥更大的作用，为肿瘤的临床治疗提供新的途径。

五、DNA 水凝胶

科技视野 5-10
DNA 水凝胶分子设计的合成与应用

DNA 水凝胶是 DNA 材料宏量制备的典型代表。水凝胶材料种类繁多、应用广泛，而利用 DNA 制造水凝胶，既利用了水凝胶的骨架功能，也利用了 DNA 的生物功能，实现了水凝胶材料结构与功能的统一融合。按照水凝胶形成的机制，DNA 水凝胶大致分为两类：化学水凝胶和物理水凝胶。化学水凝胶是由化学键作为交联点形成的水凝胶；物理水凝胶则是由非化学键作为交联点形成的水凝胶；DNA 水凝胶的生物相关性和分子结构可设计性的优点使其在众多生物医学领域都有广泛应用，包括药物缓释、蛋白质生产和免疫调控等。DNA 作为药物缓释材料有其独特的优势，比如，DNA 材料具有生物相容性与生物可降解特性（降解产物是人体代谢本身所需的核苷酸），以及 DNA 材料可以通过序列设计将基因信息融入到材料当中等。

?　思考与讨论

1. 简述 DNA 与 RNA 在组成、结构和功能上的差异。
2. 简述 Watson-Crick 提出的 DNA 双螺旋结构模型的要点。
3. 细胞内的 RNA 主要有哪些种类？各自具有怎样的结构和功能？
4. 核酸的理化性质和它们的结构有何关系？这些性质有哪些应用？
5. DNA 热变性有哪些特点？T_m 值表示什么？
6. 怎么把分子量相同的单链 DNA 与单链 RNA 分开？

网上更多资源……

◆ 本章小结　　◆ 教学课件　　◆ 自测题　　◆ 教学参考　　◆ 生化实战

第六章

维生素和激素化学

维生素和激素，是生物体内含量低，但维持正常生命活动所必需的物质。那么什么是维生素和激素？它们的区别和联系是什么？它们是如何被发现的，现已研究了哪些种？如何对它们进行分类和命名？它们都具有哪些重要的生理功能？其作用机制是什么？这些问题将在本章——解答。

学习指南

1. 重点：维生素和与激素的分类与生理功能。

2. 难点：细胞膜受体激素的作用机制；胞内受体激素的作用机制。

- **维生素概述**
  维生素的概念及其重要性；维生素的分类
- **重要的水溶性维生素**
  维生素 B_1 和焦磷酸硫胺素；维生素 B_2 和黄素单核苷酸、黄素腺嘌呤二核苷酸；维生素 PP（烟酸、烟酰胺）和辅酶 I、辅酶 II；泛酸和辅酶 A；维生素 B_6 和磷酸吡哆醛、磷酸吡哆胺；维生素 B_7（生物素）；叶酸和四氢叶酸；维生素 B_{12} 和 B_{12} 辅酶；维生素 C；硫辛酸
- **脂溶性维生素**
  维生素 A；维生素 D；维生素 E；维生素 K
- **激素化学概述**
  激素的概念；激素的分类
- **主要的脊椎动物激素**
  下丘脑激素；垂体激素；甲状腺激素；甲状旁腺激素；胰腺激素；肾上腺激素；性激素；前列腺素
- **激素的作用机制和调节机制**
  激素作用的特点；激素与受体的相互作用；细胞膜受体激素的作用机制；胞内受体激素的作用机制；激素体系的反馈调节
- **昆虫激素和植物激素**
  昆虫激素；植物激素

▶▶ **知识导图**

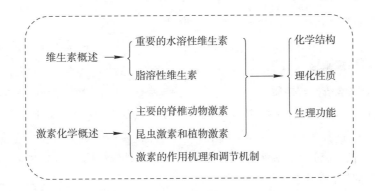

第一节　维生素概述

一、维生素的概念及其重要性

维生素（vitamin）也称维他命，是一类维持生物体正常生命活动所不可少的微量小分子有机化合物。维生素在生物体内虽然既不是细胞组成成分，又不是能源物质，但是对机体生长、发育等代谢行为的调节等方面起着十分重要的作用。绝大多数维生素通过辅酶或辅基的形式参与生物体内的酶反应体系，调节酶活性及代谢活性。

生物对维生素的需要由两方面因素决定：一方面是代谢过程是否需要，另一方面是自身能否合成。人和动物不能合成或合成的量不足以满足自身需要的维生素，必须由食物供给，否则会影响机体代谢、引发相应的疾病、甚至死亡。这种因缺乏维生素而导致的疾病统称维生素缺乏症。通常人体内的肠道细菌可以帮助人体合成一定量的维生素，而常服抗菌素不利于肠道益生菌生存。植物一般可以合成自身所需的各种维生素。部分微生物只能合成自身所需的部分维生素，如不能合成，则成为该微生物的生长限制因子，需要由外界供给，才能正常生长。

二、维生素的分类

维生素种类很多，各种维生素化学结构差异较大，有脂肪族、脂环族、芳香族、杂环族、甾类化合物等，但由于它们在生物体生长发育等代谢活动中的作用相似，是机体所必须的微量小分子有机物，所以将其归为一类。在传统上常根据维生素的溶解性将其分为：水溶性维生素与脂溶性维生素两大类。

水溶性维生素包括 B 族维生素、维生素 C 等。水溶性维生素的共同特点：能溶于水而不溶于脂肪、乙醇、氯仿等有机溶剂。水溶性维生素在体内不能大量贮存，需经常从食物中摄取，过剩的水溶性维生素易从尿液中排出体外，一般无毒性。

脂溶性维生素包括维生素 A、D、E、K，这类维生素的共同特点：能溶于脂肪、乙醇、氯仿等有机溶剂，不溶于水；化学组成仅含碳、氢、氧；在食物中常与脂质共同存在，并随脂质一同吸收，其排泄效率低，摄入过多时可在体内蓄积产生毒性。

🔍 **科学史话 6-1**
维生素的发现

⚙ **知识拓展 6-1**
各种维生素的来源与膳食建议

⚙ **知识拓展 6-2**
各种维生素的日需要量

第二节 重要的水溶性维生素

一、维生素 B₁ 和焦磷酸硫胺素

1. 维生素 B₁ 的化学结构与性质

维生素 B₁（VB₁）又称为抗神经炎因子或抗脚气病维生素，化学名为氯化 3 -〔（4 - 氨基 - 2 - 甲基 - 5 - 嘧啶基）- 甲基〕- 5 -（2 - 羟乙基）- 4 - 甲基噻唑。因其分子中有含硫的噻唑环和带氨基的嘧啶环，故又被称硫胺素。硫胺素是最早被发现的一种维生素，在 1936 年即被人工合成，通常口服的维生素 B₁ 都是化学合成品。

维生素 B₁ 为白色粉末，微苦，熔点 250 ℃，耐热，在酸性环境中较稳定，在中性、碱性环境中易被氧化破坏。维生素 B₁ 溶液分别在 233 nm 和 267 nm 呈现两个紫外吸收光谱。

亚硫酸盐可在室温下使维生素 B₁ 裂解成嘧啶和噻唑两部分，碱性条件下氰化高铁可将其氧化成有深蓝色荧光的脱氢硫胺素（thiochrome），可用此反应测定维生素 B₁ 的含量。此外，维生素 B₁ 与重氮化氨基苯磺酸和甲醛作用产生品红色，与重氮化对氨基乙苯酮作用产生红紫色，这两个反应也可用于维生素 B₁ 的定性和定量测定。

硫胺素　　　　　　　　　　　　　　　　硫胺素焦磷酸

2. 维生素 B₁ 的功能

在人体内，维生素 B₁ 常以**焦磷酸硫胺素**（thiamine pyrophosphate，TPP）的形式存在，它是由硫胺素激酶催化硫胺素与 ATP 转化而成，在动物和酵母细胞中，由于 TPP 不能透过细胞膜，故必须在细胞内合成。

维生素 B₁ 的功能主要是以 TPP 的形式作为 α - 酮酸（例如丙酮酸、α - 酮戊二酸等）脱氢酶系的辅酶参加糖代谢。其作为辅酶的活性来源于噻唑环中第 2 位 C 原子，受到第 3 位 N 原子上的正电荷和第 1 位电负性很强的 S 原子的影响，失去质子（H⁺）而形成稳定的碳负离子，碳负离子容易与 α - 酮基结合，形成不稳定的中间体，进而由 α - 酮酸酶催化使 α - 酮酸氧化脱羧。如在丙酮酸氧化脱羧反应中与丙酮酸结合生成丙酮酸 - TPP，再由丙酮酸脱羧酶催化脱羧生成羟乙基 - TPP（活性乙醛）。维生素 B₁ 也是磷酸戊糖途径中转酮酶的辅酶，参与转糖醛基反应。此外，维生素 B₁ 还可抑制胆碱酯酶活性，维持正常的神经传导机能。

二、维生素 B₂ 和黄素单核苷酸、黄素腺嘌呤二核苷酸

1. 维生素 B₂ 的化学结构与性质

维生素 B₂ 又名**核黄素**（riboflavin），由异咯嗪基和核糖醇基组成，化学名为 7,8 - 二甲基 - 10 - (1′ - D - 核糖醇基) - 异咯嗪。维生素 B₂ 为橙黄色针状晶体，味微苦，微溶于水，极易溶于碱性溶液，在 pH 4 ~ 8 的水溶液中呈现黄绿色荧光，于 565 nm 处荧光最大，可作为定量分析的依据。维生

素 B$_2$ 遇光易被破坏（尤其是其水溶液），遇碱或加热时，也易被分解，遇还原剂引起变质而褪色，故应遮光、密封保存。

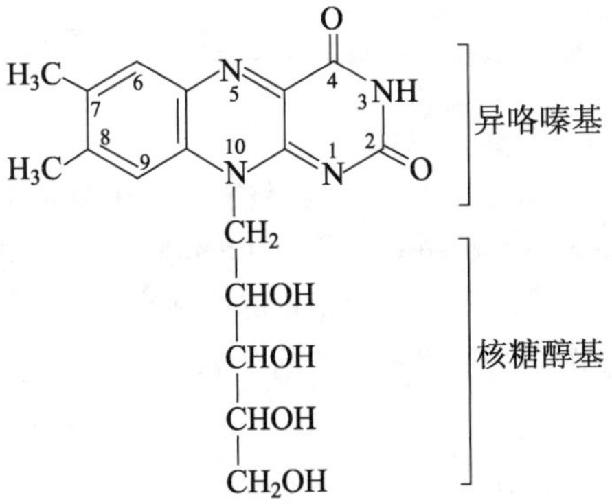

2. 维生素 B$_2$ 的功能

维生素 B$_2$ 在机体内的活性形式为**黄素单核苷酸**（flavin mononucleotide，FMN）和**黄素腺嘌呤二核苷酸**（flavin adenine dinucleotide，FAD）（图 6 − 1）。FMN 是由黄素激酶催化核黄素和 ATP 而成，其再经过焦磷酸化酶催化与 ATP 反应生成 FAD。FMN 和 FAD 异咯嗪环中的 N^1 和 N^5 之间有一对活泼的共轭双键，容易发生可逆的加氢或脱氢反应，所以在细胞氧化反应中作为递氢体，参与氧化还原反应，与糖、脂和氨基酸的代谢密切相关。

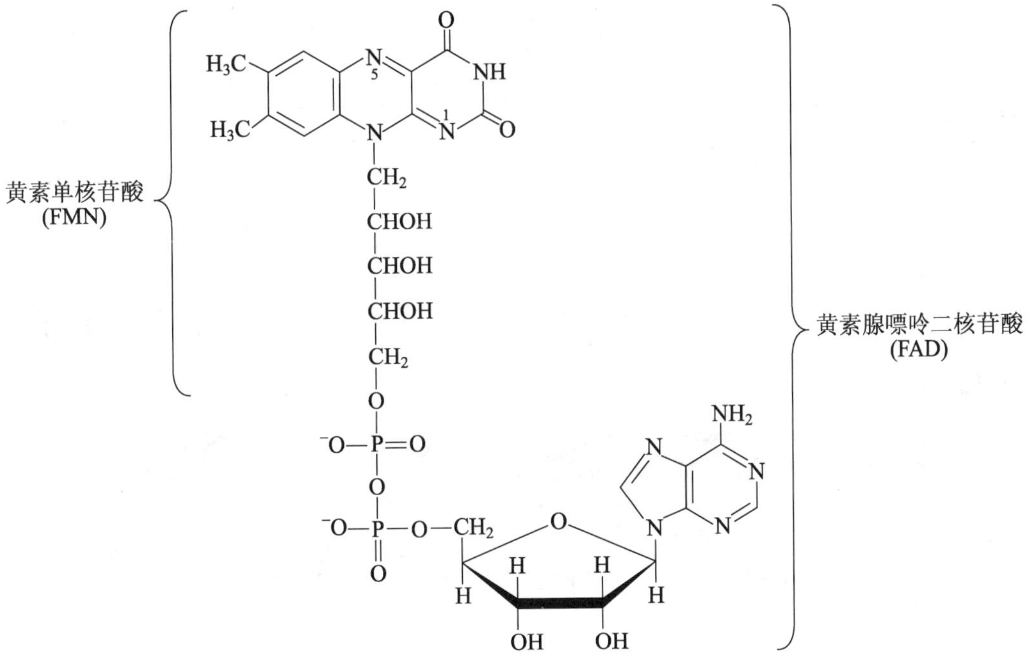

图 6 − 1　维生素 B$_2$ 以及 FMN 和 FAD 的结构

三、维生素 PP（烟酸、烟酰胺）和辅酶 I、辅酶 II

1. 维生素 PP 的化学结构与性质

维生素 PP 又称抗癞皮病维生素，包括烟酸（nicotinic acid）及烟酰胺（nicotinamide）也被音译为尼克酸和尼克酰胺，烟酸为吡啶 − 3 − 羧酸，烟酰胺为烟酸的酰胺，都是吡啶的衍生物。

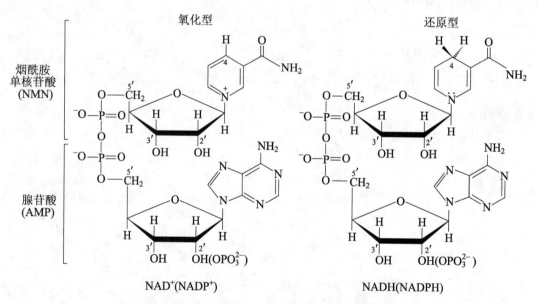

烟酸和烟酰胺都是无色晶体，烟酸的熔点为 235.5~236 ℃，烟酰胺的熔点为 129~131 ℃，它们均不易被光、热及碱性环境破坏，是维生素中较稳定的一种。烟酸及烟酰胺均溶于水及乙醇，与溴化氰作用产生黄绿色化合物，可以作为定量测定的依据。

2. 维生素 PP 的功能

烟酸及烟酰胺环上 C-4 位置能接受或给出氢负离子，因此有氧化型和还原型之分。维生素 PP 在体内的活性形式有烟酰胺腺嘌呤二核苷酸（辅酶 I，NAD^+），烟酰胺腺嘌呤二核苷酸磷酸（辅酶 II，$NADP^+$）两种，其与磷酸核糖和腺嘌呤反应生成 NAD^+，再与 ATP 磷酸化生成 $NADP^+$（图 6-2）。NAD^+ 和 $NADP^+$ 都是多种脱氢酶的辅酶，广泛参与各类氧化还原反应，起传递氢和电子的作用。生理 pH 条件下，其吡啶环的 N 原子能接受一个电子，另一个 H^+ 离子游离于反应介质中，其对位 C-4 原子可接受一个 H 原子，因此 NAD 可从代谢物上接受两个电子和一个质子而使另一个质子留在反应基质中。

图 6-2 NAD^+（$NADP^+$）和 NADH（NADPH）的结构

烟酸和烟酰胺除了作为 NAD^+ 和 $NADP^+$ 的主要成分以外，还对中枢及交感神经系统有维护作用。烟酸可使血管扩张，使皮肤发赤、发痒，并且降低环腺苷酸（cAMP）的水平，从而抑制体内脂肪组织的脂解作用，导致血浆胆固醇和三酰甘油浓度下降，但烟酰胺无此作用。

四、泛酸和辅酶 A

1. 泛酸的化学结构与性质

泛酸（pantothenic acid），也称"遍多酸"，这个名称来源于希腊语，意为无所不在的酸类物质。泛酸化学名为 N-（2,4-二羟基-3,3-二甲基丁酰）-β-丙氨酸，由 β-丙氨酸与 α，γ-二羟-β，β-二甲基丁酸结合而成（图 6-3）。

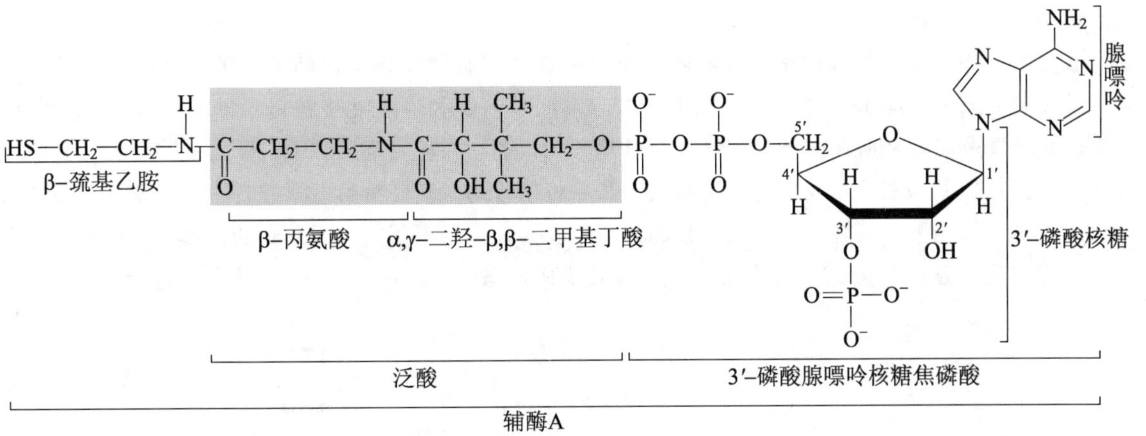

图 6-3　泛酸以及辅酶 A 的结构

泛酸为黏稠的黄色油状物，易溶于水和醋酸，不溶于氯仿和苯，在中性溶液中对热、氧化剂和还原剂都相当稳定，但酸、碱、干热可使之分裂为 β-丙氨酸及其他产物。商品泛酸一般是泛酸钙，为无色晶体，溶于水，味微苦，对光及空气都稳定，在 pH 5 ~7 的溶液中可被热破坏。

2. 泛酸的功能

在体内，辅酶 A 是泛酸的主要活性形式，其由泛酸与巯基乙胺、3′-磷酸腺嘌呤核糖焦磷酸缩合形成（见图6-3），辅酶 A 是酰基的载体，是体内酰化酶的辅酶，对糖、脂肪和蛋白质代谢过程中的乙酰基转移具有重要作用。此外，泛酸还以酰基载体蛋白（acyl carrier protein，ACP）的形式参与脂肪酸合成代谢。

五、维生素 B_6 和磷酸吡哆醛、磷酸吡哆胺

1. 维生素 B_6 的化学结构与性质

维生素 B_6 也称为吡哆素，是吡啶的衍生物，包括**吡哆醇**（pyridoxine）、**吡哆醛**（pyridoxal）和**吡哆胺**（pyridoxamine）三种，均为无色晶体，易溶于水和乙醇，在酸性环境下稳定，对碱性条件和光敏感，从而易被破坏，吡哆醇耐热，吡哆醛和吡哆胺不耐高温。

吡哆醇、吡哆醛、吡哆胺与 $FeCl_3$ 作用呈红色，与重氮化对氨基苯磺酸作用产生橘红色物质，与2，6-二氯醌-4-氯亚胺和醋酸钠作用先呈蓝色再转换为红色，这三个呈色反应都可作为维生素 B_6 的定性和定量检测依据。

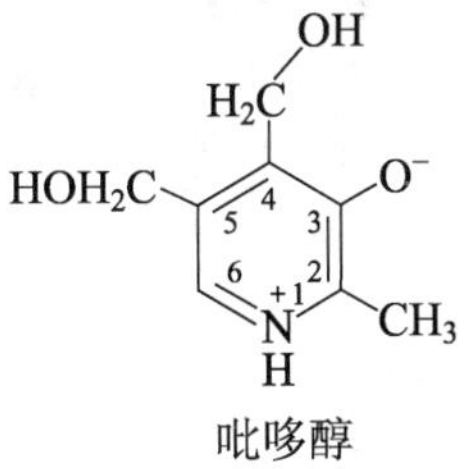

吡哆醇

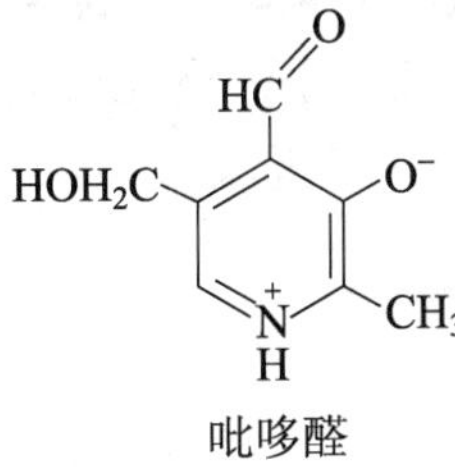

吡哆醛

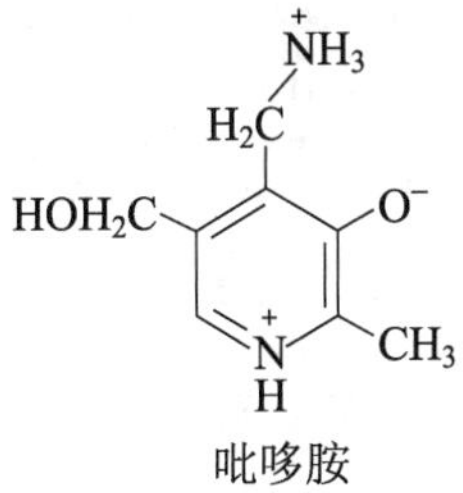

吡哆胺

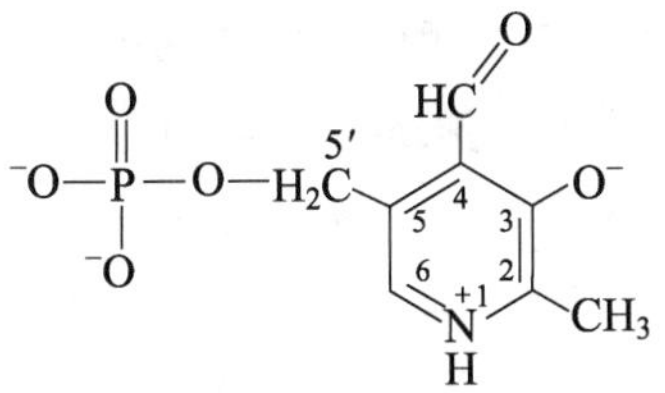

磷酸吡哆醛

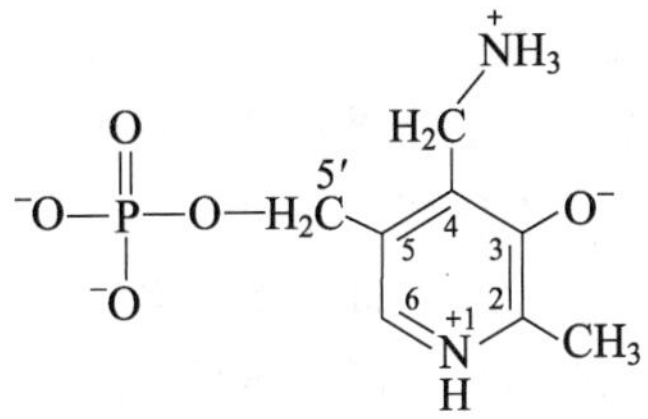

磷酸吡哆胺

2. 维生素 B₆ 的功能

在生物体内，吡哆醇可转化为吡哆醛或吡哆胺，此三种物质均常以磷酸酯的形式存在（图6-4），主要活性形式为磷酸吡哆醛和磷酸吡哆胺。磷酸吡哆醛和磷酸吡哆胺是多种酶的辅酶，如作为氨基酸转氨酶和氨基酸脱羧酶的辅酶，参与氨基酸的代谢。在转氨基反应中，磷酸吡哆醛在转氨酶存在下，先接受氨基酸的氨基变为磷酸吡哆胺，然后将携带的氨基转给另一酮酸，使之转变为另一新的氨基酸，即通过磷酸吡哆醛和磷酸吡多胺的相互转变实现运载氨基的作用。此外，磷酸吡哆醛可将类固醇激素-受体复合物从DNA中移除，从而终止类固醇激素的作用。

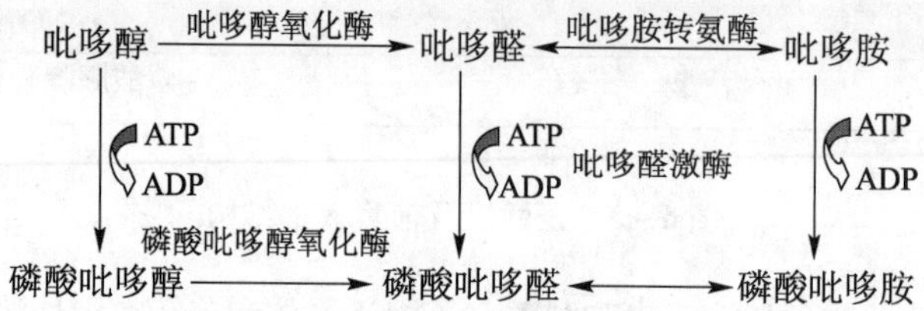

图 6-4 吡哆醇、吡哆醛、吡哆胺及其磷酸化合物相互转化

六、维生素 B₇（生物素）

1. 维生素 B₇ 的化学结构与性质

维生素 B₇ 也称为维生素 H 或**生物素**（biotin），由一分子尿素和硫戊烷环（噻吩环）结合而成，并有一个戊酸侧链。维生素 B₇ 为细长针状无色晶体，微溶于水，在 232~233 ℃时即溶解，并开始分解。耐酸、不耐碱、易被氧化失活。

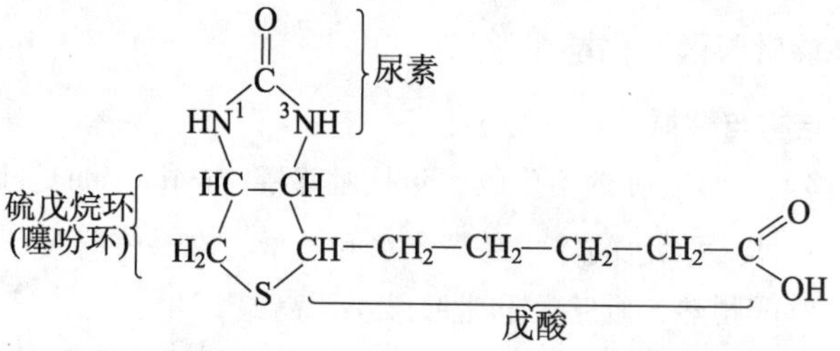

2. 维生素 B₇ 的功能

维生素 B₇ 是多种羧化酶（例如丙酮酸羧化酶、乙酰辅酶 A 羧化酶、丙酰辅酶 A 等）的辅酶，参与二氧化碳的固定反应。在该反应中，首先二氧化碳与生物素结合，然后将结合后的二氧化碳转移至适当的受体，该过程中生物素作为辅酶与羧化酶中的赖氨酸残基的 ε - 氨基以酰胺键共价结合，起到二氧化碳载体的作用。此外，生物素还可以使组蛋白生物素化，从而影响细胞周期、转录、DNA 损伤修复等。

七、叶酸和四氢叶酸

1. 叶酸的化学结构与性质

叶酸，也称为蝶酰谷氨酸，由 2 - 氨基 -4 - 羟基 -6 - 甲基蝶啶、对氨基苯甲酸和谷氨酸三部分组成，在不同生物体中通常以聚谷氨酸盐衍生物的形式存在，有 2~7 个谷氨酸残基，谷氨酸残基之间以 γ - 肽键相连。1931 年 L. Wills 博士首次从肝浸出液中提取出叶酸，命名为威尔斯因子，后称维生素 U。到 1941 年由 Stokstad 等人从多种蔬菜叶中分离成功，并改称为**叶酸**（folic acid）。叶酸为黄色晶体，微溶于水，易溶于稀乙醇溶液，不溶于其他脂溶剂。对光敏感，在酸性溶液中极不稳定，在中性及碱性溶液中较耐热。

蝶啶

2-氨基-4-羟基-6-甲基蝶啶

2-氨基-4-羟基-6-甲基蝶啶　对氨基苯甲酸　谷氨酸

叶酸

2. 叶酸的功能

在体内，叶酸的 5、6、7、8 位置，可被二氢叶酸还原酶和 NADPH 催化还原成四氢叶酸（tetrahydrogen folic acid，FH4、THFA 或辅酶 F）。四氢叶酸的第 N^5 或 N^{10} 位可与多种一碳单位结合而作为它们的载体，如可接受甲酰基（CHO）成为 N^5 – 甲酰四氢叶酸或 N^{10} – 甲酰四氢叶酸；若一碳单位的供体为甲醛，则可生成 5 – 羟甲基 – 5，6，7，8 – 四氢叶酸；N^5 和 N^{10} 位也可共同与某些一碳单位（亚甲基、甲酰基）结合。

四氢叶酸

四氢叶酸作为一碳单位转移酶的辅酶，参与甲基的转移以及甲酸基和甲醛的利用等多种反应，例如腺嘌呤核苷酸和胸腺嘧啶的合成、丝氨酸与甘氨酸的互变、胆碱的生物合成以及高胱氨酸转化为甲硫氨酸，因此叶酸在核酸、蛋白质的生物合成过程中起到了非常重要的作用。

八、维生素 B₁₂ 和 B₁₂ 辅酶

1. 维生素 B₁₂ 的化学结构与性质

维生素 B_{12} 又称钴维素、**氰钴胺素**（cobalamin）或**钴胺素**（cobamide），是唯一含金属元素的维生素。

维生素 B_{12} 是含三价钴的多环系化合物，由类似卟啉的咕啉核和一个类似核苷酸的主要部分组成。咕啉核同核苷酸部分有两个连接键，一个是核苷酸的 5，6 – 二甲苯并咪唑的一个 N 以配价键与咕啉核中心的钴原子连接，另一处是呋喃核糖磷酸酯通过 D – 1 – 氨基 – 2 – 丙醇以酰胺键与咕啉核的一个吡咯环相连接（图 6 – 5A）。5，6 – 二甲苯并咪唑所在的平面与咕啉核所在的平面近于 90°，而呋喃核糖环则与咕啉核平面接近平行。一共有 6 个基团以配价键与钴原子相连。氰基在咕啉核平面上方，其余各基团在咕啉核平面下方（图 6 – 5B）。

维生素 B_{12} 分子中与 Co^+ 相连的氰基（CN）如用 OH 基、H_2O、NO_2 基代替则得到 $B_{12}a$、$B_{12}b$、$B_{12}c$ 等 5 种左右的类似物，如表 6 – 1 所示。

表 6 – 1　维生素 B_{12} 与其类似物分子结构上的差异

与 Co^+ 相连的基团	维生素 B_{12} 名称
Co—CN	维生素 B_{12}（氰钴胺素，cyanocobalamin）
Co—OH	维生素 $B_{12}a$（羟钴胺素，hydroxycobalamin）
Co—H_2O	维生素 $B_{12}b$（水化钴胺素，aquocobalamin）
Co—NO_2	维生素 $B_{12}c$（亚硝基钴胺素，nitritocobalamin）
Co—CH_3	甲基钴胺素（methyl cobalamin）

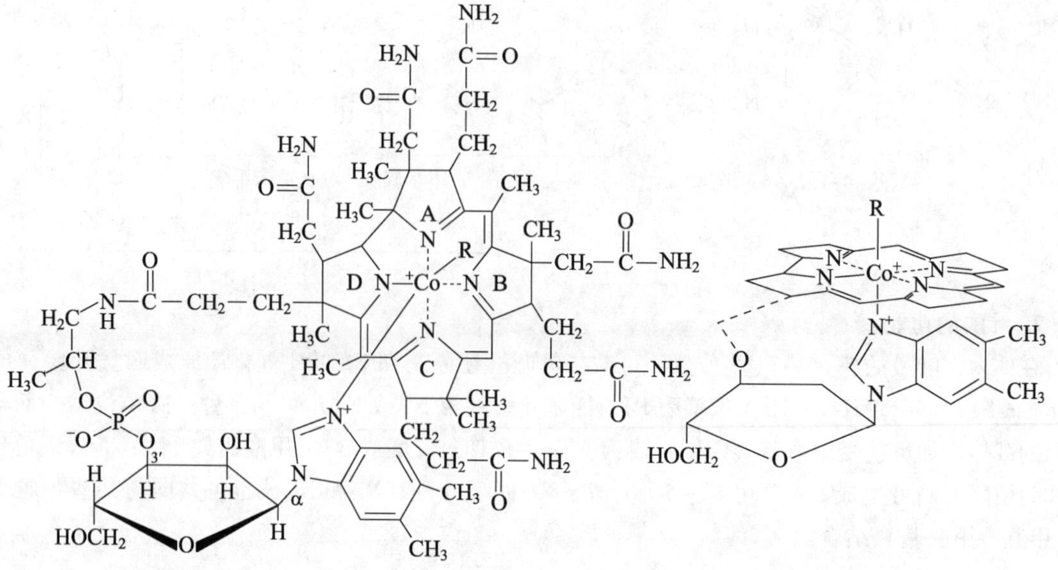

图 6-5 维生素 B₁₂ 的结构

维生素 B₁₂ 是深红色针状晶体，熔点大于 320 ℃，溶于水、乙醇和丙酮，不溶于氯仿。在中性或弱酸性水溶液中稳定，易被碱、强酸、日光等破坏分解。

2. 维生素 B₁₂ 的功能

维生素 B₁₂ 在体内以辅酶方式参与各种代谢反应，包括 5′-脱氧腺苷钴维素（腺苷钴维素）、苯并咪唑钴维素、二甲苯并咪唑钴维素等。其中，甲基钴维素和 5′-脱氧腺苷钴维素的活性最高。

钴维素辅酶主要参与人体内两类化学反应，影响多种代谢反应。第一类化学反应是以甲基钴胺素作为甲基转移酶的辅酶，参与一碳代谢，例如在甲硫氨酸合酶催化同型半胱氨酸甲基化生成甲硫氨酸反应中，四氢叶酸是甲基供体，钴维素协助四氢叶酸的再生。第二类化学反应是以 5′-脱氧腺苷钴维素作为甲基丙二酰辅酶 A 变位酶的辅酶，影响甲基丙二酰辅酶 A 和琥珀酰辅酶 A 的转化，从而参与苏氨酸、异亮氨酸、奇数链脂肪酸、血管紧张素等糖类、脂质、氨基酸、蛋白质的代谢。

💡 **学习与探究 6-1**
叶酸与维生素 B₁₂ 在一碳代谢中的作用

九、维生素 C

1. 维生素 C 的化学结构与性质

维生素 C 又称为**抗坏血酸**（ascorbic acid），化学名为 2，3，4，5，6-五羟基-2-己烯酸-4-内酯，属于 L-糖构型的不饱和多羟基化合物，有 L-型和 D-型两种异构体，但只有 L-型有生理功效，并具有还原型和氧化型两种形式。

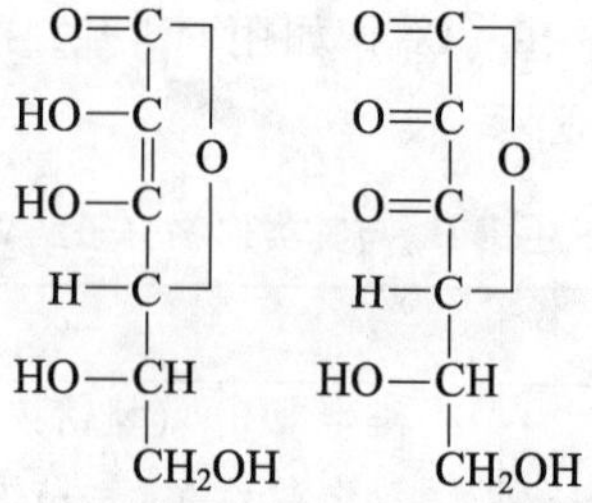

还原型　　氧化型

维生素 C 为无色片状晶体或粉末状，味酸，熔点为 190～192℃，易溶于水，能溶于乙醇，不溶于其他脂溶剂。维生素 C 还原性强，极不稳定，易被光、热、空气等氧化变为黄色，微量金属离子、氧化酶即可加速其氧化破坏，在酸性溶液中比中性和碱性溶液稳定。维生素 C 水溶液因分子中含有烯醇式羟基，易解离放出质子而呈酸性。维生素 C 在体内以还原型和氧化型同时存在，且二者可相互转化，在氧化还原反应中充当递氢体。但氧化型维生素 C 易水解为无生理活性的 2,3 - 酮古洛糖酸（gulonic acid），且该水解反应不可逆。L - 抗坏血酸可还原 2，6 - 二氯靛酚（dichlorophenolindo phenol）使之褪色，在碱性条件下 2，6 - 二氯靛酚为蓝色，在酸性条件下开始呈粉红色，还原后变为无色，L - 抗坏血酸也可与 2，4 - 二硝基苯肼结合成有色的腙，上述反应可作为维生素 C 的定性和定量测定的依据。

2. 维生素 C 的功能

维生素 C 是体内多种羟化酶的辅酶，参与多种羟化反应。例如脯氨酸羟化酶和赖氨酸羟化酶分别催化前胶原分子中脯氨酸残基和赖氨酸残基的羟化，维生素 C 是上述两种羟化酶维持活性的必需辅因子之一，保证了羟脯氨酸的正常合成，间接促进成熟胶原分子的正常生成，对维持毛细血管弹性、加速伤口愈合有重要作用；维生素 C 也是 7α - 羟化酶的辅酶，参与胆固醇羟化为胆汁酸；此外，5 - 羟色胺、肾上腺皮质类固醇、肉碱、类胡萝卜素的合成，以及苯丙氨酸、酪氨酸等芳香族氨基酸代谢中的羟化反应也需要维生素 C 的参与。

维生素 C 作为抗氧化剂，可在体内发挥非酶还原剂的作用，帮助维持细胞内多种化合物的还原态，例如使含巯基酶的 - SH 维持在还原态、使酶保持活性，以及将高铁血红蛋白还原为血红蛋白恢复其氧运输能力，将难被胃肠道吸收的三价铁（Fe^{3+}）还原为易吸收利用的二价铁（Fe^{2+}），保护维生素 A、E 和部分维生素 B 以及不饱和脂肪酸不被氧化破坏，促进叶酸转化为四氢叶酸等。

维生素 C 还可与体内其他氧化还原体系偶联，通过自身还原型和氧化型的转化，在生物氧化过程中充当递氢体，例如谷胱甘肽、细胞色素 C、NAD^+、$NADP^+$ 等。

十、硫辛酸

1. 硫辛酸的化学结构与性质

硫辛酸（lipoic acid），化学名为 6，8 - 二硫辛酸，6，8 位上巯基可脱氢形成闭环二硫化物，即为氧化型硫辛酸，也可加氢形成还原型开链式的二氢硫辛酸，在体内氧化型和还原型同时存在，并相互转变。人体可以自行合成硫辛酸，虽然其不属于维生素，但可作为辅酶参与机体内物质代谢过程中酰基转移，是微生物和原生动物的生长限制因子，具有与维生素相似的功能，因此也被列入维生素中讲述。

知识拓展 6 - 3 其他水溶性维生素

6,8-二硫辛酸(氧化型)

硫辛酸是既具水溶性又具脂溶性的淡黄色晶体，外消旋硫辛酸熔点在 60 ~ 61 ℃，沸点为 160 ~ 165 ℃。

2. 硫辛酸的功能

硫辛酸作为辅酶，在两个关键性的氧化脱羧反应中起作用，即在丙酮酸脱氢酶复合物和 α - 酮戊二酸脱氢酶复合物中，催化酰基的产生和转移。硫辛酸通过酰胺键与酰基转移酶赖氨酸残基上的 ε - 氨基相连，称为硫辛酰胺，它的双硫五元环可接受丙酮酸的乙酰基和 α - 酮戊二酸的琥珀酰基，形成硫酯键，再将酰基转移到辅酶 A 的硫原子上，生成的二氢硫辛酰胺可再经二氢硫辛酰胺脱氢酶（需要 NAD^+）氧化，重新生成氧化型硫辛酰胺。

硫辛酸含有双硫五元环结构，电子密度很高，具有显著的亲电子性和与自由基反应的能力，因此它具有抗氧化性，可保护巯基酶免受重金属离子的破坏。此外，硫辛酸还有抗脂肪肝和降低血胆固醇的作用。

第三节 脂溶性维生素

一、维生素 A

1. 维生素 A 的化学结构与性质

维生素 A（vitamin A）也称为**视黄醇**（retinol），是含 β - 白芷酮环（己烯环）的异戊二烯的一元醇，属于萜类物质。天然维生素 A 包括维生素 A_1 和维生素 A_2，维生素 A_1 最常见于哺乳动物组织和海产鱼类的肝，维生素 A_2 常见于淡水鱼肝，它们的结构相似，仅在己烯环中第三位上，维生素 A_2 比维生素 A_1 多一个双键，因此也被称为 3 - 脱氢视黄醇。维生素 A 为黄色油状液体，黏性较大，侧链上有双键，易被氧化破坏。维生素 A_1 与三氯化锑的氯仿溶液反应产生蓝色的化合物并在 620 nm 有一最大吸收峰，维生素 A_2 在波长 693 nm 和 697 nm 处各有一吸收光带，可利用此特性进行维生素 A 的定性和定量分析。

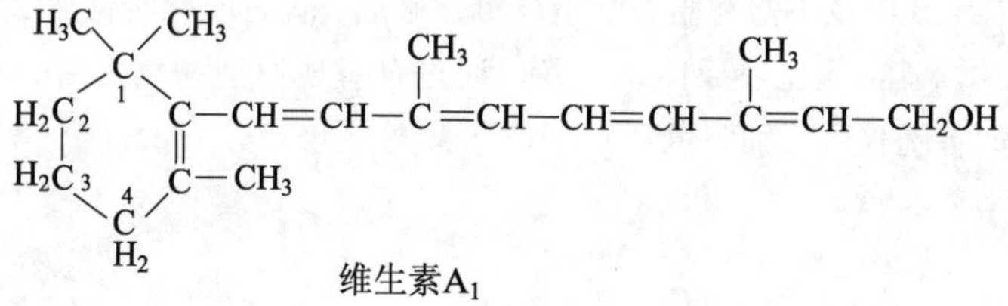

维生素A_1

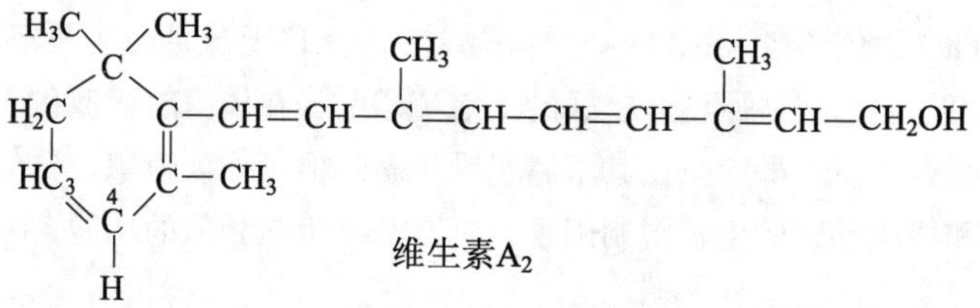

维生素A_2

在植物界某些类胡萝卜素，特别是 α - 胡萝卜素、β - 胡萝卜素和 γ - 胡萝卜素，虽然本身并无维生素 A 活性，但在肠黏膜和肝中通过酶促反应能转变成维生素 A。例如：β - 胡萝卜素经 β - 胡萝卜素 - 15，15′ - 双加氧酶催化，可转变为两分子的**视黄醛**（retinal），视黄醛在视黄醛还原酶作用下还原为视黄醇（图 6 - 6）。这种本来不具有维生素活性，但在体内可转变为维生素的物质称为维生素原。

2. 维生素 A 的功能

维生素 A 与视网膜结构密切相关，主要为参加视紫红质的合成，从而影响动物的夜间视觉，缺乏时早期症状为**夜盲症**（nyctalopia）。同时，维生素 A 也参与糖蛋白和角蛋白的合成，从而影响黏液和上皮组织的正常功能，严重缺乏时导致干眼症（xerophthalmia），因此维生素 A 也称为抗干眼病维生素。此外，维生素 A 还参与转铁蛋白的合成，具有捕获活性氧自由基、防止脂质过氧化，以及调控基因表达和细胞分化等功能。

知识拓展 6 - 4

维生素 A 与夜盲症

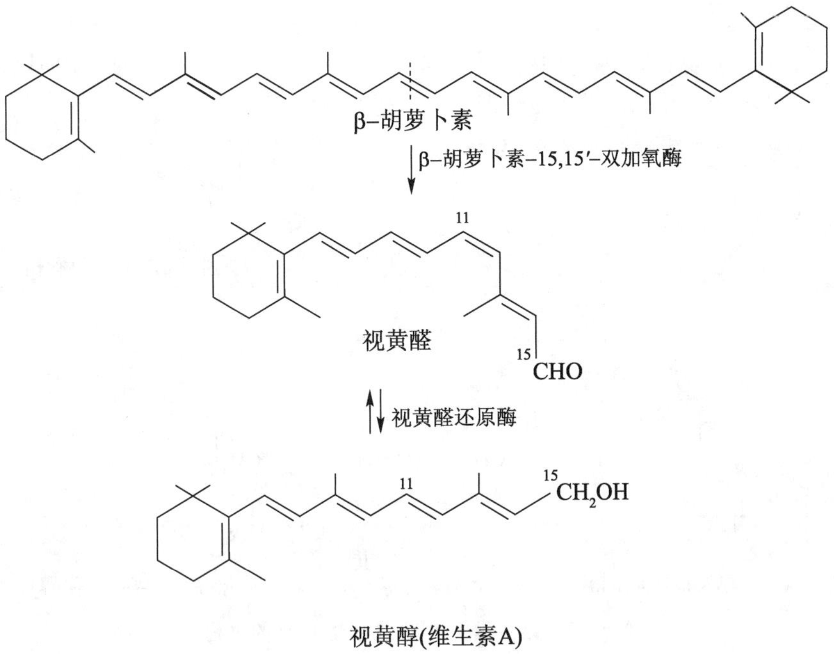

图6-6　β-胡萝卜素转变为视黄醇

二、维生素 D

1. 维生素 D 的化学结构与性质

维生素 D 又称为抗佝偻病维生素或钙化醇，是一类环戊烷多氢菲的衍生物，都具有固醇类的核心结构，只是在侧链上有区别。

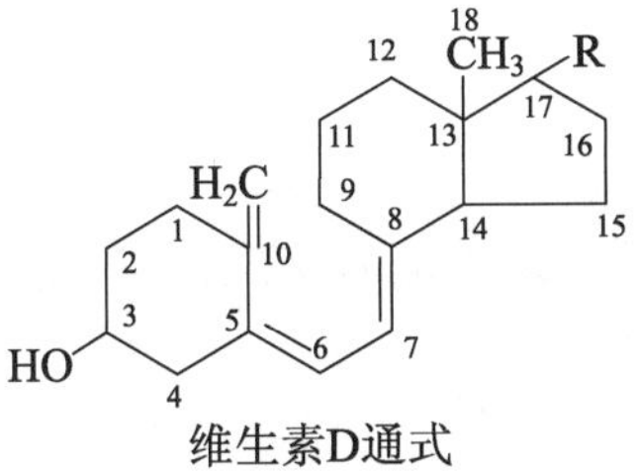

维生素D通式

已知的维生素 D 有 D_2、D_3、D_4、D_5，其中维生素 D_2 和 D_3 的活性最高，维生素 D_2 称为麦角钙化醇，维生素 D_3 称为胆钙化醇。

上述几种维生素 D 均由相应的维生素 D 原经紫外线照射转变而来，如植物和酵母中含有的麦角固醇经紫外线照射可转变为维生素 D_2；人和动物皮下含有 7-脱氢胆固醇经紫外线照射可转变为维生素 D_3（图6-7）。

维生素 D 都为无色晶体或油状物，不易被碱和氧化剂破坏，在无水乙醇溶液中于 265 nm 处有特征吸收光谱，可进行定性定量分析。维生素 D 的含量用国际单位表示，1 IU 相当于 0.025 μg 结晶的维生素 D_2。

2. 维生素 D 的功能

维生素 D 的主要功能为调节体内钙磷平衡，促进骨骼生成和正常钙化。维生素 D 在体内首先经由肝转化为 25-羟胆钙化醇，它是维生素 D 在体内的主要循环形式和主要储存形式，再经由肾脏转化为维生素 D 的生物活性形式，1,25-二羟胆钙化醇（图6-8）。1,25-二羟胆钙化醇具有类固醇激素的作用，靶器官为小肠黏膜、骨骼和肾小管，主要通过诱导钙载体蛋白的合成和增强钙-ATP 酶的

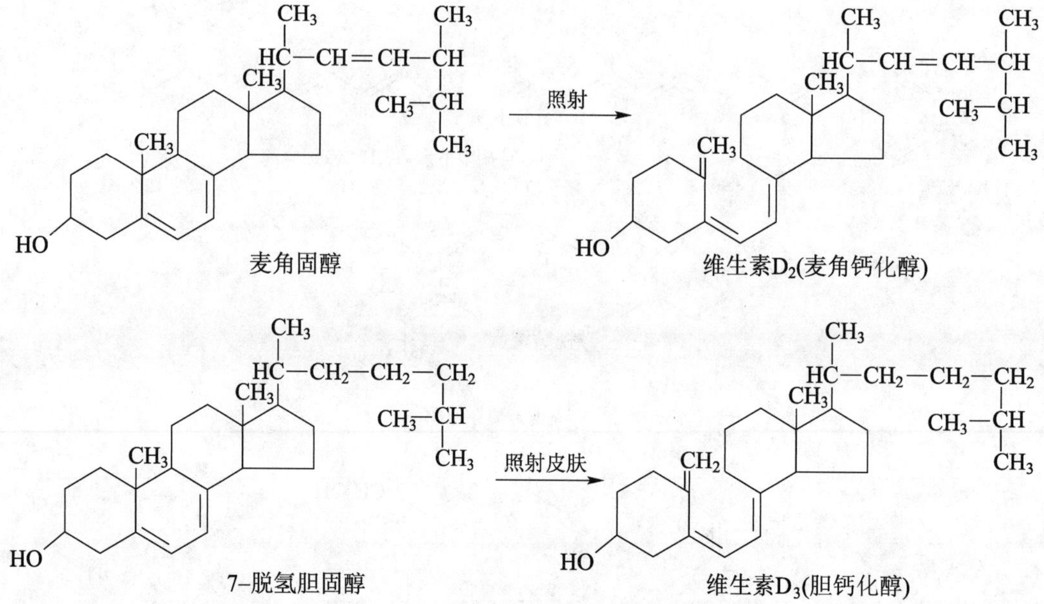

图 6-7　维生素 D 原形成维生素 D 的过程

活性，促进对 Ca^{2+} 的吸收，与甲状旁腺激素、降钙素共同调控体内钙磷代谢。

另外，1,25 - 二羟胆钙化醇也具有调节乳腺、大肠、心、脑、骨骼肌、胰岛 β 细胞、单核细胞、活化的 T 淋巴细胞和 B 淋巴细胞等组织和细胞分化的功能。

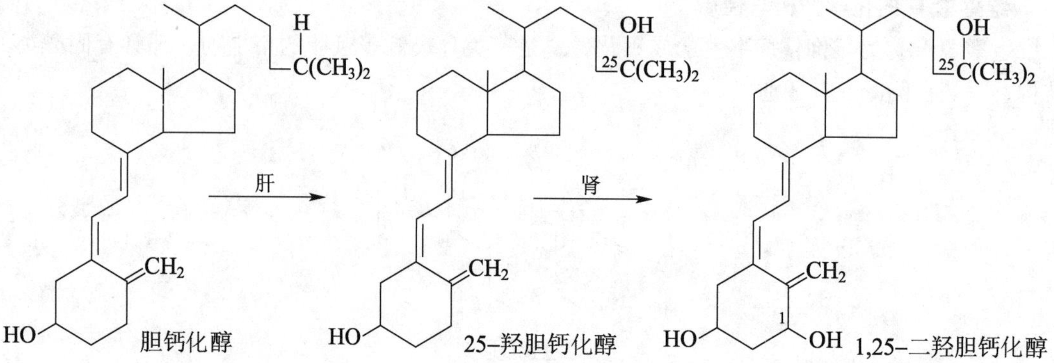

图 6-8　动物体内胆钙化醇转化成有活性的 1，25 - 二羟胆钙化醇的过程

三、维生素 E

1. 维生素 E 的化学结构与性质

维生素 E 又称生育酚（tocopherol）、抗不育维生素。天然维生素 E 共有 8 种，均是 6 - 羟基苯并二氢吡喃衍生物，根据其侧链结构可分为生育酚和生育三烯酚两类，每类再根据苯环上取代 R 基不同，再分为 α、β、γ、δ 四种，其中 4 种（α - 生育酚、β - 生育酚、γ - 生育酚、δ - 生育酚）较为重要，由于 α - 生育酚的生物活性最高，因此一般所说的维生素 E 即指 α - 生育酚。

生育酚有 D - 型和 L - 型异构体，D - 型活性较 L - 型强。

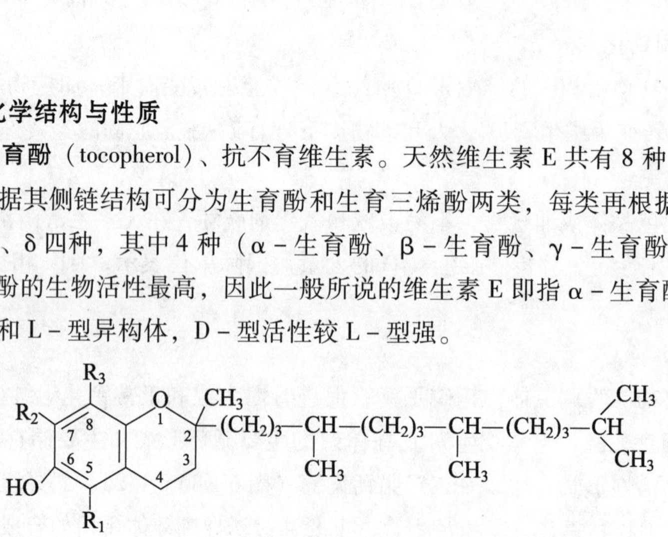

维生素 E 为淡黄色无嗅无味的油状物，不溶于水而溶于油脂，不易被酸、碱或热破坏，在无氧时加热至 200 ℃ 仍稳定，但对氧极敏感，遇空气易发生氧化而变成暗红色。对白光相当稳定，但易受紫外光破坏，在紫外 259 nm 处有一吸收光带。

2. 维生素 E 的功能

由于维生素 E 极易被氧化，故可用作抗氧化剂。生物膜中不饱和脂肪酸易受体内代谢产物超氧离子及自由基等的过氧化作用，变为过氧化脂类物质，使生物膜变性丧失吸收营养成分和排泄废物的能力，导致细胞畸变，维生素 E 作为脂溶性的抗氧化剂和自由基清除剂，则可发挥维护细胞的完整和抗衰老作用。

维生素 E 与动物的生殖机能有关。鼠类缺乏维生素 E 时，其生殖器官受损而不育，雄性呈睾丸萎缩，不能产生精子，雌性虽然仍能受孕但胎儿多在妊娠期死去并被吸收。但对人类生殖机能的影响尚不明确。

此外，维生素 E 可通过提高 δ - 氨基 - γ - 酮戊酸合成酶和 δ - 氨基 - γ - 酮戊酸脱水酶的活性促进血红素合成。

四、维生素 K

1. 维生素 K 的化学结构与性质

维生素 K 又称凝血维生素，是一类 2 - 甲基 - 1,4 - 萘醌衍生物。天然维生素 K 为 K_1 和 K_2，人工合成维生素 K 为 K_3 和 K_4。维生素 K_3 和 K_4 的活性高于 K_1 和 K_2，K_4 活性可达 K_1 的 3 ~ 4 倍。

维生素K_1

维生素K_2　　　　维生素K_3　　　　维生素K_4

维生素 K_1 主要存在于深绿色植物，为黄色油状物。维生素 K_2 主要由肠道细菌合成，为淡黄色晶体。天然维生素 K 溶于脂溶剂，不溶于水，耐热，但易被光和碱破坏。人工合成维生素 K 可溶于水，且较稳定。

2. 维生素 K 的功能

维生素 K 的主要功能是参与血液中 4 种凝血酶原（即凝血因子 Ⅱ，Ⅶ，Ⅸ 和 Ⅹ）的激活。因凝血酶原刚合成出来时没有活性，它的 N 端 1 ~ 35 位有大约 10 个谷氨酸，必须进行羧基化，转变为 γ - 羧基谷氨酸后才能表现出活性，该羧化反应由 γ - 谷氨酰羧化酶催化，维生素 K 为辅酶。在体内，维生素 K 的 2 - 甲基 - 1，4 - 萘醌结构需先转变为活性的对苯二酚结构，并会在该羧化反应中变为无活性的 2，3 - 环氧化物。缺乏维生素 K，凝血酶原激活受阻，导致凝血时间延长。维生素 K 也参与激活，例如蛋白 C、蛋白 S 等合成于肝的抗凝血因子。此外，维生素 K 还作为电子传递体系的组分，在氧化磷酸化反应中作为电子受体。

维生素及其对应辅酶的重要生理功能、作用机制等总结见表 6 - 2。

表6-2 维生素性质及其辅酶作用机制

知识拓展6-5

各种维生素缺乏症

种类		名称	重要性质	辅酶或主要活性形式	作用机制	生理功能
水溶性维生素	B族维生素	维生素 B₁（硫胺素，抗神经炎因子、抗脚气病维生素）	碱性和中性条件下不耐热、氧，酸性溶液中稳定	焦磷酸硫胺素（TPP）	α-酮酸脱氢酶的辅酶；转酮酶的辅酶；抑制胆碱酯酶活性；	参与糖代谢中 α-酮酸氧化脱羧反应以及磷酸戊糖途径；维持正常的神经传导机能；
		维生素 B₂（核黄素）	不耐热、光、碱	黄素单核苷酸（FMN）、黄素腺嘌呤二核苷酸（FAD）	黄素蛋白的辅酶，作为氢载体	广泛参与细胞氧化过程中的各种氧化还原反应
		维生素 PP（烟酸、烟酰胺，抗癞皮病维生素）	很稳定、耐热、耐酸碱	辅酶Ⅰ（NAD⁺）、辅酶Ⅱ（NADP⁺）	多种不需氧脱氢酶的辅酶，作为氢和电子传递体	广泛参与细胞氧化过程中的各种氧化还原反应
		泛酸（遍多酸）	中性溶液中很稳定，不耐酸、碱、干热，	辅酶A	酰化酶的辅酶，作为酰基载体	参与糖、脂肪和蛋白质代谢中酰基的生成与转移
		维生素 B₆（吡哆素）	酸性条件下稳定，不耐光、碱	磷酸吡哆醛、磷酸吡哆胺	转氨酶的辅酶	参与氨基酸的转氨、脱羧、内消旋等作用
		维生素 B₇（生物素）	耐热、不耐碱、易被氧化失活	生物素	羧化酶的辅酶，作为 CO₂ 载体；使组蛋白生物素化	参与脂肪酸合成、CO₂ 固定；使组蛋白生物素化、影响 DNA 功能
		叶酸（蝶酰谷氨酸）	对光敏感，酸性溶液下不耐热，碱性和中性条件下耐热	辅酶F（四氢叶酸）	是一碳单位转移酶的辅酶，作为一碳单位载体	参与腺嘌呤核苷酸和胸腺嘧啶，以及胆碱、氨基酸等的生物合成
		维生素 B₁₂（钴胺素）	中性和弱酸性条件下稳定，对碱、强酸、光敏感	甲基钴胺素和 5′-脱氧腺苷钴维素	以甲基钴胺素作为甲基转移酶的辅酶，参与一碳代谢，以 5′-脱氧腺苷钴维素作为甲基丙二酰辅酶A变位酶的辅酶，参与甲基丙二酰辅酶A和琥珀酰辅酶A的转化	参与甲基转移反应和某些变位反应，促进脂肪酸、蛋白质合成和红细胞生成
	维生素C	维生素C（抗坏血酸）	极不稳定，对光、热、空气敏感，在酸性溶液比中性和碱性稍稳定	L-抗坏血酸	羟化酶的辅酶；还原剂；与其他氧化还原体系偶联，充当递氢体	促进胶原蛋白生成，加速伤口愈合；维持细胞内多种化合物还原态；与其他氧化还原体系偶联，充当递氢体
	其它	硫辛酸	兼具水溶性和脂溶性，对光敏感	6,8-二硫辛酸	α-酮酸脱氢酶系的辅酶，作为酰基载体	参与糖代谢中 α-酮酸氧化脱羧反应
脂溶性维生素		维生素A（视黄醇、抗干眼病维生素）	对氧、光敏感	11-顺视黄醛	参加视紫红质的合成；参与糖蛋白、角蛋白合成	影响夜间视力；维持上皮细胞正常发育和功能健全

续表

种类	名称	重要性质	辅酶或主要活性形式	作用机制	生理功能
脂溶性维生素	维生素 D（钙化醇、抗佝偻病维生素）	对光敏感，耐热、碱，耐氧化	1,25-二羟胆钙化醇	诱导 Ca 载体蛋白的合成和增强 Ca-ATP 酶的活性，促进 Ca^{2+} 吸收	调控钙磷代谢
	维生素 E（生育酚、抗不育维生素）	耐酸、碱、热，对氧极敏感	α-生育酚	抗氧化、捕捉自由基；提高 δ-氨基-γ-酮戊酸合成酶和 δ-氨基-γ-酮戊酸脱水酶活性	维持动物生殖机能；保护脂膜中不饱和脂肪酸不被过氧化破坏，维持细胞完整；促进血红素合成
	维生素 K（凝血维生素）	耐热，对光、酸、碱敏感	2-甲基-1,4对苯二酚衍生物	作为 γ-谷氨酰羧化酶的辅酶，参与凝血酶原的激活	促进肝合成凝血酶原（凝血因子 Ⅱ、Ⅶ、Ⅸ、Ⅹ），抗凝血因子蛋白 C、蛋白 S

科技视野 6-1
维生素的工业化生产

第四节　激素化学概述

一、激素的概念

激素与维生素虽然都是生物体内一类不可缺少的微量有机物质，但激素与维生素却有显著的不同。激素是一类由生物体自身合成并分泌，能在细胞水平调控细胞内物质和能量转化速率的生物活性物质，它不直接参与物质或能量的转换。

激素（hormone）一词最初衍生于希腊字根，意思是"兴奋"、"激起"。激素一词的概念有广义和狭义之分。广义的激素概念是指由特殊组织或腺体产生的，直接分泌到体液中并运送到特定部位（即靶细胞、靶组织或靶器官），从而引起特定生物学效应的微量有机化合物。狭义的激素概念则在动、植物中的含义各有不同。植物激素是指一些对植物生长、发育及代谢有调节作用的有机化合物。动物激素是指由动物的腺体细胞或非腺体组织细胞所分泌的一切激素。目前公认，所有由活细胞（包括腺体细胞和非腺体细胞）分泌的激素，只要是不经任何分泌管直接进入体液的，皆称为内分泌激素。

科学史话 6-2
激素的发现

二、激素的分类

按不同的分类标准，激素可分为不同的类别。通常按照来源不同，将激素分为动物激素和植物激素，其中动物激素又分为无脊椎动物激素和脊椎动物激素。脊椎动物激素，包括由腺体分泌的腺体激素和由非腺体分泌的组织激素。绝大部分脊椎动物激素都是腺体激素，只有前列腺素、血栓素、白三烯、瘦素等为组织激素。植物激素包括：生长素类（auxins）、赤霉素类（giberellins）、细胞分裂素类（cytokinins）、脱落酸（abscisic acid）等。

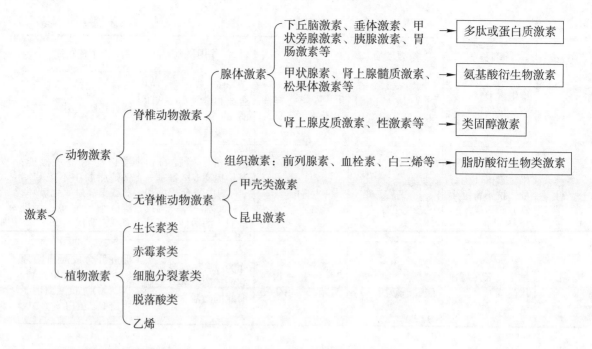

脊椎动物激素按其化学结构可分为四大类：

第一类为氨基酸衍生物激素，例如，甲状腺和肾上腺髓质激素都是酪氨酸衍生物，松果体激素为色氨酸衍生物。

第二类为多肽或蛋白质激素，主要分布于下丘脑、垂体前叶和胃肠道等处。如下丘脑激素、垂体激素、甲状旁腺激素、胰腺激素、胃肠激素等。氨基酸衍生物激素和多肽或蛋白质激素也被称为含氮激素。

第三类为类固醇激素，这类激素的分子结构都以环戊烷多氢菲为核心。如肾上腺皮质分泌的糖皮质激素、盐皮质激素和性腺分泌的性激素等。

第四类为脂肪酸衍生物激素，都是有花生四烯酸经由环化、氧化等修饰作用衍生而成的二十烷酸类激素，有前列腺素、血栓素、白三烯等。

脊椎动物激素根据激素受体在细胞部位不同也可以分为两大类：

第一类是细胞膜受体激素，由于含氮激素水溶性较好，难以穿过细胞膜的脂质双分子层传递信号，只能作为第一信使与靶细胞膜受体结合后再通过胞内信使（第二信使）传递生物信息，故均属于细胞膜受体激素（甲状腺激素除外）。另外，脂肪酸衍生物激素也属于细胞膜受体激素。

第二类是胞内受体激素，类固醇激素由于脂溶性较好，则可穿过靶细胞膜，直接与相应的胞内受体特异性结合，对细胞代谢进行调节。这两类激素的具体作用方式将在后续激素作用机制部分详细讨论。

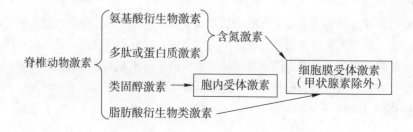

第五节 主要的脊椎动物激素

本节主要讨论人和其他脊椎动物激素的来源和化学本质。

一、下丘脑激素

下丘脑位于大脑背侧丘脑的下方，体积很小，仅4 g，但却是调节内脏和内分泌系统的中枢，控制着机体多种重要的机能。下丘脑激素是下丘脑分泌的一群肽类激素的总称，其功能为调控脑垂体激素的分泌活动，可分为垂体激素释放因子和释放抑制因子，已知的有10种（表6-3）。每个脑垂体激素的分泌都受到一或两个下丘脑激素的控制。

表6-3 高等动物下丘脑激素及其生理功能

激素名称	缩写	英文名	化学组成	主要生理功用
促皮质素释放因子	CRF	corticotropin releasing factor	肽类	促进促肾上腺皮质激素分泌
生长素释放因子	GHRF	growth hormone releasing factor	十肽	促进生长激素分泌
生长素释放抑制因子	GHIF	growth hormone release-inhibiting factor	十四肽	抑制生长激素分泌
促黄体素释放因子	LRF	luteinizing hormone releasing factor	十肽	促进黄体激素分泌
促卵泡激素释放因子	FSHRF	follicle stimulating hormone releasing factor	肽类	促进卵泡激素分泌
促黑素释放因子	MRF	melanocyte-stimulating hormone releasing factor	五肽	促进促黑素激素分泌
促黑素释放抑制因子	MRIF	melanocyte-stimulating hormone release-inhibiting factor	三肽，五肽	抑制促黑素激素分泌
促乳素释放因子	PRF	prolactin releasing factor	肽类	促进催乳素分泌
促乳素释放抑制因子	PRIF	prolactin release-inhibiting factor	肽类	抑制催乳素分泌
促甲状腺素释放因子	TRF	thyrotropin releasing factor	三肽	促进甲状腺素分泌

已知的下丘脑激素都属于肽类（见表6-3），如促甲状腺素释放因子（TRF）是一个简单的三肽（Glu·His·Pro），它能溶于水，结构稳定，虽是小肽类，但具有强的抗肽酶水解能力。生长素释放抑制因子（生长抑素，GHIF或GHIH）为十四肽，其基本结构如下：

$$NH_2—Ala—Gly—Cys—Lys—Asn—Phe—Phe—Trp—Lys—Thr—Phe—Thr—Ser—Cys—COOH$$
$$\underset{\text{S——S}}{\underline{}}$$

二、垂体激素

垂体悬垂于大脑底部，呈卵圆形，通过漏斗柄与下丘脑相连，位于蝶骨中央的垂体窝内，体积很小，不到1 g。垂体由腺垂体和神经垂体两部分组成。腺垂体包括垂体前叶和中间部，是腺体组织，具有制造、贮存和分泌多种激素的功能。神经垂体包括垂体的后叶和漏斗部（或神经柄），与下丘脑直接相连，含有下丘脑某些神经元的轴突部分，因此下丘脑神经内分泌细胞所产生的下丘脑-神经垂体激素（催产素和加压素）便贮存于此，并分泌到血液中。

1. 垂体前叶激素

（1）生长激素

生长激素（growth hormone，GH）是由垂体前叶嗜酸性细胞分泌的一种蛋白质激素。人的生长激素是由 191 个氨基酸残基构成的单链亲水性球蛋白，相对分子质量为 22 000，等电点 pI 为 4.9。

生长激素是一个多功能激素，主要作用是促进 RNA 的生物合成，从而促进蛋白质的生物合成，使机体各组织器官能够正常生长和发育。它对糖类、脂质和蛋白质的代谢均有影响，最终影响体重的增加。生长发育期的儿童，如果生长激素分泌不足，易患**侏儒症**（nanosomia），但智力不受影响；若生长激素分泌过多，人过度长高成为畸形巨人（面容和内脏肥大），称为巨人症（gigantism）。成年人若生长激素分泌功能亢进，由于成年人骨骺和骨干缝合，骨干不能增长，导致末端骨质增生，则患**肢端肥大症**（acromegaly）。

（2）促甲状腺激素

人类**促甲状腺激素**（thyroid-stimulating hormone，TSH）的化学本质为糖蛋白，由 α 和 β 两个亚基组成。不同生物 TSH 结构不同，其他哺乳动物 TSH 对人类有生物活性，但反复应用可产生抗性，减效或失效。

TSH 的主要功能是刺激甲状腺分泌甲状腺素，从而影响全身代谢。TSH 的分泌受到下丘脑促甲状腺素释放因子（TRF）的促进和甲状腺素的反馈抑制作用，二者相互拮抗，构成下丘脑 – 腺垂体 – 甲状腺轴。

（3）促肾上腺皮质激素

促肾上腺皮质激素（adrenocorticotropic hormone，ACTH）由垂体的促皮质细胞合成和分泌，所有哺乳类动物的 ACTH 都很相似，是由 39 个氨基酸组成的直链多肽，相对分子质量约为 3 500，其生物活性主要在 1 ~ 24 位。

ACTH 的主要功能是促进肾上腺皮质的发育和刺激肾上腺皮质激素的合成与释放，ACTH 的合成与释放受到下丘脑分泌的促皮质素释放因子（CRF）的调节。

（4）促性腺激素

包括**促黄体生成素**（luteinizing hormone，LH）和**促卵泡刺激素**（follicle stimulating hormone，FSH），LH 又可称为促间质细胞激素（ICSH）。LH、FSH 均为糖蛋白，由 α 和 β 两个亚基组成，二者结合后方有活性。研究发现，LH、FSH、TSH 的 α 亚基的氨基酸排列顺序非常相似，具有交叉免疫反应，而它们的 β 亚基差异较大。

FSH 和 LH 对雌雄两性皆有作用。FSH 对雌性能促进卵巢发育，促进卵泡生成、成熟和释放，并促进雌二醇的分泌；对雄性则刺激睾丸发育和促进精子生成。LH 对于雌性可促进黄体的生成，协同 FSH 促进卵泡成熟；对于雄性的主要作用是促进睾丸间质细胞增生，促进睾酮的合成和分泌以及精子生成。

（5）催乳素

催乳素（luteotropic hormone，LTH；或 prolactin，PRL）为单肽链蛋白质，催乳素分子中有三对二硫键，含有 199 个氨基酸，有种属特异性，但同源性高于 60%，人催乳素的相对分子质量约为 23 000，等电点 pI 为 5.73。

催乳素主要是对乳腺的生长、发育和泌乳有促进作用，另外还对卵巢固醇类激素的合成以及维持黄体的活性状态有一定的作用，其分泌受到下丘脑分泌的催乳素释放因子（PRF）和催乳素释放抑制因子（PRIF）的双重调节。由于催乳素和生长激素分子中有相同的肽段，所以催乳素有普通的促生长活性，而生长激素有弱的催乳素活性。

2. 垂体中叶激素

（1）促黑激素

促黑激素（melanocyte stimulating hormone，MSH）是腺垂体中部分泌的主要激素，也称为促黑细胞激素或促黑素，有 α – MSH 和 β – MSH 两种，均为直链多肽，α – MSH 为 13 肽：

$$H_3C-\overset{\overset{\displaystyle O}{\|}}{C}-NH-Ser-Tyr-Ser-Met-Glu-His-Phe-Arg-Trp-Gly-Lys-Pro-Val-\overset{\overset{\displaystyle O}{\|}}{C}-NH_2$$
（乙酰化）   （酰胺化）

各种哺乳动物均相同；β-MSH 则有种属差异，人的 β-MSH 为 22 肽：

NH_2 - Ala - Glu - Lys - Lys - Asp - Glu - Gly - Pro - Tyr - Arg - Met - Glu - His - Phe - Arg - Trp -

Gly - Ser - Pro - Pro - Lys - Asp - COOH

β-MSH 能促进皮色素形成和控制皮色素颗粒在细胞质中的分布，人患艾迪生病（Addison's disease）即一种慢性肾上腺皮质机能减退症，因 MSH 和 ACTH 的分泌过多，结果使皮肤中色素沉着。MSH 的分泌受下丘脑分泌的促黑素释放因子（MRF）及促黑素释放抑制因子（MRIF）的控制。

（2）内啡肽

1976 年 R. Guillemin 从脑垂体中分离出一族具有吗啡功能的小肽，称**内啡肽**（endorphin），有 α、β、γ 三种。其中 β-内啡肽可使人及动物全身麻醉，体温降低达数小时之久。

3. 垂体后叶激素

哺乳类垂体后叶激素有**加压素**（vasopressin，VP，又称血管升压素，或抗利尿激素）和**催产素**（oxytocin，OT）两种，在下丘脑的神经分泌细胞中产生，再经轴突运输到垂体后叶贮存，当受到适当刺激时分泌入血液。它们都是九肽，只有 3 位、8 位的氨基酸不同，可见这两位的氨基酸是它们各自表现功能所必需的。由于二者的结构相似，故催产素有微弱的加压素活性，加压素也有微弱的催产素活性。

催产素的结构: $NH_2-Cys-Tyr-\overset{3}{Ile}-Gln-Asn-Cys-Pro-\overset{8}{Leu}-Gly-\overset{\overset{\displaystyle O}{\|}}{C}-NH_2$ （酰胺化）

加压素的结构: $NH_2-Cys-Tyr-\overset{3}{Phe}-Gln-Asn-Cys-Pro-\overset{8}{Lys}-(Arg 或 Phe)-Gly-\overset{\overset{\displaystyle O}{\|}}{C}-NH_2$ （酰胺化）

加压素由于其第 8 位氨基酸残基的不同分为精氨酸加压素、赖氨酸加压素和苯丙氨酸加压素。在非哺乳类脊椎动物，如两栖类、爬行类等垂体中的加压素叫血管紧张素，第 3 位为异亮氨酸，第 8 位为精氨酸。

加压素不仅能促进小动脉收缩，使血压升高；还可调节体内水代谢，临床上用于治疗"尿崩症"（由于水盐代谢紊乱，产生多饮、多尿、尿量失去控制、尿相对密度低等症状）。催产素可促进子宫和乳腺的平滑肌收缩，临床上用于引产和减少产后出血。

垂体主要激素的化学本质、作用对象及生理功能总结在表 6-4。

表 6-4 垂体主要激素的化学本质、作用对象及生理功能

激素	来源	化学本质	作用部位	主要生理功用
生长激素（GH）	垂体前叶	蛋白质 191 氨基酸	一般组织	促进 RNA 和蛋白质的生物合成，促进生长和发育
促甲状腺激素（TSH）		蛋白质	甲状腺	促甲状腺生长和甲状腺素分泌，促进机体代谢
促肾上腺皮质激素（ACTH）		39 肽	肾上腺皮质	促肾上腺皮质的生长和肾上腺皮质素分泌
促卵泡刺激素（FSH）		糖蛋白	卵巢、睾丸	女性：促卵泡成熟、排卵、分泌雌激素 男性：促睾丸产生精子
促黄体生成素（LH）		糖蛋白	卵巢、睾丸	女性：刺激卵巢间质细胞排卵，促黄体生成，分泌黄体激素 男性：促睾丸间质细胞发育，分泌雄激素
催乳素（LTH）		蛋白质 199 氨基酸	乳腺	促乳腺发育和分泌乳汁，维持黄体活性

激素	来源	化学本质	作用部位	主要生理功用
促黑激素（MSH）	垂体中叶	α - MSH，13 肽；β - MSH，$\begin{cases}18 \text{ 肽（牛、羊）}\\22 \text{ 肽（人）}\end{cases}$	黑素细胞	促皮色素形成，控制皮色素颗粒在细胞质内的分布
内啡肽		32 肽	全身	降血压，全身麻醉
催产素	下丘脑 - 垂体后叶	九肽	子宫	刺激子宫肌肉收缩
加压素		九肽	平滑肌、肾血管	刺激平滑肌收缩、毛细血管收缩，促肾小管吸收水分，有抗利尿作用

三、甲状腺激素

1. 甲状腺激素

甲状腺位于颈部气管两旁的甲状软骨下方，呈马蹄形，是人体最大的内分泌腺，重约 25 g，由左右两叶、峡部及锥状叶组成，可分泌甲状腺素（3，5，3′，5′ - 四碘甲状腺原氨酸）、三碘甲状腺原氨酸、降钙素三种激素。

甲状腺素（thyroxine）（简称 T_4）和三碘甲状腺原氨酸（简称 T_3），都是酪氨酸的碘化物，习惯上都称为甲状腺激素。T_4 全部由甲状腺细胞直接产生，然后分泌到血液中；T_3 少部分由甲状腺细胞直接产生，大部分则是在甲状腺以外的组织中由 T_4 脱碘转变而成，T_4 脱去 5′位上的碘变成 T_3，T_3 的生物活性比 T_4 高出 3~5 倍。

甲状腺腺泡上皮细胞核糖体上，由 4 条肽链组成的大分子糖蛋白即甲状腺球蛋白（thyroglobulin，TG）是甲状腺激素合成的场所，又是甲状腺激素储存的形式。TG 在甲状腺过氧化物酶作用下被碘化，生成 3 - 碘酪氨酸或 3，5 - 二碘酪氨酸。一分子的 3 - 碘酪氨酸和 3，5 - 二碘酪氨酸偶合生成 T_3，两分子的 3，5 - 二碘酪氨酸偶合生成 T_4，合成后的甲状腺激素仍储存于 TG 分子上。由于 I^- 的活化和酪氨酸碘化都在同一过氧化物酶催化下完成，故抑制此酶活性的药物如硫脲嘧啶，可阻断 T_4 与 T_3 的合成，可用于治疗甲状腺机能亢进症（hyperthyroidism，简称甲亢）；若先天缺乏该过氧化物酶，I^- 不能活化，将引起甲状腺肿大。

3 - 碘酪氨酸 + 3，5 - 二碘酪氨酸 → T_3

3，5 - 二碘酪氨酸 + 3，5 - 二碘酪氨酸 → T_4

甲状腺激素的生理作用十分广泛，主要是通过加快全身细胞中间代谢活动，来增加基础代谢率，使耗氧量和生热量增加，并促进机体生长、发育和分化。若幼年动物甲状腺切除或机能减退，不仅生长发育受阻，而且导致永久性中枢神经系统发育不全，智力低下、身材矮小，称为呆小症；成年动物甲状腺机能减退时出现厚皮病，并伴有心跳减慢，基础代谢和性机能降低等症状；反之，甲状腺机能亢进，机体的耗氧量和产热量增加，基础代谢率显著增高，出现心跳加快、眼球突出、消瘦、神经系统兴奋性提高、神经过敏等症状。

2. 降钙素

降钙素（calcitonin，CT）是甲状腺滤泡旁细胞（或称为明细胞）分泌的激素，其化学本质为蛋白质。不同种属动物的降钙素，其氨基酸残基的数量和排列顺序差异较大。

降钙素的主要功能是降低血钙含量，通过甲状旁腺素与降钙素的相互制约保持血钙的正常水平。可用于治疗骨质疏松症，或因甲状旁腺激素分泌过多而引起的成人高血钙症。

四、甲状旁腺激素

甲状旁腺是扁卵圆形小体，位于甲状腺侧叶的后面，有时藏于甲状腺实质内，一般分为上下两对。甲状旁腺中细胞是构成腺实质的主体，能分泌甲状旁腺素，以胞吐方式释放入毛细血管。

甲状旁腺激素（parathyroid hormone，PTH）是甲状旁腺主细胞分泌的含有 84 个氨基酸残基的直链肽，相对分子质量为 9 000，其生物活性决定于 N 端的第 1~27 个氨基酸残基。

甲状旁腺激素是调节血钙水平的最重要激素，它有升高血钙和降低血磷的作用。PTH 促进肾远曲小管对钙的重吸收，使尿钙减少，血钙升高；同时还抑制肾近曲小管对磷的重吸收，增加尿磷酸盐的排出，使血磷降低。甲状旁腺功能衰退时，肾小管对磷的重吸收加强，磷排出少，而血磷含量则逐渐升高，因而促进骨骼钙盐的沉积而减低血钙浓度。钙离子对维持神经和肌肉组织正常兴奋起重要作用，甲状旁腺激素分泌不足时，导致血钙浓度下降，神经和肌肉的兴奋性异常增高，出现低血钙性手足抽搐甚至窒息；甲状旁腺功能亢进则引起骨质过度吸收，易发生骨折。甲状旁腺激素的另一重要作用是激活 α - 羟化酶，使 25 - 羟维生素 D_2 转变为有活性的 1，25 - 二羟维生素 D_3。

> ⊙ 知识拓展 6 - 6
> 甲状旁腺和甲状旁腺素

五、胰腺激素

胰腺位于胃的后方，在第一、二腰椎的高度，横贴于腹后壁。胰腺的内分泌腺体是兰氏小岛，简称胰岛，它们是分散在胰腺腺泡（外分泌腺）之间的不规则的细胞群，犹如海岛一样，因此得名。胰岛主要由 5 种细胞组成：α - 细胞分泌胰高血糖素，升高血糖；β - 细胞分泌胰岛素，降低血糖；PP 细胞分泌胰多肽，抑制胃肠运动、胰液分泌和胆囊收缩；δ - 细胞分泌生长抑素（somatostatin），可以旁分泌的方式抑制 α 和 β 细胞的分泌，也可抑制垂体生长激素分泌；ε - 细胞分泌饥饿激素（ghrelin），促进垂体生长激素分泌。其中最重要的是胰岛素和胰高血糖素，它们共同调节体内糖类物质的代谢，并组成严密的反馈系统，使血糖水平维持在正常值范围内。

1. 胰岛素

胰岛素（insulin）是由胰岛中的 β - 细胞分泌的含 51 个氨基酸残基的蛋白质激素，相对分子质量为 5 778。胰岛素分子由 A 链（21 个氨基酸）与 B 链（30 个氨基酸）组成（图 6 - 9），它们靠两个二硫键结合，如果二硫键被打开则失去活性。β - 细胞先合成一个大分子的**前胰岛素原**（preproinsulin），经专一性蛋白酶水解，失去 N 端的一个肽段，成为 84 肽的**胰岛素原**（proinsulin），再经肽激酶水解掉 30 个氨基酸残基组成的 C 肽，形成有活性的胰岛素。

胰岛素是促进合成代谢、调节血糖稳定的主要激素，通过促进组织细胞对葡萄糖的摄取和利用，加速葡萄糖合成为糖原，贮存于肝和肌肉中；并抑制糖异生，促进葡萄糖转变为脂肪酸，贮存于脂肪组织，以防止血糖水平升高。胰岛素缺乏时，血糖浓度升高，如超过肾糖阈，尿中将出现糖，引起糖尿病。胰岛素对脂代谢的调节表现为促进肝合成脂肪酸，然后转运到脂肪细胞贮存，同时抑制脂肪酶的活性，减少脂肪的分解。因此，胰岛素缺乏时，出现脂肪代谢紊乱，脂肪分解增强，血脂升高；脂肪酸在肝内氧化加快，生成大量酮体，而糖氧化过程发生障碍，不能很好分解酮体，以致引起酮血症与酸中毒。此外，胰岛素还有促进蛋白质合成的作用，包括：① 促进氨基酸通过膜的转运进入细胞；② 可使细胞核的复制和转录过程加快，增加 DNA 和 RNA 的生成；③ 作用于核糖体，加速翻译过程，

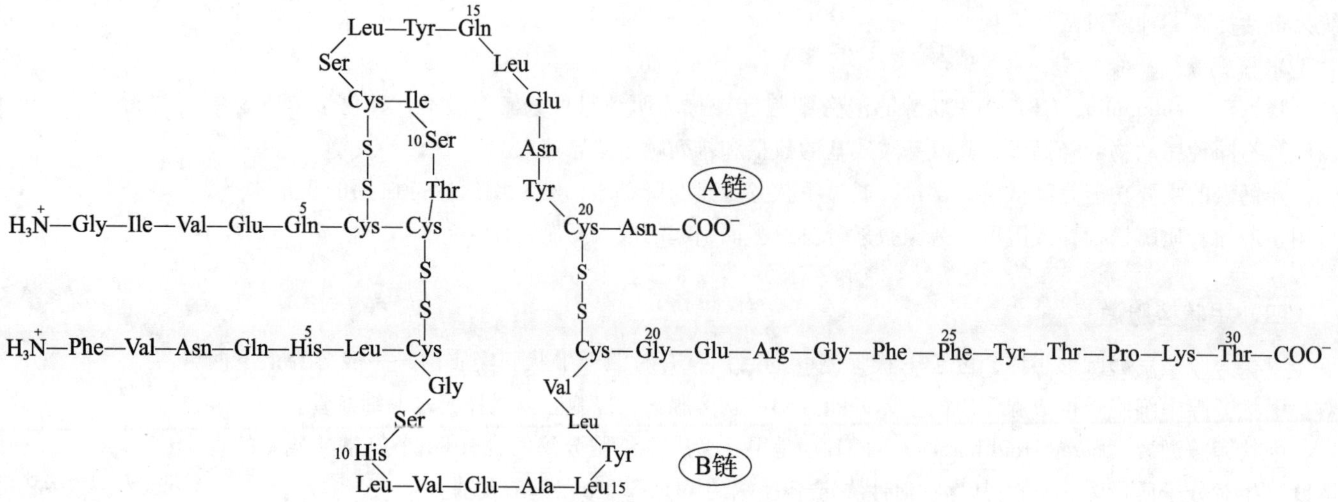

图 6-9 人胰岛素分子结构

促进蛋白质合成。

2. 胰高血糖素

胰高血糖素（glucagon）是胰岛的 α - 细胞分泌的一种蛋白质激素，含 29 个氨基酸残基，相对分子质量为 3 485，也是由一个大分子的前体裂解而来。胰高血糖素在血清中的浓度为 50 ~ 100 ng/L，在血浆中的半衰期为 5 ~ 10 min，主要在肝灭活，肾对其也有降解作用。

胰高血糖素的主要作用与胰岛素相反，具有很强的促进糖原分解和糖异生作用，可使血糖升高。胰高血糖素通过活化腺苷酸环化酶，使 ATP 转化为 cAMP，后者再激活肝细胞的磷酸化酶，加速糖原分解，并激活糖异生过程中有关的酶系。胰高血糖素还可激活脂肪酶，促进脂肪分解，同时又能加强脂肪酸氧化，使酮体生成增多。另外，胰高血糖素可促进胰岛素和胰岛生长抑制素的分泌。影响胰高血糖素分泌的因素很多，血糖浓度是其中最为重要的。当血糖降低时，胰高血糖素分泌增加；当血糖升高时，胰高血糖素分泌则减少。氨基酸的作用与葡萄糖相反，能促进胰高血糖素的分泌。

六、肾上腺激素

肾上腺位于肾的上方，右侧肾上腺呈扁平三角形，左侧呈半月形。肾上腺实质由周边的皮质和中央的髓质两部分构成。肾上腺皮质较厚，位于表层，约占肾上腺的 80%，从外往里可分为球状带、束状带和网状带三部分。肾上腺髓质位于中央部，周围有皮质包绕，上皮细胞排列成索，吻合成网，细胞索间有毛细血管和小静脉。

1. 肾上腺皮质分泌的激素

肾上腺皮质可分泌多种类固醇激素，类固醇激素的前体是胆固醇，由环戊烷多氢菲核构成，其中球状带分泌**盐皮质激素**（mineralocorticoid），如醛固醇和脱氧皮质酮；束状带主要分泌**糖皮质激素**（glucocorticoid），如皮质醇与皮质酮等；网状带主要分泌性激素类，如脱氢表雄酮及少量的雌二醇等。

① 盐皮质激素 包括醛固酮、11 - 脱氧皮质酮、17 - 羟 - 11 - 脱氧皮质酮。盐皮质激素的主要功能是促使机体保钠排钾，调节水盐代谢，影响组织中电解质的转运和水的分布。另外，醛固酮和钠离子增加影响去甲肾上腺素代谢，使交感神经作用加强，导致高血压。

② 糖皮质激素 包括皮质醇（皮甾醇）、11 - 脱氢皮质酮（可的松）、17 - 羟 - 11 - 脱氢皮质酮。糖皮质激素的主要生理功能是抑制糖的氧化，促进蛋白质转化为糖，升高血糖，有拮抗胰岛素的作用；同时促进糖异生作用，还可激活肝细胞中的糖原合成酶，加快肝糖原的合成。大部分糖皮质激素本身并不对某个靶器官直接产生某种生理效应，然而它的存在却是其他激素产生生理效应的必需条

件。如皮质醇对血管平滑肌并无直接的收缩作用，但当它缺乏或不足时，去甲肾上腺素的收缩血管效应就难以发挥。在应急情况下如果没有糖皮质激素，全身血管失去紧张度而塌陷，导致急性死亡。此外，皮质醇、皮质酮及可的松还有减轻炎症和过敏反应的功能。

肾上腺皮质机能减退或病变时，会引起艾迪生病。患者主要症状为皮肤呈青铜色，血糖降低，血浆 K^+ 增加，Na^+ 减少，导致新陈代谢降低。相反，肾上腺皮质机能亢进的病人，则表现出肥胖，若为青少年病人可引起性早熟。

2. 肾上腺髓质分泌的激素

肾上腺髓质由嗜铬细胞组成，髓质主要分泌两种激素，即**肾上腺素**（adrenaline）和**去甲（正）肾上腺素**（noradrenaline），两种激素均由酪氨酸转变而来。酪氨酸在酪氨酸羟化酶作用下首先羟化为多巴，后者脱羧转变为多巴胺，多巴胺再羟化生成去甲肾上腺素，去甲肾上腺素进行甲基化反应即可转变为肾上腺素，由于其均是具有儿茶酚核的胺类化合物，也称为儿茶酚胺类激素。

肾上腺素的主要生理功能是促进肝糖原分解，增高血糖浓度，使毛细血管收缩，提高血压。这些生理作用可帮助机体应对紧急情况，如在发怒和遭遇意外时，肾上腺素的分泌增高。L - 型肾上腺素的生理功效比 D - 型高 15 倍，麻黄（ephedra）所含麻黄素（ephedrine）的化学结构和生理作用与肾上腺素相似，在药物治疗上可代替肾上腺素。肾上腺素与去甲肾上腺素的作用列于表 6 - 5。

表 6 - 5 肾上腺素与去甲肾上腺素作用的比较

激素	生理功能	代谢功能
肾上腺素	增加心跳频率，是强心剂	促使肝糖原分解使血糖升高
去甲肾上腺素	促血管收缩，使血压升高，是加压剂	对糖代谢作用只有肾上腺素作用的二十分之一

七、性激素

1. 性激素的化学结构及其生理功能

性激素包括雄性激素和雌性激素，都是固醇类化合物，属于类固醇激素，主要由性器官分泌，并受到脑垂体的促性腺激素调节，此外，肾上腺皮质网状带也合成少量性激素。

雄激素包括：**睾酮**（testosterone）、**雄酮**（androsterone）和**雄烯二酮**（androstenedione），都是 19 碳固醇类激素，3 位有酮基，4，5 位之间的双键为活性必需部分。三种雄性激素中，只有睾酮由睾丸分泌，雄酮和雄烯二酮是睾酮的降解产物。雄性肾上腺分泌的雄激素主要为雄酮类，如脱氢表雄酮（dehydroepiandrosterone）、雄烯二酮等。睾酮活性最高，其次为雄烯二酮和脱氢表雄酮等。雄激素的生理作用主要是刺激雄性性器官发育，促精子生成，促进肌肉合成，维持第二性征。

睾酮　　　　　　　雄酮　　　　　　　雄烯二酮

雌酮　　　　　　　雌二醇　　　　　　孕酮

雌激素包括：**雌酮**（estrone，E_1）、**雌二醇**（estradiol，E_2）和**雌三醇**（estriol，E_3），它们都为18碳固醇类激素，三种雌激素中以雌二醇的活性最高；黄体分泌的**孕酮**（progesterone）和**孕二醇**（pregnanediol）是一类含有21碳的类固醇激素。雌激素的重要生理作用为促进雌性性器官发育和第二性征的发生，孕激素促进受精卵着床与继续妊娠，因此，雌二醇和孕酮可治疗性腺机能不全的病人。此外，因雌二醇能抑制促卵泡刺激素（FSH）的分泌，从而抑制卵巢卵泡成熟；孕酮可抑制促黄体生成素（LH）的分泌，从而抑制排卵，所以雌二醇和孕酮单独或合用都可作为避孕药物。雌激素还可拮抗甲状旁腺激素（PTH），绝经期妇女雌激素分泌降低，拮抗作用减弱，因此 PTH 作用增强，影响钙、磷、镁等矿物质代谢而发生骨质吸收减少，继而发生骨质疏松。

2. 性激素的体内合成

所有类固醇激素的生物合成均起始于胆固醇，而胆固醇则是由醋酸盐合成。胆固醇转变为睾酮的第一步由一种称为碳链酶和胆固醇氧化酶的酶复合物催化，需要 NADPH、Mg^{2+} 或 Ca^{2+} 和细胞色素 P450，首先生成孕烯醇酮，而孕烯醇酮是类固醇激素的重要前体物质，它可通过抑制羟基化反应来反馈调节胆固醇生成类固醇激素。由孕烯醇酮再生成脱氢表雄酮，最后生成睾酮。生物体内的雌激素直接前体为雄激素（睾酮），从睾酮再合成雌二醇、雌三醇和雌酮（图6-10）。人类和高等哺乳动物体内，胆固醇在转化为性激素的同时也会生成肾上腺皮质激素，两者化学结构极相似，因此，肾上腺皮质也能产生性激素，但在正常情况下不会产生过量的性激素。

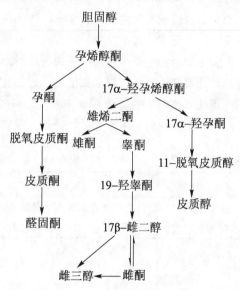

图6-10　肾上腺皮质激素及性激素的生物合成途径

八、前列腺素

1. 前列腺素的化学结构

前列腺位于膀胱下方，包绕尿道起始部，不成对，形状如栗子。前列腺素最早由瑞典科学家 Ulf von Enler 在精液中发现，当时被认为由前列腺分泌，故命名为前列腺素，但现已证明，除红细胞外，人体几乎所有细胞都可产生前列腺素。**前列腺素**（prostaglandin，PG）是一类结构相互关联的脂肪酸衍生类化合物，其基本结构是含有一个五元环的20碳羟基脂肪酸，称为前列腺酸。所有前列腺素的区别在于化合物中的双键和羟基取代基的多少和位置不同，依五元环构型不同，前列腺素可分为：PGA_1、PGB_1、PGE_1、PGE_2、PGD、PGF、PGH 等；根据戊烷环外侧链上双键数目不同，右下角标以 1，2，3，…分别表示含一个、两个、三个双键等。例如：下式表示 PGE_2。所有的 PG 在 C-13 和 C-14 之间有一个反式双键，在 C-15 处有一个羟基。E 类的 PG 在 C-9 上有酮基，C-11 上有羟基。右下角标 2 表示侧链中有 2 个双键。

前列腺素是由 8，11，14-甘碳三烯酸（双高-γ-亚麻酸）或 5，8，11，14-甘碳四烯酸（花生四烯酸）经酶催化反应生成，它们是合成前列腺素的必需脂肪酸母体。首先由环加氧酶催化在花生四烯酸 C-11 上加过氧基，然后在 C-15 上加过氧化氢基，同时 C-8 与 C-12 间环化，C-11 与

C-12，C-8 与 C-9 之间的双键变为单键，形成 PGG$_2$，经过氧化酶催化产生 PGH$_2$，再经不同酶或化学反应，PGG$_2$ 与 PGH$_2$ 各自转变为其他前列腺素。前列腺素 E$_1$、E$_2$、F$_{1\alpha}$、F$_{2\alpha}$、F$_{3\alpha}$ 被认为是"初级"前列腺素，PGA 等则是由 PGE 等的五元环失水产生的，PGB 等则是由 PGA 等双键异构化产生的。

2. 前列腺素的生理功能

前列腺素具有多种生理和药理作用，不同结构的前列腺素功能也不同。对生物体心血管系统、生殖系统、胃肠道的功能等都有作用。主要功能有：

① 前列腺素可调节**腺苷酸环化酶**（adenylate cyclase，AC）活性，因此对于 cAMP 合成和降解有重要的调节作用。在各类内分泌腺中，PGE$_1$ 和 PGE$_2$ 能够增加腺苷酸环化酶的活性，但在脂肪性组织中，PGE$_1$ 浓度在 10^{-8} mol/L 时，即能强烈地抑制腺苷酸环化酶活性和脂解作用，阻止 cAMP 浓度升高。

② 前列腺素具有舒缩血管的功能，如 PGE 和 PGI 有舒张血管作用，使心血管扩张和减低外周阻力，从而增强血液的流通，达到增加心输出量和降低动脉血压的功能。

③ PGF$_{2\alpha}$ 能引起平滑肌强烈收缩，如引发子宫强烈收缩导致引产或流产，还可使黄体溶解，阻止受精卵着床，或促进已着床的胚胎被吸收，因此有抗生育作用。

④ 前列腺素可抑制胃液分泌并且显著地增加小肠液的活性，增强离子通过上皮细胞的溢出，抑制 Na$^+$ 进入黏膜细胞并伴有 Cl$^-$ 分泌增加，增加尿容量以及 K$^+$、Na$^+$ 和 Cl$^-$ 的排泄。

⑤ 前列腺素是神经组织的正常组分，并且当刺激外周神经时释放出来，服用前列腺素有镇静和安定作用并有抗惊厥效果，因此近年来，前列腺素在神经性疾患中所起到的作用越来越受到重视。

总之，前列腺素的生理作用较多，人体前列腺素分泌不平衡将导致多种疾病，如高血压、溃疡病、支气管哮喘、男子不育症及其他疾病，因此前列腺素已成为重要的临床药物。

📋 **拾　零**

胰岛素失控可以导致糖尿病

糖尿病是由于机体不能很好地调节糖及脂质的代谢而引起的代谢紊乱症。由于糖及脂代谢紊乱，会造成病人的肝和其他组织不断地产生葡萄糖，从而导致血糖浓度升高，大量葡萄糖进入原尿，超过了肾的重吸收能力，所以在终尿中会出现高浓度的葡萄糖。在正常生物体内胰岛 β-细胞产生的胰岛素负责调控血糖浓度，它可以刺激糖原、三酰甘油及蛋白质的合成，也可以刺激葡萄糖转运到肌肉细胞和脂肪组织。当胰岛 β-细胞受到破坏或者胰岛素受体对胰岛素的敏感度降低时，就会导致糖尿病的发生。糖尿病一般分为两种类型：Ⅰ 型糖尿病是由于胰岛 β-细胞遭到免疫系统破坏，不能或仅能产生少量胰岛素，而导致疾病产生；过去认为 Ⅱ 型糖尿病人主要是由于长期过度饮食导致的高血糖诱发了胰岛素抵抗，即胰岛素受体对于胰岛素的敏感性降低，从而导致糖尿病的发生。但近期的研究结果表明，由于某些因素造成机体内某些蛋白质发生错误折叠，也可诱发 Ⅱ 型糖尿病的产生。

第六节　激素的作用机制和调节机制

一、激素作用的特点

激素的种类繁多，各种激素的结构、性质和生理功能差异很大，但它们在对靶细胞发挥调节作用过程中，具有某些共同特点：

① 机体内激素的分泌是不连续的或呈周期性的，激素的分泌随机体内外环境的变化而变化，并受反馈调节控制。

② 激素作用具有较高的组织特异性和反应特异性。激素只作用于某些器官、组织和细胞（分别被称为靶器官、靶组织和靶细胞），从而产生调节作用。激素作用的特异性与靶细胞上是否存在与该激素发生特异性结合的受体有关。

③ 激素的含量极微，但效率却很高。激素在血液中的浓度都很低，一般在纳摩尔（nmol/L），甚至在皮摩尔（pmol/L）数量级。虽然激素的含量甚微，但其作用显著，如 1 mg 的甲状腺激素可使机体增加产热量约 4.2×10^6 J（焦耳）。激素的高效调节作用是通过激素与细胞受体结合后，在细胞内发生一系列酶催化的级联放大反应实现的。例如：假设一个分子的胰高血糖素使一个分子的腺苷酸环化酶激活后，通过 cAMP - 蛋白激酶激活 1 万个分子的磷酸化酶，结果达到 1 mol/L 的胰高血糖素使糖原迅速分解产生 3×10^6 mol/L 的葡萄糖。0.1 μg 的促肾上腺皮质激素释放激素，可引起腺垂体释放 1 μg 促肾上腺皮质激素，后者能引起肾上腺皮质分泌 40 μg 糖皮质激素，放大了 400 倍。

④ 不同激素之间存在相互作用。多种激素共同参与某一生理活动的调节时，往往存在激素之间的协同作用或拮抗作用，这对维持机体内环境的相对稳定起着重要作用。例如，生长素、肾上腺素、糖皮质激素及胰高血糖素，均能提高血糖，在升糖效应上具有协同作用；相反，胰岛素则能够降低血糖，与上述激素的升糖效应具有拮抗作用。另外，有的激素本身并不能直接产生生理效应，然而在它存在的条件下，可使另一种激素的作用明显增强，如当糖皮质激素存在时，儿茶酚胺才能很好地发挥对心血管代谢的调节作用。

二、激素与受体的相互作用

激素作用的高效性和特异性是通过与受体特异性的识别来实现的。**受体**（receptor）是细胞中能与激素、神经递质（如多巴胺、γ - 氨基丁酸、甘氨酸等）或其他化学物质专一性结合，发生特异性相互作用并触发细胞生物学效应，且具有特异结构的大分子物质。多数受体的化学本质是蛋白质，主要分布于细胞膜上，少数位于细胞质或细胞核中。激素与受体的相互作用有以下特点：

① 激素与受体结合具有**特异性**（specificity）　激素与受体间具有严格的选择性，包括二者的结构、构型与构象，从而使靶细胞只与特异的激素结合，而不受其他化学信号的干扰。

② 激素与受体结合具有**亲和性**（high affinity）　激素与受体的亲和性与激素的生理浓度相适应，低浓度时亲和性强；而浓度高时亲和性弱。亲和性还会随动物生理周期的变化而发生改变，如卵巢颗粒细胞上的促卵泡刺激素（FSH）受体的亲和性会随 FSH 周期性水平的不同而变化。

③ 激素与受体结合具有**饱和性**（saturability）　受体以有限的数量存在于靶细胞质膜表面或细胞内，它的数量是稳定的，容量是有限的，当结合到一定程度后，再增加激素浓度，结合量不再增加，此时受体上结合位点已被激素配体所饱和。

④ 激素与受体的结合具有**生物学效应**（biological response）　一般情况下，一种受体只能与一种激素相结合，而且这种结合往往直接导致该激素特有的生物学功能。

激素的受体按亚细胞部位分为细胞膜受体和胞内受体，以此将激素分为细胞膜受体激素和胞内受体激素，两者作用机制完全不同（图 6 - 11），将在下面做详细介绍。

三、细胞膜受体激素的作用机制

大多数激素的受体为细胞膜受体，那么这些激素作为信息物质与靶细胞膜受体结合后，如何把信息传递到细胞内，又是通过怎样复杂的反应过程来实现细胞的生物效应呢？随着近年来分子生物学的发展，对激素的作用机制有了深入的研究，现已形成第二信使学说。即含氮类激素（甲状腺素除外）和脂肪酸衍生物激素作为第一信使分子到达靶细胞后，首先与质膜上的受体结合，并通过第二信使分子的产生将信号传入细胞内，引起一系列生理变化，其作用过程见图 6 - 11。以下介绍以环腺苷酸（cyclic AMP, cAMP）、环鸟苷酸（cyclic GMP, cGMP）、Ca^{2+}、1,4,5 - 三磷酸肌醇（IP_3）和二酰甘

学习与探究 6 - 2
细胞膜受体激素的作用机制

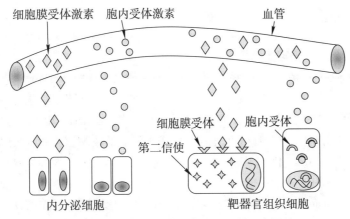

细胞膜受体激素　胞内受体激素　血管

细胞膜受体　胞内受体

第二信使

内分泌细胞　靶器官组织细胞

图 6 – 11　脊椎动物激素作用机制示意图

油（DAG）为第二信使的信息传递途径。

1. 以 cAMP 作为第二信使的信息传递

（1）第二信使学说

第二信使学说是 E. W. Sutherland 等于 1965 年提出来的，其主要内容包括：① 激素是第一信使，它可与靶细胞膜上具有立体构型的专一性受体结合；② 激素与受体结合后，激活细胞膜上的腺苷酸环化酶（adenylate cyclase，AC）；③ 在 Mg^{2+} 存在的条件下，腺苷酸环化酶促使 ATP 转变为 cAMP，由此将信息从第一信使传递到第二信使；④ cAMP 可使无活性的蛋白激酶激活。蛋白激酶 A 具有两个亚单位，即调节亚单位与催化亚单位。cAMP 与蛋白激酶 A 的调节亚单位结合，导致调节亚单位脱离而使蛋白激酶 A 激活，催化细胞内多种蛋白质发生磷酸化反应，从而引起靶细胞的各种生理生化反应。

（2）cAMP – 蛋白激酶途径（PKA 途径）

激素受体与腺苷酸环化酶是细胞膜上两类分开的蛋白质。激素受体结合的部分在细胞膜的外表面，而腺苷酸环化酶在细胞膜的胞质面，在两者之间存在一种起偶联作用的调节蛋白——**鸟苷酸结合蛋白**（guanine nucleotide binding protein），简称 G 蛋白。G 蛋白是信息传递途径中的第二个蛋白，与 G 蛋白偶联的受体都有一个七次跨膜的疏水螺旋结构，激素就结合在受体跨膜区的疏水口袋中，然后由 G 蛋白介导的腺苷酸环化酶的激活和抑制。

G 蛋白是与 GTP 结合的异三聚体蛋白，由 α、β 和 γ 三个亚单位组成，是存在于质膜细胞质一侧的一组信息传递蛋白。G 蛋白可分为**兴奋型 G 蛋白**（stimulatory G protein，Gs）和**抑制型 G 蛋白**（inhibitory G protein，Gi）。Gs 的作用是激活腺苷酸环化酶，从而使 cAMP 生成增多；Gi 的作用则是抑制腺苷酸环化酶的活性，使 cAMP 生成减少。

腺苷酸环化酶是相对分子质量为 120 000 的糖蛋白，具多个跨膜结构，由调节亚基和催化亚基组成。其催化亚基通过与 G 蛋白的结合被激活，进而催化 ATP 的环化水解作用，使 ATP 形成 cAMP。

cAMP 产生后，与**蛋白激酶 A**（protein kinase A，PKA）特异性结合。PKA 是由四聚体（C_2R_2）组成的别构酶，具有两个相同的调节亚基（R 亚基）和两个相同的催化亚基（C 亚基）。每个 R 亚基上有两个 cAMP 结合位点，R 亚基与 C 亚基结合时，PKA 呈无活性状态，当 cAMP 与 R 亚基结合后，C 亚基与 R 亚基解离，游离的 C 亚基表现出蛋白激酶活性，催化靶蛋白的磷酸化，产生相应生理效应。

PKA 广泛分布在哺乳动物细胞中，在不同类型细胞中 PKA 的底物各不相同。cAMP 通过激活 PKA 对各种细胞代谢过程进行调节。在实现激素的调解过程中，从激素受体→G 蛋白→AC→cAMP→PKA→PKA 靶酶→产生生理效应，不仅是一个激素信息的传递过程，而且还构成了一个生

🔍 **科学史话 6 – 3**
cAMP 的发现及第二信使学说的提出

🔍 **科学史话 6 – 4**
G 蛋白偶联受体的探索之路

📡 **科技视野 6 – 2**
G 蛋白偶联受体与靶向药物

◎ **知识拓展 6 – 7**
肾上腺素对糖原分解的调节

物效应的放大系统，信号在传递过程中逐级放大，因此，这一过程也被称为级联放大作用（cascade amplification）。

2. 以 cGMP 作为第二信使的信息传递

继发现 cAMP 后，Goldberg 于 1963 年发现了 3′, 5′ - 环化鸟苷酸（cGMP）。cGMP 广泛存在于生物体内，其含量约为 cAMP 的 $1/100 \sim 1/10$，参与体内多种功能的调节，是体内重要的第二信使。虽然 cGMP 与 cAMP 的产生与灭活方式以及介导激素生理效应的方式都很相似，但是 cGMP 与 cAMP 的生理效应相反，如在平滑肌中，cAMP 浓度增高会促进平滑肌的收缩，而 cGMP 浓度增高则会促进平滑肌的松弛，所以有人将 cGMP 和 cAMP 同中医理论的"阴"与"阳"对应起来。

（1）GC 催化产生 cGMP

在**鸟苷酸环化酶**（guanylate cyclase GC）催化下，GTP 环化水解为 cGMP，cGMP 可被 cGMP 磷酸二酯酶水解为 5′ - GMP 而灭活。

研究发现，GC 有两种存在形式，即膜结合型酶和胞内可溶型酶，二者特性明显不同。膜结合型 GC 具有受体和环化酶的功能，其结构为跨膜的单链糖蛋白，胞外部分（N 端）有受体功能，可识别和结合配体；胞内部分（C 端）具 GC 活性，催化 GTP 转变为 cGMP。胞内可溶型 GC 是由 α、β 两个亚基组成的异二聚体，含有血红素辅基结构，其上的血红素可与一氧化氮（NO）直接作用而被激活，使胞内 cGMP 升高，导致心肌收缩减弱和血管平滑肌舒张。

（2）cGMP - 蛋白激酶途径（PKG 途径）

鸟苷酸环化酶（GC）的激活过程和 AC 不同，当多肽激素与靶细胞膜上的受体结合后，膜结合型 GC 被激活，并催化 GTP 转变为 cGMP。cGMP 可以激活 cGMP - 依赖性蛋白激酶或**蛋白激酶 G**（protein kinase G，PKG）。PKG 与 PKA 类似，也是一种 Ser/Thr 蛋白激酶，PKG 被激活后可通过对底物蛋白的磷酸化而产生生理效应，如使平滑肌舒张，抑制血小板黏附、聚集和分泌等。胞内可溶型 GC 的激活间接地依赖于 Ca^{2+}，Ca^{2+} 通过激活磷脂酶 C 和磷脂酶 A_2 使膜磷脂水解生成花生四烯酸，花生四烯酸经氧化生成前列腺素而激活 GC；也可被氮氧化物或含氮氧化物的化合物直接激活，如一氧化氮（NO）在平滑肌细胞中可激活 GC，从而使 cGMP 生成增加，也可激活 PKG 使血管平滑肌松弛。

3. 以肌醇三磷酸和二酰甘油作为第二信使的信息传递

有些含氮激素如：胰岛素、催产素、催乳素、某些下丘脑调节肽和生长因子等，作用于膜受体后，引发**磷脂酶 C**（phospholipase C，PLC）活化，活化后的 PLC 催化细胞膜上 4, 5 - 二磷酸磷脂酰肌醇（PIP_2）转变成为**肌醇三磷酸**（inositol - 1, 4, 5, triphosphate，IP_3）和**二酰甘油**（diacylglycerol，DAG），从而引起细胞的各种生理效应。这是一条非核苷酸类的第二信使通路，也被称为肌醇磷脂信号通路。

（1）IP_3、DAG 的产生

磷脂酶 C（PLC）是一种具有多种形式的同工酶，至今发现有磷脂酶 C - α、β、γ 和 δ 四种类型，其中 PLC - β 能通过 G_{PLC} - 蛋白介导而实现细胞对外界信号的应答。当加压素、血管紧张素等激素与受体结合，G 蛋白直接激活 PLC - β，然后 PLC - β 专一性水解 PIP_2 分子上 C_3 位的磷酯键，形成肌醇三磷酸（IP_3）和二酰甘油（DAG）两个信使分子。DAG 生成后仍留在膜中，IP_3 则进入胞质。

（2）IP_3 和 DAG 信号传递途径

① IP_3/Ca^{2+} 信号途径 IP_3 的作用是促使细胞内的 Ca^{2+} 贮存库释放 Ca^{2+} 进入胞质。细胞内 Ca^{2+} 主要贮存在线粒体与内质网中，IP_3 与内质网膜上的 IP_3 受体特异结合后，激活 Ca^{2+} 通道，使 Ca^{2+} 从内质网中进入胞质。IP_3 诱发 Ca^{2+} 动员的最初反应是引起暂短的内质网释放 Ca^{2+}，随后由 Ca^{2+} 释放诱发细胞外 Ca^{2+} 内流，导致胞质中 Ca^{2+} 浓度增加。Ca^{2+} 与细胞内的钙调蛋白结合后，可激活蛋白酶，促进蛋白质磷酸化，从而调节细胞的功能。

② DAG/PKC 信号途径　DAG 能特异性激活**蛋白激酶 C**（protein kinase C，PKC），PKC 的激活依赖于 Ca^{2+} 的存在，DAG 通过提高 PKC 与 Ca^{2+} 的亲和力，使其在 Ca^{2+} 的生理浓度（10^{-7} mol/L）条件下就可以被激活。激活的 PKC 与 PKA 一样可使多种蛋白质或酶发生磷酸化反应，进而调节细胞的生物学效应。此外，DAG 的降解产物花生四烯酸是合成前列腺素的原料，花生四烯酸与前列腺素的过氧化物又参与鸟苷酸环化酶的激活，促进 cGMP 的生成。cGMP 作为另一种第二信使，通过激活蛋白激酶 G（PKG）而改变细胞的生理状态。

4. 以 Ca^{2+} 作为第二信使的信息传递

研究发现在神经递质释放、肌肉收缩、纤毛运动、微管集合、DNA 合成、细胞分裂等复杂的生命活动中，必须有 Ca^{2+} 参与调节，Ca^{2+} 通过与不同的钙结合蛋白结合，再激活相应的靶酶，引起这些酶活性和蛋白质功能的改变，触发相应的生理效应，因此 Ca^{2+} 是细胞内重要的第二信使物质。

胞内游离 Ca^{2+} 浓度的变化起到传递胞外信号的作用，因此胞内 Ca^{2+} 浓度的变化是 Ca^{2+} 信号调节的基础。细胞在静息状态时，胞外游离 Ca^{2+} 浓度为 0.1 ~ 10 mmol/L，而胞内 Ca^{2+} 浓度仅为 0.1 mmol/L 左右。当细胞受到外界信号刺激后，胞内 Ca^{2+} 浓度急剧升高，主要通过以下途径实现：① 胞外 Ca^{2+} 内流。质膜上存在多种类型的钙通道，刺激信号使 Ca^{2+} 通道开放，胞外 Ca^{2+} 流入胞内。② IP_3 打开内质网膜上的 Ca^{2+} 通道，使内质网中的 Ca^{2+} 进入胞质。当 Ca^{2+} 的调节功能行使完毕，这些增加的 Ca^{2+} 又被重新排到胞外或进入胞内钙库。

胞内 Ca^{2+} 与钙结合蛋白结合后引发一系列生理生化反应，目前已发现多种钙结合蛋白，其中**钙调蛋白**（calmodulin，CaM）是细胞内重要的调节蛋白。CaM 必须首先与 Ca^{2+} 结合，形成活化态的 Ca^{2+} – CaM 复合物，然后再与靶酶结合并将其激活。Ca^{2+} – CaM 复合物的作用方式有两种，一种是直接与靶酶结合，从而诱导靶酶的活性构象，起到调节靶酶的作用。如 Ca^{2+} – CaM 复合物既能激活腺苷酸环化酶使 cAMP 生成增加，又能激活磷酸二酯酶，从而加速 cAMP 的降解，使信息迅速传至细胞内后随即消失。第二种是通过先激活依赖于 Ca^{2+} – CaM 复合物的蛋白激酶，活化后的蛋白激酶再去磷酸化其他的靶酶，从而间接影响其活性。如磷酸化酶，糖原合酶等都是以这种方式被调节的。研究发现，受到 Ca^{2+} – CaM 复合物调节的酶有 30 多种，因此 Ca^{2+} 通过与 CaM 的结合参与生物体内众多生理过程的调节。

四、胞内受体激素的作用机制

类固醇激素的受体存在于细胞质中或细胞核内，这类激素具有脂溶性，可穿过细胞膜进入细胞，与胞内或核内受体结合并引发生理效应，均为胞内受体激素。其具体作用过程为：首先激素与细胞质受体结合，形成激素 – 胞质受体复合物，并使受体蛋白发生构象变化，激活激素 – 胞质受体复合物，从而获得进入核内的能力，由细胞质转移至细胞核内。然后，与核内受体结合，形成转录起始复合物，从而激发 DNA 的转录过程，生成新的 mRNA，指导蛋白质合成，引起相应的生物学效应（图 6 – 12）。有些激素如雄激素、孕酮等可直接与核内受体结合，但无论哪种形式最终激素受体复合物都会与核内 DNA 的特定部位结合，该部位叫**激素应答元件**（hormone response element，HRE），通常是 DNA 区段上的调节部位（增强子或沉默子）。结合后导致相应基因的活化，促进转录的进行，但也有少数是抑制转录进行的。

近年来利用基因工程技术，发现了多种胞内受体激素的核内受体结构。它们具有特异性的转录调节功能，其活性受固醇类激素的控制。核内受体为蛋白质，主要有三个功能结构域：激素结合结构域、DNA 结合结构域和转录增强结构域。核内受体一旦与激素结合，受体蛋白质的分子构象随即发生改变，暴露出隐蔽于分子内部的 DNA 结合结构域和转录增强结构域，与核内激素应答组分结合，从而产生增强转录的效应。另外，在 DNA 结合结构域处有一个特异的氨基酸序列，它起着介导激素 – 受体复合物与染色质中特定部位相结合的作用。作用于转录过程只是固醇类激素作用的

学习与探究 6 –3
胞内受体激素的作用机制

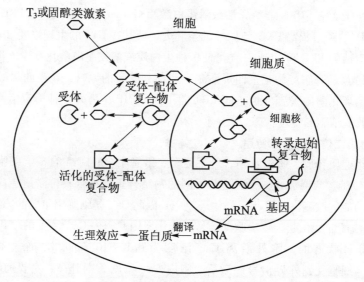

图 6 – 12　胞内受体激素作用机制

一个主要方面，它们还能作用于基因表达的任何一个环节，诸如 mRNA 的降解和转运、蛋白质转录后加工等。

甲状腺激素虽属含氮激素，但其作用机制却与类固醇激素相似，可进入细胞内，而且直接进入细胞核内，与核内受体结合，从而调节基因表达。

五、激素体系的反馈调节

在生物体内，种类繁多的各种激素有条不紊地发挥其各自的功能，使机体维持正常状态，而这种秩序是依靠激素自身的调控体系来实现的。

1. 下丘脑的调节作用

在生命活动进行过程中，生物体需要不断调节自身，以适应变化的外部环境和保持内环境的稳定，如突遭寒冷的侵袭，浑身哆嗦；受到惊吓时，脸色苍白；情绪激动时，面红耳赤等。这些生理反应和行为的调整都是通过中枢神经—下丘脑—垂体—内分泌腺—靶器官或靶细胞这一调节体系来实现的。中枢神经系统接受来自体内外的各种信号，迅速进行分析综合，及时发放信号至下丘脑，并通过下丘脑的活动，产生相应的释放激素或释放抑制激素，将神经传导性信息转变为内分泌识别信息传递给垂体，刺激或抑制垂体激素的分泌。而垂体分泌的促激素又对下级内分泌腺如甲状腺、肾上腺皮质、性腺具有刺激作用，促使不同的腺体分泌各自的激素，这些激素分别作用于它们的靶细胞或靶器官，产生一系列的生理效应。在这个调节过程中下丘脑起到了承上启下的作用。

2. 反馈调节

激素对它的靶细胞或靶组织的生理功能具有调节作用，而靶细胞所发生的生理活动的结果又反过来对内分泌腺的生理功能起调节作用。这种自下而上的作用方式与电子工程学中反馈的概念如出一辙。反馈即把输出电路中的部分能量送回输入端，以增强或减弱输入信号的效应，增强输入信号效应的为正反馈；减弱输入信号效应者为负反馈。例如，胰高血糖素使血糖升高，结果血糖升高后反过来抑制胰岛分泌胰高血糖素；甲状旁腺素引起血钙升高，高血钙又抑制甲状旁腺的分泌作用，由于这种激素的调节作用是抑制性的，故称为负反馈作用。负反馈作用是机体对激素的产生进行调节的基本方式之一，通过这种方式维持激素浓度的相对恒定。反馈或负反馈作用有以下几种类型：① 长反馈（长负反馈），即外周激素对下丘脑或垂体的调节作用（反馈抑制作用）；② 短反馈（短负反馈），即反馈作用只达上一级内分泌细胞，如促激素对下丘脑的调节作用；③ 超短反馈（超短负反馈），即反馈作用仅限于本身,如下丘脑分泌的激素对下丘脑的调节。由此可知,下丘脑—垂体—外周腺体之间的轴,上通下达,相互制约,组成一个闭路式反馈控制系统。

第七节　昆虫激素和植物激素

一、昆虫激素

昆虫激素是调节控制昆虫的生理活动,如蜕皮、变态发育、体色变化等生理过程的激素。研究较多的是与昆虫的生长发育和变态有关的激素。昆虫从卵到成虫的几个阶段都受**蜕皮激素**（molting hormone, MH）和**保幼激素**（juvenile hromone, JH）的协调控制,而这两种激素又受**脑激素**（brain hormone, BH）的控制。因此下面就此三类激素进行简要介绍。

1. 脑激素

脑激素（BH）是昆虫前脑中的神经分泌细胞分泌的,化学本质为多肽,功能是促进昆虫的前胸腺分泌蜕皮激素,咽侧体分泌保幼激素,从而起到调节蜕皮激素及保幼激素的作用。

2. 保幼激素

保幼激素（JH）由昆虫咽侧体（corpora allata）分泌,它控制昆虫由幼虫变为成虫的速度,防止出现成虫的性状。蚕丝生产业利用这一性质,在蚕的五龄时喷施适量的保幼激素可推迟结茧时期,使蚕多吃桑叶、多吐丝,增加蚕丝产量。天然保幼激素的化学本质为 C - 13 环氧烯酸酯,目前所用的保幼激素都是化学合成的天然保幼激素的类似物,除用于蚕丝生产外,还可用来作为杀虫剂。

3. 蜕皮激素

蜕皮激素（MH）是受脑激素激动的前胸腺分泌,为固醇类化合物,分为 α - 蜕皮激素和 β - 蜕皮激素两种。当保幼激素消失时,它可使幼虫的内部器官分化、变态及蜕皮,外翅类昆虫的幼虫变为成虫,内翅类昆虫的幼虫蜕皮变为蛹然后化为成虫。

二、植物激素

植物激素是指一些对植物生长、发育（发芽、开花、结实和落叶）以及代谢有控制作用的有机化合物。自 1934 年首次由植物体内分离出化学纯的植物激素以来,植物激素已广泛应用于农业生产中,但由于植物自身产生的激素很少,目前所用的大多数是化学合成的植物激素。目前国际上公认的高等植物激素有以下五大类。

1. 植物生长素

植物生长素（auxins）包括:植物生长素 a、植物生长素 b 和吲哚乙酸（IAA, IA）。植物生长素 a 和植物生长素 b 都是复杂的环戊烯衍生物,为弱酸,可溶于水和乙醇,主要分布于植物细胞分裂迅速、生长快的根尖、茎尖等器官,人尿液中也含有这两种植物生长素。生长素的功能主要是:可促使不定根的生成,促进植物花、芽、果实的发育,新器官的生长和组织分化,使细胞伸长,扦插植物时用它处理可提高存活率。

2. 赤霉素

赤霉素（gibberellin）存在于菜豆、多种真菌和植物中,分子结构复杂,现已分离出 40 种。赤霉素的主要作用是可控制植物细胞的伸长,引起徒长;可促进高等植物的发芽,生长,开花和结实,如打破马铃薯块茎休眠、促大麦淀粉酶生物合成、促浆果无籽果实生长等。

3. 细胞分裂素

细胞分裂素（cytokinin）又称细胞激动素,泛指具有与激动素（kinetin）有同样生理活性的一类嘌呤衍生物，如从玉米种子中分离出来的**玉米素**（zeatin），它普遍存在于植物体内，具有促进细胞分裂和分化，诱发组织的分化，抗植物老化等作用。

4. 脱落酸

脱落酸（abscisic acid，ABA）又称**离层酸**，是植物生长抑制剂，可促进植物离层细胞成熟，引起器官脱落，与赤霉素有拮抗作用。在衰老和休眠的器官中，只有脱落酸存在。

5. 乙烯

乙烯（ethylene）的作用是降低植物生长速度，促果实早熟。乙烯存在于成熟果实中。

？ 思考与讨论

1. 什么是维生素和激素？它们有什么相同点和不同点？

2. 长期节食、并严格控制油脂摄入，虽能使体重减轻，但可能导致贫血、免疫功能减退、神经紧张、皮肤病等症状，请结合维生素的生理功能分析其原因。

3. 营养学强调食物种类多种多样，粗细搭配、多食蔬菜水果，请根据维生素及其辅酶作用机制进行分析。

4. 由于维生素参与机体内多种代谢反应，而且绝大多数人类不能合成，因此需要大量服用维生素药品吗？请分析这样对人体有益还是有害？

5. 请查阅资料说明为什么正常人的血钙浓度需要保持在一定范围。并结合本章内容，讨论这是由哪些激素参与调解的？

6. 维持人体血糖浓度的激素有哪些？它们各自起到了什么样的调节作用？

7. 请根据激素的生理功能分析人在受到惊吓时出现"寒毛直竖"、"瞠目结舌"等现象的原因。

8. 试根据激素的溶解性对激素进行分类，并分析它们与受体结合的亚细胞部位以及作用机制。

9. 第二信使分子包括 cAMP、cGMP、磷酸肌醇、Ca 等，以这些分子作为第二信使的激素作用机制有哪些相同点和不同点？

10. 一氧化氮（NO）是一种重要的信号分子，可由人体合成，通过 cGMP 发挥激素的作用，调节血管平滑肌功能，相关研究获得了 1998 年诺贝尔生理学或医学奖，请查阅相关文献，讨论其兼具胞内受体激素和细胞膜受体激素特点的原因。

11. 通过查阅与类固醇激素作用机制相关的文献，讨论如何利用这种机制设计新药。

网上更多资源……

◆ 本章小结　　◆ 教学课件　　◆ 自测题　　◆ 教学参考

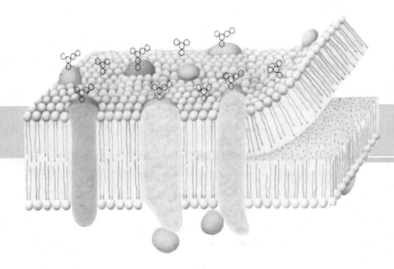

第七章

脂质和生物膜

- **脂质的概述**
  脂质的概念；脂质的分类；脂质的功能

- **脂质的结构和性质**
  脂酰甘油类；构成生物膜系统的脂类；蜡；萜类

- **生物膜**
  生物膜的化学组成；生物膜的结构；生物膜的特征与功能

　　油脂是人们日常生活中不可缺少的重要食品，为什么植物油一般呈现液态，而动物油脂却呈现固态？脂质具有怎样的结构，又有哪些种类？生物体内的膜系统与脂质究竟有什么关系？生物膜的结构与功能是怎样的？这些是本章所要学习和解答的问题。

学习指南
1. 重点：脂质的概念、脂质的结构、生物膜的结构。
2. 难点：生物膜的功能。

▶▶ **知识导图**

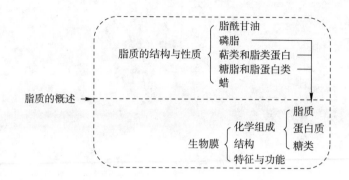

第一节　脂质的概述

一、脂质的概念

脂质（lipid）又称脂类，包括真脂和类脂，是生物体中一类具有多种生理功能、但化学组成和结构有很大差异的有机化合物。它们的共性在于都具有不溶于水，溶于乙醚、氯仿、苯、丙酮等有机溶剂的物化特性。最常见脂质是甘油三酯，是由高级脂肪酸与甘油所形成的酯，也被称为油脂。

二、脂质的分类

🔍 **科学史话 7－1**
脂质组学的建立与探索之路

脂质按化学组成可分为单纯脂质、复合脂质、萜类和类固醇、衍生脂质和结合脂。单纯脂质系指脂肪酸与醇形成的酯，如**三酰甘油**（triacylglycerol）和**蜡**（wax）。复合脂质则指分子中除含脂肪酸和醇外，还含有其他小分子物质的脂质，如甘油磷脂类，含有甘油、脂肪酸、磷酸和某些含氮物质等。萜类和类固醇一般不含脂肪酸（胆固醇酯除外），也不能进行皂化作用，所以也叫非皂化脂。衍生脂质系指上述脂质物质的水解产物，如甘油、脂肪酸及其氧化产物、酮体等。结合脂质则是脂与糖或蛋白质相结合，如糖脂和脂蛋白。

📡 **科技视野 7－1**
脂质组学与疾病诊治

根据脂质是否只含甘油和脂肪酸，可将脂质分为真脂和类脂两大类。真脂主要为甘油三酯（即三酰甘油），其他均为类脂。类脂包括磷脂、糖脂、固醇等，其中磷脂是组成生物膜系统的重要骨架成分，而糖脂、脂蛋白、类固醇为生物膜系统的重要组成成分。

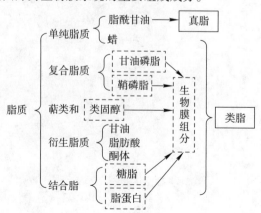

三、脂质的功能

脂质广泛存在于生物体内，发挥着多种十分重要的生理功能：

1. 能量贮存与代谢燃料

脂质中的甘油三酯是生物体内主要的能量贮存物质和重要的代谢燃料，通过氧化可以提供机体生命活动所需能量，在能量转化与运输中发挥重要作用。例如，1 g 油脂完全氧化可以释放 39 kJ 生理热价的能量，约为 1 g 糖或蛋白质释放能量的 2 倍。

2. 生物膜系统主要组分

1972 年，S. J. Singer 与 G. Nicolson 提出了生物膜流体镶嵌模型。该模型首先根据疏水相互作用明确了双分子层中的基质是脂质（磷脂），蛋白质靠静电相互作用结合在脂质的极性头部（膜周边蛋白），或者镶嵌在双分子层的疏水性区域（膜内在蛋白）。并且指出了膜的流动特性，即在正常生理条件下，整个脂质双分子层构成液晶状态的基质，不仅是脂质分子，蛋白质分子也处于不停的运动状态。温度、胆固醇等对膜的流动性有较大的影响。脂质和蛋白质在生物膜的内、外两侧分布不对称，膜蛋白和脂质有相互作用，如大豆根瘤菌膜结合氢酶、小鼠细胞膜上的抗原等都需要脂质才能表现出活性。此外，细胞表面的脂质成分还具有许多其他重要的生物学功能，如与种属特异性、信号转导以及组织免疫等方面有密切关系。

3. 保温与防护屏障

生物体表面的脂质可以作为机体对外界的屏障，防止热量散失，具有防寒保温的作用，也可以起防水、防止机械损伤等保护作用。例如，植物表面的蜡可以保温、防水和防病菌侵害，动物的皮下脂肪可以起保温以及防止内脏受到机械损伤的缓冲保护作用。

4. 生物活性物质及其溶剂

一些生物活性物质（例如维生素 D 等脂溶性维生素、肾上腺皮质激素和性激素等类固醇激素）本身就是脂质，在生命活动调节中发挥着重要作用；此外，膳食中的脂溶性维生素（A、D、E、K）等脂溶性营养素也需要溶解在脂质中，才能被机体吸收、运输与利用，在此脂质又起到了良好的溶剂作用。所以脂质在生命活动中具有营养、代谢、调节等生物活性作用。

第二节　脂质的结构和性质

一、脂酰甘油类

脂酰甘油（acylglycerol），又称**脂酰甘油酯**（acylglyceride），是脂肪酸与丙三醇作用形成的酯。

科学史话 7−2

油脂化学之父与 Chevreul 奖章

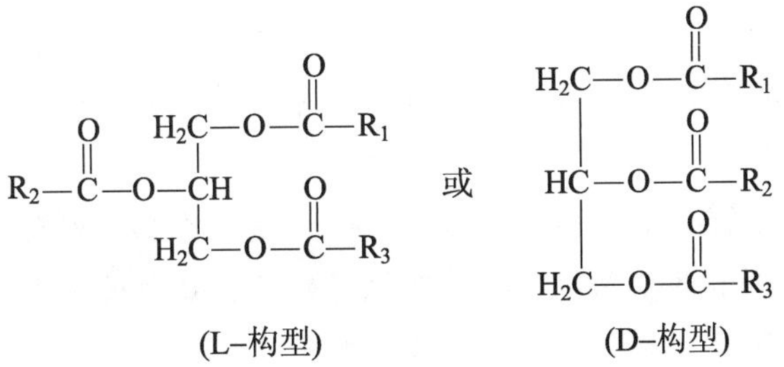

（L−构型）　　（D−构型）

脂酰甘油的结构式

甘油分子本身无不对称碳原子，但当它的三个羟基被不同脂肪酸酯化时，甘油分子中间一个碳原子就成为不对称原子，因而有两种不同的构型（L - 构型和 D - 构型）。天然的甘油三酯都是 L - 构型。脂酰甘油第 2 位碳的 RCOO—在碳链右侧的称 D - 构型，在左侧的称 L - 构型。

根据参与形成甘油酯的脂肪酸分子数可以把脂酰甘油分为三类，分别为**单酰甘油**（monoacylglycerol）、**二酰甘油**（diacylglycerol）和**三酰甘油**（triacylglycerol）。前两类在自然界比较少见，三酰甘油又称为**甘油三酯**（triglyceride）是脂质中含量最丰富的一大类，是甘油的三个羟基分别与三个脂肪酸分子缩合、失水后形成的酯，是植物和动物细胞贮存脂质的主要组分。常温下呈液态的称为油（oil），呈固态的则称为脂肪（fat），统称为油脂。

1. 脂肪酸

脂肪酸（fatty acid）是指一端含有一个羧基的长脂肪族碳氢链，属于脂肪族的一元羧酸，其结构通式为 R—COOH，R 指长链的烷烃或含双键的烯烃。脂肪酸的烃链以直链为主，少数有环状或含有分支的。天然脂质中的脂肪酸所含的碳原子数目大多数是偶数的，也有少量的奇数碳原子，且主要存在于海洋生物体中，陆地生物中含量较少。常见的脂肪酸为含 16 个或 18 个碳原子的脂肪酸。脂肪酸的命名依据国际理论与应用化学联合会（international union of pure and applied chemistry，IUPAC）的标准命名，羧基碳被指定为 C_1，其余的碳依次编号。在通常命名中，常使用希腊字母标记碳原子，与羧基相邻的碳原子为 α 碳，其余依次为 β，γ，δ，ε 等字母表示。

根据脂肪酸所含碳链的种类的不同，将其分为饱和脂肪酸和不饱和脂肪酸（图 7-1）。仅含碳 - 碳单键的称为饱和脂肪酸，如硬脂酸、软脂酸等；十二碳以下的饱和脂肪酸主要存在于哺乳动物的乳汁中。不饱和脂肪酸则含碳 - 碳双键，通常根据所含双键的数量不同对不饱和脂肪酸进行分类。把只含一个双键的不饱和脂肪酸称为单不饱和脂肪酸或单烯酸；带有两个及以上双键的不饱和脂肪酸称为多不饱和脂肪酸或多烯酸。如油酸含一个双键，亚油酸含两个双键，亚麻酸含三个双键，花生四烯酸则含四个双键。

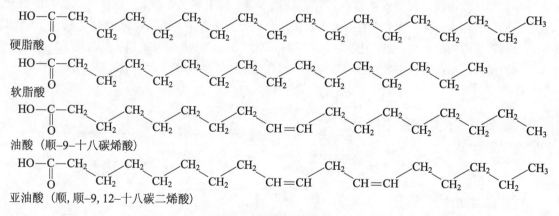

图 7-1 常见脂肪酸结构式

另外，还有一类取代酸，是指碳链上的氢原子被其他原子或原子团所取代的脂肪酸，这一类脂肪酸种类较少，在动植物中的含量也较少，主要类型有甲基取代、环取代、含氧酸等，如蓖麻酸、环丙烷酸等。

在组织细胞中，脂肪酸主要以三酰甘油、磷脂、糖脂等结合形式存在，只有少量脂肪酸以游离态存在。天然存在的脂肪酸有 800 余种，人类能够鉴别的 500 余种。硬脂酸、软脂酸、棕榈酸是已知分布最广的饱和脂肪酸，主要存在于动植物油脂中，其中软脂酸是棕榈油和可可脂的主要成分；硬脂酸主要存在于动物脂肪中，如猪油脂、羊油脂等。含有 1~3 个双键的十八碳脂肪酸主要存在于植物油脂中，含有 4 个及以上双键的不饱和脂肪酸主要存在于海洋动物油脂中，如 EPA 和 DHA 等。

知识拓展 7-1
地沟油

学习与探究 7-1
脂肪酸的命名与简写

知识拓展 7-2
反式脂肪酸

知识拓展 7-3
常见天然脂肪酸

人和其他哺乳动物体内能合成多种脂肪酸，但有些脂肪酸是人和动物体不能合成或合成量不能满足机体需要的，必须由食物供给，这部分脂肪酸称为**必需脂肪酸**（essential fatty acid），如亚油酸、亚麻酸、花生四烯酸等，它们是合成膜脂、前列腺素、血栓素、白三烯等的必需成分。亚油酸还能与胆固醇酯化，降低血液中胆固醇浓度，故具有防止动脉粥样硬化和血栓形成的作用。

不饱和脂肪酸由于含有 C $=$ C，其中的 π 键键能较小，容易与氧反应形成过氧化物和自由基，这些化合物能够损伤其他的脂质以及蛋白质和核酸等生物大分子。

当加入一些催化剂并加热时，顺式不饱和脂肪酸可转化为反式，利用这一性质即可通过催化加氢的方法制造**人造黄油**（margarine）。

📋 **拾　零**

人 造 黄 油

人造黄油，又称麦淇淋，是黄油的替代品，指一些餐桌上用的涂抹油脂和一些用于起酥的油脂，主要以植物油为原料经过氢化或结晶化而成。同黄油一样，人造黄油的油脂含量不得低于80%。由于天然油脂的油脂含量几乎是100%，所以要加入水（通常采用牛奶或鲜奶油），形成符合要求的水油乳浊物，其物理特性与黄油基本相同。大豆油和棉籽油经精炼和部分氢化后便能达到理想的稠度，所以广泛用来生产人造黄油脂和所有的脂溶性添加物。现代化的连续冷却系统是将乳浊物泵入一系列热交换器，交换器里可以安装一些特殊的搅拌器，进一步将小水滴化小和分散在逐渐变硬的油脂中，然后再使乳浊物通过经冷却的结晶器，使脂肪进一步凝固和增塑，最后压制成型。

---

2. 甘油

甘油即丙三醇，为无色黏稠甜味液体，沸点290 ℃，相对密度为1.26（20 ℃），能与水或乙醇混溶，不溶于氯仿、乙醚及苯等，可被过氧化氢氧化，形成二羟丙酮和甘油醛的混合物。甘油在硫酸氢钾、五氧化二磷作用下加热可生成丙烯醛（$CH_2 = CH—CHO$，acrolein），成为有刺激性臭味的气体，这一反应常用于鉴定甘油。甘油是许多化合物的良好溶剂，具有较强的吸湿性，能够保持水分，因此被广泛应用于纺织、医药、化妆品及食品等行业。甘油还可用于制备硝酸甘油和炸药等。

🔘 知识拓展 7–4

转基因植物油及其安全性

3. 三酰甘油的类型及理化性质

（1）三酰甘油的类型

依据构成三酰甘油的脂肪酸种类，可将其分为简单三酰甘油和混合三酰甘油。三酰甘油中的三个脂肪酸都相同的称为简单三酰甘油，其中两个或三个都不相同的称为混合三酰甘油。天然存在的三酰甘油多为混合三酰甘油。

$$
\begin{array}{c}
\quad\quad\quad\quad\quad\ \overset{\displaystyle O}{\|} \\
H_2C—O—C—R_1 \\
\overset{\displaystyle O}{\underset{R_2—C—O—CH}{\|}} \\
\quad\quad\quad\quad\quad\ \overset{\displaystyle O}{\|} \\
H_2C—O—C—R_3
\end{array}
$$

（2）三酰甘油的物理性质

① 溶解度　三酰甘油不溶于水，而溶于乙醚、丙酮、氯仿、四氯化碳、石油醚等非极性溶剂。三酰甘油也没有形成高度分散态的倾向。二酰甘油和单酰甘油由于含有羟基，可形成高度分散态，分散后形成的小微粒称为微团。

② 光学性质　甘油本身无光学活性，当第一个碳原子和第三个碳原子上的脂肪酸不同时，第二个碳原子就成为不对称碳，从而具有光学活性。

③ 熔点　三酰甘油的熔点由其脂肪酸的组成决定，如果脂肪酸的饱和度相同，其熔点随饱和脂肪酸碳链长度的增加而增加。当碳原子数相等时，不饱和脂肪酸的熔点比相应的饱和脂肪酸低，不饱

和程度愈高，熔点愈低。这是因为油脂中的不饱和脂肪酸的碳碳双键大多是顺式构型，使脂肪酸的碳链弯曲，分子内羧酸脂肪链之间不能紧密接触，导致油脂分子之间也不能紧密接触，分子间作用力减小，熔点降低。因此，含饱和脂肪酸的三酰甘油常温下大多为固态，含有不饱和脂肪酸的三酰甘油在常温下为液态。动物脂肪中以含硬脂酸等饱和脂肪酸为主，因此在常温下是固态；而植物油含大量的不饱和脂肪酸，故在常温下呈液态。

（3）三酰甘油的化学性质

① 水解反应与皂化反应　三酰甘油的酯键对酸碱敏感，在加热的情况下可与酸或碱发生水解反应。另外，在脂肪酶催化下可以生成脂肪酸和甘油。但当与碱（如氢氧化钠或氢氧化钾）发生水解反应时，生成的不是游离的脂肪酸，而是相应的脂肪酸盐，这种在碱性条件下生成脂肪酸盐和醇的反应称为**皂化反应**（saponification）（图7－2）。

知识拓展7－5
常见油脂的皂化值、酸值和碘值

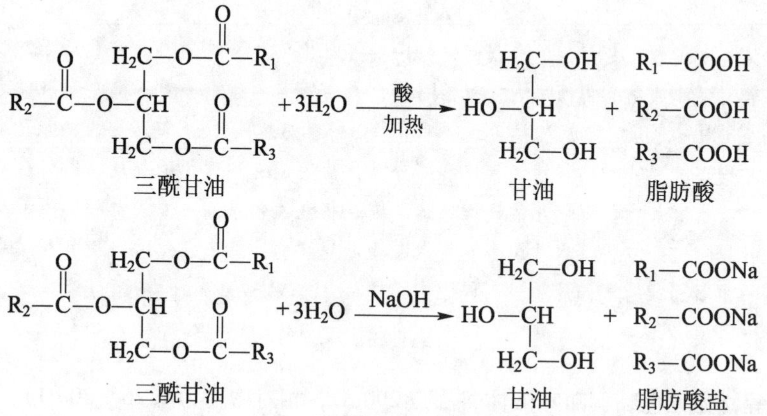

图7－2　三酰甘油的水解反应与皂化反应过程

皂化1 g甘油三酯所需KOH的毫克数称为**皂化值**（saponification number）：

$$皂化值 = \frac{N \times V}{W} \times 56.1$$

式中，V是HCl滴定碱的毫升数（空白体积数减去样品体积数之差），N为HCl的浓度，56.1为KOH的相对分子质量，W为测定的油脂的质量（单位：g）。从皂化值的数值大小可略知混合脂肪酸或混合脂肪的平均相对分子质量。

知识拓展7－6
油炸食品与健康

② 酸败和酸值（酸价）　油脂长期暴露于潮湿闷热的空气中会产生难闻的气味，这种现象称为油脂的**酸败**（rancidity），原因是脂质长期在光和热的作用下，发生水解反应而放出游离的脂肪酸，含不饱和键的游离脂肪酸被氧化、断裂生成醛、酮及低相对分子质量脂肪酸，从而产生臭味。中和1 g油脂中游离脂肪酸所消耗的KOH的毫克数称为**酸值**（acid number），酸值可表示酸败的程度。酸值是衡量油脂品质的主要参数之一，一般酸值大于6的油脂就不宜再食用。

③ 卤化作用和碘价　**卤化作用**（halogenation）指油脂中不饱和双键与卤素发生加成，生成卤代脂肪酸的反应。

碘价（iodine value）指在油脂的卤化作用中，100 g油脂与碘发生加成反应所需碘的克数，也称作**碘值**（iodine number）。

$$碘值 = \frac{M \times V \times \frac{127}{1\,000}}{W} \times 100$$

式中，M指滴定时硫代硫酸钠的浓度；V指所需硫代硫酸钠的体积，单位：mL；W指使用的油脂的质量，单位：g。

碘值可以用来判断油脂中不饱和双键的多少。碘值大于 130 的称为干性油，碘值在 100～130 范围内的称为半干性油，小于 100 的称为非干性油。在实际测定中，常用溴化碘或氯化碘作为卤化试剂。卤化加成主要用于分析，也可用于产品的分离、结构鉴定和作为合成的中间体。

④ 氢化　氢化（hydrogenation）指在催化剂（如金属 Ni）的作用下，三酰甘油中的不饱和双键与氢发生加成反应（图 7-3）。脂质氢化是油脂改性的一种手段，通过氢化作用油脂由不饱和态变为饱和态，由液态变为固态，提高了油脂的熔点，增强了其抗氧化能力，防止了油脂的酸败。

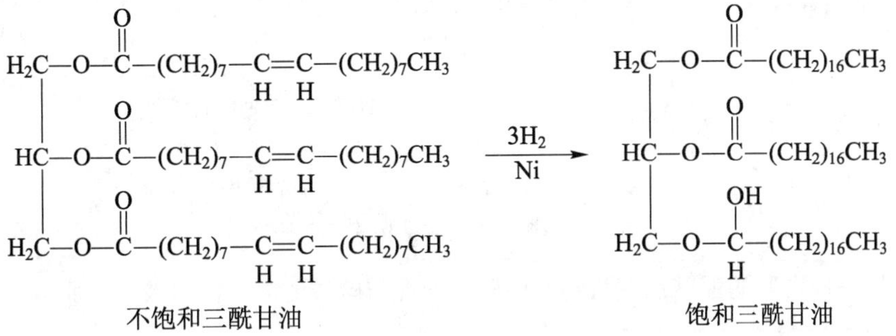

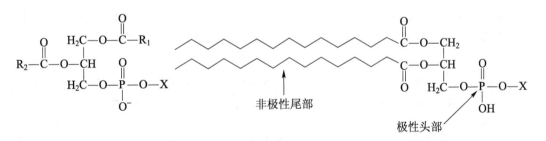

不饱和三酰甘油　　　　　　　　　　饱和三酰甘油

图 7-3　氢化反应

二、构成生物膜系统的脂类

（一）磷脂

磷脂（phospholipid）是指含有磷酸基团的复合脂，是生物膜的重要组成成分和骨架结构分子。根据其所含醇的不同，将磷脂分为甘油磷脂类和鞘氨醇磷脂类。

1. 甘油磷脂

甘油磷脂（glycerophospholipid）又称为磷酸甘油酯，在构成生物膜的各类磷脂中占有最大比例，分子中含有甘油、磷酸、含氮碱性化合物（乙醇胺、胆碱）、丝氨酸、脂肪酸等成分（图 7-4）。

非极性尾部

极性头部

图 7-4　甘油磷脂的结构式

通式中 R_1 通常为饱和脂肪酸基，R_2 为不饱和脂肪酸基，X 为乙醇胺、胆碱、丝氨酸、肌醇等

甘油磷脂是两性分子。从结构通式可知，分子中磷酸基与 X 酯化的部分一起构成极性头部，两条长的烃链则构成它的非极性尾部。因与磷酸基相连的胆碱、乙醇胺等基团具有亲水性，所以在水溶液中，它们的极性头部指向水相，而非极性的烃长链部分由于对水的排斥力而聚集在一起，形成双分子层的中心疏水区。这种亲油和亲水的两亲性在构成和稳定生物膜的结构及其流动性中具有关键性作用。体内含量较多的是磷脂酰胆碱（卵磷脂）、磷脂酰乙醇胺（脑磷脂）、磷脂酰丝氨酸、磷脂酰甘油、二磷脂酰甘油（心磷脂）及磷脂酰肌醇等，每一种磷脂可因组成的脂肪酸不同而有若干种。

下面介绍几类重要的甘油磷脂。

科学史话 7-3
磷脂的发现与工业化历程

学习与探究 7-2
脂质的极性与非极性

知识拓展 7-7
油脂与心血管健康

科技视野 7-2
心磷脂与细胞凋亡

（1）磷脂酰胆碱

磷脂酰胆碱（phosphatidylcholine）又称**卵磷脂**（lecithin），是白色蜡状物质，其分布较为广泛，在动物组织、脏器中含量较为丰富，卵黄中含量特别丰富，占8%～10%，磷脂酰胆碱极易吸水，其中的不饱和脂肪酸能很快被氧化。

磷脂酰胆碱有控制动物机体代谢，防止脂肪肝形成的作用。

$$\begin{array}{c}
\qquad\qquad\qquad\overset{\displaystyle O}{\|}\\
H_2C-O-C-R_1\\
\overset{\displaystyle O}{\|}\qquad\ |\\
R_2-C-O-CH\qquad\qquad\qquad\qquad CH_3\\
\qquad\ |\qquad\qquad\qquad\qquad\quad |\\
H_2C-O-P-O-CH_2CH_2-\overset{+}{N}-CH_3\\
\qquad\quad |\qquad\qquad\qquad\qquad\quad |\\
\qquad\quad O^-\qquad\qquad\qquad\qquad\quad CH_3
\end{array}$$

磷酸　　　胆碱

磷脂酰胆碱结构式

其中胆碱是一种含氮的强碱性有机物，胆碱的碱性与磷酸的酸性使得磷脂酰胆碱具有两性性质。

（2）磷脂酰乙醇胺

磷脂酰乙醇胺又称为**脑磷脂**（cephalin），是动植物中含量较丰富的磷脂，与凝血有关，血小板中的凝血酶致敏蛋白就是由（脑磷脂）和蛋白质组成。脑磷脂化学结构与磷脂酰胆碱相似，不同部分是脑磷脂含氮部位由乙醇胺（又称胆胺）代替胆碱，因此它的水解产物为甘油、脂肪酸、乙醇胺和磷酸。

$$\begin{array}{c}
\qquad\qquad\qquad CH_2\\
\qquad\qquad\qquad \|\\
H_2C-O-C-R_1\\
\overset{\displaystyle O}{\|}\qquad\ |\\
R_2-C-O-CH\qquad O\\
\qquad\ |\qquad\qquad\ \|\\
H_2C-O-P-O-CH_2CH_2-NH_3^+\\
\qquad\quad |\\
\qquad\quad O^-
\end{array}$$

脑磷脂的结构式

（3）磷脂酰丝氨酸

磷脂酰胆碱中的胆碱被丝氨酸取代后的化合物称为**磷脂酰丝氨酸**（phosphatidylserines），是构成脑组织的成分之一，它能引起损伤表面凝血酶的活化，也可与磷脂酰胆碱、磷脂酰乙醇胺相互转化。其依据是：

$$HO-CH_2-\underset{\underset{\displaystyle NH_3^+}{|}}{CH}-COO^- \xrightarrow{\text{脱羧}} HO-CH_2-\underset{\underset{\displaystyle NH_3^+}{|}}{CH_2} \xrightarrow{\text{甲基化}} HO-CH_2-CH_2-\overset{\overset{\displaystyle CH_3}{|}}{\underset{\underset{\displaystyle CH_3}{|}}{N}}-CH_3$$

丝氨酸　　　　　　　乙醇胺　　　　　　　　胆碱

（4）磷脂酰肌醇

磷脂酰肌醇（phosphatidylinositol）即肌醇磷脂，在自然界广泛存在于动植物及细菌中，其极性部分是肌醇，肌醇的结构是一个六元环状糖醇。

知识拓展 7-8
脑黄金 DHA

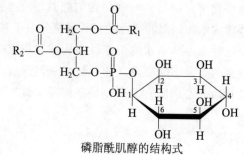

磷脂酰肌醇的结构式

根据肌醇基上取代基位置及种类的不同,又分为磷脂酰肌醇及其衍生物。若肌醇基 C_2 带有磷酸基团称为磷脂酰肌醇磷酸,若 C_2、C_4 均带有磷酸基团则称为磷脂酰肌醇二磷酸。磷脂酰肌醇主要存在于肝及心肌中,磷脂酰肌醇磷酸和磷脂酰肌醇二磷酸主要存在于脑中。

2. 鞘氨醇磷脂类

鞘氨醇磷脂(sphingophospholipid)又称**鞘磷脂类**(sphingomyelin),是含鞘氨醇或二氢鞘氨醇的磷脂,其分子中不含甘油,是一分子脂肪酸以酰胺键与鞘氨醇的氨基相连。鞘氨醇或二氢鞘氨醇是具有脂肪族长链的氨基二元醇。有疏水的长链脂肪烃基尾和两个羟基及一个氨基的极性头。其主要组成基团为鞘氨醇、脂肪酸、磷酸、胆碱或乙醇胺,鞘氨醇中的氨基与脂肪酸以酰胺键相连,其伯醇羟基以酯键与磷脂酰胆碱或磷脂酰乙醇胺相连。

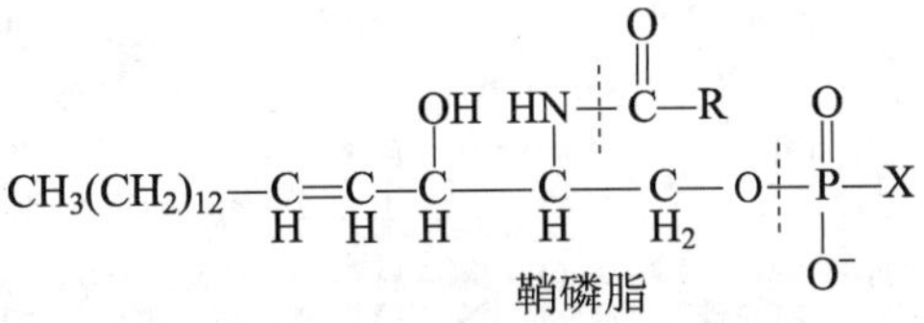

鞘磷脂

式中 X 若替换为胆碱或乙醇胺,就形成相应的神经鞘磷脂与乙醇胺鞘磷脂。鞘磷脂具有极性头部和疏水的尾部,因此鞘磷脂的性质和磷脂酰胆碱或磷脂酰乙醇胺的性质相似,也是两性分子。人体含量最多的鞘磷脂是神经鞘磷脂,由鞘氨醇、脂肪酸及磷酸胆碱构成。神经鞘磷脂是构成生物膜的重要磷脂,它常与卵磷脂并存于细胞膜的外侧。鞘氨醇因含氨基而呈碱性,以结合形式存在于自然界中。

鞘氨醇的氨基通过酰胺键与脂肪酸相连的产物称为神经酰胺(ceramide),神经酰胺构成鞘磷脂的基本结构。

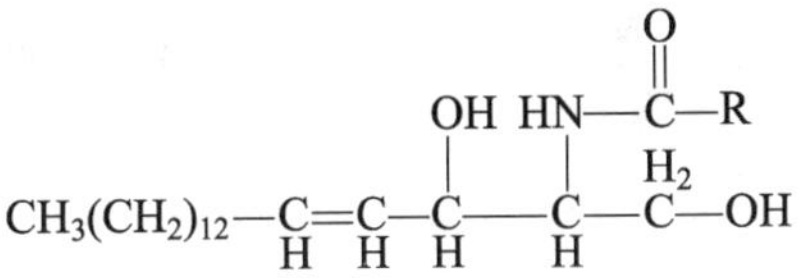

神经酰胺

(二)糖脂和脂蛋白类

1. 糖脂

糖脂(glycolipid)是一类含糖类残基的结合脂质,它们的化学结构各不相同,且不断有糖脂的新成员被发现。糖脂亦分为两大类:鞘糖脂、甘油糖脂。鞘糖脂又分为中性鞘糖脂和酸性鞘糖脂。

(1)鞘糖脂

鞘糖脂(glycosylsphingolipid)是神经酰胺伯醇基的氢被糖基取代后形成的化合物。糖基有单糖或寡糖。糖基中不含唾液酸的糖脂称为中性鞘糖脂,如乳糖脑苷脂(lactosylcerebroside)、半乳糖脑苷脂(galactosycerebroside)、葡萄糖脑苷脂(glucosylcerebroside)等。糖基中含一个或多个唾液酸的糖脂称为神经节苷脂(ganglioside)。糖基与硫酸结合的糖脂称为硫酸鞘糖脂。神经节苷脂与硫酸鞘糖脂属于酸性鞘糖脂。

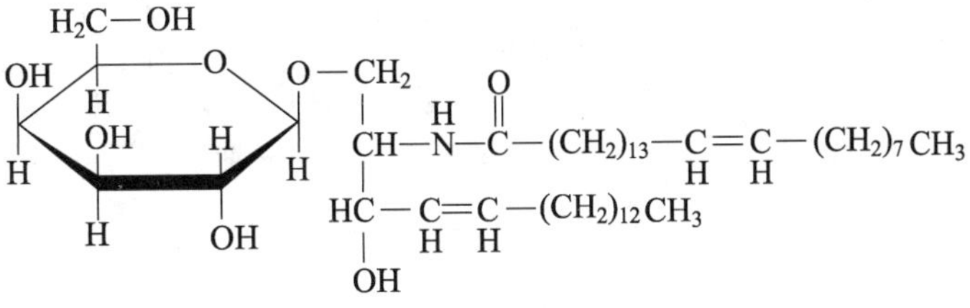

半乳糖脑苷脂

脑苷脂中的单糖与神经酰胺通过糖苷键相连。半乳糖脑苷脂的极性头部为 β-D-半乳糖，在神经组织中含量较高。

神经节苷脂较复杂，其糖基为寡糖，含有一个或多个唾液酸。各类神经节苷脂结构不同，各组分连接方式也不相同。图7-5为其中一种神经节苷脂各组分的连接方式。

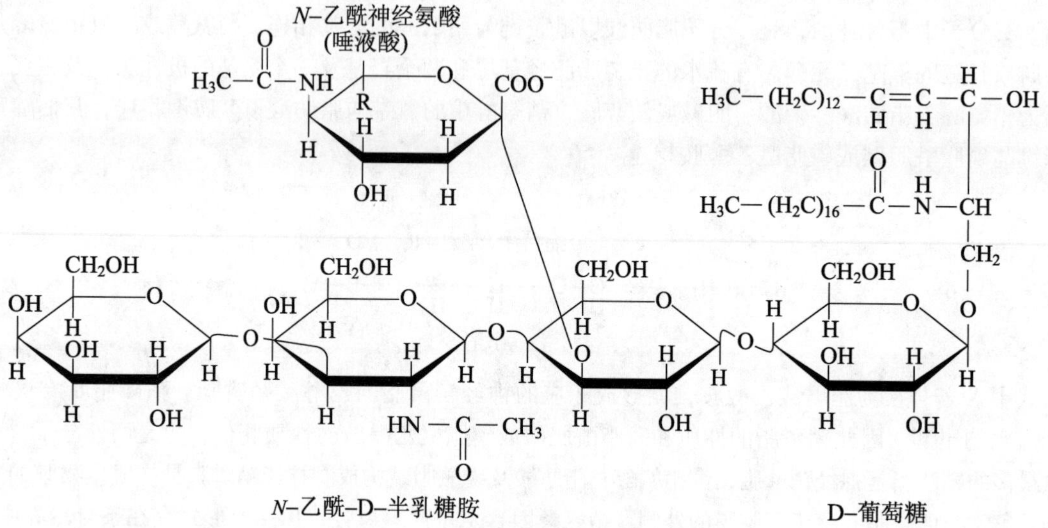

图7-5　神经节苷脂的结构式

式中R指甘油

神经节苷脂存在于神经、脾等组织器官中，由于各种神经节苷脂结构不同，各组分的连接方式也有差异。

（2）甘油糖脂

甘油糖脂（glycoglyceride）主要存在于动植物及微生物的组织细胞中，常见的甘油糖脂有单半乳糖基二酰甘油、二半乳糖基二酰甘油（图7-6）。

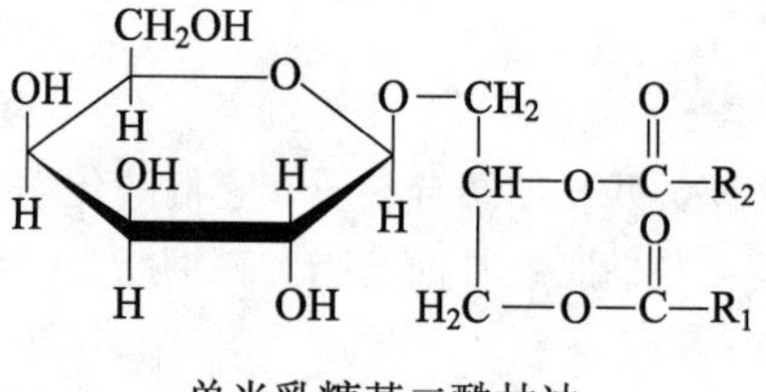

单半乳糖基二酰甘油

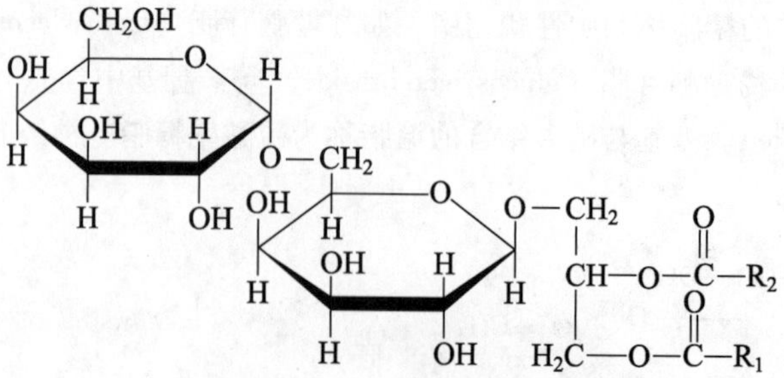

二半乳糖基二酰甘油

图7-6　常见甘油糖脂

2. 脂蛋白类

脂蛋白（lipoprotein）广泛存在于血浆和生物膜中，是由脂质和蛋白质相结合而形成的复合物。

根据其组成可分为核蛋白类、磷蛋白类、单纯脂蛋白类。其中凝血酶致活酶属于核蛋白类，含脂质40%～50%。磷蛋白类如脂磷蛋白，含脂质约18%。单纯脂蛋白类主要是血浆脂蛋白。

血浆脂蛋白是由三酰甘油、胆固醇酯组成的疏水部分与磷脂、胆固醇、载脂蛋白组成的极性外壳所构成的球形颗粒。由于各种血浆脂蛋白中脂质和蛋白的组成比例不同，密度存在差异，其在体内合成部位和生理功能也不一样。依据密度的不同，血浆脂蛋白可分为5类（表7-1），依次是**乳糜微粒**（chylomicron，CM）、**极低密度脂蛋白**（very low density lipoprotein，VLDL）、**中间密度脂蛋白**（intermediate density lipoprotein，IDL）、**低密度脂蛋白**（low density lipoprotein，LDL）、**高密度脂蛋白**（high density lipoprotein，HDL）。

知识拓展7-9
地中海膳食模式

知识拓展7-10
低密度脂蛋白与冠心病

知识拓展7-11
血浆脂蛋白与心脑血管疾病

表7-1 血浆蛋白的理化性质

类 别	性质		组成（%干重）					主要载脂蛋白（apo）
	密度/$(g \cdot cm^3)^{-1}$	直径/nm	蛋白质	甘油三酯	磷脂	胆固醇	胆固醇酯	
乳糜微粒	0.92～0.96	100～500	1～2	84～85	8	2	4	B-48, A, C, E
极低密度脂蛋白	0.95～1.01	30～80	10	50	18	8	14	B-100, C, E
中间密度脂蛋白	1.01～1.02	25～50	18	30	22	8	22	B-100, E
低密度脂蛋白	1.02～1.06	18～28	25	5	21	9	40	B-100
高密度脂蛋白	1.06～1.21	5～15	50	3	27	3	17	A-Ⅰ, A-Ⅱ, C, E

（三）类固醇类

类固醇类（steroid）即甾族化合物，广泛存在于动植物组织中，是一类在生命活动中起重要作用的物质。它们具有多种功能，如代谢调节作用，促进脂质的消化与吸收以及抗炎等。

类固醇化合物是以环戊烷多氢菲（cyclopentanoperhydrophenanthrene）为基本骨架（图7-7），在C_{10}和C_{13}上常连有甲基，C_3位上有一个羟基，C_{17}位上含有8～10个碳原子形成的碳氢链。根据甾核上结构的不同，类固醇化合物可分为固醇和固醇衍生物。

（1）固醇

根据来源的不同，固醇可以分为动物固醇（zoosterol）、植物固醇（phytosterol）和酵母固醇（zymosterol）。动物固醇主要以酯的形式存在，有胆固醇（cholesterol）、7-脱氢胆固醇、二氢胆固醇、粪固醇（coprostanol）、羊毛固醇（lanosterol）等。植物固醇是植物细胞的重要组分，是植物新陈代谢不可缺少的物质，植物固醇中比较常见的有豆固醇（stigmasterol）（图7-8）、麦固醇（sitosterol，又称谷固醇）等，主要存在于大豆、小麦等作物中。植物固醇不易被生物体吸收，并能抑制胆固醇的吸收，降低血清中胆固醇水平。酵母固醇存在于酵母、霉菌中，其中含量较多的是麦角固醇（ergosterol）。

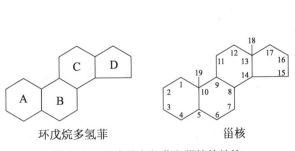

图7-7 环戊烷多氢菲和甾核的结构   图7-8 豆固醇的结构式

科学史话 7-4

胆固醇的发现与认识历程

知识拓展 7-12

胆固醇与心血管健康

胆固醇（cholesterol）（图 7-9）是构成生物膜的重要成分，对维持膜脂的物理状态有重要作用，它还是血浆蛋白的成分，与动脉粥样硬化有关。胆固醇在神经组织和肾上腺中含量特别丰富，在肝、肾及表皮组织中的含量也较多，生物体自身也能合成胆固醇。

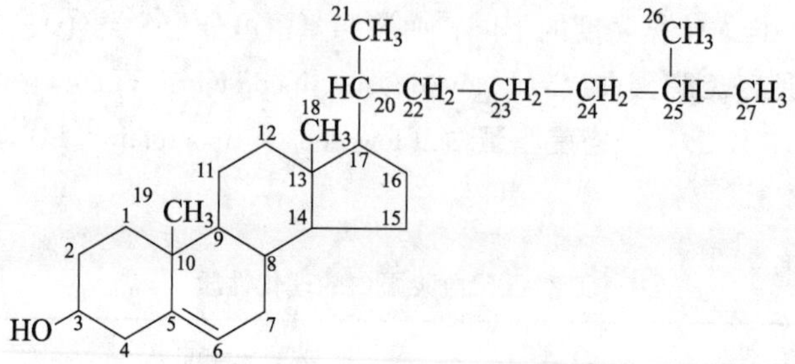

图 7-9 胆固醇结构式

胆固醇是白色斜方晶体，易结晶，易溶于乙醚、苯、石油、丙酮等有机溶剂中，不能皂化，不溶于水，在水中易膨胀，在特定条件下能形成乳状液。胆固醇不导电，可在神经冲动的传导过程中充当良好的绝缘物，它可转化为胆汁酸、肾上腺皮质激素、性激素和维生素 D_3。胆固醇在氯仿溶液中与醋酸酐加浓硫酸的条件下发生反应，产生蓝绿色，颜色的深度与胆固醇浓度成正比，这一颜色反应常用于鉴定胆固醇。

麦角固醇（ergosterol）是由麦角菌和酵母产生，在紫外线照射下可转化为维生素 D_2：

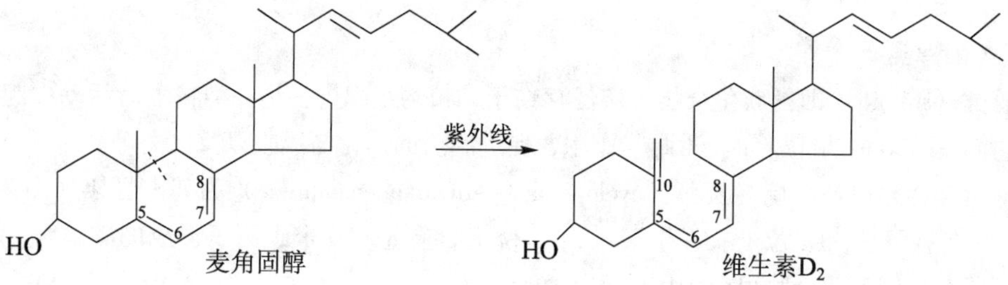

（2）固醇衍生物

固醇衍生物是胆固醇转化生成的衍生物，对于人和动物的生长、发育、繁殖以及脂质的消化、吸收起着十分重要的作用。常见的固醇衍生物有胆汁酸、肾上腺皮质激素、维生素 D 和性激素等。

胆汁酸（bile acid）在肝中合成，在脂肪代谢中起重要作用。根据羟基位置的不同胆汁酸有胆酸、脱氧胆酸、鹅脱氧胆酸和石胆酸（图 7-10）。这类化合物通过肽键与甘氨酸或牛磺酸结合，生成相应的甘氨胆酸或牛磺胆酸两种胆盐，它们存在于动物的胆汁中。胆盐可作为乳化剂将脂肪乳化成微粒，增加脂质物质与消化液中脂肪酶的接触面积，促进肠壁细胞对脂肪的消化和吸收。

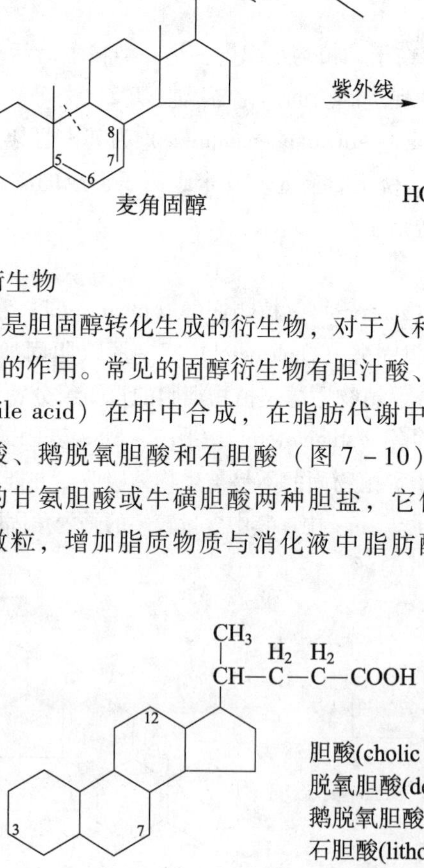

	羟基位置
胆酸(cholic acid)	3, 7, 12
脱氧胆酸(deoxycholic acid)	3, 12
鹅脱氧胆酸(chenodeoxycholic acid)	3, 7
石胆酸(lithocholic acid)	3

图 7-10 胆汁酸的种类及结构

强心苷（cardiac glycoside）（图7-11）是存在于植物（如百合科植物等）中的固醇类物质，强心苷水解可产生糖和苷元，它可使心肌收缩作用增强、心率减慢，常用于治疗心力衰竭等心脏病。

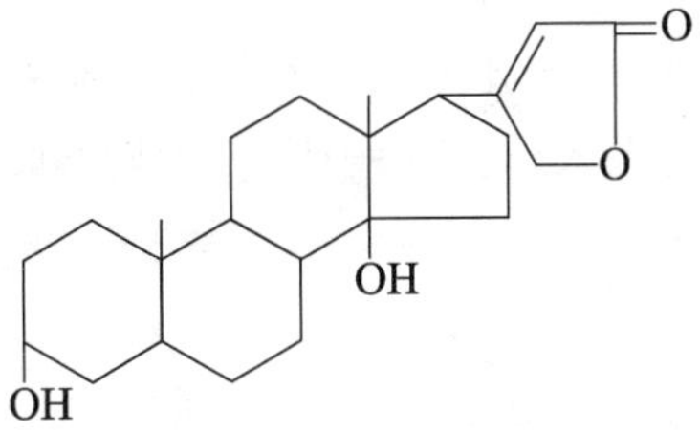

图7-11 强心苷的结构式

三、蜡

蜡（wax）是广泛存在于自然界中的不溶于水的固体，在生物体内常与脂肪共同存在，是高级脂肪酸与高级一元醇（直链或环状饱和或不饱和醇）或固醇所形成的酯。

根据来源的不同，蜡可以分为动物蜡和植物蜡。动物蜡多半是昆虫的分泌物，如蜂蜡、白蜡（虫蜡）、鲸蜡、羊毛蜡等，其中白蜡是白蜡虫分泌的物质，是一种工业原料。鲸鱼头部的鲸蜡也可作为工业原料。植物蜡广泛存在于植物体内，常常覆盖于体表，对植物起保护作用。较常见的蜡主要是巴西棕榈蜡。

蜡是动植物代谢的产物，对动植物起保护作用，其主要作用是防水和防止水分蒸发、防止病菌的侵害及其他损伤。在工业生产中，蜡可作为润滑剂、抛光剂等的原料。

四、萜类

萜类（terpene）是构成香精油的主要成分，化学通式为 $(C_5H_8)_n$，n 一般为 2~8，基本结构单元是异戊二烯，分子可呈线状、环状或两者兼具。根据分子中含有异戊二烯单位的数量，萜类又可以分为单萜、倍半萜、双萜以及三萜和四萜等，各种萜类化合物的代表如表7-2所示。

在植物中，多数萜类具有特殊的气味，并且是各类植物特有油类的主要成分。例如柠檬油中的柠檬苦素（limomin），樟脑油中的樟脑（camphor），薄荷油中的薄荷醇（menthol）。

表7-2 萜类化合物的分类及其代表

类别	异戊二烯单位数	碳原子数	分子式	代表
单萜	2	10	$C_{10}H_{16}$	柠檬苦素
倍半萜	3	15	$C_{15}H_{24}$	法尼醇
双萜	4	20	$C_{20}H_{32}$	维生素A
三萜	6	30	$C_{30}H_{48}$	鲨烯
四萜	8	40	$C_{40}H_{64}$	胡萝卜素

知识拓展7-13
常见的萜类化合物

第三节 生物膜

细胞是生物体结构与功能的基本单位，而**生物膜**（biomembrane）是将细胞或细胞器同外界环境分开的膜，是细胞中各种膜结构的统称，也是细胞功能的基本结构基础。生物膜包括细胞膜（质膜或外周膜）和细胞器膜（内膜），其中内膜有组成细胞核的核膜、组成线粒体的线粒体膜、内质网膜、高尔基体膜、溶酶体膜、过氧化物酶体膜、植物和某些藻类细胞的叶绿体膜等。

了解生物膜的基本组成、结构和功能对理解代谢及其他生命活动的本质是非常必要的。生物膜具有多种生物学功能，细胞的许多生命现象如保护作用、物质运送、能量转换、信息传递、神经传导、代谢调控、细胞免疫、细胞识别、细胞的生长分化、分裂以及激素和药物的作用、肿瘤发生等都与生物膜紧密相关。当前生物膜的研究已深入到生物学的很多领域，成为分子生物学、细胞生物学中最活跃的研究内容之一。

科学史话 7 - 5

生物膜结构的探索历程

一、生物膜的化学组成

生物膜主要由脂质（主要是磷脂）、蛋白质（包括酶）和少量糖类组成，其中糖类通过共价键与脂质或膜蛋白质相连接。生物膜的种类不同，其组分也不相同，尤其是蛋白质与脂质的比例有很大差异，比例范围由 1∶4～4∶1。一般情况下，膜的功能愈复杂，相应的蛋白质种类及含量愈高；相反，膜功能越简单，则其所含蛋白质的种类及含量越少。如线粒体内膜功能复杂，约含有 60 种蛋白质，而神经髓鞘功能简单，只含有 3 种蛋白质。此外，生物膜上还有一定量的水、无机盐（金属离子）等。表 7 - 3 给出了部分生物膜的基本组成成分。

表 7 - 3　部分生物膜的组成成分

生物膜	蛋白质/%	脂质/%	糖脂/%
神经髓鞘膜	18.0	79.0	3.0
鼠肝细胞膜	44.0	52.0	4.0
内质网膜	41.0	56.0	2.9
线粒体内膜	76.0	24.0	1.0～2.0
线粒体外膜	52.0	48.0	2.4
人红细胞膜	49.0	43.0	8.0
嗜盐菌紫膜	75.0	25.0	0.0
支原体细胞膜	58.0	37.0	1.5
变形虫质膜	54.0	42.0	4.0

科技视野 7 - 3

脂质体药物

1. 膜脂 （membrane lipid）

构成膜的脂质有磷脂、胆固醇和糖脂，其中以磷脂为主要成分。磷脂和糖脂都是两性分子，即它们都是由一个亲水的极性头部和一个疏水的非极性尾部组成。由于这一结构特点，它们在水溶液中能自动聚拢形成脂质双分子层，其游离端往往有自动闭合的趋势，形成一种自我封闭而稳定的中空结构，称为脂质体（图 7 - 12）。

（1）磷脂

磷脂是构成生物膜的主要成分和骨架，其分子中的脂肪酸碳链长短及不饱和度与膜的流动性有密切关系。生物膜中的磷脂主要包括甘油磷脂和鞘磷脂两种成分，以**甘油磷脂**（glycerophospholipid）为主（图 7 - 13），其中主要是磷酸甘油二酯。甘油分子中第 1，2 位碳原子与脂肪酸以酯键相连，第 3 位碳原子则与磷酸酯基相连。不同磷脂的磷酸酯基组成不同。真核细胞膜中的甘油磷脂主要有磷脂酰胆碱（卵磷脂）、磷脂酰乙醇胺（脑磷脂）、磷脂酰丝氨酸和磷脂酰肌醇。**鞘磷脂**（sphingophospholipids）的构象与甘油磷脂相似，以鞘氨醇代替甘油作为骨架，它的氨基以酰胺键与一个长链脂肪酸相连，而一个羟基则与磷酸胆碱等相连。

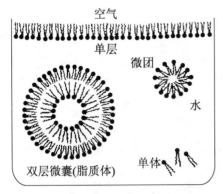

图 7－12 磷脂分子在水中的存在形式

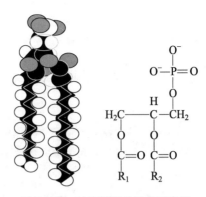

图 7－13 甘油磷脂的结构示意图

磷脂分子结构的两性特征决定了它们在生物膜中的双分子层排列（称为脂双层）及其与各种蛋白质相结合的特征（图 7－14）。

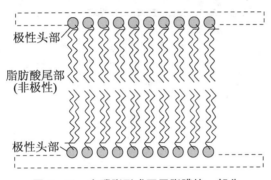

图 7－14 由磷脂形成双层脂膜的一部分

（2）胆固醇

胆固醇是细胞膜内的中性脂质，含量较少，一般动物细胞胆固醇含量高于植物，而原生质膜的胆固醇含量高于细胞内部的膜结构。真核细胞膜中胆固醇含量较高，有的膜内胆固醇与磷脂之比可达 1∶1。胆固醇具有调节生物膜中脂质物理状态的作用，主要调节其流动性。

（3）糖脂

糖脂也是构成脂膜的重要结构物质，具有种属特异性，细菌和植物细胞膜中的糖脂几乎都是甘油的衍生物，极性部分是糖残基（一个或多个），非极性部分以亚麻酸为主。动物细胞膜中的糖脂主要是鞘氨醇的衍生物，结构与鞘磷脂相似，只是其头部以糖基替代了磷脂酰碱基。动物细胞质膜中的糖基大多是神经酰胺的衍生物，如半乳糖脑苷脂，含一个半乳糖残基。糖脂中还有一类神经节苷脂，它们是带有不同数目糖残基的神经酰胺。脑苷脂是最简单的糖脂，只含一个糖基（半乳糖或葡萄糖）。

在所有细胞中，糖脂均位于膜的外侧，并将糖基暴露在细胞表面，其作用可能是作为某些大分子的受体，与细胞识别及信号转导有关。位于生物膜上的许多蛋白质均具有糖链，由于糖链高度分支而类似天线，可感受外界信息。由于糖蛋白中糖链的结构极其复杂，使细胞可以依据糖链的不同而执行复杂的生物学功能，在细胞识别、细胞免疫、信息传递等功能中发挥重要作用。图 7－15 所示的就是细胞膜糖链的分布示意图。

不同的生物膜所含脂质的种类和数量均不同，表 7－4 给出了部分生物膜的脂质组成。

知识拓展 7 – 14

脂质与细菌细胞壁

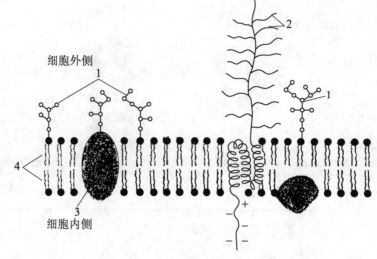

图 7 – 15 细胞膜糖链分布示意图

1. 糖脂；2. 糖蛋白寡糖链；3. 内在糖蛋白；4. 脂双层

表 7 – 4 生物膜的脂质组成（脂质/%）

成分	人红细胞（浆膜）	线粒体膜（外膜）	核膜	高尔基体	溶酶体膜	视网膜杆细胞	突触体
磷脂酸	1.5	1.3	1.0	—	—	—	1.0
磷脂酰胆碱	19.0	50.0	55.0	40.0	25.0	13.0	24.0
磷脂酰乙醇胺	18.0	23.0	20.0	15.0	13.0	6.5	20.0
磷脂酰肌醇	1.0	13.0	7.0	6.0	7.0	0.4	2.0
磷脂酰丝氨酸	8.5	2.0	3.0	3.5		2.5	8.0
磷脂酰甘油	—	2.5	—	—		0.4	—
鞘磷脂	17.5	5.0	3.0	10.0	24.0	0.5	3.5
糖脂	10.0	—			—	9.5	—
胆固醇	25.0	5.0	10.0	7.5	14.0	2.0	20.0

2. 膜蛋白

生物膜中含有多种不同的蛋白质，通常称为**膜蛋白**（membrane protein），占细胞总蛋白的20%～25%。膜蛋白具有多种重要的生物学功能，是生物膜实施跨膜运输和信号传递等功能的物质基础。

膜蛋白根据其在生物膜中的存在位置和作用分为膜内在蛋白、膜周边蛋白以及通道蛋白等。**膜内在蛋白**（integral membrane protein）指插入脂双层的疏水核和/或完全跨越脂双层的膜蛋白。**膜周边蛋白**（peripheral membrane protein）则主要通过与膜脂的极性头部或膜内在蛋白的相互作用，以非共价键与膜的内表面或外表面分子进行结合的膜蛋白。**通道蛋白**（channel protein）是带有中央水相通道的膜内在蛋白，它可以使大小适合的离子或分子从膜的任一方向穿透过膜。

根据膜蛋白与脂质分子的结合方式，可分为整合蛋白（即膜内在蛋白）、膜周边蛋白和脂锚定蛋白（lipid-anchored protein）。整合蛋白大多为**跨膜蛋白**（tansmembrane protein），为两性分子，疏水部分位于脂双层内部，亲水部分位于脂双层外部。由于存在疏水结构域，整合蛋白与膜的结合非常紧密，只有用去污剂（detergent，通常为表面活性剂）才能将蛋白从膜上洗涤下来，如离子型表面活性剂 SDS，非离子型表面活性剂 Triton X – 100。整合蛋白的跨膜结构域可以是 1 至多个疏水的 α 螺旋。形成亲水通道的整合蛋白跨膜区域有两种组成形式，一是由多个两性 α 螺旋组成亲水通道；二是由

两性 β 折叠组成亲水通道。

　　膜周边蛋白靠离子键或其他较弱的键与膜脂的极性头部结合，位于膜脂双层的表面，因此只要改变溶液的离子强度甚至提高温度就可以将它们从膜上分离下来，有时很难区分整合蛋白和膜周边蛋白，主要是因为一个蛋白质可以由多个亚基构成，有的亚基为跨膜蛋白，有的则结合在膜的外部。

　　脂锚定蛋白可以分为两类，一类是**糖磷脂酰肌醇**（glycophosphatidylinositol，GPI）连接的蛋白，GPI 位于细胞膜的外小叶，用磷脂酶 C（能识别含肌醇的磷脂）处理细胞，能释放出结合的蛋白，如图 7-16 所示。另一类脂锚定蛋白与插入质膜内小叶的长碳氢链结合。

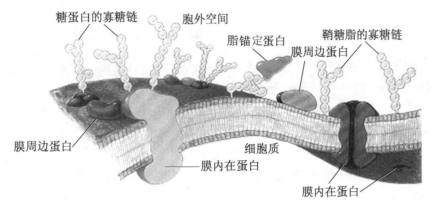

图 7-16　蛋白质与膜的结合方式

3. 糖类

　　生物膜中含有一定的糖类，主要以糖蛋白的形式存在，少量的糖类与膜脂结合，形成糖脂。组成生物膜糖残基的单糖组分主要有：半乳糖、甘露糖、岩藻糖、葡萄糖、半乳糖胺以及唾液酸等。

二、生物膜的结构

　　生物膜是由蛋白质、脂质和糖类等组成的超分子体系，彼此之间有联系和作用，它们依靠分子间作用力使各种成分有序地排列在一起，形成一个完整的系统。

1. 生物膜中的分子间作用力类型

（1）静电作用

　　在膜两侧的脂质与蛋白质的亲水极性基团，通过静电力的相互吸引可形成很稳定的结构，膜中疏水区的介电常数较低，它可使蛋白质分子的极性部分之间形成强烈的静电作用。

（2）疏水作用

　　疏水作用对维持膜结构起主要作用。由于水的存在，蛋白质分子上非极性基团的氨基酸侧链和膜脂的疏水部分都与水疏远，而它们之间却存在一种相互趋近的作用。

（3）范德华力

　　范德华力是存在于分子之间的一种吸引力，比其他化学键要弱得多，倾向于使膜中分子尽可能地彼此靠近，和疏水作用起相互补充的作用。

2. 生物膜分子结构模型

　　人们对生物膜结构的认识经历了一个漫长的过程。1972 年美国 S. J. Singer 与 G. Nicolson 提出的**流动镶嵌模型**（fluid mosaic model）得到了广泛的支持，获得了公认。这种生物膜结构模型的主要特征有两点：一是突出了膜的流动性，认为膜是由脂质和蛋白质分子按二维排列的流体，膜具有一定的流动性，不再是封闭的片状结构，以适应细胞各种功能的需要；二是显示了膜蛋白分布的不对称性。蛋白质不是伸展的片层，而是以折叠的球形镶嵌在脂双层中，蛋白质与膜脂的结合程度取决于膜蛋白中氨基酸的性质。生物膜的流动镶嵌模型如图 7－17 所示。

🌐 学习与探究 7－3

生物膜结构

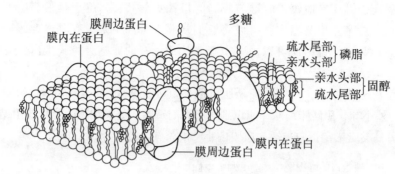

◉ 知识拓展 7－15

生物膜结构的脂筏
模型

图 7－17 S. J. Singer 与 G. Nicolson 提出的流动镶嵌模型

目前这种模型已被普遍接受，流动镶嵌模型强调质膜的流动性和膜蛋白质分子分布的不对称性，能够说明质膜的通透性以及各种膜结构的特殊性。流动镶嵌模型虽然受到广泛的支持，但也有一定的局限性，它忽视了膜脂对膜蛋白的限制作用以及膜蛋白对脂质双层的控制作用。因此 1975 年 Wallach 提出了"晶格镶嵌模型"，认为生物膜是处于流动态和晶态之间的一种动态，膜蛋白在一定范围内可发生运动。20 世纪 70 年代以来，科学家又陆续提出一些新的模型，如"蛋白液晶模型"、"板块学说"、"脂筏模型"等，从各个角度对生物膜进行了深入的研究，但上述生物膜的基本构架和流动性、不对称性等观点仍未改变。

三、生物膜的特征与功能

1. 生物膜的特征

（1）生物膜结构的两侧不对称性

构成膜的各种组分在膜两侧分布的种类和数量是不对称的，其中膜脂的不对称性分布与膜蛋白的定向分布及其功能有密切关系。这种成分分布的不对称性，保证了生物膜的各种生理功能正常、有序地进行。

① 膜脂两侧分布的不对称性　对于不同类型的生物膜，其膜脂的分布是不同的；对于同一细胞中同种生物膜的不同部位，各种膜脂的分布也是不均一的。膜脂的这种不对称性分布导致膜两侧的电荷数量以及流动性等出现差异，这也为膜蛋白的定向分布及其执行不同的功能提供了条件。

② 膜蛋白两侧分布的不对称性　膜蛋白是膜功能的主要承担者。不同的生物膜，由于所含蛋白质不同而表现出不同的功能。同一种生物膜，其膜内、外两侧的蛋白质分布不同，膜两侧的功能也不同。现在已知的分布于质膜外侧的蛋白质主要有非专一性的 Mg^{2+}－ATP 酶、$5'$－核苷酸酶、磷酸二酯酶、各种激素及毒素受体蛋白等。在膜内侧有腺苷酸环化酶等蛋白质。

（2）生物膜的流动性

流动性是生物膜的主要特征。膜的流动性包括膜脂的流动性和膜蛋白的运动状态。大量研究表明，合适的流动性对生物膜表现正常功能具有十分重要的作用。例如能量转换、物质运转、信息传递、细胞融合与分裂、胞吞、胞吐以及激素的作用等都与膜的流动性有关。

① 膜脂的流动性　膜脂的流动性即膜脂的运动状态，受膜脂组成及温度等因素的影响。磷脂是组成膜脂的基本成分，是影响膜脂流动性的主要因素。

在生理条件下，磷脂大多呈液晶态，既具有液体的流动性又具有晶体的有序性。当温度降低至一定值时，液晶态可转变为类似晶态的凝胶态或固态，磷脂黏度增大，流动性降低，生物膜功能逐渐丧失。反之，当温度升高至一定值时，凝胶态也可转变为液晶态。在一定温度范围内，可呈现既具有晶体的规律性排列，又具有液态的可流动性，即液晶态。在生理条件下，生物膜都处于此态，当温度低于某种限度时，液晶态即转化为凝胶态。膜脂的液晶态和凝胶态相互转变的温度称为相变温度。各种膜脂由于组分不同而具有各自的相变温度。生物膜脂质组成很复杂，所以其相变温度的范围较宽，有的宽达几十度。一般来说，含饱和脂肪酸烃链的膜脂相变温度较高，含不饱和脂肪酸烃链的膜脂相变温度较低。同样条件下，相变温度愈高其膜脂的流动性愈小。

影响生物膜流动性的另一个因素是胆固醇。胆固醇是膜流动性的调节剂，它可以抑制温度所引起的相变，当温度高于相变温度时，胆固醇会阻挠膜脂分子酰基链的旋转异构化运动，防止生物膜中的脂质转向液晶态，降低膜的流动性；当温度低于相变温度时，胆固醇又会阻止酰基链的有序排列，从而防止向凝胶态的转化，防止低温时膜流动性急剧降低。

在相变温度以上，膜脂分子主要有五种运动方式（图7-18），即脂肪酰链 C—C 键的"反式-扭转式"异构化（异构化运动）；绕整个分子轴的旋转扩散（旋转运动）；在膜平面上的侧向扩散；脂肪酰链的片段运动（左右摆动）；内、外层分子的翻转运动。

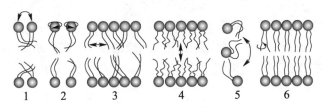

图 7-18　膜脂分子运动的几种方式示意图
1. 侧向扩散；2. 异构化运动；3. 片段运动；4、5. 翻转运动；6. 旋转扩散

② 膜蛋白的运动性　生物膜的流动性使膜上的蛋白质类似船在水上漂游，膜蛋白的运动主要是整个分子的旋转扩散及侧向扩散。此外，还存在片段运动的形式。大部分膜脂与蛋白质没有直接作用，只有少部分膜脂与膜蛋白结合成脂蛋白，形成完整的功能复合物。由于蛋白质分子较大且结构复杂，因此其相对运动较慢，主要进行侧向和旋转扩散。膜蛋白的侧向扩散比膜脂要慢得多，这种运动方式是在 1970 年由 L. D. Frye 和 M. Edidin 通过细胞融合实验得出的结论。膜蛋白的旋转扩散即膜蛋白围绕与膜平面相垂直的轴进行旋转运动。不同的膜内在蛋白，由于本身及微环境（如周围脂质，脂流动性等）的差别，它们的旋转扩散也有很大的差异。

在不同条件下，生物体内膜的流动性是相对恒定的，膜脂流动性的变化会影响膜蛋白的构象和功能，因此维持膜流动性的恒定很重要。在生物体内可以通过细胞代谢、pH、金属离子或改变膜脂中不饱和与饱和脂肪酸脂酰基的比例等因素进行调节，从而维持膜恒定的流动性。

另外许多药物的作用可通过影响膜的流动性实现，如麻醉药的作用就与增强膜的流动性有关。

2. 生物膜的功能

生物膜是具有高度选择性的通透屏障，不同的生物膜具有不同的功能，如原生质体膜对物质进出膜的选择性通透；细胞膜对外界信号的识别作用、免疫作用；神经细胞膜和肌肉细胞膜起着电兴奋、化学兴奋的产生和传递作用；叶绿体内的类囊体膜和光合细菌膜可将光能转化为化学能；线粒体内膜可将细胞呼吸中释放的能量合成 ATP，内质网膜是蛋白质及脂质合成的场所。概括地讲，生物膜的最主要功能包括物质运输、能量转换、信息识别与传递。

（1）物质运输

物质的跨膜运输大体可分为被动运输、主动运输和膜（动）运输三大类。

① **被动运输**（passive transport）　包括单纯扩散及促进扩散，两者都是在浓度梯度（或更广义地讲，在电化学梯度）的驱动下，向平衡态进行的跨膜扩散运动。用脂质分子旋转异构化所导致的"空腔"的形式传播，可部分解释小分子、脂溶性物质的跨膜单纯扩散；用膜中蛋白质"通道"的存在，能解释生物膜中单纯扩散的高效性，如大肠杆菌外膜中脂蛋白形成的通道、细胞之间"缝隙连

接"处蛋白质形成的通道。促进扩散是膜上载体蛋白通过与被运输物质的可逆结合而促进物质的跨膜运输，表现出比单纯扩散高得多的运输速率和选择性。人红细胞膜对葡萄糖的运输、氧化磷酸化的解偶联剂对 H^+ 的运输，以及一些离子载体对特定离子的运输等，都属于促进扩散。缬氨霉素对 K^+ 的运输、尼日利亚菌素对 K^+/H^+ 的交换运输都属于"移动型离子载体"。哺乳类细胞的运输系统中，膜上载体蛋白要比缬氨霉素等大得多，往往嵌入整个膜中，因此不能在膜的两侧来回移动。此时形成门控通道，靠蛋白质构象转换跨膜运输物质；而门控特性保证了和被运输物质的选择结合性。

② **主动运输**（active transport） 是物质可以逆着电化学梯度跨膜运输的过程，必须有其他能量偶联输入。例如，动物细胞膜上的 Na^+，K^+ – ATP 酶靠 ATP 的水解，逆浓度梯度驱动 Na^+ 从细胞内向外运输，同时使 K^+ 向细胞内运输，从而维持正常生理条件下细胞内、外的 Na^+、K^+ 浓度梯度。Na^+，K^+ – ATP 酶是由 2 个 α 亚基及 2 个 β 亚基组成的四聚体，是一种跨膜的载体蛋白，α 亚基面向细胞质的一端有 Na^+ 和它结合的位点，另一端有 K^+ 的结合位点。β 亚基是一个糖蛋白，功能尚不清楚。Na^+，K^+ – ATP 酶有两种构象，即亲钠构象和亲钾构象。亲钠构象的酶以脱磷酸形式存在，亲钾构象的酶以磷酸化形式存在，两种构象相互转化。当膜内有 Na^+ 存在时，ATP 末端的磷酸基与 ATP 酶的 α 亚基上的天冬酰胺残基结合，磷酸化引起 ATP 酶构象变化，酶被激活，把 Na^+ 泵出膜外；随后，膜外 K^+ 又引起 ATP 酶脱磷酸，酶恢复到原来的构象，同时把 K^+ 运入膜内，由于酶不断地工作，使 Na^+、K^+ 不断地泵出膜和泵入膜以维持细胞内外 Na^+、K^+ 浓度。这种离子浓度差对膜电位的维持十分重要，是神经兴奋、肌肉细胞活动的基础，也是细胞从外环境吸收氨基酸、葡萄糖等的驱动力。据研究表明每消耗 1 分子 ATP，可向膜外泵出 3 个 Na^+，向膜内泵入 2 个 K^+。每个 Na^+，K^+ – ATP 酶在适宜的条件下每分钟可以促进约 100 分子的 ATP 水解，约占动物细胞所需能量的 1/3。Na^+，K^+ – ATP 酶的作用模型如图 7 – 19 所示。

主动运输的能量除来源于 ATP 外，还可来自光能、氧化磷酸化释放的能量、质子电化学梯度以及 Na^+ 浓度梯度等，其中利用 Na^+ 或 H^+ 浓度梯度提供的能量实现的主动运输称为协同运输。根据物质运输方向与离子浓度梯度的关系，协同运输可分为同向协同运输和反向协同运输。物质运输方向与离子转移方向相同的运输方式称为同向协同运输。例如葡萄糖的主动运送过膜不是靠 ATP 水解来直接提供能量，而是依赖于以离子梯度形式储存的能量，形成这种离子梯度最常见的是 Na^+ 梯度。当膜外 Na^+ 浓度高于膜内时，Na^+ 顺电化学梯度流入细胞。葡萄糖利用 Na^+ 梯度提供的能量，并通过专一性的运送载体，伴随 Na^+ 一同进入细胞内。Na^+ 梯度越大，葡萄糖进入的速度越快，反之则减慢或

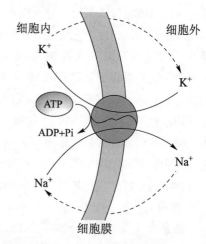

图 7 – 19　Na^+，K^+ – ATP 酶的作用模型

停止。进入膜内的 Na^+ 又通过膜上的 Na^+ – K^+ 泵作用回到膜外，维持 Na^+ 的浓度梯度，如此反复进行。反向协同运输指物质运输方向与离子转移方向相反的运输方式。主动运输中尚有一种在运输过程中被运输物质在膜上被转化的方式，称为"基团转移"。如膜上 γ – 谷氨酰转肽酶使氨基酸转化成二肽，再进入细胞；细菌磷酸烯醇丙酮酸转磷酸化酶运输系统使糖转化成磷酸化糖而进入细胞。

③ **膜（动）运输**（membrane transport） 是借膜的变形将大分子、配体、菌体等物质摄入细胞而将蛋白质、多糖等分泌出细胞的过程。其中通过膜上受体中介的胞吞作用（或内吞作用）是个很重要的细胞学过程。以细胞摄入胆固醇为例：体液中的 LDL（低密度脂蛋白）先和质膜上被膜穴处

的 LDL 受体结合，然后被膜穴内凹形成被膜囊泡，在细胞内脱被膜后形成内含体，内含体很快酸性化使配体和受体解离，进而分裂成带配体及带受体的囊泡，带配体的囊泡以后和溶酶体融合。此时，LDL 被水解，释放出胆固醇供细胞使用。带受体的囊泡则和质膜融合，使受体再次被利用。铁传递蛋白、胰岛素、上皮生长因子、许多毒素和病毒等亦是通过这一途径进入细胞的。与胞吞作用相反，有些物质通过形成囊泡从细胞内部逐步移至细胞表面，囊泡的膜与细胞膜融合，将物质排出细胞，这个过程称胞吐作用（或外排作用）。胞吐作用与胞吞作用过程如图 7−20 所示。

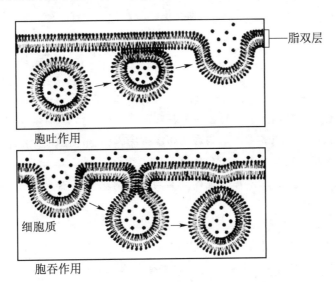

图 7−20　胞吐作用与胞吞作用示意图

（2）能量转换

虽然 ATP 也可在可溶性酶系统中合成，但绝大多数 ATP 产生在一些特定的膜上，它们称为"能量转换膜"，包括线粒体内膜、叶绿体类囊体膜以及细菌、蓝绿藻等原核细胞的质膜。尽管这些膜在进行 ATP 合成及离子运输过程中最初的能源是各种各样的，但机制却很相近。1961 年 P. Mitchell 提出了"化学渗透偶联"假说，认为膜两侧 H^+ 浓度差所贮存的渗透能量能够用来产生 ATP。这一假说将膜上电子传递、离子运输及 ATP 合成这三方面统一起来解释。对于线粒体，细胞呼吸时电子传递过程中游离出来的能量，以内膜两侧液相间 H^+ 的电化学梯度（Δ）的物理能量贮存。Δ 使膜上的 H^+−ATP 酶逆转合成 ATP。植物的光合作用则是光能→渗透能→化学能依次进行的能量转换过程。Δ 包括两部分：H^+ 的浓度差 ΔpH 和膜两边电位差 $\Delta\psi$，其关系为：

$$\Delta = F \cdot \Delta\psi - 2.303RT\Delta pH$$

式中，F 是法拉第常数，Δ 除能用以合成 ATP 外，还能作为主动运输的能量、驱动细菌鞭毛的运动、产热，乃至固氮、细胞内蛋白质的运输及分泌、细胞内 pH 的调节等。

（3）信息传递

人和高等动物借助各种感受器与内外环境发生联系，这个过程和膜的可兴奋性分不开。神经细胞膜上的 Na^+，K^+−ATP 酶和 Na^+ 通道、K^+ 通道等离子通道造成跨膜的离子浓度梯度，以及膜兴奋时 Na^+、K^+ 等离子跨膜通透速率的改变，这些过程导致电兴奋沿膜传递。

细胞之间除通过物理接触直接通讯外，还能靠局部化学介质（神经生长因子、组胺等）、激素及神经递质等化学信号分子进行间接的信息传递。如肽类激素与动物细胞质膜外侧的特异性受体结合后，改变了后者的构象，在膜上作扩散运动时通过膜上 G 蛋白的偶联，引起膜内侧腺苷酸环化酶发生构象变化，于是催化 ATP 生成环腺苷酸（cAMP）。cAMP 作为第二信使，激活一系列细胞内的蛋白激酶，引起众多的细胞学反应。

质膜上的钙联受体和相应的配体结合后，活化了膜上的磷脂酶 C，使存在于质膜内层中的磷脂酰肌醇 - 4，5 - 二磷酸水解，形成肌醇三磷酸和二酰甘油。然后，肌醇三磷酸引起细胞内的 Ca^{2+} 库（主要是内质网和线粒体）释放 Ca^{2+}，于是产生一系列 Ca^{2+} 所触发的生化及细胞学反应。另一方面，二酰甘油活化质膜上的蛋白激酶 C（C 表示需要 Ca^{2+} 来活化），使其他的一些酶磷酸化，从而产生类似 cAMP 的各种第二信使效应。C 激酶也能够活化膜上的 Na^+/H^+ 交换运输载体，提高细胞溶质中的 pH，在刺激细胞生长、分化中起重要作用。

？ 思考与讨论

1. 什么是脂质？它的主要生理功能是什么？

2. 什么是油脂？什么是磷脂？它们的区别与联系是什么？

3. 构成生物膜系统的脂质有哪些？它们在生物膜系统的功能是什么？

4. 脂肪酸的不饱和度与油脂熔点的关系是什么？

5. 请查阅资料说明为什么摄入不足或过剩油脂均会对健康产生不良影响，以及摄入油脂的种类和比例不同对于人体健康也有重要影响。结合本章内容，讨论营养学家推荐的油脂摄入的 1∶1∶1 比例的内涵是什么？

6. 油炸食品酥脆可口、香气扑鼻，深受大众喜爱，例如我国传统食品中的香酥肉、炸丸子和炸油条以及洋快餐中的炸鸡、炸薯条和炸薯片等。请根据本章所学知识，讨论这类食品是否可以经常食用，如果经常食用会对身体造成哪些影响？

7. 请根据磷脂和糖脂的结构式分析它们为什么都是两性化合物。

8. 试根据脂质的极性对脂质进行分类，并分析极性与它们在生物膜系统中功能之间的关系。

9. 类固醇分子的基本结构是什么？类固醇类与维生素与激素的关系是什么？

10. 生物膜在物质输送、能量转化和信息识别与传递中发挥重要作用，膜的完整性和流动性是其发挥功能的基础，组成生物膜的蛋白中许多具有糖链，在细胞识别和信号传递中有重要作用。人的 ABO 血型就与糖链有密切关系，请查阅文献分析人红细胞膜表面的糖链与血型之间的关系。

11. 自流体镶嵌模型提出以来，人们对生物膜的研究不断深入，进而在其基础上提出了的生物膜的"脂筏"结构，即富含胆固醇和鞘磷脂的液态有序相动态微区。试通过查阅脂筏相关文献，并结合胆固醇和鞘磷脂化学性质，讨论脂筏的性质与功能。

网上更多资源……

◆ 本章小结　　◆ 教学课件　　◆ 自测题　　◆ 教学参考

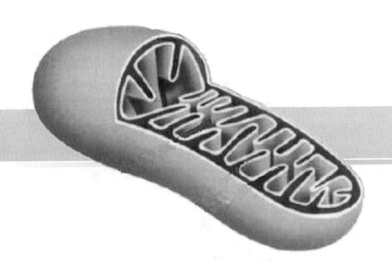

代 谢 总 论

- **生物体的新陈代谢**

  新陈代谢的概述；新陈代谢的特点；新陈代谢的研究方法

- **生物能学**

  生物体内的能量；生物能与生物化学反应的关系；能量代谢与高能化合物

- **生物氧化**

  生物氧化的概述；线粒体的结构——线粒体内膜上的 5 个复合体；线粒体的功能——通过呼吸链产生 ATP；氧化磷酸化

新陈代谢是生物体一切生命活动的基础，它包括成千上万由酶催化的生物化学反应，许多反应又形成相互联系，构成了复杂的代谢网络。本章将从这些错综复杂的代谢网络中总结出具有共同的、规律性的知识。

学习指南

1. 重点：生物氧化的概念、特点；生物氧化中 H_2O、CO_2、ATP 的生成机制；总结规律性的知识为动态生物化学奠定基础。

2. 难点：生物能学与生物化学的关系，如何通过线粒体上的呼吸链产生 ATP。

▶▶ **知识导图**

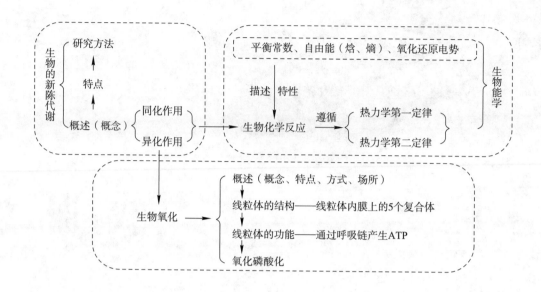

第一节 生物体的新陈代谢

新陈代谢是生物体的基本特性。人体从受精卵开始，进行细胞分裂、组织分化，形成各种器官和系统，完成生长发育；个体成熟后又可以"制造"和自己"大同小异"的后代，即生物具有遗传变异的特性；同时，人体可以通过自身的调节机制，对内部或外界的各种刺激发生反应，从而适应变化了的环境。所有这一切，均是在新陈代谢的基础上完成的。

那么，什么是新陈代谢？它在生物体中如何进行？不同生物的新陈代谢有哪些差异？又会显示出哪些共同特点？这正是本节中要讨论的问题。

一、新陈代谢的概述

1. 新陈代谢的概念

新陈代谢（metabolism）是生物体与外界环境之间物质和能量的交换以及生物体内物质和能量的转变过程。

新陈代谢包括同化作用和异化作用。**同化作用**（assimilation）是生物体摄取外界营养物质，转变成自身的组成物质，并且储存能量的过程，又称为**合成代谢**（anabolism）；**异化作用**（dissimilation）是生物体将自身的组成物质氧化分解，释放能量，并将代谢终产物排出体外的过程，又称为**分解代谢**（catabolism）。

物质中蕴含着能量，能量不可能独立于物质单独存在。但为了论述方便，通常又将新陈代谢分为物质代谢和能量代谢两个方面。**物质代谢**（material metabolism）包括同化作用过程中合成物质和异化作用过程中分解物质；**能量代谢**（energetic metabolism）包括同化作用过程中储存能量和异化作用过程中释放能量。

将新陈代谢的概念归纳如下：

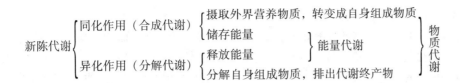

2. 新陈代谢的类型

在长期进化过程中，各种生物形成了特有的新陈代谢方式，可归纳为以下主要类型：

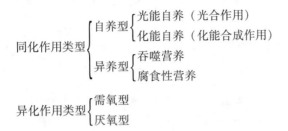

知识拓展 8 - 1

新陈代谢类型

（1）同化作用类型

根据在同化作用过程中可否利用无机物合成为有机物，分为自养型和异养型。

自养型（autotrophic nutrition）指生物能够利用无机物合成有机物，并将能量储存在有机物中的同化作用类型。当合成有机物的能量来自于外界物质氧化所释放时，该类生物称为化能自养型，即通过**化能合成作用**（chemo-anabolism）完成同化作用。例如氢细菌和硫细菌，它们可以将 H_2 和 S 分别氧化成 H_2O 和 SO_2，并释放能量，利用该能量将 H_2O 和 CO_2 合成为有机物。该类生物种类较少，不是重点讲述内容。另一类重要的自养型生物是在同化作用时利用光能，因此称为光能自养型，即通过**光合作用**（photosynthesis）完成同化作用，包括绿色植物和一些含有光合色素的细菌。在第九章糖代谢中，将介绍光合作用，来说明绿色植物是如何利用 H_2O 和 CO_2 合成储存能量的葡萄糖，继而转变成脂质、蛋白质等其他化合物。光合作用是自然界最基本的物质代谢和能量代谢。

异养型（heterotrophic nutrition）指生物不能利用无机物合成有机物，只能以外界现成的有机物为食的异化作用类型。这类生物包括动物、真菌和大多数细菌。该类生物从外界摄取多糖、脂质和蛋白质等大分子以及一些小分子物质。大分子物质需要经过消化，才能被生物体吸收利用。**吞噬营养型**（phagotrophic nutrition）是多数动物的同化作用方式（包括人在内），这些生物以固体有机颗粒为食，经过细胞内消化（如草履虫）或细胞外消化（如人），使食物转变为可直接吸收的物质，如多糖转变为单糖，蛋白质转变为氨基酸，脂肪转变为甘油和脂肪酸，继而在体内进行同化作用过程中的物质合成，以及异化作用过程中的物质分解。本书动态生物化学部分主要涉及的就是这种同化作用方式。**腐食性营养型**（saprophytic nutrition）是大多细菌、真菌等的同化作用方式，该类生物可以直接从外界吸收小分子有机物，也可以将消化酶分泌到细胞外，在环境中将食物颗粒消化，进而被生物体吸收利用。

知识拓展 8 - 2

同化作用类型

（2）异化作用类型

根据在异化作用过程中，分解有机物是否需要氧气参与，将异化作用类型分为需氧型和厌氧型。**需氧型**（aerobic type）是多数动植物的异化作用方式，该类生物需要不断从环境中摄取氧，氧化分解体内的有机物，释放能量。在本书第九章到第十二章中介绍的几大类物质的分解作用，主要涉及的就是这种方式。**厌氧型**（anaerobic type）是少部分生物的异化作用方式，如高等生物体内的寄生虫（蛔虫等）和一些细菌（破伤风杆菌等）。这些生物在无氧情况下，氧化分解体内的有机物，释放能量。另外，兼性厌氧型是一部分生物（如酵母）的异化作用方式。该类生物在有氧情况下，可以将有机物彻底分解，类似需氧型特点；而在无氧情况下，只能将有机物进行不彻底分解，类似厌氧型特点。如酵母在有氧时产生 H_2O 和 CO_2，在无氧时产生 C_2H_5OH 和 CO_2。

知识拓展 8 - 3

异化作用类型

3. 新陈代谢的场所

在新陈代谢过程中，物质主要发生着合成和分解两方面的变化，而这些变化不是一步完成的。因此，生物体内的生物化学反应数量可想而知。那么，这样大量的反应如何在微小的细胞中有序地进行呢？这主要是由于在细胞（特别是真核细胞）内存在着各种细胞器，尤其是膜包围的细胞器，将细胞隔离，形成高度分室化的结构，有利于各类反应在特定的场所中进行。

表 8-1 列出了细胞内主要的物质发生合成代谢和分解代谢的场所，由此可以较为清晰地看出新陈代谢与细胞结构的联系。

表 8-1　生物化学反应发生的场所

物质种类	合成代谢方式	反应场所	分解代谢方式	反应场所
糖类	光合作用	叶绿体	糖酵解	胞质
	糖原合成	胞质	三羧酸循环	线粒体
	糖异生	胞质	磷酸戊糖途径	胞质
			乙醛酸循环	微体
脂质	脂肪酸合成	胞质	脂肪酸 β 氧化	胞质（活化）、线粒体
蛋白质	膜蛋白和分泌蛋白	核糖体（粗面内质网上的）	氨基酸分解	线粒体
	细胞内含有的蛋白质	核糖体（游离在细胞质中的）	尿素循环	肝细胞线粒体、胞质
核酸	嘌呤、嘧啶合成	肝的胞质为主	嘌呤、嘧啶分解	胞质
	复制、转录	细胞核、线粒体、叶绿体	核酸的降解	胞质

细胞结构的高度分室化，限定了各类代谢途径在一定区域内进行，使整个新陈代谢过程具有以下优点。

（1）有利于对代谢反应实现调控

代谢调控主要在 4 种水平上进行，即酶水平、细胞水平、激素水平和神经水平。这些调控方式均与细胞结构的隔离分室化密切相关。

例如，细胞内调控主要通过酶和底物实现。细胞结构的分室化，使酶和底物形成了不同的区域定位，令代谢途径区域化，有利于代谢调节。某些调节因素可以专一性作用于细胞中的某种酶，影响该酶催化的代谢反应，但却不会影响其他代谢途径。例如，Ca^{2+} 在肌细胞线粒体之外，可以促进胞质中的糖原分解，进入线粒体则有利于糖原合成。

（2）防止细胞内发生错误的代谢反应

细胞结构分室化，使细胞内的反应限定到一定的时间和空间，避免了因为错误反应发生的代谢紊乱。

例如，溶酶体内的 pH 小于 5，低于胞质溶胶（pH 约等于 7）。溶酶体酶只能在其内部发生作用，降解通过胞吞作用进入的复杂分子和自身完成代谢使命的结构或组分（如磨损的细胞器和 mRNA）等。如果溶酶体偶然发生渗漏，其内的酶进入胞质溶胶就会失去活性，因此避免了对细胞质内结构的破坏。

（3）避免无效反应的发生

在大多数生物细胞中，同时存在着分解和合成各类生物大分子的酶，但如果分解和合成反应同时进行，将会产生无效反应而造成浪费。细胞中将催化分解和合成反应的酶分隔到不同区域，例如脂肪酸氧化酶系存在于线粒体内，氧化的原料脂酰 - CoA 由线粒体外向线粒体内转运；而脂肪酸的合成酶系存在于线粒体外，合成的原料乙酰 - CoA 由线粒体内向线粒体外运输；使得这两种代谢途径相互制约。

4. 新陈代谢的阶段

自然界的生物存在着多种新陈代谢方式，因此它们所经历的代谢阶段就不会相同。下面以高等哺乳动物（如人）为代表加以介绍。

（1）消化吸收阶段

高等动物从外界摄取食物，主要包括六大类营养素，即两类无机物（水和无机盐）和四类有机物（糖类、脂质、蛋白质和维生素）。其中，水和无机盐以及小分子有机物（如维生素、糖类中的单糖等）可以被生物体直接吸收，而大分子的有机物必须经过**消化**（digest），才能被吸收和利用。这种消化作用包括物理性消化和化学性消化。**物理性消化**（physical digest）是指通过牙齿的咀嚼、舌的搅拌、胃肠的蠕动以及胆汁的乳化作用等方式，实现了食物物理性状的改变。**化学性消化**（chemical digest）是指通过酶的作用，改变食物的化学结构，达到消化的目的。当这些营养物质被吸收到生物体内，便完成了新陈代谢同化作用的部分过程。

人体内需要被消化的物质主要是多糖、脂质、蛋白质和核酸。它们大多可以作为生物体的重要能源物质，同时还可以是生物个体生长发育的原料。下面将这四类物质在消化道中进行化学性消化的主要特点列于表8-2中。其中糖类以淀粉为代表，脂质以脂肪为代表（表中脂肪乳化成脂肪微粒属于物理性消化）。

表8-2 四类物质在消化道中化学性消化的特点

消化场所	酶	来源	作用过程（一些主要物质的消化过程）
口腔	唾液淀粉酶	唾液腺	
胃	胃蛋白酶	胃腺	
小肠	胰淀粉酶 胰双糖酶 胰蛋白酶 胰凝乳蛋白酶 羧肽酶 胰脂肪酶 核酸酶	胰腺	淀粉——麦芽糖——葡萄糖 蛋白质——多肽——氨基酸 脂肪——脂肪微粒——甘油和脂肪酸 核酸——核苷酸——磷酸、碱基和戊糖
	双糖酶 氨肽酶 二肽酶 肠脂肪酶 核苷酶 羧肽酶	小肠腺	

◎ 知识拓展8-4

哺乳动物对食物的消化

（2）中间代谢阶段

被生物体消化吸收的物质，在体内主要发生三方面的变化。一部分作为进行组织建造和更新的原料，合成生物体的组成结构，该变化过程属于新陈代谢的同化作用；另一部分（也包括生物体旧的组成成分）被氧化分解，其中的能量释放出来，该变化过程属于新陈代谢的异化作用；还有一部分转化为其他种类的化合物，该种转化一般是在物质分解的过程中产生某些中间代谢产物，利用它们合成另外一些物质，该过程交错进行着同化作用和异化作用，属于**中间代谢**（intermediary metabolism）过程。

例如，淀粉被消化后，以葡萄糖的形式被吸收。葡萄糖进入高等动物体内，一部分合成为糖原

（包括肝糖原和肌糖原）；另一部分（还有原来体内的肝糖原和肌糖原水解产生的葡萄糖）通过氧化分解释放能量；还有一部分在分解的基础上转化为脂肪和氨基酸。这部分葡萄糖首先通过糖酵解形成丙酮酸，然后丙酮酸脱羧形成乙酰－CoA，继而合成脂肪酸；利用糖酵解过程形成的磷酸丙糖可以合成磷酸甘油；再利用脂肪酸和磷酸甘油合成脂肪。

（3）排泄阶段

新陈代谢过程中，还会产生许多不能被机体再利用的终产物——代谢废物，包括水、无机盐、尿酸、尿素和 CO_2 等。高等哺乳动物通过呼吸系统和排泄系统以呼出气体和排出汗液、尿液的方式将它们排出体外，这一过程称为**排泄**（excretion）。

二、新陈代谢的特点

虽然新陈代谢过程包括成千上万的生物化学反应，许多反应又形成相互联系，构成了复杂的代谢网络，但如果仔细推敲和分析，可对各种反应总结出如下共同特点。

1. 酶的催化作用

生物体内大量的生物化学反应，几乎全在酶的催化下完成。在第四章酶学部分已经对酶的作用特点有过较为详细的论述。我们已经知道酶主要是蛋白质，部分酶是 RNA；在细胞内，酶分布在细胞膜、各种细胞器、胞质溶胶以及细胞核等处，催化着各类生物化学反应的进行；此外，酶在催化生物化学反应时，具有高效性、专一性、作用条件温和性等特点。

2. 辅酶与辅基的参与

参与新陈代谢反应的酶主要是蛋白质类酶，它们有的是单纯蛋白，如脲酶、蛋白酶、淀粉酶、脂肪酶和核酸酶等。但另一些酶，如氧化还原酶类，许多属于缀合酶，即除了酶蛋白成分外，还有辅酶或者辅基，它们与酶蛋白的关系如图 8－1 所示。

辅酶（或辅基）种类少，而酶的种类多，所以一种辅酶（或辅基）可以与多种酶蛋白（也称脱辅基酶蛋白）结合。例如 NAD^+ 在三羧酸循环中就可以分别作为异柠檬酸脱氢酶、α－酮戊二酸脱氢酶系、苹果酸脱氢酶的辅酶。同时 NAD^+ 还可以作为脂

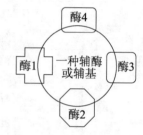

图 8－1　酶与辅酶或辅基的关系

肪酸分解代谢中 β－羟脂酰－CoA 脱氢酶的辅酶，也可以作为氨基酸分解代谢中 L－谷氨酸脱氢酶的辅酶。

脱辅基酶蛋白决定酶的专一性。如上面所述的以 NAD^+ 为辅酶时，异柠檬酸脱氢酶催化异柠檬酸脱氢成为草酰琥珀酸，而苹果酸脱氢酶催化苹果酸成为草酰乙酸。由此可见，虽然这两种酶都以 NAD^+ 为辅酶，但它们催化脱氢反应的底物不同。因此，一种辅酶（或辅基）可以为多数的脱辅基酶蛋白所用，但脱辅基酶蛋白对辅酶（或辅基）的要求却有选择性。这些特点会在后面几大类物质的代谢过程中体现出来。

3. 大量代谢途径存在类似的模式

虽然生物体内的代谢途径数量巨大，但它们存在着类似的模式，使我们可以找到规律，令问题简单化。这些类似的模式，一方面表现在不同的生物中，存在着大量相似的代谢反应，例如糖酵解途径不仅存在于低等原核生物大肠杆菌中，也存在于高等生物人体内。另一方面，我们可以将大量的代谢途径按照反应的方向划分为几种基本类型（图 8－2）。

① 直线型　这种类型从起始物开始，发生一系列连续反应，最后形成生成物。例如糖酵解途径。

② 分支型　分支型在合成代谢中存在较多，其特点是由一种起始物开始，形成几种生成物。例如在氨基酸合成途径中，由 α－酮戊二酸可以生成赖氨酸和谷氨酸，继而由谷氨酸生成脯氨酸、谷氨酰胺和鸟氨酸。

③ 聚集型 聚集型在分解代谢途径中存在较多，其特点是某一物质可以成为一系列物质的产物。例如在糖和氨基酸分解途径中，葡萄糖和丙氨酸均可以形成丙酮酸，而丙酮酸和亮氨酸又可以形成乙酰 – CoA。

④ 循环型 在这种类型中，某一起始物在代谢中可以重复产生，并且重新进入代谢途径，使代谢循环进行。例如三羧酸循环中的草酰乙酸；尿素循环中的鸟氨酸，均是这种类型的代谢途径中可以重复利用的物质。

⑤ 螺旋型 在脂肪酸 β – 氧化过程中，经过一轮 β 氧化，产生 1 分子乙酰 – CoA，重复该过程，即可重复产生乙酰 – CoA。像这种在一条代谢途径中，重复进行基本相同的反应，产生某种物质（如脂肪酸的 β 氧化），或消耗某种物质（如脂肪酸的合成）的途径，是典型的螺旋型。

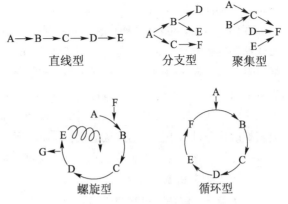

图 8-2 代谢途径的几种基本类型

4. 复杂的代谢途径中存在着一些关键步骤

虽然每条代谢途径均存在着多步反应，但特点各不同。大多数反应是可逆的，少数不可逆步骤决定了整个代谢途径的不可逆性，成为限速步骤，尤其是第一步不可逆的限速步骤最为重要。所以针对复杂的代谢途径，着眼在关键的限速步骤进行调控，即会产生明显效果。例如，在糖酵解中，共有十步反应，其中有三步不可逆，成为关键的限速步骤。

5. 代谢网络之间具有物质和能量的联系

各个代谢途径之间，通过共同的中间代谢物或过渡步骤衔接，使它们互相联系，构成复杂的代谢网络。并通过此网络，实现各种物质的代谢协调和相互转化。另外，合成代谢消耗能量，分解代谢释放能量，二者通过 ATP 等高能化合物作为能量载体而联系起来。

◎ 知识拓展 8-5
三大物质代谢联系图

三、新陈代谢的研究方法

研究新陈代谢，可以进行活体内和活体外实验。活体内实验在完整的生物体内进行，其结果代表生物体在正常生理条件，神经、体液等调节机制参与下的情况，接近生物体的实际状况。活体外实验是利用从生物体分离出来的组织制作切片、进行组织匀浆或利用体外培养的细胞、细胞器及细胞抽提物进行代谢研究。

下面主要以新陈代谢的反应途径和酶的作用方式作为切入点，介绍新陈代谢的主要研究方法。

1. 针对反应途径的研究

同位素示踪技术是研究代谢途径的最有效方法。该方法中，首先标记特定的代谢物，追踪该代谢物参与的代谢过程，明确"标记"物出现在哪种中间代谢物和产物中，在这些物质中位置如何，这样就可以获得代谢途径的丰富资料。

例如：将 ^{14}C 标记在乙酸的羧基上，用该种乙酸喂饲动物，最后在动物呼出的 CO_2 中发现 ^{14}C，这说明乙酸的羧基转变成了 CO_2。利用该种方法，已揭示了新陈代谢过程的许多途径，如三羧酸循环、卡尔文循环等。

此外，针对反应途径，也可以用抗代谢物阻抑中间代谢的某一环节，观察这些反应被抑制或改变后的结果，以推测代谢进行的情况。

2. 针对酶作用的研究

酶催化新陈代谢的各种反应，因此可以通过控制酶活性来研究新陈代谢的特点。绝大多数酶属于蛋白质，其合成受基因控制，所以这种研究首先可以考虑从基因入手。例如利用**转基因技术**（trans-

🔬 科技视野 8-1
新的代谢模式驱动脑肿瘤

🔬 科技视野 8-2
代谢组学研究方法

genic technique）或**基因敲除**（knock-out）技术，改变控制某种酶的基因，从而确定该酶在代谢中起到的作用。另外，也可以使用一些酶的抑制剂，阻断某一特定反应，导致该反应的底物以及它前面所有代谢物的积累，再通过对这些中间代谢物的测定，提供代谢途径的直接证据。例如，用碘乙酸抑制酵母发酵液中醛缩酶的活性，造成 1，6 - 二磷酸果糖的积累，说明醛缩酶催化 1，6 - 二磷酸果糖的裂解。还有，可以利用一些遗传性代谢缺陷型个体进行研究。这些代谢缺陷型由于控制酶合成的基因发生突变，体内缺乏某种酶，从而影响该酶参与的代谢过程。例如，正常人体内的尿黑酸氧化酶可以使酪氨酸代谢过程中产生的尿黑酸氧化。如果使尿黑酸氧化酶的基因发生突变，该酶不能产生，则尿黑酸不能被氧化，便出现黑色尿液。因此，可以推测尿黑酸是酪氨酸正常代谢的产物。

3. 针对调节机制的研究

关于新陈代谢调节机制的研究，请参见第十三章代谢调节综述的相关内容。

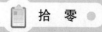

系统生物学与代谢组学

系统生物学是从整体的角度来研究生物系统，力争建立对生物系统定量、普适和可预测的认知。基因组学、转录组学、蛋白质组学和代谢组学是系统生物学研究的四个主要方面。基因组学主要研究生物系统的基因结构组成；转录组学研究细胞在某一功能状态下所含 mRNA 的类型与拷贝数；蛋白质组学研究由生物系统表达的蛋白质及由外部刺激引起的差异；代谢组学研究生物体系所有代谢产物在受到外部刺激时可能的变化。基因组的变化不一定能够得到表达；某些蛋白质的浓度虽然可变，但它们不一定具有活性；所以它们的变化可能对生物系统不产生影响。而小分子物质的产生和代谢是基因和蛋白质变化的最终结果，它能够更准确地反映生物体系的状态。因此，代谢组学已经广泛地应用到包括药物研发、分子生理学、基因功能组学、营养学和环境科学等重要领域。

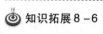

知识拓展 8 - 6

代谢组学及其应用

第二节　生物能学

在新陈代谢过程中，生物体不断从外界摄取物质和能量，以维持其生长、发育、繁殖以及遗传变异等各方面的需要。虽然自然界的生物种类纷繁复杂，且每种生物体内的物质合成和分解途径多种多样，但这些途径遵循着最基本的能学原理。本节将介绍与生物体内能量有关的基本概念，以明确生物能与生物化学反应之间的关系。

一、生物体内的能量

能量（energy）虽然是一个最基本和常用的概念，但它却非常抽象和难以界定。能量描写着一个系统（研究中所涉及的全部物质的总称）或一个过程，它可以被定义为某个系统从零能量状态转换为现有状态功的总和，也可以说是该系统做功的一种本领。但它会随着人们对这个系统研究上的不同需要而从不同角度进行描述。

例如，从生物体的能量变化出发，我们可以从多个角度描述质量为 1 kg 的固体葡萄糖的能量。从经典力学角度研究，它的能量就是将它从静止加速到现有速度所做功的总和；从热学角度研究，它的能量就是将它从绝对零度加热到现有温度所做功的总和；从原子物理角度研究，它的能量就是从原子能为零的状态达到现在状态所做功的总和，也就是 1 kg 固体葡萄糖所蕴含的原子能；从物理化学角度研究，它的能量就是在合成这个固体时对它的原料加入功的总和，也就是 1 kg 固体葡萄糖所蕴含的化学能。

生物能学（bioenergetics）就是研究生命系统内能量转移和利用的学科。该方面的知识是研究生物化学，尤其是动态生物化学的基础。生物能学中所研究的能量是从物理化学的角度着眼，如考虑葡萄糖中所蕴含的能量，就是由小分子的 CO_2 和 H_2O 合成葡萄糖时所做的功。换句话说，葡萄糖所蕴含的能量是其分解为小分子 CO_2 和 H_2O 时所释放的能量。

能量的常用单位为卡，用 cal 表示，在实际应用中常以千卡为单位，用 kcal 表示。1 卡是指 1 g 水从15 ℃提高到 16 ℃所需的热量。国际单位制已改用焦耳为能量单位，用 J 表示，常以千焦为单位，用 kJ 表示。1 kcal 等于 4.184 kJ。

热和功是能量的两种主要表现形式，其中热是一种可测量的形式，研究热现象中物态转变和能量转换规律的科学称为**热力学**（thermodynamics）。在热力学中，常用三个基本概念来表示能量。**自由能**（free energy），以 G 表示，是在恒定的温度和压力下，总能量中可以做功的那部分。自养生物（例如绿色植物）通过光合作用从吸收的太阳能中获得自由能，而异养生物（例如人）通过摄取外界的营养物质获得自由能。**熵**（entropy），以 S 表示，是体系中不能做功的随机和无序状态的能。**焓**（enthalpy），以 H 表示，是系统中总的热能。在化学反应中，底物和产物的化学键中所蕴含的能量，就是它们的焓。

在一个系统中，自由能、熵和焓的关系可用下式表示：

$$\Delta G = \Delta H - T\Delta S$$

式中，ΔG、ΔH 和 ΔS 分别是反应系统中自由能的变化、焓的变化和熵的变化；T 为热力学温度。

生物能学的研究遵循着最基本的热力学定律。

热力学第一定律（the first law of thermodynamics）即能量守恒定律。该定律指出，宇宙或一个孤立系统的总能量是恒定的，它不可能被创造，也不可能被消灭，只能从一种形式转换成另一种形式，或者从一个区域转移到另一个区域。

生物体遵循着热力学第一定律。例如在光合作用过程中，绿色植物将光能转化成化学能储存在有机物中，完成了绿色植物同化作用的主要过程；高等动物通过有氧呼吸作用，将葡萄糖等有机物分解为 CO_2 和 H_2O，释放其中的化学能，转移到高能化合物（如 ATP）中，用于肌肉收缩（转换为机械能）、神经传导（转换为电能）等。另一部分能量以热能形式散失。

热力学第二定律（the second law of thermodynamics）指出，一个系统总是朝着熵增大的方向进行，即可以理解为朝着做功能力下降的趋势发展。生物体同样遵循着热力学第二定律。例如，在葡萄糖的氧化分解过程中，反应式简写为：

$$C_6H_{12}O_6 + 6O_2 \longrightarrow 6H_2O + 6CO_2$$

反应物包括 1 分子的葡萄糖和 6 分子的 O_2，具有一定的熵值。当氧化反应完成后，体系中包含了 6 分子的 H_2O 和 6 分子的 CO_2。该反应使体系的分子数由 7 个增加到 12 个，同时使固体底物形成了气体和液体产物，最终导致体系具有更大的分子运动随机性，即无序性增加，也就是熵增加。

再如，从一个生物个体来看，它的结构、新陈代谢、遗传和变异等均高度有序；从生物的个体发育过程来看，如人的生命起始于受精卵，通过细胞分裂，组织分化，经过两胚层、三胚层等阶段，形成各种组织、器官和系统，直至个体成熟，也是一个高度有序的过程；从生物的系统发育过程来看，结构和代谢从简单到复杂的进化历程也是高度有序的。这些有序，从表面上看似乎违背了热力学第二定律，但是因为生物体是和外界环境紧密联系的开放系统，它依靠从周围环境中不断摄取物质和能量，从而获得负熵来抵消生物体内熵的增加。

二、生物能与生物化学反应的关系

生物化学反应过程与能量密切相关。下面主要从自由能、化学平衡与氧化还原电势的联系，介绍

📖 **学习与探究 8 - 1**
熵在生命科学中的应用

生物化学反应与能量的关系。

1. 自由能与化学平衡

（1）可逆反应的平衡状态可用平衡常数表示

在生物体内，绝大多数反应都是可以逆转的，称为**可逆反应**（reversible reaction）。而**自发反应**（spontaneous reaction）是一种不需要从外部供能就可以发生的反应。此类反应通常看成是不可逆的，但从定量的角度看，也可以看成是向一个方向的反应占绝对优势。

可逆反应同时向正和逆两个相反的方向进行，每一个方向的反应均不能彻底完成。当反应进行到一定程度时，正反应和逆反应的速率相等，即反应物的消耗和产生数量相等，反应达到动态平衡，这种状态称为**化学平衡**（chemical equilibrium）。

可逆反应的平衡状态可用**平衡常数**（equilibrium constant）表示，写作 K_{eq}。它是产物与反应物的浓度比。在反应 $a\mathrm{A} + b\mathrm{B} \rightleftharpoons c\mathrm{C} + d\mathrm{D}$ 中，平衡常数 K_{eq} 可用式（8–1）表示：

$$K_{eq} = \frac{[\mathrm{C}]^c \, [\mathrm{D}]^d}{[\mathrm{A}]^a \, [\mathrm{B}]^b} \tag{8–1}$$

K_{eq} 越大，反应越容易向右进行。

例如，$\mathrm{H_2O} \rightleftharpoons [\mathrm{H^+}] + [\mathrm{OH^-}]$ 的反应，K_{eq} 为 1×10^{-14}，说明 $\mathrm{H_2O}$ 只能进行微弱的解离；而蔗糖 $+ \mathrm{H_2O} \rightleftharpoons$ 葡萄糖 $+$ 果糖 的反应，K_{eq} 为 1.4×10^4，说明此反应很容易向右进行，达到平衡点时，蔗糖的水解已经非常充分。

（2）平衡常数可用标准转换常数来表示

在一个反应中，反应物和产物的自由能与化学平衡密切相关。因为自由能的具体数值不好测定，所以可以用自由能的变化 ΔG 来表示自由能与化学平衡之间的关系。ΔG 就是产物自由能的总和减去反应物自由能的总和。

如果 ΔG 为负值，表明反应伴随着自由能的降低，属于**放能反应**（exergonic reaction）。此负值越大，表明反应放出的能量越多，反应进行得越完全。如果 ΔG 为正值，表明反应只有在给予能量的条件下才能进行，此反应为**吸能反应**（endergonic reaction），正值越大，表明反应越难进行。

可见，ΔG 代表了一个处于不平衡状态的反应系统，向平衡状态进行的趋势。那么，ΔG 又如何计算呢？由于每个反应的 ΔG 会随着反应物浓度、产物浓度以及温度、pH 的不同而发生变化，所以首先定义一个标准状态下的自由能变化 ΔG^θ，称为**标准自由能变化**（the change of standard free energy）。此标准状态是：反应温度 25 ℃（即 298 K），大气压 101.325 kPa（即 1 个大气压），反应中反应物和产物的初始浓度均为 1 mol/L。当有 $[\mathrm{H^+}]$ 参与到反应中时，因为 $[\mathrm{H^+}] = 1$ mol/L，所以此时 pH $= 0$。

生物体内，大多数反应是在 pH 接近 7 的环境中进行。所以，在生物化学反应中，通常将 $[\mathrm{H^+}] = 10^{-7}$ mol/L 规定为标准状态，即 pH $= 7$，水的浓度按照 55.5 mol/L 计算。此时将 ΔG^θ 记为 $\Delta G'^\theta$，称为**标准转换常数**（standard transformed constant）。此状态下将 K_{eq} 记为 K'_{eq}，$\Delta G'^\theta$ 和 K'_{eq} 之间的关系可以表示为：

$$\Delta G'^\theta = -RT \ln K'_{eq} \tag{8–2}$$

式中，T 是热力学温度，$T = 298$ K；R 是摩尔气体常数，$R = 1.98 \times 10^{-3} \cdot \mathrm{kcal}/(\mathrm{mol \cdot K})$ 或 8.31×10^{-3} kJ$/(\mathrm{mol \cdot K})$。

将式（8–2）改写为常用对数形式，则有：

$$\Delta G'^\theta = -2.303 \, RT \lg K'_{eq} \tag{8–3}$$

利用式（8–3），通过平衡常数 K'_{eq} 即可计算 $\Delta G'^\theta$。

例如，当 $K'_{eq} = 10^2$ 时，

$$\Delta G'^\theta = -2.303 \times 1.98 \times 10^{-3} \text{ kcal/mol} \cdot \text{K} \times 298 \text{ K} \times \lg 10^2 = -2.718 \text{ kcal/mol}$$

$$\text{或} = -2.303 \times 8.31 \times 10^{-3} \text{ kJ/mol} \cdot \text{K} \times 298 \text{ K} \times \lg 10^2 = -11.406 \text{ kJ/mol}$$

而当 $K'_{eq} = 10^{-2}$ 时，

$$\Delta G'^\theta = 2.718 \text{ kcal/mol}$$

$$\text{或} = 11.406 \text{ kJ/mol}$$

当 $K'_{eq} = 1$ 时，

$$\Delta G'^\theta = 0$$

可见，标准转换常数可以看成是平衡常数的另外一种数学表达方式，每一个反应都有一个特定的不变值。它预示着反应达到平衡前应该向哪一方向进行，进行的程度如何。

在上述的标准条件下，标准转换常数与平衡常数及反应方向的关系如下：

当 $K'_{eq} = 1$ 时，$\Delta G'^\theta = 0$，反应达到平衡状态；

当 $K'_{eq} > 1$ 时，$\Delta G'^\theta < 0$，反应向正方向进行；

当 $K'_{eq} < 1$ 时，$\Delta G'^\theta > 0$，反应向逆方向进行。

（3）依据标准转换常数可计算非标准条件下的 ΔG

对于任意一个反应，ΔG 与反应物和产物的浓度以及反应进行时的温度密切相关。明确了 $\Delta G'^\theta$ 的具体含义之后，就可以利用式（8-4），计算非标准状态下的自由能变化 ΔG。

$$\Delta G = \Delta G'^\theta + RT\ln（[产物]/[反应物]） \tag{8-4}$$

例如，ATP 水解为 ADP 和 Pi 时，其标准转换常数是 -30.5 kJ/mol。但是在不同生物体内以及同一生物体的不同细胞中，ATP、ADP 和 Pi 的浓度差别很大，所以实际自由能也有很大区别。在人的红细胞中，三者的浓度分别为 2.25 mol/L、0.25 mol/L 和 1.65 mol/L，在 pH = 7 和 25 ℃ 条件下，通过公式计算可以得到 ΔG 为 -51.58 kJ/mol。

当得到了 ΔG 后，就可以通过上面（2）中的规律，判断反应进行的方向和特点。

（4）偶联反应促成了许多生物化学反应的顺利进行

在生物体内，常常存在相互之间具有密切联系的生物化学反应，称为**偶联反应**（coupled reaction）。这些反应在细胞代谢中起着非常重要的作用。

例如，糖酵解的第一步：

$$葡萄糖 + ATP \longrightarrow 6-磷酸葡糖 + ADP$$

此反应不可逆，$\Delta G'^\theta = -16.7$ kJ/mol，可以顺利向右进行。但实际上这一反应由下面两个反应偶联起来才得以进行：

$$葡萄糖 + Pi \longrightarrow 6-磷酸葡糖 \qquad \Delta G'^\theta = 13.8 \text{ kJ/mol}$$

$$ATP + H_2O \longrightarrow ADP + Pi \qquad \Delta G'^\theta = -30.5 \text{ kJ/mol}$$

最后，总反应自由能的变化：$\qquad \Delta G'^\theta_{总} = （13.8 - 30.5）\text{ kJ/mol} = -16.7 \text{ kJ/mol}$

2. 自由能与氧化还原电势

（1）用标准氧化还原电势判断得失电子的能力

在生物化学反应中氧化还原反应占着很大比例。氧化还原反应发生着电子的转移。失去电子的物质是还原剂，得到电子的物质是氧化剂。为了研究方便，常常将氧化还原反应分解成两个半反应。例如，将反应

$$Zn + Cu^{2+} \Longrightarrow Zn^{2+} + Cu$$

分为：

$$Zn - 2e^- \Longrightarrow Zn^{2+} \text{（氧化反应）}$$
$$Cu^{2+} + 2e^- \Longrightarrow Cu \text{（还原反应）}$$

由两个半反应组成一个原电池。

知识拓展 8 - 7

氧化还原电势应用

我们可以用**标准还原电势**（standard reduction potential）或**标准氧化还原电势**（standard oxidation reduction potential）来表示物质与电子的亲和性，记为 E^θ，单位是伏特，以 V 表示，是通过某种氧化还原物质与标准氢电极组成的原电池测定出来的。测定条件为：25 ℃（即 298 K），氢电极中氢气的压力为 101.325 kPa（即 1 个大气压），[H$^+$] 的浓度为 1 mol/L，即 pH = 0，待测氧化还原物质的浓度也为 1 mol/L。

有了标准还原电势，氧化还原化合物在任何浓度下的氧化还原电势 E 就可以通过式（8 - 5）求出。

$$E = E^\theta + \frac{RT}{nF}\ln\frac{[\text{氧化剂}]}{[\text{还原剂}]} \tag{8-5}$$

式中，T 和 R 的含义同前，R 的应用值是 8.31×10^{-3} kJ/（mol·K）；F 为法拉第常数，即 96.485 kJ/（V·mol）；n 是每个分子转移电子的数量。

将已知的 T，R 和 F 带入式（8 - 5），得到式（8 - 6）：

$$E = E^\theta + \frac{0.026\text{ V}}{n}\ln\frac{[\text{氧化剂}]}{[\text{还原剂}]} \tag{8-6}$$

在 [H$^+$] 参与电极上氧化还原反应的情况下，pH 会影响这一体系的氧化还原电势。所以，类似于 $\Delta G'^\theta$ 的定义，将上述 pH = 0 的条件改为 pH = 7，此时的标准氧化还原电势记为 E'^θ，写作式（8 - 7）。

$$E = E'^\theta + \frac{0.026\text{ V}}{n}\ln\frac{[\text{氧化剂}]}{[\text{还原剂}]} \tag{8-7}$$

将生物体内与糖代谢和电子传递体有关的一些重要物质的标准氧化还原电势 E'^θ 列于表 8 - 3 和表 8 - 4 中。

表 8 - 3　糖代谢中一些氧化还原体系的标准氧化还原电势

氧化还原体系（半反应）	E'^θ
琥珀酸 + CO$_2$ + 2H$^+$ + 2e$^-$ → α - 酮戊二酸 + H$_2$O	- 0.67
3 - 磷酸甘油酸 + 2H$^+$ + 2e$^-$ → 3 - 磷酸甘油醛 + H$_2$O	- 0.55
乙酰 - CoA + CO$_2$ + 2H$^+$ + 2e$^-$ → 丙酮酸 + CoA	- 0.48
α - 酮戊二酸 + 2H$^+$ + 2e$^-$ → 异柠檬酸	- 0.38
NAD$^+$ + 2H$^+$ + 2e$^-$ → NADH + H$^+$	- 0.32
1，3 - 二磷酸甘油酸 + 2H$^+$ + 2e$^-$ → 3 - 磷酸甘油醛 + Pi	- 0.29
乙醛 + 2H$^+$ + 2e$^-$ → 乙醇	- 0.20
丙酮酸 + 2H$^+$ + 2e$^-$ → 乳酸	- 0.19
FAD + 2H$^+$ + 2e$^-$ → FADH$_2$	- 0.18 *
草酰乙酸 + 2H$^+$ + 2e$^-$ → 苹果酸	- 0.17
延胡索酸 + 2H$^+$ + 2e$^-$ → 琥珀酸	- 0.03
标准氢电极	0.00

* FAD + 2H$^+$ + 2e$^-$ → FADH$_2$ 的测定值是辅酶的单独测定值，当辅酶与酶蛋白结合后标准氧化还原电势的值会随酶蛋白的不同而不同。

表 8 – 4 　电子传递体中一些氧化还原体系的标准氧化还原电势

氧化还原体系（半反应）	E'^θ
$2H^+ + 2e^- \rightarrow H_2$	-0.421
$NAD^+ + 2H^+ + 2e^- \rightarrow NADH + H^+$	-0.320
NADH 脱氢酶（FMN 型）$+ 2H^+ + 2e^- \rightarrow$ NADH 脱氢酶（$FMNH_2$）	-0.300
$CoQ + 2H^+ + 2e^- \rightarrow CoQH_2$	$+0.045$
细胞色素 b（Fe^{3+}）$+ e^- \rightarrow$ 细胞色素 b（Fe^{2+}）	$+0.077$
细胞色素 c（Fe^{3+}）$+ e^- \rightarrow$ 细胞色素 c（Fe^{2+}）	$+0.254$
细胞色素 c_1（Fe^{3+}）$+ e^- \rightarrow$ 细胞色素 c_1（Fe^{2+}）	$+0.220$
细胞色素 a（Fe^{3+}）$+ e^- \rightarrow$ 细胞色素 a（Fe^{2+}）	$+0.290$
细胞色素 a_3（Fe^{3+}）$+ e^- \rightarrow$ 细胞色素 a_3（Fe^{2+}）	$+0.550$
$1/2 O_2 + 2H^+ + 2e^- \rightarrow H_2O$	$+0.816$

因为电子带负电荷，所以它应该从低电位向高电位移动。标准氧化还原电势 E'^θ 越小，越容易失去电子，还原能力越强；反之，标准氧化还原电势 E'^θ 越大，越容易得到电子，还原能力越弱。

（2）两种物质组成原电池时的电动势可用 ΔE 表示

假如两种化合物能够发生氧化还原反应，用它们组成原电池，在任意浓度下，此原电池的电动势可以通过这两种化合物的氧化还原电势求出。

分别用 $E_{供体}$ 和 $E_{受体}$ 表示还原剂和氧化剂的氧化还原电势。$E_{供体}$ 和 $E_{受体}$ 可以用式（8 – 7）求出。

再通过公式 $\Delta E = E_{受体} - E_{供体}$，就可以计算该原电池的电动势（即电极电位变化），可见 ΔE 可以表示两种化合物发生氧化还原反应的能力大小。

（3）用标准氧化还原电势判断自由能的变化

氧化还原反应的自由能变化，就是电子在流动过程中产生的能量，它可以用下列公式计算，从而得到任何一种反应浓度，任何一对氧化还原物质进行反应时的自由能变化。

$$\Delta G = -nF\Delta E \quad （或 \Delta G'^\theta = -nF\Delta E'^\theta） \tag{8-8}$$

式中，ΔG 是自由能的变化（$\Delta G'^\theta$ 为标准转换常数）；n 是每个分子转移电子的数量；F 为法拉第常数，即 96.485 kJ/（V·mol）；ΔE 为电极电位变化（$\Delta E'^\theta$ 为标准电极电位变化）。

利用式（8 – 8）得到的 $\Delta G'^\theta$，可判断反应进行的趋势和方向。

例如：在 NADH 呼吸链中，通过 $\Delta E'^\theta$ 计算 NADH 最终被 O_2 氧化的 $\Delta G'^\theta$，从而判断反应进行的方向。表 8 – 4 可见与此相关的反应及其 $\Delta E'^\theta$ 值。

$$NAD^+ + 2H^+ + 2e^- \longrightarrow NADH + H^+ \qquad \Delta E'^\theta = -0.320 \tag{8-9}$$

$$1/2 O_2 + 2H^+ + 2e^- \longrightarrow H_2O \qquad \Delta E'^\theta = +0.816 \tag{8-10}$$

式（8 – 10）减去式（8 – 9），得

$$1/2 O_2 + NADH + H^+ = NAD^+ + H_2O \qquad \Delta E'^\theta = +1.136 \tag{8-11}$$

NADH 呼吸链的自由能变化 $\Delta G'^\theta$ 为

$$\Delta G'^\theta = -nF\Delta E'^\theta = -2 \times 96.485 \text{ kJ/（V·mol）} \times 1.136 \text{ V}$$
$$= -219.20 \text{ kJ/mol}$$

由于 $\Delta G'^\theta < 0$，反应可以向正方向进行。

三、能量代谢与高能化合物

在生物体的新陈代谢过程中，有一类化合物与能量的储存、释放、转移和利用密切相关，它们含有的自由能很多，可随水解反应或基团转移反应放出大量自由能，称为**高能化合物**（high-energy compound）。高能化合物中的某些化学键蕴含着较高的键能，被称为"高能键"，通常用"～"表示。一般认为，水解时释放出 20.9 kJ/mol 自由能的化学键即为"高能键"。

1. ATP 是最重要的高能化合物

学习与探究 8 -2

ATP - 能量的货币

在高能化合物之中，磷酸化合物占着主要地位，它们含有的"高能键"被称为高能磷酸键，常用 ～P 或 ～Ⓟ 表示。而在磷酸化合物中，ATP 是最重要的类型。从低等的单细胞生物到最高等生物（如人），ATP 均作为能量活动的中心物质存在，是生物体内最主要的直接能源物质。因此，ATP 成为所有活细胞中能量的"通用货币"。

（1）名称和结构

ATP 是**三磷酸腺嘌呤核苷**（腺苷三磷酸，adenosine triphosphate，ATP）的简称。由 1 分子腺嘌呤、1 分子核糖和 3 分子磷酸构成。

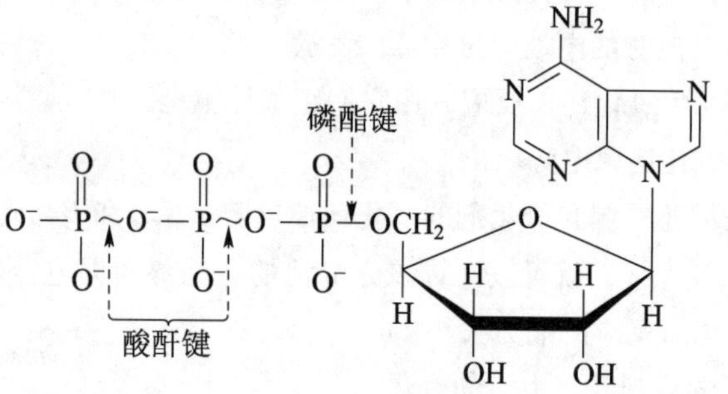

（2）ATP 的合成

在生物体内，ATP 主要由 ADP 和 Pi 通过磷酸化作用合成。磷酸化作用的主要方式和特点将在本章第三节生物氧化中讲述。

（3）ATP 与能量的释放、转移和利用

ATP 的酸酐键水解时，能量释放出来。在标准状态下，$\Delta G'^{\theta} = -30.5$ kJ/mol。生物体内，ATP 的水解反应有时一步完成。例如在肌肉收缩时，通过 ATP 与 H_2O 直接作用，产生 ADP 和 Pi，释放的能量作用于肌细胞的蛋白质之间，从而产生了肌肉收缩。

大多数情况下，ATP 的水解都分两步进行。例如，由天冬氨酸生成天冬酰胺的过程。

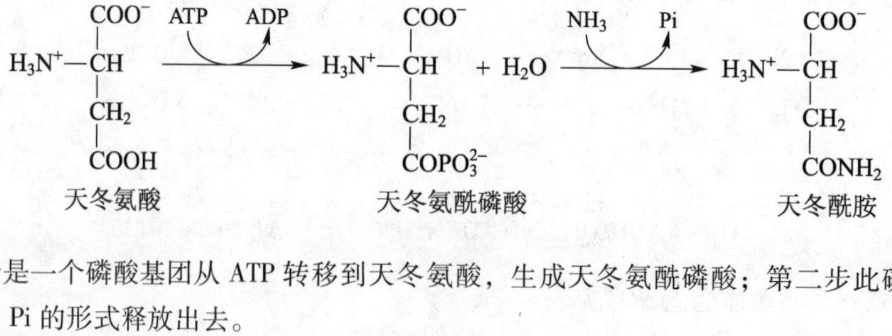

即第一步是一个磷酸基团从 ATP 转移到天冬氨酸，生成天冬氨酰磷酸；第二步此磷酸基团被氨基取代，并以 Pi 的形式释放出去。

但在生物体内，经常将上述反应合并成一步。即：

$$\text{天冬氨酸} \quad \xrightarrow[\text{ATP} \quad \text{ADP+Pi}]{} \quad \text{天冬酰胺}$$

（COO⁻ — H₃N⁺—CH + NH₃，CH₂，COOH）天冬氨酸　→　（COO⁻ — H₃N⁺—CH + H₂O，CH₂，CONH₂）天冬酰胺

ATP 中能量的转移发生在糖类、脂质、蛋白质和核酸等各类物质的代谢活动中，可以通过多种形式进行。

例如，在糖酵解过程中，可以将末端的磷酸基团转移出去。

$$葡萄糖 + ATP \longrightarrow 6 - 磷酸葡糖 + ADP$$
$$6 - 磷酸果糖 + ATP \longrightarrow 1,6 - 二磷酸果糖 + ADP$$

在脂肪酸分解过程中的脂肪酸活化时，ATP 将 AMP 转移出去。

$$脂肪酸 + ATP \longrightarrow 脂酰 - AMP + PPi$$

在蛋白质合成过程中的氨基酸活化时，ATP 将 AMP 转移出去。

$$氨基酸 + ATP \longrightarrow 氨酰 - AMP + PPi$$

在核酸代谢的嘌呤和嘧啶碱基合成过程中，所利用的原料 5 - 磷酸核糖 - 1 - 焦磷酸，是通过 ATP 将焦磷酸基和能量转移给 5 - 磷酸核糖形成的。

$$5 - 磷酸核糖 + ATP \longrightarrow 5 - 磷酸核糖 - 1 - 焦磷酸 + AMP$$

上述 ATP 中能量的转移，实际上就是 ATP 利用其中蕴含的能量，参与几大类物质的合成和分解的过程。此外，生物体内绝大多数生命活动，均利用 ATP 释放的能量完成。例如这部分能量在肌细胞的收缩过程中转化为机械能；在物质的吸收和分泌过程中转化为渗透能；在神经传导过程中转化为电能。此外，ATP 释放的能量也提供了生物体维持正常体温的热能。

（4）ATP 具有很高的周转率

尽管一个人每天需要大量 ATP，他的体重、结构和组成并没有发生很大变化。这是因为细胞内的 ATP 含量其实很少，当生命活动需要时，ATP 会通过各种方式合成和分解，使细胞内的 ATP 浓度保持不变，就是说 ATP 具有很高的周转率。

2. 其他的直接能源物质

ATP 在直接能源物质中占主要地位，但一些其他类型的核苷三磷酸也可以为一些生命活动直接提供能量。例如，尿苷三磷酸（UTP）可用于合成多糖；胞苷三磷酸（CTP）可以用于合成磷脂；鸟苷三磷酸（GTP）可用于合成蛋白质。但这些直接能源物质中高能键的合成，其能量也都来自于 ATP，这就更加进一步确立了 ATP 作为能源物质的核心地位。

3. 其他的高能化合物

除上述直接能源物质外，还有多种高能化合物在能量代谢中起着重要作用。例如，在脊椎动物的肌肉和神经组织中，存在着高能磷酸化合物——**磷酸肌酸**（phosphocreatine）。当生物体内的 ATP 由于消耗而减少时，磷酸肌酸可以将能量转移给 ADP 生成 ATP，而磷酸肌酸转变成肌酸；当生物体内的 ATP 生成过多时，ATP 又将能量转移给肌酸和磷酸，生成磷酸肌酸。可见，磷酸肌酸作为一种能量的储存物质，在维持脊椎动物体内 ATP 的相对恒定方面起到了重要作用。在无脊椎动物体内，与磷酸肌酸有类似作用的是**磷酸精氨酸**（phosphoarginine）。磷酸肌酸与 ATP 之间的相互转化关系式如下所示。

科技视野 8 - 3
ATP 生物发光原理及应用研究

知识拓展 8 - 8
高能磷酸化合物缺乏与缺血再灌注心肌损伤

肌酸 + ATP $\xrightleftharpoons{\text{磷酸肌酸激酶}}$ 磷酸肌酸 + ADP

下面将一些主要的高能化合物列于表 8 – 5 中。

表 8 – 5 一些主要的高能化合物

高能化合物类型			高能化合物举例		$\Delta G'^{\theta}/$ (kJ·mol^{-1})
磷酸化合物	磷氧键型	酰基磷酸化合物	乙酰磷酸		-42.3
			1,3 - 二磷酸甘油酸		-49.3
			氨甲酰磷酸		-51.5
		焦磷酸化合物	ATP（→ADP + Pi）		-30.5
			ATP（→AMP + 2Pi）	同上	-45.6（-32.2）
			ADP（→AMP + Pi）		-32.8（-30.5）
		磷酸烯醇化合物	磷酸烯醇式丙酮酸		-61.9
	氮磷键型（胍基磷酸化合物）		磷酸肌酸		-43.1
			磷酸精氨酸		-32.2

续表

高能化合物类型		高能化合物举例		$\Delta G'^{\theta}/$ ($kJ \cdot mol^{-1}$)
非磷酸化合物	硫酯键化合物	乙酰 – CoA	$\overset{O}{\underset{}{CH_3-\overset{\|}{C}\sim SCoA}}$	−31.4
	甲硫键化合物	活性甲硫氨酸	$H_3C\sim \overset{+}{S}-(CH_2)_2-\overset{\overset{+NH_3}{\|}}{\underset{\underset{COO^-}{\|}}{CH}}$ 腺苷	−41.8

注：表中括号内数据来自于不同的文献报道。

第三节　生物氧化

异化作用是氧化分解有机物、释放能量以及排出代谢终产物的过程。那么，有机物中的能量经过怎样的过程释放？这些能量释放后又怎样转移到 ATP 等高能化合物中？在动态生物化学部分，将详细讲解几大类有机物的氧化分解，而本节将对其中的一些共性问题进行阐述。

一、生物氧化的概述

1. 生物氧化的概念

生物氧化（biological oxidation）是生物体氧化分解有机物，产生 H_2O 和 CO_2，同时释放能量的过程。

高等动物通过呼吸运动，实现了吸入 O_2 排出 CO_2 的气体交换过程，称为**呼吸**（respiration）。而通常将细胞内吸入 O_2 排出 CO_2 的生物氧化过程称为**细胞呼吸**（cellular respiration）**或组织呼吸**，主要包括有氧呼吸。

生物氧化所利用的有机物质主要是糖类、脂质中的脂肪以及蛋白质。此外，也可以利用有机酸，例如水果中的苹果酸和柠檬酸均可作为生物氧化的底物。

2. 生物氧化的特点

（1）与非生物氧化或燃烧的相同之处

生物氧化与非生物氧化或燃烧的化学本质相同，即都包括脱氢、失电子或与氧直接化合的过程；而且这两个过程释放的能量相等。例如，1 mol 葡萄糖不论在生物体内氧化还是在体外燃烧，均可放出 2 870 kJ 的能量。

（2）与非生物氧化或燃烧的区别

非生物氧化或燃烧通常在自然界干燥、高温的环境下进行，有机物中蕴含的能量一步释放，而且这些能量均为热能。

生物氧化具有下列特点：①在活细胞内进行；②在体温和近中性 pH 及有水的环境中进行；③在一系列酶、辅酶和某些中间传递体的作用下进行；④产生的能量是逐步释放的。每一步反应放出一部分能量，这样不会因能量的骤然释放而损害机体，同时使释放的能量得到有效利用。一般情况下，生物氧化释放的能量，先贮存在 ATP 等物质中。然后通过能量转移作用，满足机体各种需能反应的要求。

3. 生物氧化的方式

生物氧化包括了一系列以氧化还原反应为主的过程，虽然不同物质的反应步骤、变化特点不同，但也可以找到规律将问题简单化。

生物氧化主要是通过脱氢和脱羧实现的。脱羧产生 CO_2，而脱氢是生物氧化的主要方式，生物氧化还包括加氧和失电子的反应。

下面将糖类、脂质和蛋白质三大类能源物质主要分解代谢途径中的生物氧化方式进行总结，列于表 8-6 中。

表 8-6　三大类能源物质的主要分解代谢途径的生物氧化方式

<table>
<tr><td rowspan="2" colspan="3">能源物质的
分解代谢</td><td colspan="3">生物氧化的方式</td></tr>
<tr><td>脱氢</td><td>脱羧</td><td>生成水（最初
电子受体）</td></tr>
<tr><td rowspan="9">糖代谢</td><td rowspan="4">有氧分解</td><td>糖酵解</td><td>3-磷酸甘油醛 → 1,3-二磷酸甘油酸（＊注1）</td><td></td><td>NADH（＊注4）</td></tr>
<tr><td>丙酮酸脱羧</td><td>丙酮酸 → 乙酸-CoA（＊注2）</td><td>丙酮酸 → 乙酰-CoA（＊注2）</td><td>NADH</td></tr>
<tr><td>三羧酸循环</td><td>① 异柠檬酸 → α-酮戊二酸；
② α-酮戊二酸 → 琥珀酰-CoA；
③ 琥珀酸 → 延胡索酸；
④ 苹果酸 → 草酰乙酸</td><td>① 异柠檬酸 → α-酮戊二酸；
② α-酮戊二酸 → 琥珀酰-CoA</td><td>NADH 和
FADH_2</td></tr>
<tr><td></td><td>1 分子葡萄糖经过有氧氧化 6 次脱氢，共脱下 12 对 H 原子，经过呼吸链最终生成 12 分子 H_2O（由于反应物中有 6 分子 H_2O 参与，所以有时简写成生成 6 分子 H_2O）</td><td>1 分子葡萄糖产生 2 分子丙酮酸，可以 3 次脱羧，共生成 6 分子 CO_2</td><td></td></tr>
<tr><td rowspan="3">磷酸戊糖途径</td><td></td><td>6-磷酸葡糖 → 6-磷酸葡糖酸</td><td></td><td>NADPH</td></tr>
<tr><td>6-磷酸葡糖酸 → 5-磷酸核酮糖</td><td>6-磷酸葡糖酸 → 5-磷酸核酮糖</td><td>NADPH</td></tr>
<tr><td>1 分子 6-磷酸葡糖经过磷酸戊糖途径 6 次脱氢，共脱下 12 对 H 原子，最终生成 12 分子 NADPH（生物合成反应的还原力）</td><td>按照 6 分子 6-磷酸葡糖一起循环计算，消耗 1 分子可以 6 次脱羧，共计生成 6 分子 CO_2</td><td></td></tr>
<tr><td rowspan="4">无氧分解</td><td rowspan="2">生醇发酵</td><td>生醇发酵的第一步基本同有氧途径，但产生的 H 用于还原乙醛 → 乙醇</td><td>丙酮酸 → 乙醛（＊注3）</td><td></td></tr>
<tr><td>1 分子葡萄糖经过生醇发酵最终没有 H 产生</td><td>1 分子葡萄糖产生的 2 分子丙酮酸，经 1 次脱羧，生成 2 分子 CO_2</td><td></td></tr>
<tr><td rowspan="2">乳酸发酵</td><td>乳酸发酵的第一步基本同有氧途径，但产生的 H 用于还原丙酮酸 → 乳酸</td><td>丙酮酸 → 乳酸（＊注3）</td><td></td></tr>
<tr><td>1 分子葡萄糖经过乳酸发酵最终没有 H 产生</td><td></td><td></td></tr>
</table>

🌐 学习与探究 8-3

三大类能源物质生物
氧化的总结

续表

能源物质的分解代谢		生物氧化的方式		
		脱氢	脱羧	生成水（最初电子受体）
脂质代谢	β氧化	脂酰－CoA → 烯脂酰－CoA		$FADH_2$
		β－羟脂酰－CoA → β－酮脂酰－CoA		NADH
			β－酮脂酰－CoA → 乙酰－CoA → TCA（产生 CO_2 数目同 TCA）	
蛋白质代谢	氨基酸的分解	氨基酸脱氨 → α－酮酸 → 糖代谢的中间产物 → 脱氢	氨基酸脱氨 → α－酮酸 → 糖代谢的中间产物 → 脱羧产生 CO_2	
			氨基酸脱羧 → CO_2	

﹡注1：见第九章糖代谢的糖酵解部分。

﹡注2：见第九章糖代谢的丙酮酸脱羧部分，脱羧的同时脱氢。

﹡注3：见第九章糖代谢乳酸发酵和生醇发酵部分。

﹡注4：见本节呼吸链部分。

上表内容虽然是一些规律性的知识，但由于各类物质分解代谢所涉及的内容将在下面章节进行系统阐述，所以可以在完成这些内容的学习之后再进一步深入地理解。

4. 生物氧化的场所

线粒体是生物氧化的主要场所。微粒体和过氧化物酶体也是生物氧化的重要场所，在其中进行着以氧化还原反应为主的各种反应，与线粒体不同的是，这里的反应不伴随偶联磷酸化，所以不能生成 ATP。

此外，在植物体内，还存在着多酚氧化酶体系和抗坏血酸氧化酶体系等。

线粒体作为生物氧化的主要场所，其组成和结构是与完成此功能相适应的。下面针对线粒体，按照结构－组成成分－功能的思路进行论述。

🔵 **知识拓展8-9**

非线粒体氧化体系的特点

二、线粒体的结构——线粒体内膜上的5个复合体

线粒体基质中含有多种与各类物质降解有关的酶，内膜（以及内膜折叠形成的嵴上）含有细胞呼吸所需的各种酶和电子传递载体。这里主要介绍线粒体内膜的结构（图8-3）和各种组分的功能。

不同生物，甚至同一生物的不同组织或细胞，线粒体内膜的结构均可能存在差异，但其基本结构与其他生物膜结构一致，即主要以磷脂双分子层为基本骨架，外周蛋白存在于生物膜表面，内嵌蛋白以不同深度镶嵌或贯穿在磷脂双分子层之中。典型的线粒体内膜包含的蛋白质主要是由酶和辅酶或辅基组成的复合体Ⅰ、Ⅱ、Ⅲ、Ⅳ和Ⅴ（ATP合酶复合体）。表8-7中列出了它们的主要特点。

🔬 **科技视野8-4**

线粒体呼吸链膜蛋白复合体的结构

表8-7 线粒体内膜上几种主要蛋白质的特点

名称	酶成分	辅酶或辅基	酶的相对分子质量	酶的亚基数*
复合体 I	NADH 脱氢酶	FMN，Fe-S	850 000	42（14）
复合体 II	琥珀酸脱氢酶	FAD，Fe-S	140 000	5
复合体 III	辅酶 QH_2-细胞色素 c 氧化还原酶	血红素，Fe-S	250 000	11
复合体 IV	细胞色素 c 氧化酶	血红素，Cu_A，Cu_B	160 000	13（3~4）
复合体 V			480 000~500 000	F_o（13~15），F_1（9）
细胞色素 c		血红素	12 000	1

*括号中是细菌的对应蛋白质亚基数。

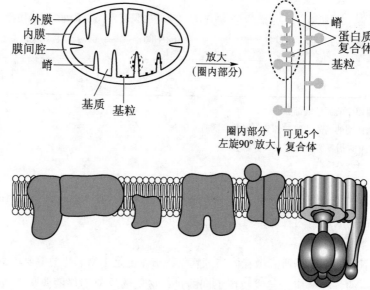

科学史话8-1
同呼吸共命运——线粒体呼吸链超级复合物

图8-3 线粒体内膜结构

1. 复合体 I

复合体 I（complex I）称为 **NADH 脱氢酶复合体**（NADH dehydrogenase complex），又称为 **NADH-Q 还原酶复合体**（NADH-Q reductase complex），分别由细胞核和线粒体两个不同的基因组编码控制。该酶包括 42 条多肽链，是一个大型的酶复合体。

在高分辨率的电子显微镜下可见，复合体 I 呈 L 形，其中 L 的一个臂位于线粒体内膜中，另一个臂伸展到线粒体基质中（图8-4）。

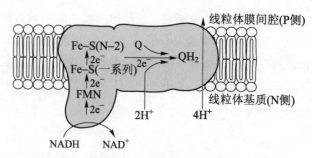

图8-4 复合体 I 的结构成分及电子传递过程

（1）黄素蛋白

黄素蛋白又称黄酶或黄素酶，是复合体 I 的主要成分，它催化 NADH 氧化脱氢，并使黄素蛋白的辅基 FMN 还原，这些 NADH 来自于代谢底物的脱氢，例如表 8 - 6 中所示的产生 NADH 的反应。

（2）FMN

FMN 即黄素单核苷酸，它的递氢原理在第六章维生素和激素化学中已经讲述。FMN 接受 NADH 脱下的氢，成为还原型 FMN，反应如下所示：

$$NADH + H^+ + FMN \longrightarrow FMNH_2 + NAD^+$$

FMN（氧化型）既可以接受 1 个氢形成半醌型（FMNH），也可以接受 2 个氢形成还原型（$FMNH_2$）（图 8 - 5）。

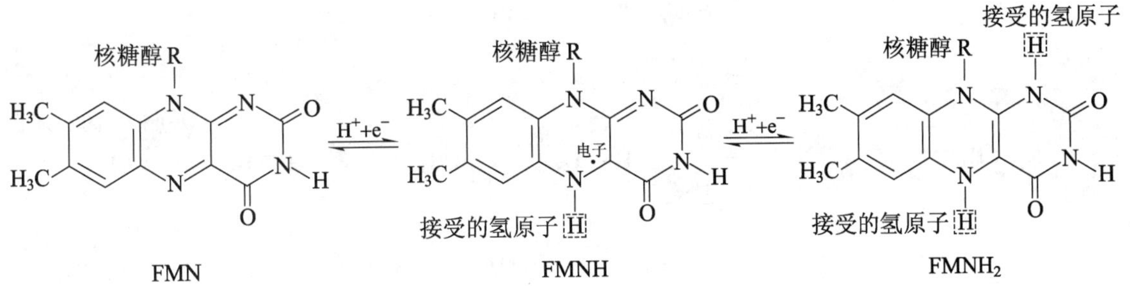

图 8 - 5 FMN 与 $FMNH_2$ 的相互转变

作为辅基的 FMN 与黄素蛋白紧密结合，因此也常将未接受氢的酶和 FMN 称为氧化型黄酶，接受氢的酶和 FMN 称为还原型黄酶。

（3）Fe - S

Fe - S 是铁硫蛋白的代号，其相对分子质量较小。**铁硫蛋白**（iron-sulfur protein）又称为**铁硫中心**（iron-sulfur center）或**铁硫簇**（iron-sulfur cluster），它是复合体 I 中存在的第二种辅基，与黄酶结合也比较紧密。

Fe - S 中不含血红素铁，所以也常将铁硫蛋白称为非血红素铁蛋白。其中的铁原子与无机硫原子或蛋白质半胱氨酸残基中的硫原子结合，也可能与二者都结合。

Fe - S 在复合体 I 中接受还原型 FMN（或称还原型黄酶）释放的 2 个电子，使其中的 Fe^{3+} 转变为 Fe^{2+}，然后电子再释放出去，Fe^{2+} 又转变成 Fe^{3+}。复合体 I 中有多种 Fe - S，2 个电子首先穿过一系列的 Fe - S，到达 Fe - S（N - 2）中。

根据 Fe - S 中铁原子和硫原子的数目以及铁、硫、蛋白质之间的连接方式不同，将 Fe - S 分为多种，图 8 - 6 表示的是主要三种。①一铁四硫型。在此种类型中，单个铁与 4 个半胱氨酸巯基上的硫相连。②二铁二硫型（2Fe - 2S）。其中每个铁原子分别与 2 个无机硫和 2 个半胱氨酸巯基上的硫相连。③四铁四硫型（4Fe - 4S）。这种类型的无机硫原子和铁原子相间排列在立方体的 8 个顶点上，而这 4 个铁原子又分别与 4 个半胱氨酸巯基上的硫相连。

（4）泛醌

泛醌（ubiquinone，UQ），又称为**辅酶 Q**（conenzyme Q，CoQ），简称 Q。因其在自然界广泛分布，所以称为泛醌。

泛醌是一种非蛋白成分。其结构因生物的种类不同而有所差异，主要差别在于异戊二烯侧链的长度。异戊二烯单位在 6 ~ 10 的较多，哺乳动物的为 10，所以又常称泛醌为 Q_{10}。

泛醌既可以传递氢质子，又可以传递电子。其递氢和递电子原理与 FMN 和 FAD 一样，既可以进行单电子传递，也可以进行双电子传递，以 Q_{10} 为例表示如图 8 - 7。

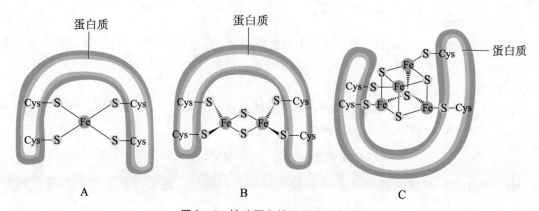

图8-6 铁硫蛋白的三种主要类型

A. 一铁四硫型；B. 二铁二硫型；C. 四铁四硫型

图8-7 还原型泛醌和氧化型泛醌的相互转变

泛醌(醌型或完全氧化型)　泛醌H·(半醌型)　氢醌(完全还原型)

泛醌在电子传递链中处于中心地位，这与其具有的两个特点密切相关。其一，易穿梭性。泛醌的体积较小而且是脂溶性，很容易在线粒体内膜中进行自由扩散，也方便在线粒体内膜上其他固定成分之间运动。其二，传递物质的灵活性。因为泛醌既可以传递1个质子和1个电子成为半醌型，也可以传递2个质子和2个电子成为氢醌型，所以它可以从1个双电子载体一次接受2个电子，然后分两次传给2个单电子载体。

在复合体I中，泛醌接受Fe-S中的电子，成为半醌型或完全还原型的氢醌。

由于泛醌的易穿梭性，它可以从复合体I和复合体II中接受电子，传递到复合体III，泛醌实际上是独立于几个复合体之外的成分。

2. 复合体II

复合体II（complex II）称为**琥珀酸脱氢酶复合体**（complex succinate dehydrogenase），它比复合体I小，结构更简单（图8-8）。

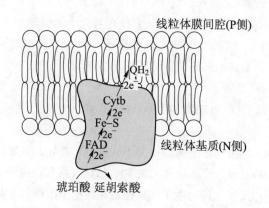

图8-8 复合体II的结构成分及电子传递过程

（1）琥珀酸脱氢酶

琥珀酸脱氢酶是以 FAD 为辅基的黄素蛋白，是复合体 Ⅱ 中的最重要成分，是三羧酸循环中唯一一种结合在线粒体内膜上的酶，催化琥珀酸脱氢成为延胡索酸。

科技视野 8-5
复合体 Ⅱ 的三维结构

（2）FAD

FAD 即黄素腺嘌呤二核苷酸。在复合体 Ⅱ 中 FAD 作为琥珀酸脱氢酶的辅基，接受琥珀酸脱下的氢，成为还原型的 FAD（即 $FADH_2$）。其递氢原理在第六章维生素和激素化学中已经讲述。

（3）Fe-S

与复合体 Ⅰ 中 Fe-S 的传递电子原理一样，复合体 Ⅱ 中的 Fe-S 接受 $FADH_2$ 中的电子，使 Fe^{3+} 转变为 Fe^{2+}，然后电子再释放出去，Fe^{2+} 又转变成 Fe^{3+}。复合体 Ⅱ 中也有多种 Fe-S。

（4）细胞色素 b_{562}

细胞色素（cytochrome，Cyt）是一类含铁卟啉辅基的色素蛋白，铁原子处于铁卟啉环的中心，构成血红素。主要根据铁卟啉辅基侧链的不同以及铁卟啉辅基与酶蛋白连接方式的不同，将细胞色素分为：Cyta（$Cytaa_3$），Cytb（$Cytb_{560}$、$Cytb_{562}$、$Cytb_{566}$），Cytc（Cytc、c_1）三大类，它们的紫外-可见吸收光谱不同。组成这三类细胞色素的辅基分别为血红素 A，血红素 B 和血红素 C（图 8-9）。

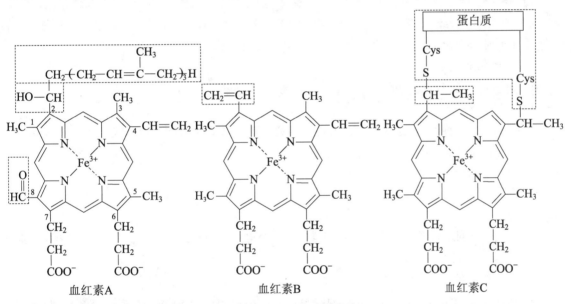

图 8-9 三种血红素的结构

虚线框出的是它们结构的主要不同

各种细胞色素通过 Fe^{3+} 和 Fe^{2+} 的转变，起到传递电子的作用。

复合体 Ⅱ 中的细胞色素为 b_{562}，是在 562 nm 处有最大吸收峰的细胞色素 b。它接受 Fe-S 中 Fe^{2+} 的电子，使铁卟啉辅基上的 Fe^{3+} 转变为 Fe^{2+}。

游动性较强的泛醌也可以在复合体 Ⅱ 中接受细胞色素 b_{562} 中的电子，成为半醌型或完全还原型的氢醌。

3. 复合体Ⅲ

复合体Ⅲ（complex Ⅲ）又称**泛醌-细胞色素还原酶**（ubiquinone-cytochrome reductase），细胞色素 bc_1 复合体等，是由两个相同的单体组成的二聚体，每个单体含有 11 个亚基（图 8-10）。

（1）细胞色素 b_{562} 和 b_{566}

复合体 Ⅲ 中的细胞色素为 b_{562} 和 b_{566}，它们在 562 nm 和 566 nm 处有最大吸收峰，分别记做 $Cytb_{562}$、b_H（或 b_K）和 $Cytb_{566}$、b_L（或 b_T）。细胞色素 b 是 6~13 个亚基组成的跨膜蛋白质，它的多

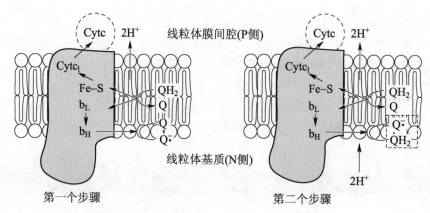

图 8 - 10　复合体Ⅲ的结构成分及电子传递过程

肽链形成了 9 次跨线粒体膜的弯曲，在脂双层中是稳定的 α 螺旋形式。

细胞色素 b_{562} 和 b_{566} 接受通过复合体Ⅰ和复合体Ⅱ形成的半醌型或还原型氢醌中的电子，使铁卟啉辅基上的 Fe^{3+} 转变为 Fe^{2+}。

（2）Fe - S

与复合体Ⅰ和复合体Ⅱ中 Fe - S 的传递电子原理一样，复合体Ⅲ中的 Fe - S 接受还原型氢醌中的电子，使铁卟啉辅基上的 Fe^{3+} 转变为 Fe^{2+}。

（3）细胞色素 c_1

细胞色素 c_1 接受 Fe - S 中的电子，发生 Fe^{3+} 到 Fe^{2+} 的转变。

（4）细胞色素 c

细胞色素 c 是一种膜周边蛋白，也是在电子传递过程中被人们了解最清楚的蛋白质，对于多种生物细胞色素 c 的结构均有明确的描述。它是由 104 个氨基酸组成的多肽链，相对分子质量为 13 000，是较小的球形蛋白质，是细胞色素中唯一能够溶于水的。

细胞色素 c 接受细胞色素 c_1 中的电子，并可以发生移动，继而实现在复合体Ⅲ和复合体Ⅳ之间的电子传递。

经过了复合体Ⅲ，总的结果是将一个 QH_2 中的 2 个电子传递给细胞色素 c_1（最后再传递给细胞色素 c），但此过程是通过两个步骤完成的。

① QH_2 + 细胞色素 c_1（氧化型）$\longrightarrow$ $Q^{\cdot-}$ + $2H_P^+$ + 细胞色素 c_1（还原型）

② QH_2 + $Q^{\cdot-}$ + $2H_N^+$ + 细胞色素 c_1（氧化型）$\longrightarrow$ QH_2 + $2H_P^+$ + Q + 细胞色素 c_1（还原型）

如图 8 - 10 所示，第一步将 QH_2 中的 1 个电子传递给 Fe - S，继而经过细胞色素 c_1 传递给细胞色素 c；另外 1 个电子通过 b_L 和 b_H 后，传递给接近胞质溶胶中的 Q，使 Q 转变成为 $Q^{\cdot-}$；最后使 QH_2 转变成为 Q，使胞质溶胶处的 Q 转变成为 $Q^{\cdot-}$，实际上传递出去一个电子，并将 2 个 H^+ 释放到膜间腔。

在第二步中，将 QH_2 中的 1 个电子传递给细胞色素 c 的过程与第一步相同，所不同的是另外 1 个电子不传递给 Q，而是传递给了 $Q^{\cdot-}$，使 $Q^{\cdot-}$ 转变成为 QH_2（见图 8 - 10 中框出部分）。该过程将 QH_2 中的 2 个 H^+ 释放到膜间腔，并从线粒体基质中摄取 2 个 H^+。因此：

①、②两式相加，得最终的反应式为：

$$QH_2 + 2H_N^+ + 2 \text{ 细胞色素 } c_1 \text{（氧化型）} \longrightarrow Q + 4H_P^+ + 2 \text{ 细胞色素 } c_1 \text{（还原型）}$$

可见，经过在复合体Ⅲ的电子传递，QH_2 被氧化，还原了 2 个细胞色素 c_1，消耗了线粒体基质中的 2 个 H^+，并将 4 个 H^+ 由线粒体基质（N 侧）转移到膜间腔（P 侧）。

4. 复合体Ⅳ

复合体Ⅳ（complex Ⅳ）又称为**细胞色素 c 氧化酶**（cytochrome c oxidase），其相对分子质量大约

为 200 000，哺乳动物的细胞色素 c 氧化酶是由 13 个亚基组成的跨线粒体内膜的蛋白质（图 8-11）。

细胞色素 c 氧化酶的活性部位集中在三个亚基的多肽链上。其中一个亚基含有两个血红素 a（a 和 a_3）和一个铜离子（Cu_B），a_3 与 Cu_B 形成血红素 a_3-Cu_B 聚簇（Fe-Cu 中心）；另一个亚基含有两个铜离子（Cu_A），它们与半胱氨酸形成复合物 Cu_A 聚簇（类似于铁硫蛋白的 2Fe-2S 中心）；而第三个亚基具体作用不太明了，但一般认为它对复合体Ⅳ功能的完成起着重要作用。

Cu_A 聚簇接受细胞色素 c 中的 4 个电子，再将电子传递给 a_3-Cu_B 聚簇，使 $Cu^{2+} \rightarrow Cu^+$、$Fe^{3+} \rightarrow Fe^{2+}$，并将电子最终交给 1 分子 O_2，消耗 4 个来自基质的作为"底物"的 H^+，生成 2 分子 H_2O（图 8-11）。

科学史话 8-2
氧化酶和 ATP 酶的研究

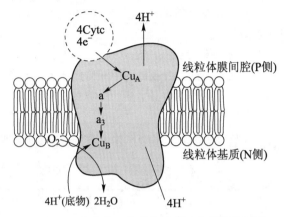

图 8-11　复合体Ⅳ的结构成分及电子传递过程

5. 复合体 V

复合体 V（complex V）就是我们常说的线粒体基粒，又称为 **ATP 合酶复合体**（ATP synthase complex）。它由多个亚基组成 F_0 和 F_1 两部分。其中 F_1 延伸至膜外，成为膜周边蛋白；而 F_0 跨膜存在于线粒体内膜之中，属于膜内在蛋白。

通过生物化学和晶体衍射研究，推导出 F_0 和 F_1 结构模型（图 8-12）。

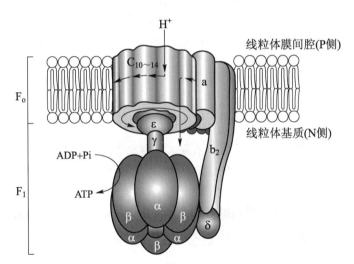

图 8-12　复合体 V 的结构成分

科学史话 8-3
1997 年诺贝尔化学奖介绍——ATP 合酶机制

F_1 蛋白含有 9 个亚基，形成球-柄形的结构。其中柄的"底座"是 ε 亚基，它与 F_0 接触；球状的"头部"是由 3 个 α 亚基和 3 个 β 亚基交互排列形成类似蒜瓣的结构；连接"底座"与"头部"的中轴"柄"是 γ 亚基，γ 亚基上端与 3 个 αβ 亚基对中的一对结合，下端与 ε 亚基一起牢固地结合在 F_0 上；而 δ 亚基是存在于"头部"外面的一个亚基。F_1 蛋白又可以表示为 $\alpha_3\beta_3\gamma\delta\varepsilon$。

F_0 蛋白是桶状结构，由 1 个 a 亚基、2 个 b 亚基和 10~14 个 c 亚基组成。其中 c 亚基横跨内膜成同心圆排列，中间形成质子通道。通常将它们称为一个 **C 单位**（C unit）；a 亚基存在于桶状结构外；2 个 b 亚基将 F_1 蛋白的 δ 亚基、αβ 亚基和 F_0 蛋白的 a 亚基连接在一起，从而将它们固定在膜上。同时，C 单位附着于由 F_1 的 ε 和 γ 亚基形成的轴上。F_0 蛋白又可以表示为 $ab_2c_{10\sim14}$。

在 ATP 合酶复合体上有一个管道，质子可以从这一管道顺着电化学梯度从膜间腔通过线粒体内膜进入线粒体基质，在这一过程中放出的能量用于 ATP 合成。

三、线粒体的功能——通过呼吸链产生 ATP

1. 呼吸链的概念

代谢物上的氢原子被脱氢酶激活脱落后，经一系列的传递体，最后传递给被激活的氧分子，生成水，参与这一过程的体系称作**呼吸链**（respiratory chain），也叫**电子传递体系**（electron transport system，ETS）或**电子传递链**（electron transport chain）。呼吸链的成分主要存在于线粒体内膜上，即上述几个复合体中。

2. 呼吸链的分类

生物种类不同，呼吸链的中间传递体也会有所差别，所以，呼吸链有多种形式，但其主要环节是基本一致的。生物体内最主要的呼吸链有两类。

（1）NADH 呼吸链

NADH 呼吸链属于多酶氧化体系，是典型的呼吸链。其组分的排列顺序如图 8 – 13 所示。

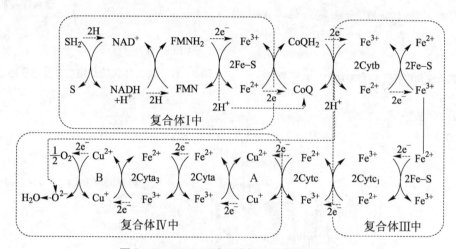

图 8 – 13　NADH 呼吸链各组分的排列顺序

在此呼吸链中的电子传递可简单描述为：来自代谢物 SH_2 的电子（SH_2 形成 S）经过复合体 I 到达 CoQ，由于 CoQ 的易穿梭性，它将电子传递给复合体 III，继而再将电子传递给另外一种可移动的连接分子——细胞色素 c，最后由复合体 IV 接受细胞色素 c 的电子并传递给分子氧。在电子经过复合体 I、III 和 IV 时，还伴随着从线粒体基质到膜间腔的质子流动。

在复合体 III 中，实际上经过了一个比较复杂的过程（图 8 – 10），但通常以图 8 – 13 的形式简单地表示出来。

糖类、脂肪、蛋白质三大类物质分解代谢中的脱氢氧化反应，绝大部分通过此呼吸链完成了能量的产生。如表 8 – 6 中产生的 NADH，均经过此呼吸链。

（2）$FADH_2$ 呼吸链

$FADH_2$ 呼吸链属于二酶氧化体系，各组分的排列顺序如图 8 – 14 所示。

存在于复合体 II 中的琥珀酸脱氢酶，催化琥珀酸脱氢成为延胡索酸，脱下的氢传递给辅基 FAD，形成 $FADH_2$。接下来通过复合体 II 中的 Fe – S 中心传递电子，而质子 H^+ 和 e^- 一起传递给 CoQ。接下来的电子传递和质子变化特点，与 NADH 呼吸链基本相同。

将 NADH 和 $FADH_2$ 两类呼吸链的联系，以及某些重要代谢物氧化时进入呼吸链的位置表示在图 8 – 15 中。

3. 呼吸链中电子的传递方式

从上述两种类型的呼吸链可见，代谢物上的氢原子通过一系列的传递体最终传递给氧，主要通过

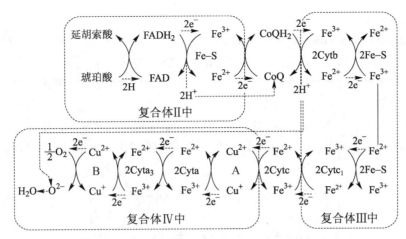

图 8-14 FADH₂ 呼吸链各组分的排列顺序

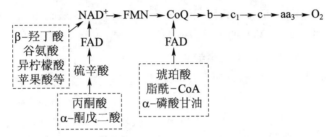

图 8-15 某些重要代谢物氧化时进入呼吸链的途径

以下三种方式进行（反应式可见表 8-4）。

① 以 1 个氢负离子（H:⁻）的形式传递，这种形式传递 2 个电子的同时传递 1 个质子。例如 NADH 中的物质传递。

② 以 1 个氢原子（H⁺ + e⁻）的形式传递，这种形式传递 1 个电子的同时传递 1 个质子。例如物质在 FMN 和 CoQ 中的传递。

③ 电子（e⁻）的直接转移。例如物质在各种细胞色素、Fe-S 以及 Cu 中的传递。

4. 呼吸链中传递体顺序的研究方法

呼吸链中电子传递体的顺序，是经历了半个多世纪的努力探索而确定的，主要是从下面几个方面进行研究。

① 从结构上分析——分离线粒体内膜上的几种复合物。

② 最直接的分析——用分光光度法测定平衡状态时的吸收光谱。

③ 对得失电子的趋势分析——测定电子传递体的标准氧化还原电势。

④ 对电子传递链的阻断分析——使用特异性抑制剂。

四、氧化磷酸化

生物体内的能源物质经过生物氧化是如何产生 ATP 的？这是在下面的论述中要阐明的问题。

1. 磷酸化的方式

生物界主要通过磷酸化产生 ATP，其方式有多种。

（1）光合磷酸化

光合磷酸化（photophosphorylation）存在于绿色植物和光合微生物中，是通过光能驱动的磷酸化产生 ATP 的方式，这部分内容将在第九章糖类的合成代谢中加以介绍。

（2）非氧化磷酸化

非氧化磷酸化（non-oxidative phosphorylation）是生物体在缺氧条件下，特别是一些厌氧微生物获取能量的重要方式。该方式也可以发生在有氧氧化的某些中间过程中。

这种方式，既不需氧也没有代谢物脱氢（氧化），而是在代谢物脱水、基团转移过程中，分子内部能量重新分布和转移，利用这部分能量合成 ATP。

例如，在糖酵解中，2 – 磷酸甘油酸经过脱水，生成磷酸烯醇式丙酮酸，然后再生成丙酮酸，即发生了分子内部能量的重新分布，最后形成 ATP。此反应没有发生氧化作用（即脱氢）。

$$
\begin{array}{ccc}
\text{COOH} & \text{COOH} & \text{COOH} \\
| & \xrightarrow{-H_2O} \quad | \quad \xrightarrow{ADP \;\; ATP} & | \\
\text{CHO}\textcircled{P} & \text{CO}\textcircled{P} & \text{CO} \\
| & \| & \| \\
\text{CH}_2\text{OH} & \text{CH}_2 & \text{CH}_3 \\
\text{2-磷酸甘油酸} & \text{磷酸烯醇式丙酮酸} & \text{丙酮酸}
\end{array}
$$

（3）氧化磷酸化

氧化磷酸化（oxidative phosphorylation）是大多数生物共有的磷酸化方式。该方式利用代谢物脱氢（氧化）时释放的化学能驱动 ATP 的生成。根据氧化方式的不同，将氧化磷酸化分为**底物水平磷酸化**（substrate phosphorylation）和**呼吸链磷酸化**（respiratory chain phosphorylation）（电子传递体系磷酸化），其中呼吸链磷酸化是氧化磷酸化的重要形式。

① 底物水平磷酸化　该方式中，驱动 ATP 生成的能量来源于底物的脱氢，分子内部能量重新分布，磷酸化的发生与氧存在与否无关。即底物被氧化过程中，形成了某些高能磷酸化合物的中间产物。此反应通过酶的作用使 ADP 生成 ATP。

例如，在糖酵解中，3 – 磷酸甘油醛脱氢氧化后转变成 1，3 – 二磷酸甘油酸，形成了高能磷酸化合物，最终生成 3 – 磷酸甘油酸，同时产生 ATP。

$$
\begin{array}{ccc}
\text{CHO} & \text{COO}\textcircled{P} & \text{COOH} \\
| & \xrightarrow[\quad Pi \quad]{NAD^+ \;\; NADH+H^+} \quad | \quad \xrightarrow{ADP \quad\quad ATP} & | \\
\text{CHOH} & \text{CHOH} & \text{CHOH} \\
| & | & | \\
\text{CH}_2\text{O}\textcircled{P} & \text{CH}_2\text{O}\textcircled{P} & \text{CH}_2\text{O}\textcircled{P} \\
\text{3-磷酸甘油醛} & \text{1,3-二磷酸甘油酸} & \text{3-磷酸甘油酸}
\end{array}
$$

② 呼吸链磷酸化　当电子从 NADH 或 $FADH_2$ 经过呼吸链（电子传递链）传递给氧形成水时，伴有 ADP 磷酸化生成 ATP，这一全过程称呼吸链磷酸化，又称电子传递体系磷酸化。它是生成 ATP 的主要方式，是生物体内能量转移的重要环节。

2. 呼吸链中磷酸化的部位

实验证明，在 NADH 呼吸链中，从 NADH 到分子氧，有三个部位能使氧化还原过程中释放的能量转化为 ATP，这三处也是电子传递链上可被特异性抑制剂切断的地方。这三个部位还可以通过电化学的计算结果来证明。

根据标准氧化还原电势与自由能之间的关系，即 $\Delta G'^\theta = -nF\Delta E'^\theta$，可知：

① 从 NADH → FMN

$$\Delta G'^\theta = -2 \times 96.48 \times \left[(-0.03) - (-0.32) \right] \text{ kJ/ mol } = -56.0 \text{ kJ/ mol}$$

② 从 $Ctyb$ → $Ctyc_1$

$$\Delta G'^\theta = -2 \times 96.48 \times \left[(+0.254) - (+0.077) \right] \text{ kJ/ mol } = -34.2 \text{ kJ/ mol}$$

③ 从 $Ctyaa_3$ → O_2

◎ 知识拓展 8 – 10

电子传递和 ATP 形成

$$\Delta G'^{\theta} = -2 \times 96.48 \times [(+0.816) - (+0.29)] \text{ kJ/mol} = -102.3 \text{ kJ/mol}$$

可见，每一处的自由能变化均超过30.5 kJ/mol，即ATP的酸酐键水解时释放的能量，所以这三步反应每步产生的$\Delta G'^{\theta}$完全可以合成一个高能磷酸键。

同时发现，NADH呼吸链其余部分的反应中，由于释放的自由能都小于30.5 kJ/mol，所以不足以合成一个高能磷酸键。

对于$FADH_2$呼吸链，由于琥珀酸脱氢后生成的$FADH_2$是从CoQ进入呼吸链，所以只有两个部位可能产生ATP。

图8-16总结了两条典型的线粒体呼吸链中磷酸化的部位，亦即ATP产生的部位。

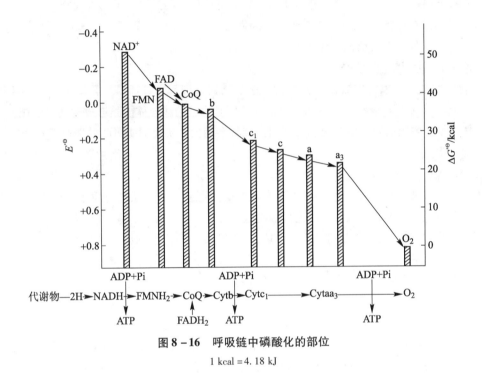

学习与探究8-4
多学科融合理念指导电子传递链-氧化磷酸化与原电池的教学

图8-16 呼吸链中磷酸化的部位

1 kcal = 4.18 kJ

由于电子传递过程的复杂性，对于NADH呼吸链和$FADH_2$呼吸链产生的ATP，并不一定恰好就是3个和2个，目前公认的数据见后面的化学渗透学说。

3. 氧化磷酸化的作用机制

在氧化磷酸化过程中，ATP的产生主要与电子传递偶联。那么，电子传递，又是怎样推动ADP生成ATP呢？对于这一问题，众多学者进行了大量研究，但仍然有许多问题没有完全被阐明。目前，人们公认的是**化学渗透学说**（chemiosmotic hypothesis）。其他还有**化学偶联学说**（chemical coupling hypothesis）和**结构偶联学说**（conformational hypothesis）。

（1）化学偶联学说

化学偶联学说是E. C. Slater在1953年最先提出的，其重要观点是：在电子传递过程中可以产生一种活泼的中间产物。这种中间产物首先被磷酸化，继而裂解，发生了ADP生成ATP的反应。

在糖酵解中，由3-磷酸甘油醛→1,3-二磷酸甘油酸→3-磷酸甘油酸的底物水平磷酸化过程，就可以将1,3-二磷酸甘油酸看成活泼的中间产物。此反应可看成对该学说的支持例证。但在呼吸链的氧化磷酸化过程中，未能发现类似物质，从而使得该学说失去了它的生命力。

（2）结构偶联学说

1964年P. D. Boyer首先提出了结构偶联学说。该学说认为，在电子传递过程中，会导致线粒体内膜上某些蛋白质发生构象的变化。这些蛋白质首先从低能状态转变为高能状态，然后再恢复到低能状态，利用此逆转过程产生的能量推动 ATP 生成。学者们在研究过程中，虽然发现了不同形式的蛋白质构象，但并没有确切的证据证明这些构象变化与氧化磷酸化密切相关。因此，结构偶联学说也就停留在了假说阶段而被人们基本否定。

（3）化学渗透学说

科学史话 8-4
纪念化学渗透学说的
创建人 Peter Mitchell

化学渗透学说是英国生物化学家 P. Mitchell 在 1961 年提出的。化学渗透学说与许多实验结果相符，对氧化磷酸化作用机制有比较合理的解释。P. Mitchell 因此荣获了 1978 年度的诺贝尔化学奖。

① 化学渗透学说的要点　化学渗透学说的结构基础是线粒体内膜上的电子传递体以及 ATP 合酶复合体，即前面所述的复合体 Ⅰ、Ⅱ、Ⅲ、Ⅳ 和 Ⅴ。

化学渗透学说认为，电子传递体将电子从高能向低能传递的过程中，一方面释放能量，另一方面利用这部分能量将质子从线粒体基质"泵"到膜间腔中，从而形成质子梯度。在质子梯度蕴含的电化学势能驱动下，于 ATP 合酶复合体中形成 ATP。

② 化学渗透学说的实验证据

知识拓展 8-11
化学渗透学说

a. 针对结构基础　氧化磷酸化需要具备严格的结构基础。它包括由复合体 Ⅰ、Ⅱ、Ⅲ 和 Ⅳ 组成的电子传递链、与 ATP 合成密切相关的复合体 Ⅴ，以及完整的线粒体内膜形成的密闭区域。

在破坏线粒体内膜的碎片中，两侧的密闭区域将会消失。实验证明，此种情况下不会发生与电子传递偶联的 ATP 生成。同样，分别破坏各个复合体，或者破坏它们之间的联系（即破坏电子传递链），均可影响 ATP 生成。

b. 针对质子梯度　针对质子梯度与 ATP 合成的必然联系，可以从测定质子梯度大小、破坏已有质子梯度和人为建立质子梯度三个方面进行实验验证。

使用精确的 pH 计，可以测出呼吸活跃的线粒体基质一侧比膜间腔一侧的 pH 大约高 0.75 个单位，膜电势为 $0.15 \sim 0.2$ V。

缬氨霉素是一种多肽，当它结合 K^+ 后，很容易穿过膜而扩散，是一种很好的 K^+ 载体。由于细胞质基质是一种高 K^+ 环境，当加入缬氨霉素时，K^+ 通过线粒体外膜和内膜运送到线粒体基质中，这样就抵消了线粒体基质与膜间腔的由质子梯度形成的电势能，最终不能形成 ATP。

学习与探究 8-5
人造电化学梯度实验

从另外一个角度着眼，也可以利用缬氨霉素的这种作用，形成一种人造电化学梯度，使得在没有可氧化底物存在的情况下形成 ATP。

③ 形成质子梯度的理论模型　化学渗透学说得到了大量实验的支持，已经被多数学者承认。但从理论上又怎样解释质子梯度的建立以及该质子梯度对于 ATP 形成的作用呢？关于质子梯度的建立目前比较合理的解释是 **Q 循环**（Q circle）和**质子泵**（proton pump）模型。

Q 循环是 P. Mitchell 提出来的，是关于电子和质子穿越复合体 Ⅲ 的模型。复合体 Ⅲ 的主要组成和电子传递过程在前面已经描述（图 8-10），下面以 Q 循环总结该过程（图 8-17）。

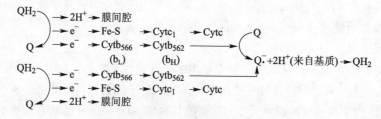

图 8-17　质子梯度建立的 Q 循环图解

学习与探究 8-6
如何理解 Q 循环的
意义？

由此可见，经过一个 Q 循环，传递了 QH_2 中的一对电子，消耗了线粒体基质中的 2 个 H^+，使得 4 个 H^+ 进入膜间腔，从而形成了质子梯度。由 Q 循环进行的过程，还可以明显看出，Q 的两个特点，即前面所述的易穿梭性和传递物质的灵活性。

在复合体Ⅰ和复合体Ⅳ处形成的质子梯度，通常可以用"质子泵"模型来解释。所谓"质子泵"，是复合体中的某些蛋白质，类似于第七章脂质与生物膜中讲到的 Na^+，K^+ – ATP 泵。这些蛋白质在线粒体基质一侧结合 H^+，发生构象的变化，将 H^+ 泵到线粒体的膜间腔，而蛋白质又恢复为原来的构象（图 8 – 18）。

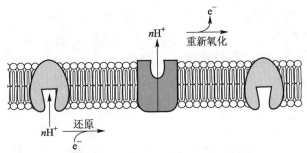

图 8 – 18 质子梯度建立的质子泵模型

据测定，1 对电子经过复合体Ⅰ和复合体Ⅳ时，可以分别将 4 个和 2 个 H^+ 泵到线粒体的膜间腔。

综上所述，根据 Q 循环和"质子泵"理论，当 1 对电子经过 NADH 呼吸链时，要经过复合体Ⅰ、Ⅲ和Ⅳ，可以将 10 个 H^+ 泵到线粒体的膜间腔；而当 1 对电子经过 $FADH_2$ 呼吸链时，经过的是复合体Ⅱ、Ⅲ和Ⅳ，只能将 6 个 H^+ 泵到线粒体的膜间腔。

那么，当质子梯度形成后，又怎样驱动 ATP 的生成呢？

④ ATP 合酶复合体的作用 ATP 合酶复合体是产生 ATP 的主要结构。而实现该反应的理论模型是**结合改变学说**（binding change model）。该学说是 P. D. Boyer 在 1977 年提出的，它对化学渗透学说形成了很好的补充。其要点如下（见图 8 – 12）：

a. H^+ 内流驱动 C 单位的转动。电子传递过程积累在线粒体膜间腔的 H^+，通过 F_o 蛋白 C 单位中间的质子通道，使 C 单位发生转动。有人认为这种转动是由于 c 亚基上存在酸性氨基酸——天冬氨酸，当它的侧链羧基结合质子后，发生位置的变化而产生的。

b. γ 亚基的转动。C 单位转动会带动与其相连的 F_1 蛋白 γ 亚基的转动。科学家们利用遗传工程技术，设计出精巧的实验证实了这种转动。

c. β 亚基构象的变化。由于 γ 亚基位于 3 对 αβ 亚基的中间，它会以不同部位与每一对 αβ 亚基接触，使 β 亚基成为三种不同的状态。这三种状态分别是：β – ATP，这种构象与 1 分子 ATP 紧密结合，又称**紧密态**（tight conformation，T 态）；β – ADP，与 1 分子 ADP 和 Pi 结合，又称松散态（loose conformation，L 态）；β – 空缺，可以新结合 ADP 和 Pi，又称为**开放态**（open conformation，O 态）。

上述三种状态的 β 亚基随着 γ 亚基的转动发生有规律的转变（图 8 – 19）。从紧密态（T）→开放态（O）→松散态（L）→紧密态（T），图中的箭头表示 γ 亚基的旋转，并依次与每个 αβ 亚基结合。当紧密态（T）转换成开放态（O）时，释放 ATP；而开放态（O）转换成松散态（L）时，从线粒体基质中结合 ADP 和 Pi，β 亚基被 ADP 和 Pi 填充；在松散态（L）转换成紧密态（T）的过程中，促使 ADP 和 Pi 形成 ATP。

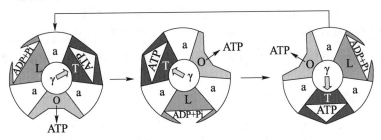

图 8 – 19 结合改变学说中 β 亚基构象的变化

⑤ 用化学渗透学说解释 ATP 产生的数量　依据结合改变学说，配合实验测定，发现产生 1 个 ATP 需要 4 个 H^+。其中 3 个 H^+ 消耗在 ATP 合酶复合体中，实现了 β 亚基构象的转变。还有 1 个 H^+ 被消耗在 ADP 与 ATP 的交换运输过程中。因为线粒体内膜上的腺嘌呤核苷酸移位酶（adenine nucleotide translocase）从膜间腔结合 1 个带 3 个负电荷的 ADP 进入基质，同时将 1 分子带 4 个负电荷的 ATP 从基质运入膜间腔，此过程给基质减少了 1 个负电荷，第四个 H^+ 即消耗在维持该过程的电荷平衡中。

1 对电子经过 NADH 呼吸链可以将 10 个 H^+ 泵到线粒体的膜间腔，产生 2.5 个 ATP；1 对电子经过 $FADH_2$ 呼吸链可以将 6 个 H^+ 泵到线粒体的膜间腔，产生 1.5 个 ATP。

化学渗透学说虽然得到了许多实验的支持，能够比较合理地解释氧化磷酸化的作用机制，但近年来也不断有与此学说相矛盾的实验结果被报道，所以该学说目前也面临着挑战，成为大家关注的热点。

> 📋 **拾 零**
>
> ### 世界上最小的分子涡轮发动机
>
>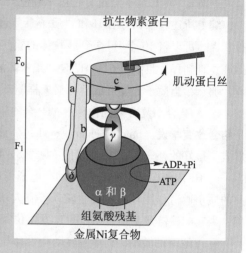
>
> 2001 年，日本学者将 ATP 合酶复合体一端的 α、β 亚基通过添加组氨酸标签，与载玻片上喷涂的金属 Ni 复合物相连，这样，ATP 合酶复合体就锚定在载玻片上。而 ATP 合酶复合体的另外一端的 c 亚基（或 γ 亚基）上，则利用生物素和抗生物素蛋白之间的亲和力，与带有荧光的肌动蛋白丝相连。当有 ATP 存在时，肌动蛋白丝会发生顺时针转动，而这种转动会通过肌动蛋白上带有的荧光在显微镜下直接观察到。该实验说明，ATP 水解可以驱动 ATP 合酶复合体的 c 亚基（或 γ 亚基）转动；反之，如果在生物体内，由质子梯度驱动的 c 亚基（或 γ 亚基）的转动，会促使 ATP 的合成和释放。因此，有人将 ATP 合酶复合体称为世界上最小的分子涡轮发动机。

🔘 知识拓展 8-12

ATP 合酶

4. 氧化磷酸化的效率表示——P/O 比值

研究氧化磷酸化最常用的方法还包括测定线粒体的 P/O 比值。**P/O 比值**（P/O ratio）指在线粒体内膜上进行电子传递时，每消耗 1 摩尔氧原子所消耗的无机磷酸的摩尔数。P/O 比值也可以看成当 1 对电子通过呼吸链传递至 O_2 时（生成 1 分子的 H_2O）所产生的 ATP 数。可见，P/O 比值越高，氧化磷酸化的效率就越高。NADH 和 $FADH_2$ 呼吸链的 P/O 比值分别为 2.5 和 1.5。

🔘 学习与探究 8-7

常见呼吸链 P/O 比值

5. 线粒体外 NADH 和 NADPH 的氧化磷酸化

前面论述通过电子传递产生 ATP 时，是针对存在于线粒体内的 NADH 和 $FADH_2$。但在三大类能源物质的氧化过程中，有许多步骤是在线粒体外完成的，如糖酵解（可以产生 NADH）、磷酸戊糖途径（可以产生 NADPH）等。NADPH 具有还原能力，大部分用于各种物质的合成代谢，从而被消耗在细胞质基质中。也有一部分 NADPH 在线粒体中通过氧化磷酸化产生 ATP。

可是，细胞质基质中的 NADH 和 NADPH 不能直接通过线粒体完成跨膜运输，那么怎样实现氧化磷酸化呢？这需要通过**穿梭机制**（shuttle mechanism）将它们中的电子传过线粒体膜。主要的穿梭机制有以下三种。

（1）异柠檬酸穿梭

🔘 学习与探究 8-8

三种穿羧机制差异

通过该过程，以异柠檬酸为中间媒介，将 NADPH 中的电子传递给 NAD^+，形成 NADH，NADH 进入呼吸链产生 ATP。

（2）α-磷酸甘油穿梭

α-磷酸甘油穿梭主要存在于昆虫的飞行肌中，在高等动物的骨骼肌和大脑中也占有一定的比例。通过该过程，将 NADH 中的电子以 α-磷酸甘油为中间媒介，传递给 FAD，形成 $FADH_2$，$FADH_2$ 进入呼吸链产生 ATP。

（3）苹果酸穿梭

苹果酸穿梭主要在高等动物的肝、肾和心脏中起作用。该穿梭方式可以将 NADH 中的电子以苹果酸为中间媒介，传递给线粒体内的 NADH，NADH 进入呼吸链产生 ATP。

❓ 思考与讨论

1. 什么是新陈代谢？简述人和绿色植物新陈代谢的主要特点。

2. 什么是 ATP？它在生物体内有哪些重要作用？

3. 举例说明生物氧化有哪些主要类型。

4. 以呼吸链中物质的传递方式为线索，对呼吸链中的主要传递体进行分类。

5. 针对多种生物、众多物质的复杂代谢途径，应该设计怎样的思路进行研究？

6. 从自由能与化学平衡、氧化还原电势的关系，简述生物化学反应与能量的联系。

7. 比较光合磷酸化、非氧化磷酸化、底物水平磷酸化和呼吸链磷酸化的异同点。

网上更多资源……

◆ 本章小结　　◆ 教学课件　　◆ 自测题　　◆ 教学参考

第九章

糖　代　谢

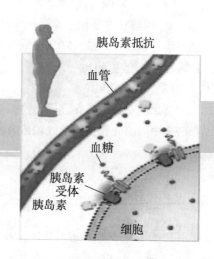

胰岛素抵抗
血管
血糖
胰岛素
受体
胰岛素
细胞

- **糖类的降解、吸收和转运**
  多糖和寡糖的降解；糖类的吸收、转运和贮存

- **糖类的分解代谢**
  糖的无氧氧化；糖的有氧氧化；三羧酸循环中间产物的回补途径；糖类的其他代谢途径

- **糖类的合成代谢**
  光合作用；多糖和寡糖的生物合成；葡萄糖的生物合成——糖异生作用

- **糖代谢的调节**
  糖酵解作用的调节；糖异生作用的调节；三羧酸循环的调节

- **糖代谢的应用**
  糖代谢调节发酵的机制概述；厌氧发酵；好氧发酵；糖代谢应用的展望

　　糖类作为自然界中分布最广的有机物质，不仅可以构成生物体的结构，还可参与生物体的重要生理功能，为生物体提供主要能源。那么，自然界存在的多种糖类最初来源于何处？糖类在生物体内发生哪些变化？这些问题的答案，将在本章的论述中体现。

学习指南
　　1. 重点：糖类在生物体内的分解和合成的基本过程，糖代谢过程中的能量变化和代谢调节。
　　2. 难点：糖类分解代谢和合成代谢的详细过程、物质变化和能量转换、代谢调控基本模式。

▶▶ **知识导图**

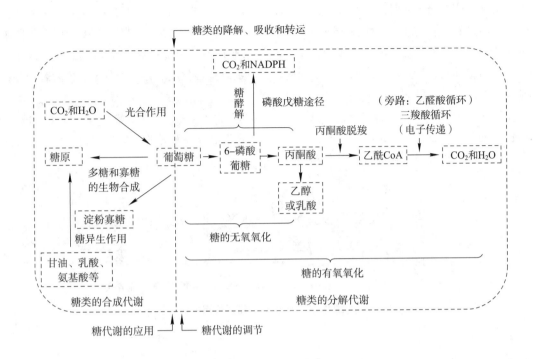

第一节 糖类的降解、吸收和转运

糖类作为生物体主要的能源物质，提供了生命活动的大部分能量。植物能将 CO_2 和 H_2O 合成为糖类，人类和动物又利用植物提供的糖类作为热能供给，构成了严谨而高效的物质和能量循环网络。那么，糖类是如何将能量释放出来？能量又是如何被利用的？这首先需要了解糖类在生物体内的降解、吸收和转运情况。

一、多糖和寡糖的降解

糖类的分解不仅为生物体生命活动提供必需的能量，也为生物体合成其他生命物质（如脂肪酸、氨基酸、核苷酸等）提供碳原子或碳链骨架。因此，糖类是生物体的主要能源和碳源。多数生物体直接获取的糖类主要是多糖和寡糖，它们以食物的形式被生物体摄入以后，逐步降解为单糖，最终分解产生能量或合成其他物质。生物体所利用的多糖主要有淀粉、纤维素和糖原等，寡糖主要有蔗糖、麦芽糖和乳糖等。那么，这些多糖和寡糖是怎样被生物体分解和利用的呢？

1. 淀粉的酶促降解

淀粉进入生物体后，首先在**淀粉酶**（amylase）的作用下逐步降解，最终转化成葡萄糖。生物体内的淀粉酶主要有 4 种，即 α-淀粉酶、β-淀粉酶、γ-淀粉酶和淀粉脱支酶（又叫 R 酶）。

① α-淀粉酶 **α-淀粉酶**（α-amylase）水解淀粉分子中的 α-1，4-糖苷键，产生麦芽糖和 α-糊精。该酶主要存在于人和动物的唾液、胰液中。在枯草杆菌、米曲霉、黑曲霉等微生物和麦芽等植物组织中也含有 α-淀粉酶。

② β - 淀粉酶　**β - 淀粉酶**（β-amylase）也是水解淀粉分子中的 α - 1，4 - 糖苷键。但是，该酶的作用方式比较特殊，是从淀粉的非还原性末端残基开始水解，依次切下 2 个葡萄糖单位，同时产生一个基团异位反应，将 α - 型转变为 β - 型，从而产生 β - 麦芽糖。该酶主要存在于麦芽中。

③ γ - 淀粉酶　**γ - 淀粉酶**（γ-amylase）不仅能水解淀粉分子中的 α - 1，4 - 糖苷键，还能水解淀粉分子中的 α - 1，6 - 糖苷键，其作用方式是从淀粉非还原性末端开始逐个切下葡萄糖残基。因此，无论是直链淀粉，还是支链淀粉，在该酶的作用下最终都转化成为葡萄糖分子。该酶普遍存在于人和动物的细胞中。

④ 淀粉脱支酶（R 酶）　**脱支酶**（debranching enzyme）专一性水解淀粉的 α - 1，6 - 糖苷键，将支链淀粉的分支部分切下来，产生直链淀粉。该酶普遍存在于多种植物组织中。

上述 4 种淀粉酶都有其独特的作用方式（图 9 - 1）。

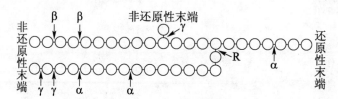

α：α-淀粉酶；β：β-淀粉酶；γ：γ-淀粉酶；R：R 酶（淀粉脱支酶）

图 9 - 1　淀粉酶的作用位点

2. 纤维素的酶促降解

纤维素是由葡萄糖通过 β - 1，4 - 糖苷键连接组成的多糖，虽然也以葡萄糖为基本组成单位，但其性质与淀粉有很大差异。纤维素是一种结构多糖，主要构成细胞壁结构。

生物体内纤维素的降解是在**纤维素酶**（cellulase）的催化下进行的。有些微生物（包括真菌、放线菌、细菌）及反刍动物的消化系统——瘤胃中的某些细菌能够产生纤维素酶，降解和消化植物纤维素，而哺乳动物没有纤维素酶，所以不能消化植物纤维素。

纤维素酶是参与水解纤维素的一类酶的总称，可以分成不同的组分，主要包括 C_1 酶、Cx 酶和 β - 葡糖苷酶 3 种组分。

（1）C_1 酶

C_1 酶是纤维素酶系中的重要组分，它在天然纤维素的降解过程中起主导作用。C_1 酶破坏天然纤维素晶体状结构，使其变成可被 Cx 酶作用的形式。

（2）Cx 酶

Cx 酶也称 β - 1，4 - 葡聚糖酶，是一种水解酶，能水解纤维素衍生物或者膨胀和部分降解的纤维素，但不能作用于结晶的纤维素。

（3）β - 1，4 - 葡糖苷酶

该酶有两种类型：即外切 β - 1，4 - 葡糖苷酶和内切 β - 1，4 - 葡糖苷酶。外切 β - 1，4 - 葡糖苷酶能从纤维素链的非还原性末端逐个切下葡萄糖单位，产物是 α - 葡萄糖，专一性比较强。内切 β - 1，4 - 葡糖苷酶以随机形式水解 β - 1，4 - 葡聚糖，它作用于较长的纤维素链，对末端键的敏感性比较小，主要产物是纤维糊精、纤维二糖和纤维三糖（图 9 - 2）。

3. 糖原的酶促降解

糖原也是由葡萄糖通过葡糖苷键连接组成的多糖，其结构与支链淀粉很相似，所不同的是糖原的分支程度更高、分支链更短。糖原主要存在于肝和骨骼肌中。糖原的降解需要三种酶，即**糖原脱支酶**（glycogen debranching enzyme）、**磷酸葡糖变位酶**（phosphoglucomutase）和**糖原磷酸化酶**（glycogen phosphorylase）。

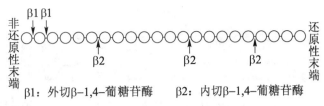

β1：外切β-1,4-葡糖苷酶　　　β2：内切β-1,4-葡糖苷酶

图 9-2　纤维素酶的作用位点

（1）糖原磷酸化酶

该酶从糖原的非还原性末端依次切下葡萄糖残基，降解后的产物为 1-磷酸葡糖（图 9-3）。

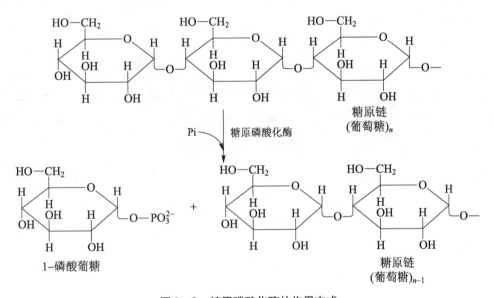

图 9-3　糖原磷酸化酶的作用方式

（2）磷酸葡糖变位酶

糖原在糖原磷酸化酶的作用下降解产生 1-磷酸葡糖。1-磷酸葡糖必须转变形成 6-磷酸葡糖后方可进入糖酵解进行分解。1-磷酸葡糖到 6-磷酸葡糖的转变是由磷酸葡糖变位酶催化完成。

（3）糖原脱支酶

该酶水解糖原的 α-1,6-糖苷键，切下糖原分支。糖原脱支酶具有转移酶和葡糖苷酶两种活性。在糖原脱支酶分解有分支的糖原时，首先转移酶活性使其 3 个葡萄糖残基从分支处转移到附近的非还原性末端，在那里它们以 α-1,4-糖苷键重新连接，在原来的分支处留下 1 个葡萄糖残基。然后，残留在分支处的以 α-1,6-糖苷键连接的单个葡萄糖残基，在葡萄糖苷酶的作用下被切下，以游离的葡萄糖形式释放（图 9-4）。

4. 双糖的酶促降解

生物体中的双糖在相应酶的催化下被降解为单糖，然后进一步被氧化分解，或转化为其他化合物。例如，人和高等动物的肠黏膜细胞中有**蔗糖酶**（sucrase）、**乳糖酶**（lactase）和**麦芽糖酶**（maltase），可以将对应的双糖分解成单糖。

（1）蔗糖的水解

蔗糖的水解由蔗糖酶催化，此酶也被称为转化酶，在植物体内广泛存在。蔗糖被水解后产生葡萄糖和果糖。

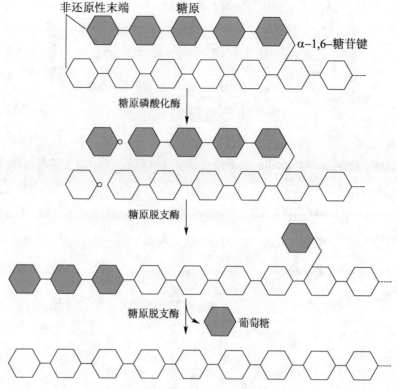

图 9-4 糖原脱支酶的作用方式

（2）麦芽糖的水解

麦芽糖酶催化 1 分子麦芽糖水解产生 2 分子 α-D-葡萄糖。另外，植物中还存在 α-葡糖苷酶，此酶也可催化麦芽糖的水解，在含淀粉的种子萌发时最丰富。

（3）乳糖的水解

乳糖的水解由乳糖酶催化，分解乳糖生成半乳糖和葡萄糖。

二、糖类的吸收、转运和贮存

1. 糖类的吸收

在动物体内，小肠是消化多糖的重要器官，也是吸收葡萄糖等单糖的重要部位。在动物和人体中，多糖经过酶促作用降解为单糖后，可被肠道黏膜细胞吸收。各种单糖的吸收速度有所不同，假设葡萄糖的吸收速度为100%，则各种单糖的吸收速度为：D-半乳糖（110%）＞D-葡萄糖（100%）＞D-果糖（43%）＞D-甘露糖（19%）＞L-木酮糖（15%）＞L-阿拉伯糖（9%）。细胞对各种单糖的吸收方式也不一样，可以分为主动运输和被动运输两种方式。

（1）主动运输

主动运输是小肠黏膜细胞吸收单糖的主要方式。此过程又可分为两种形式，即需要 Na^+ 的协同运输形式和不需要 Na^+ 的运输形式，其中以前者为主。在小肠黏膜细胞表面的微绒毛上，有一种特异性的载体蛋白，单糖和 Na^+ 分别结合在载体蛋白的不同部位，引起载体蛋白的构象改变，并将单糖和 Na^+ 运输到细胞内。运输到细胞内的 Na^+ 又被钠泵运输到细胞外，为再次的单糖主动运输做准备。

（2）被动运输

当小肠腔内单糖浓度过高时，可以通过被动运输吸收单糖。该过程中，单糖与细胞膜上专一的载体蛋白结合而运输到细胞内。但是，这种吸收方式中单糖的运输不需要 Na^+ 离子，而且是从高浓度向低浓度运送，因此不需要消耗能量。这种吸收方式占单糖总吸收量的一半以上。人体红细胞、肌肉组织和脂肪组织对葡萄糖和果糖的吸收主要利用这种方式。

2. 糖类的转运

通过消化道进入血液的各种单糖，经过门静脉进入肝。然后，在肝细胞内通过去磷酸化、异构化和其他反应全部转化成葡萄糖。当血液从肝静脉进入体循环时，仅有葡萄糖被运输到各种细胞、组织和器官中，进一步分解或利用。因此，葡萄糖是糖类在生物体内运输的主要形式。

◉ 知识拓展 9 – 1

血糖的来源和去路

3. 糖类的贮存

糖类的贮存主要有两种方式，即糖原和脂肪。

① 糖原　血液将葡萄糖运送到肝和肌肉等组织中，经酶催化，合成糖原贮存。

② 脂肪　过多的糖类可在脂肪组织中转化成脂肪贮存。

第二节　糖类的分解代谢

糖类的分解代谢是生物体取得能量的主要方式。生物体中单糖的氧化分解主要包括以下两种途径，即无氧氧化途径和有氧氧化途径。

一、糖的无氧氧化

1. 糖酵解

糖的无氧氧化又称**糖酵解**（glycolysis）。糖酵解一词（glycolysis）来源于希腊语词汇"甜（glykys）"和"裂解（lysis）"的合成。糖酵解途径是葡萄糖代谢的主要途径，大多数细胞中碳的流动都通过这条途径。1分子的葡萄糖通过糖酵解途径的一系列酶促反应被降解，最终产生2分子三碳化合物丙酮酸。在糖酵解途径中，一部分被释放的自由能以 ATP 和 NADH 的形式贮存起来。糖酵解途径被认为是生物体最古老、最原始的获取能量的一种方式。此途径不仅是生物体共同经历的葡萄糖分解代谢的前期途径，而且也是有些生物体（例如人类）在供氧不足的条件下获取能量的应急途径。糖酵解途径在很多哺乳动物组织和细胞中是唯一的代谢能量来源，例如红细胞、肾髓质、脑组织和精

🔍 科学史话 9 – 1

糖酵解途径的发现和阐明

子等。许多厌氧微生物则完全依赖于糖酵解途径。此外，该途径也是第一个被阐明、被了解得非常清楚的代谢途径，其反应机制及调节机制在所有细胞代谢研究中具有普遍的参考意义。

糖酵解途径在有氧或无氧的条件下均可进行，是所有生物体进行葡萄糖分解代谢必须经过的共同途径。关于糖酵解途径的研究，有两位德国生物化学家：G. Embden、O. Meyerhof 的贡献最大。因此，糖酵解过程又称为 Embden-Meyerhof 途径，简称 EMP 途径。

2. 糖酵解途径的反应过程

生物体内的糖酵解途径包括 10 步反应，其运行的场所是胞质溶胶（cytosol）或称为胞液。糖酵解途径的 10 步反应可分为三个阶段，即准备阶段、单糖的裂解阶段和丙酮酸的生成阶段（图 9-5）。这三个阶段中，中间产物都以磷酸化的形式存在。这种磷酸化形式具有重要的生理意义：其一，带有负电荷的磷酸基团使中间产物具有极性，从而这些中间产物不易透过细胞膜而丢失，因此这也是细胞的一种保糖机制；其二，磷酸基团在各反应步骤中起到信号的作用，有利于与酶结合而被催化；其三，磷酸基团经过糖酵解作用后，最终形成 ATP 的末端磷酸基团，因此具有保存能量的作用。

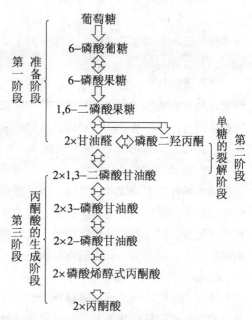

图 9-5 糖酵解途径的三个阶段

（1）准备阶段

此阶段为葡萄糖的活化过程，主要反应是葡萄糖的磷酸化反应和异构化反应，由 3 步反应组成。

① 葡萄糖磷酸化产生 6-磷酸葡糖 D-葡萄糖在**己糖激酶**（hexokinase）的作用下，把 ATP 的 γ-磷酸基团转移到 D-葡萄糖第 6 位碳原子上，形成 6-磷酸葡糖（可简写为 G-6-P），反应过程必须有 Mg^{2+} 存在。该步反应是糖酵解途径的第一个限速（关键）反应，也是第一个不可逆反应。

己糖激酶的底物专一性较低，不仅能作用于 D-葡萄糖，还能对其他六碳糖，如 D-甘露糖、D-果糖、氨基葡糖等具有催化作用，字头"hexo"即表示不专一的"六碳糖"。己糖激酶是糖酵解中的第一个调节酶，催化生成的产物 6-磷酸葡糖是该酶的反馈抑制物。现已发现己糖激酶有 4 种同工酶（Ⅰ、Ⅱ、Ⅲ、Ⅳ型），Ⅰ型主要存在于脑和肾中，Ⅱ型主要存在于骨骼和心肌中，Ⅲ型主要存在于肝和肺中，Ⅳ型只存在于肝中。Ⅳ型己糖激酶又称为**葡糖激酶**（glucokinase，GK），该酶只能催化葡萄糖生成 6-磷酸葡糖的反应，其活性也不受产物的抑制，对葡萄糖的 K_m 值为 0.01~1 mol/L，葡萄糖和胰岛素能诱导肝细胞合成葡糖激酶。

② 6-磷酸葡糖异构化生成 6-磷酸果糖 这是磷酸己糖的同分异构化反应，葡萄糖的羰基从 C_1 位转移到 C_2 位，使葡萄糖由醛式转变成酮式的果糖，其 C_1 位上形成了自由羟基，反应由**磷酸葡糖异构酶**（phosphoglucose isomerase）催化，6-磷酸葡糖异构化生成 6-磷酸果糖（可简写为 F-6-P），即醛糖转变为酮糖。该步反应不需要辅助因子参与，反应较快且可逆。在正常情况下，6-磷酸葡糖

和6-磷酸果糖保持平衡或接近平衡状态。

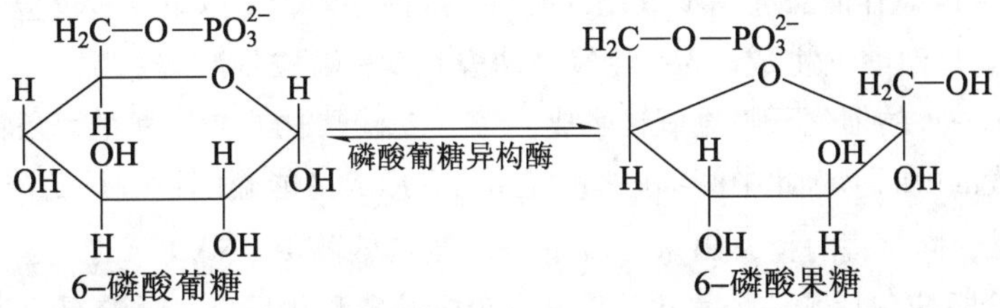

6-磷酸葡糖　磷酸葡糖异构酶　6-磷酸果糖

③ 6-磷酸果糖磷酸化生成1,6-二磷酸果糖　6-磷酸果糖在**磷酸果糖激酶-1**（phosphofructokinase-1）的作用下，消耗1分子ATP，把6-磷酸果糖再次磷酸化生成1,6-二磷酸果糖。该步反应是糖酵解途径的第二个限速（关键）反应，也是第二个不可逆反应。

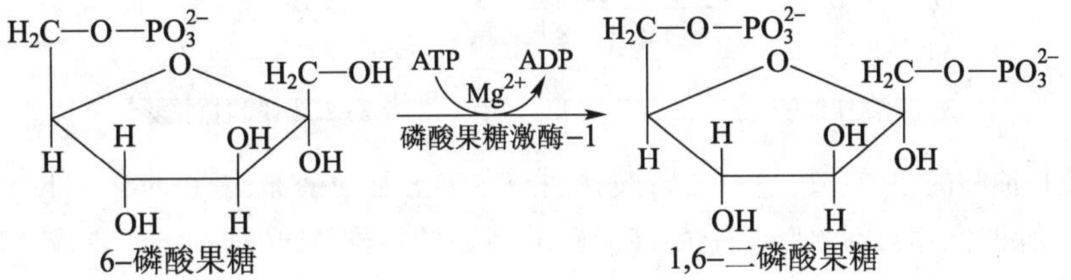

6-磷酸果糖　磷酸果糖激酶-1　1,6-二磷酸果糖

磷酸果糖激酶-1是一种变构酶，催化效率很低，糖酵解的速率严格地依赖于该酶的活力水平。因此，该酶是糖酵解途径最重要的调控关键酶，其活性受到许多因素的控制。该酶由4个亚基组成。在人和动物中已发现有3种同工酶（A、B和C型），A型存在于骨骼肌和心肌，B型存在于肝细胞及红细胞，C型存在于脑组织中。

（2）单糖的裂解阶段

单糖的裂解阶段由1,6-二磷酸果糖裂解为2分子磷酸丙糖以及磷酸丙糖的相互转化两步反应组成。

④ 1,6-二磷酸果糖的裂解　1,6-二磷酸果糖在**醛缩酶**（aldolase）的催化下，C_3和C_4之间断裂，生成3-磷酸甘油醛和磷酸二羟丙酮，反应可逆。醛缩酶是由4个亚基组成的多聚酶，相对分子质量为160 000。来自动物组织的醛缩酶有3种同工酶，即肌肉型、肝型和脑型，它们均不需要辅因子。但是来自酵母和细菌的醛缩酶需要Fe^{2+}、Co^{2+}和Zn^{2+}激活。

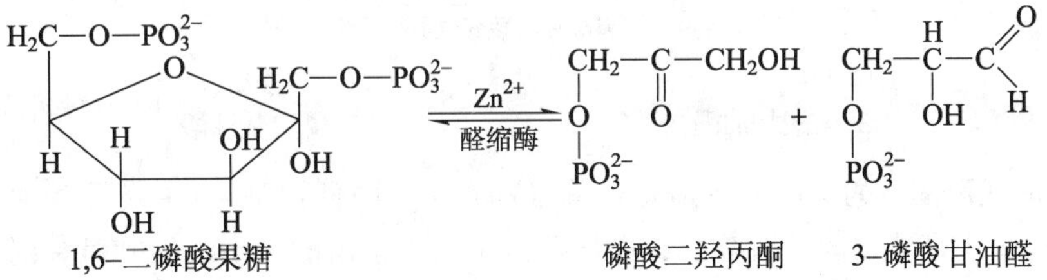

1,6-二磷酸果糖　磷酸二羟丙酮　3-磷酸甘油醛

⑤ 磷酸丙糖的同分异构化　3-磷酸甘油醛和磷酸二羟丙酮在**磷酸丙糖异构酶**（phosph-otriose isomerase）的催化下可以互变。当反应达到平衡时，3-磷酸甘油醛占4%，磷酸二羟丙酮占96%。但由于3-磷酸甘油醛不断进入分解代谢，不断被消耗，因此该反应仍向生成3-磷酸甘油醛的方向进行。

磷酸二羟丙酮　磷酸丙糖异构酶　3-磷酸甘油醛

（3）丙酮酸的生成阶段

在此阶段中，3-磷酸甘油醛进一步氧化，最终生成丙酮酸，由以下5步反应组成。

⑥1,3-二磷酸甘油酸的生成　3-磷酸甘油醛在**3-磷酸甘油醛脱氢酶**（glyceral-dehyde 3-phosphate dehydrogenase）的催化下脱氢氧化生成1,3-二磷酸甘油酸。其过程是：3-磷酸甘油醛先和酶结合，形成活泼的中间物，此中间物脱氢时在C_1上形成高能硫酯键。该硫酯键被磷酸分解生成1,3-二磷酸甘油酸，同时将酶释放出来。脱下来的氢被辅酶Ⅰ（NAD^+）接受，形成还原型辅酶Ⅰ（$NADH + H^+$）。这个反应包括了一个氧化反应和一个酰基磷酸化反应，反应是可逆的。3-磷酸甘油醛脱氢酶是由4个相同的亚基组成的多聚酶，含有一个巯基，相对分子质量为140 000。

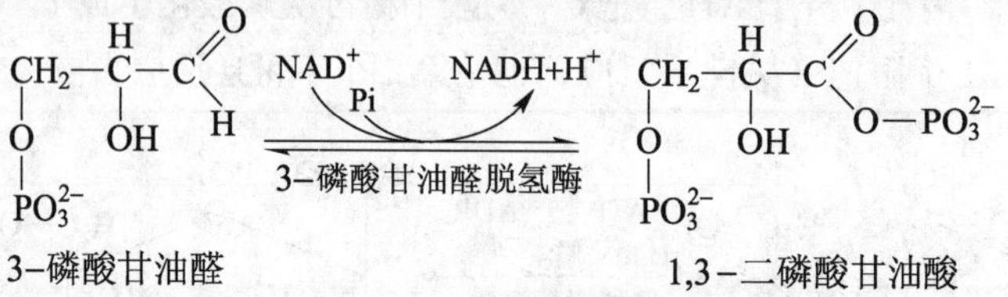

3-磷酸甘油醛　　　　　　　　1,3-二磷酸甘油酸

⑦3-磷酸甘油酸的生成　1,3-二磷酸甘油酸在**磷酸甘油酸激酶**（phosphoglycerate kinase）的催化下生成3-磷酸甘油酸，并把C_1上的高能磷酸基团转移到ADP分子上，生成ATP，反应可逆。这是糖酵解途径中第一个产生ATP的反应，这个ATP的生成属于底物水平磷酸化而生成的ATP。

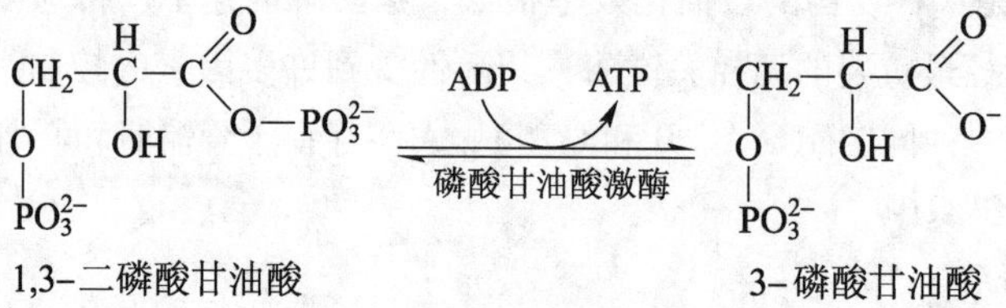

1,3-二磷酸甘油酸　　　　　　　3-磷酸甘油酸

⑧2-磷酸甘油酸的生成　3-磷酸甘油酸在**磷酸甘油酸变位酶**（phosphoglycerate mutase）的催化下，把3-磷酸甘油酸C_3上的磷酸基团转移到分子内的C_2原子上，生成2-磷酸甘油酸。该反应实际上是分子内部基团的重排反应，使其磷酸基团位置发生改变，反应是可逆的。

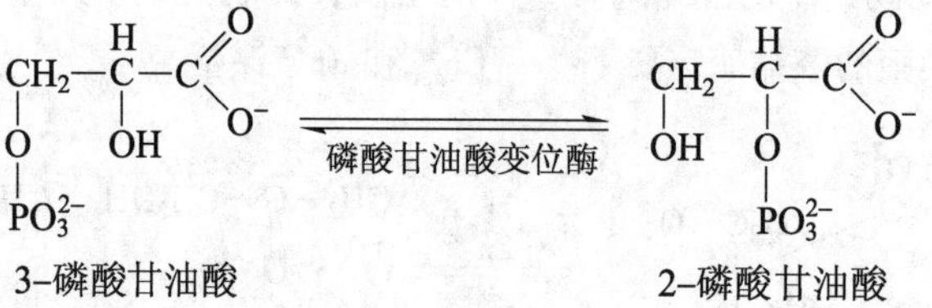

3-磷酸甘油酸　　　　　　　　2-磷酸甘油酸

⑨磷酸烯醇式丙酮酸的生成　在**烯醇化酶**（enolase）的催化下，2-磷酸甘油酸脱去1分子水，并且发生分子内部能量的重新分配，一部分能量集中于磷酸键上，使其原来的低能磷酸键变为高能磷酸键，从而生成富含能量的**磷酸烯醇式丙酮酸**（phosphoenolpyruvate，PEP），该反应过程也是可逆的。

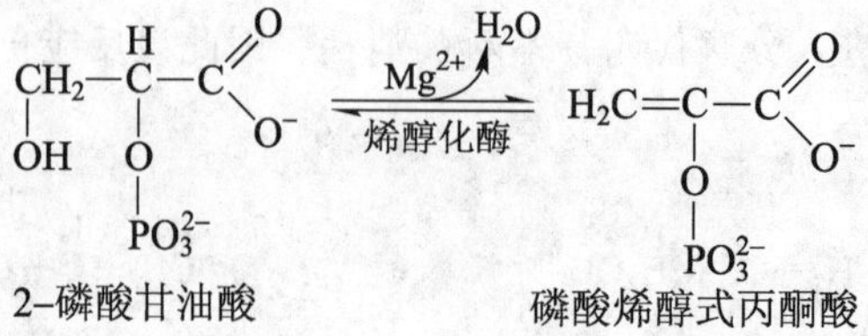

2-磷酸甘油酸　　　　　　　　磷酸烯醇式丙酮酸

烯醇化酶是由2个相同亚基组成的多聚酶，相对分子质量为88 000，有Mg^{2+}或Mn^{2+}存在时可以提高该酶的活性。

⑩丙酮酸的生成　**丙酮酸激酶**（pyruvate kinase）在Mg^{2+}或Mn^{2+}的参与下，催化磷酸烯醇式丙

酸生成烯醇式丙酮酸，而烯醇式丙酮酸很不稳定，迅速发生分子内部的基团重排而形成丙酮酸，磷酸烯醇式丙酮酸的磷酸基团转移到 ADP 上，生成 ATP。这是糖酵解过程中第二次产生 ATP 的反应。而且这步反应是糖酵解途径的第三个限速（关键）反应，也是第三个不可逆反应。

丙酮酸激酶是由 4 个亚基组成的多聚酶，相对分子质量为 250 000。哺乳动物体内的丙酮酸激酶有 4 种同工酶，即 L、M、K 和 R 型，分别分布于肝、肌肉、肾髓质和红细胞。

糖酵解途径的整个过程如图 9-6 所示。在糖酵解酶系中，除了己糖激酶、6-磷酸果糖激酶-1

学习与探究 9-1
糖酵解作用（Flash 动画）

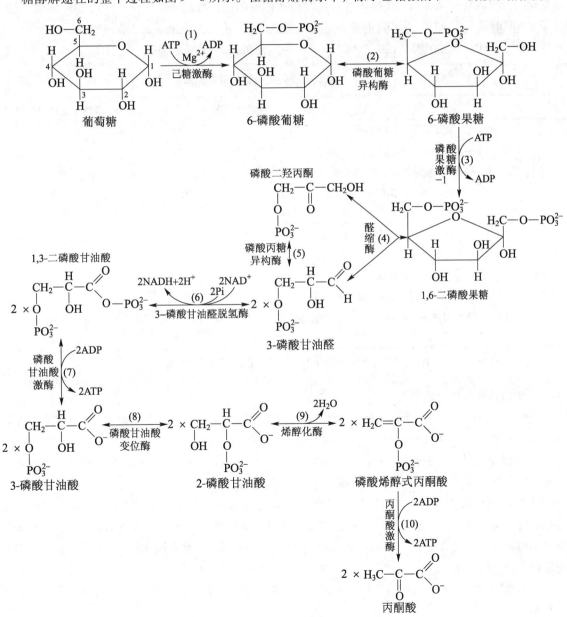

图 9-6　糖酵解途径的反应过程

（1）~（10）代表反应步骤

及丙酮酸激酶所催化的反应是不可逆反应外,其余反应都是可逆反应。因此,上述三个酶催化的反应是影响糖酵解速率的关键反应,这三个酶叫关键酶。其中,6-磷酸果糖激酶-1是决定酵解反应速度最关键的酶。

3. 糖酵解途径中的能量变化

糖酵解途径中1分子葡萄糖通过逐步分解,最终生成2分子丙酮酸和2分子水,并伴随产生2分子ATP和2分子NADH。

糖酵解的总反应式为:

$$葡萄糖 + 2Pi + 2ADP + 2\ NAD^+ \longrightarrow 2\ 丙酮酸 + 2\ ATP + 2NADH + 2H^+ + 2H_2O$$

从总反应式上可以清楚地看到,在无氧条件下从1分子葡萄糖降解生成2分子丙酮酸,同时净产生2分子ATP。在有氧条件下,糖酵解产生的2分子NADH进入线粒体,通过线粒体的电子传递系统被氧化。由于NADH从细胞质传递到线粒体时传递体的不同,可能产生3分子($FADH_2$递氢)或5分子(NADH递氢)ATP(NADH的穿梭机制见第八章),再加上净生成的2分子ATP,共产生5分子或7分子ATP。在糖酵解过程中,ATP的消耗和产生如表9-1所示。

表9-1 糖酵解过程中ATP的消耗和产生

	化学反应	直接形成的ATP或还原的辅酶	最终生成的ATP数*
无氧条件下	葡萄糖→6-磷酸葡糖	-1 ATP	-1
	6-磷酸果糖→1,6-二磷酸果糖	-1 ATP	-1
	2×1,3-二磷酸甘油酸→2×3-磷酸甘油酸	2 ATP	2
	2×磷酸烯醇式丙酮酸→2×丙酮酸	2 ATP	2
	总计		2
有氧条件下	葡萄糖→6-磷酸葡糖	-1ATP	-1
	6-磷酸果糖→1,6-二磷酸果糖	-1ATP	-1
	2×1,3-二磷酸甘油酸→2×3-磷酸甘油酸	2ATP	2
	2×磷酸烯醇式丙酮酸→2×丙酮酸	2ATP	2
	2×3-磷酸甘油醛→2×1,3-二磷酸甘油酸	2 $FADH_2$或2 NADH	3~5
	总计		5~7

* 按每个NADH产生2.5个ATP和每个$FADH_2$产生1.5个ATP计算,负值表示被消耗。

4. 糖酵解途径的生理意义

糖酵解途径作为生物体利用糖的一种重要的共同代谢途径,对生物体的新陈代谢、生长和发育等多方面具有极其重要的生理意义。

① 糖酵解途径是单糖分解代谢的一条最重要的途径 它存在于几乎所有的生物体中,而且在有氧和无氧条件下都可以进行,其他单糖都能通过特定方式进入糖酵解途径进行分解。

② 糖酵解途径是无氧或缺氧条件下生物体获得有限能量的一种重要的代谢途径 例如机体在剧烈运动时,需要的能量增加,糖分解加速。此时,呼吸和血液循环加快以增加氧的供应量,但仍不能满足体内糖完全氧化时所需要的耗氧量。因而肌肉处于缺氧状态,糖酵解过程随之加强,以补充运动所需的能量。

③ 糖酵解途径不仅为糖的有氧彻底氧化提供了充分条件,而且也为体内其他物质的合成提供了各种原料。

5. 无氧条件下丙酮酸的代谢去路

从葡萄糖到丙酮酸的糖酵解途径在所有生物体中都基本相似。但是,丙酮酸的代谢去路,因生物

科学史话9-2

沃伯格效应

种类和生理条件的不同而有很大差别。在无氧条件下丙酮酸的代谢去路主要有以下2个途径：

（1）生成乙醇

在某些酵母和细菌细胞中，丙酮酸可转变成乙醇和CO_2。这一过程实际上包括2个反应步骤。第一步是丙酮酸在**丙酮酸脱羧酶**（pyruvate decarboxylase）的催化下脱羧形成乙醛和CO_2，丙酮酸脱羧酶需硫胺素焦磷酸（TPP）为辅酶。第二步是乙醛在**乙醇脱氢酶**（ethanol dehydrogenase）的催化下，由NADH还原成乙醇。这种由葡萄糖转变为乙醇的过程称为**乙醇发酵**（ethanol fermentation）或酒精发酵。

🔍 **科学史话 9–3**
酒的历史

（2）乳酸发酵

在多种厌氧微生物或高等生物细胞供氧不足时，丙酮酸被还原为乳酸，反应由**乳酸脱氢酶**（lactate dehydrogenase）催化，还原剂为NADH，这一过程称为**乳酸发酵**（lactic acid fermentation）。

哺乳动物有2种不同的乳酸脱氢酶亚基，一种叫M型，另一种叫H型，并由这2种亚基组成5种乳酸脱氢酶的同工酶：M_4、M_3H、M_2H_2、MH_3和H_4。这5种同工酶虽然催化相同的反应，但每种酶都有其底物特有的K_m值。需氧组织如心肌、脑、舌肌、眼球肌主要存在H_4型乳酸脱氢酶，催化丙酮酸转变成乳酸；厌氧组织如骨骼肌、肌肉、肝、红细胞等主要存在M_4型乳酸脱氢酶，催化丙酮酸还原成乳酸。乳酸脱氢酶的同工酶在各器官和组织中的分布和含量各不相同，在不同组织中都有其各自特定的酶谱。正常人血清中乳酸脱氢酶同工酶的酶谱是相对稳定的，有5条酶活性区带，从正极向负极依次为H_4、MH_3、M_2H_2、M_3H和M_4。用目测评定酶带深浅，其酶活性顺序依次为$MH_3 > H_4 > M_2H_2 > M_3H > M_4$。正常人血清$M_3H$和$M_4$酶带活性很弱，有时不显示。当某一组织或器官发生病变时，引起血清中乳酸脱氢酶同工酶活性的改变。因此，可以根据正常情况与病理情况下乳酸脱氢酶酶谱的不同建立病变诊断指标。

📋 **拾零** ●

乳酸发酵与鳄鱼的行为

鳄鱼是一种非常危险的动物。虽然正常情况下鳄鱼行动缓慢、反应迟钝，但在受到刺激或者捕猎食物时，行动却非常迅速、凶猛，似闪电般快速敏捷。鳄鱼的这种高强度肌肉活动需要大量的ATP。由于快速运动而氧气供应不足，肌肉中这些ATP只能通过乳酸发酵来产生。由于肌肉中贮藏的糖原在剧烈的活动中快速消耗，造成乳酸在肌肉和细胞外液中大量积累，所以鳄鱼的这种剧烈活动是短暂的，需要数小时的时间来休息，消耗额外的氧气以清除过量产生的乳酸，并重新合成糖原。其他较大的动物，如大象、犀牛、鲸、海豹，甚至已经灭绝的恐龙等都具有类似的代谢问题，不得不依赖乳酸发酵来提供肌肉活动的能量，然后需要长时间的恢复。在此期间，它们非常脆弱，容易受到更小的食肉动物的攻击。

6. 其他六碳单糖进入糖酵解的途径

生物机体内的其他六碳单糖，例如果糖、半乳糖和甘露糖等，都是通过转变成糖酵解途径的中间产物而进入糖酵解途径，进而通过糖酵解途径进行进一步分解。

（1）果糖

在肌肉中，果糖在己糖激酶的催化下磷酸化形成6-磷酸果糖，从而进入糖酵解途径。

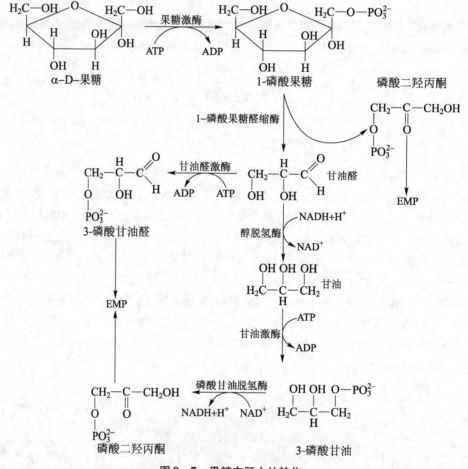

在肝中，因只含有葡糖激酶，此酶只能催化葡萄糖的磷酸化。所以，果糖进入糖酵解的途径比较复杂，其过程包括以下6步反应，如图9-7所示。

图9-7 果糖在肝中的转化

① 果糖首先在果糖激酶（fructokinase）的催化下，在果糖的 C_1 位磷酸化，消耗 1 个 ATP 分子，形成 1-磷酸果糖。

② 1-磷酸果糖在 1-磷酸果糖醛缩酶（fructose-1-phosphate aldolase）的催化下裂解形成甘油醛和磷酸二羟丙酮。磷酸二羟丙酮是糖酵解的中间产物，因此直接进入糖酵解途径。

③ 甘油醛在甘油醛激酶（glyceraldehyde kinase）的催化下，消耗 1 分子 ATP，形成 3-磷酸甘油醛。3-磷酸甘油醛是糖酵解的中间产物，因此可以直接进入糖酵解途径。

④ 甘油醛可以在醇脱氢酶（alcohol dehydrogenase）的催化下，由 NADH 还原形成甘油。

⑤ 甘油在甘油激酶（glycerol kinase）的催化下，消耗 1 分子 ATP，形成 3 - 磷酸甘油。

⑥ 3 - 磷酸甘油在磷酸甘油脱氢酶（glycerol phosphate dehydrogenase）的催化下，由 NAD⁺ 为辅酶，形成磷酸二羟丙酮。因为磷酸二羟丙酮是糖酵解的中间产物，因此也可以进入糖酵解途径。

（2）半乳糖

半乳糖进入糖酵解的途径包括以下 5 步反应，如图 9 - 8 所示。

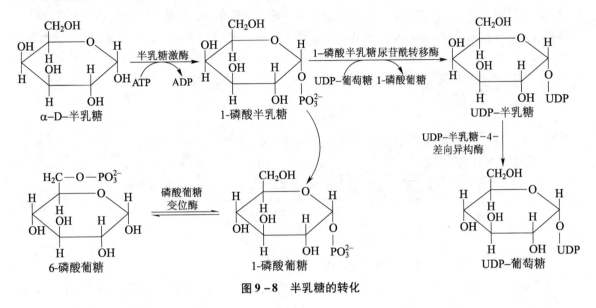

图 9 - 8　半乳糖的转化

① 半乳糖在半乳糖激酶（galactokinase）的催化下，在 C_1 位磷酸化，消耗 1 个 ATP 分子，形成 1 - 磷酸半乳糖。

② 1 - 磷酸半乳糖在尿苷酰转移酶（uridylyl transferase）的催化下，催化尿苷基形成 UDP - 半乳糖和 1 - 磷酸葡糖。

③ UDP - 半乳糖在 UDP - 半乳糖 - 4 - 差向异构酶（UDP-galactose-4-epimerase）的催化下，由 NAD⁺ 氧化，转回 UDP - 葡萄糖，因而 UDP - 葡萄糖在反应途径中并未消耗。

④ 1 - 磷酸葡糖在磷酸葡糖变位酶（phosphoglucomutase）的催化下形成 6 - 磷酸葡糖，从而进入糖酵解途径。

（3）甘露糖

甘露糖进入糖酵解的途径由 2 步反应组成，如图 9 - 9 所示。

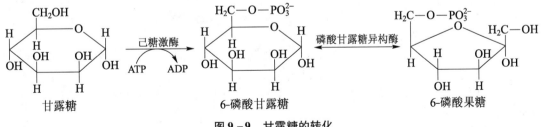

图 9 - 9　甘露糖的转化

① 甘露糖在己糖激酶的催化下形成 6 - 磷酸甘露糖。

② 6 - 磷酸甘露糖在磷酸甘露糖异构酶（phosphomannose isomerase）的催化下形成 6 - 磷酸果糖，从而进入糖酵解途径。

二、糖的有氧氧化

在有氧条件下，葡萄糖的分解并不停留在丙酮酸分子上，而是将丙酮酸进一步分解成 CO_2 和 H_2O，同时释放大量的能量，合成 ATP。如图 9 - 10 所示，在有氧氧化的第一阶段，葡萄糖逐级分解产生丙酮酸（糖酵解）；第二阶段是丙酮酸分解产生乙酰 - CoA，乙酰 - CoA 再彻底分解形成 CO_2 和 H_2O。从葡萄糖到 CO_2 和 H_2O 的这一代谢途径称为糖的有氧氧化。从乙酰 - CoA 到 CO_2 和 H_2O 的反应途径称为**三羧酸循环**（tricarboxylic acid cycle，**TCA 循环**）。由于该循环途径中的关键化合物为含有三个羧酸的柠檬酸，也叫柠檬酸循环。德国化学家 H. Krebs 在发现和阐明三羧酸循环途径中作出了重要贡献，因此该循环也称为 Krebs 循环。H. Krebs 因此获得了 1953 年度的诺贝尔生理学或医学奖。

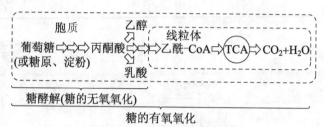

图 9 - 10　糖的有氧氧化

1. 三羧酸循环的准备阶段——丙酮酸脱羧生成乙酰 - CoA

丙酮酸进入三羧酸循环之前，首先脱羧产生 CO_2 和乙酰 - CoA。该过程由**丙酮酸脱氢酶系**（pyruvate dehydrogenase complex）催化完成。丙酮酸脱氢酶系是一种多酶体系，由 3 种酶蛋白和 6 种辅助因子组成，3 种酶蛋白分别是**丙酮酸脱氢酶**（pyruvate dehydrogenase，E_1）、**二氢硫辛酰转乙酰基酶**（dihydrolipoyl transcetylase，E_2）和**二氢硫辛酰脱氢酶**（dihydrolipoyl dehydrogenase，E_3）；6 种辅因子分别为 TPP、硫辛酸、NAD^+、FAD、CoA 和 Mg^{2+}。丙酮酸在丙酮酸脱氢酶系的作用下，通过以下 5 步反应最终形成乙酰 - CoA。

① 首先在丙酮酸脱氢酶（E_1）的作用下，丙酮酸的 C_1 脱羧产生 CO_2，C_2 以羟乙基的形式与 TPP 相连。

$$H_3C-\overset{\overset{O}{\|}}{C}-\overset{\overset{O}{\|}}{C}-O^- + TPP \xrightarrow[\text{丙酮酸脱氢酶}]{Mg^{2+}} H_3C-\overset{\overset{OH}{|}}{\underset{H}{C}}-TPP + CO_2$$

② 在二氢硫辛酰转乙酰基酶（E_2）的催化下羟乙基氧化形成乙酰基。

$$H_3C-\overset{\overset{OH}{|}}{\underset{H}{C}}-TPP + L\overset{S}{\underset{S}{\big<}} \xrightarrow[\text{乙酰基酶}]{\text{二氢硫辛酰转}} H_3C-\overset{\overset{O}{\|}}{C}\sim S-L-SH + TPP$$

③ 在二氢硫辛酰转乙酰基酶（E_2）分子上结合着的乙酰基，由该酶催化转移到 CoA 分子上，形成游离的乙酰 - CoA 分子。

$$H_3C-\overset{\overset{O}{\|}}{C}\sim S-L-SH + CoA-SH \xrightarrow[\text{乙酰基酶}]{\text{二氢硫辛酰转}} H_3C-\overset{\overset{O}{\|}}{C}\sim S-CoA + L\overset{SH}{\underset{SH}{\big<}}$$

④ 二氢硫辛酰脱氢酶使二氢硫辛酰胺再氧化，形成氧化型的硫辛酰转乙酰基酶，二氢硫辛酰脱氢酶结合着的辅基 FAD 接受—SH 基的氢原子，形成 $FADH_2$。

$$L\begin{array}{c}SH\\SH\end{array} + FAD \xrightarrow{\text{二氢硫辛酰脱氢酶}} L\begin{array}{c}S\\S\end{array} + FADH_2$$

⑤ $FADH_2$ 将氢原子转移给 NAD^+，于是恢复氧化型。整个反应过程如图9-11所示。

$$NAD^+ + FADH_2 \xrightarrow{\text{二氢硫辛酰脱氢酶}} NADH + H^+ + FAD$$

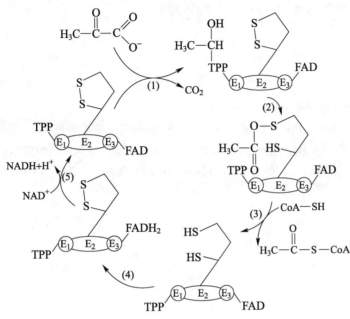

图9-11 丙酮酸脱羧产生乙酰-CoA 的反应过程

(1)~(5)代表反应顺序

2. 三羧酸循环的反应过程

丙酮酸脱羧形成的乙酰-CoA进入三羧酸循环被彻底分解。即三羧酸循环的本质变化是通过循环反应将二碳化合物——乙酰-CoA彻底分解生成CO_2。该过程中，首先是四碳化合物草酰乙酸与循环外的二碳化合物——乙酰-CoA缩合形成六碳化合物——柠檬酸，然后柠檬酸异构化为异柠檬酸，进而脱羧形成五碳化合物α-酮戊二酸和1分子CO_2。α-酮戊二酸再进一步氧化脱羧，生成四碳化合物琥珀酸和1分子CO_2。琥珀酸经过3次转化，最终又生成起始的四碳化合物——草酰乙酸，从而再次与乙酰-CoA结合，开始下一轮的三羧酸循环。

（1）乙酰-CoA与草酰乙酸缩合生成柠檬酸

这是三羧酸循环的起始步骤，含有2个碳原子的乙酰-CoA进入三羧酸循环。在**柠檬酸合酶**（citrate synthase）的催化下，乙酰-CoA与草酰乙酸缩合生成柠檬酰-CoA，然后高能硫酯键水解形成1分子柠檬酸，并释放CoA—SH，该反应不可逆。柠檬酸合酶是由2个亚基组成的二聚体。当酶分子与草酰乙酸结合后，酶的结构发生变化，易与乙酰-CoA结合，从而催化2个化合物的缩合反应。

科技视野9-1

柠檬酸与饮料

$$H_3C-\overset{\overset{O}{\|}}{C}-S-CoA \; + \; \begin{array}{c}O=C-COOH\\|\\CH_2\\|\\COOH\end{array} \xrightarrow[\text{柠檬酸合酶}]{H_2O \quad CoA-SH} \begin{array}{c}H_2C-COOH\\|\\HO-C-COOH\\|\\H_2C-COOH\end{array}$$

乙酰-CoA　　　　草酰乙酸　　　　　　　　　　柠檬酸

（2）柠檬酸异构化生成异柠檬酸

柠檬酸是一种叔醇化合物，不易发生氧化反应。因此，柠檬酸须发生结构变化，形成易于氧化的仲醇化合物——异柠檬酸。首先，柠檬酸脱水生成顺乌头酸，然后再加水生成异柠檬酸，两步反应都是可逆的，反应达到平衡时，柠檬酸、顺乌头酸和异柠檬酸的浓度比例为 90 : 4 : 6。由于异柠檬酸在下一步反应中发生继续氧化而被消耗，从而推动此反应向异柠檬酸方向进行。催化该两步可逆反应的酶均为**乌头酸酶**（aconitase）。该酶含有由共价键结合的 4 个铁原子（Fe^{2+}）。这 4 个铁原子和 4 个无机硫化物、4 个半胱氨酸的硫原子一起组合形成 Fe-S 聚簇，并与柠檬酸结合，参与柠檬酸的异构化反应。

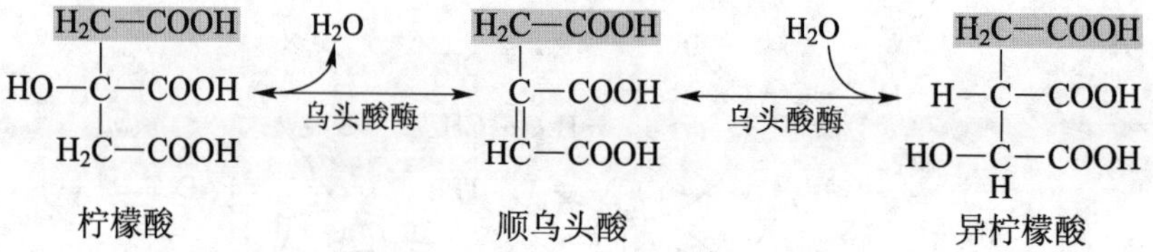

（3）异柠檬酸氧化脱羧生成 α-酮戊二酸

这是三羧酸循环的第一个氧化还原反应。异柠檬酸在**异柠檬酸脱氢酶**（isocitrate dehydrogenase）的催化下，发生氧化脱氢反应，生成中间产物——草酰琥珀酸。草酰琥珀酸极不稳定，迅速脱羧形成 α-酮戊二酸和 CO_2。在高等动植物线粒体中的异柠檬酸脱氢酶以 NAD^+ 为辅酶，反应后形成 NADH 和 H^+。

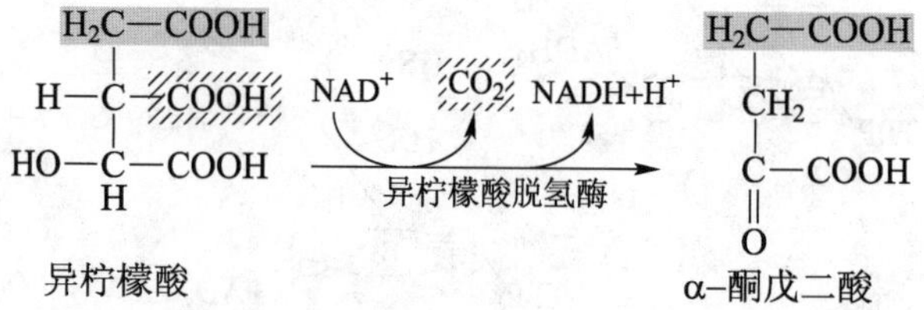

（4）α-酮戊二酸氧化脱羧生成琥珀酰-CoA

这是三羧酸循环中第二个氧化脱羧反应，也是不可逆反应。α-酮戊二酸在 **α-酮戊二酸脱氢酶系**（α-ketoglutarate dehydrogenase complex）的催化下，产生琥珀酰-CoA。该步反应释放能量，产生 1 分子 NADH、H^+ 和 1 分子 CO_2。

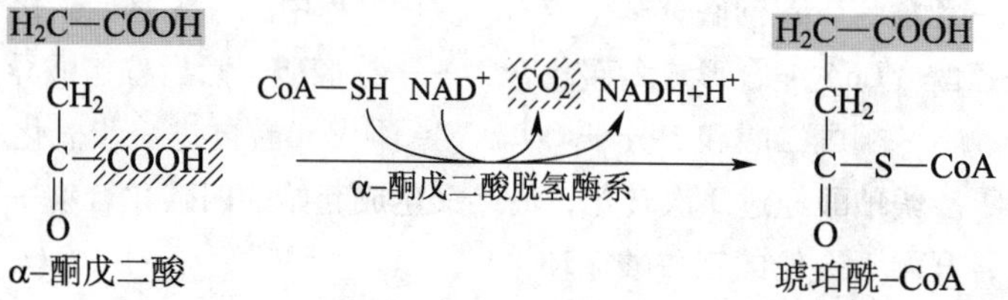

α-酮戊二酸脱氢酶系与丙酮酸脱氢酶系的组成和催化机制相似，也是由 3 种酶蛋白和 6 种辅因子组成，如表 9-2 所示。3 种酶蛋白为 **α-酮戊二酸脱氢酶**（α-ketoglutarate dehydrogenase）、**二氢硫辛酰琥珀酰基转移酶**（dihydrolipoyl transsuccinylase）和二氢硫辛酰脱氢酶；6 种辅因子为 TPP、硫辛酸、CoA、FAD、NAD^+ 及 Mg^{2+}。

表 9-2　丙酮酸脱氢酶系和 α-酮戊二酸脱氢酶系的异同

化学反应	丙酮酸脱氢酶系	α-酮戊二酸脱氢酶系
脱羧反应	丙酮酸脱氢酶	α-酮戊二酸脱氢酶
硫辛酸结合及转酰基反应	二氢硫辛酰转乙酰基酶	二氢硫辛酰琥珀酰基转移酶
硫辛酰胺再生反应	二氢硫辛酰脱氢酶	二氢硫辛酰脱氢酶
参与的辅因子	NAD^+、CoA、TPP、硫辛酸、FAD、Mg^{2+}	NAD^+、CoA、TPP、硫辛酸、FAD、Mg^{2+}

（5）琥珀酰–CoA 转化生成琥珀酸

琥珀酰–CoA 含有一个高能硫酯键，属于高能化合物。琥珀酰–CoA 在**琥珀酰–CoA 合成酶**（succinyl-CoA synthetase）的催化下，水解形成琥珀酸，反应是可逆的。同时，水解琥珀酰–CoA 所释放的能量使 GDP 磷酸化生成 GTP。GTP 很容易将磷酸基团转移给 ADP 形成 ATP。所以，这是三羧酸循环中唯一一个底物水平磷酸化直接产生高能磷酸化合物的反应。在植物中琥珀酰–CoA 直接生成的是 ATP，而不是 GTP。由于琥珀酸是对称分子，因此 4 个 C 碳之间不再区分。

$$\underset{\text{琥珀酰–CoA}}{\begin{array}{c} H_2C-COOH \\ | \\ CH_2 \\ | \\ C-S-CoA \\ \| \\ O \end{array}} \quad \xrightleftharpoons[\text{琥珀酰–CoA合成酶}]{\substack{H_2O \\ GDP+Pi \quad GTP \quad CoA-SH}} \quad \underset{\text{琥珀酸}}{\begin{array}{c} H_2C-COOH \\ | \\ CH_2 \\ | \\ COOH \end{array}}$$

（6）琥珀酸脱氢生成延胡索酸

这是三羧酸循环中的第三次氧化还原反应。在**琥珀酸脱氢酶**（succinate dehydrogenase）的催化下，琥珀酸的 2 个中间碳原子各脱掉 1 个氢原子形成反式丁烯二酸，即延胡索酸。该反应脱下来的 2 个氢原子被 FAD 接受，形成 $FADH_2$，从而进入呼吸链。琥珀酸脱氢酶是三羧酸循环中唯一嵌入到线粒体内膜的酶，是线粒体内膜的一个重要组成部分。参与三羧酸循环的其他酶都存在于线粒体的基质中。

$$\underset{\text{琥珀酸}}{\begin{array}{c} H_2C-COOH \\ | \\ CH_2 \\ | \\ COOH \end{array}} \quad \xrightleftharpoons[\text{琥珀酸脱氢酶}]{FAD \quad FADH_2} \quad \underset{\text{延胡索酸}}{\begin{array}{c} COOH \\ | \\ CH \\ \| \\ CH \\ | \\ COOH \end{array}}$$

（7）延胡索酸加水生成 L–苹果酸

延胡索酸水化形成 L–苹果酸的反应由**延胡索酸酶**（fumarase）催化完成。该酶具有严格的立体结构专一性，只能催化延胡索酸反式双键的水化反应，但不催化马来酸（顺丁烯二酸）顺式双键的水化反应。

$$\underset{\text{延胡索酸}}{\begin{array}{c} COOH \\ | \\ CH \\ \| \\ CH \\ | \\ COOH \end{array}} \quad \xrightleftharpoons[\text{延胡索酸酶}]{H_2O} \quad \underset{\text{L–苹果酸}}{\begin{array}{c} COOH \\ | \\ HO-CH \\ | \\ CH_2 \\ | \\ COOH \end{array}}$$

（8）苹果酸氧化生成草酰乙酸

这是三羧酸循环中的第四次氧化还原反应，也是三羧酸循环的最后一个步骤。苹果酸在**苹果酸脱氢酶**（malate dehydrogenase）的催化下氧化脱氢生成草酰乙酸，NAD^+ 是该酶的氢受体。通过这一反应，草酰乙酸又得以再生，从而可以再次与乙酰–CoA 结合，进行下一轮的三羧酸循环。

$$\underset{\text{L–苹果酸}}{\begin{array}{c} COOH \\ | \\ HO-CH \\ | \\ CH_2 \\ | \\ COOH \end{array}} \quad \xrightleftharpoons[\text{苹果酸脱氢酶}]{NAD^+ \quad NADH+H^+} \quad \underset{\text{草酰乙酸}}{\begin{array}{c} COOH \\ | \\ O=C \\ | \\ CH_2 \\ | \\ COOH \end{array}}$$

三羧酸循环的总化学反应式如下：

$$乙酰-CoA + 3NAD^+ + FAD + GDP + Pi + H_2O \rightarrow 2CO_2 + 3NADH + FADH_2 + GTP + 2H^+ + CoA-SH$$

三羧酸循环的整个反应过程如图 9-12 所示。

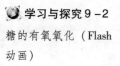

学习与探究9-2

糖的有氧氧化（Flash 动画）

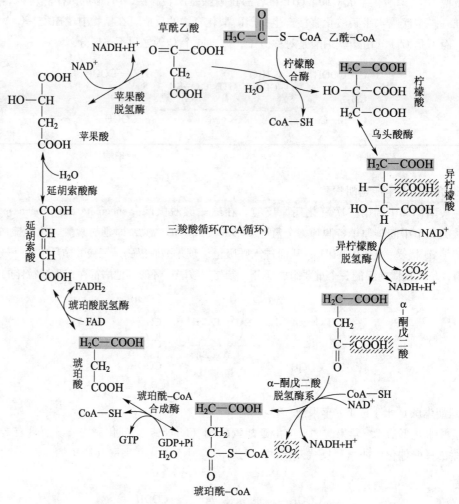

图 9-12 三羧酸循环的反应过程

总之，在三羧酸循环的每一次循环中，都接受 1 个二碳单位——乙酰-CoA，并以 CO_2 形式释放 2 个碳原子。但是，离开循环的 2 个碳原子并不是刚刚进入循环的那 2 个碳原子。每一次循环共有 4 次氧化脱氢反应，其中三次都以 NAD^+ 为氢受体，其余一次以 FAD 为受氢体，从而有 4 对氢原子离开循环。同时，每一次循环中以 GTP 的形式产生一个高能键，并消耗 1 分子 H_2O。

3. 糖的有氧氧化过程中的能量变化

科技视野9-2

呼吸链超级复合物及其临床意义

葡萄糖通过糖酵解途径产生 2 分子丙酮酸，同时在有氧条件下，可产生 5 分子或 7 分子 ATP。2 分子丙酮酸通过氧化脱羧产生 2 分子乙酰-CoA，并产生 2 分子 NADH。2 分子乙酰-CoA 进入三羧酸循环彻底分解，又可产生 6 分子 NADH、2 分子 $FADH_2$ 和 2 分子 GTP。因此，2 分子丙酮酸彻底氧化产生的 8 分子 NADH 和 2 分子 $FADH_2$，NADH 和 $FADH_2$ 全部进入电子传递链，共产生 23 分子 ATP，加上直接产生的 2 分子 GTP 在体内可以转变成 2 分子 ATP，共产生 25 分子 ATP。所以，1 分子葡萄糖通过有氧氧化最终可以产生 30 或 32 分子的 ATP，如表 9-3 所示。

表 9 - 3　糖的有氧氧化过程中 ATP 的消耗和产生

	化学反应	直接生成的 ATP 或 还原的辅酶	最终生成的 ATP 数量*
糖酵解途径	葡萄糖→6 - 磷酸葡糖	-1 ATP	-1
	6 - 磷酸果糖→1, 6 - 二磷酸果糖	-1 ATP	-1
	2 × 1, 3 - 二磷酸甘油酸→2 × 3 - 磷酸甘油酸	2 ATP	2
	2 × 磷酸烯醇式丙酮酸→2 × 丙酮酸	2 ATP	2
	2 × 3 - 磷酸甘油醛→2 × 1, 3 - 二磷酸甘油酸	2 NADH	3 或 5
	总计		5 或 7
	2 × 丙酮酸→2 × 乙酰 - CoA	2 NADH	5
三羧酸循环	2 × 异柠檬酸→2 × α - 酮戊二酸	2 NADH	5
	2 × α - 酮戊二酸→2 × 琥珀酰 - CoA	2 NADH	5
	2 × 琥珀酰 - CoA→2 × 琥珀酸	2 ATP（或 2 GTP）	2
	2 × 琥珀酸→2 × 延胡索酸	2 FADH₂	3
	2 × 苹果酸→2 × 草酰乙酸	2 NADH	5
	总计		25
糖的有氧氧化	葡萄糖→$6 \times CO_2 + 6 \times H_2O$		30 或 32

* 按每个 NADH 产生 2.5 个 ATP 和每个 FADH₂ 产生 1.5 个 ATP 计算，负值表示被消耗。

4. 有氧氧化的生理意义

三羧酸循环是生物体最重要的核心代谢途径，在生物体的能量代谢和物质代谢中具有极其重要的生理意义。

① 糖的有氧氧化是生物体细胞获取能量的主要途径。同样是葡萄糖的氧化，在有氧条件下产生的能量远远高于无氧条件下产生的能量。所以，在一般条件下生物体的组织细胞均通过糖的有氧氧化获取能量。糖的有氧氧化不但产能效率高，而且逐步放能，并储存于 ATP 分子中，便于生物体充分利用。

② 三羧酸循环不仅是糖类有氧氧化的主要途径，也是脂质和蛋白质分解代谢的主要途径，如图 9 - 13 所示。人体内约有 2/3 的有机物质都是通过三羧酸循环被分解的。

③ 三羧酸循环是糖、脂质和氨基酸相互转化的重要联系点。例如糖的有氧氧化过程中产生的丙酮酸、α - 酮戊二酸和草酰乙酸等与氨结合可转变成相应的氨基酸；而这些氨基酸脱去氨基又可转变成相应的酮酸而进入糖的有氧氧化途径（详见第十二章第二节有关氨基酸分解代谢的内容）。同时，脂质物质水解产生的甘油、脂肪酸，在分解代谢过程中产生的乙酰 - CoA 也可进入糖的有氧氧化途径（详见第十章第二节有关脂质分解代谢的内容）。

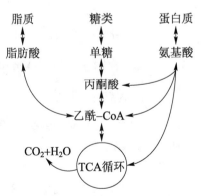

图 9 - 13　三羧酸循环的生理意义

三、三羧酸循环中间产物的回补途径

三羧酸循环作为糖、脂质和氨基酸相互转化的重要枢纽（图 9 - 13），其中间产物可以被其他代谢途径所利用。这样势必导致三羧酸循环的平衡受到影响，只有不断补充这些中间产物才能维持三羧酸循环的正常运行。三羧酸循环中间产物的补给主要有两类途径，一种是丙酮酸羧化支路，另一种是乙醛酸循环。

1. 丙酮酸羧化支路

丙酮酸羧化支路是指丙酮酸通过循环以外的反应转变成三羧酸循环的中间产物的过程，一般包括以下三种途径：

（1）丙酮酸→草酰乙酸

丙酮酸在**丙酮酸羧化酶**（pyruvate carboxylase）催化下生成草酰乙酸，反应以生物素为辅酶。丙酮酸羧化酶是一个调节酶，它被高浓度的乙酰–CoA激活，是动物中最重要的回补反应，保证三羧酸循环的正常运行。

$$
\begin{array}{c}
\text{COOH} \\
| \\
\text{O=C} \\
| \\
\text{CH}_3
\end{array}
+ CO_2
\xrightarrow[\substack{\text{生物素} \\ \text{ATP} \quad \text{ADP} \\ \text{H}_2\text{O} \quad \text{Pi}}]{\text{丙酮酸羧化酶}}
\begin{array}{c}
\text{COOH} \\
| \\
\text{O=C} \\
| \\
\text{CH}_2 \\
| \\
\text{COOH}
\end{array}
$$

丙酮酸　　　　　　　　　　　　　　　草酰乙酸

（2）磷酸烯醇式丙酮酸→草酰乙酸

磷酸烯醇式丙酮酸在**磷酸烯醇式丙酮酸羧化酶**（phosphoenolpyruvate carboxykinase）的作用下生成草酰乙酸。反应在胞质溶胶中进行，生成的草酰乙酸需转变成苹果酸后经穿梭进入线粒体，然后再脱氢生成草酰乙酸。

$$
\begin{array}{c}
\text{COOH} \\
| \\
\text{C—O—PO}_3^{2-} \\
\| \\
\text{CH}_2
\end{array}
+ CO_2
\xrightarrow[\substack{\text{GDP} \quad \text{GTP}}]{\substack{\text{磷酸烯醇式丙酮酸} \\ \text{羧化酶}}}
\begin{array}{c}
\text{COOH} \\
| \\
\text{O=C} \\
| \\
\text{CH}_2 \\
| \\
\text{COOH}
\end{array}
$$

磷酸烯醇式丙酮酸　　　　　　　　　　草酰乙酸

（3）丙酮酸→苹果酸

在动物、植物和微生物细胞中，还存在由**苹果酸酶**（malic enzyme）催化丙酮酸羧化生成苹果酸，然后在苹果酸脱氢酶（以$NADP^+$为辅酶）的作用下，苹果酸脱氢生成草酰乙酸的反应途径。

$$
\begin{array}{c}
\text{COOH} \\
| \\
\text{O=C} \\
| \\
\text{CH}_3
\end{array}
+ CO_2
\xrightarrow[\substack{\text{NADPH+H}^+ \quad \text{NADP}^+}]{\text{苹果酸酶}}
\begin{array}{c}
\text{COOH} \\
| \\
\text{CH}_2 \\
| \\
\text{HC—OH} \\
| \\
\text{COOH}
\end{array}
\xrightarrow[\substack{\text{NADP}^+ \quad \text{NADPH+H}^+}]{\text{苹果酸脱氢酶}}
\begin{array}{c}
\text{COOH} \\
| \\
\text{O=C} \\
| \\
\text{CH}_2 \\
| \\
\text{COOH}
\end{array}
$$

丙酮酸　　　　　　　　　　　L–苹果酸　　　　　　　　　　草酰乙酸

以上三种代谢途径对于生物体都很重要，它们不仅可以补充三羧酸循环的中间产物，也为糖的分解代谢提供辅助途径。

2. 乙醛酸循环

乙醛酸循环又叫乙醛酸途径。这一途径只存在于微生物、植物和某些无脊椎动物细胞中。乙醛酸循环中，从草酰乙酸和乙酰–CoA结合开始，到异柠檬酸的形成反应都与三羧酸循环完全相同。与三羧酸循环不同的是异柠檬酸不经脱羧，而是被**异柠檬酸裂解酶**（isocitrate lyase）裂解形成琥珀酸和乙醛酸。乙醛酸与另一个乙酰–CoA缩合形成苹果酸，此反应由**苹果酸合酶**（malate synthase）催化。最后一步也是与三羧酸循环一样，苹果酸在苹果酸脱氢酶的催化下氧化脱氢生成草酰乙酸，进入下一次循环（图9–14）。因此，与三羧酸循环比较起来，乙醛酸循环有2种特有的酶，即异柠檬酸裂解酶和苹果酸合酶。

乙醛酸循环的主要生理意义在于它对三羧酸循环起着辅助作用。因为，乙醛酸循环所产生的四碳

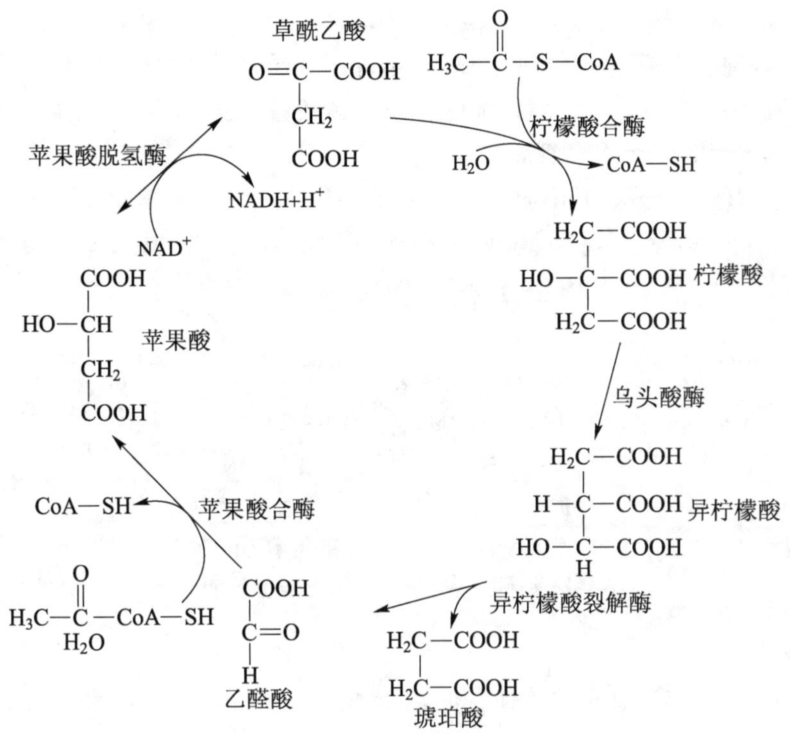

图 9-14　乙醛酸循环

化合物可以弥补三羧酸循环中四碳化合物的不足，当四碳化合物缺乏时，二碳化合物就不能充分氧化。此外，由于油料植物种子中脂肪酸含量多，因此其种子发芽时，在细胞中通过乙醛酸循环，将脂肪转变为葡萄糖，这一过程对不能进行光合作用的植物种子起到非常重要的作用。

四、糖类的其他代谢途径

（一）磷酸戊糖途径

磷酸戊糖途径又称**磷酸己糖支路**（hexose monophosphate shunt，HMS）、戊糖支路、己糖单磷酸途径、磷酸葡糖氧化途径及戊糖磷酸循环等。该途径是糖类的又一个重要代谢途径，是葡萄糖分解的另外一种机制。该途径的代谢反应均在胞质中进行，且广泛存在于动植物体内。

1. 磷酸戊糖途径的发现

人们研究糖酵解时发现，虽然在糖酵解反应体系中加入碘乙酸、氟化钠等糖酵解抑制剂，葡萄糖的利用仍然能够进行。后来许多相关的研究表明，在生物体中除了已经发现的糖酵解途径以外，还存在另外未知的糖代谢途径。1931 年，O. Warburg，F. Lipman 等人首先发现了 **6 - 磷酸葡糖脱氢酶**（glucose phosphate dehydrogenase）和 **6 - 磷酸葡糖酸脱氢酶**（6-phosphogluconate dehygenase），初步认识到生物体内存在着糖酵解以外的糖代谢途径。通过近 30 年的不懈努力，最终肯定了磷酸戊糖途径的存在，并阐明了其作用机制。

2. 磷酸戊糖途径的步骤

磷酸戊糖途径由一个循环式的反应体系组成，其起始物为 6 - 磷酸葡糖，经过氧化分解产生五碳糖、CO_2、无机磷酸和 NADPH，但是生物体在不同的生理需求条件下具有不同的具体代谢途径和代谢产物。磷酸戊糖途径的全部代谢反应可以分为 2 个阶段，即氧化阶段和非氧化阶段。

（1）氧化阶段

这个阶段包括六碳糖脱羧形成五碳糖，并使 $NADP^+$ 还原为 NADPH 的 3 步代谢反应。

科技视野 9-3
蚕豆与 6 - 磷酸葡糖
脱氢酶缺乏症

① 6 - 磷酸葡糖→6 - 磷酸葡糖 - δ - 内酯   在 6 - 磷酸葡糖脱氢酶的催化下 6 - 磷酸葡糖分子内 C_1 的羧基与 C_5 的羟基之间发生酯化反应，反应过程需要 $NADP^+$ 为辅酶，产生 1 分子NADPH。

② 6 - 磷酸葡糖 - δ - 内酯→6 - 磷酸葡糖酸   6 - 磷酸葡糖酸 - δ - 内酯在专一性**内酯酶**（lactonase）的作用下水解产生 6 - 磷酸葡糖酸。

③ 6 - 磷酸葡糖酸→5 - 磷酸核酮糖   6 - 磷酸葡糖酸在 6 - 磷酸葡糖酸脱氢酶的催化下产生 5 - 磷酸核酮糖和 CO_2。反应过程也需要 $NADP^+$ 为辅酶，产生 1 分子 NADPH。

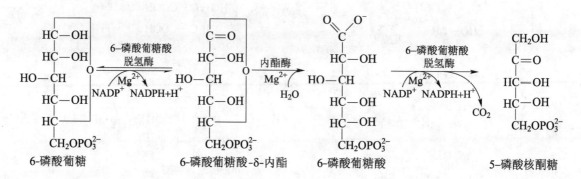

（2）非氧化阶段

非氧化阶段主要包括磷酸单糖的异构化和基团转移反应，如图 9 - 15 所示。

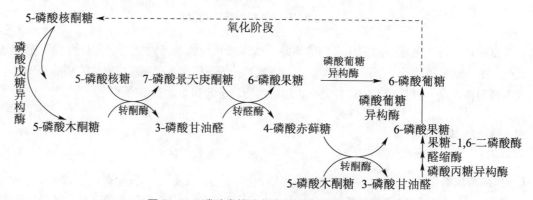

图 9 - 15   磷酸戊糖途径非氧化阶段的反应过程

① 5 - 磷酸核酮糖→5 - 磷酸核糖   5 - 磷酸核酮糖在磷酸戊糖异构酶（phosphopentose isomerase）的作用下，产生 5 - 磷酸核糖。该反应与糖酵解途径中的 6 - 磷酸葡糖异构化形成 6 - 磷酸果糖，磷酸二羟丙酮异构化形成 3 - 磷酸甘油醛的反应类型一样，同属于酮 - 醛异构化反应。

② 5 - 磷酸核酮糖→5 - 磷酸木酮糖   5 - 磷酸核酮糖在磷酸戊糖异构酶的作用下，还可以转变成 5 - 磷酸木酮糖。

③ 5 - 磷酸核糖 + 5 - 磷酸木酮糖→7 - 磷酸景天庚酮糖 + 3 - 磷酸甘油醛   在转酮酶（transketolase）的作用下，5 - 磷酸木酮糖的两碳单位转移到 5 - 磷酸核糖分子上形成 7 碳产物 7 - 磷酸景天庚酮糖，而其本身则转变成 3 - 磷酸甘油醛。通过该反应，磷酸戊糖途径可与糖酵解途径连接起来。

④ 7 - 磷酸景天庚酮糖 + 3 - 磷酸甘油醛→4 - 磷酸赤藓糖 + 6 - 磷酸果糖   在转醛酶（transaldolase）的作用下，7 - 磷酸景天庚酮糖和 3 - 磷酸甘油醛之间发生醛基转移反应，形成四碳产物 4 - 磷酸赤藓糖和六碳产物 6 - 磷酸果糖。

⑤ 4 - 磷酸赤藓糖 + 5 - 磷酸木酮糖→6 - 磷酸果糖 + 3 - 磷酸甘油醛   在转酮酶的作用下 4 - 磷酸赤藓糖和 5 - 磷酸木酮糖之间发生转酮基反应，产生六碳产物 6 - 磷酸果糖和三碳产物 3 - 磷酸甘油醛。

⑥ 6 - 磷酸果糖→6 - 磷酸葡糖　6 - 磷酸果糖在磷酸葡糖异构酶的催化下又转变为6 - 磷酸葡糖。

磷酸戊糖途径的总反应式可表示为：

$$6 \times 6 - 磷酸葡糖 + 12 \times NADP^+ + 7 \times H_2O \rightarrow 5 \times 6 - 磷酸葡糖 + 6 \times CO_2 + 12 \times NADPH + 12 \times H^+ + Pi$$

通过磷酸戊糖途径使 1 个 6 - 磷酸葡糖分子全部氧化为 6 分子 CO_2，并产生 12 个具有强还原力的分子 NADPH，如图 9 - 16。

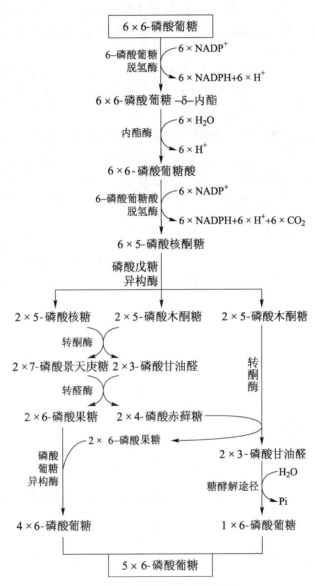

图 9 - 16　磷酸戊糖途径的总览

3. 磷酸戊糖途径的生理意义

① 磷酸戊糖途径是细胞产生强还原力 NADPH 的主要途径。虽然 NADH 和 NADPH 结构非常相似，但它们的生物学功能却不同，而且不能通过代谢相互转换。所以，细胞只能通过特定的代谢途径，如磷酸戊糖途径，生产 NADPH。NADH 被呼吸链氧化并通过氧化磷酸化产生 ATP，而 NADPH 则用于需要还原力的生物合成反应。例如，脂肪酸、氨基酸、核苷酸和固醇等物质的生物合成都需要大量的 NADPH。

② 磷酸戊糖途径是细胞内不同结构糖分子的重要来源，并为各种单糖的相互转变提供了条件。三碳糖、四碳糖、五碳糖、六碳糖以及七碳糖的碳骨架都是细胞内结构不同的糖类分子，其中核

糖及其衍生物 ATP、CoA、FAD、DNA 及 RNA 等都是生物体重要的化学分子，它们都来源于本代谢途径。

（二）磷酸解酮酶途径（PK 途径）

磷酸解酮酶途径（phosphoketolase pathway）主要存在于某些细菌和少数真菌中。它是由一部分磷酸戊糖途径和一部分糖酵解途径的酶，以及磷酸解酮酶催化的代谢反应组成。其中，**磷酸解酮酶**（phosphopentose ketolase）是该途径的特征性酶，所以该途径被称为磷酸解酮酶途径（PK 途径）。己糖和戊糖皆可以通过该途径进行代谢。PK 途径的反应过程可分为三个阶段：

第一阶段：葡萄糖经过部分糖酵解途径和磷酸戊糖途径生成 5 - 磷酸木酮糖。

第二阶段：5 - 磷酸木酮糖在磷酸解酮酶的催化下产生 3 - 磷酸甘油醛和乙酰磷酸。这是该途径的特征性反应。

第三阶段：3 - 磷酸甘油醛再经过糖酵解途径产生乳酸，乙酰磷酸还原生成乙醇。

磷酸解酮酶途径的总反应式为：

$$葡萄糖 + 2ADP + 2Pi \rightarrow 乳酸 + 乙醇 + CO_2 + 2ATP$$

异型乳酸发酵是指经过 PK 途径进行发酵的过程。所以，产物中除了乳酸以外，还有较高含量的乙醇和 CO_2。

（三）脱氧酮糖酸途径（ED 途径）

该途径是由 N. Entner 和 M. Doudoroff 两人 1952 年在嗜糖假单胞菌（*Pseudomonas saccharophila*）中首次发现，因此也叫 **ED 途径**（Entner-Doudoroff pathway）。在一些专性厌氧微生物菌种中，缺乏完整的 EMP 途径，它们以 ED 途径作为一种替代。该途径的特点是葡萄糖经过 4 步反应即可获得由 EMP 途径须经过 10 步才获得的丙酮酸。

拾 零

Cori 夫妇及糖代谢

糖代谢是生物体各种物质代谢中了解的比较清楚的代谢途径。在阐明这些代谢途径的过程当中，有一对夫妻作出了重大贡献，他们就是 C. F. Cori 和 G. T. R. Cori 夫妇。他们有着几乎相同的人生经历。两人都出生于布拉格（现为捷克首都），后同在布拉格日尔曼大学医学院就读，并于 1920 年共同获得医学博士学位。1922 年，两人同赴美国，在美国纽约州立恶性肿瘤研究院任职，后同入美国国籍。1931 年，两人双双应邀前往华盛顿大学医学院任职。他们的研究工作主要涉及与糖代谢有关的酶和激素。在实验室中，通常是 C. F. Cori 负责提出计划，G. T. R. Cori 着手进行具体的实验分析和负责大量的事务性工作。两人通过共同的努力，将糖代谢研究由完整的动物体推进到分离的组织，后来又推进到组织提取物和分离的酶的研究上。正因为 Cori 夫妇在糖代谢中酶促反应机制上的重大发现，他们共同获得了 1947 年度的诺贝尔生理学或医学奖。

第三节　糖类的合成代谢

生物界中糖类的最终来源主要是葡萄糖。葡萄糖主要是绿色植物通过光合作用合成而来。葡萄糖在植物体内又可转化成淀粉、纤维素和木质素等多糖贮存起来。动物通过摄食和消化淀粉等多糖后，将其逐步分解成单糖，并释放能量。同时，又将多余的单糖转变成糖原在肝和肌肉等组织储存，从而完成糖类化合物的合成、分解和利用。那么，生物体内这些糖类是怎样合成的呢？本节将重点回答这一问题。

一、光合作用

光合作用（photosynthesis）是地球上进行的最大的有机合成反应，主要是由含有光合色素的植物细胞和细菌来完成。含有光合色素的细胞以 CO_2 和 H_2O 等无机物质为底物，利用光能合成葡萄糖等有机化合物，同时释放 O_2 和其他物质（如硫）的过程。每天从太阳到达地球的能量约为 1.5×10^{22} kJ，其中约 1% 的能量被用于光合作用，合成地球所需的有机物和氧气。绿色植物等真核光合细胞中光合作用是在特定的细胞器官——叶绿体（chloroplast）上进行。叶绿体上进行的光合作用由光反应（light reaction）和暗反应（dark reaction）两部分组成，光反应发生在类囊体膜上，需要光能；暗反应发生在叶绿体的基质中，暗反应的进行不需要光能。

知识拓展 9-2

光合作用

二、多糖和寡糖的生物合成

1. 糖原的生物合成

糖原是动物体内的主要贮糖形式。糖原的合成主要以葡萄糖为直接原料，其他的单糖，例如半乳糖、果糖等，都需要转变成磷酸葡糖后方可合成糖原。由葡萄糖合成糖原包括以下 4 步反应。

① 葡萄糖在葡糖激酶的作用下转变成 6 - 磷酸葡糖；

② 6 - 磷酸葡糖在磷酸葡糖变位酶的作用下形成 1 - 磷酸葡糖；

③ 1 - 磷酸葡糖在尿苷二磷酸葡糖焦磷酸化酶的作用下与尿苷三磷酸作用形成 UDP - 葡萄糖；

④ UDP - 葡萄糖在糖原合酶的作用下将葡萄糖残基转移到糖原引物的非还原性末端上，通过 α - 1，4 - 糖苷键连接起来，延长碳链，并释放 UDP。UDP 消耗 1 分子 ATP 重新形成 UTP 而得以循环。

糖原分支的形成由分支酶来完成。当糖原分子中以 α - 1，4 - 糖苷键连接形成的糖链达到 11 个以上葡萄糖残基时，分支酶可将特定部位的 α - 1，4 - 糖苷键断裂，把断下来的寡糖部分转移到糖链的适当部位，使它们之间形成 α - 1，6 - 糖苷键。

糖原的合成反应如图 9 - 17 所示。糖原的合成是消耗 ATP 的反应，每增加 1 分子葡萄糖残基都需要消耗 1 分子 ATP。

2. 淀粉的生物合成

植物体内的多糖主要以淀粉的形式储存。淀粉的合成机制与糖原的合成机制基本相似，也是以葡萄糖为原料，首先磷酸化形成 1 - 磷酸葡糖，然后与 ATP 缩合形成 ADP - 葡萄糖。ADP - 葡萄糖在淀粉合酶的作用下将葡萄糖残基添加到直链淀粉引物的非还原性末端上。这样合成的淀粉为直链淀粉。而支链淀粉的合成由 Q 酶（分支酶的一种）来完成，可将部分 α - 1，4 - 糖苷键转变为 α - 1，6 - 糖苷键，形成支链淀粉（图 9 - 18）。

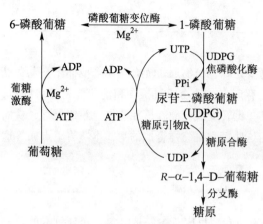

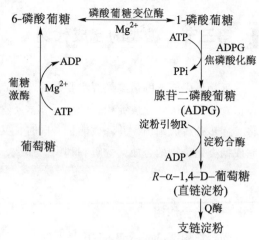

图 9-17 糖原的生物合成反应　　　　　　图 9-18 淀粉的生物合成反应

3. 蔗糖和乳糖的生物合成

（1）蔗糖的生物合成

1-磷酸葡糖在蔗糖磷酸化酶的作用下，与果糖连接形成蔗糖。

CH₂OH（结构式图）+ CH₂OH（结构式图） —蔗糖磷酸化酶/Pi→ 蔗糖（结构式图）

1-磷酸葡糖　　　　　　果糖　　　　　　　　　　蔗糖

（2）乳糖的生物合成

乳糖的生物合成与糖原的生物合成很相似，首先半乳糖在半乳糖激酶的作用下消耗 1 分子 ATP 形成 1-磷酸半乳糖，然后在 UDP-D-半乳糖焦磷酸化酶的催化下消耗 1 分子 UTP，形成 UDP-D-半乳糖。最后，在乳糖合酶的作用下，UDP-D-半乳糖与葡萄糖结合形成乳糖，释放 UDP 分子（图 9-19）。

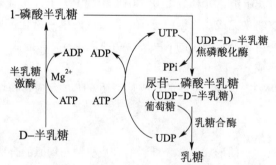

图 9-19 乳糖的生物合成反应

三、葡萄糖的生物合成——糖异生作用

1. 糖异生作用的定义

糖异生作用（gluconeogenesis）是指以非糖物质为前体合成葡萄糖的过程。糖异生作用的前体是指乳酸、丙酮酸、甘油以及生糖氨基酸等非糖物质。由这些非糖物质转变为葡萄糖的途径是由丙酮酸

学习与探究 9-3
糖酵解和糖异生有哪些差异

开始的，经过一系列反应最终形成葡萄糖。糖异生作用的主要场所是肝，其他部位也有微弱的糖异生作用，如肾、脑组织和肌肉组织等。

2. 糖异生作用的反应过程

糖异生作用的整个反应基本上是糖酵解途径的逆行过程（图9-20）。在糖酵解途径的10步反应中，有3步反应是不可逆的，其余7步反应是可逆的。糖异生作用即是绕行这些不可逆反应，从而实现葡萄糖的重新合成。

（1）丙酮酸到磷酸烯醇式丙酮酸的反应

糖酵解作用中磷酸烯醇式丙酮酸在丙酮酸激酶的作用下形成丙酮酸，同时产生1分子ATP。在糖异生作用中，该反应的逆行过程由两步反应来完成。首先，通过丙酮酸羧化支路产生草酰乙酸。丙酮酸羧化支路是指丙酮酸通过三羧酸循环以外的反应，转变成三羧酸循环中间产物的过程，即丙酮酸在丙酮酸羧化酶的作用下产生草酰乙酸。然后，草酰乙酸在磷酸烯醇式丙酮酸羧激酶的作用下产生磷酸烯醇式丙酮酸。

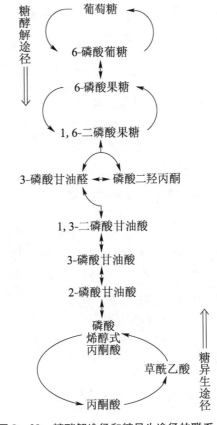

图9-20 糖酵解途径和糖异生途径的联系

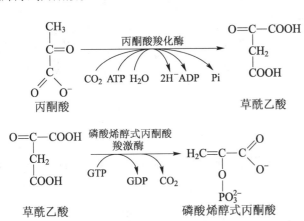

（2）1,6-二磷酸果糖到6-磷酸果糖的反应

在糖酵解作用中6-磷酸果糖在磷酸果糖激酶-1的作用下消耗1分子ATP产生1,6-二磷酸果糖，反应是不可逆的。该反应的逆过程由**果糖二磷酸酶-1**（fructose-1，6-bisphosphatase）作用完成的，即1,6-二磷酸果糖水解产生6-磷酸果糖。

（3）6-磷酸葡糖到葡萄糖的反应

在糖酵解途径中葡萄糖在己糖激酶的作用下消耗1分子ATP产生6-磷酸果糖，反应是不可逆的。该反应的逆过程是由另一种酶来完成，即**6-磷酸葡糖酶**（glucose-6-phosphatase）。在6-磷酸葡糖酶的作用下，6-磷酸果糖水解产生葡萄糖。

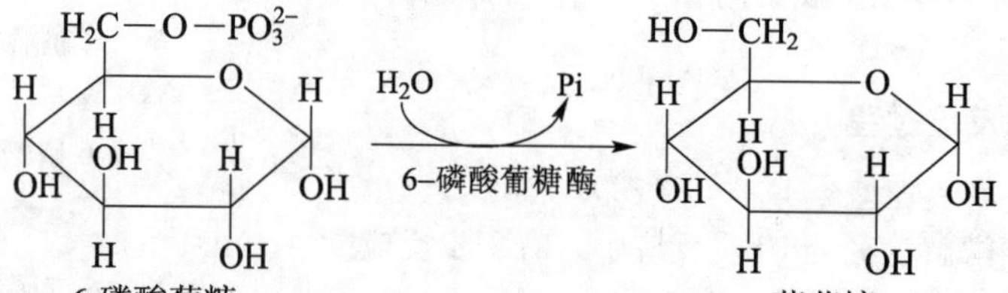

6-磷酸葡糖   葡萄糖

通过以上反应，实现了从丙酮酸合成葡萄糖的糖异生作用。

3. 糖异生作用的生理意义

（1）保证血糖水平的相对恒定

正常人的血糖水平一直保持在恒定的浓度范围内。当组织细胞大量消耗葡萄糖时，多糖的分解不足以满足机体对葡萄糖的需要。此时，机体通过加强糖异生作用来大量合成葡萄糖，迎合机体的紧急需要。

（2）与乳酸的利用有密切关系

当机体进行剧烈运动时，肌糖原通过糖酵解作用产生大量乳酸。肌肉中的乳酸通过血液运输到肝，转化成葡萄糖，进而生成肌糖原，这对更新肝糖原贮存，防止乳酸中毒有重要意义。

第四节 糖代谢的调节

一、糖酵解作用的调节

在生物体内的代谢途径中，催化不可逆反应的酶所处的部位是控制代谢反应的有效部位。在糖酵解途径中，由己糖激酶、磷酸果糖激酶-1和丙酮酸激酶催化的代谢反应是不可逆的。因此，这三种酶是糖酵解途径中受到调节作用的酶。

1. 丙酮酸激酶

丙酮酸激酶催化磷酸烯醇式丙酮酸形成丙酮酸的反应。该酶的活性可通过以下途径调节。

（1）1,6-二磷酸果糖的调节

1,6-二磷酸果糖激活该酶的活性，从而使糖酵解途径的中间产物能够顺利地向下一步进行。

（2）ATP 的调节

高浓度的 ATP 变构抑制该酶的活性，使糖酵解过程减慢。

（3）丙氨酸的调节

丙氨酸对该酶具有变构抑制作用，也会使糖酵解过程减缓。

（4）磷酸化调节

当血液中的葡萄糖浓度下降时，引起肝中该酶的磷酸化，使其变为无活性状态，从而减慢了糖酵解作用的进行，使血糖浓度得以维持正常水平。

2. 磷酸果糖激酶

磷酸果糖激酶（催化6-磷酸果糖形成1,6-二磷酸果糖）是糖酵解过程中最重要的调节酶，糖酵解进行的速度主要决定于该酶活性。该酶的活性可通过以下途径来调节。

（1）ATP/AMP 的调节

ATP 是该酶的底物，也是该酶的变构调节物。高浓度的 ATP 会降低磷酸果糖激酶-1 对6-磷酸

科技视野9-4
脂类代谢和糖类代谢的异常会导致肝脏疾病

知识拓展9-3
群体感应

果糖的亲和力。但是，这种抑制作用被 AMP 逆转，当 ATP 的供应不足而 AMP 充足时，该酶活性被激活，反应速度加快，ATP 生成增多。

（2）柠檬酸的调节

柠檬酸通过加强 ATP 对磷酸果糖激酶的抑制效应来抑制磷酸果糖激酶的活性，从而使糖酵解过程减慢。柠檬酸对磷酸果糖激酶的调节也是属于变构调节。

（3）2，6 - 二磷酸果糖的调节

2，6 - 二磷酸果糖是磷酸果糖激酶 - 1 的激活剂，在肝中 2，6 - 二磷酸果糖能够提高磷酸果糖激酶 - 1 与 6 - 磷酸果糖的亲和力，并可降低 ATP 对该酶的抑制效应。2，6 - 二磷酸果糖是由磷酸果糖激酶 - 2 催化 6 - 磷酸果糖而产生，磷酸果糖激酶 - 2 和磷酸果糖激酶 - 1 是不同的酶，它们的催化机制不一样。2，6 - 二磷酸果糖在果糖二磷酸酶 - 2 的作用下可水解成 6 - 磷酸果糖。有趣的是，磷酸果糖激酶 - 2 和果糖二磷酸酶 - 2 处于同一条单一多肽链上，是一种双功能酶。磷酸果糖激酶 - 2 和果糖二磷酸酶 - 2 的活性由酶分子上的 1 个丝氨酸残基往复地磷酸化所控制。当细胞内的葡萄糖缺乏时，血液中的胰高血糖素启动 cAMP 的级联效应，从而引起该双功能酶的磷酸化，磷酸化后表现果糖二磷酸酶 - 2 的活性，水解 2，6 - 二磷酸果糖，降低其浓度，从而降低磷酸果糖激酶 - 1 的活性。当细胞内的葡萄糖过剩时，该双功能酶的磷酸基团脱落，表现出磷酸果糖激酶 - 2 的活性，合成 2，6 - 二磷酸果糖，增加其浓度从而激活磷酸果糖激酶 - 1，加速糖酵解途径。NADH 和脂肪酸也可抑制磷酸果糖激酶 - 1 的活性。此外，磷酸果糖激酶 - 1 可被 H^+ 抑制。

3. 己糖激酶

己糖激酶可催化葡萄糖形成 6 - 磷酸葡糖的反应。该酶的变构抑制剂是其催化反应的产物 6 - 磷酸葡糖。当磷酸果糖激酶活性被抑制时，其底物 6 - 磷酸果糖积累，从而使处于平衡中的 6 - 磷酸葡糖浓度也相应升高，进而抑制己糖激酶的活性。因此，磷酸果糖激酶活性的抑制与己糖激酶活性的抑制是相互联系的，并且磷酸果糖激酶是主要的调控对象。

二、糖异生作用的调节

糖异生作用和糖酵解作用有密切的相互制约和协调关系。这种关系主要由两种途径不同的酶活性和浓度的调节来实现。

1. 磷酸果糖激酶 - 1 和 1，6 - 二磷酸果糖酶的调节

高浓度的 AMP 能激活磷酸果糖激酶 - 1 活性，从而加强糖酵解作用，促进 ATP 的生成，同时抑制 1，6 - 二磷酸果糖酶，不再催化糖异生作用。而高浓度的 ATP 和柠檬酸抑制磷酸果糖激酶 - 1 活性，降低糖酵解作用，同时高浓度的柠檬酸又激活 1，6 - 二磷酸果糖酶活性，加强糖异生作用。

2. 丙酮酸激酶、丙酮酸羧化酶和磷酸烯醇式丙酮酸羧激酶的调节

高浓度的 ATP 和丙氨酸能抑制丙酮酸激酶活性，降低糖酵解作用。同时，高浓度的乙酰 - CoA 能激活丙酮酸羧化酶的活性，加快糖异生作用。反之，高浓度的 ADP 抑制丙酮酸羧化酶和磷酸烯醇式丙酮酸羧激酶活性，关闭糖异生作用。糖异生作用和糖酵解作用的相互调节机制如图 9 - 21 所示。

三、三羧酸循环的调节

三羧酸循环作为生物体非常重要的代谢途径，也必定受到生物体精确的调控，以适应千变万化的环境条件。

1. 丙酮酸脱氢酶系的调节

丙酮酸脱氢酶系是催化丙酮酸产生乙酰辅酶 A 的多酶复合体，受到高浓度的 ATP、NADH 和乙酰辅酶 A 的抑制调节。

知识拓展 9 - 4

含糖饮料隐含的健康风险

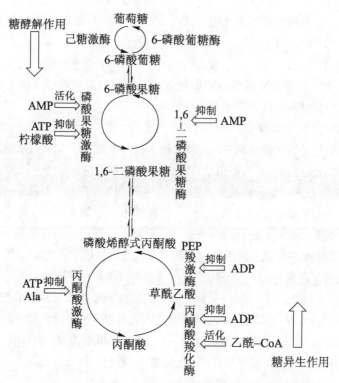

图 9 - 21 糖异生作用和糖酵解作用的相互调节

2. 柠檬酸合酶

柠檬酸合酶是三羧酸循环的关键限速酶。该酶催化三羧酸循环的起始反应，即乙酰 – CoA 和草酰乙酸缩合生成柠檬酸的反应。ATP 是此酶的变构抑制剂，当细胞内的 ATP 浓度高时，有较少的酶被乙酰 – CoA 所饱和，因而合成的柠檬酸就少。而作为底物的草酰乙酸和乙酰 – CoA 浓度高时，可激活柠檬酸合酶的活性。

3. 异柠檬酸脱氢酶

ATP、琥珀酰 – CoA 和 NADH 抑制异柠檬酸脱氢酶的活性；而 ADP 是该酶的变构激活剂，能提高该酶对其底物的亲和力。

4. α – 酮戊二酸脱氢酶系

α – 酮戊二酸脱氢酶系可催化 α – 酮戊二酸转变为琥珀酰 – CoA 的反应。该多酶体系中的二氢硫辛酰琥珀酰基转移酶是由三羧酸形成二羧酸的关键酶，也是使其他来源的化合物（例如谷氨酸脱氢产生的 α – 酮戊二酸）进入三羧酸循环的关键酶。该酶能调节三羧酸循环的正常运行，并限制外来的 α – 酮戊二酸进入三羧酸循环。琥珀酰 – CoA 是二氢硫辛酰琥珀酰基转移酶的强烈抑制剂，ATP 和 NADH 也可抑制该酶的活性，降低三羧酸循环的反应速度。

总之，无论是糖的分解代谢，还是糖的合成代谢，都是在生物体精确的调控下进行的。代谢调控不仅是在酶水平上进行，还包括激素水平和神经水平等多种。如果生物体的这种调控作用发生紊乱，即表现为某些代谢疾病，其中最为典型的是糖尿病。

第五节 糖代谢的应用

糖类是生物体最主要的营养物质和结构组成部分。生物体通过糖代谢过程产生大量的中间代谢物，不仅可以用于自身的生命活动需要，而且也为现代发酵工业提供了丰富的物质基础。

一、糖代谢调节发酵的机制概述

发酵是指利用微生物的生长和代谢活动，通过工程技术生产各种有用产品的过程。糖类在微生物细胞内通过糖酵解途径、三羧酸循环、磷酸戊糖途径等过程产生多种大量的中间产物。利用糖代谢进行发酵，其基本原理就是利用糖代谢的调节机制，生产大量积累的中间代谢产物。在有氧和无氧条件下，微生物细胞内的糖代谢过程明显不同，因此工业上的微生物发酵可分为厌氧发酵和好氧发酵两种类型。

二、厌氧发酵

厌氧发酵是指利用微生物在无氧条件下分解葡萄糖生产各种发酵产物的过程。在无氧条件下，葡萄糖分解过程中产生的 NAD（P）H 无法进入呼吸链而氧化再生，从而葡萄糖分解代谢产生的中间产物接受 NAD（P）H 脱下的氢原子（或电子），产生各种发酵产物，比如乙醇、甘油、乳酸等。微生物发酵通常以它们的终产物来命名，例如乙醇发酵、甘油发酵、乳酸发酵等。下面以乳酸发酵为例，介绍厌氧发酵的基本过程。

乳酸又叫 2 - 羟基丙酸，是世界上三大有机酸之一，也是医药、印刷、印染、制革、食品等工业的重要原料，其需求量逐年增加。目前乳酸的生产主要以微生物发酵为主，其中由细菌发酵生产乳酸有两种不同的代谢途径。

1. 同型乳酸发酵

同型乳酸发酵是指葡萄糖经过糖酵解途径分解产生丙酮酸后，丙酮酸在乳酸脱氢酶的作用下直接作为 NAD（P）H 的受氢体被还原为乳酸。通过此途径，1 分子葡萄糖产生 2 分子乳酸和 2 分子 ATP，但不产生 CO_2。通过这一途径发酵生产乳酸没有其他副产物，因此叫做同型乳酸发酵。进行同型乳酸发酵的菌种主要有乳杆菌属（*Lactobacillus*）、链球菌属（*Streptococcus*）等。乳酸脱氢酶是同型乳酸发酵的关键酶，可以通过该酶活性的调节来控制乳酸发酵的产量。

2. 异型乳酸发酵

异型乳酸发酵是指葡萄糖经过磷酸解酮酶途径产生乳酸的过程。通过此途径，1 分子葡萄糖产生 1 分子乳酸、1 分子乙醇、1 分子 ATP 和 1 分子 CO_2。通过这一途径发酵生产乳酸，除了乳酸以外，还有乙醇和 CO_2 等副产物，因此叫做异型乳酸发酵。异型乳酸发酵相对同型乳酸发酵而言，产能较低、产量较少。

三、好氧发酵

好氧发酵是指利用微生物在氧气供应充足的条件下直接氧化葡萄糖或分解葡萄糖产生各种发酵产物的过程。好氧发酵也可以分为两种发酵方式，即直接氧化产生有机酸和通过三羧酸循环产生有机酸。

1. 直接氧化产生有机酸

在有氧条件下，直接氧化葡萄糖产生的有机酸主要有：葡萄糖酸、5 - 酮葡糖酸、2 - 酮葡糖酸、曲酸等。如葡糖酸的好氧发酵是在氧气充足的条件下，葡糖氧化酶直接将葡萄糖氧化产生葡糖酸。具有这种发酵能力的微生物菌种有葡糖杆菌属（*Gluconobater*）、假单胞菌属（*Psedomonas*）和曲霉属（*Aspergillus*）等。

🌐 学习与探究 9 - 4
乳酸乳球菌酸应激调控机制研究

葡萄糖   葡糖氧化酶   葡糖酸

2. 通过三羧酸循环产生有机酸

葡萄糖通过糖酵解途径产生的丙酮酸，在有氧的条件下直接进入三羧酸循环，从而产生柠檬酸、琥珀酸、延胡索酸、苹果酸等多种有机酸。

下面以苹果酸发酵为例，介绍这种发酵方式。苹果酸是三羧酸循环中的一员，一般在生物体内不会大量积累。通过微生物发酵生产苹果酸的可能代谢途径有以下两种。

（1）乙醛酸循环合成苹果酸

该途径如图 9–22 所示，苹果酸的供应有两条途径，一条是由乙醛酸和乙酰–CoA 缩合生成，另一条是由延胡索酸直接形成。但是，通过该途径产生的苹果酸有一半继续参与三羧酸循环而被消耗，相对产量较低。

（2）乙醛酸循环和丙酮酸羧化支路偶联产生苹果酸

该途径中乙醛酸循环和丙酮酸羧化支路等比例存在，如图 9–23 所示。因此，可以通过乙醛酸、延胡索酸和丙酮酸等三条途径同时合成苹果酸。而且，产生的苹果酸不进入三羧酸循环而被消耗，相对产量较高。

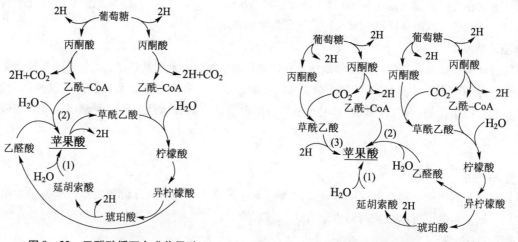

图 9–22　乙醛酸循环合成苹果酸　　图 9–23　乙醛酸循环和丙酮酸羧化支路偶联产生苹果酸

四、糖代谢应用的展望

科技视野 9–5

细胞糖代谢方式改变
与肿瘤转移的相关性

通过利用微生物细胞的糖代谢作用，目前已经为人类生产了多种有机化合物，例如乙醇、乳酸、苹果酸和琥珀酸等。但是，微生物代谢都会遵循细胞经济学原理并受调控系统的精确调控，代谢中间产物一般不会超常积累。因此，需要对微生物菌种进行合理有效的改良和对发酵条件进行优化。诱变育种法、酶活性抑制法、营养缺陷型法、DNA 重组技术等已经广泛应用到微生物发酵研究，并取得了可喜的成就。随着现代生物工程技术，例如代谢工程、系统生物学和合成生物学的不断发展，糖代谢将会有更广泛应用。

?　思考与讨论

1. 丙酮酸脱羧产生乙酰 – CoA 的反应机制是什么?
2. 草酰乙酸的补充来源有哪些途径?
3. 乙醛酸循环和三羧酸循环有什么异同点?
4. 为什么说葡萄糖 – 6 – 磷酸是各种糖代谢的核心物质?
5. 简述糖酵解作用关键酶及其调节方式。
6. 简述三羧酸循环的反应过程及其生理意义。
7. 简述磷酸戊糖途径的生理意义。
8. 简述糖异生和糖酵解作用的相互调节机制。

网上更多资源……

◆ 本章小结　　◆ 教学课件　　◆ 自测题　　◆ 教学参考　　◆ 生化实战

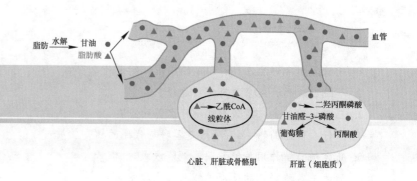

脂肪 --水解--> 甘油
脂肪酸

乙酰CoA
线粒体

心脏、肝脏或骨骼肌

血管

二羟丙酮磷酸
甘油醛-3-磷酸
葡萄糖   丙酮酸

肝脏（细胞质）

第十章

脂 质 代 谢

- **脂质的降解、吸收和转运**
  脂质的降解和吸收；脂质的转运和贮存

- **脂质的分解代谢**
  脂肪的分解代谢；磷脂的分解代谢；胆固醇的转变

- **脂质的合成代谢**
  脂肪酸的合成代谢；三酰甘油的合成；磷脂的合成；胆固醇的合成

- **脂质代谢的调节**
  激素对脂肪代谢的调节；脂肪酸代谢的调节；胆固醇代谢的调节

- **脂质代谢的应用**
  脂质代谢在食品工业中的应用；脂肪酸的发酵；生物柴油的制备

狗熊借助厚厚的脂肪层进行冬眠，骆驼依靠富含脂肪的驼峰穿过沙漠，其原因均与脂肪密切相关。那么，脂肪在生物体内是如何合成、又如何分解？除了脂肪，脂质还包括哪些种类？它们具有怎样的结构、性质和功能？在生物进化中为什么会选择脂质中的磷脂作为细胞膜的主要组成成分？脂肪代谢紊乱为什么会引起各种疾病？通过本章学习，可以找到相应的答案。

学习指南

1. 重点：脂质在生物体内的分解和合成的基本过程，脂质代谢过程中的能量变化和代谢调节。

2. 难点：脂肪酸的氧化和软脂酸合成的详细过程、物质变化和能量转换、代谢调控基本模式。

▶▶ **知识导图**

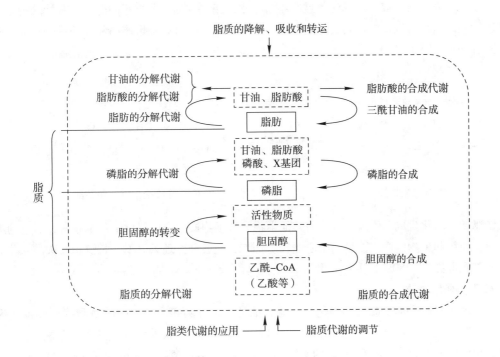

第一节　脂质的降解、吸收和转运

　　膳食中的三酰甘油、磷脂及胆固醇酯在小肠中脂肪酶的作用下水解产生脂肪酸和醇，在胆酸盐的帮助下进入小肠，然后通过载脂蛋白的协助在血液中进行运输，最终达到各组织器官，重新合成机体所需的脂质或者被彻底氧化分解。脂肪组织产生的游离脂肪酸和甘油也可以经血液进行运输，脂肪酸在血清清蛋白的帮助下，可以到达心脏、骨骼肌、肝，最终被氧化并释放能量。甘油可以被运送到肝，生成葡萄糖或者被彻底氧化产生能量。

一、脂质的降解和吸收

　　膳食中的脂质大多是三酰甘油，只有少量的磷脂及胆固醇。脂质的消化主要发生在小肠，主要依靠**胰脂肪酶**（pancrelipase）进行水解，并且在**胆酸**（bile salts）的帮助下进行吸收。胰脂肪酶可以降解脂肪粒中的三酰甘油。胆酸盐是肝合成的一种两性胆固醇类似物，经胆囊收集后被输送到小肠，胆酸盐可以包裹脂肪粒。体内一种共脂肪酶（colipase）具有活化胰脂肪酶的功能，可以帮助水溶性的脂肪酶与脂肪结合并进行水解反应。

1. 脂肪的降解吸收

　　脂肪是非极性分子，以高度还原的形式存在，是生物体储存能量的重要形式。同等质量的脂肪氧化释放的能量是糖或者蛋白的一倍以上。因此，生物进化中选择了脂肪作为最有效的能量储存载体。

　　胆酸盐在膳食脂肪的吸收过程中起到了非常重要的作用。脂肪的水解产物，包括游离脂肪酸和单脂酰甘油，可以在胆酸盐的帮助下被吸收，而胆酸盐经过肝可以被重复利用。正常情况下，在消化一餐膳食脂肪的过程中，胆酸盐可以被循环利用几次直到脂肪吸收完毕。在小肠细胞内，吸收的脂肪酸可以被转变为脂酰 – CoA。3 分子脂酰 – CoA 可以和 1 分子甘油，或者是两分子脂酰 – CoA 与 1 分子单脂酰甘油结合而重新形成三酰甘油。这些不溶于水的脂酰甘油需要与胆固醇和一些特殊的蛋白结合形成乳糜微粒，从而可以被转运到其他的组织中去。胰脂肪酶可以降解脂肪粒中的三酰甘油，它可以催化三酰甘油在 C1 和 C3 位进行水解，产生游离脂肪酸和 2 – 单脂酰甘油，产生的脂肪酸通常是长链脂肪酸。

长链脂肪酸氧化生成的乙酰 – CoA 为其他生物大分子物质的合成提供了基本原料，而它的继续分解也是很多组织和生物体产生能量的中心途径。例如，在各种生理条件下，长链脂肪酸的氧化为哺乳动物的心脏和肝提供了 80% 以上的能量。

2. 磷脂的降解吸收

食物中磷脂（phospholipid）的消化与三酰甘油类似，分泌到小肠中的胰磷脂酶可以催化磷脂的水解。胰磷脂酶包括卵磷脂酶、甘油磷脂酶、胆碱磷酸酶、胆胺磷酸酶等。其中磷脂酶 A_2 为最主要的种类，它可以催化甘油磷脂 C_2 酯键的水解，生成了一个溶血磷脂和一个游离的脂肪酸。

溶血磷脂可以被小肠吸收并重新形成甘油磷脂。细胞中的溶血磷脂浓度通常很低，高浓度的溶血磷脂由于具有两亲性质可以破坏细胞膜，比如蛇毒中磷脂酶 A_2 可以作用于血红细胞的磷脂而导致细胞破解。

3. 胆固醇酯的降解吸收

食物中的**胆固醇酯**（cholesteryl ester）可以在**酯酶**（esterase）的作用下水解生成游离的胆固醇和脂肪酸；不溶于水的胆固醇在胆酸盐的帮助下被吸收。大多数的胆固醇在肠细胞中与乙酰 – CoA 结合形成胆固醇酯。

微生物中也含有脂肪酶，通常来说，细菌脂肪酶水解脂肪的能力不强，而真菌脂肪酶的活性较高，降解脂肪的方式类似于人和哺乳动物的胰脂肪酶，水解产物为脂肪酸和甘油。另一方面，微生物脂肪酶可以在一定条件下催化醇和酸缩合成酯。目前发现，来源于霉菌，包括毛霉（*Mucor*）、曲霉（*Aspergillus*）、根霉（*Rhizopus*）和青霉（*Penicillium*）的脂肪酶不仅能够催化甘油酯的合成，而且还能催化乙酸乙酯等简单酯类和芳香酯的合成，这些特性为应用工业微生物技术生产酯类奠定了基础。

二、脂质的转运和贮存

◎ 知识拓展 10-1

脂肪肝

三酰甘油、胆固醇和胆固醇酯都不溶于水，所以不能单独在血液和淋巴液中转运。这些分子与磷脂及两性脂结合蛋白（载脂蛋白）结合在一起，形成球状的大分子颗粒，即脂蛋白。有关脂蛋白的分类以及它们的理化性质见第七章第二节的结合脂质部分。

由乳糜微粒和极低密度脂蛋白运送到脂肪组织的三酰甘油被脂蛋白水解酶降解形成脂肪酸和甘油。脂肪酸和甘油被脂肪组织吸收，重新合成所需的新的脂肪，储存于脂肪组织中。脂肪的释放或积累取决于代谢所需，并受到血液中激素的调节控制。脂肪组织中存在一种激素敏感的脂肪酶，可以催化三酰甘油水解生成游离脂肪酸和单脂酰甘油，而高浓度的胰岛素可以抑制这种酶的作用。

脂肪组织水解产生的游离脂肪酸和甘油，可以通过扩散透过脂肪组织的细胞质膜进入到血液中，如图 10-1 所示。其中甘油可以被运送到肝通过磷酸化和氧化作用生成磷酸二羟丙酮，再经异构化生成 3-磷酸甘油醛，然后一部分经糖异生途径生成葡萄糖，另一部分经糖酵解途径转化成丙酮酸进而被继续氧化。脂肪酸由于有很低的水溶性，只能附着在血清清蛋白上进行运输。在血清清蛋白的帮助下，脂肪酸可以到达心、骨骼肌、肝，然后进入线粒体中被氧化并释放能量。

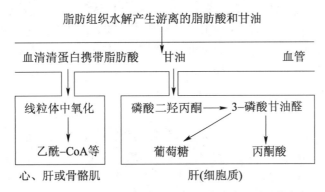

图 10-1　脂肪组织水解产生的游离脂肪酸和甘油的去向

第二节　脂质的分解代谢

三酰甘油和磷脂水解后都能生成甘油和脂肪酸；鞘磷脂可被水解产生鞘氨醇、脂肪酸；胆固醇可以转化成胆酸、性激素、肾上腺素等多种活性物质。甘油在肝中进行代谢，通过磷酸二羟丙酮与糖代谢连接，而脂肪酸借助于血清清蛋白的帮助进入到不同的组织进行氧化代谢。脂肪酸的降解主要依靠 β 氧化来完成，这一过程可以产生大量的乙酰 - CoA。乙酰 - CoA 可以作为合成其他生物分子的前体，将脂肪的代谢与其他生物分子的代谢紧密联系起来。乙酰 - CoA 也可以被彻底氧化产生能量，动物在某些禁食状态（如睡眠）下，脂肪酸的代谢是能量的主要来源。另外，当细胞中的葡萄糖含量减少（如禁食或少食）时，由于草酰乙酸不能得到足够供应，脂肪酸代谢产生的乙酰 - CoA 可以用来生成酮体物质，酮体物质可以被运输到各个器官，成为机体能量的主要提供者。

一、脂肪的分解代谢

1. 甘油的代谢

甘油在甘油激酶的作用下生成 3 - 磷酸甘油，进而在磷酸甘油脱氢酶的作用下生成磷酸二羟丙酮。磷酸二羟丙酮是糖代谢过程中的中间产物，可以经糖异生途径最终合成糖原；也可以进入 EMP 途径生成丙酮酸；还可以继续氧化生成乙酰 - CoA，再进入 TCA 循环被彻底氧化。由甘油生成磷酸二羟丙酮的反应过程如图 10 - 2 所示。其他反应见相关章节。

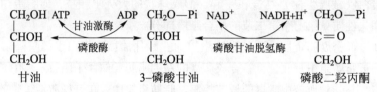

图 10 - 2 甘油转化为磷酸二羟丙酮的过程

同样，糖原、氨基酸、丙酮酸等也可反应生成磷酸二羟丙酮，磷酸二羟丙酮再被还原为 3 - 磷酸甘油，然后在磷酸酶的作用下生成甘油。

2. 脂肪酸的分解代谢

脂肪酸的氧化主要是通过每次去掉两个碳原子的反应进行的。这两个碳原子通常与 CoA 结合形成乙酰 - CoA。这种氧化方式主要是通过一系列酶的催化反应导致 α 与 β 碳原子之间的断裂，生成二碳单位，且此反应可以循环进行，这种氧化分解过程称为 **β 氧化**（β-oxidation）。除此之外，还有 ω - 氧化、α - 氧化等不同方式。在脊椎动物体内，脂肪酸的 β 氧化可以分为三个阶段：脂肪酸在细胞质中被活化；脂肪酸进入线粒体；在线粒体中氧化生成二碳单位的乙酰 - CoA。脂肪酸 β 氧化产生的 NADH 和 FADH$_2$ 可以经电子传递链产生能量，而生成的乙酰 - CoA 可以进入三羧酸循环进一步氧化分解产生能量，也可能转化生成其他的生物有机分子。

（1）脂肪酸的 β 氧化

① 脂肪酸的活化与转运 脂肪酸的 β 氧化在细胞的线粒体基质中进行，是脂肪酸分解代谢的主要途径。脂肪酸首先需要在细胞质中进行活化，生成**脂酰 - CoA**（acyl - CoA）。在脂酰 - CoA 合成酶的催化下，脂肪酸首先与 ATP 结合生成脂酰腺苷酸，然后再与 CoA 反应生成脂酰 - CoA。

$$RCH_2CH_2CH_2COOH \xrightarrow{\quad ATP \quad PPi \quad} RCH_2CH_2CH_2\overset{O}{\overset{\|}{C}}-AMP \xrightarrow{\quad CoA-SH \quad AMP \quad} RCH_2CH_2CH_2\overset{O}{\overset{\|}{C}}\sim SCoA$$

脂肪酸　　　　　　　　　　　　脂酰腺苷酸　　　　　　　　　　　脂酰 - CoA

活化产生的脂酰 - CoA 存在于细胞质中，而 β 氧化是在线粒体内进行的。脂酰 - CoA 进入线粒体需要一种酰基载体——**肉（毒）碱**（carnitine）的帮助。脂酰 - CoA 首先在肉碱脂酰转移酶 I 的作用下与肉碱反应生成脂酰肉碱，而这个反应是调节脂肪酸降解的一个关键反应。脂酰肉碱在肉碱 - 脂酰肉碱转位酶的作用下进入线粒体，在肉碱脂酰转移酶 II 的作用下又重新生成了脂酰 - CoA。

$$R-\overset{O}{\overset{\|}{C}}-S-CoA+H_3C-\overset{CH_3}{\overset{|}{\underset{CH_3}{N}}}{}^{+}-CH_2-\overset{H}{\overset{|}{\underset{OH}{C}}}-CH_2-CO^{-} \underset{\text{肉碱脂酰转移酶 II}}{\overset{\text{肉碱脂酰转移酶 I}}{\rightleftharpoons}} HS-CoA+H_3C-\overset{CH_3}{\overset{|}{\underset{CH_3}{N}}}{}^{+}-CH_2-\overset{H}{\overset{|}{\underset{\underset{R}{\overset{|}{\underset{}{C=O}}}{O}}{C}}-CH_2-CO^{-}$$

脂酰 - CoA　　　　　　　肉碱　　　　　　　　　　　　　　　　　　　　　　　　　　　　脂酰肉碱

②　脂酰－CoA 的氧化　脂酰－CoA 在线粒体基质中进行 β 氧化，生成 1 个乙酰－CoA 需要 4 步反应：氧化、水化、进一步氧化、硫解。经一轮反应即可产生 1 个乙酰－CoA 和少了两个碳的脂酰－CoA，此反应循环往复，直到脂酰－CoA 全部变为乙酰－CoA。

a.　氧化　进入线粒体的脂酰－CoA（acyl-CoA）首先在**脂酰－CoA 脱氢酶**（acyl-CoA dehy-drogenase）的作用下脱去 α，β 两个碳原子上的氢，生成**反式 α，β－烯脂酰－CoA**（trans-α，β-enoyl-CoA），并产生 1 分子的 $FADH_2$。

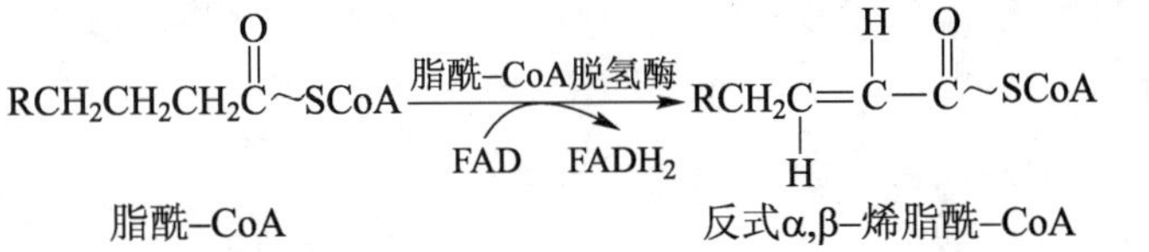

$$RCH_2CH_2CH_2C(=O)\!\sim\! SCoA \xrightarrow[\substack{FAD \quad FADH_2}]{\text{脂酰－CoA脱氢酶}} RCH_2C(H)=C(H)C(=O)\!\sim\! SCoA$$

脂酰－CoA　　　　　　　　　　　　　　反式α,β－烯脂酰－CoA

b.　水化　产生的反式 α，β－烯脂酰－CoA 在**烯脂酰－CoA 水合酶**（enoyl-CoA hydratase）作用下与水进行反应，水分子的氢原子加到 α－碳上，羟基加到 β－碳上，生成了**β－羟脂酰－CoA**（β-hydroxyacyl-CoA）。

$$RCH_2C(H)=C(H)C(=O)\!\sim\! SCoA \xleftarrow[\pm H_2O]{\text{烯脂酰－CoA水合酶}} RCH_2CH(OH)CH_2C(=O)\!\sim\! SCoA$$

反式α,β－烯脂酰－CoA　　　　　　　　　　β－羟脂酰－CoA

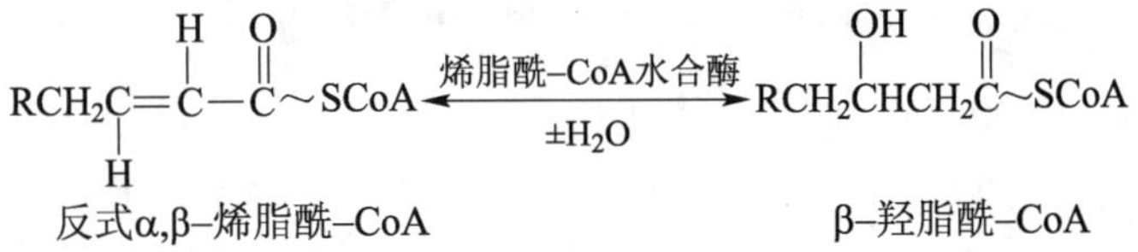

c.　进一步氧化　产生的 β－羟脂酰－CoA 在 **β－羟脂酰－CoA 脱氢酶**（β-hydroxyacyl-CoA dehydrogenase）的作用下，氧化脱去 β－碳上的两个氢原子，生成了 **β－酮脂酰－CoA**（β-ketoacyl-CoA），并产生 1 分子的 $NADH + H^+$。

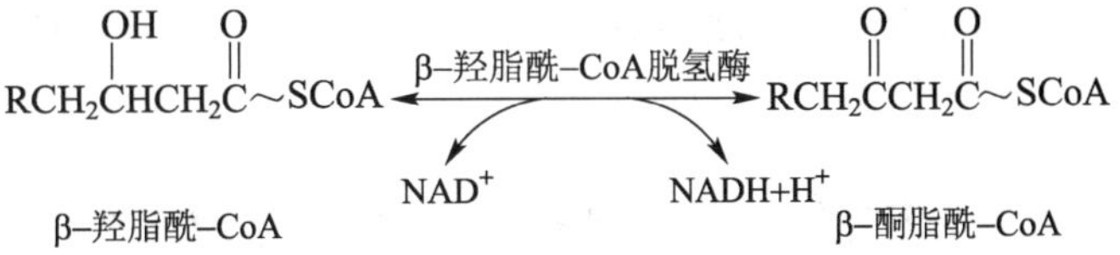

$$RCH_2CH(OH)CH_2C(=O)\!\sim\! SCoA \xrightleftharpoons[\substack{NAD^+ \quad NADH+H^+}]{\text{β－羟脂酰－CoA脱氢酶}} RCH_2C(=O)CH_2C(=O)\!\sim\! SCoA$$

β－羟脂酰－CoA　　　　　　　　　　　　β－酮脂酰－CoA

d.　硫解　生成的 β－酮脂酰－CoA 在**硫解酶**（thiolase）的作用下与 CoA 反应，生成了 1 分子的乙酰－CoA 和剩下少两个碳原子的脂酰－CoA。

经过上述 4 步反应，产生的少两个碳原子的脂酰 CoA 可以进行下一轮的 β 氧化反应，在每一轮的 β 氧化过程中都会产生 1 分子的乙酰－CoA、$NADH + H^+$ 和 $FADH_2$，直到脂酰－CoA 全部变为乙酰－CoA 或者剩余 1 个丙酰－CoA 为止，反应的全部过程如图 10-3 所示。

可以看出，脂肪酸经过 β 氧化后可以产生大量的乙酰－CoA、NADH 和 $FADH_2$，在有氧的情况下如果全部用于生成 ATP，可以为机体提供大量的能量。以 16 碳的软脂酸经过 β 氧化为例，软脂酸活化生成软脂酰－CoA 需要消耗 1 个 ATP 中的两个高能磷酸键，软脂酰－CoA 经过 7 轮的 β 氧化后完全硫解为乙酰－CoA，可以生成 8 分子的乙酰－CoA，7 分子的 NADH 和 7 分子的 $FADH_2$，反应方程式如下所示：

16 碳软脂酰－CoA $+ 7FAD + 7NAD + 7CoA_{SH} + 7H_2O \longrightarrow$ 8 乙酰－CoA $+ 7FADH_2 + 7NADH + 7H^+$

在有氧的情况下，每分子的乙酰－CoA 进入 TCA 循环氧化分解，进而通过氧化磷酸化作用，最终产生 10 分子的 ATP，而每分子 NADH 经过氧化磷酸化可以产生 2.5 分子 ATP，每分子的 $FADH_2$ 经过氧化磷酸化可以产生 1.5 分子的 ATP。另外，一分子的软脂酸活化生成软脂酰 CoA 需要消耗 2 个高能磷酸键，按消耗 2 个 ATP 计，因此 1 分子的软脂酸在有氧条件下，经过 β－氧化（完全被氧化）产生的 ATP 数目为：$8 \times 10 + 7 \times 2.5 + 7 \times 1.5 - 2 = 106$。应用量热法可以测得软脂酸氧化为 CO_2 和 H_2O

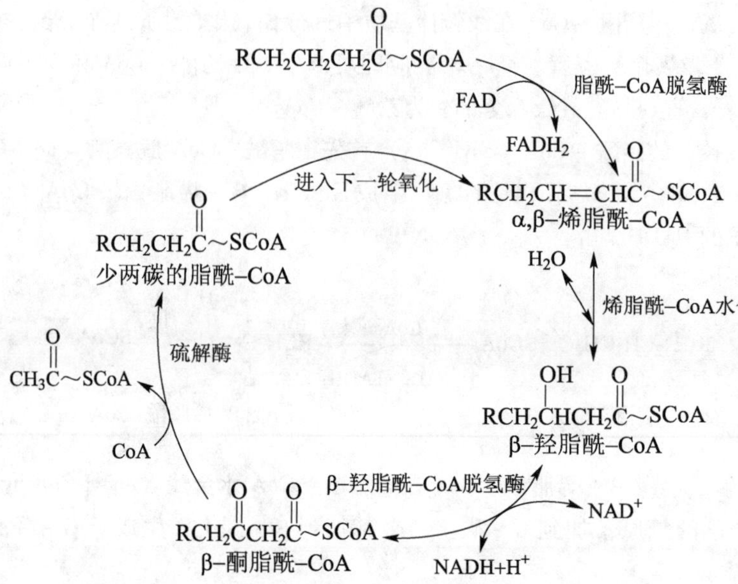

图 10-3 中脂肪酸的 β 氧化过程（化学结构图，略）

脂酰-CoA脱氢酶

$RCH_2CH_2CH_2C\sim SCoA$ + FAD → FADH$_2$

$RCH_2CH=CHC\sim SCoA$　α,β-烯脂酰-CoA

进入下一轮氧化

$RCH_2CH_2C\sim SCoA$　少两碳的脂酰-CoA

烯脂酰-CoA水合酶　H$_2$O

$CH_3C\sim SCoA$

硫解酶

CoA

$RCH_2CHCH_2C\sim SCoA$（OH）　β-羟脂酰-CoA

$RCH_2CCH_2C\sim SCoA$　β-酮脂酰-CoA

β-羟脂酰-CoA脱氢酶　NAD$^+$　NADH+H$^+$

图 10-3　脂肪酸的 β 氧化

的自由能变化为 $\Delta G^{\theta} = -9\,790$ kJ/mol，根据产生的 ATP 数目可以计算出软脂酸经 β 氧化，并且在细胞内完全被氧化的能量转换率（式 10-1）。可以看出，细胞内软脂酸完全氧化时，能量转换率为 33.0%。

$$\frac{30.5 \times 106}{9\,790} \times 100\% = 33.0\%$$　　　　　　(10-1)

（2）奇数碳原子脂肪酸的 β 氧化

具有奇数碳原子的脂肪酸，同样可以通过 β 氧化降解，最后产生 1 分子的**丙酰-CoA**（propionyl-CoA）。而丙酰-CoA 可以进行羧化反应生成**琥珀酰-CoA**（succinyl CoA），然后进入 TCA 循环。

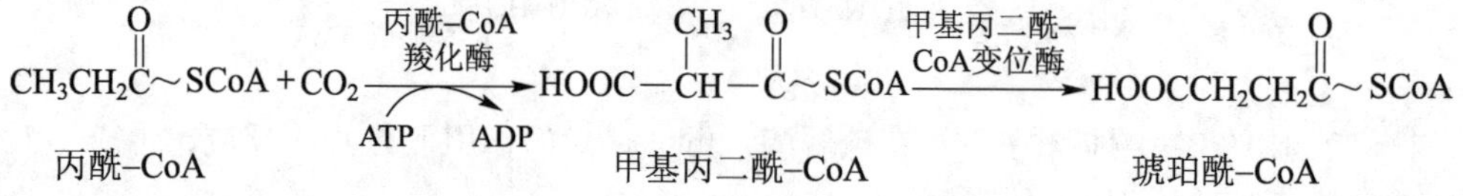

$CH_3CH_2C\sim SCoA + CO_2$　丙酰-CoA　→（丙酰-CoA羧化酶，ATP ADP）→ $HOOC-CH(CH_3)-C\sim SCoA$　甲基丙二酰-CoA　→（甲基丙二酰-CoA变位酶）→ $HOOCCH_2CH_2C\sim SCoA$　琥珀酰-CoA

（3）不饱和脂肪酸的 β 氧化

自然界中还存在着很多不饱和脂肪酸，它们通常需要其他酶的帮助才能完成 β 氧化。棕榈油酸（C$_{16}$），在 C$_9$ 和 C$_{10}$ 之间有一个双键，该脂肪酸经 3 轮 β 氧化后生成了顺-Δ^3-烯脂酰-CoA。但烯脂酰-CoA 水合酶仅可以识别反式 α，β-烯脂酰-CoA，不能催化这种顺-Δ^3-烯脂酰-CoA 的水化反应。而 Δ^2，Δ^3-**烯脂酰-CoA 异构酶**（enoyl-CoA isomerase）可以改变双键的位置和构型，烯脂酰-CoA 异构酶的催化反应可以产生反式 α，β-烯脂酰-CoA，从而帮助 β 氧化继续进行。

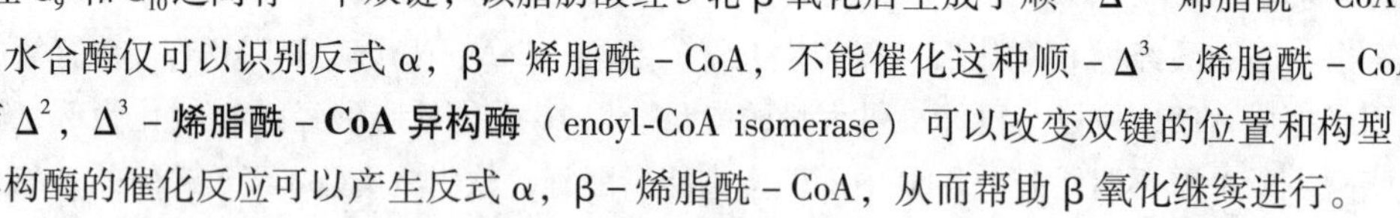

$H_3C(CH_2)_5-CH=CH-CH_2C\sim SCoA$　顺-Δ^3-烯脂酰-CoA　⇌（烯脂酰-CoA异构酶）⇌　$H_3C(CH_2)_5CH_2-CH=CH-C\sim SCoA$　反-Δ^2-烯脂酰-CoA

另外，我们可以从亚油酸（$18:2\Delta^{9,12}$）的 β-氧化过程中看到不同的双键参与 β-氧化的情况，反应过程如图 10-4 所示。经过三轮 β 氧化，亚油酰-CoA 降解为 12 个碳原子的顺，顺-$\Delta^{3,6}$-双烯脂酰-CoA，这一个分子同样具有一个顺式的 β，γ 双键，而不是一个可以继续进行 β 氧化的反式 α，β 双键。在烯脂酰-CoA 异构酶的作用下，顺式的 β，γ 双键转变为反式 α，β 双键，β 氧化得以继续进行。经过了一轮 β 氧化后，生成的含有 10 个碳原子的顺 – Δ^4 – 烯脂酰 – CoA 在脂酰 – CoA 脱氢酶的作用下生成了反，顺 – $\Delta^{2,4}$ – 双烯脂酰 – CoA，生成的反，顺 – $\Delta^{2,4}$ – 双烯脂酰 – CoA 在 2，4 – 双烯脂酰 – CoA 还原酶的作用下生成了反 – Δ^3 – 烯脂酰 – CoA，这一反应需要 NADPH 提供还原力。而反 – Δ^3 – 烯脂酰 – CoA 同样可以在烯脂酰 – CoA 异构酶的作用下成为反式 α，β – 烯脂酰 – CoA，从而可以继续进行 β 氧化直到脂酰 – CoA 全部转化为乙酰 – CoA。

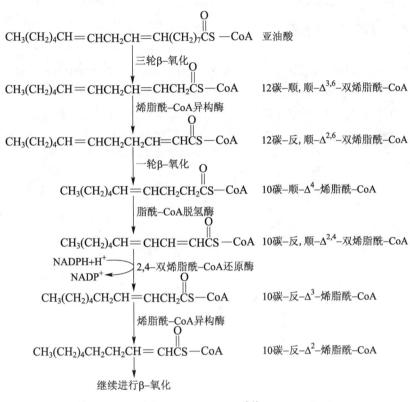

图 10 – 4 亚油酰 – CoA（18：2 $\Delta^{9,12}$）的 β 氧化过程

（4）ω – 氧化

对于动物体内碳原子数在 12 个以上的脂肪酸，β 氧化是主要的代谢途径，但对于一些少于 12 个碳原子的脂肪酸，如 10 碳和 11 碳脂肪酸，它们的降解主要是通过 **ω – 氧化**（ω-oxidation）来完成。ω – 氧化是指长链脂肪酸的末端碳原子首先被氧化生成 α，ω – 二羧酸，然后可以从两端进行 β 氧化，最后余下琥珀酰 – CoA 直接进入 TCA 循环。

（5）α – 氧化

另外，在植物的种子、叶片以及动物的脑组织和肝中，还发现了一种与 β 氧化完全不同的反应，称为 **α – 氧化**（α-oxidation）。经过一次 α – 氧化可以脱去羧基端的一个碳原子。

$$RCH_2COOH \xrightarrow[\text{单加氧酶}]{} \overset{OH}{RCHCOOH} \xrightarrow[\text{脱氢酶}]{} \overset{O}{RCCOOH} \xrightarrow[\text{脱羧酶}]{} RCOOH$$

脂肪酸　　　　　　α-羟脂酸　　　　　α-酮脂酸　　　少一碳脂肪酸

3. 酮体的代谢

脂肪酸氧化产生的大多数乙酰 – CoA 进入三羧酸循环，但是有少数的乙酰 – CoA 可以进入其他的途径。当细胞中的葡萄糖含量减少（如禁食或少食）时，脂肪酸的代谢成为能量获得的主要途径。葡萄糖含量减少导致糖酵解途径减缓，使得丙酮酸的生成量不足，从而限制了丙酮酸羧化生成草酰乙酸。由于草酰乙酸不能得到足够的供应，脂肪酸代谢产生的乙酰－CoA 可以用来生成**乙酰乙酸**（acetoacetate）、**β-羟丁酸**（β-hydroxybutyrate）和**丙酮**（acetone），这三种物质统称为**酮体**（ketone body）。

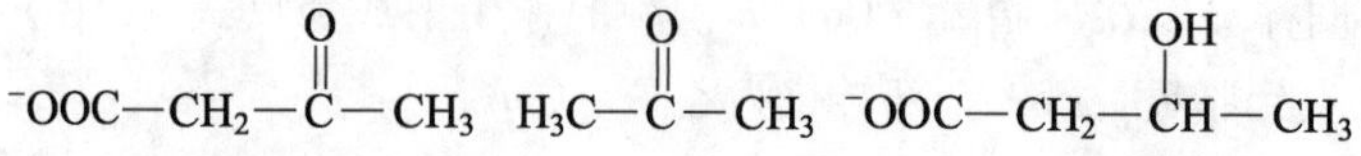

乙酰乙酸 　　　　丙酮 　　　　β-羟丁酸

乙酰乙酸和 β-羟丁酸作为水溶性的脂迅速地被送到各个组织如心脏和肾中，成为能量的提供者。在饥饿时，大量酮体也可以作为葡萄糖的替代品成为大脑、骨骼肌和肠道的能量来源。

在哺乳动物体内，酮体于肝合成后被运送到各个组织。酮体的合成主要在线粒体基质中进行，如图 10-5 所示，依靠三个乙酰－CoA 的合成反应生成了 β-羟基-β-甲基戊二酰-CoA，然后在羟甲基戊二酰-CoA 裂解酶的作用下生成了乙酰乙酸，而一部分乙酰乙酸在 β-羟丁酸脱氢酶的作用下生成了 β-D-羟丁酸，而乙酰乙酸可以自发缓慢脱羧形成丙酮，也可以在乙酰乙酸脱羧酶的作用下生成丙酮。

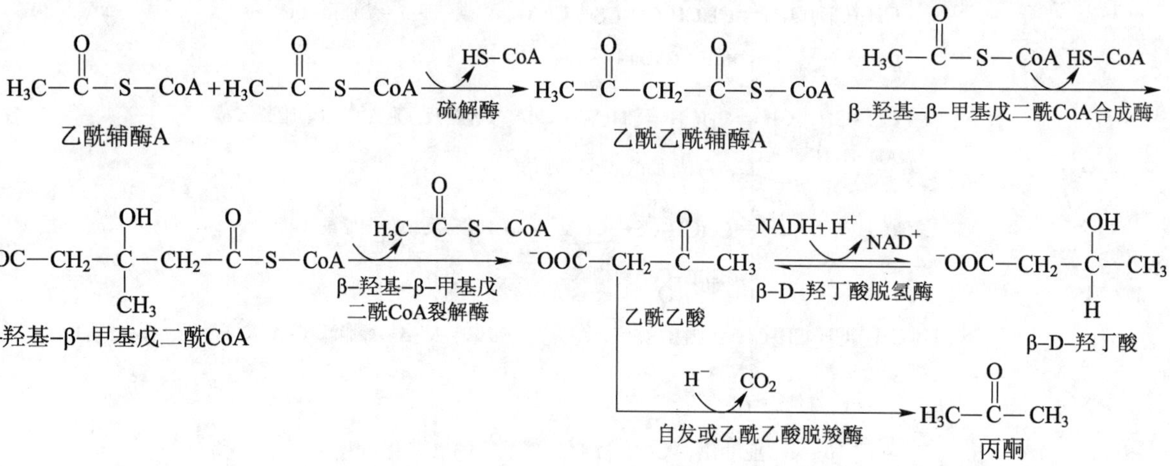

图 10-5　乙酰乙酸、β-羟丁酸和丙酮的合成

酮体被运送到需要能量的组织后，首先进入线粒体，然后降解产生乙酰－CoA，并进入三羧酸循环被完全氧化。β-羟丁酸在 β-羟丁酸脱氢酶的作用下生成乙酰乙酸，这种酶是肝 β-羟丁酸脱氢酶的同工酶。乙酰乙酸在酮脂酰－CoA 转移酶的作用下与琥珀酰－CoA 生成乙酰乙酰－CoA 和琥珀酸，然后乙酰乙酰－CoA 进一步在硫解酶的作用下生成乙酰－CoA 进入三羧酸循环（图 10-6）。

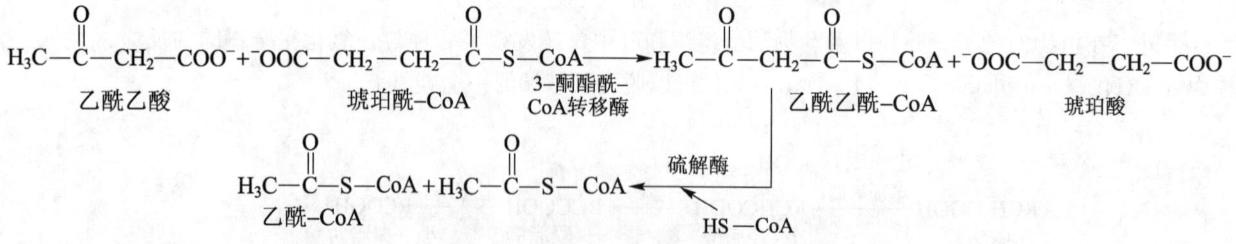

图 10-6　乙酰乙酸生成乙酰－CoA 的过程

二、磷脂的分解代谢

磷脂（phospholipid）的水解需要**磷脂酶**（phospholipase）参与。磷脂酶主要分为五类，A_1，A_2，

B，C，D，分别作用于磷脂的不同酯键，磷脂酶 A_1 广泛分布于动物细胞的微体等细胞器中，它可以专一性地水解磷脂分子内 C1 位的脂肪酸，产物为溶血性磷脂酸。磷脂酶 A_2 以酶原的形式存在于动物的胰中，也大量存在于蛇毒、蝎毒和蜂毒中，它可以专一性地水解磷脂分子内 C2 位的脂肪酸。磷脂酶 B 可以水解磷脂分子内 C1 或 C2 位的脂肪酸，如溶血磷脂酶。磷脂酶 C 存在于脑、蛇毒及部分微生物（如韦氏梭菌，蜡状芽孢杆菌）中，主要作用于磷脂酰甘油的 C3 的磷脂酰键，反应产物为 1，2 - 甘油二酯和磷酸胆碱。磷脂酶 D 主要存在于高等植物中，其水解产物为磷脂酸和胆碱。磷脂酶 A_1，A_2，B，C，D 催化磷脂分子不同部位的化学键水解（式中 1，2，3，4 代表不同磷脂酶可以作用的位置）。

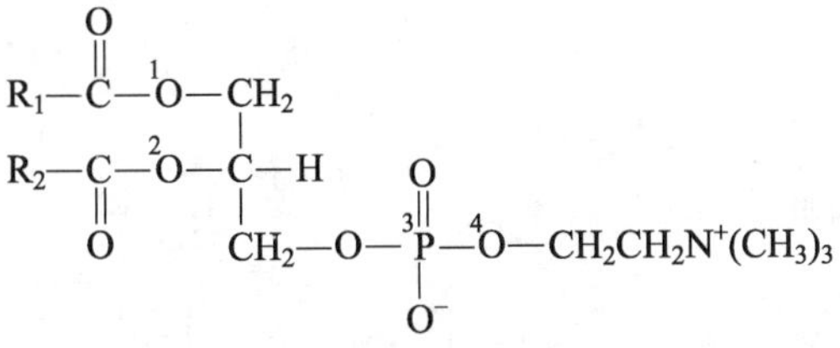

$$R_1-\overset{O}{\overset{\|}{C}}-O-CH_2$$
$$R_2-\overset{O}{\overset{\|}{C}}-O-\overset{2}{C}H$$
$$CH_2-O-\overset{O}{\underset{O^-}{\overset{\|}{P}}}-O-CH_2CH_2N^+(CH_3)_3$$

磷脂经磷脂酶催化可以生成甘油、脂肪酸、磷酸和氨基酸等。以卵磷脂的分解代谢为例，卵磷脂在磷脂酶的作用下可以生成甘油、脂肪酸和磷酸胆碱，其中甘油可转变为磷酸二羟丙酮进入糖酵解途径，脂肪酸可以通过 β 氧化分解。

三、胆固醇的转变

人和哺乳动物在肝中合成或者是通过食物获得的**胆固醇**（cholesterol），可以转化为各种固醇类活性物质，它们均具有十分重要的机体调节功能。如图 10 - 7 所示，胆固醇可以分别转化成胆汁酸、胆汁酸盐、性激素、肾上腺素、肾上腺皮质激素和维生素 D_3 等活性物质。

知识拓展 10 - 2
胆固醇的功能

第三节 脂质的合成代谢

鉴于脂质在机体中的重要作用，高等动物需要大量地合成脂质物质。在高等动物的肝、脂肪组织、乳腺等部位，脂质的合成反应非常活跃。脂肪酸的氧化在线粒体中进行，脂肪酸合成是在细胞质中进行，所需的主要碳源为乙酰 - CoA，所用的酶系、酰基载体及供氢体也与脂肪酸的分解有所不同。脂肪酸合成所需的乙酰 - CoA 有一部分来源于脂肪酸的降解。另外，当葡萄糖充足或过量时，葡萄糖可以经糖酵解途径产生丙酮酸，丙酮酸在丙酮酸脱氢酶的作用下生成乙酰 - CoA，用于脂肪酸的合成。同时葡萄糖也可经磷酸戊糖途径生成 NADPH，为脂肪酸的合成提供还原力。因此当体内糖分过多时，机体即可利用多余的糖合成脂肪，这正是吃糖过量容易肥胖的原因。

知识拓展 10 - 3
过量摄入脂肪可导致肥胖

一、脂肪酸的合成代谢

1. 饱和脂肪酸的合成

（1）乙酰 - CoA 的转运

大部分脂肪酸的合成在细胞质中完成，而脂肪酸 β 氧化、丙酮酸脱羧及氨基酸氧化产生的乙酰 - CoA 都存在于在线粒体的基质中。这些乙酰 - CoA 不能任意穿过线粒体内膜，需要在草酰乙酸的帮助下形成柠檬酸，然后通过三羧酸载体的协助才能通过线粒体膜。线粒体外的柠檬酸可以裂解生成草酰乙酸和乙酰 - CoA，草酰乙酸可以经苹果酸生成丙酮酸，丙酮酸又可进入线粒体，然后在羧化酶的作用下生成草酰乙酸，草酰乙酸再继续转运下一个乙酰 - CoA 到线粒体外，如此完成乙酰 - CoA 的

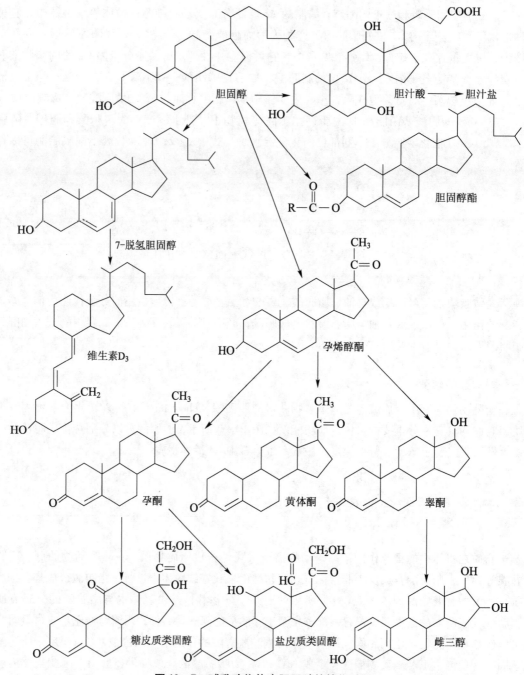

图 10−7 哺乳动物体内胆固醇的转化过程

转运循环（图 10−8）。另外一种途径是苹果酸直接进入线粒体基质，氧化为草酰乙酸。

（2）乙酰−CoA 羧化生成丙二酸单酰−CoA

乙酰−CoA 在乙酰−CoA 羧化酶催化下，可以生成**丙二酸单酰−CoA**（malonyl-CoA），该反应不可逆，是脂肪酸合成的关键步骤。反应所需的乙酰−CoA 羧化酶以生物素为辅基，并需要 Mn^{2+} 参与，是脂肪酸合成的关键调节酶，反应过程分两步进行。

$$HCO_3^- + H^+ + ATP \qquad 生物素-酶 \qquad 丙二酸单酰-CoA$$

$$ADP + Pi \qquad 羧基生物素-酶 \qquad 乙酰-CoA$$

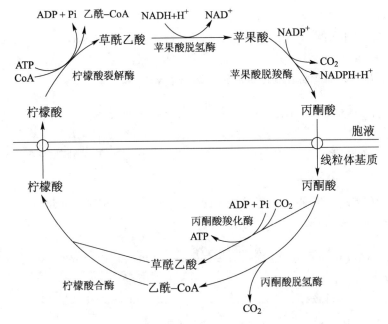

图 10-8 草酰乙酸帮助转运乙酰-CoA 到线粒体外的过程

（3）丙二酸单酰-ACP 的生成

脂肪酸氧化过程主要以 CoA 为酰基载体，而在脂肪酸的合成过程中主要以**酰基载体蛋白**（acry carrier protein，ACP）携带酰基。丙二酸单酰-CoA 在 ACP 丙二酸单酰转移酶的催化下可以生成丙二酸单酰-ACP，具体反应为：

$$\underset{\text{丙二酸单酰-CoA}}{HOOCCH_2\overset{O}{\underset{\|}{C}}\sim SCoA} + HS\sim ACP \underset{}{\overset{ACP丙二酸单酰转移酶}{\rightleftharpoons}} \underset{\text{丙二酸单酰-ACP}}{HOOCCH_2\overset{O}{\underset{\|}{C}}\sim SACP} + CoA\sim SH$$

（4）初始反应

乙酰-CoA 在 ACP 酰基转移酶的作用下首先将乙酰基转移到 ACP 上，然后又将乙酰基转移到 β-酮脂酰-ACP 合酶上。

$$CH_3\overset{O}{\underset{\|}{C}}\sim SCoA + HS\sim ACP \overset{ACP酰基转移酶}{\rightleftharpoons} CH_3\overset{O}{\underset{\|}{C}}\sim SACP + CoA\sim SH$$

$$CH_3\overset{O}{\underset{\|}{C}}\sim SACP + 合酶\sim SH \rightleftharpoons CH_3\overset{O}{\underset{\|}{C}}\sim S合酶 + HS\sim ACP$$

（5）缩合反应生成乙酰乙酰-ACP

丙二酸单酰-ACP 在 **β-酮脂酰-ACP 合酶**（β-ketoacyl-ACP synthase）的作用下与酶上的乙酰基发生反应，生成**乙酰乙酰-ACP**（acetoacetyl-ACP）。

$$\underset{\text{丙二酸单酰-ACP}}{HOOCCH_2\overset{O}{\underset{\|}{C}}\sim SACP} + CH_3\overset{O}{\underset{\|}{C}}\sim S合酶 \overset{β-酮脂酰-ACP合酶}{\underset{CO_2}{\searrow}} \underset{\text{乙酰乙酰-ACP}}{CH_3\overset{O}{\underset{\|}{C}}CH_2\overset{O}{\underset{\|}{C}}\sim SACP} + 合酶\sim SH$$

同位素实验表明，释放 CO_2 中的碳原子来源于羧化乙酰-CoA 形成丙二酸单酰-CoA 的 HCO_3^-，说明羧化乙酰-CoA 的碳原子并未进入合成的脂肪酸中，仅起到了催化作用。HCO_3^- 的催化作用很容易理解，丙二酸单酰-CoA 脱羧放出的能量可以有效用于乙酰乙酰-ACP 的合成反应。

（6）第一次还原反应生成 β - 羟丁酰 - ACP

乙酰乙酰 - ACP 在 **β - 酮脂酰 - ACP 还原酶**（β-ketoacyl-ACP reductase）的催化下可以生成**β - 羟丁酰 - ACP**（β-hydroxybutyryl-ACP）。该反应需要 NADPH 提供还原力。但需注意，生成的 β - 羟丁酰 - ACP 为 D 型异构体，而脂肪酸氧化时形成的是 L 型异构体。

$$CH_3CCH_2C \sim SACP + NADPH + H^+ \underset{\beta-酮脂酰-ACP还原酶}{\rightleftharpoons} CH_3CHCH_2C \sim SACP + NADP^+$$

乙酰乙酰-ACP　　　　　　　　　　　　　　　　　　　β-羟丁酰-ACP

（7）脱水反应

β - 羟丁酰 - ACP 在 **β - 羟脂酰 - ACP 脱水酶**（β-hydroxyacyl-ACP dehydratase）的催化下生成**α,β - 丁烯酰 - ACP**（α, β-butcnoyl-ΛCP）。

$$CH_3CHCH_2C \sim SACP \underset{羟脂酰-ACP脱水酶}{\rightleftharpoons} CH_3CH=CHC \sim SACP + H_2O$$

β-羟丁酰-ACP　　　　　　　　　　　　　　α,β-丁烯酰-ACP

（8）第二次还原反应生成丁酰 - ACP

α, β - 丁烯酰 - ACP 在**烯脂酰 - ACP 还原酶**（enoyl-ACP reductase）的催化下生成**丁酰 - ACP**（butyryl-ACP），这一反应需要 NAPDH 提供还原力。

$$CH_3CH=CHC \sim SACP + NADPH + H^+ \underset{烯脂酰-ACP还原酶}{\rightleftharpoons} CH_3CH_2CH_2C \sim SACP + NADP^+$$

α,β-丁烯酰-ACP　　　　　　　　　　　　　　丁酰-ACP

丁酰 - ACP 可以与丙二酰 - ACP 进行下一轮的缩合、还原、脱水、再还原的反应，重复以上（5）~（8）步，每重复一次延长两碳单位，直到生成足够长的碳链（通常为 16 个碳原子）。生成的16 碳软脂酰 - ACP，可以在硫酯酶的催化下生成游离的软脂酸，也可以生成软脂酰 - CoA 或者直接生成磷脂酸。脂肪酸的全部合成过程如图 10 - 9 所示。

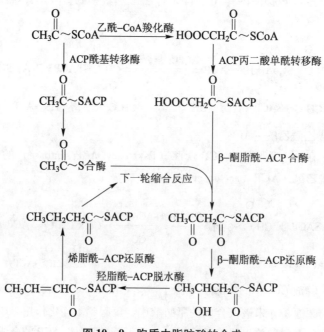

图 10 - 9　胞质中脂肪酸的合成

通过上述过程，通常只合成16碳的软脂酸，其他长链脂肪酸的形成需要由其他酶系催化完成。在脂肪酸的合成过程中，催化脂肪酸合成的许多酶组成多酶复合体，有利于脂肪酸的合成，而合成所需的还原力通常来源于NADPH。从总的反应过程看，脂肪酸的分解代谢与合成代谢有很多类似之处，如许多反应的中间产物基本相同。但也有多处的不同，以哺乳动物为例，表10-1总结了脂肪酸分解和合成过程的一些主要不同之处。

表 10-1 哺乳动物脂肪酸的氧化和合成反应比较

	氧化反应	合成反应
发生的部位	线粒体	细胞质
酰基载体	CoA	酰基载体蛋白
参与的碳单位形式	乙酰-CoA	丙二酸单酰-CoA + 乙酰CoA
参与氧化还原反应的辅酶	NAD^+	$NADP^+$
反应所需酶系	单个酶	多功能复合酶
能量变化	每降解两个碳可以生成1个 $NADH$ 和 1 个 $FADH_2$	每加两个碳需消耗 1 个 ATP，两个 NADPH

2. 饱和脂肪酸碳链的延长及去饱和反应

依靠细胞质中的脂肪酸合酶复合体合成的主要产物为软脂酸。但在真核生物中还有很多碳链更长的脂肪酸，它们的合成通常是在软脂酸的基础上继续延长碳单位。脂肪酸的碳单位延长可以由两种途径来完成，分别在线粒体和内质网中进行。在线粒体中有催化短链脂肪酸延长的酶系。例如反式2，3-十二碳烯脂酰-CoA延长酶系，反应的前三个酶与β氧化的酶相同，第四个酶为烯脂酰-CoA还原酶。整个酶促反应基本是β氧化的逆过程，以乙酰-CoA为二碳单位的供体，依靠NADPH提供还原力。另外，哺乳动物细胞的内质网中，可以利用丙二酸单酰-CoA为碳的供体，NADPH为还原力，在软脂酰-CoA及硬脂酰-CoA等脂肪酸的羧基末端进行延长，其反应中间过程与脂肪酸合成复合酶系催化的反应类似，只是由CoA而不是ACP作为酰基的载体。

不饱和脂肪酸的生成也可以利用加氧酶来实现。在动物的肝和脂肪组织中，内质网膜上有一个复杂的去饱和酶系，它由NADH-细胞色素 b_5 还原酶、细胞色素 b_5 及去饱和酶组成。高等微生物可以利用脱氢机制形成单烯酸，而许多细菌可以通过中等长度的β-羟脂酰-ACP的脱水作用形成烯脂酰-ACP。

🎯 知识拓展 10-4
不饱和脂肪酸的作用

饱和脂肪酸通过延长反应及去饱和作用，可以形成多种不同的不饱和脂肪酸，软脂酸通过一系列的反应可以合成多种脂肪酸衍生物（图10-10）。

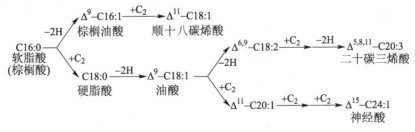

图 10-10 以软脂酸为底物形成多种多烯酸

第一个数字为链长，第二个数字为双键数目

由于哺乳动物体没有催化C9以后的碳原子上引入双键的酶，不能合成亚油酸（18：2 顺 $-\Delta^{9,12}$）和亚麻酸（18：3 顺 $-\Delta^{9,12,15}$），所以这两种不饱和脂肪酸必须从食物中获得，因此属于**必需脂肪酸**（essential fatty acid）（其他必需脂肪酸见第七章）。而亚油酸和亚麻酸也可以通过延长二碳单位及去饱和反应生成多种具有重要功能的多烯酸衍生物，其反应过程如图 10-11 所示。

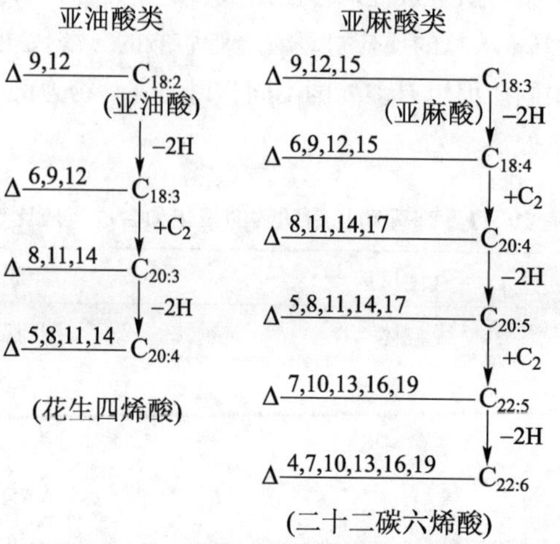

$$
\begin{array}{cc}
\text{亚油酸类} & \text{亚麻酸类}
\end{array}
$$

图 10-11　由亚油酸和亚麻酸衍生的多烯酸

二、三酰甘油的合成

高等动植物三酰甘油（脂肪或油）的合成，主要需要两种原料，即：3-磷酸甘油和脂酰-CoA。3-磷酸甘油主要有两个来源：糖酵解产生的磷酸二羟丙酮，在磷酸甘油脱氢酶的作用下，可以生成3-磷酸甘油（图10-2）；另外，脂肪水解产生的甘油在甘油激酶的作用下可以生成3-磷酸甘油（图10-2）。由于缺乏甘油激酶，在脂肪组织中三酰甘油合成所需的3-磷酸甘油均来自糖代谢。

如图10-12所示，在三酰甘油的合成过程中，首先是在磷酸甘油脂酰转移酶的作用下，α-磷酸甘油的一个羟基与一个脂酰-CoA反应生成**磷脂酰甘油（单脂酰甘油磷酸）**（phosphoglyceride，PG），又称**溶血磷脂酸**（lysophosphafidic acid，LPA），然后再结合另一个脂酰-CoA生成二磷脂酰甘油（双脂酰甘油磷酸，磷脂酸）。结合的脂酰-CoA通常为16或18碳，并且在C1位上结合的大多为饱和脂肪酸，而在C2位结合的大多为不饱和脂肪酸。生成的磷脂酸可以在磷酸酶的作用下水解生成二酰甘油，然后再结合一个脂酰-CoA生成三酰甘油。

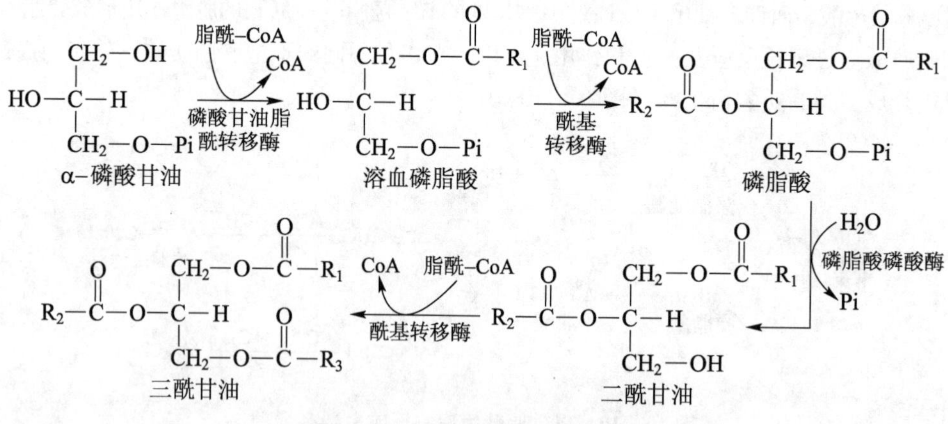

图 10-12　三酰甘油的合成过程

三、磷脂的合成

1. 甘油磷脂的合成

磷脂是生物膜的基本组成成分，常见的磷脂有磷脂酰胆碱、磷脂酰胆胺、神经磷脂等。以大肠杆菌中磷脂酰胆碱（卵磷脂）的合成为例，初步反应与三酰甘油的合成相同，首先合成了磷脂酸，磷脂酸的磷酸基团与 CTP 中核糖的 5′磷酸基团形成磷酸酯键，释放 1 分子的焦磷酸，生成 CDP - 二酰甘油（胞苷二磷酸二酰甘油），然后再与丝氨酸作用形成磷脂酰丝氨酸。磷脂酰丝氨酸在磷脂酰丝氨酸脱羧酶的作用下生成磷脂酰乙醇胺（脑磷脂），然后再经过三步甲基化（S - 腺苷甲硫氨酸为甲基供体）生成磷脂酰胆碱（即卵磷脂），反应过程如图 10 - 13 所示。

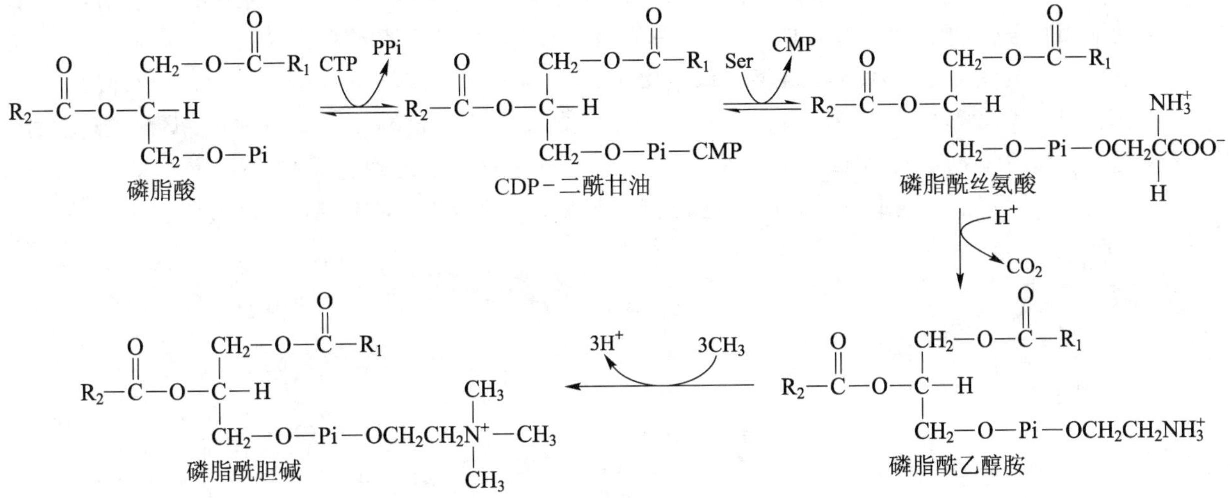

图 10 - 13　磷脂酰胆碱（卵磷脂）的合成过程

2. 鞘氨醇磷脂的合成

鞘磷脂（sphingomyelin）是神经组织的主要成分，它是以鞘氨醇代替甘油，与不同的组分结合而成，具体的合成过程可以分为三步：鞘氨醇的合成，神经酰胺的合成，鞘磷脂的合成（图 10 - 14）。首先软脂酰 - CoA 与丝氨酸反应生成 3 - 酮基鞘氨醇；再经过两步还原反应加氢生成了**鞘氨醇**（sphingosine）；然后与长链脂酰 - CoA 酰化生成 N - 酰基鞘氨醇（**神经酰胺**，ceramide）；最后与 CDP - 胆碱在神经酰胺胆碱磷酸转移酶的作用下生成鞘氨醇磷脂。

其他脂质（脑苷脂等）的合成在本书中不做介绍，有兴趣的读者可以查阅相关的专业书籍。

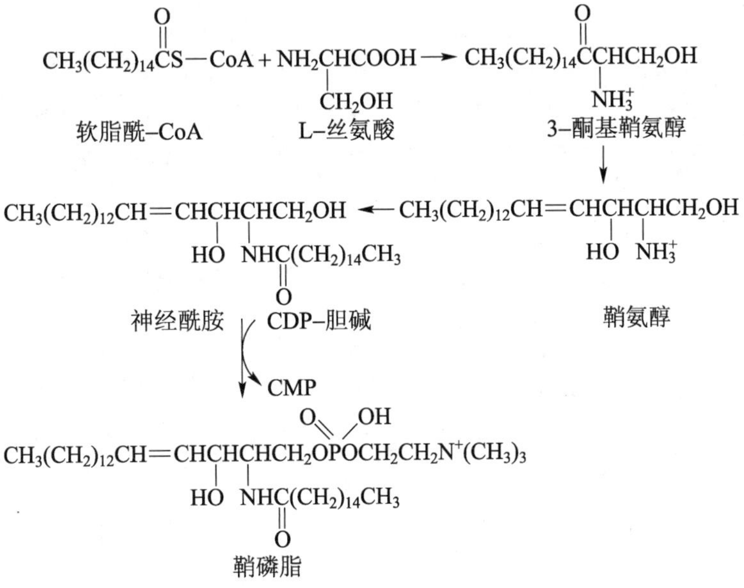

图 10 - 14　鞘氨醇磷脂的合成过程

四、胆固醇的合成

胆固醇的合成从乙酰 – CoA（或乙酸）的缩合开始，三个乙酰 – CoA 可以缩合生成 β – 羟基 –
β – 甲基戊二酰 – CoA（图 10 – 15）。另外，亮氨酸等也可以经 β – 羟基异戊酰 – CoA 生成 **β – 羟基 –
β – 甲基戊二酰 CoA**（β – hydroxy – β – methylglutaryl – CoA）。β – 羟基 – β – 甲基戊二酰 – CoA 在羟
甲基戊二酰 – CoA 还原酶的作用下依靠 NADPH 还原生成 3 – 甲基 – 3，5 – 二羟戊酸，所用的还原酶
是胆固醇合成的限速酶。生成的 3 – 甲基 – 3，5 – 二羟戊酸，先经 ATP 磷酸化生成含高能键的化合
物，再脱羧基生成活泼的**异戊烯醇焦磷酸酯**（Δ³ – isopentenyl pyrophosphate，IPP）。异戊烯醇焦磷酸
酯性质活泼，可以缩合生成胆固醇、维生素 D、类胡萝卜素、橡胶、蜕皮素等。异戊烯醇焦磷酸酯经
过一系列的催化及缩合生成 30 碳的**鲨烯**（squalene），鲨烯在固醇载体蛋白的帮助下进入内质网（微
粒体），然后在一套氧化环化酶系作用下生成胆固醇，整个合成途径见图 10 – 15。

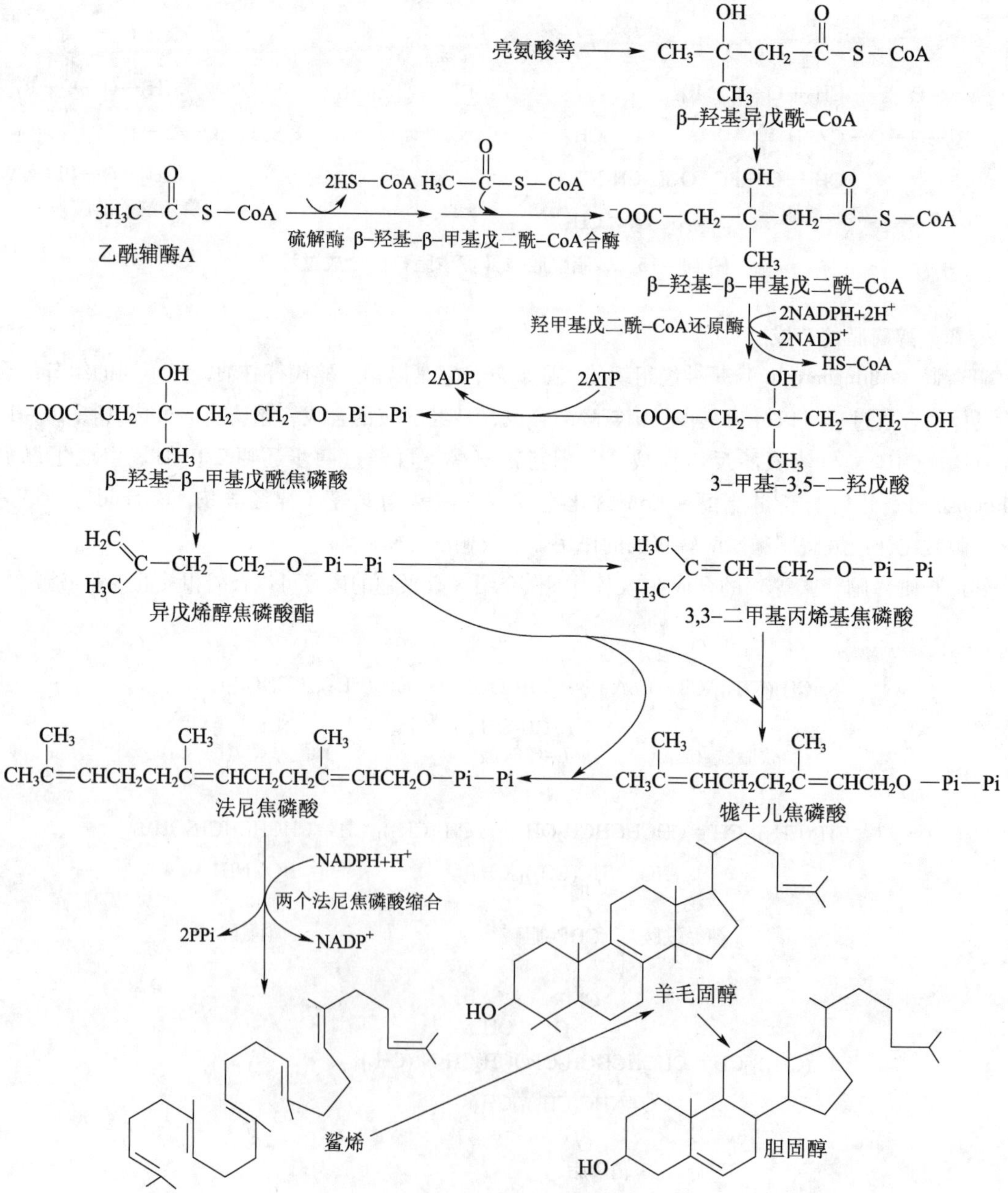

图 10 – 15　胆固醇生物合成路线

在植物体内，可以由鲨烯转变为**豆固醇**（stigmasterol）和**谷固醇**（glusterol）；在酵母和霉菌中可以由鲨烯转变为**麦角固醇**（ergosterol）。这些转化过程同动物体内由鲨烯转变为胆固醇的反应一样，均比较复杂，且有些反应步骤尚不清楚。

第四节　脂质代谢的调节

一、激素对脂肪代谢的调节

机体可以通过分泌一些激素来调控脂质的代谢，从而使机体更加适应相应的营养环境。其中，肾上腺素、生长激素、胰高血糖素、甲状腺素等都对脂质的降解有促进作用，而胰岛素及前列腺素可以抑制脂肪的降解。如图 10-16 所示，肾上腺素及胰高血糖素可以激活脂肪组织的腺苷酸环化酶，使**环腺苷酸**（cAMP）的含量增加，而环腺苷酸作为第二信使可以激活蛋白质激酶，导致对激素敏感的脂肪酶磷酸化成为活化的脂肪酶，从而可以诱导脂肪的降解。而胰岛素及前列腺素可以抑制腺苷酸环化酶，从而抑制脂肪的降解。胰岛素除了具有抑制脂肪分解的功能外，还具有刺激脂肪合成的功能，它还可以促进脂肪酸、葡萄糖的吸收，促进糖酵解和磷酸戊糖途径的进行，从而为脂肪酸合成提供原料，也可以诱导并提高脂肪合成相关酶的活力（如乙酰-CoA 羧化酶）。

脂肪动员激素
（肾上腺素、胰高血糖素、生长激素等）
↓
受体修饰
↓
腺苷酸环化酶活化
↓
生成 cAMP
↓
蛋白质激酶活化
↓
激素敏感型脂肪酶活化
↓
三酰甘油水解

图 10-16　激素对于脂肪降解的调节机制

二、脂肪酸代谢的调节

脂肪酸的氧化降解速度取决于脂肪的分解速度，而脂肪酸是用于脂质合成还是被氧化降解又取决于细胞中能量的多少。如果细胞处于高能荷状态时，NADH 即可抑制 β-羟脂酰-CoA 脱氢酶的活力，同时乙酰-CoA 也可抑制硫解酶的活力，从而导致脂肪酸的 β 氧化受到抑制。另外，当细胞中丙二酸单酰-CoA 的含量丰富时，即可抑制肉碱脂酰转移酶 I 的活力，使脂酰-CoA 不能进入线粒体中被氧化，而被用于脂肪的合成。

当细胞中的糖类组分高，脂肪酸含量低时，则可提高脂肪酸合成相关酶系（如乙酰-CoA 羧化酶和脂肪酸合酶）的表达量，将这种适应方式称为长期控制或适应性控制。同样在此时，柠檬酸也可提高乙酰-CoA 羧化酶的活力，加速丙二酸单酰-CoA 的形成。

当细胞处在高能荷状态时，乙酰-CoA 和 ATP 的含量丰富，异柠檬酸脱氢酶的活力将被抑制，而使柠檬酸的含量提高，加速脂肪酸的合成。相反，软脂酰-CoA 可以抑制柠檬酸从线粒体到细胞质

🔬 科技视野 10-2

miRNAs 对脂质代谢的调控

的转运，使柠檬酸合酶的活力降低；同时还可抑制 6 - 磷酸葡糖脱氢酶产生 NADPH；并拮抗柠檬酸对乙酰 - CoA 羧化酶的激活作用，从而抑制了脂肪酸的合成反应。

三、胆固醇代谢的调节

生物体通常依靠多种手段对胆固醇的合成、分解与摄入进行调节，以维持细胞中胆固醇含量的稳定。当外源胆固醇摄入量高时，3 - 羟基 - 3 - 甲基戊二酰 - CoA 还原酶的表达量及活力即可被抑制，从而抑制了肝细胞合成胆固醇的能力。另外，肝以外的细胞摄取的胆固醇来源于血浆中的低密度脂蛋白，所以细胞表面的低密度脂蛋白受体对于胆固醇的代谢有着重要的调节作用。当细胞内的胆固醇含量高时，新的低密度脂蛋白受体不再合成，这样就阻止了细胞从血浆中摄取额外的胆固醇。

第五节　脂质代谢的应用

一、脂质代谢在食品工业中的应用

食品中的脂肪酶作用于油脂可以产生游离脂肪酸，而后者进一步氧化产生一系列短碳链的脂肪酸、脂肪醛等，从而影响食品的风味。尽管脂肪酶对于大豆及乳制品可能造成不良的风味，但有时采用合适的脂肪酶，水解适合的脂肪酸可以获得较好的效果。如利用微生物脂肪酶水解鱼油生产多不饱和脂肪酸，风味较好，可以用于食品和医药工业。另外，利用微生物脂肪酶具有可逆催化的特点，可以用醇和脂肪酸合成酯。通过采用不同的脂肪酸与甘油反应可以得到不同的甘油酯，也具有较好的应用前景。

二、脂肪酸的发酵

脂肪酸是食品、医药及化工领域的重要原料。目前工业上常利用固定化脂肪酶降解脂肪生产脂肪酸和甘油。另外也可以利用白色假丝酵母（*Candida albicans*）将 C11 ~ C15 正烃烷转化为脂肪酸。由于长链饱和二羧酸是医药、香料、涂料及工程纤维的重要原料，而利用热带假丝酵母以石油为原料也可发酵生产十三碳二羧酸和十四碳二羧酸，因此也具有极高的工业应用价值。还有，应用微生物发酵技术生产有重要医用价值的共轭亚油酸及 γ - 亚麻酸，也具有很大的发展潜力。

三、生物柴油的制备

天然的三酰甘油与低碳醇经过酯交换反应可以生成 C12 ~ C24 的脂肪酸单烷基酯，其相对分子质量及性能与石油、柴油接近，所以称其为生物柴油。生物柴油使用的原料可以是各种动物油、餐饮废油或植物油（如大豆油、棕榈油）等，使用的低碳醇通常为甲醇，利用这些原料进行酯交换反应即可炼制生物柴油。

$$
\begin{array}{l}
\text{R}_2\text{—C—O—C—H} \\
\text{CH}_2\text{—O—C—R}_1 \\
\text{CH}_2\text{—O—C—R}_3
\end{array}
+ 3\text{ROH} \xrightarrow{\text{催化剂}}
\begin{array}{l}
\text{CH}_2\text{—OH} \\
\text{HO—C—H} \\
\text{CH}_2\text{—OH}
\end{array}
+ \text{R}_1\text{—COOR} + \text{R}_2\text{—COOR} + \text{R}_3\text{—COOR}
$$

三酰甘油　　　　　　　　　　　　甘油　　　　　　　脂肪酸单烷基酯

生物柴油具有无毒、基本无硫、无芳烃、润滑性好、燃烧后残碳低、可生物降解等特点，属于可再生资源，并且可以与石油、柴油以任意比例混兑，具有非常高的应用价值。生物柴油除了用于发动机工作外，也可以用作工业溶剂、沥青释放剂、高碳醇生产原料、润滑剂、清洗剂、化妆品及医药化

科技视野 10 - 3
谷氨酰胺有望成为肥胖者的福音

科技视野 10 - 4
脂质组学研究进展

学习与探究 10 - 3
脂肪酸的发酵生产

学品等。目前，世界各国都在大力支持生物柴油的研究、开发和应用，生物柴油及相关产品的研发已经成为能源及化工领域的热点课题。

拾　零

生物柴油的应用和前景

　　脂肪由于富含能量而成为生物机体中储存能量的最有效物质。人类早期利用食用油照明，也是依据脂肪热能高的原理。随着工业技术的快速发展，人类对石油类能源的需求越来越大，而随着石油资源的逐步短缺，能源问题已经成为制约经济发展的瓶颈。然而各种动物油、植物油（如大豆油、棕榈油）以及餐饮废油等均可以通过简单醇置换来生产生物柴油。生物柴油属于可再生资源，随着石油的日益短缺而出现的价格不断攀升，生产生物柴油已经具有较高的经济可行性。但是，生物柴油的大规模开发将不可避免地利用大量的食用油，也会消耗大量的土地资源，从而会导致食品价格的上涨，这可能会导致世界贫困人口的生活更加艰难。

？ 思考与讨论

1. 脂肪酸 β 氧化的前三步反应与 TCA 循环中的哪三步反应相似？

2. 详细说明脂肪酸的合成与脂肪酸 β 氧化的区别？

3. 什么是酮体？他在生物体内有怎样的作用？他又是如何被氧化的？

4. 简述胰岛素对脂肪代谢的调节作用？

5. 简述磷脂酶的种类、作用方式及作用后的产物及其调节方式。

6. 结合脂肪酸代谢和胆固醇合成的代谢过程，你认为抑制柠檬酸裂合酶活性的药物能够降低人体胆固醇含量吗？

7. 简述乙酰 – CoA 从线粒体进入细胞质的过程。

8. 根据脂肪酸和糖的代谢过程，说明为什么脂肪酸比葡萄糖分解后可以产生更多的 ATP。

网上更多资源……

◆ 本章小结　　◆ 教学课件　　◆ 自测题　　◆ 教学参考

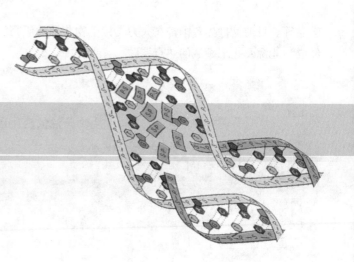

第十一章

核 酸 代 谢

- **核酸降解和核苷酸代谢**
  核酸和核苷酸的分解代谢；核苷酸的
  合成代谢

- **DNA 的生物合成**
  DNA 的复制；DNA 的损伤与修复；反
  转录

- **RNA 的生物合成**
  催化 RNA 合成的模板和酶；转录过程；
  转录后修饰加工；RNA 的复制

- **核酸代谢的调节**
  核苷酸生物合成的调节；原核生物基
  因的转录调控；真核生物基因的转录
  调控；转录调控的其他机制

与糖类、蛋白质和脂质相比，核酸在细胞内的含量明显较少，显然，核酸不是生物体内的主要能源物质和结构物质。那么核酸代谢的生物学意义是什么？哪些要素参与核酸代谢，又如何协作完成代谢过程？有关核酸代谢的研究有哪些最新进展？这些进展在生物工程中有何应用前景？为了回答这些问题，本章将从物质、能量和信息传递三个角度，诠释微量而又神奇的 DNA 动态，并展示形形色色的 RNA 世界。

学习指南

1. 重点：核酸和核苷酸的分解代谢；核苷酸的合成代谢；DNA 的复制；RNA 转录过程。

2. 难点：核酸和核苷酸的分解代谢和合成代谢过程；DNA 复制过程；RNA 转录过程。

▶▶ **知识导图**

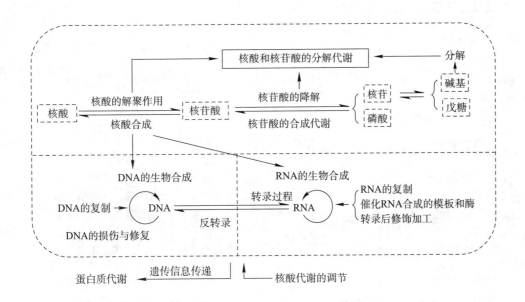

第一节 核酸降解和核苷酸代谢

一、核酸和核苷酸的分解代谢

核酸在核酸酶作用下分解为核苷酸；核苷酸又在核苷酸酶的催化下水解脱去磷酸生成核苷；核苷又在核苷酶的作用下，分解成碱基和戊糖（图 11-1）。碱基又可分解为氨、尿素、尿囊素、尿囊酸、尿酸等终产物，排泄到体外。核酸分解产生的戊糖可以沿磷酸戊糖途径代谢，产生的核苷酸及其衍生物几乎参与细胞的所有生化过程。如 ATP 是生物体内的通用能源；腺苷酸是几种重要辅酶的组成成分；cAMP 和 cGMP 作为激素作用的第二信使，是生物体内物质代谢的重要调节物质。

1. 核酸的解聚作用

核酸分解的第一步是水解核苷酸之间的磷酸二酯键，生成低级多核苷酸或单核苷酸。在高等动植物中都有作用于磷酸二酯键的核酸酶。不同来源的核酸酶，其专一性、作用方式不同。有些核酸酶只能作用于 RNA，称为**核糖核酸酶**（ribonuclease，RNase），有些核酸酶只能作用于 DNA，称为**脱氧核糖核酸酶**（deoxyribonuclease，DNase），有些核酸酶既能作用于 RNA 也能作用于 DNA，统称为**核酸酶**（nuclease），如蛇毒磷酸二酯酶和牛脾磷酸二酯酶，对核糖核酸和脱氧核糖核酸（或其低级多核苷酸）都有分解作用。

根据核酸酶作用位置不同，又分为**外切核酸酶**（exonuclease）和**内切核酸酶**（endonuclease）。外切酶的作用是从核酸链的一端逐个水解下单核苷酸，如蛇毒磷酸二酯酶和牛脾磷酸二酯酶。其中**蛇毒磷酸二酯酶**是从多核苷酸链的 3′端开始，逐个水解下 5′-核苷酸。**牛脾磷酸二酯酶**则相反，从 5′末端开始，逐个水解下 3′-核苷酸。内切核酸酶的作用是催化水解多核苷酸内部的磷酸二酯键。有些内切核酸酶仅水解 5′-磷酸二酯键，把磷酸基团留在 3′位置上，称为 5′-内切酶；而有些内切核酸酶仅水解 3′-磷酸二酯键，把磷酸基团留在 5′位置上，称为 3′-内切酶（图 11-2）。还有一些核酸内切酶对磷酸酯键一侧的碱基有要求，如胰核糖核酸酶（RNase A）即是一种高度专一性内切核酸酶，它作用于嘧啶核苷酸 C–3′ 上的 PO_4^{3-} 和相邻核苷酸 C–5′ 之间的键，产物为 3′–嘧啶单核苷酸或以 3′–嘧啶核苷酸结尾的低聚核苷酸。

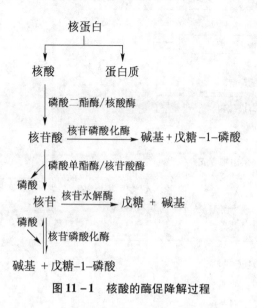

图 11–1 核酸的酶促降解过程

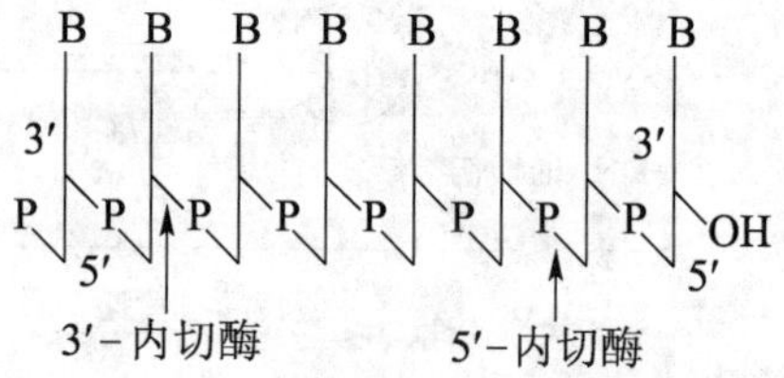

图 11–2 内切核酸酶的水解位置

B 代表嘌呤或嘧啶碱基；∣ 代表核糖或脱氧核糖

核糖核酸酶 T1（Rnase T1）也是一种作用于磷酸二酯键的内切酶，该酶特异性作用于鸟嘌呤核苷酸的 C–3′ 位磷酸与其相邻核苷酸的 C–5′ 位所形成的磷酸酯键。

牛胰脱氧核糖核酸酶（bovine pancreatic deoxyribonuclease, Dnase I）是一种对双链 DNA 和单链 DNA 都能起作用的内切核酸酶，水解产物为 5′ 端带磷酸的寡聚脱氧核苷酸片段（平均长度为 4 个核苷酸残基），对碱基没有选择性，最适作用 pH7–8。

限制性内切酶（restriction endonulcease）能够识别双链 DNA 分子上的特异核苷酸序列，水解磷酸二酯键，形成特异的 DNA 片段。由于该酶具有可预测的位点，并能特异性切割 DNA，因此在基因工程及核酸序列分析等领域被广泛应用。

2. 核苷酸的降解

各种单核苷酸受细胞内磷酸单酯酶或核苷酸酶的水解作用成为核苷和磷酸。根据磷酸单酯酶所催化底物的不同，可将其分为特异性和非特异性两类。核苷酸均能被非特异性的磷酸单酯酶水解，其水解位点可以是核苷的 2′、3′ 或 5′ 位置，某些特异性强的磷酸单酯酶只能水解 3′– 或 5′– 核苷酸，对其命名一般冠以底物名，如 3′– 核苷酸酶或 5′– 核苷酸酶。

核苷酶的种类很多，按底物不同可分为嘌呤核苷酶和嘧啶核苷酶。按催化反应不同可以分为**核苷磷酸化酶**（nucleoside phosphorylase），和**核苷水解酶**（nucleoside hydrolase）。核苷磷酸化酶催化核苷分解成含氮碱基和戊糖的磷酸酯。此酶存在广泛，对嘌呤核苷和嘧啶核苷都起作用，催化的反应是可逆的。

$$核苷酸 \underset{}{\overset{核苷磷酸化酶}{\rightleftharpoons}} 嘌呤碱或嘧啶碱 + 戊糖–1–磷酸$$

核苷水解酶可催化核苷分解成含氮碱基和戊糖，此酶对脱氧核糖核苷不起作用。核苷水解酶主要存在于植物和微生物体内，其催化的反应不可逆。这两种酶对作用底物常具有一定的特异性。嘌呤碱和嘧啶碱在生物体中还可以继续分解。

$$核苷 + H_2O \xrightarrow{核苷水解酶} 嘌呤碱或嘧啶碱 + 戊糖$$

◉ 知识拓展 11–1

限制性内切核酸酶应用

3. 嘌呤的分解

不同种类的生物降解嘌呤碱基的能力不同，因而代谢产物的形式也不相同。人类、灵长类、鸟类、爬行类以及大多数昆虫体内缺乏尿酸酶，故嘌呤代谢的最终产物是尿酸；人类及灵长类以外的哺乳动物存在尿酸氧化酶，可将尿酸氧化为尿囊素，故尿囊素是其体内嘌呤代谢的终产物；某些硬骨鱼体内存在尿囊素酶，可将尿囊素氧化分解为尿囊酸；大多数鱼类、两栖类体内的尿囊酸酶，可将尿囊酸分解为尿素及乙醛酸；而氨是甲壳类、海洋无脊椎动物等生物体内嘌呤代谢的终产物，其体内存在脲酶，可将尿素分解为氨和 CO_2。

嘌呤碱的分解首先在各种脱氨酶的作用下脱去氨基。许多动物体内广泛含有鸟嘌呤脱氨酶，可以催化鸟嘌呤水解脱氨生成黄嘌呤。但腺嘌呤脱氨酶（adenine deaminase）含量极少，而腺嘌呤核苷脱氨酶（adenosine deaminase）和腺嘌呤核苷酸脱氨酶（adenylate deaminase）的活性很高，因此，腺嘌呤的脱氨分解可在核苷酸或核苷水平上进行。其产物为次黄嘌呤核苷酸或次黄嘌呤核苷，它们再进一步分解生成次黄嘌呤。次黄嘌呤和黄嘌呤在黄嘌呤氧化酶（xanthine oxidase）的作用下，氧化生成尿酸（uric acid）。灵长类、鸟类、爬行类及大多数昆虫，其嘌呤的最终代谢产物为尿酸，其过程如图 11-3 所示。

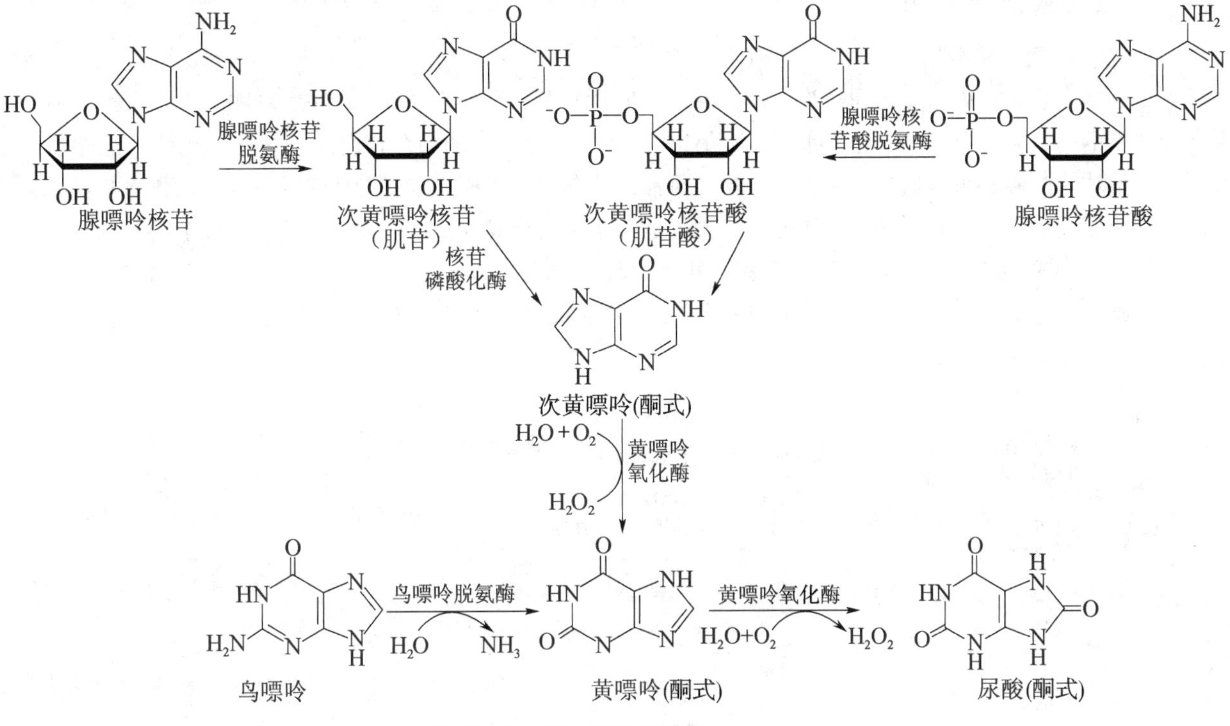

图 11-3　嘌呤的分解过程

人和其他灵长类以外的哺乳动物、双翅目昆虫以及腹足类动物等不排泄尿酸，而是排泄尿囊素（allantoin）。尿囊素是尿酸在尿酸酶（uricase）作用下氧化而成的。灵长类不具有尿酸酶。

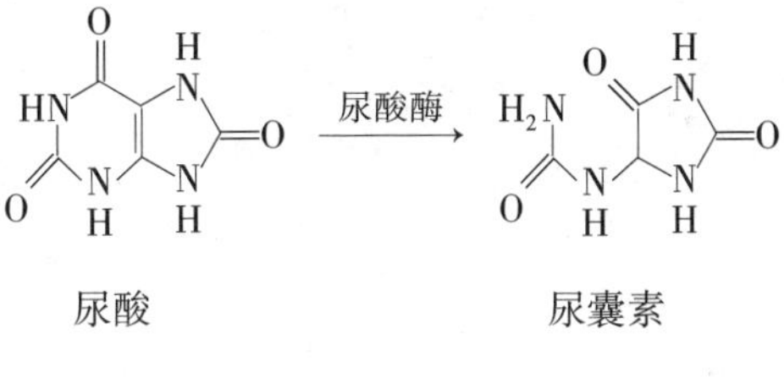

尿酸　　　　　　　　尿囊素

知识拓展 11-2

自毁容貌症病理学机制

拾 零

嘌呤代谢分解异常与痛风症和自毁容貌症

痛风（gout）患者血中尿酸含量升高，由于尿酸水溶性较差，形成的晶体沉积于关节、软组织、软骨及肾等处，导致关节炎、尿路结石及肾疾病等。原发性痛风症主要是由于抑制尿酸合成的酶 [次黄嘌呤鸟嘌呤磷酸核糖转移酶（HGPRT）] 的活性降低，而促进尿酸合成的酶（5-磷酸核糖焦磷酸合成酶，腺嘌呤磷酸核苷酸转移酶等）的活性增强等，从而导致尿酸生成过多。继发性痛风症是由于肾功能减退，尿酸排出减少。临床上应用促进尿酸排泄的药物，或用抑制尿酸形成的药物来治疗痛风。例如别嘌呤醇在体内氧化成别黄嘌呤后能与黄嘌呤氧化酶结合，形成不可逆的复合物，从而强烈抑制该酶的活性。因此经别嘌呤醇治疗的患者以排泄黄嘌呤和次黄嘌呤来代替尿酸。

Lesch-Nyhan 综合征，也称自毁容貌症，其特征是智力迟钝，表现出强制性自残行为，甚至自毁容貌。该病主要是因次黄嘌呤鸟嘌呤磷酸核糖转移酶的遗传缺陷而引起。由于该酶活性缺乏，次黄嘌呤和鸟嘌呤不能转变成 IMP 和 GMP，而是降解成为尿酸。缺乏该酶的细胞含有高浓度的 5-磷酸核糖焦磷酸（PRPP），通常用于次黄嘌呤和鸟嘌呤补救途径的 PRPP 都提供给 IMP 的从头合成，过量的 IMP 可降解形成尿酸，以致排泄的尿酸量可达到正常的 6 倍。

4. 嘧啶的分解

在生物体内嘧啶也和嘌呤一样，可进一步分解为更简单的含氮化合物。动物肝内含有可以还原嘧啶的酶，它们以 NADPH 为辅酶；细菌体内也含有还原嘧啶的酶，它们以 NADH 为辅酶；此外在微生物体内嘧啶还可以通过氧化进行分解。通常，具有氨基的嘧啶需要先水解脱去氨基，如胞嘧啶脱氨生成尿嘧啶。在人和某些动物体内脱氨过程也可能在核苷或核苷酸水平上进行。

尿嘧啶经还原生成二氢尿嘧啶，并水解使环开裂，然后继续水解生成 CO_2、氨和 β-丙氨酸；β-丙氨酸经转氨作用脱去氨基后还可参加有机酸代谢。胸腺嘧啶的分解与尿嘧啶相似，嘧啶分解过程如图 11-4 所示。

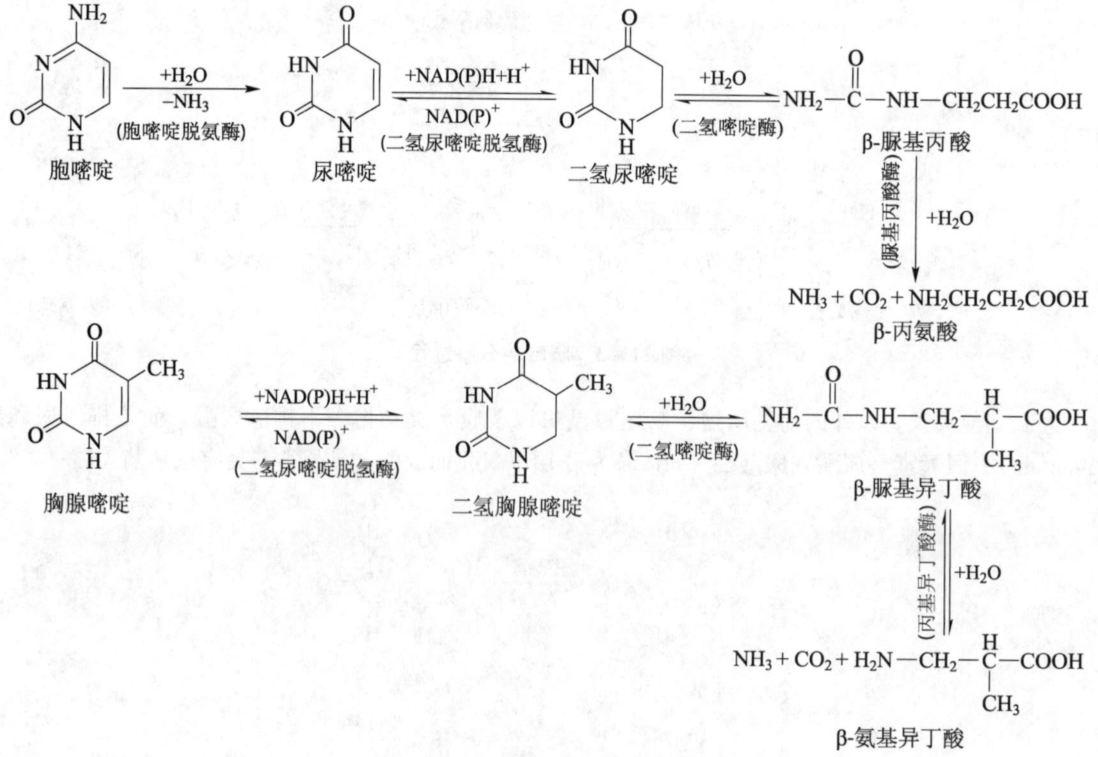

图 11-4 嘧啶的分解过程

嘧啶的分解代谢主要在肝中进行。分解代谢过程中有脱氨基、氧化、还原及脱羧基等反应。嘧啶的降解途径一般会产生 NH_4^+，并进一步合成尿素。食入含 DNA 丰富的食物，经放射线治疗或化学治疗的患者，以及经 X 射线照射治疗的白血病患者，细胞内核酸破坏较多，尿中 β - 氨基异丁酸的排出量增多。

二、核苷酸的合成代谢

核苷酸的合成代谢有两条不同的途径（图 11 - 5）。一条以某些氨基酸、磷酸核糖、CO_2 和 NH_3 等小分子化合物合成，称为全程合成或从头合成（*de novo* synthesis）途径；另一条以预先形成的碱基和核苷为原料合成，称为补救途径（salvage pathway），即从核酸分解中取得完整的嘌呤、嘧啶和核苷，通过不同的途径经酶的作用合成核苷酸。

📖 学习与探究 11 -1
核苷酸合成代谢学习中奇幻联想法的应用

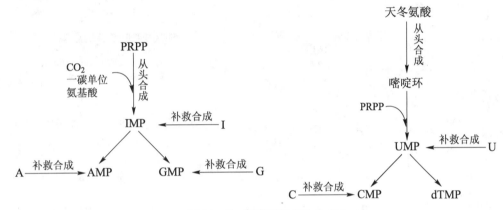

图 11 - 5　核苷酸的生物合成

两种途径在不同组织中的重要性不同，如在肝等多种组织中进行从头合成途径，而在脑、骨髓等处则只能进行补救途径。一般来说，在各种生物中（包括人和动物），主要存在的是从头合成途径。

1. 嘌呤核糖核苷酸的生物合成

（1）从头合成途径

由同位素标记实验证明，嘌呤环中的各个原子来源于不同物质（图 11 - 6）。

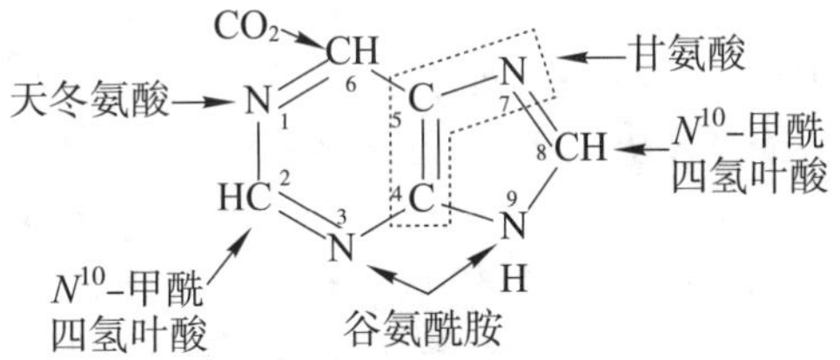

嘌呤核苷酸的合成不是先合成嘌呤环，而是核糖与磷酸先合成磷酸核糖，然后逐步由谷氨酰胺、甘氨酸、一碳基团，CO_2 及天冬氨酸掺入碳原子或氮原子形成嘌呤环，最后生成嘌呤核苷酸。合成过程的原料是 **5 - 磷酸核糖焦磷酸**（5-phosphoribosyl-1-pyrophosphate，PRPP），其可由磷酸戊糖途径的中间产物（1 - 磷酸核糖）被磷酸核糖变位酶催化为 5 - 磷酸核糖后生成。

图 11 - 6　嘌呤环中各原子的来源

从 PRPP 到嘌呤核苷酸的生成要经历复杂的过程，大体分为两个阶段，即先由 PRPP 经历 10 步反应合成**次黄嘌呤核苷酸**（inosine monophosphate，IMP）（图 11 - 7），然后再由 IMP 分别合成腺苷酸（AMP）和鸟苷酸（GMP）（图 11 - 8）。

由 IMP 生成腺苷酸有两步反应，其中间产物是腺苷酸代琥珀酸（AMPS）。由 IMP 合成鸟苷酸的中间产物是黄嘌呤核苷酸。嘌呤核苷酸的合成途径中，PRPP 酰胺转移酶、腺苷酸代琥珀酸合成酶和次黄嘌呤核苷酸脱氢酶是 3 个关键酶。PRPP 酰胺转移酶是一个寡聚酶，解聚成单体形式才具有活性，

🔬 科技视野 11 -1
细胞周期中嘌呤合成的新机制

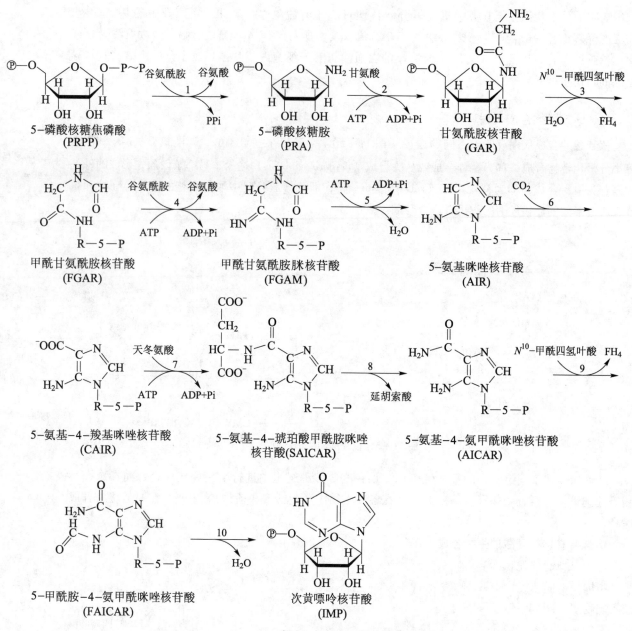

图 11-7 IMP 的合成途径

1. 磷酸核糖焦磷酸酰胺转移酶；2. 甘氨酰胺核苷酸合成酶；3. 甘氨酰胺核苷酸转甲酰酶；4. 甲酰甘氨酰胺核苷酸合成酶；
5. 氨基咪唑核苷酸合成酶；6. 氨基咪唑核苷酸羧化酶；7. 氨基琥珀酸甲酰胺咪唑核苷酸合成酶；
8. 氨甲酰咪唑核苷酸琥珀酸裂解酶；9. 甲酰转移酶；10. 次黄嘌呤核苷酸环化脱水酶

其活性受 IMP、AMP 和 GMP 的抑制，而 PRPP 则激活此酶。此外，GTP 促进 AMP 的生成，ATP 促进 GMP 的生成，这种交叉调节对维持 ATP 和 GTP 的浓度平衡具有重要意义。

AMP 和 GMP 可转变成相应的核苷二磷酸和核苷三磷酸。反应是由**核苷一磷酸激酶**（nucleoside monophosphate kinase）及**核苷二磷酸激酶**（nucleoside diphosphate kinase）催化，并由 ATP 提供高能磷酸基团。

（2）补救合成途径

生物体内有些组织还能由预先形成的嘌呤碱基和嘌呤核苷合成嘌呤核苷酸，这是对嘌呤核苷酸代谢的一种"补救"作用，以便更经济地利用已有的成分。补救合成途径有两种方式。

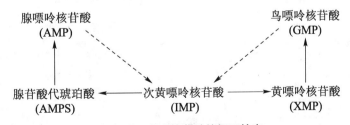

图 11−8 AMP 和 GMP 的合成途径

1. 次黄嘌呤核苷酸脱氢酶；2. 鸟苷酸合成酶；3. 腺苷酸代琥珀酸合成酶；4. 腺苷酸代琥珀酸裂解酶

① 在**核苷酸焦磷酸化酶**（nucleotide pyrophosphorylase）催化下，以嘌呤碱和 PRPP 为原料合成嘌呤核苷酸。

$$\text{腺嘌呤} + \text{PRPP} \underset{\text{腺苷酸焦磷酸化酶}}{\overset{\text{腺苷酸焦磷酸化酶}}{\rightleftharpoons}} \text{腺苷酸} + \text{PPi}$$

$$\text{鸟嘌呤} + \text{PRPP} \underset{\text{鸟苷酸焦磷酸化酶}}{\overset{\text{鸟苷酸焦磷酸化酶}}{\rightleftharpoons}} \text{鸟苷酸} + \text{PPi}$$

② 嘌呤还可在**核苷磷酸化酶**（nucleoside phosphorylase）催化下与 1′-磷酸核糖作用生成嘌呤核苷。嘌呤核苷又在**核苷磷酸激酶**（nucleoside phosphate kinase）催化下与 ATP 作用形成嘌呤核苷酸。

$$\text{嘌呤} + 1'\text{-磷酸核糖} \underset{\text{核苷磷酸化酶}}{\overset{\text{核苷磷酸化酶}}{\rightleftharpoons}} \text{嘌呤核苷} + \text{Pi}$$

$$\text{嘌呤核苷} \xrightarrow[\text{ATP ADP}]{\text{核苷磷酸激酶}} \text{嘌呤核苷酸}$$

嘌呤核苷酸的互相转变如图 11−9 所示。

腺嘌呤核苷酸 (AMP)　　　　　　　　鸟嘌呤核苷酸 (GMP)

腺苷酸代琥珀酸 (AMPS) ← 次黄嘌呤核苷酸 (IMP) → 黄嘌呤核苷酸 (XMP)

图 11−9 嘌呤核苷酸的相互转变

学习与探究 11−2
为什么次黄嘌呤核苷酸只能在单核苷酸水平转变成鸟苷酸和腺苷酸

2. 嘧啶核糖核苷酸的生物合成

动物和微生物不需要外源性嘧啶类化合物，这是由于嘧啶环可以在生物体内合成。嘧啶类化合物在人体内的肝脏合成。其他器官如脑组织中的嘧啶类化合物则是由肝合成后，再通过血液运输而来。

同位素标记证明，嘧啶是由天冬氨酸、谷氨酰胺和 CO_2 合成的（图 11-10）。其过程也有两条途径：一条在一个尚未完成的嘧啶环上接上磷酸核糖，然后转变为嘧啶核苷酸（主要途径）；另一条由已经完成的嘧啶来合成核苷酸（补救途径）。

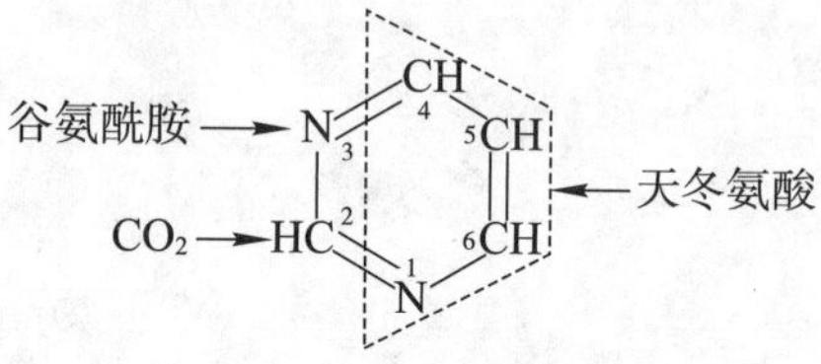

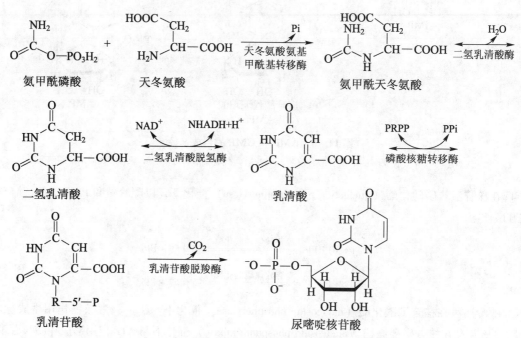

图 11-10 嘧啶环中各原子的来源

（1）从头合成途径

与嘌呤核苷酸合成不同，嘧啶核苷酸的合成先利用小分子化合物合成嘧啶环，再与磷酸核糖结合成**乳清酸核苷酸**（orotidine monophosphate，OMP），然后合成尿嘧啶和**尿嘧啶核苷酸**（uridine monophosphate，UMP）（图 11-11），再转化成其他嘧啶类核苷酸（图 11-12）。

图 11-11 尿嘧啶核苷酸的合成途径

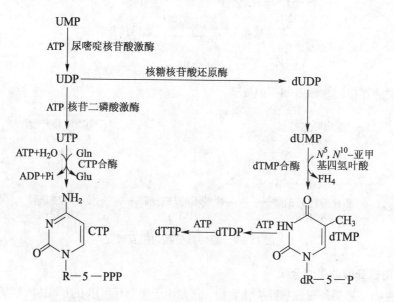

图 11-12 由 UMP 生成 CTP 及 dTTP 的途径

生物体内的氨甲酰磷酸可在氨甲酰磷酸合成酶（CPS－Ⅱ）的催化下，由 NH_3（谷胺酰胺作为供体）、CO_2 和 ATP 合成。

$$谷胺酰胺 + 2ATP + HCO_3^- \xrightarrow{\text{氨甲酰磷酸合成酶}} 氨甲酰磷酸 + 2ADP + Pi + 谷氨酸$$

尿嘧啶核苷酸转变为胞嘧啶核苷酸在尿嘧啶核苷三磷酸水平上进行的。催化尿嘧啶核苷酸转变为尿嘧啶核苷二磷酸的酶为特异的**尿嘧啶核苷酸激酶**（uridine-5-phosphate kinase）。催化尿嘧啶核苷二磷酸转变为尿嘧啶核苷三磷酸的酶为特异性的**核苷二磷酸激酶**（nucleoside diphosphate kinase）。

$$UMP + ATP \underset{Mg^{2+}}{\overset{\text{尿嘧啶核苷酸激酶}}{\rightleftharpoons}} UDP + ADP$$

$$UDP + ATP \underset{Mg^{2+}}{\overset{\text{核苷二磷酸激酶}}{\rightleftharpoons}} UTP + ADP$$

尿嘧啶、尿嘧啶核苷和尿嘧啶核苷酸都不能氨基化变成相应的胞嘧啶化合物，只有尿嘧啶核苷三磷酸才能氨基化生成胞嘧啶核苷三磷酸。在细菌中尿嘧啶核苷三磷酸可以直接与氨作用；动物组织则需要由谷氨酰胺供给氨基。反应由 ATP 供给能量。催化此反应的酶为 **CTP 合成酶**（CTP synthetase）。反应式如下：

$$UTP + 谷胺酰胺 + ATP + H_2O \xrightarrow{\text{CTP 合成酶}} CTP + 谷氨酸 + ADP + Pi$$

胸腺嘧啶脱氧核苷酸（deoxythymidine monophosphate，dTMP）是脱氧核糖核酸的组成部分，它由**尿嘧啶脱氧核糖核苷酸**（deoxyuridine monophosphate，dUMP）经甲基化生成。催化 dUMP 甲基化的酶称为**胸腺嘧啶核苷酸合酶**（thymidylate synthase）。甲基的供体是 N^5，N^{10}－**亚甲基四氢叶酸**（N^5，N^{10}－methylenetetrahydrofolate）。N^5，N^{10}－亚甲基四氢叶酸给出甲基后即变成二氢叶酸。二氢叶酸再经二氢叶酸还原酶催化，由还原型烟酰胺腺嘌呤二核苷酸磷酸供给氢，而被还原成四氢叶酸。如果有亚甲基的供体，例如丝氨酸，四氢叶酸可获得亚甲基而转变成 N^5，N^{10}－亚甲基四氢叶酸。反应中丝氨酸在丝氨酸羟甲基转移酶催化下提供亚甲基而转变为甘氨酸。

$$7，8-二氢叶酸 + NADPH + H^+ \underset{}{\overset{\text{二氢叶酸还原酶}}{\rightleftharpoons}} 5，6，7，8-四氢叶酸 + NADP^+$$

$$丝氨酸 + 四氢叶酸 \underset{}{\overset{\text{丝氨酸羟甲基转移酶}}{\rightleftharpoons}} 甘氨酸 + N^5，N^{10}-亚甲基四氢叶酸 + H_2O$$

（2）补救合成途径

生物体对外源的或体内核苷酸代谢产生的嘧啶碱和核苷均可以重新利用。嘧啶核苷激酶（pyrimidine nucleoside kinase）在嘧啶核苷酸的补救途径中起着重要作用，例如，尿嘧啶转变为尿嘧啶核苷可以通过两种方式进行：

① 与 5－磷酸核糖焦磷酸反应 该反应由尿嘧啶磷酸核糖转移酶催化。

$$尿嘧啶 + PRPP \xrightarrow{\text{尿嘧啶磷酸核糖转移酶}} UMP + PPi$$

② 与 1－磷酸核糖反应产生尿嘧啶核苷 该反应由尿苷磷酸化酶催化，生成尿苷；再由尿嘧啶核

学习与探究 11−3

核酸类保健品有用吗?

苷激酶催化生成尿苷酸。

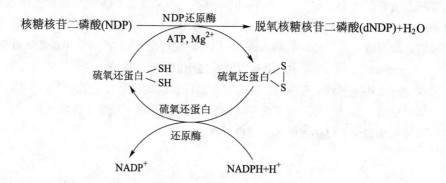

尿嘧啶 1−磷酸核糖 →(尿苷磷酸化酶, Pi)→ 尿苷 →(尿嘧啶核苷激酶, ATP ADP)→ UMP

3. 脱氧核糖核苷酸的生物合成

脱氧核苷酸可由核糖核苷酸还原形成。腺嘌呤、鸟嘌呤和胞嘧啶核糖核苷酸经还原,将其中核糖第二位碳原子上的氧脱去,即成为相应的脱氧核苷酸。这种转变在大多数生物中都在核糖核苷二磷酸水平上进行,但也有一些生物在核苷三磷酸水平上进行。这种转变需要总称为**核苷酸还原酶系**(nucleotide reductase system)的一套酶。该酶系由**核糖核苷酸还原酶**(ribonucleotide reductase,包括 B_1 和 B_2 两种亚基)、**硫氧化还原蛋白**(thioredoxin)和**硫氧还蛋白还原酶**(thioredoxin reductase)等几种蛋白质组成。核糖核苷二磷酸(NDP)还原成脱氧核糖核苷二磷酸(dNDP)时,所需的氢由 NADPH + H^+ 提供。供氢过程首先是 NADPH + H^+ 使硫氧化还原蛋白由氧化态还原成还原态,后者再氧化时即将氢传递给 NDP,使其还原成 dNDP,其还原过程为:

$$核糖核苷二磷酸(NDP) \xrightarrow[ATP, Mg^{2+}]{NDP还原酶} 脱氧核糖核苷二磷酸(dNDP)+H_2O$$

硫氧还蛋白—SH, SH   硫氧还蛋白—S, S

硫氧还蛋白 还原酶

$NADP^+$ $NADPH+H^+$

按此方式生成的 dNDP 仅包括 dADP、dGDP 和 dCDP,不包括 dTDP。

4. 核苷三磷酸和胸苷酸的生物合成

核苷酸不能直接参加核酸的生物合成,而是先转化成相应的核苷三磷酸,才能参加 RNA 或 DNA 的合成。

核苷酸转化为核苷二磷酸由相应的核苷酸激酶催化,由 ATP 供给磷酸基。这些酶对其底物具有碱基专一性,而对底物中所含的戊糖无特异性。例如:腺苷酸激酶可以催化腺苷酸(或脱氧腺苷酸)转变为腺苷二磷酸(或脱氧腺苷二磷酸)。

$$ATP + (d)\, AMP \xrightarrow{腺苷酸激酶} (d)\, ADP + ADP$$

此类反应的通式是:

$$ATP + (d)\, NMP \xrightarrow{核苷酸激酶} (d)\, NDP + ADP$$

核苷二磷酸到核苷三磷酸的转变由一种特异性很低的核苷二磷酸激酶催化。此酶对碱基和戊糖都无特殊要求,所有核苷(包括脱氧核苷)二磷酸均可在此酶作用下,作为磷酸基受体,转化为相应的核苷三磷酸。

$$d（NDP）+ATP \xrightarrow{\text{核苷二磷酸激酶}}（d）NTP+ADP$$

胸腺嘧啶脱氧核苷酸的合成通过两条途径：一是以胸腺嘧啶为原料，一是由尿苷酸还原成脱氧尿苷酸，然后脱氧尿苷酸中的尿嘧啶再经甲基化转变为胸腺嘧啶脱氧核苷酸（图 11 – 13）。

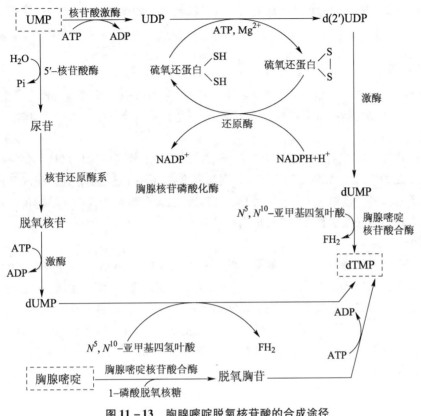

图 11 – 13　胸腺嘧啶脱氧核苷酸的合成途径

迅速分裂的细胞需要供应充分的脱氧胸苷酸，以合成 DNA。抑制 dTMP 合成可使这些细胞受到损伤，5 – 氟尿嘧啶（5 – FU）是临床上常用的抗癌药物，其在体内经活化生成 5 – 氟尿嘧啶脱氧核苷酸（5F – dUMP），与胸苷酸合酶的活性中心共价结合，从而抑制此酶的活性，使脱氧胸苷酸缺乏，造成 DNA 合成障碍。此外，5 – FU 的代谢物三磷酸氟尿嘧啶核苷还可以结合到 RNA 上影响其功能。

知识拓展 11 –3

5 – 氟尿嘧啶类抗癌药物

科技视野 11 –2

常见的抗核苷酸代谢药物

第二节　DNA 的生物合成

现代生物学研究证明，DNA 是主要遗传物质，是遗传信息的载体。DNA 中所贮存的遗传信息编码在自身的分子结构中，以核苷酸序列体现。具有特定核苷酸序列的最小遗传功能单位称为**基因**（gene）。DNA 具有储存、传递（包括复制、转录、翻译）、接受（指反转录）遗传信息的功能，并与 RNA、蛋白质间存在下列关系（遗传信息的传递路线）：

$$\text{复制}\circlearrowright \text{DNA} \underset{\text{反转录}}{\overset{\text{转录}}{\rightleftharpoons}} \text{复制}\circlearrowright \text{RNA} \xrightarrow{\text{翻译}} \text{蛋白质}$$

基因表达的第一步通过**转录**（transcription）实现，即碱基按互补配对（G – C，A – U）原则转变为 RNA 分子上相应的碱基序列，接着通过**翻译**（translation），以 RNA 上三个碱基序列作为一个氨基酸的遗传密码，从而决定蛋白质的一级结构。不同基因编码不同结构的蛋白质，表现出不同的功能，体现出多种多样的生命现象。这种遗传信息从 DNA 经 RNA 流向蛋白质的过程，是 F. Crick 于 1958 年提出，称为分子生物学的**中心法则**（central dogma）。

另外，在某些情况下，RNA 也可以是遗传信息的携带者，例如，RNA 病毒能以自身核酸分子为**模板**（template）进行复制，致癌 RNA 病毒还能通过**反转录**（reverse transcription）将遗传信息传递给 DNA。

一、DNA 的复制

不论是原核生物（每个细胞只含 1 条染色体）还是真核生物（每个细胞常含有多个染色体），在细胞分裂阶段，整个染色体组精确复制后，其基因组通过细胞分裂分配到两个子细胞中；细胞分裂结束后，又可开始新一轮的 DNA 复制。

DNA 是遗传信息的携带者，在细胞分裂过程中，亲代细胞所含的遗传信息，要完整地传递到子代细胞，实质上是 DNA 分子如何复制成完全相同的两个拷贝。研究表明，许多酶和蛋白质参与复制过程，通过准确和完整的复制，亲代 DNA 的遗传信息真实地传递给子代，这是遗传信息一代一代传递下去的分子基础，也是本节要重点论述的内容。

1. DNA 的半保留复制

DNA 的两条链通过腺嘌呤（A）－胸腺嘧啶（T），以及鸟嘌呤（G）－胞嘧啶（C）之间的氢键互补连接。一条链上的碱基排列顺序决定了另一条链上的碱基排列顺序。由此可见，DNA 分子的每一条链都含有它的互补链的全部遗传信息。J. Watson 和 F. Crick 于 1953 年提出的 DNA 双螺旋模型中的碱基互补配对原则，为 DNA 分子的复制提供了理论基础，即亲代的 DNA 双链，每股链都可以作为模板，按碱基互补配对原则指导 DNA 新链的合成，这样合成的两个子代 DNA 分子，碱基序列与亲代分子完全一样。每个 DNA 分子的一条链来自亲代 DNA 链，另一条链是新合成的，此即为**半保留复制**（semiconservative replication）。其基本过程如图 11 – 14 所示。

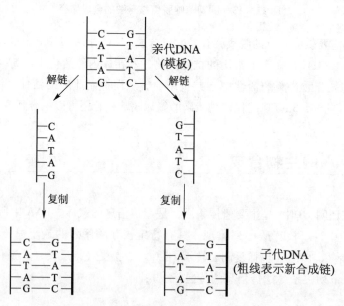

图 11 – 14　DNA 分子的半保留复制

1958 年 M. S. Meselson 和 F. W. Stahl 通过下面的实验（图 11 – 15），证明了 DNA 分子是以半保留方式进行自我复制的。

该实验应用密度梯度离心法与同位素标记法相结合，其要点如下：

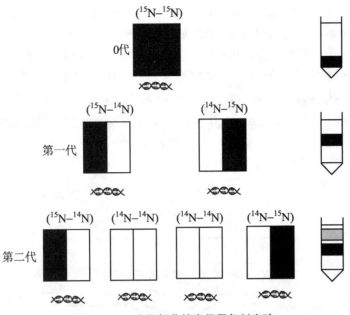

图 11-15　大肠杆菌的半保留复制实验

① 将大肠杆菌培养在含 $^{15}NH_4Cl$ 的培养基中繁殖十几代后，可以认为大肠杆菌所有 DNA 的 N 都是 ^{15}N。

② 将上述培养好的细菌转入到含 $^{14}NH_4Cl$ 的培养基中继续培养。在该条件下，大肠杆菌每分裂一次（繁殖一代）的时间为 50 min 左右。细菌刚转入时取样作为 0 代，每隔 50 min 取样，分别为 1、2、3、4 代。

③ 将样品用十二烷基硫酸钠处理，使大肠杆菌的细胞壁破坏，DNA 透出细胞，然后经 CsCl 密度梯度离心，由于含 ^{15}N 和 ^{14}N 的 DNA 密度不同，经过高速长时间离心（$140\,000 \times g$，20 h）后它们在离心管中所处的位置不同，重的在离心管下面，轻的在上面。用紫外光吸收照相法，可以显示出各种组分在离心管内的位置。

0 代的 DNA 离心后集中在离心管下端，形成均一的一条带（较重），全部 DNA 含 ^{15}N。在 ^{14}N 中分裂一次后（第一代），离心得到比前者位置略高的一条带（较轻），这相当于"杂种"分子，有一条链是新合成的含有较轻的 ^{14}N。细菌分裂两次后（第二代），就会出现两种 DNA 分子，一种为两条链均含 ^{14}N 的新链，另一种由原来含 ^{15}N 的旧链和含 ^{14}N 的新链组成的"杂种"分子。这两种 DNA 分子离心后分为两层，一层位置与第一代 DNA 相同，表示这层为含 $^{15}N - ^{14}N$ 的"杂种"分子；另一层处于离心管的比较靠上部位，表示这层为 $^{14}N - ^{14}N$ 的 DNA。在以后的几代中，未标记的 DNA（^{14}N）越来越多，而标记的"杂种"分子保持不变。该实验证实了 DNA 按半保留方式进行复制。

DNA 是遗传信息的载体，亲代 DNA 必须以自身分子为模板准确地复制成两个拷贝，分配到子细胞中去，完成其作为遗传信息载体的使命。DNA 的双链结构对于维持这类遗传物质的稳定性和复制的准确性都是极为重要的。

2. 复制的起点和方式

基因组中能独立进行复制的单位称为**复制子**（replicon）。一个复制子是从复制起点开始，到由这个起点起始的复制叉完成的片段。每个复制子都含有控制复制起始的**起点**（origin），可能还有终止复制的**终点**（terminus）。

复制起点是 DNA 复制所必需的一段特殊 DNA。细菌染色体、质粒和一些病毒的环形 DNA 通常有比较明显的复制起点。酵母也有特异的复制起点，在细胞 S 期染色体复制时起重要作用。细菌、酵母和病毒的复制起点长约 300 bp。而哺乳动物染色体的复制起点，至今仍难于在分子水平阐明其特征。

双螺旋 DNA 复制时，一般都要形成特殊的**复制叉（或生长叉）**（replication fork）结构。1960 年初，利用放射性同位素³H 标记 dT 来研究 DNA 复制并进行放射自显影，发现 DNA 复制区结构呈 Y 形，故称为复制叉。由于 DNA 双螺旋中的两条链缠结在一起，要复制每一条链都必须将双螺旋 **DNA 解旋**（unwinding），并释放或吸收由此产生的扭力。完成该过程需要特异的**解旋酶**（helicase）或**拓扑异构酶**（topoisomerase），后者可以切割 DNA，使 DNA 旋转并重新连接。子链 DNA 的合成，在解旋的两条母链所形成的复制叉及其附近进行。在复制叉处，至少有 20 种不同的酶和蛋白因子参与复制过程。

在 DNA 的半保留复制过程中，DNA 链的合成有以下 3 种方式（图 11 – 16）。

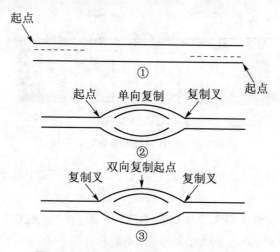

图 11 – 16　DNA 分子半保留复制的方式

① 两个起点，两个生长端，相向复制　双螺旋 DNA 的每条链各有一个复制起点，分别起始合成 1 条新的 DNA 链，两条新链相向合成。这种复制方式出现于某些线性 DNA 病毒如腺病毒。

② 1 个起点，1 个复制叉，单向复制　在这种方式中，DNA 双螺旋两条链的复制起点在同一位置，复制叉向一个方向运动，两条 DNA 链均被复制。

③ 1 个起点，两个复制叉，双向复制　这种方式在原核和真核生物中最为普遍，复制起始于 1 个位点，形成的两个复制叉向相反方向运动，在每个复制叉处两条 DNA 链均被复制。

3. 参与 DNA 复制的酶和蛋白因子

DNA 复制是一个十分复杂而精确的过程，涉及很多酶及蛋白因子。

（1）DNA 聚合酶

科学史话 11 –2
DNA 聚合酶等分子生物学酶的发现和应用

1956 年 A. Kornberg 等首先从大肠杆菌提取液中发现了 **DNA 聚合酶**（DNA polymerase，DNA pol），在 Mg^{2+} 存在下，该酶能催化 4 种脱氧核糖核苷三磷酸合成 DNA，所合成的 DNA 具有与天然 DNA 同样的化学结构和理化性质。

此酶催化的反应是以 DNA 为模板，需要一段引物，从引物的 3′– OH 末端合成 DNA 新链。添加的脱氧核苷酸种类由模板 DNA 决定，在链延长反应中，链的游离 3′– OH 对进入的脱氧核苷三磷酸的 α – 磷原子发生亲核攻击，从而形成 3′，5′– 磷酸二酯键并脱下焦磷酸，其过程如图 11 – 17 所示。

现已从细菌、植物和哺乳动物等生物中分离出 DNA 聚合酶，其中尤其对大肠杆菌 DNA 聚合酶的研究较为深入。该酶常用的有 3 种，即 DNA 聚合酶Ⅰ、Ⅱ和Ⅲ；现又发现了 DNA 聚合酶Ⅳ和Ⅴ。

① DNA 聚合酶Ⅰ　该酶是一条相对分子质量为 103 000 的多肽链。若用蛋白酶轻度水解可得相对分子质量为 68 000 的大片段和 35 000 的小片段，常将大片段称为 Klenow，此片段具有两种催

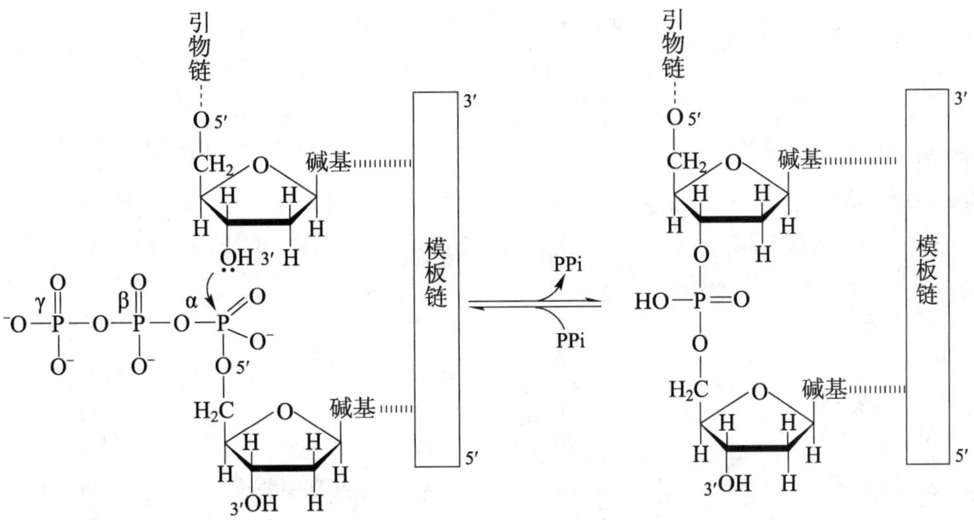

图 11-17 DNA 聚合酶催化的链延长反应

化活性，一种为上述的聚合酶活性，另一种为 3′→5′外切酶的活性，从 3′端水解 DNA，产生 5′单核苷酸。

3′→5′外切酶活性对保证 DNA 复制的真实性具有重要意义。DNA 聚合酶在接上新的核苷酸前，能对 3′端的碱基进行识别。若为错配碱基，即通过 3′→5′外切酶活性把该碱基切除，再使正确的碱基聚合上去，以保证 DNA 复制的高度真实性。

② DNA 聚合酶 II   1969 年，P. DeLucia 和 J. Cairns 分离到一株大肠杆菌变异株，被称为 pol A1 或 pol A⁻，它的 DNA 聚合酶 I 活性极低，只为野生型的 0.5% ~ 1%。该变异株可以像它的亲代株一样以正常速度繁殖，但对紫外线、X 射线和化学诱变剂甲基磺酸甲酯等敏感性高，容易引起变异和死亡。这表明 pol A1 的 DNA 复制正常，但 DNA 损伤的修复有明显的缺陷，由此证明 DNA 聚合酶 I 不是复制酶，而是修复酶。

学习与探究 11-4
为什么 DNA 聚合酶 I 的突变菌株会对紫外线等敏感性高？

由于 pol A1 中 DNA 聚合酶 I 的聚合反应活力很低，因此是寻找其他聚合酶的适宜材料。T. Kornberg 和 M. Gefter 在 1970 年和 1971 年先后分离出了另外两种聚合酶，称为 **DNA 聚合酶 II**（DNA polymerase II，DNA pol II）和 **DNA 聚合酶 III**（DNA polymerase III，DNA pol III）。DNA 聚合酶 II 为多亚基酶，亚基由一条相对分子质量为 88 000 的多肽链构成。该酶的活力比 DNA 聚合酶 I 高，若以每分子酶每分钟促进核苷酸掺入 DNA 的转化率计算，约为 2 400 个核苷酸。此酶除具有聚合酶的活性外，还具有 3′→5′外切酶活性。

③ DNA 聚合酶 III   DNA 聚合酶 III（DNA pol III）是一种多聚酶，由 10 种不同亚基组成，包括核心酶、滑动钳和钳载复合物，称为 **DNA 聚合酶 III 全酶**（DNA polymerase III holoenzyme）。全酶的相对分子质量约为 830 000，成不对称二聚体，围绕着 DNA 双螺旋，每个单体都具有催化活性，一个作用于前导链，另一个作用于后随链，使 DNA 两股链在同一位置同一时间合成。DNA 聚合酶 III 的聚合和校正功能分别存在于 α 和 ε 亚基。DNA 聚合酶 III 全酶催化反应时具有三个特点：一是具有非常高的**持续合成能力**（processivity）（其续进性≥500 000）。所谓续进性即在 DNA 聚合酶与模板分离下来之前加入的核苷酸的平均数。而 DNA 聚合酶 I 合成 3 ~ 200 个核苷酸后即从模板上释放。二是催化活性比 DNA 聚合酶 I 高许多倍，每秒可催化 1 000 个核苷酸的聚合。三是其具有 3′→5′外切酶活性，产物真实性高。所以，大肠杆菌 DNA 聚合酶 III 全酶是 DNA 复制必需的酶。

将 DNA 聚合酶 I、II 和 III 的基本性质总结于表 11-1。

表 11 -1　大肠杆菌三种 DNA 聚合酶的性质比较

功能	pol I	pol II	pol III
聚合作用 5′→3′	+	+	+
外切酶活性 3′→5′	+	+	+
外切酶活性 5′→3′	+	−	−
焦磷酸解和焦磷酸交换作用	+	−	+
完整的 DNA 双链	−	−	−
带引物的长单链 DNA	+	−	−
带缺口的双链 DNA	+	−	−
双链而有间隙的 DNA	+	+	+
相对分子质量	103 000	88 000	830 000
每个细胞中的分子数	400	17 ~ 100	10 ~ 20
结构基因	*polA*	*polB*	*polC*

④ DNA 聚合酶Ⅳ和Ⅴ　1999 年发现的这两种酶，它们涉及 DNA 的错误倾向修复（errorprone repair）。当 DNA 受到比较严重的损伤时，即可诱导产生这两个酶，使复制缺乏准确性（accuracy），因而出现高突变率。编码 DNA 聚合酶Ⅳ的基因是 *din*B，编码 DNA 聚合酶Ⅴ的基因是 *umu*C 和 *umu*D。基因 *umu*D 产物 UmuD 被裂解产生较短的 UmuD′并与 UmuC 形成复合物，成为一种特殊的 DNA 聚合酶（聚合酶Ⅴ）。它能在 DNA 许多损伤部位继续复制，而正常 DNA 聚合酶在此部位因不能形成正确碱基配对而停止复制，在跨越损伤部位时就造成了错误倾向的复制。高突变率虽会致使许多细胞死亡，但至少可以克服复制障碍，使少数突变的细胞得以存活。

⑤ 真核细胞的 DNA 聚合酶　该类聚合酶有 5 种，即 DNA 聚合酶 α、β、γ、δ 和 ε。DNA 聚合酶 α 负责后随链的引物合成，DNA 聚合酶 δ 和增殖细胞核抗原（proliferating cell nuclear antigen，PCNA）负责合成前导链和后随链。PCNA 是作为 DNA 聚合酶 δ 活性所需的一种辅助蛋白，有与 *E. coli* DNA 聚合酶Ⅲ的 β 亚基类似的结构和功能，可以形成环状的夹钳，大大增强 DNA 聚合酶 δ 的持续合成能力。DNA 聚合酶 γ 负责线粒体 DNA（mitochondria DNA，mt DNA）的复制，DNA 聚合酶 β 类似于原核生物的 DNA 聚合酶Ⅱ。DNA 聚合酶 ε 则类似于原核生物 DNA 聚合酶Ⅰ。

（2）DNA 连接酶

DNA 连接酶（DNA ligase）催化两段 DNA 链之间磷酸二酯键的形成。要求 DNA 链 3′端有游离的 —OH，而 5′端带有 —PO_4^{3-}，连接过程需要 ATP 供能，反应过程如图 11 - 18 所示。

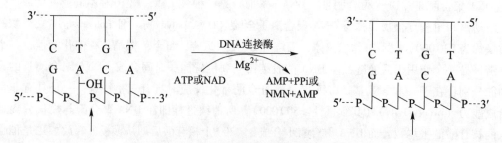

图 11 -18　DNA 连接酶催化磷酸二酯键的形成

NMN 为烟酰胺单核苷酸

DNA 连接酶不能连接两分子单链 DNA，只能作用于双链 DNA 分子中一股链上的缺口，或双链 DNA 分子双股的缺口。如 DNA 经限制性内切核酸酶切割后，两个片段的黏性末端相配，DNA 连接酶能使之连接。即使是两段平齐 DNA，DNA 连接酶也能使之连接。在 DNA 复制过程中，当 RNA 引物清除后，DNA 聚合酶Ⅰ填补空缺，冈崎片段之间的缺口靠 DNA 连接酶连成完整的一条新链。DNA 连接酶在 DNA 损伤修复中亦起重要作用，是一种重要的工具酶。

（3）与解除 DNA 高级结构相关的酶及蛋白因子

① 解旋酶　**DNA 解旋酶（解链酶）**（helicase），可以解开 DNA 双螺旋，使其成为单链，需要 ATP 水解提供能量。DNA 复制时，开始部位的双螺旋必须解开成单链，模板链上的碱基才能以碱基配对原则指导新链合成。该酶具有 ATP 酶的活性，在 ATP 存在下，解开 DNA 双链，解开 1 对碱基消耗 2 个 ATP。在大肠杆菌中已发现多种与解除双螺旋结构有关的蛋白，分别由基因 *dnaA*、*dnaB*、*dnaC* 等控制，其相应的蛋白分别称为 DnaA、DnaB、DnaC 等，这类蛋白以前曾称为 **rep 蛋白**（replication protein）。可见，在 DNA 复制时，由多种蛋白质协同作用，解开 DNA 双螺旋。

② DNA 拓扑异构酶　复制时解开 DNA 双螺旋，才能在母链上合成新链。复制不断延伸，螺旋要不断解开。若每秒钟复制 1 000 个碱基对，则要解旋 100 次。这样必然在复制前方产生很大张力，使 DNA 缠结，这要靠 DNA **拓扑异构酶**（topoisomerase）等来解决。

DNA 拓扑异构酶是存在于细胞核内的一类酶，它们能够催化 DNA 链的断裂和结合，从而控制 DNA 的拓扑状态。DNA 拓扑异构酶有两类：其中拓扑异构酶Ⅰ，曾有过其他名称如转轴酶、解缠酶等。它能切断 DNA 双链中的一股，使 DNA 解链旋转时不致缠结，解除张力后又把切口封闭。拓扑异构酶Ⅱ，又称**旋转酶**（gyrase），暂时切断 DNA 双链，使另一 DNA 双链经过此切口，随后又再封闭切口。它们通常需要能量辅因子 ATP。

③ 单链 DNA 结合蛋白　**单链 DNA 结合蛋白**（single stranded DNA binding protein，SSB），也称为**螺旋去稳定蛋白**（helix destabilizing protein，HDP）或 **DNA 解旋蛋白**（DNA untwisting protein）。SSB 能与已被解链酶解开的单链 DNA 结合，以维持模板处于单链状态，又可保护其不被核酸酶水解。单链 DNA 结合 SSB 后既可避免重新形成双链，又可避免自身发夹螺旋的形成，还能使前端双螺旋的稳定性降低，易被解开。当 DNA 聚合酶在模板上前进，逐个接上脱氧核苷酸时，SSB 即不断脱离，又不断与新解开的链结合。

（4）引发体

引发体（primosome）由多种蛋白质及酶组成，是 DNA 复制开始必需的。引发体中的某些蛋白质如 DnaA 能结合至 DNA 复制起始部位，DnaB 具有解链酶的作用，DnaC 辅助 DnaB 结合到复制起点，使起始部位的双链解开。而引发体中的**引发酶**（primase）在已解开起始部位的 DNA 单链处，按碱基互补配对催化 NTP 聚合，合成一小段 RNA，作为 DNA 合成引物，DNA 即沿此引物 RNA 的 3′-OH 进行延伸。

4. DNA 的半不连续复制

DNA 复制的最主要特点是半保留复制，另外，还具有**半不连续复制**（semi-discontinuous replication）机制。

（1）前导链的合成

DNA 双螺旋在自然状态下，以超螺旋形式存在，DNA 复制时首先由 DNA 拓扑异构酶催化，使超螺旋松弛，不再卷曲；接着在解旋酶作用下解开双螺旋，生成单链 DNA；然后 DNA 聚合酶结合于复制叉及附近已解开的单链 DNA 上。在复制叉上，两条模板链合成的 DNA 不对称，在复制叉处一条子链连续合成，称为**前导链**（leading strand），其复制方向与复制叉的前进方向一致，按 5′→3′进行，因此前导链只需在复制起点由引发酶合成一个引物，即可合成一条连续的子链。

（2）后随链的合成

DNA 双螺旋的两条链反向平行，因此，在复制起点处两条链解开时，一条是 5′→3′方向，另一条是 3′→5′方向。分别以这两条链为模板时，新生链延伸方向一条为 3′→5′，另一条为 5′→3′。但生物细胞内所有催化 DNA 聚合的酶都只能催化 5′→3′延伸，这一矛盾问题在 1968 年得以解决。日本学

知识拓展 11-4
DNA 复制过程

者冈崎（R. Okazaki）发现，在大肠杆菌的 DNA 复制过程中，出现一些含 1 000 ~ 2 000 个核苷酸的片段，一旦合成终止，这些片段即连成一条长链。这种小片段被称为**冈崎片段**（Okazaki fragment）。该发现的实验做法是：利用 T4 噬菌体侵染 *E. coli* 菌株，并分别用 dTTP（³H—T）进行 2 s, 7 s, 15 s, 30 s, 60 s, 120 s 的脉冲标记，分离提取 T4 噬菌体 DNA，使其变性后，进行 CsCl 密度梯度离心，以检测具放射性的沉降片段，并判断大小。结果表明，经不同标记时间，被 ³H—T 标记的新合成的 DNA 片段几乎都为 10 ~ 20 S，即均为 1 000 ~ 2 000 个核苷酸大小。第二组实验是脉冲追踪实验（pulse-chase experiment），为了研究在该实验中发现的 10 ~ 20 S 的小片段变化，冈崎将实验菌株先进行同位素标记培养 30 s，然后转入正常培养基继续培养数分钟，分离 DNA 进行密度梯度离心，发现小片段已被连接成为 70 ~ 120 S 的大片段。为此将 DNA 的这种复制方式称为不连续复制模式，将最初合成的 10 ~ 20 S 片段称为冈崎片段。因此，在前导链延长 1 000 ~ 2 000 个核苷酸后，另一母链也作为模板指导新链合成，其方式也是沿 5′→3′合成 1 000 ~ 2 000 个核苷酸的小片段，随着链的延长，可以形成许多冈崎片段，这条链称为**后随链**（lagging strand）。如图 11 - 19 所示，复制后这些冈崎片段在 DNA 连接酶的作用下连接成完整的新链。

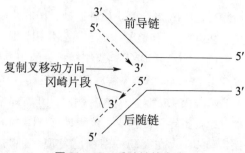

图 11 - 19　后随链的合成

（3）RNA 引物

目前所发现的 DNA 聚合酶都需要一个具 3′ - OH 的引物，才能将合成原料 dNTP 一个一个接上去。实验又发现抑制 RNA 聚合酶的药物如利福霉素（rifamycin）能抑制 DNA 的复制。此外，在体外 DNA 进行的复制实验中，发现冈崎片段的 5′端都有一小段 10 ~ 60 个核苷酸的 **RNA 引物**（RNA primer）。因为 RNA 聚合酶合成新链时不需要引物，能直接催化游离的 NTP 聚合。可见 RNA 引物可以为 DNA 聚合酶提供聚合新核苷酸所需的 3′ - OH。RNA 引物最后被 DNA 聚合酶 Ⅰ 除去，留下的空隙也由该酶聚合填补，缺口再由 DNA 连接酶连接。

为什么 DNA 复制过程需要 RNA 引物呢？因为游离核苷酸起始处的聚合最容易出现差错，若用 RNA 引物，即使出现差错，由于该引物最后将被 DNA 聚合酶 Ⅰ 切除，便可提高 DNA 复制的真实性。

在病毒、细菌及真核细胞中，DNA 的复制大致包括下列几个步骤（图 11 - 20）。① 在多种蛋白质和酶的参与下，双链解开形成复制叉；② 在一系列酶的作用下，DNA 双螺旋解开形成两股单链进行复制；③ 两股单链分别在复制叉处按碱基配对原则进行反向平行复制，一条沿 5′→3′方向连续进行，而另一条则经形成冈崎片段进行不连续复制；④ 冈崎片段经 DNA 连接酶形成一条连续的 DNA 链。经过这样的复制过程，一条亲代 DNA 就可以形成两条子代 DNA，由于 DNA 在代谢上的稳定性和复制的忠实性，经过许多代的复制，DNA 分子上的遗传信息仍可准确地传给子代。

5. 原核生物和真核生物 DNA 复制的特点

（1）原核生物 DNA 的复制

原核生物大肠杆菌的 DNA 复制已经研究得比较清楚，其过程通过由 J. Cairns 和 R. Davern 的同位素标记实验阐明。大肠杆菌 DNA 复制的中间产物为 θ 型，因此称其复制为 θ 方式（或 Cairns 方式）。

噬菌体 φX 174 的 DNA 是环状单链分子，其复制过程不同于大肠杆菌，为**滚动环式**（rolling circle）：首先 DNA 分子形成共价闭环双链分子，然后由特异内切核酸酶在环状 DNA 的一条链上切开切口并通过滚动方式复制。

另一种单向复制的特殊方式称为**取代环**（displacement loop）或 **D - 环**（D-loop）式。线粒体 DNA 的复制采取这种方式：双链环在固定点解开进行复制，两条链的合成高度不对称，一条链先复制，另

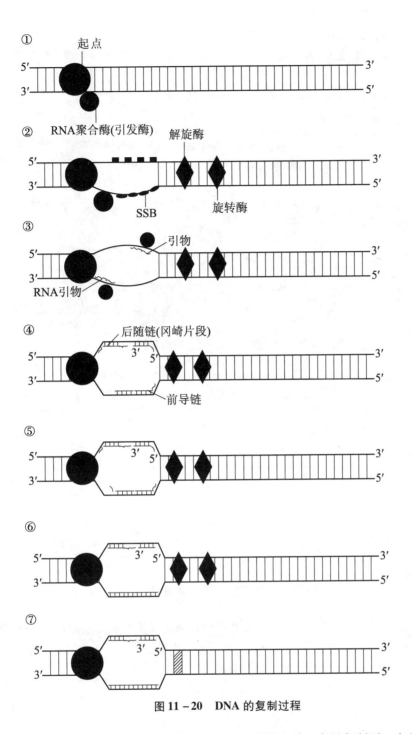

图 11 - 20　DNA 的复制过程

一条链保持单链而被取代，在电镜下可以看到呈 D - 环形状。待一条链复制到一定程度，露出另一链的复制起点，另一条链才开始复制。原核生物 DNA 的不同复制方式见图 11 - 21。

（2）真核生物 DNA 的复制

真核生物的 DNA 分子比原核生物大得多，在生物体内能独立行使复制功能。进行独立复制的 DNA 单位称为复制单位或**复制子**（replicon）。细菌和噬菌体 DNA 由一个复制子组成，动物细胞平均每条染色体由 1000 个复制子，因此原核生物 DNA 复制时只有一个复制起点，真核生物 DNA 复制时则有多个复制起始点，并且复制时可以同时从各起点开始。复制时可以从复制起点向同一方向进行，也可以从起点开始向两侧以不同方向进行（图 11 - 22）。

真核细胞与原核细胞相比较，DNA 复制主要有以下特点：① 真核细胞为多点复制，原核细胞为

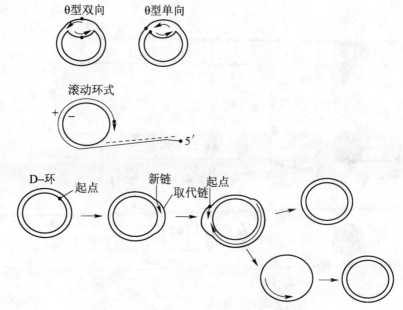

图 11 – 21 原核生物 DNA 的不同复制方式

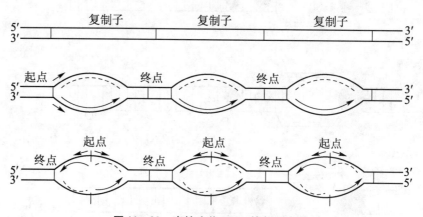

图 11 – 22 真核生物 DNA 的复制方式

单点复制；② 真核细胞 DNA 复制过程中，引物及冈崎片段的长度均比原核细胞短；③ 真核细胞在 DNA 复制时，需合成组蛋白，构成核小体；④ 真核细胞染色体在全部复制完成前，各复制起点不能再开始下一轮复制，而原核细胞可连续开始进行新的复制。

二、DNA 的损伤与修复

DNA 是储存遗传信息的物质。哺乳动物单倍体细胞的基因组约 2.9×10^9 bp。动物一生中，从受精卵到个体死亡，这些碱基序列要经过千万次的复制。生命的延续过程中，保持 DNA 遗传信息的稳定是十分重要的，如果 DNA 或基因发生了不可恢复的改变，将会导致严重的疾病。

在漫长的进化过程中，有些 DNA 序列在复制时会发生改变，并永久地传递给子代，这种 DNA 核苷酸序列永久的改变称为**突变**（mutation）。若发生的突变有利于生物的生存则被保留下来，这就是进化的基础；若突变不适应于自然环境，则被淘汰。这种适者生存不适者被淘汰的过程就是**自然选择**（nature selection）。因此生物的进化可以看成是一种主动的基因改变过程，这是物种多样性的原动力。所以，生物的变异是绝对的，修复是相对的。

造成 DNA 损伤的因素有生物体内的、亦有外界物理和化学等因素。如人体中 DNA 每天每个细胞

🔊 科技视野 11 – 3

真核生物的端粒和端粒酶

🔊 科技视野 11 – 4

端粒酶的作用机制及其与肿瘤、衰老的关系

要脱落 5 000 个嘌呤碱，也有 100 个胞嘧啶自发脱氨而成为尿嘧啶。另外，紫外线、电离辐射、微波和激光等，都会引起 DNA 损伤。此外，许多化学物质（烷化剂、嵌合剂、亚硝酸等）都具有使 DNA 损伤的作用。

根据 DNA 分子改变的形式不同，可把突变分为下面几种主要类型：① **点突变**（point mutation）是 DNA 分子上一个碱基的变异。② **缺失**（deletion）是一个碱基或一段核苷酸链乃至整个基因，从 DNA 大分子上丢失。③ **插入**（insertion）是一个原来没有的碱基或一段核苷酸序列插入到 DNA 大分子中，或有些芳香族分子如吖啶（acridine）嵌入 DNA 双螺旋碱基对中，引起**移码突变**（frame-shift mutation），影响三联体密码的阅读方式。

目前已知的修复系统有错配修复（mismatch repair）、光修复（light repair）、切除修复（excision repair）、重组修复（recombination repair）和易错修复（error-prone repair）等。

三、反转录

1. 反转录酶及其催化特性

1970 年 H. Temin 和 D. Baltimore 分别在 RNA 肿瘤病毒中发现了**反转录酶**（reverse transcriptase）。含有反转录酶的病毒叫做**反转录病毒**（retrovirus），所有已知的致癌 RNA 病毒都含有反转录酶。反转录酶催化的反应，即以 RNA 为模板合成 DNA 的过程称为**反转录**（reverse transcription）。这个过程中，遗传信息从 RNA 到 DNA，与转录过程相反，反转录因此得名。反转录和反转录病毒的发现，为研究 RNA 肿瘤病毒感染引起的疾病机制及治疗途径（例如药物设计）开辟了崭新的天地。此外，反转录酶为基因工程提供了强有力的工具。因此，反转录酶和限制性内切酶与质粒载体并列为基因工程的三大工具。

致癌 RNA 病毒是一大类能引起鸟类、哺乳类等动物发生白血病、肉瘤以及其他肿瘤的病毒。如鸟类劳氏肉瘤病毒（Rous sarcoma virus）进入宿主细胞后，反转录酶先催化合成与病毒 RNA 互补的 DNA 单链，继而复制出双螺旋 DNA，并经另一种病毒酶的作用将此 DNA 整合到宿主的染色体 DNA 中，遇到适宜的条件时被激活，利用宿主的酶系统转录成相应的 RNA，其中一部分作为病毒的遗传物质，另一部分则作为 mRNA，翻译成病毒特有的蛋白质。实验中用嘌呤霉素（puromycin）来抑制细胞的蛋白质合成，发现这种细胞仍能感染劳氏肉瘤病毒（RSV），这证明反转录酶是由反转录病毒带入细胞的，而不是感染后在宿主细胞中新合成的。这类病毒侵染细胞后并不引起细胞死亡，却可以使细胞发生恶性转化。这类病毒经过改造后可以作为基因治疗的载体。

病毒反转录酶含 Zn^{2+}，催化的反应需要引物，以脱氧核苷三磷酸为底物，从 5′ 到 3′ 合成 DNA。该酶在许多方面与 DNA 聚合酶相似。每个反转录病毒颗粒约携带 70 个反转录酶分子。反转录酶兼有多种酶的活性：RNA 指导的 DNA 聚合酶、DNA 指导的 DNA 聚合酶和 RNase H 活性及特异内切核酸酶活性。所谓 RNase H 活性是指：可以从 5′→3′ 和 3′→5′ 两个方向水解 DNA – RNA 杂合分子中的 RNA。此外，还具有 DNA 旋转酶活性。目前已发现多种动物反转录病毒和几种人类反转录病毒。**人类免疫缺陷病毒**（human immunodeficiency virus，HIV）也是一种反转录病毒，包括 HIV – 1 和 HIV – 2 两个亚型。HIV – 1 的反转录酶分子由两个亚基组成，其相对分子质量分别为 51 000（p51）和 66 000（p66）。反转录酶和其他 DNA 聚合酶一样，催化合成 DNA 的方向为 5′→3′，反应需要引物。在包装反转录病毒时，病毒的 RNA 基因组就从宿主细胞中获得并通过次级键结合宿主的 tRNA 分子，tRNA 的 3′ 羟基成为反转录合成 DNA 的引物。有的反转录酶已被提纯，作为工具酶用来合成与某些特定 RNA 互补的 DNA，也可用于 DNA 的序列分析和克隆重组 DNA。

2. 反转录过程

反转录病毒的生活周期十分复杂。典型的反转录病毒，其生活周期始于感染性病毒颗粒识别和结合于宿主细胞表面的特异受体，借助于病毒颗粒的表面蛋白和跨膜蛋白，使病毒与宿主细胞相融合，

科技视野 11 –5
DNA 修复体系摧毁 HIV 的机制揭开

科技视野 11 –6
紫外线与健康

科学史话 11 –3
反转录酶的发现

病毒颗粒所携带的基因组 RNA 以及反转录和整合所需要的引物（tRNA）和酶（反转录酶、整合酶）得以进入宿主细胞内。在宿主细胞内的活动主要有：在细胞质中病毒的（+）RNA 链脱去衣壳，反转录酶以它为模板合成（-）DNA 链，形成（-）DNA／（+）RNA 杂合双链；接着，同一个反转录酶分子将（+）RNA 水解，并以（-）DNA 为模板合成（+）DNA 链，从而形成双链 DNA，在其两端有长末端重复序列（long terminal repeat，LTR）。研究显示，当前病毒（provirus）（可以整合于宿主染色体，与受感染细胞基因组一起复制）活化而自身转录时，LTR 起到启动和增强其转录的作用。然后借助宿主 RNA 聚合酶转录，产生大量反转录病毒 RNA。致癌 RNA 病毒转化宿主细胞的过程如图 11-23 所示。

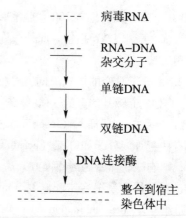

图 11-23 致癌 RNA 病毒转化宿主细胞的过程

获得性免疫缺陷综合征（acquired immunodeficiency syndrome，AIDS）的病原体 HIV（人类免疫缺陷病毒）借助其包膜蛋白刺突 gp120 与易感细胞表面 CD4 结合，并进一步介导包膜与宿主细胞膜的融合，核衣壳进入细胞，于细胞质内脱壳释放出 RNA。在病毒反转录酶和病毒相关 DNA 多聚酶的作用下，病毒 RNA 首先反转录成 cDNA（负链 DNA），构成 RNA-DNA 中间体。中间体中的 RNA 再经过 RNA 酶水解，而以剩下的负链 DNA 复制成双股 DNA。反转录过程导致线性 DNA 分子进入细胞核，并在病毒整合酶的催化下插入宿主 DNA，成为细胞染色体的一部分。在宿主 RNA 聚合酶的作用下，病毒 DNA 转录为 RNA 并分别经过拼接，加帽或加尾形成 HIV 的 mRNA 或子代病毒 RNA。mRNA 在宿主细胞核糖体上翻译成蛋白质，经过进一步酶解和修饰等过程形成病毒结构蛋白或调节蛋白；子代 RNA 则与病毒源结构蛋白装配成核衣壳，从宿主细胞释放时获得包膜，形成具有感染性的子代病毒。HIV 仅感染具有表面分子 CD4 的 T 细胞和巨噬细胞。

知识拓展 11-7

艾滋病的传播过程
HIV life cycle

第三节　RNA 的生物合成

20 世纪 80 年代**核酶**（ribozyme）的发现，激发了科学家们对 RNA 起源和催化功能的极大兴趣，改变了传统意识中"酶就是蛋白质"这一根深蒂固的片面认识。核酶的发现也暗示了 RNA 许多未知的调控功能。世纪之交，**RNA 干扰**（RNA interference）这一里程碑性的重大发现，加上**核糖开关**（riboswitches）等方面的研究进展，证实了科学家们对 RNA 承载广泛调控功能的预测，从而使我们对"RNA 世界"有了飞跃性的认识。回望历史，重新审视 RNA，可能包含着更多的生物学意义：其一，RNA 可能比 DNA 更古老；其二，RNA 可能参与许多未知的调控功能；其三，在生物进化过程中，RNA 逐步把部分遗传信息传递功能转交由 DNA 负责，而把部分催化功能转交给蛋白质承担。"中心法则"的内涵也因此变得更加丰富。毫无疑问，对 RNA 尤其是**非编码 RNA**（noncoding RNA）的研究将是未来的重点。面对当前初如火如荼的 RNA 研究热潮，让我们从新的高度和视角来学习 RNA 的生物合成。

科技视野 11-7

环状 RNA：非编码
RNA 研究新方向

RNA 的生物合成包括转录和复制两方面。转录是以 DNA 为模板合成 RNA，而复制是指某些病毒和噬菌体（以 RNA 为遗传物质）以 RNA 为模板合成 RNA 的过程。转录发生在一定区域，该区域称为转录单位。某一转录单位包含一个或多个基因。原核生物的若干基因经常同时转录到同一条 mRNA 中，称为**多顺反子**（polycistron）。而真核生物通常是一个基因转录成一条 mRNA，称为**单顺反子**

（monocistron）。基因表达包括**组成性表达**（constitutive expression）和**诱导性表达**（inducible expression）。转录表现为时空专一性，随细胞不同发育阶段和环境条件的改变，选择性地转录不同的基因。转录起始由**启动子**（promoter）控制，而终止则由**终止子**（terminator）控制。转录需要一整套酶来催化完成。

无论是 DNA 的转录，还是 RNA 的复制，都是酶催化的核苷酸聚合过程，有许多共同之处：① 都需要聚合酶，② 其聚合过程都是核苷酸之间生成磷酸二酯键，③ 合成多聚核苷酸新链的方向都是从 5′→3′，④ 都遵从碱基互补配对规律。

一、催化 RNA 合成的模板和酶

1. 转录模板

复制需要保留物种的全部遗传信息，故复制过程针对生物体的全部基因组进行。转录则是根据细胞的发育时序，依照环境条件和生存需要，选择性地转录某些基因。基因组 DNA 非常庞大，并非任何序列都可以转录，其中能够转录生成 RNA 的 DNA 序列叫做**结构基因**（structural gene）。转录的这种选择性称为不对称转录，它包括两层含义：① 在 DNA 双链上，一条链可转录，而另一条链不转录；② 模板链并非永远在同一单链上（图 11 – 24）。转录的产物是 mRNA，用它做翻译模板，按照遗传密码确定氨基酸序列（图 11 – 25）。

在 DNA 双链中，依照碱基配对原则指导转录生成 RNA 的单股链称为模板链，也称为**反义链**（antisense strand）；相配对的另一链称为编码链，也称为**有义链**（sense strand）（图 11 – 25）。将 mRNA 与编码链进行碱基序列比较，发现除了用 U 代替 T 外，其余都是相同的，因为 mRNA 与编码链均与模板链互补。为简化起见，文献中 DNA 的碱基序列一般只写出编码链。从图 11 – 24 可以看出，在 DNA 双链某一区段，以其中一条单链为模板链；在另一区段则可能以其对应的单链为模板链。处在不同单链的模板链转录方向相反。转录和复制一样，产物链（即转录产生的 RNA 链），总是沿 5′→3′方向延长的。

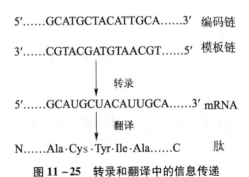

5′……GCATGCTACATTGCA……3′　编码链

3′……CGTACGATGTAACGT……5′　模板链

↓ 转录

5′……GCAUGCUACAUUGCA……3′ mRNA

↓ 翻译

N……Ala·Cys·Tyr·Ile·Ala……C　肽

图 11 – 25　转录和翻译中的信息传递

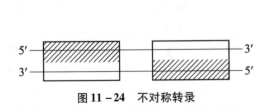

图 11 – 24　不对称转录

斜线框部分表示模板链；无斜线框表示编码链（结构基因）

2. RNA 聚合酶

RNA 聚合酶（RNA polymerase），又称为**转录酶**（transcriptase），是以 DNA 为模板，以 4 种核苷三磷酸（NTP）为底物，在二价阳离子参与下催化合成 RNA 的酶。由于该酶以 DNA 为模板，又称为**依赖 DNA 的 RNA 聚合酶**（DNA-dependent RNA polymerase，DDRP）。原核生物和真核生物的 RNA 聚合酶有一定的差别。

（1）原核生物的 RNA 聚合酶

在细菌的 RNA 聚合酶中，目前研究较为清楚的是大肠杆菌的 RNA 聚合酶，其相对分子质量约为 465 000，是由 4 种亚基 α、β、β′和 σ（sigma）组成的五聚体（$\alpha_2\beta\beta'\sigma$）蛋白质，其中 α、β、β′的相对分子质量比较稳定，但 σ 亚基的相对分子质量变化较大，各亚基的大小及功能见表 11 – 2。

表 11 – 2 大肠杆菌 RNA 聚合酶组分

亚基	相对分子质量	功能
α	36 152	决定哪些基因被转录
β	150 618	与转录全过程有关（催化）
β′	155 613	结合 DNA 模板（开链）
σ	70 263	辨认起始点

$\alpha_2\beta\beta'$ 亚基合称**核心酶**（core enzyme）。有的核心酶还包括 ω 亚基。σ 亚基加上核心酶称为**全酶**（holoenzyme）。通过试管内的转录实验（含有模板、酶和底物 NTP 等）证明，若只有核心酶也能依照模板催化 NTP 合成 RNA，但合成 RNA 时没有固定的起始位点。而加入 σ 亚基后，则能在特定起始位点开始转录，由此可见 σ 亚基的功能是辨认转录起始点。转录的起始需要全酶参与，但是转录延长则仅需核心酶。图 11 – 26 展示了 RNA 聚合酶全酶在转录起始区的结合状态。

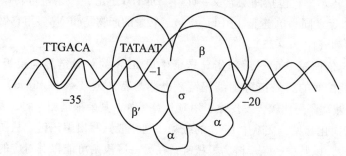

图 11 – 26 原核生物的 RNA 聚合酶及其在转录起始区的结合

迄今已在原核生物中发现了多种 σ 亚基，通常根据蛋白质相对分子质量大小来对它们进行命名和分类。σ^{70}（相对分子质量 70 000）是辨认转录起始点的典型蛋白质，若该亚基发生变化则可引发一系列基因的转录变化。当细胞内外环境发生改变时，一些平时并不表达的基因可能会作出应答反应。例如 σ^{32}（相对分子质量 32 000），称为**热休克转录起始因子**（heat shock transcription initiation factor），是热休克应答反应所必需的。σ^{32} 可以识别与典型的 – 35 和 – 10 序列完全不同的启动子序列，控制一套热休克基因的表达。现已发现，真核生物也普遍存在热休克基因，需要**热休克蛋白**（heat shock proteins，HSP）才能启动这些基因。

其他原核生物的 RNA 聚合酶，在结构和功能上与大肠杆菌的 RNA 聚合酶相似。某些抗生素与原核生物 RNA 聚合酶的 β 亚基结合，从而影响 RNA 的合成。例如，利福霉素。研究发现，若在转录开始后才加入利福霉素，仍能发挥其转录抑制作用，表明 β 亚基参与了转录的全过程。β′ 亚基是 RNA 聚合酶与 DNA 模板相结合的部分，也参与了转录全过程。α 亚基决定了转录基因的种类，它不像 σ 亚基那样在转录延长时即脱落。所以，由 $\alpha_2\beta\beta'$ 亚基构成的核心酶参与了整个转录过程。

（2）真核生物的 RNA 聚合酶

在真核生物中已发现了三种 RNA 聚合酶：RNA 聚合酶 I、II、III，它们专一地负责不同基因的转录，由这三种 RNA 聚合酶催化生成的转录产物也各不相同（表 11 – 3）。α – 鹅膏蕈碱是真核生物 RNA 聚合酶的特异性抑制剂。上述 3 种真核生物 RNA 聚合酶对鹅膏蕈碱的反应存在差异。

真核生物的转录过程，首先生成**核内不均一 RNA**（heterogeneous nuclear RNA，hnRNA），然后加工成 mRNA，再输送到细胞质的蛋白质合成装置中。

👁 知识拓展 11 – 8
细菌 RNA 聚合酶抑制剂的研究进展

👁 知识拓展 11 – 9
鹅膏蕈碱与毒蘑菇

表 11-3　真核生物的 RNA 聚合酶

酶类型	别名	细胞定位	合成 RNA 的类型	α - 鹅膏蕈碱抑制程度
Ⅰ（A 酶）	rRNA 聚合酶	核仁	rRNA （5.8S rRNA, 18S rRNA, 28S rRNA）	抑制（不敏感）$\geq 10^{-3}$ mol/L
Ⅱ（B 酶）	不均一核 RNA 聚合酶	核质	hnRNA	低浓度抑制（高度敏感）
Ⅲ（C 酶）	小分子 RNA 聚合酶	核质	5S rRNA, tRNA	$>10^{-5}$ 抑制（中度敏感）

各种 RNA 中，mRNA 寿命最短，也最不稳定，需要经常合成。而 RNA 聚合酶Ⅱ负责转录生成 hnRNA 和 mRNA，从这个角度上看，RNA 聚合酶Ⅱ是真核生物中最活跃的 RNA 聚合酶。R. D. Kornberg 在此领域做出了卓越贡献，因而获得了 2006 年度诺贝尔化学奖。

RNA 聚合酶Ⅲ的转录产物大都是相对分子质量较小的 RNA，包括当前的研究热点：**小干扰 RNA**（small interfering RNA，siRNA）和**微 RNA**（microRNA，miRNA）。真核生物的 tRNA 基因由 RNA 聚合酶Ⅲ催化转录产生 tRNA 前体，然后经过加工和修饰后成为成熟的 tRNA。

RNA 聚合酶Ⅰ催化的转录产物是 45S rRNA，经剪接修饰生成 5.8S rRNA、18S rRNA 和 28S rRNA。由 rRNA 与蛋白质组成的**核糖体**（ribosome）是蛋白质合成的场所。真核生物的 rRNA 基因属于中度重复基因。此外，线粒体和叶绿体具有独立的 RNA 聚合酶，其结构比核基因组的 RNA 聚合酶简单，能催化所有类型 RNA 的合成。

🔍 科学史话 11-4
真核转录的结构生物学 - 2006 年诺贝尔化学奖简介

3. RNA 复制酶

又称 RNA 合成酶，是依赖于 RNA 的 RNA 聚合酶。**RNA 复制酶**（RNA replicase）存在于某些只含 RNA 而不含 DNA 的病毒和噬菌体中。其 RNA 既是遗传信息的载体又担当信使，在侵染寄主时本身需要复制。RNA 复制酶催化 RNA 合成时，需要以 RNA 为模板，以 4 种核苷三磷酸为底物，故此酶又称为**依赖 RNA 的 RNA 聚合酶**（RNA-dependent RNA polymerase，RDRP）。

根据 RNA 病毒的 RNA 是否直接编码蛋白质，可将其区分为正链 RNA 病毒和负链 RNA 病毒。大多数植物病毒和某些噬菌体属于正链病毒，其 RNA 本身就可作为 mRNA，即蛋白质合成的模板。正链 RNA 病毒在感染过程中，先由正链 RNA 合成负链 RNA，再由负链 RNA 合成更多的正链 RNA。而负链 RNA 病毒则先由负链 RNA 合成正链 RNA，正链 RNA 才是合成蛋白质的模板，也作为合成子代基因组中负链 RNA 的模板。无论正链 RNA 病毒还是负链 RNA 病毒，其 RNA 合成均由 RNA 复制酶催化。

RNA 复制酶包括 4 个亚基，3 个亚基来自宿主细胞，1 个亚基在噬菌体感染过程中产生。该酶特异性很高。如 MS2 噬菌体的 RNA 复制酶只能以 MS2 噬菌体的 RNA 为模板，其他 RNA 则不能作为模板。

依赖 RNA 的 RNA 聚合酶不仅存在于被噬菌体感染的细菌体内，也存在于被 RNA 病毒感染的高等动物和植物体内。由于哺乳动物网织红细胞（reticulocyte）中血红蛋白的 mRNA 也能以这种方式复制，因此，这种细胞也有 RNA 复制酶的活性。

4. 多核苷酸磷酸化酶

1955 年，也就是发现 RNA 聚合酶的前 5 年，M. Grunberg-Monago 和 S. Ochoa 从细菌中分离出能催化在体外合成多核苷酸的酶，定名为**多核苷酸磷酸化酶**（polynucleotide phosphorylase）。事实上，1961 年 M. W. Nirenberg 为破译遗传密码，在建立无细胞反应体系时，使用的就是这种酶。与 RNA 聚合酶和 DNA 聚合酶不同，此酶不需任何模板就能合成多核苷酸。多核苷酸磷酸化酶广泛存在于微生物细胞内，催化以核苷二磷酸为底物的多核苷酸合成反应。因此，人们推断该酶在生物体内的功能是催化 RNA 分解为核苷二磷酸，而不是合成 RNA。在实验室中，可以用该酶人工合成脱氧核苷酸。值得关注的是，该酶专一性并不高，由不同的核苷二磷酸作底物，可以合成不同的多核苷酸聚合物。例如用 ADP 作底物，可合成多聚 A（poly A）；用 CDP 作底物，可以合成多聚 C；若用等摩尔的 ADP 和 UDP

的混合物作底物，则可合成多聚 AMP – UMP 等。上述生成的多聚核苷酸均以 3′，5′ – 磷酸二酯键相连接。

5. 模板与酶的辨认结合

转录发生在一套相对独立的 DNA 序列上，该序列单位称为**操纵子**（operon）。操纵子包括若干结构基因及其上游的调控序列。调控序列中的**启动子**（promoter）是与 RNA 聚合酶结合的区域，也是控制转录的关键部位。原核生物开始转录时，RNA 聚合酶全酶结合到启动子上，其中的 σ 亚基辨认启动子，其他亚基共同配合。

研究启动子常采用 RNA 聚合酶保护法。具体步骤是：先分离出一段 DNA，然后将其和纯化的 RNA 聚合酶混匀，再用外切核酸酶消化一段时间。DNA 链将被水解，生成游离的核苷酸，未被水解的大约 40 至 60 个碱基对则保持完整，表明这段 DNA 因结合 RNA 聚合酶而受到保护，该片段位于结构基因的上游，即是被 RNA 聚合酶辨认和结合的区域，亦即启动子序列。通过序列分析发现，该序列的 AT 含量较高。

若以开始转录生成 RNA 的 5′端第一个核苷酸位置为 1，以负数表示上游碱基序数，通过分析不同原核生物基因的操纵子，发现在碱基序列上有一定的保守性。– 35 区的保守序列是 "TTGACA"，– 10 区的保守序列是 "TATAAT"。– 10 区由 D. Pribnow 首先发现，因此也称为 **Pribnow 框**（Pribnow box）（图 11 – 27）。通过实验，测定 RNA 聚合酶结合不同区段的平衡常数，并改变作用条件，发现 RNA 聚合酶与 – 10 区的结合比 – 35 区更为牢固。研究表明，– 35 区是 RNA 聚合酶的辨认位点，但是结合较为松散，RNA 聚合酶向下游移动到 Pribnow 框，此时酶已进入转录起始点，形成相对稳定的酶 – DNA 复合物，并开始转录。

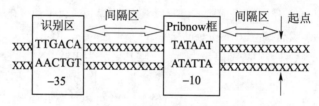

图 11 – 27　启动子区域的特征结构

二、转录过程

除延长过程外，真核生物转录的起始和终止阶段都与原核生物有许多差异。转录全过程均需 RNA 聚合酶催化，原核生物转录起始过程需要全酶（即核心酶加上 σ 因子）参与，延长过程是核心酶催化的核苷酸聚合。

1. 转录起始

转录和复制都依赖 DNA 模板，DNA 双链都需解成单链。复制时解链范围较大，形成复制叉，需许多因子和酶参与。而转录时解链范围只需要 10 多个至 20 个核苷酸对，形成**转录泡**（transcription bubble）。第一个核苷酸通常为 pppG 或 pppA。

（1）原核生物的转录起始

原核生物依靠 σ 因子辨认转录起始点，被辨认的 DNA 区段是 – 35 区的 TTGACA 序列。在这一区段，酶与模板的结合比较松弛，酶随即移向 – 10 区的 TATAAT 序列。转录起始不需引物，与模板配对的两个相邻核苷酸，由 RNA 聚合酶催化生成的磷酸二酯键连接在一起，这同 DNA 聚合酶催化 dNTP 的聚合过程有明显区别。生成第 1 个磷酸二酯键后，σ 亚基从转录起始复合物上脱落，核心酶继续结合在 DNA 模板上并沿 DNA 链前移，进入延长阶段。σ 亚基若不脱落，RNA 聚合酶则停留在起始位置，转录就不能继续进行。研究表明，原核细胞内 RNA 聚合酶各亚基比例为 α∶β∶β′∶σ =

4 000∶2 000∶2 000∶600，σ 因子在胞内明显比核心酶少。
试管内的实验也证明，RNA 生成量与核心酶的加入量成
正比；转录开始后，产物生成量与 σ 亚基的加入与否无密
切关系。这些实验都表明转录延长与 σ 亚基无关，进而推
测 σ 亚基可反复在转录起始过程中使用（图 11 - 28）。

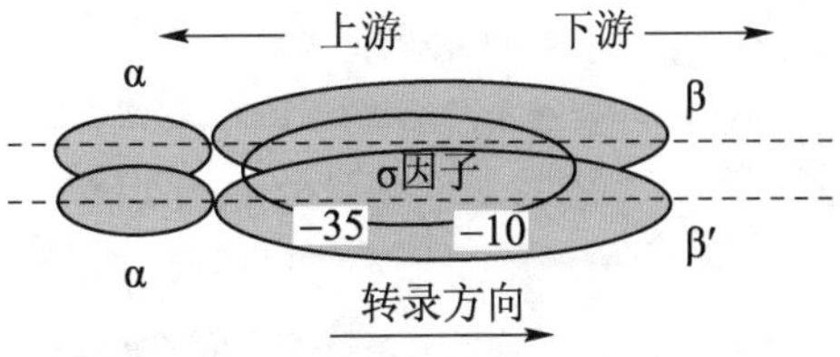

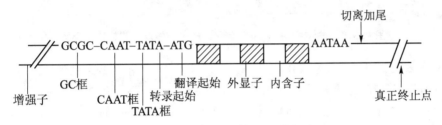

图 11 - 28　原核生物转录起始的识别

（2）真核生物的转录起始

真核生物转录起始也离不开 RNA 聚合酶，该酶辨认
转录起始区上游的 DNA 序列，生成起始复合物。起始点上游大多有共同的 5′- TATA 序列，称为
Hogness 框或 TATA 框（TATA box）。真核生物 TATA 框的位置不像原核生物上游 - 35 区和 - 10 区那
样典型。某些真核生物或某些基因也可能没有 TATA 框。不同物种、不同细胞或不同基因，可以拥有
不同的上游 DNA 序列，但均统称为**顺式作用元件**（cis-acting element）。典型的真核生物基因上游序
列如图 11 - 29 所示。

图 11 - 29　真核生物基因上游序列

在真核生物中，能直接或间接辨认、结合转录上游区段 DNA 的蛋白质有多种，统称为**反式作用
因子**（trans-acting factor）。这些因子之间又需互相辨认和结合，以便准确地控制基因是否转录及何时
转录。反式作用因子中，能够直接或间接结合 RNA 聚合酶的则称为**转录因子**（transcription factor，
TF）。RNA 聚合酶 Ⅰ、Ⅱ、Ⅲ的转录因子，分别称为 TF Ⅰ、TF Ⅱ和 TF Ⅲ。目前研究较为深入且发现
种类较多的是 TF Ⅱ。

真核生物的 TF Ⅱ又分 TF ⅡA、TF ⅡB 等，表 11 - 4 列出了几类 TF Ⅱ的相对分子质量和功能。

表 11 - 4　参与 RNA - pol Ⅱ转录的 TF Ⅱ

转录因子	相对分子质量/10³	功能
TF ⅡA	12，19，35	稳定 TF ⅡD 与启动子的结合
TF ⅡB	33	促进 pol Ⅱ结合
TF ⅡD	38	辨认 TATA 框
TF ⅡE	34（β），57（α）	ATPase
TF ⅡF	30，74	解旋酶

原核生物 RNA 聚合酶全酶可与启动子结合，即使没有 σ 因子，核心酶也能非特异地结合模板
DNA 而进行转录。但研究发现，真核生物 RNA 聚合酶并非直接与 DNA 分子结合，而是先由转录因子
与 DNA 结合。在众多 TF Ⅱ中，TF ⅡD 是目前已知唯一能结合 TATA 框的蛋白质。转录因子可划分为
多个结构域，这些结构域，有的结合 DNA，有的结合其他转录因子，有的激活其他转录因子，还有
的激活其他酶。已分离得到的 TF ⅡDz 亚基可与 TATA 框结合。

真核生物转录起始也形成 RNA 聚合酶与开链模板的复合物，但在开链之前必须先靠转录因子之
间互相结合，然后 RNA 聚合酶 Ⅱ才参与到该复合物中，从而形成前起始复合物（preinitiation com-
plex，PIC）（图 11 - 30）。

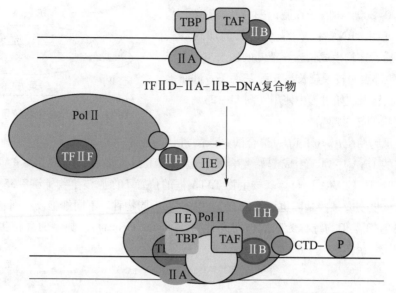

图 11 - 30 由 RNA - pol II 和转录因子形成的转录前起始复合物

通过分析大多数 TF II 及其亚基（B，D_z，E_α，E_β，F）的氨基酸序列，发现它们与原核生物的 σ 因子具有一定程度的保守性。原核生物 σ 因子和真核生物的许多 TF II 在进化上的亲缘关系值得进一步探究。目前除了对 TF II 研究得比较清楚外，在对不同基因转录特性的研究中，发现了越来越多的转录因子。

当前的拼板理论认为：一个真核生物基因的转录需要 3 至 5 个转录因子，因子之间可互相结合，组装成有活性及专一性的复合物，再与 RNA 聚合酶有针对性地结合，进而转录相应的基因。转录因子之间的相互辨认组合，恰如儿童玩具七巧板，搭配得当就能拼出有含义的图形。按照拼板理论，虽然人类基因数以万计，但仅需 300 多个转录因子就能满足不同基因表达的需要。

2. 转录延长

原核和真核生物的转录延长过程没有显著区别，只是 RNA 聚合酶不同。原核生物的转录起始复合物一旦形成，σ 亚基随即脱落，随后，核心酶的构象发生一定改变。由于起始区的 DNA 有特殊碱基序列，因此酶与模板的结合具有高度特异性，而且较为紧密。离开起始区，不同基因的碱基序列出现差异，所以，RNA 聚合酶与模板的结合是非特异性的，而且结合得较为松弛，有利于 RNA 聚合酶迅速向前滑动。RNA 聚合酶构象的改变，正好适应了这种不同区段结构的需要。

转录延长的化学反应可表示为：$(NMP)_n + NTP \longrightarrow (NMP)_{n+1} + PPi$

转录和复制的延长过程基本相同，不同的只是所需原料核苷酸的五碳糖不同。磷酸二酯键在核糖 3′ - OH 和 5′磷酸之间生成。

转录起始复合物的形成过程为：TF II D 结合 TATA 框；RNA 聚合酶识别并结合 TF II D - DNA 复合物，形成一个相对闭合的复合物；其他转录因子与 RNA 聚合酶结合成一个开放复合物。在起始复合物上，3′端仍保留糖的游离—OH。底物核苷三磷酸上的 α - 磷酸可与 3′ - OH 反应，生成磷酸二酯键。同时脱落的 β、γ 磷酸基则生成焦磷酸。聚合进去的核苷酸又有 3′ - OH 游离，这样就可按照模板链的指引，逐个延长下去。由于产物 RNA 中没有碱基 T，遇到模板碱基为 A 时，转录产物相应加入碱基 U，A—U 配对形成 2 个氢键。在转录延长过程中，RNA 聚合酶沿着 DNA 链向前移动，转录泡结构仍然保留，新合成的 RNA 链与模板链互补。

RNA 聚合酶分子较大，覆盖着解开的 DNA 双链和 DNA - RNA 杂化双链的一部分，此时，酶 - DNA - RNA 形成的复合物称为**转录复合物**（transcription complex），有别于转录起始复合物。转录复合物也称为**转录泡**（transcription bubble），模板 DNA 只打开到一定限度，不像复制时解开形成复制叉。转录产物 RNA 中 3′端的一小段，是依附结合于模板链上未脱离的。这种结合依赖 RNA 与模板链上的碱基配对，如果 RNA 完全脱离，转录也就终止，但 RNA 5′端长长的一段却离开了模板伸展到转录泡之外（图 11 – 31）。

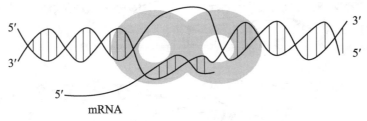

图 11 – 31　转录复合物
阴影部分表示 RNA 聚合酶

上述过程可通过化学结构加以解释。DNA – DNA 形成的双链结构，比 DNA – RNA 形成的杂化双链（hybrid duplex）稳定。核酸分子内可形成三种碱基对，其稳定程度依次是：$G \equiv C > A = T > A = U$。$G \equiv C$ 配对形成 3 个氢键，最稳定。$A = T$ 配对只在 DNA 双链形成，可形成 2 个氢键。$A = U$ 配对则可能在 RNA 分子或 DNA – RNA 杂化双链上形成，是三种配对中稳定程度最低的。由于 DNA – DNA 双链比 DNA – RNA 杂化双链稳定，故已经转录完毕的局部 DNA 双链，就会复合而不再打开。由此，就不难理解为什么会形成转录泡，而转录产物又为什么向外伸出了。伸出转录泡的 RNA 链，其最远端是最先生成的 pppGpN – ，转录产物是从 5′端向 3′端延长。但如果从 RNA 聚合酶的移动方向看，酶是沿着模板链的 3′端向 5′端发生作用，或沿新生 RNA 链的 5′端向 3′端前进。

在同一 DNA 模板上，多个转录过程可以同时发生，形成的一条 mRNA 链上也可以有多个核糖体同时翻译。其实，有的转录尚未完成，则可能已经开始翻译，转录和翻译都是高效率进行的。真核生物的核膜把转录和翻译分隔在不同的细胞区间，因此不会出现同一条 mRNA 链上转录和翻译同时进行的现象。在其他方面，原核和真核生物的转录延长过程大致相似。

3. 转录终止

当 RNA 聚合酶在 DNA 模板上停止前进时，转录产物 RNA 链从转录复合物上脱落下来，即转录终止。

（1）原核生物的转录终止

根据是否需要蛋白因子参与，原核生物转录的终止分为：依赖 ρ（Rho）因子与不依赖 ρ 因子两类。

① 依赖 ρ 因子的转录终止　用 T4 噬菌体 DNA 在试管内进行转录实验，发现其转录产物比在细胞内的要长一些，这表明转录终止点可以被跨越，从而产生转录的继续。同时说明细胞内某些因素具有终止转录的功能。根据这些结果，1969 年，J. Roberts 在大肠杆菌（T4 噬菌体的宿主菌）中发现了能控制转录终止的蛋白质，定名为 ρ 因子。若在试管内的转录体系中加入 ρ 因子，转录产物长于胞内的现象则不复存在。ρ 因子是由 6 个相同亚基组成的六聚体蛋白质，能结合 RNA，对 poly C 的结合力最强。但 ρ 因子对 poly dC/dG 组成的 DNA 的结合能力弱得多。在依赖 ρ 因子终止的转录中，发现产物 RNA 的 5′端有较丰富的 C，或是有规律地出现 C 碱基，这段序列称为 ρ 因子利用位点（rho fator utilization site，rut）。据此推断，转录终止信号存在于 RNA 而非 DNA 模板。后来还发现 ρ 因子有 NTP 酶和解旋酶（helicase）的活性。目前"热追模型"认为，ρ 因子终止转录是通过与 RNA 转录产物结合，引起 ρ 因子和 RNA 聚合酶发生构象变化，从而使 RNA 聚合酶停顿，解旋酶的活性使 DNA – RNA 杂化双链解离，利于转录产物从转录复合物中释放（图 11 – 32）。

◉ 知识拓展 11 –11

依赖 ρ 因子的转录终止

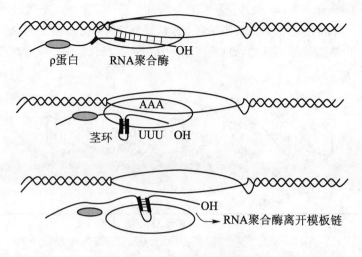

ρ蛋白　　　RNA聚合酶

OH

AAA

茎环　UUU　OH

OH

RNA聚合酶离开模板链

图 11 − 32　依赖 ρ 因子的转录终止

转录的 DNA 区域有一段反向回文顺序，可以形成回文结构。当转录复合物完成该段 RNA 合成后将在内部
形成 1 个发夹结构从而阻止 RNA − DNA 杂种形成。ρ 为解旋酶，紧跟在聚合酶后。当聚合酶因为 RNA 发夹
结构而停止转录时，ρ 将 RNA − DNA 碱基对解离，释放转录物

● 知识拓展 11 −12

不依赖 ρ 因子的转录
终止

② 不依赖 ρ 因子的转录终止　研究发现，靠近终止密码
子处存在特殊碱基序列，转录产生的 RNA 可形成特殊结构来
终止转录，此即不依赖 ρ 因子的转录终止方式。具体而言，在
DNA 模板上接近终止转录区域，发现有较密集的 A—T 或 G—
C。其转录产物的 3′ 端常有若干连续的 U，其前方的富含 GC
碱基对又可形成鼓槌状的茎环（stem-loop），常称之为**发夹**
（hairpin）结构（图 11 −33）。

当转录进行至终止区时，转录处的碱基序列随即形成茎环
结构，这种结构可以阻止转录的继续进行。其机制可从两方面
理解：其一，茎环结构可能改变 RNA 聚合酶的构象，从而改
变酶与模板的结合方式，从而使酶不再向下游移动，于是转录
停顿。其二，转录复合物（酶 − DNA − RNA）上存在局部的
RNA − DNA 杂化短链。由于 DNA 和 RNA 均形成自身双链，故
杂化链只能比应有的长度更短，原本不稳定的杂化链变得更不
稳定，此时的转录复合物趋于解体。接着存在的一串寡聚 U，
促使 RNA 链从模板上脱落下来。

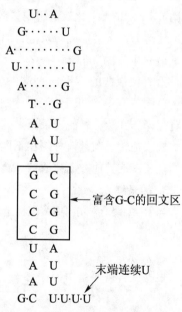

U·A
G·····U
A·······G
U·······U
A·······G
T···G
A　U
A　U
A　U
G　C
C　G　←富含G-C的回文区
C　G
C　G
U　A
A　U　←末端连续U
A　U
G·C　U·U·U·U

图 11 −33　不依赖 ρ 因子的终止方式

（2）真核生物的转录终止

真核生物的转录终止与转录后修饰密切相关。真核生物 mRNA 携带有多聚腺苷酸（poly A）尾
巴，是转录后追加上去的，因为模板链上并没有相应的多聚脱氧胸苷酸（poly dT）。转录过程也不在
poly A 处终止，而是向下超出几百乃至上千个核苷酸后才停止的。已发现，在模板链读码框架的 3′ 端
之后，常有一组共同序列 AATAAA，在下游还有相当多的 CT 序列，这些序列称为转录终止的修饰
点。越过转录修饰点后，mRNA 被切断，随即加上 poly A 尾及 5′ − 帽子结构。余下的 RNA 虽继续转
录，但很快被 RNA 酶降解。因此推断，帽子结构可保护 RNA 免受降解，因为修饰点以后的转录产物
没有帽子结构。

三、转录后修饰加工

原核生物 mRNA 的合成有两个特点：① 几个结构基因通常转录为一条 mRNA 链，即为多顺反子；② 原核细胞没有核膜将细胞核与细胞质相隔，因此转录和翻译几乎同时进行。而真核生物基因的转录首先生成**初级转录产物**（primary transcript），需要经过剪切加工成为成熟的 RNA 才具有活性。真核生物的转录和翻译过程分别在被核膜隔开的细胞核和细胞质中进行，转录后修饰较为复杂。但对该问题的研究揭示了许多有价值的生命现象，如断裂基因、内含子的功能、RNA 的催化功能（核酶）等。

1. 真核生物 mRNA 的转录后加工

真核生物 mRNA 转录后，需进行 5′端和 3′端（首、尾部）的修饰，以及对 mRNA 链进行**剪接**（splicing）。

（1）首、尾的修饰

mRNA 的帽子结构在 5′端形成。转录产物中的第一个核苷酸往往是 5′ - 鸟苷三磷酸（pppG）。在 mRNA 成熟过程中，首先由磷酸酶把 5′ - pppG - 水解，生成 5′ - ppG - 或 5′ - pG - ，释放出磷酸或焦磷酸。然后，5′端与另一鸟苷三磷酸（pppG）反应，生成 5′ - 5′ - 三磷酸酯键，可保护 mRNA 抵抗被 5′ - 外切酶水解。在甲基化酶作用下，第一或第二个鸟嘌呤发生甲基化反应，形成帽子结构，其过程如图 11 - 34。帽子结构一般出现在核内的 hnRNA，说明 5′端的修饰是在核内完成的，而且早于对 mRNA 中段的剪接过程。帽子结构影响翻译过程。原核生物的 mRNA 没有帽子结构。

🎯 知识拓展 11 - 13

mRNA 结构及其稳定性的关系

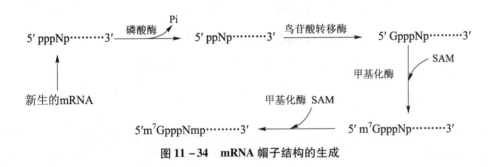

图 11 - 34 mRNA 帽子结构的生成

3′端修饰主要是加上**多聚腺苷酸尾巴**（poly A tail）。许多研究表明，poly A 的形成可能不依赖于 DNA 模板。最初转录生成的 mRNA，其 3′端往往长于成熟的 mRNA。因此认为，加入 poly A 之前，先由外切核酸酶切去 3′端一些多余的核苷酸，然后加入 poly A。由于在 hnRNA 上也发现 poly A 尾巴，故推测这一过程也在核内完成，而且早于 mRNA 中段的剪接。尾部修饰和转录终止同时进行。poly A 的长度较难确定，因其长度随 mRNA 寿命而缩短，且需经过提取后才能测定，想要准确地从数量上反映体内实际情况目前还是一个难题。随着 poly A 的缩短，翻译活性下降。因此推测 poly A 的有无与长短，是维持 mRNA 作为翻译模板的活性，以及增加 mRNA 本身稳定性的因素。一般真核生物在胞质内出现的 mRNA，其 poly A 长度为 100 至 200 个核苷酸，但也有少数例外，如组蛋白基因的转录产物，无论是初级的或成熟的，都没有 poly A 尾巴。

（2）mRNA 的剪接

① hnRNA 和 snRNA 核内的转录初级产物，其相对分子质量往往比胞质内成熟的 mRNA 大几倍，甚至数十倍，核内的初级 mRNA 称为不均一核 RNA（hnRNA）。核酸序列分析表明，mRNA 来自 hnRNA，但却去掉了许多片段。核酸杂交试验表明，hnRNA 和 DNA 模板链可以完全配对，而成熟的 mRNA 与模板 DNA 杂交，则出现部分的配对双链区域和许多中间鼓泡状突出的单链区段。据此实验结果，20 世纪 70 年代末 R. Roberts 和 P. Sharp 提出了真核生物中断裂基因的概念。

② 断裂基因 真核生物的许多结构基因,由若干编码区和非编码 DNA 序列相互隔开的,因此称为**断裂基因**(split gene)。其中能够翻译为多肽链的编码序列称为**外显子**(exon),而不能翻译为多肽链的序列则称为**内含子**(intron)。

③ mRNA 剪接 **mRNA 剪接**(mRNA splicing)是除去 hnRNA 中的内含子,把外显子连接起来的过程,按 A. Klessig 提出的模式,内含子弯成套索状,故称为**套索 RNA**(lariat RNA),外显子互相靠近并拼接。

从图 11-35 可见,hnRNA 等长于相应的基因区域,即内含子仍存在于初级转录产物中。套索结构是剪除内含子时的一种结构 [图 11-35(4)],是在电镜下发现的,目前对这一剪接过程已有明确结论。首先从一级结构入手,已发现大多数内含子的起始都为 5′-GU,而其末端则为 AG—OH—3′,因此把 5′-GU…AG—OH—3′称为剪接接口或边界序列。剪接后,GU 或 AG 不一定被剪除掉,内含子靠近 3′端还有一个甲基化的嘌呤核苷酸如 3′mG,在形成套索中起关键作用。

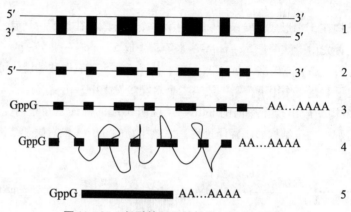

图 11-35 断裂基因及其转录、转录后修饰

1. 不连续基因的两条链,黑块代表外显子,中间无色区为内含子;2. 转录的初级产物 hnRNA;

3. hnRNA 的首尾修饰;4. 剪接过程中套索 RNA 的形成;5. 成熟 mRNA 中套索已被去除

科技视野 11-8

施一公教授《科学》论文阐述 RNA 剪接的分子结构基础

剪接过程需要剪接体和 hnRNA 的结合。**剪接体**(spliceosome,或称拼接体),是在真核细胞中存在的许多含有 100~300 个核苷酸残基的小分子 RNA,每个细胞含有 10 万~100 万个。在核中叫做 snRNA,一般情况下它们都以核蛋白形式存在,即 snRNP。目前发现的 snRNP 主要有 U1snRNP、U2snRNP、U5snRNP、U4/U6snRNP。它们均与 mRNA 前体组成复杂的剪接体。在这个复合体中,snRNA 才能识别拼接位点序列。真核生物的 RNA 剪接体有 50~60 S(沉降系数)。用 HeLa 细胞核提取液和 mRNA 前体可以进行剪接体的组装。首先形成一个 30~35 S 的复合体,该过程需要 ATP 的参与,然后才形成一个 50~60 S 的有功能的剪接体。

剪接过程称为**二次转酯反应**(twice transesterifcation)。图 11-35 中的 2 个外显子之间的内含子因与剪接体结合而弯曲,从而使 5′端与 3′端靠近(图中没有绘出剪接体),而内含子因有小部分碱基与外显子互补而相互依附。第一次转酯反应需要核内含鸟苷酸 pG、ppG 或 pppG 的辅酶。经历二次转酯反应,2 个外显子连接起来,而内含子被切除。

并非所有内含子属于丧失功能的“垃圾序列”,已有研究报道,内含子可以参与基因的表达调控。现在看来,最初把外显子、内含子分别定义为可翻译与不翻译的核酸序列是不准确的。二者的定义应更改为:外显子是在断裂基因及其初级转录产物上可表达的片段,而内含子是隔断基因线性表达的序列。

拾 零

潜移默化 父子登科

斯坦福大学医学院的 R. D. Kornberg，在研究转录方面做出了卓越贡献，获得 2006 年的诺贝尔化学奖。其父 A. Kornberg 因为研究复制过程的 DNA 聚合酶 I，于 1959 年获得诺贝尔医学奖。当时年仅 12 岁的他观摩了其父登台领奖，曾经在诺贝尔颁奖大厅留下了父子同台的纪念照片。老 Kornberg 的言传身教可能发挥了激励作用。其子 R. D. Kornberg 受到熏陶，醉心于真核基因的转录研究，成就斐然，阐述了基因信息是如何从 DNA 转录至 mRNA，而这种 mRNA 将这些信息带出细胞核，就可以被用于指导构建蛋白质。父子两代人投身科学的精神值得我们崇敬和学习。

🔍 科学史话 11–5
三十年磨一剑——
2006 年诺贝尔化学奖
得主 Roger Kornberg

2. 真核生物 tRNA 的转录后加工

真核生物的 tRNA 首先由 RNA 聚合酶 III 催化生成初级转录产物，然后加工成熟。主要方式有以下几种：① 由 RNase P（内切核酸酶）作用，从 5′端切除多余的核苷酸；② 由 RNase D（外切核酸酶）作用从 3′端切除多余的核苷酸；③ 在 tRNA 核苷酰转移酶作用下，完成 3′端添加 – CCA – 序列；④ 由内切核酸酶和连接酶共同完成剪接反应；⑤ 完成碱基的甲基化、还原反应、脱氨基反应等化学修饰过程。

上述过程中涉及的具体反应列举如下：

① 甲基化 在 tRNA 甲基转移酶催化下，某些嘌呤生成甲基嘌呤，如 A →mA，G →mG。

② 还原反应 某些尿嘧啶还原为二氢尿嘧啶（DHU）。

③ 脱氨基反应 某些腺苷酸脱氨成为次黄嘌呤核苷酸（I）。次黄嘌呤是常见于 tRNA 的稀有碱基。

④ 核苷内的转位反应 如尿嘧啶核苷转变为假尿嘧啶核苷（ψ）。

⑤ 加上 CCA—OH 的 3′端 在核苷酰转移酶作用下，3′端去除个别碱基后，换成 tRNA 分子统一的 CCA—OH 末端，从而形成柄部结构。

以下实验可以推论和证实 tRNA 的剪接是酶催化的：① 成熟的 tRNA 能竞争性地抑制 tRNA 的剪接，此为酶促反应的特征之一；② tRNA 的成熟过程对温度敏感。根据这些原理已改造成可供 tRNA 剪接研究用的酵母细胞株，并研究证实 tRNA 的剪接过程。

3. 真核生物 rRNA 的转录后加工

真核细胞的 rRNA 基因（rDNA）属于多拷贝，即由许多相同或相似的 rDNA 串联在一起，形成重复序列，每个基因由间隔序列（intermediary sequence）隔开。但这种间隔序列和以前提到的内含子不同。把 rDNA 的序列称为重复序列 DNA。不同种属生物的 rDNA 的大小不一，重复单位可达数百或上千个［图 11 – 36（1）］。

rDNA 位于核仁内，构成一组转录单位。大多数真核生物细胞核内都有一种 45 S 的转录产物，由 RNA 聚合酶 I 催化，它是三种 rRNA（18 S rRNA，5.8 S rRNA 及 28 S rRNA）的前体［图 11 – 36（3）］。45 S rRNA 经剪接后，先分出属于核糖体小亚基的 18 S rRNA，剩余部分再拼接成 5.8 S 及 28 S 的 rRNA。rRNA 成熟后在核仁上装配，与核糖体蛋白质一起形成核糖体，输出到胞质。生长中的细胞，rRNA 较稳定，静止状态的细胞，rRNA 寿命较短。5 S rDNA 在 RNA 聚合酶 III 催化下，由另一转录单位产生，初始转录产物不需加工。

对 rRNA 转录后加工的研究，导致了生命科学领域程碑性的发现：即 RNA 的催化作用。1989 年诺贝尔化学奖获得者、美国著名科学家 T. R. Cech 和 S. Altman 经过二十多年的潜心研究发现：简单真核生物四膜虫的 rRNA 剪接是一种自我剪接。一般而言，剪接过程应包括磷酸二酯键断裂和再连接。大多数的 mRNA 剪接需剪接体参与，其中核蛋白作为酶起催化作用。但在四膜虫的 rRNA 剪接中，除

🔍 科学史话 11–6
RNA 催化作用 – 1989
年诺贝尔化学奖

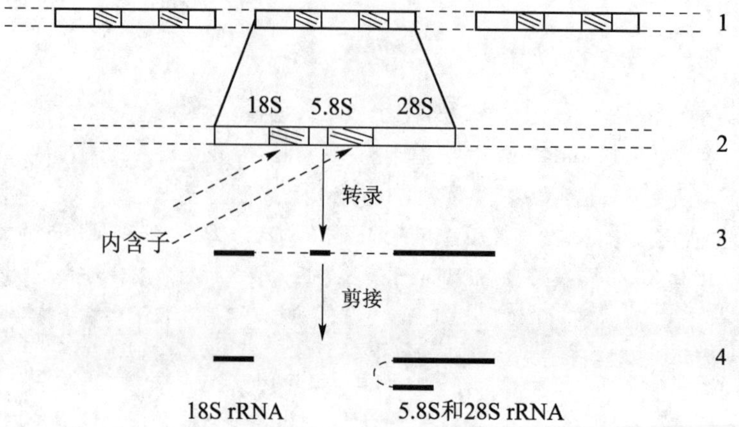

图 11 –36   rRNA 转录后加工
1，2. rDNA 所在的 DNA 区域；3. 45S 转录产物；4. 终产物

去所有蛋白质，剪接仍然可以完成，表明 rRNA 的剪接不需任何蛋白质参与，说明 RNA 本身就具有催化作用。具有催化作用的 RNA 称为**核酶**（ribozyme）。

由于核酶大多发现于古老物种，因此认为它是现代物种内的"活化石"，对生命起源和生物进化的研究具有重要意义。核酶的发现支持了核酸比蛋白质起源更早的观点。此外，核酶的发现对传统酶学的定义提出了挑战。酶的传统定义是"活细胞产生的具有催化活性的蛋白质"。20 世纪 80 年代中期已发现的数千种酶，毫无例外都是蛋白质；酶的各种理化性质、动力学特征、生物学行为，都可以用酶是蛋白质来理解。而核酶的发现拓宽了酶定义的内涵，即除了蛋白质，其他生物分子也有可能属于酶的范畴。因此可将酶的定义改写为："生物体产生的具有催化活性的蛋白质或核酸，甚至其他生物分子。"

⊙ **知识拓展 11 –14**

脱氧核酶

四、RNA 的复制

1. 单链 RNA 病毒的复制

有些单链 RNA 病毒（ssRNA 病毒），一旦病毒颗粒中的 RNA 进入寄主细胞，就直接作为 mRNA，翻译出所编码的蛋白质，其中包括衣壳蛋白和病毒的 RNA 聚合酶。然后在病毒 RNA 聚合酶的作用下复制病毒 RNA，最后病毒 RNA 和衣壳蛋白自我装配成成熟的病毒颗粒。这类病毒很多，如 ssRNA 噬菌体、脊髓灰质炎病毒、鼻病毒、烟草花叶病毒（tobacco mosaic virus，TMV）等。

另一类 ssRNA 病毒，其复制是以 ssRNA 为负链，侵入寄主细胞后不能直接作为 mRNA，而是先以负链 RNA 为模板由转录酶转录出与负链 RNA 互补的 RNA，再以这个 RNA 作为 mRNA，翻译出蛋白质。这类病毒称之为负链非侵染型病毒，如流感病毒、莴苣坏死黄化病毒等。此外，还有反转录病毒，这是一类特殊的 ssRNA 病毒。它们携带反转录酶，能使 RNA 反向转录成 DNA，是对中心法则的丰富和发展。

2. 双链 RNA 病毒的复制

双链 RNA 病毒有两个特点，一是它的基因组为 10 ~ 12 条双链 RNA 分子；二是它有双层衣壳，而没有囊膜。病毒的 RNA – RNA 聚合酶存在于髓核中，在该聚合酶的作用下病毒基因组转录正链 RNA，自髓核逸出。它们既能作为 mRNA，又能作为病毒基因组的模板。mRNA 翻译结构蛋白，装配内层衣壳后，再合成负链 RNA。正链 RNA 进入，与之形成双链 RNA。然后又重复上述过程，最后获得了外层衣壳。

综上所述，病毒复制的特点表现在：一是利用寄主细胞的物质和能量进行病毒生物大分子的合成；二是复制周期短，繁殖效率高；三是反转录病毒的复制方式，丰富了遗传信息传递的中心法则。

第四节 核酸代谢的调节

核酸代谢的调节涉及许多方面。其中包括核苷酸生物合成的调节、原核生物的操纵子调控、真核生物的转录调控，以及 RNA 干扰和核糖开关等最新进展。

一、核苷酸生物合成的调节

1. 嘌呤核苷酸生物合成的调节

从头合成是合成嘌呤核苷酸的主要途径，此过程消耗 ATP 及氨基酸，机体对其合成速度实施精细的调节。在大多数细胞中，通过调节 IMP、ATP 和 GTP 的合成，不仅可以调节嘌呤核苷酸的总量，而且能使 ATP 和 GTP 保持相对平衡。

在嘌呤核苷酸的合成途径中，有 3 个关键酶，即 PRPP 酰胺转移酶、腺苷酸代琥珀酸合成酶和次黄嘌呤核苷酸脱氢酶，这些酶的活性决定了嘌呤核苷酸的合成速度。PRPP 酰胺转移酶是变构酶，它受 IMP、AMP 和 GMP 的抑制，而 PRPP 却可激活此酶。PRPP 酰胺转移酶是一个寡聚酶，二聚体没有活性，而单体有活性，这无疑赋予其更大的调节空间。此外，由 IMP 转变为 AMP 时需要 GTP，由 IMP 转变为 GMP 时需要 ATP，即 GTP 促进 AMP 的生成，ATP 促进 GMP 的生成，这种交叉调节有助于维持 ATP 和 GTP 的浓度平衡。

此外，补救合成途径和从头合成途径互相补充，这不仅有助于维持代谢物和能量的相对平衡，也是机体应对环境变化的一种缓冲机制。

2. 嘧啶核苷酸生物合成的调节

嘧啶核苷酸从头合成的调节，在细菌和动物细胞中有所不同。在细菌中，天冬氨酸氨基甲酰转移酶（ATCase）是从头合成的主要调节酶。在大肠杆菌中，ATCase 受 ATP 的变构激活，CTP 为其变构抑制剂。而在许多细菌中，UTP 是 ATCase 的主要变构抑制剂。

ATCase 不是动物细胞中的调节酶。嘧啶核苷酸合成主要由氨甲酰磷酸合成酶（CPS－Ⅱ）调控。ATP 和 PRPP 是其激活剂，而 UDP 和 UTP 抑制其活性。OMP 脱羧酶在第二水平上实现调节作用，UMP 和 CMP 是其竞争性抑制剂。此外，OMP 的生成受到 PRPP 的影响（图 11－37）。

二、原核生物基因的转录调控

原核生物的基因一般不含内含子，若干功能相关的结构基因串联在一起，构成一个转录单位，受同一调节子的调节。转录水平上的调控是原核生物基因表达调控的重要环节。1961 年，F. Jacob 和 J. Monod 提出了操纵子学说，揭示了原核生物转录调控的基本模式，开创了从分子水平上认识基因表达调控机制的新领域。

🔍 科学史话 11－7

操纵子模型的提出者－雅各布

1. 操纵子的概念和结构

操纵子（operon）是原核生物基因表达调控的功能单位，由启动子、调节基因、操纵基因和一个或多个功能相关的结构基因组成（图 11－38）。各部分的功能如下：① 结构基因是转录 mRNA 的模板；② 启动子是与 RNA 聚合酶结合并启动转录的特异性 DNA 序列；③ 操纵基因处于启动子和结构基因之间，是激活阻遏蛋白的结合位点，用于开启和关闭相应结构基因的转录；④ 调节基因位于操纵子上游，编码阻遏蛋白，阻遏蛋白受一些小分子诱导物或辅阻遏物的控制，从而进一步调控操纵基因的"开"与"关"。

通过操纵子的调控，使得原核生物分解代谢所需的酶，在没有底物时被阻抑；而合成代谢所需的酶，在底物充足时被阻抑。如此，通过操纵子的调控避免了不必要的资源浪费。具有代表性的操纵子

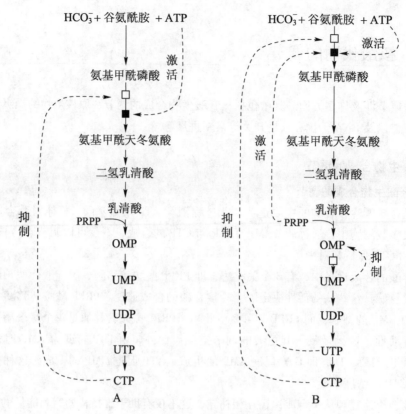

图 11-37 嘧啶合成的调节

A. 大肠杆菌嘧啶合成；B. 动物嘧啶合成

是**乳糖操纵子**（lac operon）和**色氨酸操纵子**（trp operon）。

2. 乳糖操纵子

（1）乳糖操纵子的结构

1961 年 F. Jacob 和 J. Monod 提出了著名的操纵子学说。大肠杆菌（*E. coli*）的乳糖操纵子是第一个被发现的操纵子，它包含了参与乳糖分解的一个基因群，本质是乳糖系统的阻遏物和相关基因的相互作用。由依次排列的调节基因、CAP 结合位点、启动子、操纵基因和 3 个相连的结构基因（*Z*、*Y*、*A*）构成。3 个结构基因分别编码与乳糖降解有关的三种酶：β-半乳糖苷酶（lacZ）、β-半乳糖苷透性酶（lacY）和 β-半乳糖苷乙酰基转移酶（lacA）（图 11-38）。

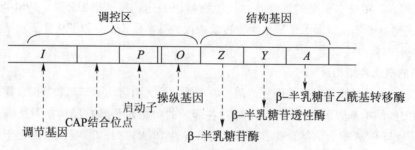

图 11-38 乳糖操纵子结构

（2）乳糖操纵子的调节

大肠杆菌在以葡萄糖为碳源的培养基上生长时，细胞内缺少分解乳糖的酶。当大肠杆菌生长在没有葡萄糖只有乳糖的培养基中时，分解乳糖的酶量从几个分子迅速增加近千倍，使之能够分解乳糖；

当培养基中既有乳糖又有葡萄糖时，大肠杆菌利用葡萄糖而乳糖代谢停止，只有当葡萄糖消耗殆尽才利用乳糖。为什么大肠杆菌会在不同的生存环境中如此巧妙地利用碳源呢？这是因为大肠杆菌乳糖操纵子是受双重调控的操纵子——即阻遏蛋白的负调控和分解代谢物激活蛋白（catabolite activation protein，CAP）的正调控。

① 阻遏蛋白的负调控　当培养基中有葡萄糖、无乳糖时，调节基因表达出**阻遏蛋白**（repressor protein），这种有活性的阻遏蛋白能与操纵基因结合，从而阻止了与启动子结合的 RNA 聚合酶移动，结构基因不能转录，大肠杆菌不能利用乳糖。

当培养基中没有葡萄糖而有乳糖时，乳糖作为诱导物，与阻遏蛋白结合，使其空间结构发生改变，不能与操纵基因结合或从操纵基因上解离，于是操纵基因开启，启动子上的 RNA 聚合酶可以向前滑动，结构基因得以转录，并产生大量分解乳糖的酶，使大肠杆菌可利用乳糖为碳源进行代谢。除了乳糖可以作为诱导剂，异丙基硫代半乳糖苷（IPTG）也是一种作用极强的诱导剂，IPTG 不能被细菌代谢，非常稳定，因此被广泛用于实验研究。

② CAP 的正调控　乳糖操纵子的启动子是弱启动子，与 RNA 聚合酶的结合能力很弱。而 CAP 是同二聚体，分子内有 DNA 结合区和 cAMP 结合位点。当 cAMP 浓度较高时，cAMP 与 CAP 结合形成复合物，该复合物结合到启动子上游的 CAP 结合位点，促进 RNA 聚合酶与启动子结合，使转录得以进行。当 cAMP 浓度低时，cAMP 与 CAP 的结合受阻，RNA 聚合酶不能与启动子结合，因此不能进行转录。CAP 的正调控机制见图 11-38。可见，CAP 是一种转录起始的正调节物，对结构基因的转录起正调节作用。

cAMP 水平与葡萄糖水平密切相关：葡萄糖浓度高时，cAMP 水平很低；葡萄糖缺乏时，腺苷酸环化酶活性升高，催化 ATP 生成 cAMP。因而当用含有葡萄糖和乳糖的培养基作为碳源培养大肠杆菌时，虽然已解除了对操纵基因的阻遏，但由于 RNA 聚合酶不能与启动子结合，所以也不能进行转录。所以说乳糖操纵子阻遏蛋白的负性调节和 CAP 的正性调节相辅相成、互相制约。大肠杆菌乳糖操纵子的双重调控作用使大肠杆菌能够灵敏地对环境中的营养变化做出应答，使之有效地利用能源以利于生长。

3. 色氨酸操纵子

（1）色氨酸操纵子的结构

大肠杆菌色氨酸操纵子是一种典型的可阻遏型操纵子，它由调节基因、启动子、操纵基因和 5 个相连的结构基因组成（图 11-39）。5 个结构基因分别编码合成色氨酸的 5 种酶：邻氨基苯甲酸合成酶、邻氨基苯甲酸焦磷酸转移酶、邻氨基苯甲酸异构酶、色氨酸合成酶和吲哚甘油-3-磷酸合成酶，依次以 *trpE*、*trpD*、*trpC*、*trpB* 和 *trpA* 表示。

🔘 知识拓展 11-15

色氨酸操纵子研究进展

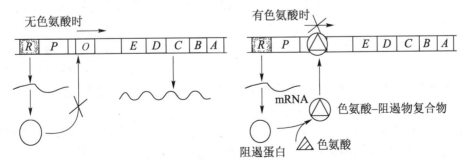

图 11-39　色氨酸操纵子的结构与调控机制

（2）色氨酸操纵子结构基因的转录调控

当大肠杆菌培养基中不含色氨酸时，调节基因产生没有活性的阻遏蛋白，不能与操纵基因结合，结构基因可以转录，并翻译色氨酸操纵子上的 5 个结构基因，生成合成色氨酸所需的 5 种酶。

当大肠杆菌培养基中有色氨酸时，色氨酸作为**辅阻遏物**（corepressor）与阻遏蛋白结合，使阻遏蛋白由无活性的构象变为有活性的构象，形成的活性阻遏蛋白与操纵基因结合，RNA 聚合酶不能移动，结构基因不能转录。色氨酸操纵子的调控机制见图 11 - 39。辅阻遏物一般是该操纵子结构基因表达的酶所催化形成的终产物或其类似物。这种以终产物阻止基因转录的作用称为**反馈阻遏**（feedback repression）。

细胞内色氨酸浓度与结构基因的表达密切相关：色氨酸浓度升高时，活性阻遏蛋白增多，结构基因的表达受抑制；色氨酸浓度降低时，色氨酸与阻遏蛋白分离，阻遏蛋白从操纵基因上解离，结构基因进行表达。目前已知除色氨酸外，还有苯丙氨酸、苏氨酸、亮氨酸、异亮氨酸、缬氨酸、组氨酸等的合成过程都存在类似的转录调控。

操纵子学说已被许多实验证实，并被普遍认可。概括地说，阻遏物与操纵基因结合导致结构基因不能转录。阻遏物又有两种状态：激活态和失活态。激活态的阻遏物与诱导物结合后失活，导致酶的诱导合成；失活态的阻遏物与辅阻遏物结合后被激活，导致酶合成阻遏。所以说原核生物转录调控的一大特点是以负调控为主。

三、真核生物基因的转录调控

真核生物基因的表达调控包括多个层次：① 转录水平上的控制；② 对前体 mRNA 的加工；③ mRNA 穿过核膜向细胞质运输的控制；④ 在细胞质中 mRNA 的稳定性调节；⑤ mRNA 选择性翻译；⑥ 蛋白质产物的修饰、折叠与活化。其中转录水平上的调控是关键环节，其特点是以正调控为主，主要通过反式作用因子与顺式作用元件的相互作用来实现。

1. 顺式作用元件

顺式作用元件（cis-acting element）是指对基因表达有调节作用的 DNA 序列，这些序列自身不编码蛋白质，但是影响其后面的结构基因转录。根据功能不同，可将顺式作用元件分为**启动子**（promoter）、**增强子**（enhancer）、**沉默子**（silencer）。

（1）启动子

真核基因启动子是在基因转录起始位点（ +1 ）及其 5′ 上游近端 100 ~ 200 bp 以内的一组具有独立功能的 DNA 序列，是决定转录起始点和转录频率的关键元件。真核基因启动子有 4 个序列元件，从结构基因一侧开始依次是：转录起点、TATA 框（hogness box）、CAAT 框和 GC 框。

（2）增强子

增强子是指远离转录起始点，决定基因表达的时间和空间特异性，具有增强启动子转录活性的 DNA 序列。增强子由多个独立的、具有特征性的核苷酸序列组成，跨度为 100 ~ 200 bp，其核心序列由 8 ~ 12 bp 组成。

增强子有两个显著特点：① 增强子与启动子的相对位置无关，无论在启动子的上游或下游，都能对其起作用；② 增强子无方向性，从 5′→3′ 或由 3′→5′ 均可对启动子表现出增强效应，但增强子本身不具备启动子活性。此外还发现增强子具有组织特异性，能优先或只在某种细胞中发挥作用。

（3）沉默子

沉默子是指某些真核基因内含有的负性调节元件，当它与反式作用因子结合时，对基因转录起阻遏作用。它们不受距离和方向的限制，并可对异源基因的表达起作用。

2. 反式作用因子

（1）反式作用因子的概念

反式作用因子（trans-acting factor）指能直接或间接地识别并结合在顺式作用元件上，参与调控靶基因转录效率的一组蛋白质。属于一类细胞核内蛋白因子，在结构上含有与 DNA 结合的结构域。

（2）反式作用因子的类型

反式作用因子种类繁多，每个哺乳类细胞中有 10^4 个左右，不同的细胞类型具有不同的反式作用因子群体。可将调节基因转录活性的反式作用因子分为 2 类：通用或基本转录因子、特异性转录因子。

通用转录因子：又称为基本转录因子，它们是 RNA 聚合酶结合启动子所必需的一组蛋白质因子，决定转录生成何种 RNA（tRNA、rRNA 或 mRNA）。通用转录因子一般结合在 TATA 框和转录起始点，与 RNA 聚合酶一起形成转录起始复合物。

特异性转录因子：为个别基因转录所必需，决定该基因表达的时间和空间特异性。此类转录因子又分为转录激活因子和转录抑制因子。转录激活因子通常是一些增强子结合蛋白；多数转录抑制因子是沉默子结合蛋白。

（3）DNA 结合域的结构特征

反式作用因子至少具有 2 个功能结构域：**DNA 结合域**（DNA-binding domain）和**转录激活域**（transcriptional activation domain）。此外，很多转录因子还包含一个**蛋白质结合结构域**（protein-binding domain），最常见的是二聚化结构域。研究发现 DNA 结合域有一些共同的结构特征。

① 锌指结构　一种常出现在 DNA 结合蛋白中的结构单元，具有锌指结构的蛋白大多是与基因表达调控有关的功能蛋白。具体来说，**锌指结构**（zinc finger）是指含有一段保守氨基酸顺序的蛋白质与其的辅基锌螯合而成的指状结构。与锌结合的氨基酸可以是 4 个半胱氨酸残基（Cys），也可以是两个半胱氨酸残基和两个组氨酸残基（His）。锌指是最常见的 DNA 结合域的结构形式，普遍存在于 DNA 结合蛋白中，锌指数目为 1 个或多个。锌指蛋白最初在非洲爪蟾的卵母细胞中被发现，现已知广泛分布于动物、植物和微生物中，人类基因组中大约 1% 的序列可以编码含有锌指结构的蛋白质。

② 亮氨酸拉链　**亮氨酸拉链**（leucine zipper）是有些肽链 C 端有一段以 α 螺旋构象出现的结构单元，含有 30 个氨基酸残基，每间隔 6 个氨基酸出现一个亮氨酸残基，能形成两性 α 螺旋，即带正电荷具有亲水性的氨基酸残基位于一侧，而具有疏水性的亮氨酸残基位于另一侧。两个具有这种结构的因子接触后可借助侧链疏水性交错对插，像拉链一样将两个反式作用因子连在一起。含有亮氨酸拉链的蛋白质都以二聚体形式存在，每个拉链中与重复的亮氨酸相连的碱性区含一个 DNA 结合位点。

③ 螺旋 – 环 – 螺旋结构　**螺旋 – 环 – 螺旋**（helix-loop-helix，HLH）结构是蛋白质的两个短 α 螺旋中间有一段非螺旋环连接，α 螺旋附近氨基端也有碱性区，其 DNA 结合性质与亮氨酸拉链相似。碱性区对结合 DNA 是必需的，螺旋区对形成二聚体是必需的。

四、转录调控的其他机制

1. RNA 干扰

（1）RNA 干扰的发现

RNA 干扰是在演化中保留下来的一个过程，通过该过程，双链 RNA 诱导目标基因沉默。1998 年 A. Fire 和 C. Mello 将体外转录得到的单链 RNA 纯化，注入线虫，发现基因的抑制效应十分微弱，而经过纯化的双链 RNA 却能够高效特异性阻断相应基因的表达。他们将这一现象称为 **RNA 干扰**（RNA interference，RNAi）。A. Fire 和 C. Mello 因此获得 2006 年诺贝尔奖。

（2）RNA 干扰的机制

RNA 干扰通过双链 RNA 诱导目标基因沉寂，其中**小干扰 RNA**（small interference RNA，siRNA）由大约 20 个碱基对组成，有 5 个磷酸盐、2 个核苷和 3 个悬臂，在 RNA 沉寂通道中扮演中心角色，瞄准特定 mRNA 进行降解。

研究发现，在真核细胞中存在能以 RNA 为模板指导 RNA 合成的聚合酶（RNA-directed RNA

🔍 科学史话 11 – 8

RNA 干扰：诺贝尔奖背后的故事

polymerase，RdRP）。在 RdRP 的作用下，进入细胞内的双链 RNA 通过类似于 PCR 的反应，呈指数级扩增。

（3）参与 RNAi 反应的酶

RNA 酶Ⅲ（RNaseⅢ）是能切割双链 RNA，参与 RNAi 反应的酶。Dicer 酶是 RNA 酶Ⅲ家族的一个成员。Dicer 酶包括一个螺旋酶结构域，两个 RNA 酶Ⅲ结构域，一个双链 RNA 结合位点。在 Dicer 酶作用下，双链 RNA 被裂解成 21 到 23 个核苷酸片段，称为 siRNA（short interference RNA），它启动了细胞内的 RNAi 反应。

（4）RNAi 的反应过程

双链 RNA 进入细胞后，一方面在 Dicer 酶的作用下被裂解成 siRNA，另一方面在 RdRP 的作用下扩增，再被 Dicer 酶裂解成 siRNA。体外合成后导入的 siRNA 双链解开变成单链，并和某些蛋白形成复合物 RISC（RNA-induced silencing complex）。此复合物与 mRNA 结合（复合物中的 siRNA 与该 mR-NA 中的某段序列互补），一方面使 mRNA 被 RNA 酶裂解，另一方面以 siRNA 作为引物，以 mRNA 为模板，在 RdRP 作用下合成出 mRNA 的互补链。结果 mRNA 也变成了双链 RNA，它在 Dicer 酶的作用下也被裂解成 siRNA。这些新生成的 siRNA 也具有诱发 RNAi 的作用，通过这个聚合酶链式反应，细胞内的 siRNA 大大增加，显著增加了对基因表达的抑制（图 11 - 40）。

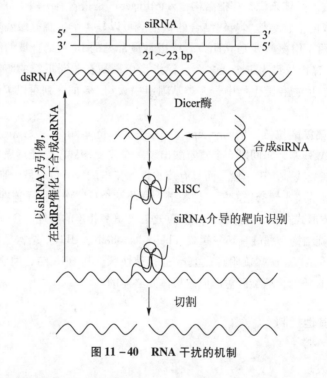

图 11 - 40　RNA 干扰的机制

（5）RNA 干扰的应用

RNAi 主要是应用在高通量地研究基因功能，进行基因敲除、基因治疗和基因表达调控。

在功能基因组研究中，需对特定基因进行缺失以确定其功能。由于 RNAi 具有高度专一性，可使特定基因沉默，以获得功能丧失突变体，因此 RNAi 是一种强有效的可利用的研究手段。其高效、特异及周期短、操作简单等优势，是传统的基因敲除技术（如同源重组技术）和反义技术无法比拟的。

在信号转导途径研究中，根据模式物种 RNAi 产生的功能丧失表型，可以很容易地从某一信号传递途径被打断的所有表型中，鉴定出被降解的 mRNA，从而鉴定出参与了信号传递通路的信号分子。此外，还有可能通过打靶某一信号分子的 mRNA，明辨它与其他信号分子在传递通路中的关系。在生物体的发育研究过程中，已经发现许多 miRNA 可能参与其中的基因调节。

利用 RNAi 技术，可以对发酵菌种进行遗传改造。例如，为使目标产物高度积累，除了增加关键酶基因的拷贝数，还需减少代谢支路中的代谢流量，方法之一就是阻断该基因的表达。因此，首先建立代谢支路基因的 RNAi 突变载体，导入宿主细胞，用同源重组技术整合到染色体上，观察重组菌的代谢流量变化。RNAi 在医学研究和生物制药领域也有应用潜力。一方面，RNAi 可以直接用于疾病相关基因的抑制，从而达到治疗或预防疾病的目的。例如在抗肿瘤治疗中，RNAi 可用于抑制癌基因的表达，或抑制其他与肿瘤发生发展相关的基因（如血管内皮生长因子 VEGF 或多药耐药基因 MDR）的表达。另一方面，利用 RNAi 确定新的疾病相关基因，尤其是建立高通量的 RNAi 功能分析方法，从而为药物筛选提供更多的靶蛋白，确认疾病的发生发展机制，为疾病治疗提供依据。

科技视野 11 – 9
RNAi 技术实例

2. 核糖开关

核糖开关（riboswitches）位于 mRNA 的 5′端非翻译区，包括结构保守的**适体**（aptamer）和易变的**表达模块**（expression platform）。该保守的适体与一些特定的代谢小分子（metabolite）结合后，可诱发模块区域的 mRNA 分子发生变构，从而调节基因转录的终止、翻译的起始。由此可见，核糖开关可以不依赖任何蛋白质因子而直接结合小分子代谢物，从而影响 mRNA 的转录。传统意义上的反式作用因子一般是蛋白质，但是与核糖开关特定部位结合的却不是蛋白质。核糖开关也可独立于自身下游基因来调节其他基因的表达。由于核糖开关广泛存在于真核和原核生物基因组中，人们开始针对一些小分子人为合成核糖开关系统，来调节特定基因的表达。理论上，可以针对任何目标分子设计核糖开关系统，来调控任何基因的表达。核糖开关可以调节嘌呤、嘧啶、氨基酸、维生素、核苷酸等基础代谢过程。由于上述小分子出现在生物进化早期，故推测该机制是古老的调控机制，在进化上可能是 RNA 世界遗留的分子化石。核糖开关可用于研究基因功能、发酵调控和开发新型药物及基因治疗等。

科技视野 11 – 10
核糖开关：细胞代谢的精细调控机制

3. CRISPR – Cas 系统与基因组编辑

CRISPR（Clustered regularly interspaced short palindromic repeats）—规律成簇的间隔短回文重复和 Cas9（CRISPR-associated protein 9），共同组成了一套系统，是细菌用来防御噬菌体 DNA 注入和质粒转移的天然防御系统。但现在被人类所重新利用，构建了很强的 RNA 引导的 DNA 靶向平台—主要用来基因组编辑、转录扰乱、表观遗传调控等。Cas9 内切酶在向导 RNA 的指引下能够对各种入侵的外源 DNA 分子进行定点切割，不过主要识别的还是保守的间隔相邻基序（proto-spacer adjacent motifs，PAM 基序）。如果要形成一个有功能的 DNA 切割复合体，还需要另外两个 RNA 分子的帮助，它们就是 CRISPR RNA（crRNA）和反式作用 CRISPR RNA（trans-acting CRISPR RNA，tracrRNA）。有研究发现，这两种 RNA 可以被"改装"成一个向导 RNA（single-guide RNA，sgRNA）。这个 sgRNA 足以帮助 Cas9 内切酶对 DNA 进行定点切割。最新报道称，在多种类型的细胞和生物体内，这种 RNA 介导的 Cas9 酶切作用能够正常地行使功能，在完整基因组上的特定位点完成切割反应。这样就可以方便进行后续的基因组改造工作。以 CRISPR – Cas9 为基础的基因编辑技术在一系列基因治疗领域都展现出极大的应用前景，例如血液病、肿瘤和其他遗传疾病。目前，该技术成果已应用于人类细胞、斑马鱼、小鼠以及细菌的基因组精确修饰。

知识拓展 11 – 16
CRISPR – Cas 系统

科技视野 11 – 11
CRISPR – Cas9 与基因组编辑

❓ 思考与讨论

1. 简述外切核酸酶和内切核酸酶的特点。
2. 核苷酸的从头合成途径与补救合成途径有何不同？
3. 简述冈崎片段合成过程的特点。

4. RNA 干扰和核糖开关在发酵菌种遗传改造上有哪些潜在的应用价值？

5. DNA 复制如何保证其忠实性？

6. 谈谈你对核酸类保健品的认识。

网上更多资源……

◆ 本章小结　　◆ 教学课件　　◆ 自测题　　◆ 教学参考　　◆ 生化实战

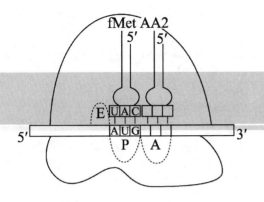

第十二章

蛋白质代谢

1940 年 H. Borsook 和 R. Schoenheimer 证明，细胞内的蛋白质作为细胞的主要组成成分，在活细胞中会不断地合成和分解，即进行代谢。

那么，蛋白质如何转变为其最基本单位——氨基酸？氨基酸又如何降解？机体又是如何利用一些小分子物质合成氨基酸？氨基酸又如何形成蛋白质？蛋白质代谢与糖类代谢、脂质代谢有怎样的联系？这些就是本章所要回答的问题。

学习指南

1. 重点：蛋白质的分解途径和合成方式。

2. 难点：对蛋白质的来源和去路的整体认识；蛋白质的生物合成过程。

▶▶ 知识导图

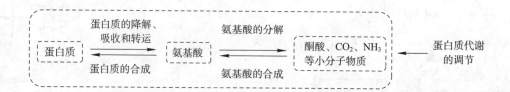

第一节　蛋白质的降解、吸收和转运

蛋白质代谢是生物体生长、发育、繁殖等一切生命活动的基础，然而蛋白质不能被生物体直接吸收。人和动物从食物中摄取的外源蛋白质，均需经过酶水解生成小分子氨基酸后才能被吸收利用。

一、蛋白质的降解

1. 蛋白质降解的特性

蛋白质的降解主要包括非正常蛋白质的选择性降解和外源蛋白质的降解两种。

（1）非正常蛋白质的选择性降解

非正常蛋白质的识别和选择性降解是细胞生命活动中的重要环节，对于维持蛋白质在细胞内的动态平衡具有重要作用，主要通过泛素介导。例如，正常的大肠杆菌 β - 半乳糖苷酶相对稳定，而 *amber* 与 *ochre* 基因突变株的半存活期仅为几分钟。绝大多数非正常蛋白质的降解可能是化学修饰和变性的结果。酶对降解的敏感性与它们的催化活性以及变构性质密切相关。因此，细胞能够有效地对它所处的环境及代谢需求做出应答。

（2）机体降解外源蛋白质

外源蛋白质不能直接进入细胞内部，必须分解成氨基酸后才能被细胞利用。蛋白质水解成氨基酸主要是通过蛋白酶水解蛋白质的肽键而实现。按照水解方式的不同，蛋白酶又分为蛋白内切酶、蛋白外切酶以及二肽酶三类。详细的蛋白酶水解机制将在后面讲述。

2. 内源蛋白质降解的反应机制

真核细胞对于内源蛋白质降解持有两种体系，一种是**溶酶体的降解机制**（lysosomal mechanism），另一种是 ATP - 依赖性的以细胞溶胶（cytosol）为基础的泛素调节降解机制。

溶酶体是具有单层被膜的细胞器，位于细胞质内，广泛存在于动物、原生生物细胞中，植物细胞中也有类似溶酶体的细胞器。溶酶体呈球形，其大小随细胞类型不同而不同，直径为 0.2 微米至几微米。已知溶酶体内含 50 余种酸性水解酶（如脂肪酶、蛋白质水解酶、硫酸酯酶等）。溶酶体在细胞内的消化中起关键作用，通常将其分为初级溶酶体和次级溶酶体。被消化后的营养物质如氨基酸、单糖等通过溶酶体膜进入细胞质，参加正常的细胞代谢；通过异体吞噬作用消化分解细菌、病原体等，故具有防御功能；通过自体吞噬作用，以自身物质作为营养，应付外界不利条件，避免自身永久性伤亡；通过**自溶作用**（autolysis）清除发育过程中退化的细胞、组织以及死亡细胞，保证细胞正常生长与发育。溶酶体降解蛋白质是无选择性的。溶酶体抑制剂对于非正常蛋白质和半衰期短的酶无快速降解的效应，但是，它们可以防止饥饿状态下蛋白质的加速度崩溃。

◉ 知识拓展 12 - 1

溶酶体与疾病

🔊 科技视野 12 - 1

小分子可促进溶酶体降解

ATP-依赖性的以细胞溶胶为基础的蛋白质降解机制需要有**泛素**（ubiquitin）参与。泛素是由76个氨基酸残基组成的蛋白质单体，高度保守，普遍存在于真核细胞，故名泛素。共价结合泛素的蛋白质能被蛋白酶体识别和降解，这是细胞内短寿命蛋白和一些异常蛋白质降解的普遍途径，泛素相当于蛋白质被摧毁的标签。

被选定降解的蛋白质先加以标记。即以共价键与泛素连接，整个过程分三步完成（图12-1）。E_1负责激活泛素分子，此过程需要ATP供给能量。泛素分子被激活后就被运送到E_2上，E_2负责把泛素分子绑在需要降解的蛋白质上。但E_2并不认识指定的蛋白质，这就需要E_3帮助。当E_2携带泛素分子在E_3的指引下接近被降解的蛋白质时，就将活化了的泛素从E_2转移到赖氨酸的ε-氨基上，而这个NH_2-Lys来自于E_3事先与之结合了的一个蛋白质。之后，E_3释放出被泛素标记的蛋白质。在一般情况下需要有若干个泛素分子和无用的蛋白质相连接，而形成多泛素链。

因此，该过程不断重复，指定蛋白质上就被绑上一批泛素分子。当被绑的泛素分子达到一定数量后，指定蛋白质就被运送到细胞内的一种称为蛋白酶体的结构中。蛋白酶体被称为"垃圾处理厂"，是1979年由A. L. Goldberg等首先分离出来的。通

🐢 **科技视野12-2**

类泛素蛋白非共价结合新机制

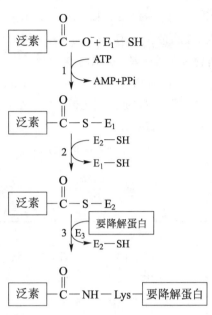

图12-1　泛素与降解蛋白质的结合过程

1. 泛素分子激活（E_1：泛素活化酶，ubiquitin-activating enzyme）；
2. 泛素分子和E_2的结合（E_2：泛素缀合酶，ubiquitin-conjugating enzyme）；3. 泛素分子绑在需要降解的蛋白质上（E_3：泛素蛋白质连接酶，ubiquitin-protein ligase）

常一个人体细胞内大约含有30000个蛋白酶体。蛋白酶体包括两种形式：20S复合物和26S复合物，而26S复合物又由20S复合物和19S复合物组成，主要负责依赖泛素的蛋白质降解途径。26S复合物是一种筒状结构，活性部位（20S复合物）在筒内，能将所有蛋白质降解成7~9个氨基酸残基组成的多肽。蛋白质要到达活性部位，一定要经过一种被称为"锁"（lock）的帽状结构（19S复合物），而这个帽状结构能识别被泛素标记的蛋白质。被降解蛋白质到达活性部位后，泛素分子在去泛素化酶

📋 **拾　零**

死亡标签——泛素

1979年，A. Ciechanover和A. Hershko访问I. Rose在美国费城的实验室时做了一系列实验。当他们试图用层析法去掉网状细胞萃取液中的血红蛋白时发现，萃取液分成了两个部分，每个单独的部分处于静止状态，但一旦将两个部分重新混合在一起，依靠ATP的蛋白质降解过程可被再次启动；并且其中一部分溶液中活跃的成分是一个具有热稳定性，且相对分子质量为9000的多肽，他们便将这个多肽命名为泛素。泛素对蛋白质的调节显然不同于可逆转的蛋白质修饰过程，因为泛素调节的蛋白质已经被降解，所以这一过程不可逆转，泛素成为蛋白质的死亡标签。于是3位科学家在1980年发表了两篇文章，报告了这一突破性的发现。

2004年10月6日，瑞典皇家科学院宣布将该年度诺贝尔化学奖授予2位以色列科学家A. Ciechanover，A. Hershko和美国科学家I. Rose，以表彰他们发现了泛素调节的蛋白质降解。

的作用下解离，需要能量（ATP）用于蛋白质的降解。降解后的多肽从蛋白酶体筒状结构的另一端释放出来。其实，蛋白酶体本身并不具备选择蛋白质的能力，只有被 E_3 识别从而被泛素分子标记的蛋白质才能在蛋白酶体中进行降解。

原核生物没有泛素，但有其他复杂的信号，在选择蛋白质降解时起到重要作用。例如，带有富含Pro（P）、Glu（E）、Ser（S）和 Thr（T）残基片段的蛋白质可很快地被降解，这些片段称 PEST 序列片段。如果删除带有 PEST 序列的片段，可以延长蛋白质的半存活期。

3. 与外源蛋白质降解有关的酶类

外源蛋白质进入体内，必须先经过水解作用变为小分子的氨基酸，然后才能被吸收。高等动物对于外源蛋白质的降解主要通过消化道内的一系列蛋白酶来完成。蛋白质在蛋白酶的作用下迅速水解成胨、肽类，最后成为氨基酸。蛋白内切酶、蛋白外切酶分别从肽链内部、末端进行切割；二肽酶则作用于所有的二肽。动物消化腺分泌的蛋白酶具有不同的专一性，分别作用于多肽链不同部位的肽键（表 12 – 1）。

表 12 – 1　蛋白酶水解部位和产物

酶的类型	种类	水解特点	水解产物	存在部位
内切酶	胃蛋白酶	芳香和酸性氨基酸的羧基端肽键	多肽	胃
	胰蛋白酶	碱性氨基酸的羧基端肽键	小肽	小肠
	胰凝乳蛋白酶	芳香氨基酸的羧基端肽键	小肽	小肠
	弹性蛋白酶	脂肪族氨基酸的羧基端肽键	小肽	小肠
外切酶	羧肽酶	C 端肽键	氨基酸	小肠
	氨肽酶	N 端肽键	氨基酸	小肠
二肽酶	二肽酶	所有的二肽	氨基酸	小肠

微生物含有很多种蛋白酶，根据分布不同，分为胞外蛋白酶和胞内蛋白酶。大多数微生物蛋白酶是胞外酶。根据微生物蛋白酶反应最适 pH 的不同，大体可分为酸性、中性和碱性蛋白酶三种。

（1）酸性蛋白酶

活性部位中含有两个羧基，其活力可被对溴苯甲酰甲基溴或重氮抑制。许多霉菌蛋白酶在酸性pH 范围内具有活力。酸性蛋白酶的最适 pH 一般在 2 ~ 4。产生该酶的优良菌株有黑曲霉 3350、宇佐美曲霉 537 等。

（2）中性蛋白酶

大多数微生物的中性蛋白酶是金属酶，其中含有锌元素、钙元素等。产生该酶的优良菌株有栖土曲霉 3942、枯草芽孢杆菌 Asl. 398 等。

（3）碱性蛋白酶

碱性蛋白酶广泛存在于细菌、放线菌和真菌中，在洗涤剂、制革、丝绸等工业中有广泛应用。多数碱性蛋白酶在 pH 7 ~ 11 范围内有活力。这种酶除水解肽键外，还具有水解酯键、酰胺键，转酯及转肽的能力。产生该酶的优良菌株有短小芽孢杆菌 289 和 209、地衣芽孢杆菌 2709 等。

二、蛋白质的吸收和转运

在人类等高等动物体中，蛋白质经过消化道内各种酶的协同作用，最后全部转变为游离氨基酸。氨基酸被小肠黏膜吸收后即通过黏膜的微血管进入血液，然后输送到肝等器官进行代谢，也有少量氨基酸由淋巴系统吸收，再经过淋巴循环进入血液。多肽和氨基酸的吸收主要有两种形式。

1. 主动运输

主动运输需要**载体蛋白**（carrier protein）参与。载体蛋白是一种膜蛋白，活性受 Na^+ 调节。载体蛋白通过与 Na^+ 以及氨基酸的结合，将它们同时转运到细胞内，Na^+ 再通过钠泵转运到细胞外（图12-2）。不同氨基酸的吸收由不同的载体完成，主要的载体包括中性氨基酸载体、碱性氨基酸载体、酸性氨基酸载体以及亚氨基酸和甘氨酸载体。

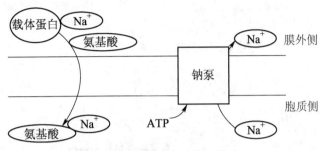

图 12-2　氨基酸的主动运输

2. γ-谷氨酰循环

首先，γ-谷氨酰转肽酶催化细胞外的氨基酸和细胞内的谷胱甘肽作用，生成 γ-谷氨酰氨基酸和半胱氨酰甘氨酸；然后，γ-谷氨酰氨基酸由 γ-谷氨酰环化酶催化转化为原来的氨基酸以及 5-氧脯氨酸，半胱氨酰甘氨酸则水解为甘氨酸和半胱氨酸。5-氧脯氨酸在 5-氧脯氨酸酶的作用下转变为谷氨酸，再由谷胱甘肽合成酶催化合成谷胱甘肽，从而进行下一个循环。整个过程每转入一个氨基酸需要消耗 3 个 ATP 分子（图12-3）。

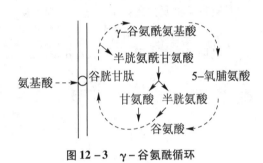

图 12-3　γ-谷氨酰循环

人体所吸收的氨基酸，主要是作为合成新蛋白质的原料。实验发现，在 20 种基本氨基酸中，苯丙氨酸、赖氨酸、异亮氨酸、亮氨酸、甲硫氨酸、苏氨酸、色氨酸、缬氨酸 8 种氨基酸，人体只能从食物中摄取，称之为**必需氨基酸**（essential amino acid）。L-组氨酸和 L-精氨酸，人体可少量合成，称之为**半必需氨基酸**（semi-essential amino acid）。而其他的氨基酸人体可以合成，称之为**非必需氨基酸**（nonessential amino acid）。蛋白质营养价值的高低，取决于其所含必需氨基酸的种类、含量及比例是否与人体的需要接近。动物性蛋白质所含的必需氨基酸在组成和比例方面比较接近人体的需要，所以营养价值比较高，而植物性蛋白质的营养价值相对来说要低一些。不同生物合成氨基酸的种类和能力有很大差异，微生物和植物可以合成各种氨基酸。

第二节　氨基酸的分解

氨基酸的分解代谢主要在肝中进行，主要包括氨基、羧基以及侧链 R 基团的变化。一般来说，氨基酸通过脱氨基作用生成氨和相应的 α-酮酸，通过脱羧基作用生成 CO_2 和胺。氨在体内主要通过合成尿素排出体外。高等动物体内氨基酸的分解代谢概况如图12-4所示。

一、氨基酸的分解作用

1. 脱氨基作用

脱氨基作用（deamination）是氨基酸通过氧化脱氨基、非氧化脱氨基、转氨基及联合脱氨基等方

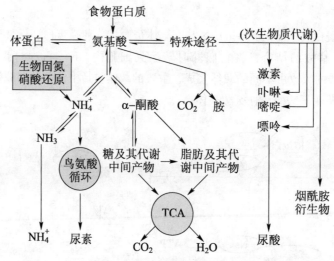

图 12-4 氨基酸分解代谢概览

式脱去氨基生成 α-酮酸和游离氨的过程。转氨酶与 L-谷氨酸脱氢酶偶联脱氨基是体内大多数氨基酸脱氨基的主要方式。由于这一过程可逆，因此也是体内合成非必需氨基酸的重要途径。

（1）氧化脱氨基作用

氧化脱氨基作用（oxidative deamination）的一般过程可用下式表示。此时氨基酸先脱去两个氢原子，形成亚氨基酸，然后水解为 α-酮酸和氨。

$$\begin{array}{c} R \\ | \\ CHNH_2 \\ | \\ COOH \\ \text{氨基酸} \end{array} \xrightarrow[\text{L-氨基酸}]{\text{FAD} \quad \text{FADH}_2} \begin{array}{c} R \\ | \\ C=NH \\ | \\ COOH \\ \text{α-亚氨基酸} \end{array} \xrightarrow{H_2O} \begin{array}{c} R \\ | \\ C<^{NH_2}_{OH} \\ | \\ COOH \end{array} \longrightarrow \begin{array}{c} R \\ | \\ C=O + NH_3 \\ | \\ COOH \\ \text{酮酸} \end{array}$$

催化氧化脱氨作用的酶主要有下列几种：

① L-氨基酸氧化酶（黄素蛋白）　该酶催化的反应分两步进行，有两类辅酶，一类为黄素腺嘌呤单核苷酸（FMN），另一类为黄素腺嘌呤二核苷酸（FAD）。该酶对下列氨基酸不起作用：甘氨酸（Gly）、β-羟基氨基酸（Ser 和 Thr）、二羧基氨基酸（Glu 和 Asp）、二氨基—羧酸氨基酸（Lys 和 Arg）。但在真核生物中，真正起作用的不是 L-氨基酸氧化酶，而是谷氨酸脱氢酶。

② D-氨基酸氧化酶　该酶对 D-氨基酸有特异性，脱氨过程与 L-氨基酸氧化酶催化的脱氨过程类似。存在于某些细菌、霉菌和动物肝、肾细胞中。

③ 甘氨酸氧化酶（辅酶为 FAD）　该酶使甘氨酸脱氨生成乙醛酸。

④ D-天冬氨酸氧化酶（辅酶为 FAD）　兔肾细胞中有 D-天冬氨酸氧化酶，催化 D-天冬氨酸脱氨生成草酰乙酸。

⑤ L-谷氨酸脱氢酶（辅酶为 NAD 或 NADP）　是催化氨基酸直接脱去氨基的酶中活力最强的，是一个结构很复杂的别构酶。存在于动物、植物和微生物体内。ATP、GTP、NADH 可抑制此酶活性，ADP、GDP 及某些氨基酸可激活此酶活性。因此当 ATP、GTP 不足时，谷氨酸的氧化脱氨会加速进行，有利于氨基酸分解供能（动物体内有 10% 的能量来自氨基酸氧化）。

在氨基酸的分解代谢中，L-谷氨酸的氧化脱氨作用非常重要。因为在许多生物中只有谷氨酸一种氨基酸能进行氧化脱氨，催化这一反应的谷氨酸脱氢酶的专一性又较高。

$$\begin{array}{c} \text{COOH} \\ | \\ \text{CHNH}_2 \\ | \\ (\text{CH}_2)_2 \\ | \\ \text{COOH} \end{array} \xrightarrow[\substack{\text{NAD}^+\text{或} \\ \text{NADP}^+}]{\text{L-谷氨酸脱氢酶}} \xrightarrow{\substack{\text{NADH+H}^+ \\ \text{或} \\ \text{NADPH+H}^+}} \begin{array}{c} \text{COOH} \\ | \\ \text{C}=\text{NH} \\ | \\ (\text{CH}_2)_2 \\ | \\ \text{COOH} \end{array} \xrightarrow[\text{H}_2\text{O}]{\text{L-谷氨酸脱氢酶}} \begin{array}{c} \text{COOH} \\ | \\ \text{C}=\text{O} + \text{NH}_3 \\ | \\ (\text{CH}_2)_2 \\ | \\ \text{COOH} \end{array}$$

（2）非氧化脱氨基作用

非氧化脱氨基作用（non oxidative deamination）主要见于微生物，但并不普遍。非氧化脱氨基作用可分为以下几类：

① 直接脱氨基　天冬氨酸在天冬氨酸酶作用下直接脱氨生成延胡索酸和 NH_3。

$$\text{HOOC}-\text{CH}_2-\underset{\underset{\text{NH}_2}{|}}{\text{CH}}-\text{COOH} \xrightarrow{\text{天冬氨酸酶}} \text{HOOC}-\text{CH}=\text{CH}-\text{COOH} + \text{NH}_3$$

② 水解脱氨基　氨基酸在水解酶的作用下脱氨产生羟酸。

③ 脱水脱氨基　L-丝氨酸和 L-苏氨酸在脱水酶作用下脱水生成丙酮酸和 NH_3。

$$\begin{array}{c} \text{COOH} \\ | \\ \text{CHNH}_2 \\ | \\ \text{CHOH} \\ | \\ \text{R} \end{array} \xrightarrow[-\text{H}_2\text{O}]{\text{脱水酶}} \begin{array}{c} \text{COOH} \\ | \\ \text{CNH}_2 \\ \| \\ \text{CH} \\ | \\ \text{R} \end{array} \xrightarrow{\text{分子重排}} \begin{array}{c} \text{COOH} \\ | \\ \text{C}=\text{NH} \\ | \\ \text{CH}_2 \\ | \\ \text{R} \end{array} \xrightarrow[\text{H}_2\text{O}]{\text{自发水解}} \begin{array}{c} \text{COOH} \\ | \\ \text{C}=\text{O} \\ | \\ \text{CH}_2 \\ | \\ \text{R} \end{array} + \text{NH}_3$$

④ 脱巯基脱氨基　半胱氨酸在脱硫化氢酶的催化下生成丙酮酸和 NH_3。

⑤ 氧化还原脱氨基　两个氨基酸互相发生氧化还原反应，生成有机酸、酮酸和 NH_3。

$$\begin{array}{c} \text{COOH} \\ | \\ \text{CHNH}_2 \\ | \\ \text{R}_1 \end{array} + \begin{array}{c} \text{COOH} \\ | \\ \text{CHNH}_2 \\ | \\ \text{R}_2 \end{array} + \text{H}_2\text{O} \xrightarrow{\text{谷氨酰胺酶}} \begin{array}{c} \text{COOH} \\ | \\ \text{C}=\text{O} \\ | \\ \text{R}_1 \end{array} + \begin{array}{c} \text{COOH} \\ | \\ \text{CH}_2 \\ | \\ \text{R}_2 \end{array} + 2\text{NH}_3$$

⑥ 脱酰胺基作用　通过广泛存在于动植物和微生物中的谷氨酰胺酶、天冬酰胺酶，催化脱去酰胺的氨基，生成谷氨酸和天冬氨酸。

$$\text{谷氨酰胺} + \text{H}_2\text{O} \xrightarrow{\text{谷氨酰胺酶}} \text{谷氨酸} + \text{NH}_3$$

$$\text{天冬酰胺} + \text{H}_2\text{O} \xrightarrow{\text{天冬酰胺酶}} \text{天冬氨酸} + \text{NH}_3$$

（3）转氨基作用

转氨基作用（transamination）是指 α-氨基酸的氨基通过转氨酶的作用，将氨基转移至 α-酮酸的酮基位置上，结果原来的 α-氨基酸生成相应的 α-酮酸，而原来的 α-酮酸则形成相应的 α-氨基酸。转氨酶都以磷酸吡哆醛（pyridoxal-5′-phosphate，PLP）作为辅基，与赖氨酸残基的 ε-氨基以希夫碱（醛亚胺）的形式结合。PLP 是维生素 B_6 的衍生物。在转氨基过程中，辅酶与酶共价相连，希夫碱与吡啶环共轭成为辅酶的活性中心。当 PLP 接受一个氨基酸的氨基时，PLP 转化为磷酸吡哆胺。在转氨基过程中，通过磷酸吡哆醛与磷酸吡哆胺之间相互转变，起到传递氨基的作用。

$$R_1-\underset{\underset{NH_3^+}{|}}{CH}-COO^- \qquad R_2-\underset{\underset{O}{\|}}{C}-COO^-$$

α-氨基酸1 α-酮酸2

$$R_1-\underset{\underset{O}{\|}}{C}-COO^- \qquad R_2-\underset{\underset{NH_3^+}{|}}{CH}-COO^-$$

α-酮酸1 转氨酶 α-氨基酸2

(辅酶：磷酸吡哆醛)

转氨基作用不仅是体内多数氨基酸脱氨基的重要方式，也是机体合成非必需氨基酸的重要途径（通过此种方式并未产生游离的氨）。除甘氨酸、赖氨酸、苏氨酸、脯氨酸及羟脯氨酸外，体内大多数氨基酸均可参与转氨基作用。催化氨基酸转氨基的酶是转氨酶，体内存在着多种转氨酶，不同氨基酸与α-酮酸之间的转氨基作用只能由专一的转氨酶催化。在各种转氨酶中，以**谷丙转氨酶**（glutamic pyruvic transaminase，GPT，又称 ALT）和**谷草转氨酶**（glutamic oxaloacetic transaminase，GOT）最为重要。

● 知识拓展 12 -2

肝功能检测

谷丙转氨酶（GPT）催化谷氨酸与丙酮酸之间的转氨作用及其逆反应。GPT 主要存在于肝细胞中，催化谷氨酸和丙酮酸反应生成α-酮戊二酸和丙氨酸，当肝细胞损伤时，GPT 就释放到血液内，因此临床上常以此酶在血液中的含量来判断肝功能是否正常。

L-谷氨酸 —— 丙酮酸

α-酮戊二酸 —— 丙氨酸

谷草转氨酶（GOT）催化谷氨酸与草酰乙酸的转氨作用及其逆反应。GOT 主要存在于心肌，催化谷氨酸和草酰乙酸反应生成α-酮戊二酸和天冬氨酸。GOT 以心脏中活力最大，其次是肝。临床上常以此酶作为心肌梗死、心肌炎的辅助判断指标。

L-谷氨酸 —— 草酰乙酸

α-酮戊二酸 —— 天冬氨酸

（4）联合脱氨基作用

只靠转氨基作用不能最终脱掉氨基，只靠氧化脱氨基作用也不能满足机体脱氨基的需要，因为只有谷氨酸脱氢酶活力最高，其余 L-氨基酸氧化酶的活力都很低。由于生物体内普遍存在着α-酮戊二酸作为氨基受体的转氨酶，因此一般氨基酸不直接氧化脱氨，而是先与α-酮戊二酸通过转氨作用形成相应的α-酮酸和谷氨酸，然后谷氨酸再经 L-谷氨酸脱氢酶作用，脱去氨基而生成α-酮戊二酸，后者再继续参加转氨基作用。**联合脱氨基**（combined deamination），即指氨基酸转氨基作用与 L-谷氨酸氧化脱氨基作用的联合。

联合脱氨基作用主要在肝和肾等器官中进行，在骨骼肌和心肌中由于 L-谷氨酸脱氢酶活性弱，因此可通过嘌呤核苷酸循环过程脱去氨基。

可见，联合脱氨基的作用方式有两种类型：

① 转氨酶与 L-谷氨酸脱氢酶作用相偶联 氨基酸首先在转氨酶催化下将α-氨基转移到α-酮戊二酸上生成谷氨酸，然后在 L-谷氨酸脱氢酶作用下进行氧化脱氨基作用，将谷氨酸氧化脱氨生成α-酮戊二酸和 NH_3。α-酮戊二酸在联合脱氨基作用中担任传递氨基的作用，本身并不被消耗。

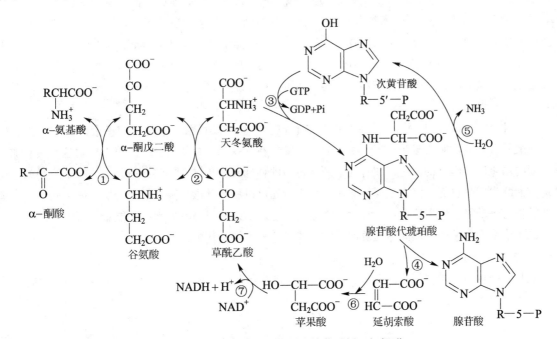

② 转氨基作用与嘌呤核苷酸循环相偶联　骨骼肌和心肌中的 L - 谷氨酸脱氢酶活性很低，所以在这些器官，主要是通过与嘌呤核苷酸循环相偶联的机制进行脱氨基。在此过程中，氨基酸首先通过连续的转氨基作用将氨基转移给草酰乙酸，生成天冬氨酸；天冬氨酸与次黄嘌呤核苷酸（IMP）反应生成腺苷酸代琥珀酸，后者经过裂解，释放出延胡索酸并生成腺嘌呤核苷酸（AMP）。AMP 在腺苷酸脱氢酶（此酶在肌肉组织中活性较强）催化下脱去氨基，最终完成氨基酸的脱氨基作用（图 12 - 5）。

图 12 - 5　转氨基作用与嘌呤核苷酸循环相偶联

① 转氨酶，② 谷草转氨酶，③ 腺苷酸代琥珀酸合成酶，④ 腺苷酸代琥珀酸裂解酶

⑤ 腺苷酸脱氨酶，⑥ 延胡索酸酶，⑦ 苹果酸脱氢酶

2. 脱羧作用

氨基酸可通过氨基酸脱羧酶（decarboxylase）催化脱羧，放出 CO_2 并生成相应的胺。氨基酸脱羧酶的专一性很高，一种氨基酸脱羧酶一般只催化一种特定的氨基酸脱羧。除组氨酸脱羧酶外，各种氨

基酸脱羧酶均需磷酸吡哆醛为辅酶。氨基酸的脱羧基作用，在微生物中很普遍，也存在于高等动植物组织内，但不是氨基酸代谢的主要方式。氨基酸脱羧作用的反应可以表示为：

$$R—CH—COOH \xrightarrow{\text{脱羧酶}} R—CH_2—NH_2 + CO_2$$
$$\underset{NH_2}{|} \qquad\qquad\qquad \text{胺}$$

脱羧基作用虽然不是体内氨基酸分解的主要方式，但可生成有重要生理功能的胺。下面列举几种氨基酸通过脱羧反应产生的重要胺类物质。

① 谷氨酸　脱羧产物是 **γ-氨基丁酸**（γ-aminobutyric acid，GABA）。催化反应的谷氨酸脱羧酶，在脑组织和肾中活性很高，所以脑中 GABA 含量较高。GABA 是仅见于中枢神经系统的抑制性神经递质，对中枢神经元有普遍性抑制作用。维生素 B_6 是该酶的辅酶。临床上对于惊厥和妊娠呕吐的病人常常使用维生素 B_6 治疗，其机制就在于提高脑组织内谷氨酸脱羧酶的活性，使 GABA 生成增多，增强中枢神经系统的抑制作用。GABA 可在 GABA 转氨酶（GABA-T）作用下与 α-酮戊二酸反应生成**琥珀酸 γ-半醛**（succinic acid semialdehyde），进而氧化生成琥珀酸，由此构成 GABA 旁路。α-酮戊二酸经此旁路生成琥珀酸，活跃了三羧酸循环。神经元细胞体和突触的线粒体内含有大量的 GABA 转氨酶，可为脑组织提供约 20% 的能量。

② 组氨酸　产物是**组胺**（histamine），组胺是一种强烈的血管舒张剂，能增加血管的通透性，有降血压、促进胃液分泌等作用。组胺在乳腺、肺、肝、肌肉及胃黏膜中含量较高。

③ 色氨酸　色氨酸由色氨酸羟化酶和脱羧酶生成 **5-羟色胺**（5-hydroxytryptamine，5-HT）。神经组织中的 5-羟色胺可使大部分交感神经节前神经元兴奋，而使副交感神经节前神经元抑制，其他组织如小肠、血小板、乳腺细胞中也有 5-羟色胺，具有镇痛、升高血压、促进血管收缩等作用。

④ 鸟氨酸　在鸟氨酸脱羧酶催化下，生成精胺和精脒等多胺物质。多胺是一类拥有两个或多个主要胺基的有机化合物，存在于精液及细胞的核糖体中，能促进细胞生长发育。多胺分子带有较多正电荷，能与带负电荷的 DNA 及 RNA 结合，稳定其结构，促进核酸及蛋白质合成的某些环节。肿瘤及胚胎细胞中鸟氨酸脱氢酶的活性较高，可生成大量的多胺。而维生素 A 可抑制此酶的活性，因此对具有一定的抗癌疗效。

⑤ 半胱氨酸　体内牛磺酸主要由半胱氨酸脱羧生成。半胱氨酸先氧化生成磺酸丙氨酸，再由磺酸丙氨酸脱羧酶催化脱去羧基，生成牛磺酸。牛磺酸在维持脑部机能方面扮演着重要角色，具有加速神经元的增生以及延长的作用，亦有利于细胞在脑内移动及增长神经轴突；另外在维持细胞膜的电位平衡方面，牛磺酸也起着同样重要的作用；牛磺酸还可以和胆汁酸结合形成结合胆汁酸；同时，牛磺酸能维持心脏功能，使血液循环正常化，消除疲劳生成物，使机体有效地产生能量。可见，保持体内恒定的牛磺酸含量，能帮助人体有效地消除疲劳，这是维持健康的重要因素之一。

3. 氨基酸分解产物的去向

氨基酸经过脱氨基作用生成氨和 α-酮酸，通过脱羧基作用生成胺和 CO_2，这些产物可以进一步进行代谢（图 12-6）。

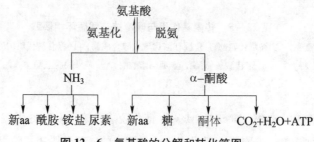

图 12-6　氨基酸的分解和转化简图

（1）氨的代谢

如果在血液中氨的含量≥1%，就可引起中枢神经系统中毒。其主要机制是：高浓度的氨使三羧酸循环的中间产物 α-酮戊二酸转变成 L-Glu，使大脑内 α-酮戊二酸大量减少，甚至缺乏，导致三羧酸循环无法运转，严重阻碍 ATP 生成，引起脑功能受损。因此动物体内的游离氨形成后需立即进行代谢。氨的代谢途径主要有以下几种。

① 生成尿素的鸟氨酸循环 生成尿素是体内氨代谢的主要途径，是通过鸟氨酸循环实现的，总反应式为：

$$2NH_3 + CO_2 + 3ATP + H_2O \longrightarrow \underset{NH_2}{\overset{NH_2}{C=O}} + 2ADP + AMP + 4Pi$$

通过鸟氨酸循环可将 CO_2 和有毒的 NH_3 转变为中性、无毒的尿素并通过肾排出体外，从而解除氨毒。因此，当肝功能严重受损时，尿素合成受阻使血氨浓度升高，导致氨中毒，称为高血氨症。关于鸟氨酸循环将在下节详述。

② 生成谷氨酰胺和天冬酰胺 氨基酸脱氨基作用所产生的氨除了形成含氮化合物（如尿素）排出体外，还可以酰胺的形式储存于体内。如谷氨酰胺和天冬酰胺不仅是合成蛋白质、核苷酸的原料，也是体内解除氨毒的重要方式。

③ 重新生成氨基酸 当组织细胞中糖代谢旺盛时，氨可与糖类转化成的 α-酮酸发生氨基化反应重新生成氨基酸。通过脱氨基作用产生的氨再用来合成氨基酸时，虽然并不能增加氨基酸的数量，却能改变氨基酸的种类。

④ 经肾以铵盐形式排出。

另外，有些植物组织中含有大量的有机酸，如异柠檬酸、柠檬酸、苹果酸、酒石酸和草酰乙酸等，氨可以和这些有机酸结合生成铵盐，以保持细胞内正常的 pH。

（2）α-酮酸的代谢

α-酮酸的进一步代谢主要有三条途径：重新生成氨基酸，转变为糖和酮体，氧化成 CO_2 和 H_2O。

① 重新生成氨基酸 通过脱氨基作用的逆向途径，α-酮酸经转氨基作用或还原加氨基化反应生成相应的氨基酸。这是机体合成非必需氨基酸的重要途径。8 种必需氨基酸中，除赖氨酸和苏氨酸外，其余 6 种亦可由相应的 α-酮酸加氨生成。但和必需氨基酸相对应的 α-酮酸不能在体内合成，所以必需氨基酸依赖于食物供应。

② 转变为糖和酮体 氨基酸所生成的 α-酮酸可经特定代谢途径转变成糖和酮体。

③ 氧化成 CO_2 和 H_2O 并放出能量 α-酮酸通过一定的反应途径先转变成丙酮酸、乙酰-CoA 或三羧酸循环的中间产物，再经过三羧酸循环彻底氧化分解生成 CO_2 和 H_2O 并放出能量，以供生物体需要。三羧酸循环将氨基酸代谢与糖代谢、脂肪代谢紧密联系起来。

（3）CO_2 的去路

氨基酸脱羧后形成的 CO_2 大部分可直接排出细胞外，小部分参与 CO_2 的固定，进行糖异生反应。

（4）胺的去路

胺在胺氧化酶的作用下，氧化成醛；醛经醛脱氢酶催化，加水脱氢，生成有机酸，再经 β 氧化生成乙酰-CoA，乙酰-CoA 可以进入三羧酸循环，彻底氧化成 CO_2 和 H_2O。

二、尿素的形成

1. 鸟氨酸循环的发现

1932 年，德国学者 H. A. Krebs 和 K. Hensleit 根据实验研究，提出了通过**鸟氨酸循环**（ornithine

科学史话 12-1
尿素循环的发现

cycle）合成尿素的学说，这比三羧酸循环的发现要早5年。他们将鼠肝切片置于铵盐和碳酸氢盐介质中，在有氧条件下保温数小时，发现铵盐含量减少，而尿素增多。当加入少量鸟氨酸、瓜氨酸或精氨酸后，能大大加速尿素的合成，而加入其他氨基酸则没有上述合成的促进作用。后来他们还发现肝中含有精氨酸酶，可催化精氨酸水解成鸟氨酸和尿素。于是就确立了一个循环机制，称为鸟氨酸循环，又称**尿素循环**（urea cycle）或 Krebs-Henseleit 循环。鸟氨酸循环是动物合成尿素的主要过程，通过此循环，2分子氨（其中一分子来自天冬氨酸）与1分子 HCO_3^- 结合生成1分子尿素及1分子 H_2O。

2. 鸟氨酸循环的过程

鸟氨酸循环可以将来自氨和天冬氨酸的氨转化为尿素。肝是动物生成尿素的主要器官。尿素循环可以划分为以下几个阶段。

（1）氨甲酰磷酸的合成

肝细胞胞质中的氨基酸经转氨基作用，与 α-酮戊二酸生成谷氨酸，谷氨酸进入线粒体基质，经谷氨酸脱氢酶作用脱下氨基，游离的氨（NH_4^+）与三羧酸循环产生的 HCO_3^- 反应生成氨甲酰磷酸。催化此反应的酶称为氨甲酰磷酸合成酶 I，该酶为调节酶，N-乙酰谷氨酸是该酶的别构激活剂。氨甲酰磷酸合成酶 II 存在于胞液中，在嘧啶的合成中起作用。

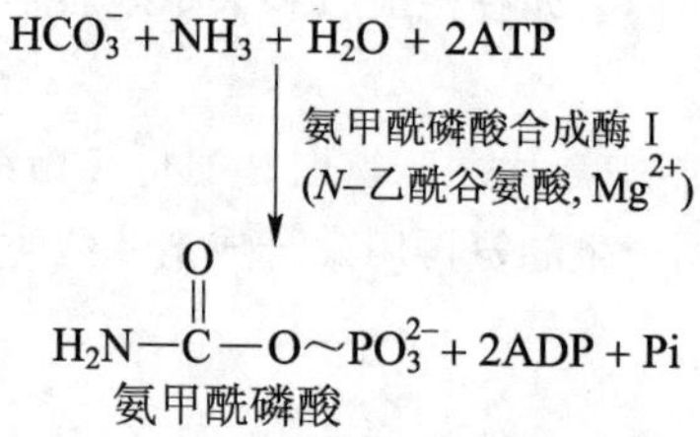

$$HCO_3^- + NH_3 + H_2O + 2ATP$$

氨甲酰磷酸合成酶 I
（N-乙酰谷氨酸, Mg^{2+}）

$$H_2N-\overset{\overset{O}{\|}}{C}-O\sim PO_3^{2-} + 2ADP + Pi$$
氨甲酰磷酸

（2）瓜氨酸的合成

在线粒体内，氨甲酰磷酸的氨甲酰基与鸟氨酸缩合成瓜氨酸。催化该步反应的酶是鸟氨酸氨甲酰基转移酶，存在于线粒体中，需要 Mg^{2+} 作为辅因子。瓜氨酸形成后离开线粒体，进入胞质中。

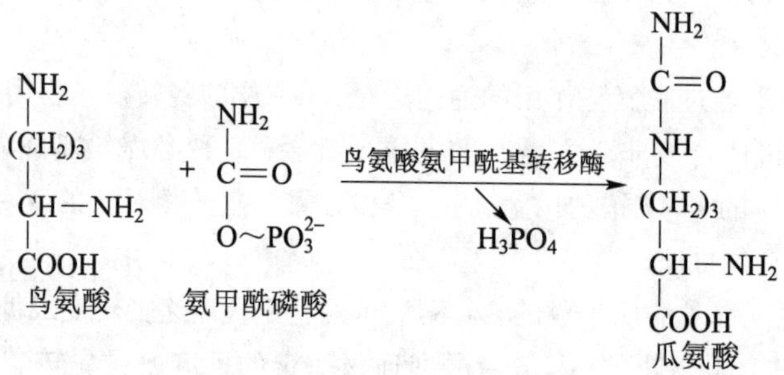

（3）精氨酸的合成

在胞质内，瓜氨酸在精氨酸琥珀酸合成酶作用下与天冬氨酸结合生成精氨酸（代）琥珀酸。精氨酸（代）琥珀酸在精氨酸琥珀酸裂解酶催化下裂解成精氨酸和延胡索酸。

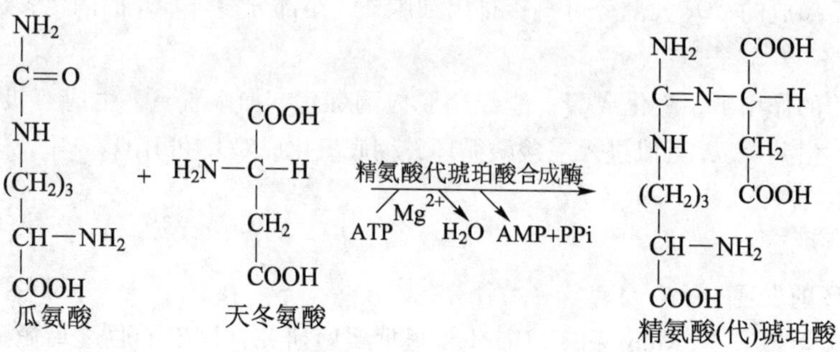

（4）精氨酸水解生成尿素

在胞质内，精氨酸水解生成尿素和鸟氨酸，催化该步反应的酶为精氨酸酶，与 Mn^{2+} 密切相关。尿素形成后由血液运到排泄器官，主要通过肾随尿排出体外。

通过鸟氨酸循环，2 分子氨与 1 分子 HCO_3^- 结合生成 1 分子尿素及 1 分子 H_2O。尿素分子中的 2 个氮原子，一个来自氨，另一个则来自天冬氨酸，碳原子来自 HCO_3^-。尿素合成是一个耗能过程，合成 1 分子尿素需要 3 分子 ATP 中的 4 个高能磷酸键。尿素合成过程的各反应及其在细胞内的定位如图 12-7 所示。

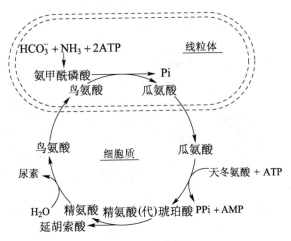

图 12-7 尿素循环

三、氨基酸碳骨架的氧化途径

20 种不同氨基酸的碳骨架，在 20 种不同的多酶体系催化下进行氧化分解。虽然氨基酸的氧化分解途径各异，但最后都集中形成 7 种产物进入三羧酸循环。这 7 种产物是三羧酸循环的中间体，分别为丙酮酸、乙酰乙酰 - CoA、乙酰 - CoA、α - 酮戊二酸、琥珀酰 - CoA、延胡索酸以及草酰乙酸。图 12-8 显示不同氨基酸碳骨架进入三羧酸循环的途径。

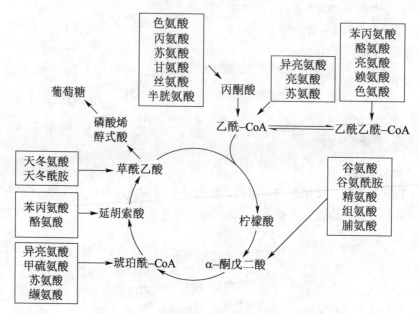

图 12-8 氨基酸碳骨架进入三羧酸循环的途径

1. 乙酰 – CoA 的形成

（1）经丙酮酸形成乙酰 – CoA 的途径

如图 12-9 所示，丙氨酸与 α – 酮戊二酸经转氨作用生成丙酮酸和谷氨酸。丝氨酸在丝氨酸脱水酶催化下脱水、脱氢，生成丙酮酸。半胱氨酸利用 3 条不同途径（转氨、氧化、加水分解）转化为丙酮酸，其巯基可以以 H_2S、SO_3^{2-}、SCN^- 等不同形式释放。甘氨酸生成丙酮酸时，先由丝氨酸羟甲基转移酶催化生成丝氨酸，再由丝氨酸转变成丙酮酸。但甘氨酸的分解代谢不是以形成乙酰 – CoA 为主要途径，甘氨酸的重要作用是一碳单位的提供者。苏氨酸的主要代谢途径是由苏氨酸醛缩酶催化裂解成甘氨酸和乙醛，后者氧化成乙酸，乙酸进一步氧化成乙酰 – CoA。

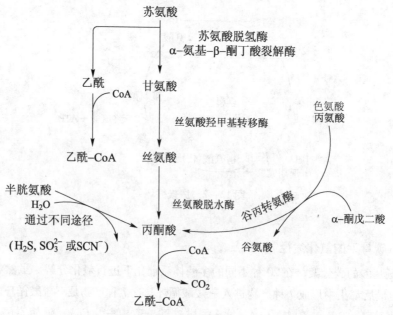

图 12-9 通过丙酮酸形成乙酰 – CoA 的氨基酸降解

（2）经乙酰乙酰 – CoA 最后生成乙酰 – CoA 的途径

苯丙氨酸先转变为酪氨酸。酪氨酸进一步转化成 1 个乙酰乙酰 – CoA（可转化成 2 个乙酰 – CoA）和 1 个延胡索酸。亮氨酸通过复杂的转变，最终生成 1 个乙酰 – CoA、1 个乙酰乙酰 – CoA（相当于 3 个乙酰 – CoA）。赖氨酸最终生成 1 个乙酰乙酰 – CoA，2 个 CO_2。色氨酸的 11 个碳原子中有 4 个碳转变为乙酰乙酰 – CoA，另外 2 个碳转变为乙酰 – CoA，其余的 5 个碳形成 4 分子 CO_2 和 1 分子甲酸（图 12 – 10）。

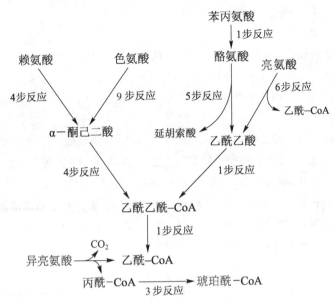

图 12 – 10　通过乙酰乙酰 – CoA 形成乙酰 – CoA 的降解途径

2. 琥珀酰 – CoA 的形成

形成琥珀酰 – CoA 的氨基酸为异亮氨酸、甲硫氨酸和缬氨酸三种。异亮氨酸分解产生 1 个乙酰 – CoA 和 1 个琥珀酰 – CoA。甲硫氨酸将—SH 转给丝氨酸（生成半胱氨酸），产生一个琥珀酰 – CoA。经琥珀酰 – CoA 进行碳骨架分解的过程如图 12 – 11 所示。异亮氨酸、甲硫氨酸和缬氨酸经过不同的反应步骤生成丙酰 – CoA，丙酰 – CoA 经过两步反应生成甲基丙二酰 – CoA，然后通过变位形成琥珀酰 – CoA。

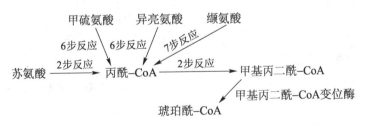

图 12 – 11　异亮氨酸、甲硫氨酸和缬氨酸的分解途径

3. 经延胡索酸进入三羧酸循环

经延胡索酸进入三羧酸循环的氨基酸为苯丙氨酸和酪氨酸，它们除了可以生成乙酰 – CoA 外，还可生成延胡索酸。

4. α – 酮戊二酸的形成

经 α – 酮戊二酸进入三羧酸循环的氨基酸为精氨酸、组氨酸、谷氨酰胺、脯氨酸和谷氨酸五种，简称 C_5 族。精氨酸在精氨酸酶作用下，水解形成尿素和鸟氨酸，鸟氨酸通过谷氨酸形成 α – 酮戊二酸。组氨酸经组氨酸酶（又称组氨酸裂解酶）催化变成尿刊酸（urocanic acid），尿刊酸又经尿刊酸水合酶作用，咪唑环裂解产生谷氨酸、氨和甲酸，进而形成α-酮戊二酸。谷氨酰胺通过三条途径形成谷氨酸，即通过谷氨酰胺酶水解；借助谷氨酸合成酶催化，使谷氨酰胺和α-酮戊二酸作用生成2分子谷氨酸；与α-酮戊二酸的γ-位羧基转氨形成γ-酮谷氨酸和谷氨酸。脯氨酸经氧化、加水和脱氢形成谷氨酸。经氧化脱氨，谷氨酸可转化为α-酮戊二酸（图12-12）。

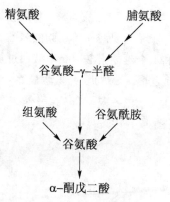

图12-12 C$_5$族氨基酸通过α-酮戊二酸的降解途径

5. 草酰乙酸的形成

天冬氨酸和天冬酰胺可以转变为草酰乙酸，从而进入三羧酸循环。天冬酰胺经天冬酰胺酶催化转变为天冬氨酸，天冬氨酸经转氨作用即可形成草酰乙酸，植物和某些微生物的天冬氨酸还可以直接脱氨形成延胡索酸。

在分解过程中转变为乙酰乙酰-CoA的有5种氨基酸（亮氨酸、苯丙氨酸、酪氨酸、色氨酸、赖氨酸），而乙酰乙酰-CoA可在动物肝中转变为乙酰乙酸和β-羟丁酸。因此将亮氨酸、酪氨酸称为**生酮氨基酸**（ketogenic amino acid）；凡能形成丙酮酸、α-酮戊二酸、琥珀酸和草酰乙酸的氨基酸都称为**生糖氨基酸**（glycogenic amino acid）。有些氨基酸被称为**生糖兼生酮氨基酸**（glucogenic amino acid and ketogenic amino acid）（如苯丙氨酸、异亮氨酸）。具体分类如表12-2所示。但是，生糖氨基酸和生酮氨基酸的界限并不是非常严格的。

知识拓展12-3
氨基酸衍生的一碳单位

知识拓展12-4
氨基酸衍生的生物活性物质

表12-2 氨基酸在代谢上的分类

类别	氨基酸
生糖氨基酸	甘氨酸、丝氨酸、缬氨酸、组氨酸、精氨酸、丙氨酸、谷氨酸、谷氨酰胺、甲硫氨酸、天冬氨酸、天冬酰胺、脯氨酸、半胱氨酸、苏氨酸、色氨酸、异亮氨酸、苯丙氨酸、酪氨酸
生酮氨基酸	亮氨酸、酪氨酸、苯丙氨酸、异亮氨酸、色氨酸、苏氨酸、赖氨酸
生糖兼生酮氨基酸	异亮氨酸、苯丙氨酸、色氨酸、酪氨酸、苏氨酸

第三节 氨基酸的合成

一、氨基酸合成的共同途径

虽然各种氨基酸生物合成的途径不同，其基本方式一般可分为还原氨基化、转氨基作用和氨基酸的相互转化等三种。

1. 还原氨基化

还原氨基化（restore aminated）是α-酮酸和氨作用生成α-亚氨基酸再被还原成α-氨基酸的反应，可以看成是氨基酸氨化脱氨的逆反应。生物体内最先发生还原氨基化作用的α-酮酸是α-酮戊二酸，催化该反应的酶是谷氨酸脱氢酶，其辅酶在动物体内为NAD$^+$或NADP$^+$，在植物体内为NADP$^+$。因为谷氨酸脱氢酶在生物体中普遍存在，且其活力很强，因而该反应是许多生物直接的α-酮酸和NH$_3$形成α-氨基酸的主要途径。

2. 转氨基作用

转氨基作用（transamination）是由转氨酶（或氨基转移酶）催化，使一种氨基酸的氨基转移给

α-酮酸，形成新的氨基酸。转氨基作用既催化了氨基酸脱氨基，又催化 α-酮酸氨基化，因而是糖代谢与氨基酸代谢的桥梁，是氨基酸合成代谢及分解代谢的最重要反应。

转氨基作用已见于许多细菌，如大肠杆菌、痢疾杆菌、变形杆菌、假单胞菌、固氮菌、酵母和霉菌。在细菌或其浸出液中，许多氨基酸如丝氨酸、胱氨酸、半胱氨酸、缬氨酸、组氨酸、鸟氨酸、瓜氨酸、精氨酸、亮氨酸、异亮氨酸、酪氨酸、色氨酸等都可以和 α-酮戊二酸作用，生成谷氨酸和相应的酮酸。相反，也可以通过谷氨酸和许多酮酸转氨基，形成各种新的氨基酸，使氨基酸的种类增加，有利于蛋白质的合成。

3. 氨基酸的相互转化

氨基酸之间还可相互转化。例如，从谷氨酸可以合成脯氨酸、瓜氨酸、鸟氨酸和精氨酸；从天冬氨酸可以合成二氨基庚二酸、赖氨酸、甲硫氨酸和苏氨酸；苏氨酸能转变成异亮氨酸；丝氨酸能形成半胱氨酸。因此，除缬氨酸和亮氨酸、芳香族氨基酸以及组氨酸有其特殊合成途径外，大多数氨基酸都可以分别从谷氨酸、天冬氨酸和丝氨酸转变而来。氨基酸在代谢过程中，通过相互转化保持一定的平衡关系，当外界供给某种氨基酸时即可转变成另一些氨基酸。

二、氨基酸合成的具体途径

在氨基酸的生物合成中，各种氨基酸碳骨架的形成，源于几条基本代谢途径的关键中间产物，例如柠檬酸循环、糖酵解途径以及磷酸戊糖途径等。根据起始物的不同，可以将氨基酸的生物合成途径归纳为六类：即谷氨酸族、天冬氨酸族、丙酮酸族、丝氨酸族、芳香族以及组氨酸的生物合成。这些氨基酸的合成起始物分类以及和中心碳代谢的关系如图 12-13 所示。

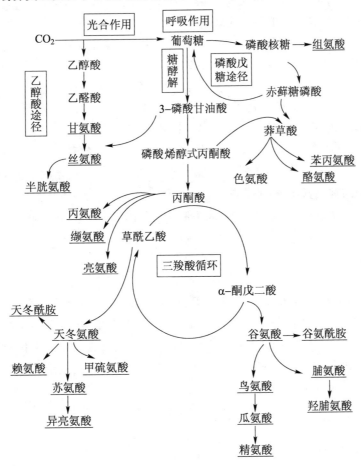

图 12-13 氨基酸的生物合成分类以及和中心碳代谢的关系

1. 谷氨酸族氨基酸的生物合成

谷氨酸族氨基酸包括 L-谷氨酸、L-谷氨酰胺、L-脯氨酸以及 L-精氨酸等，其生物合成都以 α-酮戊二酸为前体。α-酮戊二酸与游离氨可在谷氨酸脱氢酶的催化下发生还原氨基化而形成谷氨酸。而谷氨酸可以再经谷氨酰胺合成酶催化形成 L-谷氨酰胺。该过程需 ATP 提供能量。

$$\alpha-酮戊二酸 + NH_4^+ + NADH(或\ NADPH) + H^+ \underset{\ }{\overset{谷氨酸脱氢酶}{\rightleftharpoons}} 谷氨酸 + NAD^+(或\ NADP^+) + H_2O$$

然而，在自然界中还原氨基化反应并不普遍存在。在植物、蕈类以及细菌体内，只有当环境中的 NH_4^+ 浓度很高时才由此途径形成谷氨酸。在动物细胞内过多的 NH_4^+ 也可通过这一途径形成谷氨酸，再由谷氨酰胺合成酶催化转变为谷氨酰胺。一般情况下，最普遍的合成谷氨酸的途径是在谷氨酸合酶的催化下，α-酮戊二酸接受 L-谷氨酰胺的酰胺基，形成 2 分子谷氨酸。

α-酮戊二酸　　L-谷氨酰胺　　　　谷氨酸

◉ 知识拓展 12−5

脯氨酸的生物合成途径

L-谷氨酸可由 γ-谷氨酸激酶催化谷氨酸磷酸化，形成 γ-谷氨酰磷酸，再转换成谷氨酸-γ-半醛。谷氨酸-γ-半醛通过形成内希夫碱环化，形成二氢吡咯-5-羧酸，在二氢吡咯-5-羧酸还原酶催化下还原二氢吡咯-5-羧酸形成脯氨酸。

L-谷氨酸也可在转乙酰基酶催化下，乙酰化生成 N-乙酰谷氨酸（N-acetylglutamate）。再经激酶作用，消耗 ATP 后转变成 N-乙酰-γ-谷氨酰磷酸。然后在还原酶催化下由 NADPH 供氢被还原成 N-乙酰谷氨酸-γ-半醛。最后经转氨酶作用，由谷氨酸提供 α-氨基而生成 N-乙酰鸟氨酸，经去乙酰基后转变成鸟氨酸，再经鸟氨酸循环生成精氨酸。

2. 天冬氨酸族氨基酸的生物合成

天冬氨酸族氨基酸包括 L-天冬氨酸、L-天冬酰胺、L-甲硫氨酸、苏氨酸、异亮氨酸以及赖氨酸等，其生物合成都是以草酰乙酸为前体，在谷草转氨酶催化下，草酰乙酸接受谷氨酸转来的氨基生成 L-天冬氨酸，反应式见氨基酸分解一节。

在哺乳动物中，天冬氨酸经天冬酰胺合成酶催化，消耗 ATP，从谷氨酰胺上获取酰胺基而形成 L-天冬酰胺。

植物和细菌在形成天冬酰胺时，其酰胺基由 NH_4^+ 提供。

细菌和植物可以以 L-天冬氨酸为起始物合成赖氨酸。

◉ 知识拓展 12−6

细菌和绿色植物中赖氨酸的合成途径

甲硫氨酸、苏氨酸和异亮氨酸共用从天冬氨酸到高丝氨酸的一段代谢途径，以天冬氨酸为起始物合成的天冬氨酸半醛可以在脱氢酶作用下还原为高丝氨酸，高丝氨酸经激酶和苏氨酸合成酶催化生成苏氨酸。高丝氨酸还可以经转酰基酶作用形成 O-琥珀酰高丝氨酸，再经过不同途径生成高半胱氨酸，高半胱氨酸接受四氢叶酸的甲基形成甲硫氨酸。

◉ 知识拓展 12−7

天冬氨酸族氨基酸的生物合成途径总览

由于异亮氨酸的 6 个碳原子有 4 个来自天冬氨酸，只有 2 个来自丙酮酸，所以一般认为异亮氨酸的合成属于天冬氨酸族。但鉴于其合成过程中有 4 种酶和缬氨酸合成中的酶相同，因此异亮氨酸的合成将在后面和缬氨酸一起讨论。

3. 丙酮酸族氨基酸的生物合成

丙酮酸族氨基酸包括 L-丙氨酸、L-缬氨酸和 L-亮氨酸，可以以丙酮酸为起始物合成。

丙酮酸与谷氨酸在谷丙转氨酶的催化下形成丙氨酸，缬氨酸的生物合成是从丙酮酸和活性乙醛基缩合反应开始的，而异亮氨酸的生物合成是由丁酮酸和活性乙醛基缩合反应开始。活性乙醛基可能是乙醛基与 α-羟乙基硫胺素焦磷酸结合的产物。

以丙酮酸为起始物生成的 α-酮异戊酸，还可以在 α-异丙基苹果酸合酶作用下，接受乙酰-CoA 的酰基形成 α-异丙基苹果酸，再经异构、脱氢、脱羧生成 α-酮异己酸，最后再由亮氨酸转氨酶催化与谷氨酸转氨形成 L-亮氨酸。

◎ 知识拓展 12-8

异亮氨酸和缬氨酸的生物合成途径

4. 丝氨酸族氨基酸的生物合成

丝氨酸族氨基酸包括 L-丝氨酸、L-甘氨酸和 L-半胱氨酸，都是以 3-磷酸甘油酸为合成起始物。

丝氨酸是合成甘氨酸和半胱氨酸的主要前体物质，其合成涉及三步反应。首先 3-磷酸甘油酸在脱氢酶作用下生成 3-磷酸羟基丙酮酸，再同谷氨酸发生转氨作用生成 3-磷酸丝氨酸，最后在磷酸丝氨酸磷酸酶的作用下，水解生成丝氨酸。丝氨酸直接在丝氨酸转羟甲基酶的催化下生成甘氨酸。

在细菌和植物体内，半胱氨酸的生物合成是通过两步反应完成的。首先来自乙酰-CoA 的乙酰基在丝氨酸乙酰转移酶的催化下转移到丝氨酸的 β-羟基上，形成 O-乙酰丝氨酸，然后在 O-乙酰丝氨酸硫化氢酶催化下，无机硫化物 S^{2-} 取代乙酰基，形成半胱氨酸。

◎ 知识拓展 12-9

丝氨酸和甘氨酸的生物合成途径

5. 芳香族氨基酸的生物合成

芳香族氨基酸包括苯丙氨酸、酪氨酸和色氨酸，只能由植物和微生物合成。例如大肠杆菌、酵母等都能通过糖代谢中间产物合成这三种氨基酸。其合成的共同起始物为磷酸戊糖途径中的 4-磷酸赤藓糖和糖酵解途径的磷酸烯醇式丙酮酸。

4-磷酸赤藓糖和磷酸烯醇式丙酮酸（PEP）缩合，形成七碳酮糖，即 3-脱氧-α-阿拉伯庚酮糖酸-7-磷酸（DAHP）。再经脱磷酸环化、脱水、加氢等过程产生莽草酸。莽草酸是三种芳香族氨基酸的共同前体。莽草酸经磷酸化后，再与磷酸烯醇式丙酮酸反应，经分支酸合酶作用生成分支酸。以莽草酸为起始物直至形成分支酸的一段途径被称为莽草酸途径，是芳香族氨基酸合成的共同途径。从分支酸以后即分为两条途径。其中一条形成 L-苯丙氨酸和 L-酪氨酸，另一条形成色氨酸。

分支酸在分支酸变位酶作用下，转变为预苯酸，再经脱水、脱羧后形成苯丙酮酸，后者在转氨酶作用下，与谷氨酸形成苯丙氨酸。预苯酸经氧化脱羧作用形成 4-羟苯丙酮酸，再经谷氨酸进行转氨形成 L-酪氨酸。

分支酸在氨基苯甲酸合酶作用下，利用谷氨酰胺提供的氨基，以丙酮酸形式脱去分支酸的烯醇式丙酮酸侧链，生成邻氨基苯甲酸，再经过一系列反应生成色氨酸。

◎ 知识拓展 12-10

芳香族氨基酸的生物合成图总览

6. 组氨酸的生物合成

L-组氨酸属于半必需氨基酸，其合成途径和其他氨基酸之间没有联系。但 L-组氨酸和嘌呤核苷酸的生物合成有共同的中间代谢物，因而相互联系在一起。组氨酸的合成途径比较复杂。首先由磷酸核糖焦磷酸（PRPP）与 ATP 缩合形成磷酸核糖-ATP，再进一步转化为咪唑甘油磷酸，然后形成组氨醇，由组氨醇再转化为组氨酸。

◎ 知识拓展 12-11

组氨酸的生物合成途径

第四节　蛋白质的合成

蛋白质的生物合成在细胞代谢中占有十分重要的地位。按照**中心法则**（central dogma），储存在蛋白质一级结构中的信息是由染色体上的核苷酸序列来决定的，即核酸分子的遗传信息在细胞分化和基因表达中，由 DNA 传向 RNA，这就是多数生物中的转录，而 RNA 再传向蛋白质的过程即为翻译。1958 年 F. Crick 总结了 DNA、RNA、蛋白质、生物性状四者的关系，提出了中心法则的概念，明确了遗传信息的传递方向是由 DNA 到 RNA 再到蛋白质，而蛋白质是生物性状的表达者。蛋白质合成的直接模板是 mRNA，所需要的底物主要是 20 种氨基酸，场所是细胞质中的核糖体，识别 mRNA 的密码并将 20 种游离氨基酸分别专一性搬运到核糖体上的工具是 tRNA。

蛋白质是基因表达的最终产物。蛋白质的生物合成可以人为划分为起始、延长和终止三个阶段。蛋白质合成后还需要进一步的修饰后加工，然后被运输到发挥其生物学功能的相应部位。

一、遗传密码

1. 定义

遗传密码（genetic code）是指 mRNA 分子上编码多肽链氨基酸序列的核苷酸序列。三个连续的核苷酸编码一个氨基酸，称为**三联体密码**（triplet code）。

从理论上讲，mRNA 分子中只有 4 种碱基，要为蛋白质分子的 20 种氨基酸进行专一性编码，至少要求三个碱基决定一个氨基酸（4 种碱基的排列数为 $4^3 = 64$），即 3 是编码氨基酸所需碱基的最低数。经过 F. Crick 等科学家的努力，三个碱基编码一个氨基酸的三联体编码得到了证实。但当时具体的三联体密码表还不清楚。

随后，1961 年 M. Nirenberg 用人工合成的三聚核苷酸取代 mRNA，核苷酸三联体能与其对应的氨酰 - tRNA 一起结合在核糖体上。通过硝酸纤维素滤膜截留核苷酸三联体以及特异结合的氨酰 - tRNA，就可以直接测出三联体对应的氨基酸。用这种方法，合成了全部 64 种可能的三联体，并确定了 50 种以上的三联体密码。与此同时，H. G. Khorana 巧妙地应用化学合成和酶促合成机制，制备了一系列具有重复序列的多聚核苷酸，并利用这些模板在无细胞体系中进行蛋白质的合成。经过与核糖体结合技术所得到的结果进行比较，推断各种氨基酸的密码子。经过 5 年的努力，在 1966 年科学家终于将预测的 64 个密码子与氨基酸一一对应，获得**遗传密码表**（genetic code table），如表 12 - 3 所示。

🔍 **科学史话 12 -2**
基因密码的破译

表 12 -3　遗传密码表

第一位碱基 (5′端)	第二位碱基（中间）				第三位碱基 (3′端)
	U	C	A	G	
U	Phe	Ser	Tyr	Cys	U
	Phe	Ser	Tyr	Cys	C
	Leu	Ser	终止	终止	A
	Leu	Ser	终止	Trp	G
C	Leu	Pro	His	Arg	U
	Leu	Pro	His	Arg	C
	Leu	Pro	Gln	Arg	A
	Leu	Pro	Gln	Arg	G
A	Ile	Thr	Asn	Ser	U
	Ile	Thr	Asn	Ser	C
	Ile	Thr	Lys	Arg	A
	Met	Thr	Lys	Arg	G
G	Val	Ala	Asp	Gly	U
	Val	Ala	Asp	Gly	C
	Val	Ala	Glu	Gly	A
	Val	Ala	Glu	Gly	G

表 12-3 显示，20 种氨基酸共有 61 个密码子，以外还有 UAA、UGA 和 UAG 三个终止密码子。由于胱氨酸和羟脯氨酸是在多肽形成之后经氧化和其他反应形成的，因此没有与它们对应的密码子。另外，AUG 除代表甲硫氨酸外，还是翻译的起始信号，称为**起始密码子**（start codon）。在原核细胞中，GUG 和 UUG 有时也可以作为起始密码子。

2. 特性

科学家发现遗传密码具有以下的一些特点。

（1）遗传密码的简并性

64 种密码决定 20 种氨基酸，所以许多氨基酸的密码子会多于一个。同一种氨基酸具有一种以上密码子的现象叫做遗传密码的**简并性**（degeneracy）。对应于同一氨基酸的密码称为**同义密码子**（synonymous codon）。在所有的氨基酸中只有色氨酸和甲硫氨酸仅有一个密码子。

密码的简并性对于减少有害突变、维持物种遗传的稳定性具有重要意义。首先，同义密码子的分布十分有规则，氨基酸密码子的简并性主要表现在密码子的第三位碱基上。例如，甘氨酸的密码子是 GGU、GGC、GGA 和 GGG，丙氨酸的密码子是 GCU、GCC、GCA 和 GCG，它们只是第三位的碱基不同；氨基酸侧链 R 基的极性通常由密码子的第二位碱基决定，这种分布使得密码子中一个碱基被置换，其结果或是仍然编码相同的氨基酸，或是以物理化学性质最接近的氨基酸相取代，从而使基因突变造成的危害降至最低程度。其次，比较密码子和 tRNA 上反密码子的配对关系，发现密码子的第一、第二两个碱基的配对是严格的，而第三个碱基可以有一定的变动。因此，tRNA 反密码子的第三个碱基可以与几个不同的碱基配对，这一现象称为摆动或变偶性（wobble）。密码子的简并性，可以减少摆动性导致的突变频率，因为即使 mRNA 密码子的第三位碱基发生改变，也不一定引起蛋白质结构的改变。

（2）遗传密码的通用性和特殊性

遗传密码无论在体内还是体外，对绝大多数病毒、原核生物、真菌、植物和动物都是适用的。科学家在比较了大量的核酸和蛋白质序列后发现，遗传密码具有通用性。当然，这一规则也不是绝对的，还有特殊性。第一个例外就是线粒体中的基因组。果蝇线粒体基因组中原本是终止密码的 UGA 成了色氨酸的密码子，原本是精氨酸密码子的 AGA 变成了丝氨酸的密码子；其次，哺乳动物和植物的线粒体中也有例外；最后，在某些原生生物中也已经发现有稀有密码子。

（3）遗传密码的使用规律

在原核生物中，大部分以 AUG 为起始密码，少数使用 GUG，真核生物全部使用 AUG 为起始密码，所有生物使用 UAA、UAG、UGA 为终止密码，有时连续使用终止密码，以保证肽链合成的终止。密码与密码间没有任何不编码的核苷酸，即无间隔性。翻译从起始密码开始，按连续的密码子沿 mRNA 多核苷酸链由 5′—3′ 方向进行，直到终止密码处，翻译自然停止，即具有方向性。在多核苷酸链上任何两个相邻的密码不共用任何核苷酸，这是密码的不重叠性。

二、蛋白质合成的分子基础

DNA 是生物遗传的主要物质基础，DNA 上的遗传信息以密码的形式在后代的生长发育过程中转录给 mRNA，因此 mRNA 是信使分子。而氨基酸在和 mRNA 作用之前先共价地与**转移 RNA**（或称转运 RNA，transfer RNA，tRNA）形成氨酰 - tRNA。氨酰 - tRNA 结合到 mRNA 的特殊位点上，按照 mRNA 的遗传信息指导具有特定氨基酸序列的多肽链合成。该过程在核糖体中进行。而核糖体是由**核糖体 RNA**（ribosomal RNA，rRNA）和蛋白质构成。在蛋白质合成过程中，一个 mRNA 分子可结合多个不同时间开始翻译的核糖体（多聚核糖体，polysome），并由氨酰 - tRNA 转运氨基酸在核糖体中进行蛋白质合成。综上所述，RNA 分子在蛋白质的生物合成中起着重要的作用，mRNA 是蛋白质合成的模板，tRNA 负责运输特定氨基酸到核糖体上，继而进行蛋白质的合成，而 rRNA 是核糖体的组成成分。

1. 蛋白质合成的模板

人们通过一系列实验，明确了蛋白质的合成模板是一种不稳定的多核苷酸类物质，其碱基组成与相应的 DNA 碱基组成一致，在多肽合成时与核糖体形成短暂的结合。根据这些结果，推测合成蛋白质的模板可能是一种 RNA。但最先被发现的两种 RNA，rRNA 和 tRNA 都不具备以上特性。各种生物 rRNA 的大小差异不大，碱基组成变化也不大，而 tRNA 的分子又很小，不可能是蛋白质合成的模板。因此人们提出了 mRNA 是可以作为蛋白质合成模板的生物大分子。

S. Brenner，F. Jacob，M. Monod 等进行了一系列实验，用噬菌体 T2 感染大肠杆菌，证实了确实存在 mRNA 分子。后来，S. Spiegelman 又用分子杂交技术证明了经 T2 感染后新合成的 RNA 可以与 T2 DNA 杂交，但细胞内的其他 RNA 则不能与 T2 DNA 杂交。从而证明了新合成的 RNA 是由 T2 噬菌体 DNA 编码的。

mRNA 上 3 个核苷酸序列组成的遗传密码决定一个氨基酸，这些密码以连续的方式组成了**阅读框**（reading frame），即从第一个密码子开始到最后一个密码子结束就是一个阅读框。对于原核生物来说，mRNA 分子起始密码子的上游有核糖体**结合位点序列**（ribosome binding site，RBS），通过 RBS 使得核糖体能够正确地识别起始密码子 AUG。而对真核生物来说，其 mRNA 的 5′端存在帽子结构，核糖体通过帽子结构和 mRNA **核糖体进入部位**（ribosomal entry site）结合，然后向 3′端移动寻找起始密码，从而开始翻译的过程。

2. 氨基酸的运输

氨基酸的运输是通过 tRNA 来实现的。tRNA 将特定的氨基酸运输到核糖体上进行蛋白质的合成。氨基酸只有与相应的 tRNA 结合，活化形成氨酰 – tRNA 后才能进入核糖体，而游离氨基酸不能直接进入核糖体。形成氨酰 – tRNA 的过程分为两步：

① 氨基酸活化　　氨基酸 + ATP ⟶ 氨酰 – AMP + 焦磷酸（PPi）

② 氨基酸和 tRNA 的结合　　氨酰 – AMP + tRNA ⟶ 氨酰 – tRNA + AMP

总反应式为：氨基酸 + ATP + tRNA ⟶ 氨酰 – tRNA + AMP + PPi

氨基酸形成氨酰 – tRNA 是耗能的过程，由 ATP 提供能量，每合成 1 分子氨酰 – tRNA 需要 1 分子 ATP（消耗两个高能磷酸键）。以上反应是由专一性很强的**氨酰 – tRNA 合成酶**（aminoacyl-tRNA synthetase）催化，每一种氨酰 – tRNA 合成酶有两个活性中心，分别用于识别相应的氨基酸和 tRNA，tRNA 可能是一个或多个，并且与氨基酸相对应。

通过 X 射线晶体衍射技术测定，由 50 ~ 95 个核苷酸组成的 tRNA，其二级结构呈现三叶草结构，含有 D 环、反密码环、可变环和 TψC 4 个环，以及 4 个双链的茎。三叶草结构可进一步折叠成倒 L 型的空间三维结构，其中至少有 4 个位点和多肽的合成有关，分别是识别 3′端 CCA 上的氨基酸结合位点，识别氨酰 – tRNA 合成酶的位点，核糖体识别位点和反密码子位点。

在倒 L 型的三维结构中，反密码子的主链弯曲成部分螺旋状，这样形成的碱基堆积形式有利于 tRNA 和 mRNA 分子上的密码子互相识别，从而把特定的氨基酸送到特定的位置。例如甲硫氨酸的密码子为 AUG，其 tRNA 上的反密码子应该为 UAC。因为一种氨基酸通常有几个密码子，因此就具有多个 tRNA。事实上，携带 20 种氨基酸的 tRNA 各不相同，每一种氨基酸都有其特定的 tRNA，而且有的氨基酸可以被几种 tRNA 携带。携带同一种氨基酸的几种 tRNA 称为**同工受体**（isoacceptor）。不同的 tRNA 表示方法通常在 tRNA 的右上角用相应的氨基酸简写表示，例如携带丙氨酸和丝氨酸的 tRNA 可表示成 tRNA^Ala 和 tRNA^Ser。相应的氨酰 – tRNA 可表示为 Ala – tRNA^Ala 和 Ser – tRNA^Ser。

氨基酸和 tRNA 形成氨酰 – tRNA 后，还必须通过核糖体的识别。氨酰 – tRNA 被核糖体识别的位点在 tRNA 上，而不是在氨基酸上，但 tRNA 上确切的识别位点在哪里，目前还不很清楚。

3. 蛋白质合成的场所

在蛋白质合成的复杂过程中，**核糖体**（ribosome）扮演合成工厂的角色，用以协调 tRNA，mRNA

以及多种酶和蛋白质因子的作用。

核糖体由多种 rRNA 和多种蛋白质组成，其组成大约分别占 60% 和 40%。核糖体由大、小两个亚基组成，两个亚基都含有蛋白质和 rRNA。当 Mg^{2+} 浓度为 10 mmol/L 时，大、小亚基聚合，Mg^{2+} 浓度下降到 0.1 mmol/L 时，大、小亚基则解聚。以原核细胞的大肠杆菌为例，其核糖体分别由 50S 大亚基和 30S 小亚基结合形成了 70S 亚基，大、小亚基上分别含有 34 和 21 种蛋白质，分别命名为 L1 ~ L34 和 S1 ~ S21，其中字母 L 和 S 的数字分别代表蛋白质在电泳中的迁移率。采用氯化铯密度梯度离心，可将核糖体蛋白质分为两部分，一种称为核心蛋白质，另一种称为脱落蛋白质，将这两种蛋白质与 rRNA 一起保温，可以很快自行组装成 30S 亚基和 50S 亚基，所以核糖体的形成是一个自组装的过程。

通过 X 射线、扫描电镜等结构识别方法，认为细菌核糖体的 30S 亚基和 50S 亚基结合成 70S 核糖体时，30S 亚基水平地与 50S 亚基相结合，腹面与 50S 亚基之空穴相抱，头部和 50S 亚基中含蛋白质较多的一侧相结合。两亚基的结合面留有一个很大的裂隙，蛋白质的翻译过程很可能就在裂隙中进行。在蛋白质合成过程中，小亚基能单独和 mRNA 结合形成复合体，然后又可与 tRNA 专一性结合，在肽链形成的起始阶段 mRNA 的专一性结合发生在小亚基上。大亚基可非专一性地与 tRNA 结合。70S 核糖体可能有两个供 tRNA 结合的功能部位，分别称为**给位**（donor site）和**受位**（acceptor site）。它们供携带氨基酸或新生肽链的 tRNA 附着，给位又称为 **P 位**（peptidyl site，**肽基位**），受位又称 **A 位**（aminoacyl site，**氨酰基位**）。核糖体的另外区域还有多肽出口的功能区，称为出口位（exit site），出口位又称为 E 位。核糖体的大亚基具有**转肽酶**（transpeptidase，又称**肽基转移酶**）活性，可使附着于给位的肽酰 – tRNA 转移到受位上 tRNA 所带氨基酸上，使两者缩合，形成肽键。一般认为，在蛋白质合成过程中，核糖体上的 55 个蛋白质均有其相应的功能，例如大亚基上的 L7、L12 蛋白，是许多辅助翻译的可溶性起始因子、延伸因子和释放因子。

有时，在细胞内合成蛋白质的核糖体并不是单个核糖体，而是多个核糖体聚在一起的多核糖体。多核糖体中的各个核糖体可在同一时间与同一个 mRNA 相连。在一条 mRNA 上可以同时合成多条相同的多肽链。多核糖体合成肽链的效率甚高，每一个核糖体每秒钟可翻译约 40 个密码子，即每秒钟可以合成相当于一个由 40 个左右氨基酸残基组成的、相对分子质量约为 4 000 的多肽链。

三、蛋白质的合成——翻译

遗传信息由转录生成的 mRNA 传递给新合成的蛋白质，即由核苷酸序列转换为蛋白质的氨基酸序列。这个过程称为**翻译**（translation）。翻译过程可分为翻译起始、肽链延长、肽链终止三个阶段。

学习与探究 12 –1
蛋白质中翻译过程

1. 起始

原核细胞肽链合成的起始需要 7 种成分：30S 小亚基、mRNA、fMet – tRNA^{fMet}、起始因子、GTP、50S 大亚基、Mg^{2+}。已知原核生物的起始因子有三种——IF – 1、IF – 2 和 IF – 3。IF – 3 可使核糖体 30S 亚基不与 50S 亚基结合，而与 mRNA 结合。IF – 1 起辅助作用。IF – 2 特异识别甲酰甲硫氨酰 – tRNA^{fMet}，它可促进 30S 亚基与甲酰甲硫氨酰 – tRNA^{fMet} 结合，在核糖体存在时有 GTP 酶活性。原核生物翻译起始阶段包括以下几个步骤，如图 12 – 14 所示。

首先，在 IF – 1 和 IF – 3 的作用下，核糖体的大小亚基解离，此时 IF – 3 与 30S 小亚基结合，能防止大小亚基重新聚合。大小亚基的解离有利于小亚基与 mRNA 及 fMet – tRNA^{fMet} 的结合。mRNA 首先与 30S 小亚基结合，并使 AUG 密码子正确置于肽链合成的起始部位。mRNA 的起始密码子是否能与小亚基定位结合，决定于 AUG 密码子上游 8 ~ 13 个碱基处存在的一个称为 **SD 序列**（Shine-Dalgarno sequence）的结构，该序列与小亚基中 16S rRNA 3′端的序列互补，当 mRNA 与小亚基结合时，SD 序列与 16S rRNA 3′端的互补序列配对结合，起始密码准确地定位于翻译起始部位。

其次，fMet – tRNA^{fMet}、IF – 2 及 GTP 相互结合形成 fMet – tRNA^{fMet} – IF – 2·GTP 三元复合物，然后

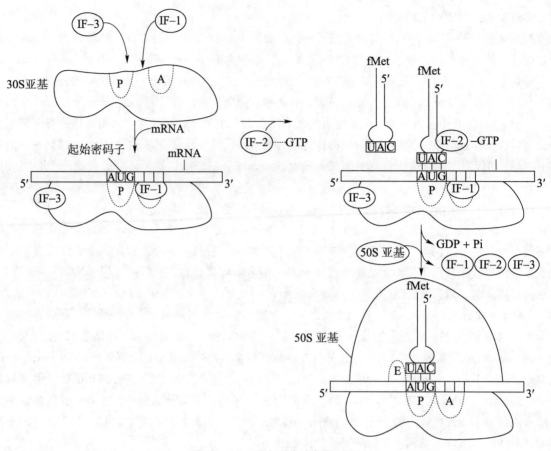

图 12 - 14　蛋白质合成起始过程

与游离状态的核糖体小亚基结合，fMet - tRNA^fMet 进入小亚基 P 位，tRNA 上的反密码子与 mRNA 上的起始密码配对，定位于起始密码的相应位置。在起始时，IF - 1 结合在 A 位可阻止 tRNA 在此位结合其他分子。

最后，具有 GTP 酶活性的 IF - 2 催化 GTP 水解，各种起始因子释放，于是 50S 大亚基与 30S 小亚基结合，形成 70S 起始复合物，此时 fMet - tRNA^fMet 占据 P 位。

70S 起始复合体由大、小亚基，mRNA 与甲酰甲硫氨酰 - tRNA^fMet 共同构成。其中甲酰甲硫氨酰 tRNA^fMet 的反密码子 UAC 恰好互补地与 mRNA 中的启动信号 AUG 结合。可见，复合体中 mRNA 的起始信号 AUG 位于核糖体的给位侧，所以与起始信号对应的甲酰甲硫氨酰 tRNA^fMet 也就定位在给位。应该指出，除起始 tRNA 与众不同外，所有氨酰 - tRNA 与核糖体结合时，都不在核糖体给位（P 位），而是在受位（A 位）。

真核生物与原核生物蛋白质的合成，最大不同在起始过程。首先，真核生物与翻译相关的蛋白质起始因子有多种（如兔网织细胞至少有 9 种），原核生物的起始因子只有 3 种。其次，真核生物的 mRNA 前体在细胞核内合成，合成后需经加工，才形成成熟的 mRNA，从细胞核输入胞质，投入蛋白质合成过程；而原核生物的 mRNA 常在其自身的合成尚未结束时，已被利用，开始翻译。真核生物的 mRNA 的 5′端含有 7 甲基鸟苷三磷酸形成的"帽"，3′端有聚腺苷酸（polyA）形成的"尾"，为**单顺反子**（monocistron），只含一条多肽链的遗传信息，合成蛋白质时只有一个合成的起始点，一个合成的终止点；而原核生物的 mRNA 为**多顺反子**（polycistron），含有蛋白质合成的多个起始点和终止点，且不带有类似"帽"与"尾"的结构。

原核生物在 5′端起始信号的上游存在 SD 区段，而真核生物的 mRNA 无 SD 区段。最后，真核生物的核糖体（80S）大于原核生物的核糖体（70S），真核生物的小亚基为 40S，含有一种 rRNA（18S rRNA);大亚基为60S,含有3种rRNA(28S rRNA、5.8S rRNA和5S rRNA),真核生物所含的核糖体蛋白质亦多于原核生物。而且真核生物中起着起始作用的氨酰-tRNA是甲硫氨酰-tRNA^{Met},不是甲酰甲硫氨酰-tRNA^{fMet}。

2. 延伸

在70S起始复合物中,fMet-tRNA^{fMet}占据P位,A位则空着,有待于mRNA中第二个密码子所对应的氨酰-tRNA进入,从而进入延长阶段。肽链的延长是一个循环过程,每个循环包括进位、转肽和移位三个步骤(图12-15)。肽链延长阶段需要**延长因子**(elongation factor,EF)(一种蛋白质)、GTP、Mg^{2+}与K$^+$的参与。

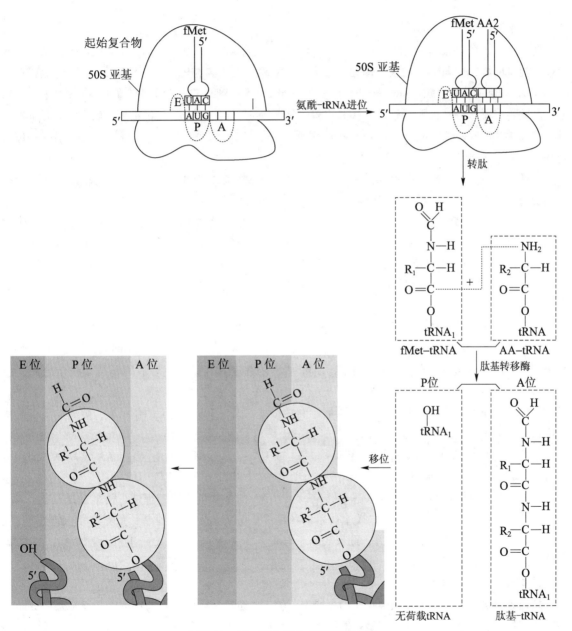

图 12-15 蛋白质合成的延伸过程

(1)进位

mRNA密码子所决定的氨酰-tRNA进入核糖体A位的过程称为**进位**(entry)。氨酰-tRNA进位之前,首先与EF-Tu·GTP结合,形成氨酰-tRNA·EF-Tu·GTP三元复合物。此复合物再进入到核糖体的 A 位上，通过 tRNA 的反密码子与 mRNA 上第二个密码子（已进入 A 位）结合，tRNA 的 TψC 环与核糖体 A 位上的 5S rRNA 相互作用。此时，GTP 被水解，EF-Tu·GDP 从核糖体上释放出来。失活的 EF-Tu·GDP 可被另一种因子（EF-Ts）变成有活性的 EF-Tu·GTP。

（2）转肽

氨酰-tRNA 进位后，核糖体的 A 位和 P 位各结合了一个氨酰-tRNA，在**转肽酶**（transpeptidase）的催化下，P 位上的起始 tRNA 所携带的甲酰甲硫氨酰基的羧基与 A 位上氨基酸的 α-氨基形成肽键，此过程称为**转肽反应**（transpeptidation）。转肽反应不需要 GTP 等辅助因子。在核糖体大亚基上具有催化转肽反应的肽基转移酶结构域，其中心含有 23S rRNA，该 rRNA 在转肽酶活性中起到主要作用。

（3）移位

转肽后，占据 P 位的是失去氨酰基的 tRNA，A 位是肽基-tRNA。在 EF-G 的催化下，GTP 水解为移位提供能量，使 mRNA 与核糖体相对移位一个密码子的距离，P 位上的 tRNA 从 P 位释放，A 位上的肽基-tRNA 移到 P 位，mRNA 分子上的第三个密码子进到 A 位，为下一个氨酰-tRNA 进位作好准备。此步需要肽链延长因子 EF-G（又称**转位酶**，translocase）、Mg^{2+} 与供给能量的 GTP。近来发现核糖体除了受位（A）、给位（P）外，还有 tRNA 的另一结合位置，即 E 位。氨酰基脱落后的 tRNA 先移至 E 位。

这样，每经过一次进位和转肽反应，肽链中即增加一个氨基酸残基。接下来的核糖体移位和 tRNA 脱落，又为下一次进位和转肽作好准备。如此重复进行，肽链不断延长。

以上是原核生物肽链的延长过程。在真核生物中该过程与此基本相似，只是延长因子与原核生物不同。真核生物的延长因子 eEF-1α、eEF-1βγ、eEF-2 分别相当于原核生物的 EF-Tu、EF-Ts 和 EF-G。eEF-1α·GTP 携带氨酰-tRNA 进入核糖体 A 位，eEF-1βγ 催化 GDP 与 GTP 的交换。催化氨酰-tRNA 进入受位的延长因子只有一种（EFT1）。

3. 终止

随着 mRNA 与核糖体相对移位，肽链不断延长。当 mRNA 分子中的终止密码子 UAA 进入核糖体的 A 位时，各种氨酰-tRNA 均不能进入 A 位与其结合，而**释放因子**（release factor，RF），或称**终止因子**（termination factor）在 GTP 存在下能识别终止密码并进入 A 位。当释放因子与 A 位结合后，使核糖体转肽酶活性转变为水解酶活性，水解 P 位上 tRNA 与肽链之间的酯键，使肽链从核糖体上脱落下来。随后，mRNA 与核糖体分离，tRNA 脱落，核糖体在 IF-3 及 IF-1 的作用下，解离成大小亚基并重新开始多肽链的合成（图 12-16）。

细菌中的 RF 有 3 种。RF1 识别终止信号 UAA 或 UAG，RF2 识别终止信号 UAA 或 UGA，EF-G 可与 GTP 结合，将 GTP 水解为 GDP 与磷酸，协助 RF1 与 RF2。RF 使大亚基"给位"的转肽酶不起转肽作用，而起水解作用。转肽酶水解"给位"上 tRNA 与多肽链之间的酯键，使多肽链脱落。RF、核糖体及 tRNA 亦渐次脱离。从 mRNA 上脱落的核糖体，分解为大小两亚基，重新进入核糖体循环。真核生物只有一种释放因子（eRF），此释放因子可识别 3 种密码子（UAA、UAG 和 UGA），并需要 GTP。

4. 翻译的调节与抑制

翻译起始阶段的调控是真核生物蛋白合成调节的主要阶段。限制翻译速度的因子通常是在翻译起始阶段起作用。最常见的调控机制是起始因子的磷酸化。

许多抗生素和毒素能够抑制蛋白质的合成。例如，嘌呤毒素的结构与氨酰-tRNA 的 3′端上的 AMP 残基结构十分相似。肽基转移酶的氨基酸与嘌呤毒素结合，形成肽酰嘌呤毒素复合物。此复合物很容易从核糖体上脱落，从而使肽链延长终止。催化肽基-tRNA 移位的因子称为 EF-2，可被白喉毒素抑制。链霉素、新霉素和卡那霉素可与原核细胞 30S 核糖体结合，引起密码错读。

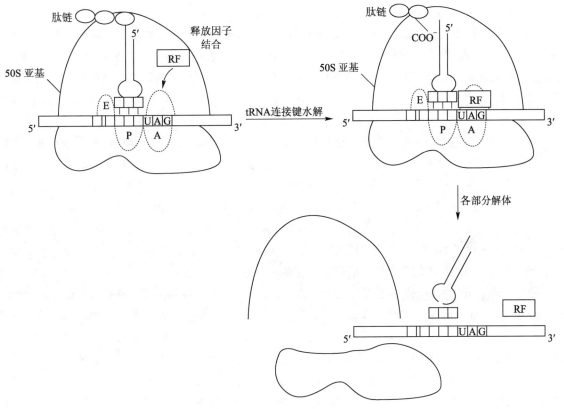

图 12 – 16　蛋白质合成终止过程

在哺乳动物等真核生物的线粒体中，存在着自 DNA 到 RNA 及各种有关因子的独立的蛋白质生物合成体系，用以合成线粒体本身的某些多肽。真核生物的该体系与胞质中一般蛋白质的合成体系不同，与原核生物的合成体系近似，因而可被抑制原核生物蛋白质生物合成的某些抗生素抑制。这可能是某些抗生素药物产生副作用的原因。

在肽链延长阶段中，每生成一个肽键，都需要直接从 2 分子 GTP（移位时与进位时各 1 个）获得能量，即消耗 2 个高能磷酸键；但考虑到氨基酸被活化生成氨酰 – tRNA 时，已消耗了 2 个高能磷酸键（见前氨基酸的运输），所以在蛋白质合成过程中，每生成一个肽键，实际上共消耗 4 个高能磷酸键。

四、蛋白质的运输及翻译后修饰

1. 蛋白质的运输

核糖体上新合成的多肽必须被送往特定的部位，以发挥其相应的功能。对于原核细胞来说，新合成的蛋白质可以有三个去路：留在细胞质中，分泌到细胞外，或运输到质膜、外膜以及它们之间的空隙。

（1）真核细胞中蛋白质的运输

真核细胞的结构更加复杂，除了以上的去路外，合成的蛋白质还被跨膜运输到溶酶体、线粒体、叶绿体等细胞器以及细胞核中。通常情况下，留在细胞质中的蛋白质从核糖体上释放后即可行使其功能，而运往其他途径的蛋白质往往在运输过程中发生复杂的修饰作用（见蛋白质的翻译后修饰）。在真核细胞中蛋白质的运输，可以分为协同翻译途径的运输与翻译后的运输途径。通过协同翻译途径输送的蛋白质包括定位于内质网的蛋白、高尔基体蛋白、细胞膜蛋白、溶酶体蛋白和分泌蛋白等。而通过翻译后的输送途径输送的蛋白质包括定位于细胞核的蛋白、线粒体蛋白、叶绿体蛋白和过氧化物酶体蛋白等。

通过协同翻译作用，蛋白质进入**粗面内质网**（rough ER），接着转入**高尔基体**（Golgi apparatus），

学习与探究 12 –2
蛋白质的合成—修饰—分泌—降解

最终将蛋白质分类转运到溶酶体、分泌粒和质膜等目的地。分类转运最初发生在高尔基体反式侧。在ER内蛋白质发生两个重要变化：折叠为正确构象和发生糖基化修饰。蛋白质以去折叠状态被转移到ER。当蛋白质进入ER腔体时便开始折叠。蛋白质在ER内的折叠和修饰与辅助蛋白质的协助相关。正确折叠可能需要加上适当糖基；一些特异性ER蛋白质可能还需要重新设置二硫键。该过程由**蛋白质二硫异构化酶**（protein disulfide isomerase，PDI）催化。只有当蛋白质在ER中正确折叠，才能随后被允许进入高尔基体。

那么是什么机制使核糖体新合成的多肽进入到内质网呢？在20世纪70年代中期，已有研究者证明，这些蛋白质之所以能进入ER，是因为在新生肽链的N端有一段"信号"肽，由信号肽引导蛋白质的转运。该序列一般包含13~36个氨基酸残基，其结构具有三个特点：① 在中部，一般带有10~15个高度疏水的氨基酸残基组成的肽链，常见的为缬氨酸、丙氨酸、亮氨酸、异亮氨酸和苯丙氨酸。当其中一个氨基酸被极性氨基酸置换后，信号肽即失去功能。② 常常在靠近该序列N端的疏水氨基酸区上游，有1个或数个带正电荷的氨基酸。③ 在C端靠近蛋白酶切割位点处，常常带有数个极性氨基酸，离切割位点最近的那个氨基酸往往带有很短的侧链（Ala或Gly）。

研究发现，信号肽的识别过程是通过一种核蛋白体来实现的，这种核蛋白体被称为**信号识别颗粒**（signal recognition particle，SRP）。SRP是核酸和蛋白质的复合体系，比核糖体简单，存在于细胞质内。SRP是由1分子7SL RNA和6个不同的多肽分子组成的柱形复合物，相对分子质量为325 000。7SL RNA上有两段核苷酸序列，称为Alu序列。SRP有两个亚基，一个亚基直接与信号肽结合，在空间上阻止了氨酰-tRNA进入，从而抑制多肽链的延伸，同时抑制了肽基转移酶的活性；另一个亚基与GTP结合并催化其水解。**SRP受体**（SRP-receptor）是一个异源二聚体蛋白，由α、β两个亚基组成，在定向转移中它既能结合又能水解GTP。

信号肽识别的整个过程如图12-17所示。信号肽把核糖体牵引到ER上。蛋白质合成之初，一旦信号肽序列的N端暴露在核糖体外，该序列（包括核糖体）就迅速与SRP结合，诱发SRP与GTP相结合，停止新生肽的进一步延伸（此时新生肽一般长约70个残基左右）。SRP核糖体复合物移动到内质网上并与那里的SRP受体结合。一旦结合后，SRP分离并重新参与循环，同时伴随着GTP在SRP及受体中水解，蛋白质的合成重新开始。新合成的肽链受到位于ER外膜上的SRP受体及核糖体受体的牵引，复合物（GTP-SRP-ribosome-mRNA-新生肽）立即向ER外膜靠拢，并通过**多肽转运复合体**（peptide transport complex）进入ER内腔。信号肽在ER内被信号肽酶切除，核糖体亚基与mRNA分离，并参与再循环。

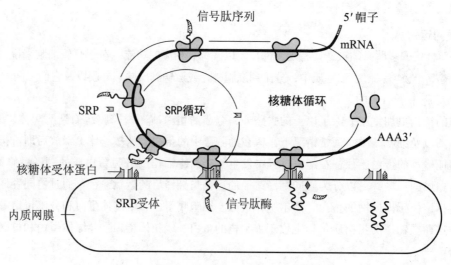

图12-17 信号肽的识别过程

信号肽的发现

美国纽约洛克菲勒大学的 G. Blobel、B. Dobberstein 和 P. Walter 等在大量研究工作的基础上，用分离的微粒体和无细胞体系进行实验，提出了信号肽假说（signal hypothesis）。由此，1999 年 G. Blobel 和 B. Dobberstein 获得诺贝尔生理学或医学奖。

他们认为，分泌性蛋白 N 端序列作为信号肽，指导分泌蛋白穿越粗面型内质网（rER）膜，进入内质网腔，在蛋白质合成结束之前信号肽被切除。具体过程：① 在核糖体内，当分泌蛋白的翻译进行到 50 ~ 70 个氨基酸残基时，信号肽开始从核糖体的大亚基露出，N 端多肽立即被 RER 膜上的受体识别并与之相结合。另外，信号斑（signal patch）是由几段信号肽形成的一个三维结构的表面，这几段信号肽聚集在一起形成一个斑点被磷酸转移酶识别。信号斑是溶酶体酶的特征性信号。在蛋白质发生折叠时，会形成一种特殊的三维原子结构。信号肽能引导蛋白质由胞液进入内质网、线粒体、过氧化物酶体和细胞核，也能以溶解的形式保留在内质网内。信号斑能使一些酶在向溶酶体运送过程中，在高尔基体内加上特定的糖残基，继而转送至溶酶体。② 信号肽穿过膜后，被内质网腔的信号肽酶水解。③ 正在合成的新生肽随之通过膜蛋白孔道，穿越疏水的磷脂双层。④ 一旦核糖体移到 mRNA 的终止密码子时，蛋白质合成即造成翻译体系解散，蛋白多肽穿过 rER 膜，膜上蛋白孔道消失，核糖体便处于自由状态。

根据三种不同的空间障碍，合成的蛋白质通过三种不同方式进行运输定位。即核孔运输（transport through nuclear pore）、跨膜运输（across membrane transport）和小泡运输（transport by vesicles）。

① 核孔运输　胞质溶胶中合成的蛋白质穿过细胞核膜上的核孔进入细胞核。此时被运输的蛋白需要有**核定位信号**（nuclear localization signal，NLS）。核定位信号是另一种形式的信号肽，可位于多肽序列的任何部分。一般含有 4 ~ 8 个氨基酸，且没有专一性。其与导肽的最大区别在于：它是蛋白质的永久性部分，在引导入核过程中，并不被切除，可以反复使用，有利于细胞分裂后核蛋白重新入核。

② 跨膜运输　胞质溶胶中合成的蛋白质要进入内质网、线粒体、叶绿体和过氧化物酶体等处，要通过跨膜机制进行运输，需要膜上**运输蛋白**（protein translocators）的帮助。此时被运输的蛋白上要有信号肽或**导肽**（leading peptide），又称转运肽（transit peptide）或导向序列（targeting sequence）。导肽是新生蛋白 N 端一段 20 ~ 80 个氨基酸的肽链，通常富含带正电荷的碱性氨基酸（特别是精氨酸和赖氨酸）。导肽运送蛋白质时具有以下特点：需要受体；消耗 ATP；需要分子伴侣；需要电化学梯度驱动；需要信号肽酶切除信号肽；通过接触点进入；非折叠形式运输。

③ 小泡运输　蛋白质从内质网转运到高尔基体以及从高尔基体转运到溶酶体、分泌泡、细胞质膜、细胞外等是由小泡介导的，这种小泡称为**运输小泡**（transport vesicles）。大多数运输小泡是在膜的特定区域以出芽的方式产生的。其表面具有一个由蛋白质构成的笼子状衣被（coat）。这种衣被在运输小泡与靶细胞器的膜融合之前解体。衣被具有两个主要作用：其一，选择性地将特定蛋白聚集在一起，形成运输小泡；其二，如同模具一样决定运输小泡的外部特征；相同性质的运输小泡之所以具有相同的形状和体积，与衣被蛋白的组成有关。

蛋白质在核孔运输和小泡运输中可保持折叠的形式，但在跨膜运输中必须去折叠，定位后再进行折叠。无论是何种运输方式都需要消耗能量。

（2）线粒体和叶绿体中蛋白质的运输

在线粒体和叶绿体中，蛋白质只有很少一部分在其内部合成，大部分是在细胞浆内由游离核糖体合成，然后再输送到这些细胞器中去，因此被称为**翻译后运输**（post-translational transport）。为了穿过线粒体和叶绿体膜，蛋白质需要通过**多肽链结合蛋白**（polypeptide chain binding protein，PCB）的帮助进行解折叠。线粒体进行的翻译后运输还需要 ATP 和质子梯度，以帮助蛋白质解折叠和进行跨膜运输。

（3）细菌中蛋白质的运输

细菌中蛋白质的运输比较简单，也是通过类似的信号肽来完成蛋白质的定位。大多数的非细胞质蛋白在核糖体上被合成的同时被运送到质膜或跨过膜，这一过程称为**翻译中运输**（cotranslational transport）。整个运输过程需要一系列的酶及与蛋白参与。具体的机制参见课外阅读材料。

2. 蛋白质的翻译后修饰

从核糖体上释放出来的多肽链，必须经过加工修饰才能变成有活性的蛋白质，这些加工过程称为**翻译后修饰作用**（post-translational modification）。翻译后修饰作用主要包括氨基端和羧基端的修饰、蛋白质化学基团的共价修饰、亚基聚合和水解断链等。这种翻译后加工过程使蛋白质的组成和空间结构更加多样化和复杂化，从而使蛋白质在合适的位置发挥相应的功能。

（1）氨基端和羧基端的修饰

原核细胞中的蛋白质合成总是从甲酰甲硫氨酸开始，但并非所有蛋白质的 N 端都是甲酰甲硫氨酸，这是因为肽链在合成完成后，N 端经过酶的修饰，形成以不同氨基酸为末端的肽链。在大肠杆菌中发现两种酶参与这种末端修饰，一种为脱甲酰酶，可水解甲酰甲硫氨酸的甲酰基；另一种为特异氨肽酶，可自 N 端逐个切去几个氨基酸残基。对于真核细胞来说，蛋白质的合成是从甲硫氨酸开始的，也经过氨肽酶的水解除去 N 端的氨基酸残基，包括除去信号肽序列等。同时，某些氨基酸的羧基末端也要进行修饰。

（2）共价修饰

蛋白质可以进行不同类型的共价修饰作用，修饰后可表现为激活状态或失活状态。已知的共价修饰作用主要有磷酸化作用、糖基化作用、羟基化作用和二硫键的形成等。

磷酸化多发生在多肽链丝氨酸、苏氨酸的羟基上，偶尔也发生在酪氨酸残基上，磷酸化后的蛋白质可以增加或降低活性，例如糖原磷酸化酶的修饰。

糖基化作用使多肽链转变为糖蛋白。质膜蛋白和许多分泌蛋白质都具有糖链。糖蛋白中的糖苷键有两类，一类是肽链中天冬酰胺侧链上的 N 原子与寡聚糖核之间的 N - 糖苷键，另一类是肽链中丝氨酸、苏氨酸侧链上氧原子与寡聚糖核之间形成的 O - 糖苷键。这些寡糖链通常都是在内质网或高尔基体中加入的。

胶原蛋白前 α 链上的脯氨酸残基和赖氨酸残基在内质网中受羟化酶、分子氧和维生素 C 的作用，产生羟脯氨酸和羟赖氨酸。如果此过程受阻，会导致胶原纤维不能交联，极大地降低了它的张力强度。

mRNA 上并没有胱氨酸的密码子，多肽链中的二硫键是在肽链合成后通过 2 个半胱氨酸的巯基氧化形成的，二硫键的形成对于许多酶和蛋白质的活性是必需的。

（3）亚基聚合

对于具有 2 个或 2 个以上亚基的蛋白质，需要多肽链通过非共价聚合成多聚体，才能表现出生物学活性。例如，人血红蛋白由两条 α 链，两条 β 链及 4 个血红素分子组成。α 链在多聚核糖体合成后自行释放下来，并与尚未从多聚核糖体上释放下来的 β 链相连，然后从多聚核糖体上脱落下来，形成 α、β 二聚体，之后再与线粒体内生成的血红素结合，形成有功能的血红蛋白分子。

（4）水解修饰

在人类等高等动物体中，新合成的肽链有时必须经过水解而变成活性肽，特别是一些脑肽。例如，哺乳动物的阿黑皮素原（proopiomelanocortin, POMC），初始翻译成的多肽由 265 个残基构成，经水解后可产生多个活性肽。它在脑下垂体前叶细胞中被切割成为 β - 促脂解激素，然后 N 端片段又被切割成较小的 N 端片段和 39 肽的促肾上腺皮质激素（adrenocorticotropin, ACTH）。而在脑下垂体中叶细胞中，β - 促脂解激素再次被切割产生 β - 内啡肽；ACTH 也被切割产生 13 肽的

科技视野 12 - 3

研究揭示睡眠 - 清醒周期中突触蛋白质磷酸化动态

科技视野 12 - 4

乙酰化：心血管病的"活靶子"

科技视野 12 - 5

糖基化和磷酸化修饰介导小麦开花的新机制

促黑激素（α-melanotropin）。

第五节　蛋白质代谢的调节

一、鸟氨酸循环的调节

鸟氨酸循环可受食物的影响。高蛋白膳食使尿素合成速度加快，排泄的含氮物中尿素可占80%~90%。低蛋白膳食使尿素合成速度减慢，排泄的含氮物中尿素可降至60%或更低。动物实验表明，饮食成分变化大时，可以使动物体内鸟氨酸循环中的一些酶浓度改变10倍至20倍。

催化鸟氨酸循环中形成氨甲酰磷酸的酶为氨甲酰磷酸合成酶Ⅰ，该酶为鸟氨酸循环的调节酶，N-乙酰谷氨酸是该酶的别构激活剂。N-乙酰谷氨酸是在N-乙酰谷氨酸合酶的催化下，由谷氨酸和乙酰-CoA合成的。当氨基酸降解速度加大时，由于转氨作用增强，谷氨酸的浓度也随之提高。谷氨酸量的增加促进了N-乙酰谷氨酸的合成，随之活化了氨甲酰磷酸合成酶Ⅰ，使鸟氨酸循环加速。这样，由氨基酸降解产生的过量氨，就被有效地排出体外。精氨酸可别构激活N-乙酰谷氨酸合酶，所以当精氨酸浓度增高时，尿素合成也加快。临床上常用补充精氨酸来治疗高血氨症，以降低血氨含量。

在鸟氨酸循环合成酶系中，精氨酸琥珀酸合成酶的活性最低，为合成尿素的限速酶，因此通过调节此酶活性可调节尿素的合成量。

二、氨基酸生物合成的调节

因为20种氨基酸在蛋白质生物合成中应该以精确的比例提供需要，因此氨基酸的生物合成有严格的调节机制。不同氨基酸的调节机制不同，不同生物体的调节机制也不同。但以大肠杆菌等细菌为研究对象的一般调节规律认为：氨基酸合成的调节既可以调节酶活性，也可以调节酶的生成量，还可以调节代谢过程中的代谢物。

通过控制合成过程的终端产物，调节反应系列中第一个酶的活性，即通过别构效应调节第一个酶促反应的生成物，是最有效的氨基酸合成调节方式。

一个代谢途径的终产物或中间产物对生化反应关键酶的影响称为**反馈**（feedback）。如果终产物浓度的升高激活关键酶的活性，称为正反馈，反之则称为负反馈或**反馈抑制**（feedback inhibition）。

1. 通过酶活性的调节

酶活性的调节主要通过终端产物的反馈抑制，以及酶的激活剂和抑制剂调节来实现。通过终端产物的反馈抑制主要包括协同反馈抑制、积累反馈抑制、顺序反馈抑制和同工酶调节等。

（1）协同反馈抑制

协同反馈抑制（concerted feedback inhibition）指在分支代谢途径中，两种或多种代谢产物同时积累时，才能反馈抑制两种或多种代谢产物共同代谢途径的第一个限速酶。而单独一种代谢产物积累时，只能抑制其分支途径上的第一个酶。如图12-18A所示，E和G单独存在只能分别抑制由C到D或由C到F的反应速率；当E和G同时积累时才能反馈抑制由A到B的反应步骤。在利用谷氨酸棒杆菌进行赖氨酸或苏氨酸发酵时，赖氨酸、苏氨酸同时过量才能协同反馈抑制第一步的限速酶天冬氨酸激酶的活性（图12-18B）。

（2）积累反馈抑制

积累反馈抑制（accumulation feedback inhibition）是指分支代谢途径中的几个终产物的任何一个

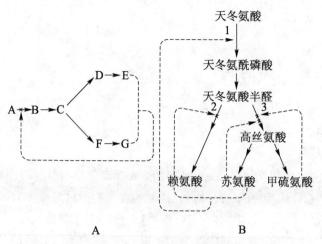

图 12−18 协同反馈抑制模式及举例

过量，都能单独地部分抑制共同途径中的关键酶，但要达到最大的抑制效果，必须所有的终产物同时过量，因此这种反馈抑制具有累积的作用。如图 12−19A 所示，E 和 G 的过量都能单独地部分抑制由 A 到 B 的反应，但当终产物 E 和 G 同时过量时，才能达到最大的抑制效果。大肠杆菌谷氨酰胺合成酶是最早被发现的具有积累反馈抑制作用的实例（图 12−19B）。它催化谷氨酸、氨和 ATP 生成谷氨酰胺，而谷氨酰胺是合成甘氨酸、丙氨酸、组氨酸、色氨酸、AMP、CTP、氨甲酰磷酸和 6−磷酸葡糖胺的前体，它受这 8 种终产物的积累反馈抑制作用。

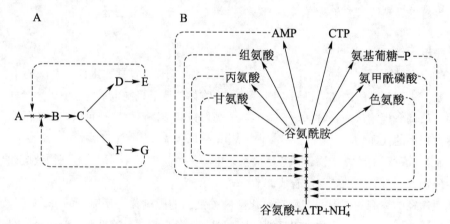

图 12−19 积累反馈抑制模式及其举例

（3）顺序反馈抑制

顺序反馈抑制（sequential feedback inhibition）又称逐步反馈抑制，在这类反馈抑制中，末端产物 E 和 G 分别可反馈抑制分支途径中第一个酶的活性，而中间产物 C 的积累又可以反馈抑制催化 A—B 的酶（图 12−20A）。图 12−20B 是枯草芽孢杆菌中芳香族氨基酸生物合成途径中的顺序反馈抑制调节模式。

（4）同工酶调节

如图 12−21A 所示，**同工酶调节**（isozyme regulation）模式是指从 A 到 B 的途径由不同的同工酶来催化，若这组酶是分支代谢途径中的限速酶，则分支途径的末端产物可分别对该同工酶中的某一个酶起反馈作用。大肠杆菌从天冬氨酸起始合成赖氨酸、甲硫氨酸、苏氨酸和异亮氨酸的调节机制是典型的同工酶调节模式（图 12−21B）。

酶活性还受到多种离子和有机分子的影响，尤其是特异的激活剂和抑制剂在酶活性的调节中起到

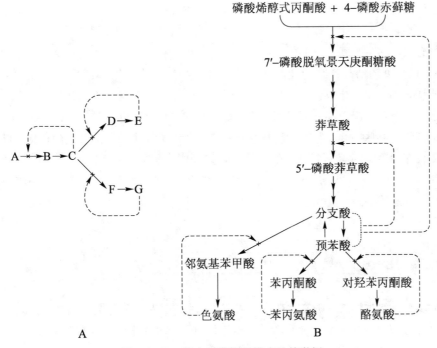

图 12 -20　顺序反馈抑制模式及其举例

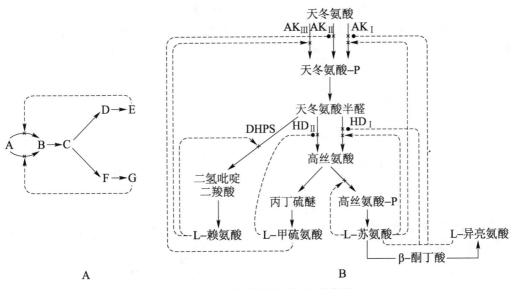

图 12 -21　同工酶调节模式及其举例

了重要的作用。

并不是所有氨基酸的生物合成都受最终产物的反馈抑制，丙氨酸、天冬氨酸、谷氨酸就是例外。这三种氨基酸靠生成与其相对应的酮酸的可逆反应来维持平衡。这三种氨基酸是中心代谢环节的关键中间产物。甘氨酸的合成酶也不受最终产物的抑制，此酶可能受到一碳单位和四氢叶酸的调节。

2. 酶生成量的调节

酶量的调节主要包括酶的合成和酶的降解两个方面。酶的合成占主导地位，主要包括诱导和阻遏两个方面。诱导会导致酶的合成开始，而阻遏则是抑制酶的合成。这种控制主要是通过改变有关酶编码基因的活性来实现的（参见第十三章代谢调节综述）。当某种氨基酸的量超过需要量时，控制该酶合成的编码基因的转录受到阻遏，酶的合成被抑制。而当氨基酸的浓度下降时，控制该酶合成的转录阻遏被解除，酶的合成又开始。所以，酶生成量的调节是发生在基因表达水平上，而不是通过酶分子的变构来调节。靠阻遏与去阻遏调控氨基酸的生物合成一般比别构调节缓慢。

酶的诱导合成有多种方式。有的加入诱导物后仅产生一种酶，这种方式称为**单一诱导**（single induction），是比较少见的情况；有的能够诱导几种酶的合成，称为**协同诱导**（coordinate induction）；顺序诱导是指诱导物先诱导合成分解底物的酶，再依次诱导合成分解各中间代谢物的酶。

酶的阻遏主要有反馈阻遏和分解代谢物阻遏两种形式。**反馈阻遏**（feedback repression）是指细胞代谢途径的终产物或某些中间产物过量积累，从而阻止代谢途径中某些酶合成的现象。反馈阻遏的作用部位主要是代谢途径中的第一个酶，在分支代谢途径中，反馈阻遏常常发生在分支后的第一个酶。**分解代谢物阻遏**（catabolic repression）是指微生物在有优先可被利用的底物时，这种底物的分解代谢物阻遏了利用其他底物的酶的现象。

❓ 思考与讨论

1. 从 t–RNA 的结构特点讨论其对蛋白质翻译过程中保证核苷酸序列正确的意义。

2. 通过本章学习并查阅文献，从蛋白质营养价值的角度讨论牛奶和豆浆的异同。

3. 动物体内主要有哪些酶催化蛋白质的水解反应，总结这些酶的特点。

4. 哪些氨基酸属于人体内的必需氨基酸？

5. 多肽和氨基酸吸收的主要方式是什么，各种方式有哪些特点？

6. 氨基酸的合成代谢有哪些共同途径？其主要产物是什么？氨基酸的分解代谢有哪些共同途径？其主要产物是什么？

7. 简述机体氨的来源，并思考其代谢去向。

8. 何谓生糖氨基酸，哪些氨基酸属于生糖氨基酸？何谓生酮氨基酸，哪些氨基酸属于生酮氨基酸？

9. 氨基酸生物合成中哪些氨基酸和柠檬酸循环有联系？哪些氨基酸和糖酵解途径以及磷酸戊糖途径有联系？

网上更多资源……

◆ 本章小结　　◆ 教学课件　　◆ 自测题　　◆ 教学参考　　◆ 生化实战

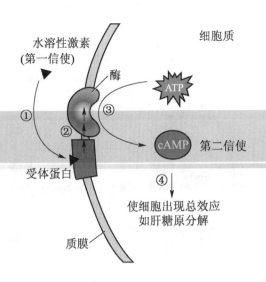

水溶性激素
(第一信使)

细胞质

酶

ATP

cAMP 第二信使

①
②
③

受体蛋白

④
使细胞出现总效应
如肝糖原分解

质膜

第十三章

代谢调节综述

- **酶的调节**

  通过控制酶的生物合成调节代谢；通过控制酶活性调节代谢；代谢的单向性和多酶系统对代谢的调节；酶的隔离分布与集中存在对代谢的调节

- **细胞水平调节**

  细胞膜结构对代谢的调节；蛋白质定位对代谢的调节

- **激素水平调节**

  激素通过对酶活性的影响调节代谢；激素通过对酶合成的诱导作用调节代谢

- **神经水平调节**

  神经调节的作用；神经调节的方式

- **代谢调控的应用——合成生物学**

  合成生物学的主要研究内容；合成生物学的研究思路

为什么生物体内各种物质（包括糖类、脂质、蛋白质、水、无机盐、维生素等）的代谢能够有条不紊地进行？这是由于生物体存在着精细的代谢调节机制，无论是简单的单细胞生物还是具有高度发达神经系统的人体，都必须具有这样的调节能力，方可使不断变化的化学反应有条不紊地进行下去。那么，这种调节过程是怎样的？它的机制又如何？这就是代谢调节研究的内容。

学习指南

1. 重点：生物体内的代谢调节在哪几种不同的水平上进行。

2. 难点：生物体内糖类、脂肪及蛋白质三类物质在代谢上的相互关系如何。

▶▶ 知识导图

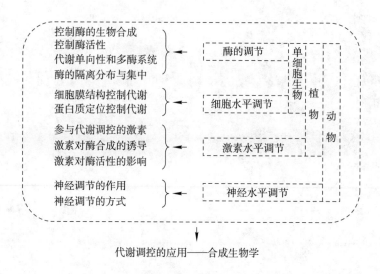

代谢调控的应用——合成生物学

上面各章虽然对糖类、脂质、核酸和蛋白质的代谢一一进行了系统阐述，但是这样的分类描述仅是为了便于读者理解。事实上，机体各组织器官的结构不同，所含酶系的种类和含量也不相同，因此代谢途径会各具特色且存在一定的差异。几大类营养物质无论是从体外摄入还是在体内产生，其代谢途径和各自的中间代谢过程不可能孤立进行，而是彼此联系、相互转变并相互依存的。

通常糖类、脂质、蛋白质和核酸之间的相互转化是受制约的。如：当生物体内糖的供应充足时，糖便可以转化为脂肪；但由于脂肪酸经 β 氧化过程产生的乙酰－CoA 不能生成丙酮酸，因此体内大多数脂肪却不能转变成糖。又如：糖类与蛋白质之间的转化虽然不是完全的双向过程，但几乎所有组成蛋白质的天然氨基酸都可通过脱氨基作用生成糖类（除生酮氨基酸——亮氨酸、赖氨酸外），因此当给患糖尿病的狗饲喂蛋白质时，有 50% 以上的食物蛋白质可以转变成葡萄糖。相反糖代谢的中间产物却只能合成非必需氨基酸的碳骨架部分，而必需氨基酸则要从食物中摄取。再有，蛋白质与脂质之间的转化也会因物种不同存在很大差异。如人和动物不容易利用脂肪合成氨基酸，而植物和微生物却可由脂肪酸和氮源生成氨基酸；对于氨基酸转变为脂肪而言，某些氨基酸却能通过一定的途径转变成脂肪，也可为类脂合成提供原料，因此用只含蛋白质的食物饲养动物，即可发现脂肪在其体内的存积。此外，蛋白质、核酸和糖在核酸代谢中存在着密切的关系。如：氨基酸是生物体合成核酸的重要原料；合成核苷酸的磷酸核糖是由磷酸戊糖途径提供的。

因此我们不难看出，糖类、脂质、蛋白质和核酸之间的转化是相互制约和相互联系的。但需要强调的是，糖类、脂质、蛋白质作为能源物质的主次地位是不同的。如人体所需要的能量主要来自于糖类的氧化分解，当糖类和脂质摄入量都不足或糖类代谢发生障碍时，体内蛋白质就将成为主要的供能物质；但当糖类和脂质供应充足且代谢正常时，体内蛋白质的分解供能就会相应减少。图 13–1 简要总结出三者之间以及它们和核酸代谢的相互关系。

🔍 **科学史话 13–1**
代谢调控工程概念演变过程

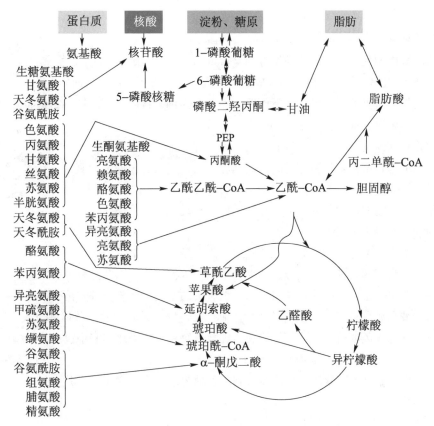

图 13 - 1　糖类、脂质、蛋白质及核酸代谢的相互关系

📋 拾　零

长期营养不良的人为什么会全身浮肿?

所谓浮肿是由于组织细胞之间的组织液中水分含量多于正常状态所致。通常，内环境中的淋巴、血浆、组织液之间从物质流动角度来看有以下关系：组织液与血浆之间可双向交换物质；淋巴中的物质可单向流入血浆；组织液中的物质可单向流入淋巴，在正常生理状态下，这种关系保持着动态平衡。如果长期营养不良，这种动态平衡就会被破坏，从而造成组织液多于正常状态。出现这种现象的原因可能是血浆蛋白质浓度降低，导致血浆和组织液间产生浓度差，从而引起组织液含量增多，表现出全身浮肿现象。

第一节　酶的调节

在第四章酶化学中我们已经了解到，酶是生物化学反应的催化剂，代谢途径的反应速率和方向决定于关键酶的相对量与活性。生物细胞如果通过开启或关闭某种酶的合成，或通过改变酶的合成和降解速度来调节酶量，即可称之为"粗调"。由于酶的合成或降解需要消耗较多的 ATP，且所需时间较长（一般需数小时或几天），因此"粗调"属慢速调节过程。相反，若生物细胞通过改变酶活性来调节酶促反应速率，则称之为"细调"。"细调"通常在数秒或数分钟内就会出现调节效应，因此属于快速调节过程。"粗调"与"细调"同时存在于生物细胞的正常代谢途径中，且密切配合，构成完整而精密的代谢调控系统。

一、通过控制酶的生物合成调节代谢

能够加速酶合成的化合物称为酶的**诱导剂**（inducer），减少酶合成的化合物称为酶的**阻遏剂**（repressor）。诱导剂和阻遏剂在酶蛋白生物合成的转录或翻译中发挥作用，从而影响酶合成过程的进行。这种调节方式是较为常见的一种形式，下面以大肠杆菌为例，扼要介绍原核生物是如何利用诱导剂和阻遏剂控制有关酶生物合成的。

科学史话 13-2

细菌面对混合碳源的进食策略

大肠杆菌是目前从遗传学方面研究得最为详细的单细胞微生物，其胞内同时存在 3 000 种左右的蛋白质，而催化细胞正常新陈代谢所需的酶类就有千余种。通过长期进化演变，其体内逐渐形成了一套"精兵简政"的调节机制，以最经济和有效的方式利用营养物质。大肠杆菌的基因组 DNA 上存在多种酶编码基因，它们的表达在多水平上受到调控。

1. 诱导剂促进酶蛋白的合成

书中第十一章第四节详述的乳糖操纵子模型即为典型的诱导剂促进酶蛋白合成调节的实例。一般情况下，大肠杆菌利用葡萄糖作为碳源，其生长环境中乳糖极少，因此降解乳糖的酶不被合成。但若乳糖成为唯一碳源时，菌体便能够合成与代谢乳糖有关的酶类，使乳糖进入菌体细胞，并水解成为半乳糖和葡萄糖而被利用。具体体现在，当培养基中有葡萄糖、无乳糖时，菌体即可表达出阻遏蛋白，阻止乳糖操纵子结构基因的转录，从而无法表达乳糖分解酶。但当培养基中没有葡萄糖而有乳糖或异丙基硫代半乳糖苷（IPTG）时，乳糖或 IPTG 作为诱导物，与阻遏蛋白结合，使乳糖操纵子结构基因得以转录，并产生大量乳糖分解酶，使菌体可利用乳糖为碳源进行代谢。因此大肠杆菌乳糖操纵子是受培养基中诱导物调控的。

2. 阻遏剂抑制酶蛋白的合成

在细菌中还有控制物质合成代谢的另一些操纵子，例如大肠杆菌色氨酸操纵子是一种典型的可阻遏型操纵子，负责调控色氨酸的生物合成，它的激活与否完全根据培养基中有无色氨酸而定，因此色氨酸为辅阻遏物。当培养基中有色氨酸时，色氨酸与阻遏蛋白结合，使阻遏蛋白由无活性的构象变为有活性的构象，并与操纵基因结合，从而使 RNA 聚合酶不能移动，结构基因不能转录。详细调节过程参见第十一章第四节。

其他生物的代谢调控，同样可以用上述诱导和阻遏作用控制酶合成的机制来解释。通常动物不合成其不需要的酶，但为了适应环境，体内会对酶的合成进行调节，有时合成多、有时合成少或停止合成。如凝乳酶（rennin）大量存在于婴儿或幼小哺乳动物胃液中，但在成人或其他种类的成年哺乳动物胃液中几乎没有存在；在同一生长阶段当，摄食成分改变时，体内也会出现相关酶合成量的改变。

二、通过控制酶活性调节代谢

除了改变酶合成量的多少，细胞还可通过改变现存酶的生物活性来调节代谢行为，即所谓"快速调节"，快速调节又可分为别构调节和化学修饰调节。

1. 别构调节

科技视野 13-1

别构调节 PGAM1 抑制非小细胞肺癌

酶的调节部位与特定的小分子物质以非共价键结合，从而使酶分子的构象发生改变，引起酶活性改变的过程，称为**别构调节**（allosteric regulation）。受变构调节作用的酶称为别构酶；引起别构效应的物质称为别构效应剂。其中，能使酶活性增高的称为别构激活剂，能使酶活性降低的称为别构抑制剂。别构效应剂可以是酶的底物，也可以是酶体系的终产物或其他小分子代谢物。由于别构效应剂可改变现有酶的构象，因此在所有酶的调控机制中属于最快的一种。

（1）别构抑制

生物细胞的别构抑制酶活性主要是**反馈抑制**（feedback inhibition），表现为某代谢途径的末端产物（即终产物）过量时，终产物反过来直接抑制该途径中的第一个酶的活性，促使整个反应过程减慢或者停止，使终产物不至于生成过多。例如糖酵解过程中有 3 个不可逆反应，分别由己糖激酶、磷酸果糖激酶 - 1 和丙酮酸激酶所催化，它们是控制糖酵解的关键酶，调节着糖酵解的速度，以满足细胞对 ATP 和合成原料的需求。

其中磷酸果糖激酶 - 1 （phosphofructokinase - 1，PFK - 1）又是这三者中最重要的调节酶，故称为关键酶。当 ATP 浓度高时，ATP 可与该酶的别构中心结合引起构象变化而抑制酶的活性。可见 ATP 为其别构抑制剂（ADP 和 AMP 为其别构激活剂）。磷酸果糖激酶还会受柠檬酸、NADH 和脂肪酸的别构抑制，EMP 过快时 TCA 途径生成的柠檬酸过多，从而抑制 PFK - 1 活性，使 EMP 减缓。此外，磷酸果糖激酶 - 1 也受到 2，6 - 二磷酸果糖的调节及氢离子的抑制。而丙酮酸激酶受高浓度 ATP，Ala，乙酰 - CoA 等的变构抑制；己糖激酶受 6 - 磷酸葡糖的变构抑制。

底物对反应速度的影响，称之为**前馈**（feedforward）。有时为避免代谢途径过分拥挤，当底物过量时出现负前馈，此时过量底物可转向其他途径。如在脂代谢过程中（第十章），高浓度的乙酰 - CoA 是其羧化酶的别构抑制剂，可避免丙二酸单酰 - CoA 合成过多。一般情况下，前馈对正向反应起促进作用。

（2）别构激活

上面提到的反馈一般起抑制作用，但在酶的调节中也有反馈激活作用。例如在糖、蛋白质和核酸代谢的过程中，受磷酸烯醇式丙酮酸羧化激酶的调节，产物草酰乙酸可成为合成天冬氨酸和嘧啶核苷酸的前体，而嘧啶核苷酸的反馈抑制又使天冬氨酸积累，从而减少草酰乙酸的合成。但草酰乙酸对三羧酸循环是必需的，为维持三羧酸循环，便产生了三种正调节：嘧啶核苷酸和乙酰 - CoA 的反馈激活及果糖二磷酸的前馈激活。

2. 化学修饰

化学修饰调节也是一种经济有效的调节方式。酶蛋白由另一种酶催化发生可逆或不可逆的共价修饰，从而改变酶的活性，这种调节称为酶的**化学修饰调节**（chemical modification）。磷酸化与脱磷酸是目前已知的最主要的可逆共价修饰方式。真核细胞中的蛋白有近五成处于磷酸化状态，有些蛋白质甚至可以有几十个磷酸化位点。酶蛋白分子中丝氨酸、苏氨酸和酪氨酸的羟基是磷酸化的修饰位点，在蛋白激酶的催化下，由 ATP 提供磷酸基和能量进行磷酸化修饰，而逆向反应脱磷酸则是由磷酸酶催化的水解反应。除磷酸化和去磷酸化外，目前已知的共价调节酶还有 100 多种，其功能主要包括腺苷酰化与去腺苷酰化，乙酰化与去乙酰化，尿苷酰化与去尿苷酰化，甲基化与去甲基化，—SH 基和 —S—S—基互变等。

知识拓展 13 -1
用数学模型揭示细胞酶的行为

对磷酸化酶的激活是级联反应过程，有放大效应。例如当生物接受刺激信号后，肾上腺髓质即产生肾上腺素（第一信使），通过血液将肾上腺素送到靶细胞，通常与细胞膜上的特异性 G 蛋白受体结合，激活 G 蛋白，G 蛋白再活化细胞内膜的腺苷酸环化酶，催化 ATP 生成 cAMP（第二信使），cAMP 激活蛋白激酶，蛋白激酶又激活磷酸化酶 b 激酶，使磷酸化酶 b 通过共价修饰转化成磷酸化酶 a，用以分解糖原成为 1 - 磷酸葡糖。该途径中共经历四级反应（图 13 - 2），前一反应的产物是后一反应的催化剂。每进行一次修饰反应，就产生一次放大作用。假设每一个反应放大十倍，信号经四级放大，调节效率可放大一万倍。

还有一些酶先以无活性的酶原（前体）形式

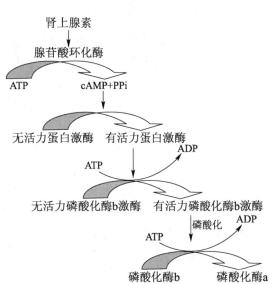

图 13 - 2　磷酸化酶激活的级联反应

合成或分泌，然后在到达作用部位时，在其他酶的作用下，使其失去部分肽段而形成或暴露活性中心，生成有活性的酶分子。胃和胰腺中的许多蛋白水解酶（如胰凝乳蛋白酶和胰蛋白酶）就是以这种方式调节的。酶原激活属于不可逆的共价修饰，若使其失活，需要另外的特异抑制剂结合到酶的活性部位。

代谢途径中的关键酶常受到别构调节与化学修饰调节的双重作用，如上述的磷酸化酶，虽然它的主要调节方式是化学修饰，但是磷酸化酶 b 又受 AMP 的激活。表 13 - 1 比较了别构调节和化学修饰在调节因素、调节机制及调节方式上的差异。

表 13 - 1　别构调节与化学修饰的比较

	别构调节	化学修饰
调节因素	别构激活剂（常见于底物） 别构抑制剂（常见于产物）	特定的酶 （如激酶、磷酸酶等）
调节机制	非共价变化 （聚合、解离等空间构象的改变）	共价变化 （如磷酸化、脱磷酸等）
调节方式	前馈、反馈调节	级联放大

三、代谢的单向性和多酶系统对代谢的调节

虽然酶促反应是可逆的，但在生物体内，代谢过程是单向的。一些关键部位的代谢由不同的酶来催化其正反应和逆反应，这样可使两种反应都处于热力学的有利状态。一般，α - 酮酸脱羧的反应、激酶催化的反应、羧化反应等都是不可逆的，这些反应常受到严密调控，成为关键步骤。

这种催化分解方向和催化合成方向由两种酶分别担当的反应，通常被称为**相对立的单向反应**（opposing unidirectional reaction）。如：糖代谢中，葡萄糖可在己糖激酶的催化下（ATP 提供能量）生成 6 - 磷酸葡糖（属变构抑制）；而其逆向反应的催化酶却是葡萄糖 - 6 - 磷酸酶（详细反应见第九章）。又如：脂代谢中，乙酸在有 CoA 和 ATP 供能的情况下，可由硫激酶催化生成乙酰 - CoA；而其逆向反应却是由硫酯酶催化完成（详细反应见第十章）。

诚然，像这样催化相反方向的一对酶是受到调控的。如在上述两个反应中，ATP 对合成反应起促进作用，对其逆向的分解反应起抑制作用。

四、酶的隔离分布与集中存在对代谢的调节

在真核细胞中，线粒体、核糖体、高尔基体等细胞器均以隔离分室状态存在，分室是由膜结构分隔开的。在前面第七章我们介绍过，生物膜由磷脂、蛋白质和糖类构成，具有特定的结构，它对于各种物质的进出有不同的调节机制。

与代谢相关的酶，常常组成一个多酶体系，分布在细胞的某一区域中。如糖酵解酶系和糖原合成、分解酶系存在于胞液中；三羧酸循环酶系和脂肪酸 β 氧化酶系定位于线粒体中；而核酸合成的酶系则绝大部分集中在细胞核内。酶在细胞内的隔离分布可避免各种代谢途径的相互干扰，从而保证了整体反应的有序性。

原核细胞由于没有明显的细胞器，代谢所需的酶大多存在于细胞质膜上。但是不同酶系在细胞膜上相对集中地分布在某些区域，使酶促反应有相对固定的场所，保证了代谢物浓度维持在一定水平，从而有利于代谢速度和方向的调节。

如此复杂的酶活性调节方式进一步说明了催化作用对于生命存在的重要意义。如果细胞内所有可能的反应同时被催化，那么生物大分子和代谢物就会迅速降解成为小分子化合物，发生代谢紊乱和失调。细胞只有在特定的时刻催化必需的反应，代谢才能正常进行。

恶性肿瘤晚期病人为什么极度消瘦？

医学上将恶性肿瘤晚期病人极度衰竭的表现称为恶液质也叫恶病质或恶病体质。临床上具体表现为：极度消瘦，眼窝深陷，皮肤干燥松弛，肋骨外露，舟状腹，也就是人们形容的"皮包骨头"的状态。据统计，约一半左右癌症患者受到过度消瘦的折磨，其中10% ~25% 患者的死因是恶液质。造成恶液质的原因主要有两方面：一方面由于肿瘤过度过快生长（尤其是全身多脏器转移后），消耗了大量的热量和蛋白质。若此时不能从饮食中摄入足够的养分，机体就会分解身体内的脂肪和蛋白质等养分。特别是如伴有出血、发热和继发感染时，这种消耗会成倍增加。另一方面，在肿瘤晚期，患者出现疼痛、发热和维生素缺乏，造成食欲明显下降，若为食管癌和胃癌，则会出现吞咽困难和呕吐，病人不能摄取足够的热量和营养物质，甚至完全不能进食，造成机体所需热量严重不足，更会加速体内自身的消耗程度。

第二节 细胞水平调节

生物体错综复杂的代谢及生理变化主要是通过酶的调节来实现的。但细胞水平调节与酶水平调节通常被看成是平行的调节，它们共同完成生物体内的生物化学变化的调节。

一、细胞膜结构对代谢的调节

生物体中代谢之所以能够有条不紊地进行，首先是由于细胞本身具有特殊的膜结构。如果细胞的完整性受到破坏，细胞水平的调控功能将会丧失。

真核细胞中膜结构占细胞干重的70% ~80%，内膜系统将细胞分割成许多特殊区域，从而形成多种膜相细胞器；原核细胞虽缺乏内膜系统，但往往会发生质膜内陷从而形成质膜体。在上一节中我们已经提到，内膜系统对代谢途径的分隔可防止反应之间的互相干扰，有利于对不同区域代谢的调控。除此之外，膜结构还通过以下几种方式对代谢调控起到非常重要的作用。

1. 控制跨膜离子浓度和电位梯度

生物膜的三种最基本功能为物质运输、能量转换和信息传递。三者都与离子和电位梯度的产生和控制有关，例如质子梯度可合成 ATP；Na^+ 梯度可运输氨基酸和糖；Ca^{2+} 可作为细胞内信使。

2. 控制细胞和细胞器的物质运输

一些代谢物或离子作为底物和产物在各细胞组分间穿梭移动，这样可以改变细胞中某些组分的代谢速度。如胰岛素可促进葡萄糖进入肌肉和脂肪细胞的主动运输，这是糖代谢的限速步骤，起到降低血糖的作用。又如在胞液中生成的脂酰 – CoA 主要用于合成脂肪，但在肉碱的作用下，经肉碱脂酰转移酶的催化，脂酰 – CoA 可进入线粒体，参与 β 氧化的过程。再如 Ca^{2+} 从肌细胞线粒体中出来，可以促进胞液中的糖原分解，Ca^{2+} 进入线粒体有利于糖原合成。

3. 酶与膜的可逆结合

某些酶可与膜可逆地结合而改变酶的性质，从而显示膜结合型和可溶型两种酶活性。例如己糖激酶与线粒体外膜的可逆结合，当 ATP 浓度较低时，显示的是可溶性酶的活性；当 ATP 浓度较高时，显示膜结合酶的活性。这一类酶称为双关酶。离子、代谢物、激素等都可改变其状态，发挥迅速、灵敏的调节作用。

二、蛋白质定位对代谢的调节

组成生物体的大多数蛋白质是在细胞质中的核糖体上合成的。由于这些蛋白质参与并调节着体内所有的代谢过程，因此它们需要被运送到细胞中的不同部位发挥作用。有的蛋白质要通过内质网膜进入内质网腔内，成为分泌蛋白；有的蛋白质则需穿过各种细胞器膜，进入细胞器内，构成细胞器蛋白。这些跨膜蛋白质是如何克服能量上的障碍穿过疏水的脂双层膜呢？通常认为这是在一些信号肽或导肽的协助下完成的（详细内容参见第十二章第四节）。

1. 信号肽

根据 G. Blobel 信号肽（signal peptide）假说，在细胞质中，编码分泌蛋白的 mRNA 与游离的核糖体大小亚基结合而形成翻译复合体。从起始密码子开始，首先翻译产生信号肽，当翻译进行到 50～70 个氨基酸之后，信号肽开始从核糖体的大亚基上露出，露出的信号肽立即被细胞质中的信号肽识别颗粒（SRP）识别并与之相结合。此时，翻译暂时停止，SRP 牵引这条带核糖体的 mRNA 到达粗面内质网，并与其表面上的信号肽识别颗粒受体（或称停泊蛋白）作用。这时，暂时被抑制的翻译过程恢复进行，同时，内质网膜上某种特定的核糖体受体蛋白聚集，使膜脂双层产生孔道，带有 mRNA 的核糖体与其受体蛋白结合，翻译出的肽链便通过孔道进入内质网腔内。

2. 导肽

对于线粒体、叶绿体、过氧化物酶体以及乙醛酸循环体等一系列具有膜结构的细胞器，其蛋白质成分大部分是由细胞质中游离核糖体合成后，再跨膜运送到这些细胞器内部的。与分泌蛋白的一边合成一边跨膜运送不同，这类蛋白质的跨膜运送是在其由游离核糖体合成之后，再跨膜运送，因而需要导肽（leading peptide）。导肽通常位于肽链氨基端，富含碱性氨基酸和羟基氨基酸，易形成两性 α 螺旋，可通过内外膜的接触点穿越膜。跨膜是需能的过程，跨膜电位为运输提供能量，蛋白质解折叠也需要 ATP。不同的导肽含不同信息，可将蛋白质送入各种细胞器的不同部位。

第三节 激素水平调节

通过第六章的学习我们知道，内分泌系统是机体的重要调节系统，它与神经系统相辅相成，共同调节机体的生长发育和各种代谢，维持内环境的稳定，并影响行为和控制生殖等。激素是由特殊的内分泌细胞制造并随血流传布的一类小分子化合物。人体中能分泌激素的内分泌细胞有群居和散住两种。群居的形成了内分泌腺，如头部的松果腺、下丘脑、脑垂体，颈部的甲状腺、甲状旁腺，胸部的胸腺，腹部的肾上腺、胰岛、卵巢以及阴囊里的睾丸等。散住的如胃肠黏膜中的胃肠激素细胞；丘脑下部的分泌肽类激素细胞等。人体全身所有的细胞活动或多或少都受到激素的支配，内分泌系统不同的激素有着不同的工作职能。

激素之所以能对特定的组织或细胞发挥作用，是由于组织或细胞存在着特异识别和结合相应激素的**受体**（receptor）。按激素受体在细胞内存在部位不同，可将激素分为两大类：膜受体激素（水溶性激素）和胞内受体激素（脂溶性激素）。

激素在体内所产生的生理作用具有微量、高效、组织器官特异性等代谢调节作用的特点。激素的调控作用实质上是通过对酶的影响（酶的合成和酶的活性）而实现的。

一、激素通过对酶活性的影响调节代谢

膜受体是存在于细胞膜上的跨膜糖蛋白，膜受体激素包括在糖、脂质和氨基酸代谢过程中，具有重要调节作用的激素——胰岛素、肾上腺素和胰高血糖素等（具体作用见代谢各章），它们属于亲水性激素，难以越过脂双层构成的细胞膜。这类激素作为第一信使分子与相应的膜受体结合后，通过跨膜传递将所携带的信息传递到细胞内，然后通过第二信使将信号逐级放大，产生生物学效应（图 13-3）。

一些水溶性较强的激素作用于靶细胞膜相应受体后，通常可遵循 4 条途径在胞内进一步传递信

学习与探究 13-1
激素调节中的信号扩增

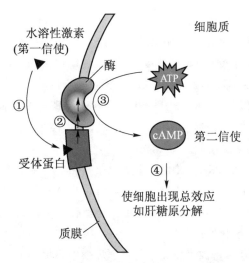

图 13-3　亲水性激素-膜受体作用机制

① 结合激素受体；② 酶的激活；③ 催化 ATP 转化成 cAMP；④ 引起细胞信号应答

息，直至产生生物学效应。① cAMP - 蛋白激酶途径，② Ca^{2+} - 依赖性蛋白激酶途径，③ cGMP - 蛋白激酶途径，④ 酪氨酸蛋白激酶途径等。

以目前研究最为深入的 cAMP - 蛋白激酶途径为例，阐述激素对于酶活性的调节机制（图 13-4）。

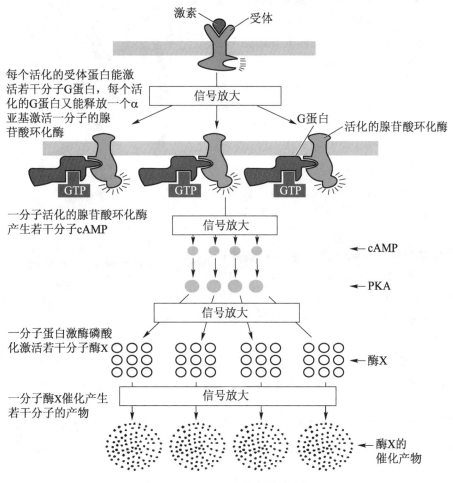

图 13-4　cAMP - 蛋白激酶途径

G 蛋白（G protein）是一个界面蛋白，由 α、β、γ 三个亚基构成。正常情况下，G 蛋白的 α 亚基结合 GDP，以无活性构象形式存在于细胞质内，与跨膜的激素受体偶联。当激素与膜受体结合，受体构象产生了变化（即活化了受体），活化受体使 Gα – GDP 释放 GDP 而结合 GTP，同时与 β、γ 亚基分离，形成有活性的 Gα – GTP 而解离出来，扩散到细胞内。Gα – GTP 激活嵌膜腺苷酸环化酶 AC，AC 进而催化胞质内 ATP 环化生成 cAMP，从而将激素信息转导入胞内。cAMP 再继续推动后面的许多反应，使细胞出现总效应，最后使血糖上升。在这里，将在胞内能进一步传递激素信息的小分子化合物如 cAMP 称为激素的第二信使。

蛋白激酶（protein kinase A，PKA）是由 2 个催化亚基和 2 个调节亚基构成的四聚体酶蛋白，是变构酶，受 cAMP 变构调节。cAMP 与调节亚基结合，引起 PKA 变构，调节亚基与催化亚基分离，使催化亚基被激活。cAMP 发挥调节作用后，又在磷酸二酯酶作用下降解。PKA 可以催化许多代谢途径中的关键酶或转录因子发生磷酸化修饰，进而产生各种生物学效应。

如图 13 – 4 所示，在 cAMP – 蛋白激酶途径的各个步骤中，每一个激素 – 受体复合物可以形成许多个 Gα – GTP，而每一个 Gα – GTP 又可触发多个 cAMP 的形成，每一个 cAMP 激活若干个蛋白激酶，每一个蛋白激酶又通过磷酸化调节若干酶蛋白分子的活性，因此产生逐级放大的效应，高效率地调节代谢速度或基因表达水平。

二、激素通过对酶合成的诱导作用调节代谢

胞内受体激素包括固醇类激素、前列腺素、甲状腺素等疏水性激素。这些激素均属于脂溶性激素，可透过细胞膜进入细胞。它们的受体大多数位于细胞核内，激素与胞质中的受体结合后再进入核内或与核内特异受体相结合，引起受体构象的改变，然后与 DNA 的特定序列即激素应答元件（hormone response element，HRE）结合，调节相邻的基因转录，进而影响蛋白质的合成，从而对细胞代谢进行调节（图 13 – 5）。

这些脂溶性较强的激素受体又被称为转录调节因子，位于细胞质中或细胞核内。这类激素可以透过细胞膜进入胞内，作用于胞内受体，形成有活性的激素 – 受体复合物，并能结合到 DNA 的特定位置，调节基因表达。其中糖皮质激素受体位于胞质内，其他受体可能大多在细胞核内。糖皮质激素透过细胞膜进入细胞内与胞质内的特异受体结合形成

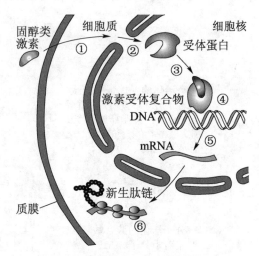

图 13 – 5 疏水性激素 – 胞内受体作用机制
① 跨越细胞膜；② 跨越核膜；
③ 激素受体结合；④ 作用于 HRE；
⑤ 影响 mRNA 转录；⑥ 调节蛋白质合成

激素 – 受体复合物后进入细胞核，其他脂溶性激素则直接与细胞核内受体形成激素 – 受体复合物。此复合物与 DNA 特定碱基序列结合，调控基因表达，从而影响酶蛋白分子的合成，发挥激素的调节作用。因此这种调节作用分两步完成：即激素是第一信使，而胞内的激素 – 受体复合物相当于第二信使。

其实，上述两种作用机制不能绝对分开。如胰岛素除作用于细胞膜受体之外，还可能与细胞核等亚细胞结构结合；甲状腺素除能进入细胞膜之外，对于膜上的腺苷酸环化酶也有激活作用。

第四节　神经水平调节

人及高等动物具有高度发达的神经系统，这类生物的各种生命活动包括代谢的调节机制都受神经系统的控制。神经系统既直接影响各种酶的合成，又影响内分泌腺分泌激素的种类和水平，从而间接影响各种酶的合成，所以说神经系统的调节具有整体调节的特点。

一、神经调节的作用

神经系统的作用方式是通过神经递质作用于效应器。神经系统分泌神经递质，促使下丘脑分泌释放激素作用于腺垂体，腺垂体又分泌各种促激素，促使靶腺分泌肾上腺皮质激素、甲状腺激素、性腺激素等，这些激素作用于靶细胞产生生物学效应。同时，各类激素也可以反馈作用于下丘脑、腺垂体或靶腺，形成神经-内分泌调节环路，对生物体进行整体的综合调节。

神经调节（nervous regulation）以反射为基本活动方式。人体中除了神经调节外，一些化学物质（如激素、CO_2 等）通过体液（血浆、组织液、淋巴等）也对生命活动进行调节，这种调节方式叫做**体液调节**（humoral regulation），体液调节以激素调节为主。表 13-2 比较了神经调节和体液调节的特点。

表 13-2　神经调节和体液调节特点的比较

	神经调节	体液调节
反应速度	迅速、准确	比较缓慢
作用范围	比较局限	比较广泛
作用时间	时间短暂	时间较长

二、神经调节的方式

1. 直接调节

反射是神经调节的主要方式，其结构基础是反射弧。一个典型的反射弧由感受器（接受刺激的器官或细胞）、感觉神经元、中间神经元、运动神经元和效应器（发生反应的器官或细胞）5 个部分组成。其中神经元是神经系统的基本结构和功能单位。相连的神经元之间通过突触传递信息，其中化学突触的突触前膜释放的是**神经递质**（neurotransimitters），它进入突触间隙后，运动至突触后膜，与特异性受体结合引起突触后神经元的兴奋或抑制。因此，神经递质起着神经调节的作用，它是神经元合成的化学物质，起着传导信息的作用。

有时神经递质可在酶或细胞水平上直接调节其所支配的器官或组织的代谢。例如刺激兔延脑的第四脑室底部的神经核时，神经冲动经交感神经作用于肝细胞，促进肝糖原转化为葡萄糖，从而使血糖浓度升高，出现糖尿病症状。同样，人在精神紧张或遭遇意外刺激的时候，就会发生肝糖原迅速分解，出现血糖含量增高的现象，这都是大脑直接控制代谢反应的结果。

📖 **知识拓展 13-2**

神经递质与学习记忆、运动、睡眠觉醒的关系

2. 间接调节

神经系统对于代谢的控制在很大程度上是通过激素发挥作用的。机体内、外环境变化时，可通过神经-体液途径调节物质代谢，以适应环境的变化，从而维持内环境的相对稳定。这种调节以饥饿及应激时的调节最为常见。

（1）饥饿

由于不能进食而发生一至三天的短期饥饿时，肝糖原会显著减少，血糖趋于降低，引起胰岛素分泌减少和胰高血糖素分泌增加，继而引起一系列的变化。如肌肉蛋白质分解加强，糖异生作用增加，脂肪动员加强，酮体生成增多，组织对葡萄糖的利用降低等。这时机体的主要能量来源依靠蛋白质和脂肪的分解，其中脂肪占能量来源的 85% 以上。

在长期饥饿不能进食的病理状态或特殊情况下，机体表现为血糖下降，胰高血糖素分泌增多，而胰岛素分泌减少；脂肪动员进一步加强，肝生成大量的酮体，脑组织利用酮体增加；肌肉以脂肪酸为主要能源，以保证酮体优先供应脑组织；肌肉蛋白分解减少，乳酸和丙酮酸成为肝糖异生的主要来源；肾糖异生作用明显增强。

（2）应激

应激（stress）是机体受到一些异常的刺激（创伤、剧痛、冻伤、缺氧、中毒以及情绪激动等）所作出的一系列反应。此时，交感神经兴奋，肾上腺髓质及皮质激素分泌增多，血浆胰高血糖素及生长激素水平增加，而胰岛素分泌减少，引起一系列代谢变化，如血糖升高、脂肪动员增强、蛋白质分解增强，从而体现分解代谢增强，合成代谢受到抑制的特点。

第五节　代谢调控的应用——合成生物学

合成生物学（synthetic biology），即生物学的工程化，是指从工程学角度设计创建元件、器件或模块，并通过这些元器件改造和优化现有的自然生物体系，或者设计合成具有预定功能的全新人工生物体系，实现合成生物体系在人口健康、农业、工业、环境、资源、能源等领域的应用，同时深化人类对生命本质的认识和理解。合成生物学对促进低能耗、环境友好、高效和可持续发展的生物产业，以及对实施创新驱动发展战略具有重要意义。合成生物学革新了当前生命科学的研究模式，提供了一条"自下而上"的工程生物的研究思路和方法，建立了从基因元器件合成生命模块、网络，直至组装"人造生命"的策略。

一、合成生物学的主要研究内容

合成生物学的核心内容是设计合成 DNA 以达到预期目标。自 2000 年以来，合成生物学发展迅速，主要形成了以下几个主要研究方向：

1. 基因线路的设计合成

基因线路的思想源于电子线路概念，它是利用已知的基因功能和相互调控关系，通过构造可设计、可组装、可替换的具有全新功能的基因元件，搭建具有特定功能和逻辑关系的基因线路，实现基因表达的精细调控，进而加深我们对基因表达调控的认识。如：美国波士顿大学的 Collins 设计的双稳态开关以及加利福尼亚理工学院 Elowitz 设计的自激振荡环，被认为是合成生物学的发端之作，奠定了合成生物学发展的基础。

通过转录调控可实现基因线路的功能化，由于控制基因转录的主要因素是 RNA 聚合酶的转录通量，因此影响转录通量的因素即成为基因线路设计的关键。例如，DNA 结合蛋白能通过招募或阻止 RNA 聚合酶活性，从而调节基因转录通量，在 CRISPR（clustered regularly interspaced short palindromic repeat sequences）系统中，Cas9 蛋白通过结合 DNA 改变转录水平，从而改变启动子的方向和基因序列，这是调控基因转录通量的重要方法。此外，RNA 翻译过程的控制也可以反馈调节 RNA 聚合酶的转录通量。

科技视野 13-2
科学家将大肠杆菌转变为自养生物

科技视野 13-3
工业毕赤酵母被转换为利用 CO_2 生长的自养型生物

2. 应用导向的人工合成体系

合成生物学与代谢工程密切结合，将功能模块化概念引入代谢工程体系，显著提升了人工合成体系的设计构建水平。即利用已有生物系统的代谢网络，通过新功能基因模块的引入，生产出自然生物系统不能合成的新产品或提升目标产品的生产能力。目前代表性的产品有：青蒿素、紫杉醇前体、丁醇、异戊二烯等。其中青蒿素的微生物高效生产人工体系是合成生物学在产品生产领域的里程碑成果。此外，合成生物学在能源、医药、环境、材料等领域的应用都有着突出进展。

3. 人工基因组的设计合成

人工基因组设计合成是人造生命和创造物种的基础。2003 年，Venter 小组第一次合成了含有 5 386 对碱基的噬菌体 phiX174 基因组，设计的合成流程在两周内即可合成基因组。2007 年，Venter 小组第一次将蕈状支原体（*M. mycoides*）的天然基因组成功转移到亲缘关系较近的山羊支原体（*M. capricolum*）中；2010 年又实现了将人工设计合成的 *M. mycoides* 基因组转入 *M. capricolum* 细胞中，并获得有活性的菌株。新细菌在生长 30 轮后，由人工基因组表达的蛋白质可完全替换原有细胞的蛋白体系。2011 年，Boeke 团队报道了全人工设计合成酿酒酵母染色体臂，2014 年该团队又完成了酿酒酵母 III 号人工染色体的全合成，2017 年酿酒酵母人工基因组合成再次取得突破性进展，由包括中国天津大学、清华大学、深圳华大基因研究院在内的国际团队成功合成五条酵母人工染色体，并获得了性状基本保持不变的菌株。该研究是真核生物基因组人工设计合成的里程碑。

二、合成生物学的研究思路

合成生物学的核心任务是设计构建预定功能的人工体系，高效的人工体系构建依赖于合适的底盘细胞、高效的功能模块、底盘与模块的良好适配（图 13 - 6）。

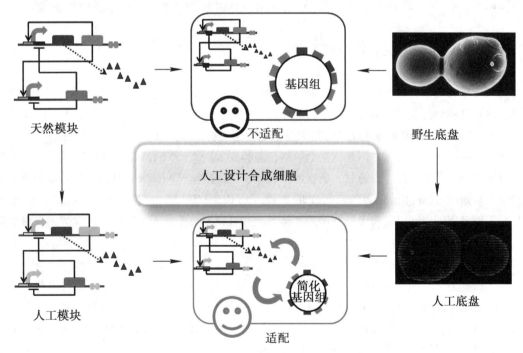

天然模块　　不适配　　野生底盘

人工设计合成细胞

人工模块　　适配　　人工底盘

图 13 - 6　合成生物学研究思路

1. 底盘细胞的人工构建

底盘细胞为元件与模块发挥功能提供底盘基架（类似于汽车和计算机工程上的底盘），它既能维持细胞良好的生物系统功能，又可为元件与模块的功能实现提供必要的能量和组分。因此高效的底盘细胞既应该满足功能模块的功能实现，又没有冗余和浪费。基于此，在许多研究中删除了野生基因组的非必需基因或序列，实现基因组缩小，可达到降低细胞复杂度，提高能源利用度的目的。此外还有一种底盘获得策略进行基因组的全人工设计合成，从而消除部分非必需功能基因，正如上所述的酵母人工基因组的设计合成。

2. 高效功能模块的设计构建

模块化是合成生物学的特点之一，功能模块的设计构建一般要考虑标准化（如具有类似的序列结构或接口）、信息化（生物学数据要尽量详细）、分工化（执行特定的生物学功能）。在模块设计构建中一般需要考虑的多个水平的因素，包括：功能元件（基因）的来源选择和功能强化（定向进化等）、启动子组合、翻译修饰、蛋白定位等。

3. 底盘与功能模块的适配

预定功能的实现需要底盘和功能模块的协调配合，包括能量搭配、物质传递等。底盘和模块之间的多种相互关系包括：正交性（人工功能模块的导入需要尽量少的影响底盘自身的正常功能）、稳定性（细胞功能能够在一定的培养条件范围内稳定发挥）、鲁棒性（系统在受到外部或内部扰动时保持其结构和功能稳定）等。此外，还需要从代谢网络、调控网络、蛋白作用网络和信号转导网络等多个层次，提升模块与底盘的内在联系、调控与适配。

应用实例 1. 青蒿素的人工微生物合成

天然青蒿素由中药植物黄花蒿合成。20 世纪 70 年代，中国科学家确认了黄花蒿提取物的抗疟疾特性，并鉴定出青蒿素为活性成分。青蒿素衍生物于 2002 年被世界卫生组织指定为一线抗疟疾药物，但是因需求与供应之间约有 18 个月延迟期，导致药物的供应和价格在摇摆不定。美国科学家 Keasling 利用合成生物技术，设计构建了不同人工体系合成青蒿素及其前体，获得了巨大成功。在研究初期，大肠杆菌被当做了生产青蒿素前体的底盘微生物，但由于大肠杆菌不能合成高浓度的青蒿酸，后来将该过程转换到酿酒酵母底盘中进行。利用此项技术，赛诺菲公司着手开展半合成青蒿素的工业化生产。

青蒿素人工合成体系构建有两个阶段：

（1）大肠杆菌人工体系合成青蒿二烯

青蒿二烯是青蒿素合成的前体，是从异戊二烯合成而来。自然界中异戊二烯的合成途径有两条：甲羟戊酸途径（真核生物为主）以及 1 – 脱氧 – D – 木酮糖 – 5 – 磷酸（DXP）途径（细菌和植物叶绿体）。为了增加大肠杆菌内源异戊二烯的产量，过表达大肠杆菌内原 DXP 途径的限速酶，同时过表达编码异戊二烯合成酶的基因。但是，这个策略仅能得到 mg/L 水平的产品。这主要是受限于大肠杆菌底盘对该途径的严谨调控。而通过大肠杆菌中表达甲羟戊酸途径和调节青蒿的二烯合成酶可以明显增加产量，经过发酵条件优化后，青蒿二烯产量可达 0.5 g/L。通过选择和优化前体合成关键酶 HMGR 的不同基因，得到了高产大肠杆菌人工体系，在补料发酵条件下，可将青蒿二烯的产量提高到 25 g/L。

（2）酿酒酵母人工体系合成青蒿酸

虽然大肠杆菌生产的青蒿二烯可以达到 25 g/L，但是大肠杆菌不适合表达真核生物的 P450 酶，因此大肠杆菌很难实现由青蒿二烯向青蒿素的转化。酿酒酵母作为典型的单细胞真核生物，非常适合作为表达 P450 酶的底盘。因此研究者尝试了在不同遗传背景的酿酒酵母底盘细胞中构建青蒿二烯的合成途径，青蒿二烯产量可以达到 40 g/L，但青蒿酸产量不高。分析发现，由于还原酶与 P450 酶不匹配，导致细胞产生氧化胁迫而死亡。通过调整对应还原酶的表达以及特异的青蒿醇脱氢酶，最终实现了青蒿酸的高效生产（25 g/L）。

应用实例 2. 酿酒酵母人工基因组的设计合成

大片段 DNA 的人工合成组装技术为人工设计构建基因组提供了契机。酿酒酵母人工基因组的设计合成工作主要包括以下几个步骤：

（1）染色体的计算机辅助人工设计

基于对已知酿酒酵母基因组信息的理解，以保持细胞基本表型不变、提升基因组稳定性和基因组操作的灵活性为原则进行基因组的重新设计。主要的设计包括：删除部分对细胞特性贡献不大的序列，如亚端粒、转座子、部分内含子等；将 tRNA 编码基因统一删除并转移到新的染色体上；用终止密码子 TAA 取代 TAG；利用同义密码子设定人工序列的特识别标签；在非必需基因 3′端加上 LoxPsym 位点。其中，添加 LoxP 位点是为了人工基因组后续操作的方便，可以快捷实现基因组的简化和多样性。

（2）寡聚核苷酸片段的合成与组装

人工基因组片段全部由化学合成的寡聚核苷酸链通过碱基互补配对和酶的催化连接而成。主要通过逐级叠加实现由单链 DNA 到人工基因组片段，主要包括：单链 DNA 的 PCR 组装，获得小片段双链 DNA（750 bp 左右）；小片段 DNA 通过酵母体内组装、重叠延伸 PCR 等多种技术实现 3～5 个片段的组装，获得大片段 DNA（3 kb 左右）。

（3）人工合成染色体片段对天然染色体的替换

利用人工合成的大片段 DNA 的首尾重叠和添加两种不同选择性标记，直接将人工合成的大片段 DNA 导入酵母细胞，利用酵母的同源重组能力，将对应区域的野生基因组序列用人工设计合成序列进行替换，逐步用人工序列替换野生型染色体，获得一条完全人工设计序列的酵母染色体。

（4）人工合成基因组的缺陷定位与修复

人工基因组的设计中大量的基因组位点与天然基因组有差异，而合成得到的人工基因组的表型往往与天然酵母有差异，这就需要找到导致这种表型差异的基因组位点（即缺陷位点），进行修复，即纠正人工合成基因组中的错误。在常规的缺陷定位中，每个表型差异对应的基因位点需要通过对每个人工设计位点进行一一检验，费时费力。天津大学团队巧妙利用人工基因组中设计的人工序列识别标签和酵母自身的单双倍体生活史特点，借助减数分裂过程中的基因交换事件，建立了高效的人工基因组缺陷位点定位技术。进而可以借助酵母同源重组、基因编辑等技术实现缺陷的修复。鉴于两种修复方法不能覆盖人工基因组中的全部缺陷位点，天津大学团队进一步建立了双标定点编辑技术，实现了基因组全位点覆盖的缺陷修复。

❓ 思考与讨论

1. 生物体内糖类、脂质及蛋白质三类物质在代谢上的相互关系如何？

2. 生物体内的代谢调节在哪几种不同的水平上进行？

3. 微生物在不同营养条件下的生长及产酶表现有何不同（微生物酶合成的诱导作用和分解代谢物阻遏作用的机制以及它们之间的联系）？

4. 激素通过何种方式进行代谢调节？

5. 活细胞的生物学功能是许多分子相互作用的结果，不能仅仅归功于单个基因或单个分子。试述如何通过细胞或生物体的基因组信息去了解其较高层次的功能与作用？

6. 众所周知，已于本世纪初完成的人类基因组数据库免费对所有公众开放，那么接下来的合成生物学科研成果该有偿还是无偿？

网上更多资源……

◆ 本章小结　　◆ 教学课件　　◆ 自测题　　◆ 教学参考　　◆ 生化实战

索　引